"十三五"江苏省高等学校重点教材（编号：2017-1-109）

普通高等教育电气工程与自动化（应用型）系列教材

数字电子技术

第2版

主　编　朱幼莲

副主编　黄　成　李雪梅

参　编　翟丽芳　陶为戈　宋　伟

　　　　樊寅逸　诸一琦　张　雷

主　审　贾文超

本书配有 MOOC 课程，课程及授课视频链接为：

http：//www.icourse 163.org/course/JSTU-1207423809

本书配有电子课件及习题答案

机械工业出版社

本书为“十三五”江苏省高等学校重点教材，也是新形态教材。全书以数字电路功能模块及 HDL 分析设计为教学主线，结合教育部电工电子基础课程相关教学委员会提出的数字电子技术基础教学内容要求，以集成电路的综合运用能力、工程实践能力的培养和提高为目标，与时俱进地反映数字电路的电子设计自动化（EDA）技术。

全书共分 9 章，包括数字逻辑基础、逻辑门电路、组合逻辑电路、触发器、时序逻辑电路、脉冲波形的产生与整形、半导体存储器和可编程逻辑器件、数/模（D/A）和模/数（A/D）转换电路及数字系统设计等。

本书叙述清楚、重点突出、注重工程应用，可作为应用型本科院校电气类、电子信息类、自动化类等专业的基础课教材，也可供高等院校或有关从事电子技术的工程技术人员参考。

本书配有免费电子课件和习题答案，欢迎选用本书作教材的老师发邮件到 jinacmp@163.com 索取，或登录 www.cmpedu.com 注册下载。

本书配有 MOOC 课程，课程及授课视频链接为：

http://www.icourse163.org/course/JSTU-1207423809

图书在版编目（CIP）数据

数字电子技术/朱幼莲主编. —2 版. —北京：机械工业出版社，2019.9（2024.6 重印）

“十三五”江苏省高等学校重点教材

ISBN 978-7-111-63783-7

Ⅰ.①数… Ⅱ.①朱… Ⅲ.①数字电路-电子技术-高等学校-教材 Ⅳ.①TN79

中国版本图书馆 CIP 数据核字（2019）第 206501 号

机械工业出版社（北京市百万庄大街 22 号 邮政编码 100037）

策划编辑：吉 玲 责任编辑：吉 玲

责任校对：陈 越 封面设计：张 静

责任印制：孙 炜

北京中科印刷有限公司印刷

2024 年 6 月第 2 版第 5 次印刷

184mm×260mm · 22.75 印张 · 560 千字

标准书号：ISBN 978-7-111-63783-7

定价：55.00 元

电话服务

客服电话：010-88361066

010-88379833

010-68326294

网络服务

机 工 官 网：www.cmpbook.com

机 工 官 博：weibo.com/cmp1952

金 书 网：www.golden-book.com

机工教育服务网：www.cmpedu.com

本书二维码视频一览表

本书页码	二维码视频内容	本书页码	二维码视频内容
1	绪论	109	数值比较器
2	EDA 技术及相关软件使用介绍	129	基本 RS 触发器
3	数制	131	电平触发的触发器
9	码制	133	脉冲触发的触发器
12	与运算	135	边沿触发的触发器
12	或运算	148	时序逻辑电路的基本概念及描述方法
13	非运算	151	时序逻辑电路的分析方法
13	复合逻辑运算	159	计数器
16	逻辑运算公式与法则	161	计数器的级联扩展方法
18	逻辑函数及表示方法	163	任意进制计数器的设计方法
20	公式法化简逻辑函数	181	寄存器和移位寄存器
21	卡诺图法化简逻辑函数	187	序列信号发生器
26	含有无关项的逻辑时函数化简	191	同步时序逻辑电路设计方法
41	TTL 集成门电路	219	脉冲信号及 555 定时器
52	特殊的 TTL 门电路(OC 门和三态门)	222	施密特触发器
56	CMOS 集成门电路	226	单稳态触发器
76	组合逻辑电路的概念、分析和设计方法	229	多谐振荡器
81	加法器	246	ROM 及应用
87	编码器	256	RAM 及存储器的扩展
93	译码器	260	可编程逻辑器件
103	数据选择器		

普通高等教育电气工程与自动化（应用型）“十三五”系列教材编审委员会委员名单

Preface 第2版前言

在第 1 版教材的基础上，我们以理论够用、内容实用为原则，以注重实践、强化应用为特色修订完善了教材内容，按照“基本概念—器件（模块)—应用”的顺序组织教材的编写。鉴于电子技术的发展，中小规模集成电路的实际应用逐渐减少，而 PLD 器件应用越来越广泛，故本教材在强调基本概念和基本模块的同时，引入了硬件描述语言（HDL）和电子设计自动化(EDA)，体现了应用型本科院校教学内容具有的基础性、先进性和实用性的特色。

本教材的特色与创新之处：

1. 教材内容取舍合理，由浅入深，推陈出新，并以“理实一体化”的形式增加了用 HDL 和 EDA 设计电路的方法，适应了新形势下电气类、电子信息类和自动化类等专业的教学要求，突出了“保证基础、注重实践、强化应用”的特色。

2. 教材内容的安排顺序遵循从简单到复杂、从特殊到一般的认知规律，按照“基本概念—器件（模块)—应用”的顺序，把数字电路的分析与设计方法融入到器件应用中，进一步满足应用型人才培养的要求。

3. 以应用背景的形式引出各章的知识点，提升学生的学习兴趣。主要章节末尾安排了实践案例，从基本概念入手，通过讲解典型器件的应用，结合基本电路的分析和设计方法的介绍，最后以实际系统加以总结和归纳，实现理论与实践的有机结合。

本次教材修订由朱幼莲、张雷、樊寅逸和翟丽芳负责修订第 1、3、5 章，由黄成、诸一琦和李雪梅负责修订第 4、6、7、9 章，由陶为戈负责修订第 2 章，由宋伟负责修订第 8 章，张雷和诸一琦负责习题修订及全书图表的规范化处理，最后由朱幼莲和黄成负责统稿。

编　者

Preface 第1版前言

“数字电子技术”是电气信息类专业的一门重要的技术基础课，主要介绍各种数字器件、数字电路、数字系统的工作原理和分析与设计方法。作者根据应用型本科院校的特点，依照普通高等教育电气工程与自动化（应用型）“十二五”规划教材的编写指导意见，以“基本理论适度、注重工程应用”为基本原则，在淡化器件内部结构，加强器件实用性的理念下，结合多年的教学实践经验，编写了《数字电子技术》教材。本教材具有以下特点：

1. 在教材内容的选取上，以强化应用为特色精选教材内容，在确保理论知识的系统性、完整性的前提下，大幅度减少集成电路内部电路分析的内容，把重点放在外部特性、逻辑功能和器件的应用上。

2. 在教材内容的安排顺序上，遵循从简单到复杂、从特殊到一般的认知规律，按照基础性、综合性和先进性的原则安排教材内容。

3. 在教材内容的讲解方法上，用通俗易懂的语言，介绍逻辑器件、逻辑分析、逻辑应用，把数字电路的分析与设计方法融入到 MSI 器件中介绍，强调知识应用能力的培养。

4. 以应用背景的形式，引出各章的知识点，以提高学生的学习兴趣。主要章节末尾安排实践案例，从基本概念入门，对基本电路的分析、设计及典型器件的应用等进行介绍，最后以实际系统加以总结和归纳，实现理论与实践的有机结合。

本书共 9 章，书后附有部分习题参考答案，书中打“＊”号的为选学内容，教师可根据具体情况灵活处理，删去这些内容不影响理论体系的完整性。

参加本书编写工作的有朱幼莲（绪论、第 3 章）、李雪梅（第 4 章、第 6 章）、黄成（第 7 章）、翟丽芳（第 5 章）、陶为戈（第 2 章）、宋伟（第 8 章）、樊寅逸（第 1 章、第 9 章）。朱幼莲负责组织和统稿工作。

本书由长春工业大学的贾文超教授担任主审。贾教授认真审阅了本书的全稿，提出了许多宝贵的修改意见。编写过程中，江苏技术师范学院的罗印升、沈琳、钱志文等老师提出了许多宝贵意见，朱昳华、汪颖、刘华等老师为编者提供了大力支持。对此，编者谨向他们致以衷心的感谢！

本书内容若有疏漏和错误，欢迎专家、学者、教师、学生和工程技术人员提出意见和建议，以便今后不断改进。

编　者

本书常用符号说明

类别	符号	意义
电压	V_{IH}	输入高电平
	V_{IL}	输入低电平
	V_{OH}	输出高电平
	V_{OL}	输出低电平
	V_{NH}	输入高电平噪声容限
	V_{NL}	输入低电平噪声容限
	V_{TH}	门电路的阈值电压
	V_{REF}	参考电压或者基准电压
	V_{CC}、V_{DD}	直流电源电压
电流	I_{IH}	高电平输入电流
	I_{IL}	低电平输入电流
	I_{OH}	高电平输出电流
	I_{OL}	低电平输出电流
	I_{CC}、I_{DD}	直流电源平均电流
脉冲参数	f	周期性脉冲的重复频率
	q	占空比
	t_r	上升时间
	t_h	保持时间
	t_f	下降时间
	t_{re}	恢复时间
	t_{set}	建立时间
	t_w	脉冲宽度
	T	脉冲周期
	V_m	脉冲幅度
电阻、电容	R	固定电阻或等效电阻的通用符号
	R_I	输入电阻
	R_O	输出电阻
	R_L	负载电阻
	R_{OFF}	器件截止时的内阻
	R_{ON}	器件导通时的内阻
	R_U	上拉电阻
	C	电容通用符号
	C_L	负载电容
	C_I	输入电容
器件、中规模器件	A	放大器
	VD	二极管

（续）

类别	符　　号	意　　义
器件、中规模器件	VT	晶体管、场效应晶体管
	VT_N	N沟道MOS管
	VT_P	P沟道MOS管
	G	门
	TS	三态门
	OC（OD）	集电极（漏极）开路门
	TG	传输门
	S	开关
	FF	触发器
	DEC	译码器
	MUX	多路开关（数据选择器）
	DEMUX	数据分配器
	ENC、PRI	编码器、优先编码器
	COMP	数值比较器
	Σ	加法器
	CNT	计数器
	REG	寄存器
	SHIFT REG	移位寄存器
大规模集成电路	ROM	只读存储器
	RAM	随机存取存储器
	PLA	可编程逻辑阵列
	PAL	可编程阵列逻辑
	GAL	通用阵列逻辑
	FPGA	现场可编程门阵列
	CPLD	复杂的可编程逻辑器件
其他符号	B	二进制、借位
	D	十进制
	H	十六进制
	EN、S、G	使能（允许）
	OE	输出允许
	GND	接地
	CP、CLK	时钟
	S_D、LD、S	置数
	R_D、CLR、R	清零
	EP、ET	计数使能
	C、CI、CO	进位、进位输入、进位输出
	Y、Y'、Y^D	原函数、反函数、对偶式
	Q、Q^*	现态、次态

Contents 目录

绪论

1. 信号的分类

自然界的信号多种多样，各不相同。分类角度不同其称谓也不相同。例如，有确定信号和随机信号，有周期信号和非周期信号等。在电子电路中，则将信号分为模拟信号和数字信号。

模拟信号是指在时间和数值上都连续变化的信号，常用时间的函数 $f(t)$ 表示。

数字信号是指在时间和数值上均具有离散性的信号，常用"0""1"二值量表示。其中"0""1"没有数的概念，代表的是两种不同的状态。例如，可以用"0""1"表示开关的断开和闭合两种状态。

2. 电路的分类

与信号的分类相对应，电路有模拟电路和数字电路。

模拟电路是指分析、处理或产生模拟信号的电路。模拟电路的分析常采用等效电路分析法。

数字电路是指对数字信号进行传送、逻辑运算、控制、计数、寄存、显示以及脉冲信号的产生与变换等的电路。

3. 数字电路的特点

由于数字电路的基本工作信号是二进制信号，只有"0""1"两个基本数字，反映在电路上就是高电平和低电平两种状态。在稳态时，数字电路中的半导体器件都是工作在开、关状态。因此数字电路也称开关电路，它与模拟电路相比主要有下列优点：

1）电路结构简单，容易制造，便于集成及系列化生产，成本低，使用方便。

2）由数字电路组成的数字系统，工作可靠，精度较高。

3）数字电路不仅能完成数值运算，而且能进行逻辑判断和逻辑运算，这在控制系统中是不可缺少的，因此，常把数字电路称为"数字逻辑电路"。

由于数字电路有一系列的优点，在自动控制、测量仪器、通信等技术领域得到广泛应用，电子计算机则是其最典型的应用实例。

事物总是一分为二的，数字电路也有一定的局限性。事实上，自然界中存在的物理量大多是模拟量。因此，实际电子系统往往是数字电路和模拟电路的结合。

4. 本课程的任务、特点和主要内容

（1）课程的任务

本课程是高等学校电类各专业的技术基础课，通过本课程的学习，使学生熟悉数字电子技术的基本概念、基本理论和基本应用；掌握常用数字电路的分析和设计方法以及典型脉冲电路的分析方法。在保证学生掌握基本内容的前提下，培养学生数字电路的分析、设计的能力和集成电路的应用能力，以及自我获取新知识的学习能力和创新意识，为后续课程的学习以及解决工程实践中所遇到的数字系统问题打下坚实的基础。

（2）课程的特点

数字电子技术是一门应用广泛、实践性很强的工程技术科学。与先修的基础理论课程（大学物理、电路原理）相比，本课程更接近工程实际，强调理论与实践相结合。

（3）主要内容

本课程由脉冲和数字两大部分构成。脉冲部分主要介绍脉冲信号的概念以及脉冲信号的产生与整形等内容。数字部分主要包括组合逻辑电路和时序逻辑电路。组合逻辑电路围绕其基本单元门电路介绍基本的逻辑运算及相应的门电路、逻辑函数等，同时介绍组合逻辑电路的分析与设计方法，重点介绍中规模集成器件的应用。时序逻辑电路其基本单元是触发器，这部分围绕触发器介绍常用触发器的工作原理、逻辑功能及描述方法，重点介绍典型时序电路（如计数器、寄存器、序列发生器等）的工作原理、分析与设计方法，尤其是集成器件的应用。最后介绍数字电路的发展趋势及可编程逻辑器件的开发与应用。在各章中，还加入了 VHDL 程序设计的内容。

5. 本课程的学习要求及学习方法

（1）深入理解数字电路的基本概念和基本理论

此项要求不仅是为了给学习本课程内容打好基础，而且由于数字电路是一个飞速发展的技术领域，只有深入掌握基本概念和基本理论，才能在新器件、新技术和新工艺出现时迅速跟踪。

（2）熟练掌握数字电路的分析、设计方法

分析方法和设计方法是贯穿本课程的主线，是学生应该学会的基本功。分析和设计方法的数学基础是逻辑代数；主要工具是逻辑表达式、真值表、逻辑图、状态图和波形图等。

值得一提的是，在分析和设计数字电路时，不仅要关心电路的逻辑功能，而且还应关心电路性能，诸如负载能力、功耗、工作速度和抗干扰能力等。

（3）逐步提高阅读集成电路产品手册的能力，以便从中获取更多信息

随着微电子技术的迅速发展，数字集成电路的种类和型号越来越多，因此提高本项能力显得日益重要。

（4）学习方法

数字电路的分析和设计方法比较灵活，一定要善于归纳总结，学会从简单到复杂，从特殊到一般的类比方法；其次要重视实验技术。实验是本课程必不可少的重要环节，仅有理论知识而不动手实践，肯定学不好这门课程，因此一定要重视每个实验，努力提高上述各项能力。最后，应当纠正两种认识：一种是把实验仅仅当作验证理论的手段；另一种是把实验中的能力培养仅仅局限于“动手能力”。正确的态度是在实验中，理论与实践紧密结合、知识与能力相互促进，着重培养运用理论解决实际问题的能力。

第1章

数字逻辑基础

应用背景

对数字信号进行算术运算和逻辑运算的电路称为数字逻辑电路，简称数字电路。数字电路研究的对象是输出与输入之间的逻辑关系，可以用逻辑代数来描述。逻辑代数是数字电路分析和设计的数学工具，常用的表述方法有表达式、真值表、卡诺图等。

本章简单介绍数制与码制的基本概念，主要介绍逻辑运算、逻辑函数的描述方法、逻辑函数的化简方法以及硬件描述语言（HDL）。

1.1 数制

人们在日常生活中经常遇到计数问题，用多位的数码可以表示数量的大小，这种多位数码的构成方式以及计数的体制称为数制。数制可以分为进位制和非进位制两种。

进位制计数是按进位方式进行计数的体制。在数字系统中经常采用二进制数，有时也采用十六进制数或八进制数。

1.1.1 常用的进位制

权和基数是进位制计数中的两个基本要素。

权也称权值或位权。对于多位数，处在某一位上的“1”所表示的数值的大小，称为该位的位权。例如十进制第0位的位权为10^0，第1位的位权为10^1，第i位的权为10^i，而二进制第0位的位权为2^0，第1位的位权为2^1，第i位的权为2^i。

基数是指计数制中所使用的数码的个数，也称底数，反映进位规则。例如R进制数的基数为R，计数规则为“逢R进一”“借一作R”。

任意R进制数N_R可以表示为

$$N_R = K_nR^n + K_{n-1}R^{n-1} + \cdots + K_0R^0 + K_{-1}R^{-1} + K_{-2}R^{-2} + \cdots + K_mR^m \tag{1-1}$$

式中，K_i是第i位的数码，它可以是$0\sim R-1$这R个数码中的任何一个；R称为基数；R^i称为第i位的权；n为整数部分的位数；m为小数部分的位数。

1. 十进制

十进制（Decimal）是指以10为基数的计数体制。十进制可用0、1、2、…、9共10个

数码表示，超过9的数必须用多位数表示，其中低位和相邻高位之间的关系是“逢十进一”。例如，十进制数521.28可以表示为

$$521.28 = 5 \times 10^2 + 2 \times 10^1 + 1 \times 10^0 + 2 \times 10^{-1} + 8 \times 10^{-2}$$

任意一个十进制数 N_D 均可展开为

$$N_D = \sum_{i=-m}^{n} k_i 10^i \tag{1-2}$$

式中，k_i 为0~9十个不同的数码。

2. 二进制

二进制（Binary）是指以2为基数的计数体制。二进制可用0、1两个数码表示，超过1的数必须用多位数表示，其中低位和相邻高位之间的关系是“逢二进一”。

任何一个二进制数 N_B 可以展开为

$$N_B = \sum_{i=-m}^{n} k_i 2^i \tag{1-3}$$

式中，k_i 为0和1两个不同的数码。

3. 八进制

八进制（Octal）是指以8为基数的计数体制。八进制可用0、1、2、…、7共8个数码表示，超过7的数必须用多位数表示，其中低位和相邻高位之间的关系是“逢八进一”。

任何一个八进制数 N_O 可以展开为

$$N_O = \sum_{i=-m}^{n} k_i 8^i \tag{1-4}$$

式中，k_i 为0~7八个不同的数码。

4. 十六进制

十六进制（Hexadecimal）是指以16为基数的计数体制。十六进制数可用0~9、A（10）、B（11）、C（12）、D（13）、E（14）、F（15）共16个数码表示，超过15的数必须用多位数表示，其中低位和相邻高位之间的关系是“逢十六进一”。

任何一个十六进制数 N_H 可以展开为

$$N_H = \sum_{i=-m}^{n} k_i 16^i \tag{1-5}$$

式中，k_i 为0~F十六个不同的数码。

1.1.2　不同数制间的转换

1. 任意进制数转换为十进制数

将任意进制数按式（1-1）展开，然后将所有项的数值按十进制数相加，就可以得到所对应的十进制数。

例如，二进制数101.01转换成十进制数可以表示为

$$(101.01)_B = 1 \times 2^2 + 0 \times 2^1 + 1 \times 2^0 + 0 \times 2^{-1} + 1 \times 2^{-2} = (5.25)_D$$

八进制数 52.1 转换成十进制数可以表示为

$$(52.1)_O = 5 \times 8^1 + 2 \times 8^0 + 1 \times 8^{-1} = (42.125)_D$$

十六进制数 52.7F 转换成十进制数可以表示为

$$(52.7F)_H = 5 \times 16^1 + 2 \times 16^0 + 7 \times 16^{-1} + 15 \times 16^{-2} = (82.4960937)_D$$

2. 十进制数转换为二进制数

十进制数转换为二进制数时，整数部分和小数部分的方法不同。

(1) 整数部分的转换

假定十进制整数为 N_D，等值的二进制数为 $(k_n k_{n-1} \cdots k_0)_B$，则按式 (1-3) 展开可得到

$$\begin{aligned} N_D &= k_n \times 2^n + k_{n-1} \times 2^{n-1} + \cdots + k_1 \times 2^1 + k_0 \times 2^0 \\ &= 2(k_n \times 2^{n-1} + k_{n-1} \times 2^{n-2} + \cdots + k_1) + k_0 \end{aligned} \tag{1-6}$$

式 (1-6) 表明，若将 N_D 除以 2，则得到的商为 $k_n \times 2^{n-1} + k_{n-1} \times 2^{n-2} + \cdots + k_1$，而余数为 k_0。

同理，可将得到的商再除以 2 得到商为 $k_n \times 2^{n-2} + k_{n-1} \times 2^{n-3} + \cdots + k_2$，余数为 k_1，依此类推，反复将每次得到的商除以 2，取其余数，就可以求得二进制整数的每一位。

例如，将 $(163)_D$ 转换为二进制数可以如下进行：

除数	被除数		余数
2	163	-------------	余数=1= k_0
2	81	-------------	余数=1= k_1
2	40	-------------	余数=0= k_2
2	20	-------------	余数=0= k_3
2	10	-------------	余数=0= k_4
2	5	-------------	余数=1= k_5
2	2	-------------	余数=0= k_6
2	1	-------------	余数=1= k_7
	0		

读数方向（由 k_7 向 k_0，自下而上）

得到 $(163)_D = (10100011)_B$。

(2) 小数部分的转换

假定十进制小数为 N_D，等值的二进制数为 $(0.k_{-1}k_{-2}\cdots k_{-m})_B$，则按式 (1-3) 展开可得到

$$N_D = k_{-1} \times 2^{-1} + k_{-2} \times 2^{-2} + \cdots + k_{-m} \times 2^{-m}$$

$$2N_D = k_{-1} + (k_{-2} \times 2^{-1} + k_{-3} \times 2^{-2} \cdots + k_{-m} \times 2^{-m+1}) \tag{1-7}$$

式 (1-7) 表明，将小数 N_D 乘以 2 所得乘积的整数部分即 k_{-1}。

同理，将乘积的小数部分再乘以 2 又可以得到

$$2(k_{-2} \times 2^{-1} + k_{-3} \times 2^{-2} \cdots + k_{-m} \times 2^{-m+1}) = k_{-2} + (k_{-3} \times 2^{-1} + \cdots + k_{-m} \times 2^{-m+2}) \tag{1-8}$$

乘积的整数部分即 k_{-2}。依此类推，反复将每次乘积的小数部分乘以 2，取其整数部分，

就可以求得二进制小数的每一位。

例如，将 $(0.6875)_D$ 转换为二进制数可以如下进行：

$$
\begin{array}{r l}
0.6875 & \\
\times \quad 2 & \\
\hline
1.3750 & \text{------------ 整数部分} = 1 = k_{-1} \\
\times \quad 2 & \\
\hline
0.7500 & \text{------------ 整数部分} = 0 = k_{-2} \\
\times \quad 2 & \\
\hline
1.5000 & \text{------------ 整数部分} = 1 = k_{-3} \\
\times \quad 2 & \\
\hline
1.0000 & \text{------------ 整数部分} = 1 = k_{-4}
\end{array}
\quad \downarrow \text{读数方向}
$$

得到 $(0.6875)_D=(0.1011)_B$。

可见十进制数转换为二进制数的方法可概括为：整数部分采用“除2取余”法，小数部分采用“乘2取整”法。转换时注意读数的方向。

3. 二进制数与十六进制数的相互转换

4位二进制数有16个状态，而1位十六进制数有16个不同的数码，因此二进制数转换为十六进制数只要以小数点为基准，整数部分从低位到高位将每4位二进制数分为一组并替换为等值的十六进制数，小数部分则是从高位到低位将每4位二进制数分为一组并替换为等值的十六进制数，即可得到对应的十六进制数。这种转换方法可概括为“四位聚一位”法。

例如，将 $(01011011.11000001)_B$ 转换为十六进制数时可以得到

$$
\begin{array}{cccccc}
(& 0101 & 1011. & 1100 & 0001 &)_B \\
 & \downarrow & \downarrow & \downarrow & \downarrow & \\
=(& 5 & B. & C & 1 &)_H
\end{array}
$$

同理，十六进制数转换为二进制数时，只需要将十六进制数的每一位用等值的4位二进制数代替就可以了。

例如，将 $(5CB.48)_H$ 转换为二进制数时可以得到

$$
\begin{array}{ccccccc}
(& 5 & C & B. & 4 & 8 &)_H \\
 & \downarrow & \downarrow & \downarrow & \downarrow & \downarrow & \\
=(& 0101 & 1100 & 1011. & 0100 & 1000 &)_B
\end{array}
$$

4. 二进制数与八进制数的相互转换

3位二进制数有8个状态，而1位八进制数有8个不同的数码，因此二进制数转换为八进制数只要以小数点为基准，整数部分从低位到高位将每3位二进制数分为一组并替换为等值的八进制数，小数部分则是从高位到低位将每3位二进制数分为一组并替换为等值的八进制数，即可得到对应的八进制数。这种转换可以概括为“三位聚一位”法。

例如，将 $(101010.111110)_B$ 转换为八进制数时可以得到

$$
\begin{array}{cccccc}
(& 101 & 010. & 111 & 110 &)_B \\
 & \downarrow & \downarrow & \downarrow & \downarrow & \\
=(& 5 & 2. & 7 & 6 &)_O
\end{array}
$$

同理，八进制数转换二进制数时，只需要将八进制数的每一位用等值的 3 位二进制数代替就可以了。

例如，将 $(56.47)_O$ 转换为二进制数时可以得到

$$
\begin{array}{lcccc}
(& 5 & 6. & 4 & 7\ )_O \\
 & \downarrow & \downarrow & \downarrow & \downarrow \\
=(& 101 & 110. & 100 & 111\ )_B
\end{array}
$$

5. 剩余误差及转换位数

一个 R 进制的 n 位小数的精度为 R^{-n}。例如 $(0.95)_D$ 的精度为 10^{-2}，采用乘基数取整法将十进制转换成二、八、十六进制小数时，可能出现多次相乘的乘积的小数部分仍不为零的情况，如果转换小数取了 n 位，则转换的剩余误差 Δ 小于该 n 位小数的精度，即 $\Delta<R^{-n}$，例如，$(0.95)_D=(0.746314631\cdots)_O$，当转换取 3 位时，可得 $(0.95)_D=(0.746)_O$，则 $\Delta=(0.000314631\cdots)_O<8^{-3}$。

1.1.3　二进制数的算术运算

在数字电路中，0 和 1 既可以表示逻辑状态，又可以表示数量大小。当表示数量时，两个二进制数可以进行算术运算。二进制数的算术运算可以分为无符号二进制数和有符号二进制数的算术运算。

1. 无符号二进制数的算术运算

二进制数的加、减、乘、除 4 种运算规则与十进制数类似，唯一的区别在于进位和借位的规则不同。

(1) 二进制加法

无符号二进制数加法规则是“逢二进一”，即

$$0+0=0,\ 0+1=1,\ 1+1=10$$

例如，计算两个二进制数 1001 与 0101 的和

$$
\begin{array}{r}
1\,0\,0\,1 \\
+\quad 0\,1\,0\,1 \\
\hline
1\,1\,1\,0
\end{array}
$$

所以 1001+0101=1110。

无符号二进制数的加法运算是算术运算的基础，数字系统中的各种运算都将通过它来进行。

(2) 二进制减法

无符号二进制数减法规则是“借一作二”，即

$$0-0=0,\quad 1-1=0,\quad 1-0=1,\quad 0-1=11$$

其中，0 减 1 时不够减，所以向高位借 1。

例如，计算两个二进制数 1001 与 0101 的差

$$
\begin{array}{r}
1\,0\,0\,1 \\
-\quad 0\,1\,0\,1 \\
\hline
0\,1\,0\,0
\end{array}
$$

所以 1001-0101=0100。

由于无符号二进制数中无法表示负数，所以要求被减数一定要大于减数。

(3) 二进制数乘法和除法

乘法运算是由左移被乘数和加法运算组成，而除法运算是由右移被除数和减法运算组成。例如，两个二进制数 1001 和 0101 的乘除运算为

```
      1001                  1.11…
    × 0101          101 ) 1001
    ------                 101
      1001                 ----
     0000                  1000
    1001                    101
   0000                     ----
   ------                    110
   101101                    101
                             ---
                               1
```

所以 1001×0101=101101，1001÷0101=1.11…。

2. 有符号二进制数的算术运算

(1) 有符号二进制数的补码

二进制的负数需要用有符号的二进制数表示，在定点运算的情况下，二进制数的最高位表示符号位，用 0 表示正数，用 1 表示负数，其余部分为数值位。其表示形式有原码、反码和补码 3 种。

原码：最高位为符号位，数值位为绝对值对应的二进制数。例如 $(+12)_D=(01100)_B$，$(-12)_D=(11100)_B$。其中二进制数的最左边的位即最高位代表符号，其余 4 位表示数值。

反码：正数的反码与原码相同，负数的反码是符号位不变，数值位为原码各位取反。例如 $(+12)_{反}=(01100)_B$，$(-12)_{反}=(10011)_B$。

补码：正数的补码与原码相同，负数的补码是符号位不变，数值位在反码的数值位最低位加 1。例如 $(+12)_{补}=(01100)_B$，$(-12)_{补}=(10100)_B$。

在数字系统中，常常将负数用补码表示，以便将减法运算变为加法运算。

(2) 有符号二进制数的减法运算

采用补码的形式，可以很方便地进行有符号二进制数的减法运算。减法运算的原理是减去一个正数，相当于加上一个负数，即 $A-B=A+(-B)$，对 $(-B)$ 求补码，然后进行加法运算。

进行二进制补码加法运算时，必须注意被加数补码与加数补码的位数相等，让两个二进制数补码的符号位对齐。

例如，用 4 位二进制补码计算 5-3 的过程如下：

$$(5-3)_{补}=(5)_{补}+(-3)_{补}=0101+1101=0010$$

```
      0101
   +  1101
   --------
   [1] 0010
    ↑
  自动丢弃
```

两个二进制补码相加时，超过位数的进位在计算中自动丢弃，所以 $(5-3)_{补}=(0010)_B$。

(3) 溢出

对于 n 位有符号的二进制数的原码、反码和补码的数值范围分别为

原码

$$-(2^{n-1}-1)\sim+(2^{n-1}-1)$$

反码

$$-(2^{n-1}-1)\sim+(2^{n-1}-1)$$

补码

$$-2^{n-1}\sim+(2^{n-1}-1)$$

当计算结果超过此数值范围就会产生溢出。

例如，用 4 位二进制补码计算 5+7，得到

$$(5+7)_{补}=(5)_{补}+(7)_{补}=0101+0111=1100$$

计算结果 1100 表示-4，而实际正确的结果应该是 12，错误产生的原因在于 4 位二进制补码表示的范围是-8～+7，而本例中的结果 12 超出了 4 位二进制补码表示的范围，因而产生了溢出。解决溢出的办法是进行位扩展，即用更多位的二进制补码来表示，就不会产生溢出了。

例如，用 5 位二进制补码计算 5+7，得到

$$(5+7)_{补}=(5)_{补}+(7)_{补}=00101+00111=01100$$

1.2　码制

1.2.1　二进制码

数字系统中的信息可以分为两类：一类是数值；另一类是文字符号。数值信息的表示方法（即数制）前面已作介绍。为了表示文字符号信息，通常会采用一定位数的二进制数码表示，这些数码不表示数量的大小，是用来区分不同的文字符号。这些特定的二进制数码称为代码。以一定的规则编制代码，用以表示十进制数值、字母、符号等的过程称为编码。将代码还原成所表示的十进制数、字母、符号等的过程称为解码或译码。

若所需编码的信息有 N 项，则需要的二进制码的位数 n 应满足 $2^n\geqslant N$。

1.2.2　二-十进制（BCD）码

二-十进制码（Binary-Coded Decimal，BCD），也称二进制编码的十进制数，简称 BCD 码。它用 4 位二进制数来表示 1 位十进制数的 0～9 这 10 个数码。4 位二进制数有 16 种不同的状态，取其中 10 个与 0～9 这 10 个数码一一对应，有很多种方案。表 1-1 列出了几种常用的 BCD 码。

表1-1 几种常见的BCD码

十进制数	有权码			无权码	
	8421码	2421码	5421码	余3码	余3循环码
0	0000	0000	0000	0011	0010
1	0001	0001	0001	0100	0110
2	0010	0010	0010	0101	0111
3	0011	0011	0011	0110	0101
4	0100	0100	0100	0111	0100
5	0101	1011	1000	1000	1100
6	0110	1100	1001	1001	1101
7	0111	1101	1010	1010	1111
8	1000	1110	1011	1011	1110
9	1001	1111	1100	1100	1010

8421BCD码是有权码中最为常见的一种BCD码，它以4位二进制数中的0000~1001对应十进制中的0~9，1010~1111这6种组合是无效的。编码中每一位的值都是固定的数，称为位权。由高到低每一位的权值分别为$2^3=8$，$2^2=4$，$2^1=2$，$2^0=1$，因此称为8421BCD码。例如，356.4的BCD码为0011 0101 0110．0100。在书写BCD码时应注意每1位十进制数都需要用4位二进制数表示，4位与4位之间留有一空格，整数部分前面的0不能省略，小数部分后面的0也不能省略。

2421码也是有权码，对应的权值由高到底分别为2、4、2、1。2421码的特点是将任意一个十进制数的2421码各位取反，所得代码正好为该十进制数对应9的补码。例如，3的2421码为0011，各位取反为1100，它是6的2421码，而3对应9的补码就是6，2421码的这种特性称为自补性。具有自补性的代码称为自补码。

5421码也是有权码，它各位的权由高到底分别为5、4、2、1。

设十进制数为N，代码为$b_3b_2b_1b_0$，权值由高到低为$W_3W_2W_1W_0$。在一般情况下，有权码的十进制数与二进制数之间可以用下式来表示：

$$N = b_3W_3 + b_2W_2 + b_1W_1 + b_0W_0 \tag{1-9}$$

无权码的编码中每一位的值没有固定的权值。余3码就是无权码，它不能用式（1-9）来表示编码关系，但其编码可以由8421码加3（0011）得到。

余3循环码也是一种无权码，它的特点是具有相邻性，任意两个相邻代码之间仅有一位取值不同，例如3和4两个代码0101和0100仅有最低位不同。

格雷码也是一种常见的无权码，其编码见表1-2。它也具有相邻性，即两个相邻代码之间仅有一位取值不同，因而常用于将模拟量转换成用连续二进制数序列表示数字量的系统中。例如从3到4，格雷码是从0010变化到0110，仅有一位变化，其余三位保持不变。如果换成自然二进制码，则是从0011变化到0100，有三位发生变化，如果这三位在变化过程中所需的时间不一样，就会产生瞬间的错误数码，如0000、0111、0010等。而格雷码因为每次只有一位变化，可以避免错误数码的出现。

表 1-2　格雷码

十进制数	二进制数	格雷码
0	0 0 0 0	0 0 0 0
1	0 0 0 1	0 0 0 1
2	0 0 1 0	0 0 1 1
3	0 0 1 1	0 0 1 0
4	0 1 0 0	0 1 1 0
5	0 1 0 1	0 1 1 1
6	0 1 1 0	0 1 0 1
7	0 1 1 1	0 1 0 0
8	1 0 0 0	1 1 0 0
9	1 0 0 1	1 1 0 1
10	1 0 1 0	1 1 1 1
11	1 0 1 1	1 1 1 0
12	1 1 0 0	1 0 1 0
13	1 1 0 1	1 0 1 1
14	1 1 1 0	1 0 0 1
15	1 1 1 1	1 0 0 0

1.2.3　字符、数字代码

计算机不仅用于处理数字，而且用于处理字母、符号等文字信息。人们通过键盘上的字母、符号和数字向计算机发送数据和指令，每一个键都可以用一个二进制码来表示。

ASCII 码是美国信息交换标准代码（American Standard Code for Information Interchange）的简称，是由美国国家标准化协会制定的一种信息代码，被广泛地应用于计算机和通信领域中。

ASCII 码是一组 7 位二进制代码（$b_6b_5b_4b_3b_2b_1b_0$），共 128 个，其中包括表示数字 0~9 的 10 个代码，表示大、小写英文字母的 52 个代码，32 个表示各种符号的代码以及 34 个控制码。表 1-3 是 ASCII 码的编码表。

表 1-3　美国信息交换标准代码（ASCII 码）

$b_3b_2b_1b_0$	$b_6b_5b_4$							
	000	001	010	011	100	101	110	111
0000	NUL	DLE	SP	0	@	P	'	p
0001	SOH	DC1	!	1	A	Q	a	q
0010	STX	DC2	“	2	B	R	b	r
0011	ETX	DC3	#	3	C	S	c	s
0100	EOT	DC4	$	4	D	T	d	t
0101	ENQ	NAK	%	5	E	U	e	u
0110	ACK	SYN	&	6	F	V	f	v
0111	BEL	ETB	‘	7	G	W	g	w
1000	BS	CAN	(	8	H	X	h	x
1001	HT	EM	)	9	1	Y	i	y
1010	LF	SUB	*	:	J	Z	j	z
1011	VT	ESC	+	;	K	[	k	{
1100	FF	FS	,	<	L	\	1	|
1101	CR	GS	-	=	M	]	m	}
1110	SO	RS	.	>	N	∧	n	~
1111	SI	US	/	?	O	-	o	DEL

1.3 逻辑运算

逻辑是指事物之间的因果关系。当0和1表示逻辑状态时，两个二进制数码按照某种指定的因果关系进行的运算称为逻辑运算。逻辑运算使用的数学工具是逻辑代数，由逻辑变量和逻辑运算组成。普通代数中变量的取值可以是任意的，而在逻辑代数中，逻辑变量只可以取0和1，称为二值逻辑变量。这里的0和1表示的不是数量大小，而是完全对立的逻辑状态。

1.3.1 基本逻辑运算

在逻辑代数中有与、或、非三种基本的逻辑运算。

1. 与运算

图1-1所示电路中，电压V通过开关A和B向白炽灯L供电，只有当两个开关同时闭合时，白炽灯才会亮。A和B中只要有一个开关断开或者两个均断开时，白炽灯就不亮。

开关A、B和白炽灯L的逻辑关系表明，只有决定事物结果的全部条件同时满足时，结果才会发生。这种因果关系称为逻辑与，也称逻辑乘。

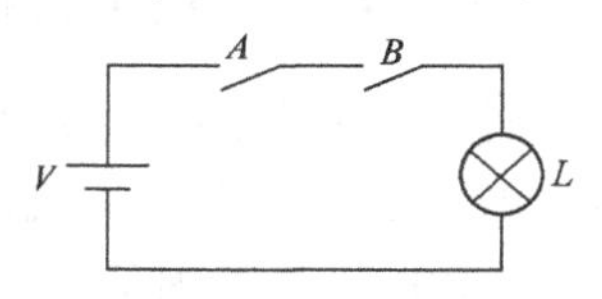

图1-1 电路

若用逻辑表达式来描述，则可写为

$$L = A \cdot B \tag{1-10}$$

式（1-10）中，小圆点“·”表示A、B的与运算，读作A与B。在不引起混淆的前提下，小圆点“·”可以省略，直接写为AB。某些文献也有用∧或∩表示与运算。

若开关断开和灯不亮均用“0”表示，而开关闭合和灯亮均用”1“表示，则可得到表1-4所列的与逻辑真值表。

从表1-4可知与运算的特点是全“1”出“1”，有“0”出“0”。根据这个特点可以方便地画出任意输入的与逻辑运算波形图，如图1-2所示。

完成与逻辑运算的逻辑电路称为与门，其逻辑图形符号如图1-3所示。

表1-4 与逻辑真值表

A	B	$L=AB$
0	0	0
0	1	0
1	0	0
1	1	1

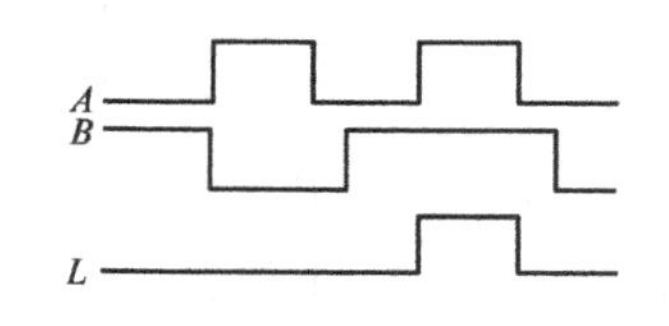

图1-2 与逻辑运算波形图

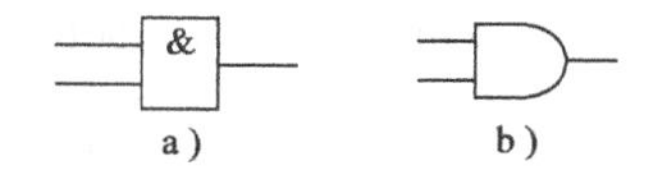

图1-3 与门逻辑图形符号
a）国标图形符号 b）国际通用图形符号

2. 或运算

图1-4所示电路中，电压V通过开关A和B向白炽灯L供电，当开关A和B中有一个闭合或者两个均闭合时，白炽灯就会亮。只有两个开关都断开，白炽灯才不亮。

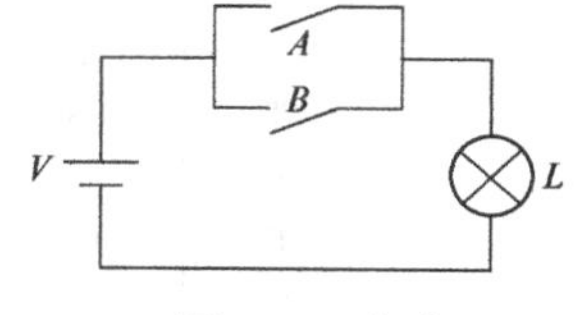

图1-4 电路

开关 A、B 和白炽灯 L 的逻辑关系表明，决定事物结果的全部条件中只要有一个得到满足，结果就会发生。这种因果关系称为逻辑或，也称逻辑加。

若用逻辑表达式来描述，则可写为

$$L = A + B \tag{1-11}$$

式（1-11）中，符号“+”表示 A、B 的或运算，读作 A 或 B。某些文献也有用∨或∪表示或运算。

若开关断开和灯不亮均用“0”表示，而开关闭合和灯亮均用“1”表示，则可得到表 1-5 所列的或逻辑真值表。

从表 1-5 可知或运算的特点是全“0”出“0”，有“1”出“1”。

完成或运算的逻辑电路称为或门，其逻辑图形符号如图 1-5 所示。

表 1-5　或逻辑真值表

A	B	$L=A+B$
0	0	0
0	1	1
1	0	1
1	1	1

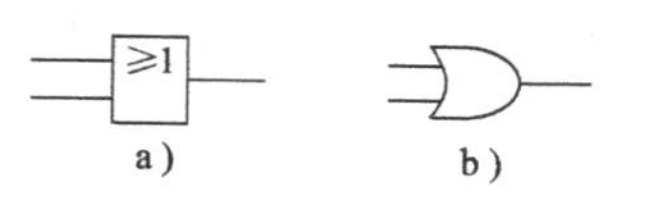

图 1-5　或门逻辑图形符号

a）国标图形符号　b）国际通用图形符号

3. 非运算

图 1-6 所示电路中，电压 V 向白炽灯供电，开关 A 与白炽灯 L 并联，当开关断开时，白炽灯就会亮。开关闭合时，白炽灯不亮。

开关 A 和白炽灯 L 的逻辑关系表明，只要条件具备了，结果就不会发生；而条件不具备时，结果一定发生，这种因果关系称为逻辑非，也称逻辑求反。

若用逻辑表达式来描述，则可写为

$$L = A' \tag{1-12}$$

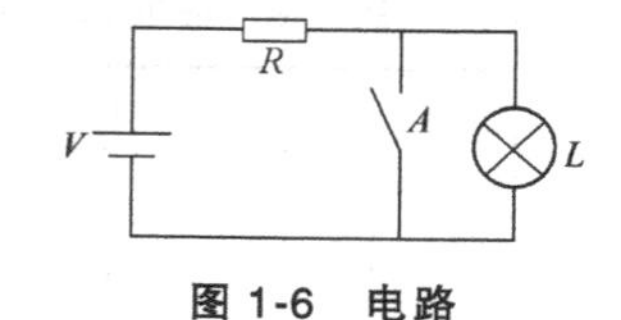

图 1-6　电路

式（1-12）中，符号“′”表示 A 的非运算，读作 A 非。某些文献也有用 $\overline{A}$ 或 $\sim A$ 表示非运算。

若开关断开和灯不亮均用“0”表示，而开关闭合和灯亮均用“1”表示，则可得到表 1-6 所列的非逻辑真值表。

从表 1-6 可知非运算的特点是“1”出“0”，“0”出“1”，即逻辑取反。

完成非运算的逻辑电路称为非门，也称反相器，其逻辑图形符号如图 1-7 所示。

表 1-6　非逻辑真值表

A	$L=A'$
0	1
1	0

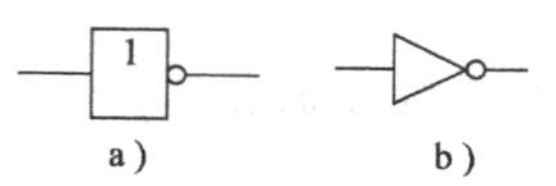

图 1-7　非门逻辑图形符号

a）国标图形符号　b）国际通用图形符号

1.3.2　几种常用的复合逻辑运算

实际的逻辑运算往往比较复杂，除了与、或、非三种基本运算外，还使用一

些其他的逻辑运算，常用的复合逻辑运算有与非、或非、与或非、异或、同或等。

1. 与非

与非运算是先进行与运算，然后将结果求反，最后得到的即为与非运算的结果。其逻辑表达式可写成

$$L=(AB)' \tag{1-13}$$

表1-7是与非运算的真值表。由真值表可以看出，与非运算的特点是全“1”出“0”，有“0”出“1”。

完成与非运算的逻辑电路称为与非门，其逻辑图形符号如图1-8所示。

表1-7 与非运算的真值表

A	B	L
0	0	1
0	1	1
1	0	1
1	1	0

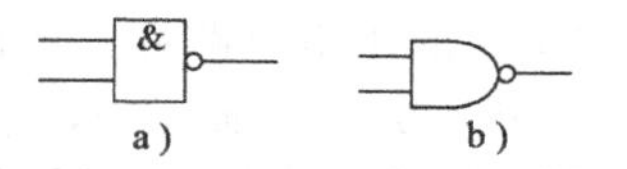

图1-8 与非门逻辑图形符号
a) 国标图形符号 b) 国际通用图形符号

2. 或非

或非运算是先进行或运算，再将结果求反。逻辑表达式可写成

$$L=(A+B)' \tag{1-14}$$

表1-8是或非运算的真值表。由真值表可以看出，或非运算的特点是全“0”出“1”，有“1”出“0”。

完成或非运算的逻辑电路称为或非门，其逻辑图形符号如图1-9所示。

表1-8 或非运算的真值表

A	B	L
0	0	1
0	1	0
1	0	0
1	1	0

图1-9 或非门逻辑图形符号
a) 国标图形符号 b) 国际通用图形符号

3. 与或非

与或非运算是先进行与运算，再进行或非运算。逻辑表达式可写成

$$L=(AB+CD)' \tag{1-15}$$

表1-9是与或非运算的真值表。

表1-9 与或非运算的真值表

A	B	C	D	L
0	0	0	0	1
0	0	0	1	1
0	0	1	0	1
0	0	1	1	0
0	1	0	0	1
0	1	0	1	1

（续）

A	B	C	D	L
0	1	1	0	1
0	1	1	1	0
1	0	0	0	1
1	0	0	1	1
1	0	1	0	1
1	0	1	1	0
1	1	0	0	0
1	1	0	1	0
1	1	1	0	0
1	1	1	1	0

完成与或非运算的逻辑电路称为与或非门，其逻辑图形符号如图 1-10 所示。

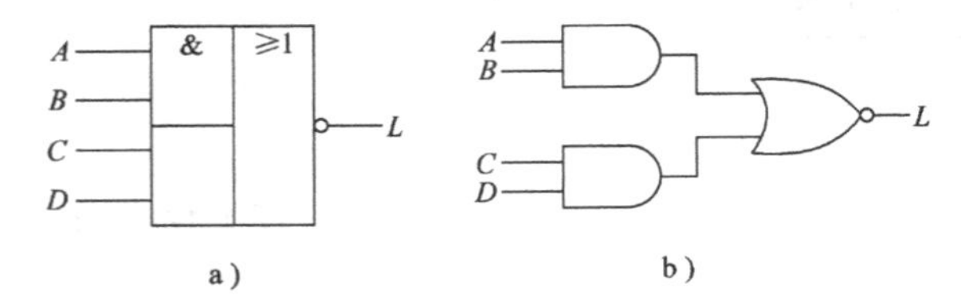

图 1-10　与或非门逻辑图形符号

a）国标图形符号　b）国际通用图形符号

4. 异或

两变量的异或运算其表达式为

$$L = A \oplus B = A'B + AB' \tag{1-16}$$

式（1-16）中的“⊕”读作“异或”，其真值表见表 1-10。

由真值表可以看出，两变量异或运算的特点是相同出“0”，相异出“1”。

完成异或运算的逻辑电路称为异或门，其逻辑图形符号如图 1-11 所示。

表 1-10　两变量异或运算的真值表

A	B	L
0	0	0
0	1	1
1	0	1
1	1	0

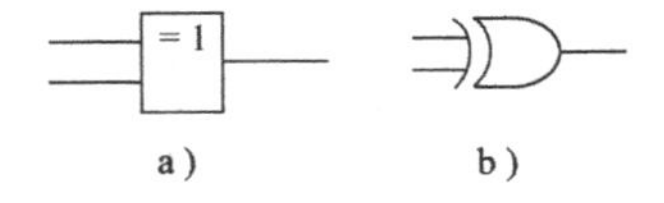

图 1-11　异或门逻辑图形符号

a）国标图形符号　b）国际通用图形符号

三变量的异或运算其表达式表示为

$$L = A \oplus B \oplus C \tag{1-17}$$

表 1-11 是三变量异或运算的真值表。

表 1-11　三变量异或运算的真值表

A	B	C	L	A	B	C	L
0	0	0	0	1	0	0	1
0	0	1	1	1	0	1	0
0	1	0	1	1	1	0	0
0	1	1	0	1	1	1	1

由真值表可以看出，三变量异或运算的特点是输入“1”的个数为奇数时输出为“1”，“1”的个数为偶数时输出为“0”。

由表1-10和表1-11可知，n变量的异或运算是两两异或，其原则是两个变量相同则输出为“0”，两个变量不同则输出为“1”。

5. 同或

同或运算其表达式为

$$L = A \odot B = AB + A'B' \tag{1-18}$$

表1-12是同或运算的真值表。

由真值表可以看出，两变量同或运算的特点是相同出“1”，相异出“0”。

完成同或运算的逻辑电路称为同或门，其逻辑图形符号如图1-12所示。

表1-12 同或运算的真值表

A	B	L
0	0	1
0	1	0
1	0	0
1	1	1

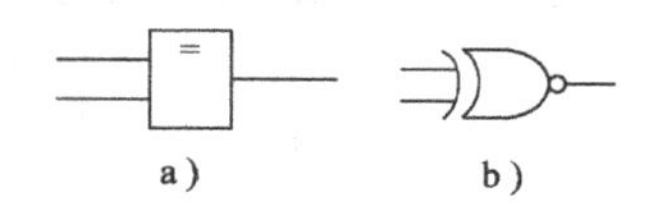

图1-12 同或门逻辑图形符号
a）国标图形符号 b）国际通用图形符号

由表1-10和表1-12可见，异或和同或互为反运算。

1.3.3 逻辑运算公式

根据前面介绍过的逻辑与、或、非三种基本运算可以推导出常用的逻辑运算基本定律和恒等式，见表1-13。

表1-13 逻辑运算基本定律和恒等式

基本定律	$A+0=A$	$A\cdot 0=0$	$(A')'=A$
	$A+1=1$	$A\cdot 1=A$	
	$A+A=A$	$A\cdot A=A$	
	$A+A'=1$	$A\cdot A'=0$	
结合律	$(A+B)+C=A+(B+C)$		$(AB)C=A(BC)$
交换律	$A+B=B+A$		$AB=BA$
分配律	$A(B+C)=AB+AC$		$A+BC=(A+B)(A+C)$
摩根定律	$(AB)'=A'+B'$		$(A+B)'=A'B'$
吸收律	$A+AB=A$		
	$A(A+B)=A$		
	$(A+B)(A+C)=A+BC$		
常用恒等式	$AB+A'C+BC=AB+A'C$ $AB+A'C+BCD=AB+A'C$ $A+A'B=A+B$		

对表1-13所列定律和恒等式的证明方法是：列出等式左边函数与右边函数的真值表，如果等式两边的真值表相同，说明等式成立。

例如，要证明 $A+A=A$ 时，令 $A=1$，则 $A+A=1+1=1=A$；再令 $A=0$，则 $A+A=0+0=0=A$；除此之外，没有其他可能。可见 $A+A=A$。

以上所列出的基本公式反映了逻辑关系，而不是数量之间的关系，在运算中不能简单套用初等代数的运算规则。例如初等代数中的移项规则就不能用，这是因为逻辑代数中没有减法和除法的缘故。这一点在使用中必须注意。

1.3.4　逻辑运算法则

1. 代入法则

在任意一个包含变量 A 的逻辑等式中，以另一个逻辑式代替式中所有变量 A，则等式仍然成立。这就是代入法则。

例如，两变量的摩根定律 $(AB)'=A'+B'$，把等式两边的 A 用变量 AC 代替，则等式变为 $(ACB)'=(AC)'+B'$，即 $(ABC)'=A'+B'+C'$，连续应用代入法则，可以得到等式 $(ABC\cdots)'=A'+B'+C'+\cdots$。

可见，代入法则可以扩展所有基本定律或恒等式的应用范围，将常用公式推广为多变量的形式。

2. 反演法则

已知原函数 Y，求反函数 Y'的过程称为反演。反演法则给出了求反函数的方法。其方法为将 Y 中的“·”换成“+”，“+”换成“·”；再将原变量换为反变量（如 A 变为 A'），反变量换为原变量；并将 1 换为 0，0 换为 1，那么所得的逻辑式就是 Y'，这个法则就称为反演法则。

在使用反演法则时，还需要注意以下两个原则：

1）保持原来的运算优先级，即优先考虑括号内的运算，先进行与运算，后进行或运算的优先次序。

2）对于单个变量求反以外的非号应保留不变。

【例 1-1】　已知 $Y=A+BC+1$，根据反演法则求 Y'。

解：

$$Y'=A'(B'+C')\cdot 0$$

【例 1-2】　已知 $Y=A(BC)'+(B+C)'D+E'$，根据反演法则求 Y'。

解：

$$\begin{aligned}Y'&=[A'+(B'+C')'][(B'C')'+D']E\\&=(A'+BC)[(B+C)+D']E\end{aligned}$$

如果利用常用的逻辑运算公式进行运算，也能得到同样的结果，但是过程要复杂得多。

3. 对偶法则

设 Y 是一个逻辑表达式，若把 Y 中的“·”换成“+”，“+”换成“·”；1 换成 0，0 换成 1，那么就得到一个新的逻辑表达式，这就是 Y 的对偶式，用 Y^D 表示。

在使用对偶法则时，保持原式中优先考虑括号内的运算，先进行与运算，后进行或运算的优先次序。

【例 1-3】　已知 $Y=(A+B')(C+D)$，求 Y 的对偶式 Y^D。

解：

$$Y^{D} = AB' + CD$$

当某个逻辑恒等式成立时，则该恒等式两侧的对偶式也相等。利用该法则，可从已知的公式中得到更多的运算公式，例如，分配律 $A(B+C)=AB+AC$ 成立，则它的对偶式 $A+BC=(A+B)(A+C)$ 也是成立的。

1.4 逻辑函数及描述方法

1.4.1 逻辑函数的基本概念

从上面讲过的各种逻辑关系中可以看到，如果以逻辑变量作为输入，以运算结果作为输出，那么当输入变量的取值确定之后，输出的取值便随之而定。因此，输出与输入关系之间是一种函数关系，这种关系称为逻辑函数。由于逻辑变量是 0 或 1 的二值逻辑变量，因此逻辑函数也是二值逻辑函数。函数关系式可以写为

$$Y = F(A, B, C, \cdots)$$

表示逻辑函数的常用方法有表达式、真值表（卡诺图）、逻辑图、波形图等。

1.4.2 表达式描述逻辑函数

将输入与输出之间的逻辑关系写成与、或、非等运算的组合，即逻辑代数式，就得到了所需的表达式。

【例 1-4】 写出图 1-13 所示电路的表达式。

解：由图 1-13 可知，开关 A 闭合或开关 B、C 同时闭合时，灯 Y 才发光，因此灯与开关的关系为

$$Y = A + BC$$

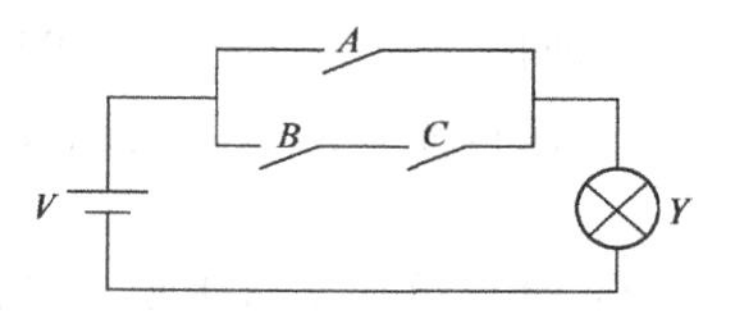

图 1-13 例 1-4 的电路图

1.4.3 真值表描述逻辑函数

将输入变量所有取值组合对应的输出值找出来，列成表格，即可得到真值表。

【例 1-5】 列出图 1-13 所示电路的真值表。

解：假设开关闭合为 1，断开为 0。根据电路工作原理，只有 A 为 1 或者 B、C 同时为 1 时，Y 才为 1，于是可列出函数 Y 的真值表见表 1-14。

表 1-14 图 1-13 所示电路的真值表

输入			输出
A	*B*	*C*	*Y*
0	0	0	0
0	0	1	0
0	1	0	0
0	1	1	1
1	0	0	1
1	0	1	1
1	1	0	1
1	1	1	1

1.4.4　逻辑图描述逻辑函数

将表达式中各变量之间的与、或、非等逻辑关系用图形符号表示出来，就可以画出表示逻辑函数关系的逻辑图。

【例 1-6】　画出图 1-14 所示电路的逻辑图。

解：只要用与门和或门的图形符号代替与、或运算符，就可以得到如图 1-14 所示的逻辑图。

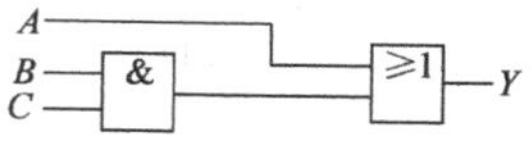

图 1-14　例 1-6 的逻辑图

1.4.5　逻辑函数描述方法间的转换

既然同一个逻辑函数可以用多种不同的方法描述，那么这几种方法之间必然能相互转化。

1. 真值表与表达式的相互转换

从前面对真值表的描述可知，由表达式列出真值表，只需要将输入变量取值的所有组合状态一一代入表达式求出函数值，列成表即可得到对应的真值表。

而要从真值表得到对应的表达式，需要以下几个步骤：

1）找出真值表中使逻辑函数为 1 的那些输入变量取值的组合。

2）每组输入变量取值的组合对应一个乘积项，其中取值为 1 的写入原变量，取值为 0 的写入反变量。

3）将这些乘积项逻辑加，就得到了真值表对应的表达式。

【例 1-7】　写出表 1-15 对应的表达式。

表 1-15　例 1-7 的真值表

A	B	C	Y	A	B	C	Y
0	0	0	0	1	0	0	1
0	0	1	0	1	0	1	0
0	1	0	1	1	1	0	0
0	1	1	0	1	1	1	1

解：（1） 函数 Y 取 1 的变量组合有 $ABC=010$，$ABC=100$，$ABC=111$。

（2）三组变量组合对应乘积项分别为 $A'BC'$、$AB'C'$和 ABC。

（3）将这三个乘积项逻辑加，就得到

$$Y = A'BC' + AB'C' + ABC$$

2. 表达式与逻辑图的相互转换

从给定的表达式转换为相应的逻辑图时，只要用逻辑图形符号代替表达式中的逻辑运算符号并按运算优先顺序将它们连接起来，就可以得到所需的逻辑图。

【例 1-8】　画出 $Y=(A+BC)'$的逻辑图。

解：（1）复合门实现，如图 1-15 所示。

（2）基本门实现，表达式 $Y=(A+BC)'=A'(B'+C')=A'B'+A'C'$，其逻辑图如图 1-16 所示。

从给定的逻辑图转换为对应的表达式时，只要从逻辑图的输入端到输出端逐级写出每个图形符号的表达式，最终在输出端就可以得到所需的表达式了。这里不再举例说明。

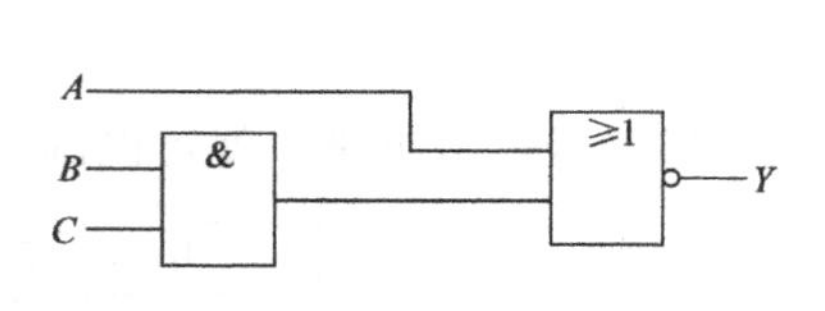

图1-15 例1-8复合门实现的逻辑图

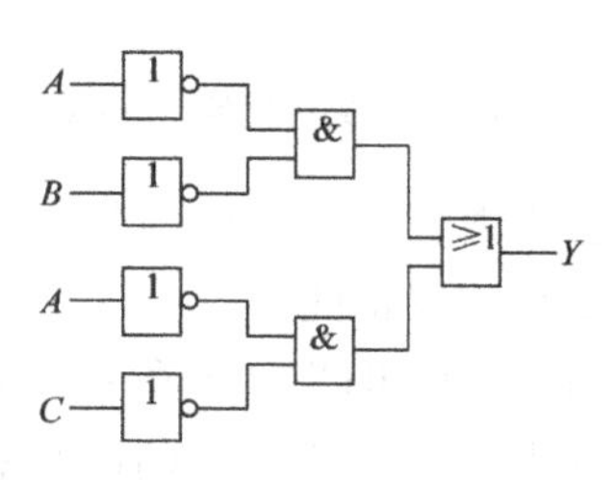

图1-16 例1-8基本门实现的逻辑图

1.5 公式法化简逻辑函数

【例1-9】 画出函数 $Y=[(AB)'+C']'$ 的逻辑图。

解： 将函数化简，得到 $Y=ABC$。

可以画出如图1-17a的逻辑图。如果不作化简，直接画出逻辑图，则如图1-17b所示。

可见，逻辑函数的表达式越简单，实现该函数的电路也越简单，所以在用电路实现函数之前首先要做的是化简表达式，其目的就是使逻辑电路尽可能简单。

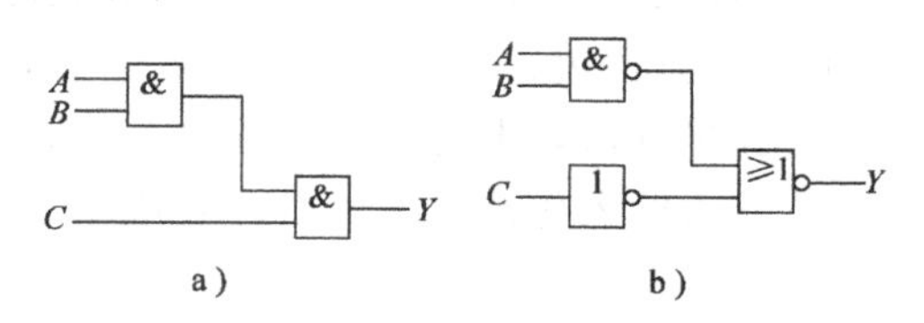

图1-17 例1-9的逻辑图
a）化简后的逻辑图 b）不作化简的逻辑图

对于不同的表达式类型，化简的标准是不同的。因为与或式最为常见，且可以较容易地同其他形式的表达式相互转换，所以这里主要介绍与或式的化简。

最简与或式满足的条件是：

1）乘积项数目最少。

2）乘积项中变量数最少。

寻找最简式的方法有公式化简法、卡诺图化简法和系统化简法，本节主要介绍公式化简法。公式化简法没有固定的步骤，有几种常用的方法归纳如下。

1. 并项法

利用 $AB+AB'=A$ 即 $B+B'=1$ 的公式，可以将两项合并为一项，消去一个变量。根据代入法则可知，公式中的 A 和 B 可以是任何复杂的逻辑式。

【例1-10】 化简函数 $Y=ABC'+A'BC'$。

解： 可利用 $A+A'=1$ 化简为

$$Y=(A+A')BC'=BC'$$

2. 吸收法

根据公式 $A+AB=A$，消去多余的项 AB，公式中的 A 和 B 可以是任何复杂的逻辑式。

【例1-11】 化简函数 $Y=AB'+AB'CD+AB'EF$。

解：

$$Y=AB'+AB'CD+AB'EF=AB'+AB'(CD+EF)=AB'$$

3. 消项法

利用公式 $AB+A'C+BC=AB+A'C$ 和 $AB+A'C+BCD=AB+A'C$ 将 BC 或 BCD 项消去。其中 A、B、C、D 均可以是任何复杂的逻辑式。

【例 1-12】 化简函数 $Y=AB'CD'+(AB')'E+A'CD'E$。

解：

$$Y = AB'CD' + (AB')'E + A'CD'E$$
$$= (AB')CD' + (AB')'E + [(CD')E]A' = AB'CD' + (AB')'E$$

4. 消因子法

利用公式 $A+A'B=A+B$ 可以将 $A'B$ 中的 A' 消去。A、B 均可以是任何复杂的逻辑式。

【例 1-13】 化简函数 $Y=AB'+B+A'B$。

解：

$$Y = AB' + B + A'B = A + B + A'B = A + B$$

5. 配项法

根据基本公式中的 $A+A=A$ 可以在逻辑函数的表达式中重复写入某一项，也可以根据本公式中的 $A+A'=1$ 在表达式中的某一项上乘以 $(A+A')$，然后拆成两项分别与其他项合并，有时能得到更加简单的化简结果。

【例 1-14】 化简函数 $Y=A'BC'+A'BC+ABC$。

解：

$$Y = A'BC' + A'BC + ABC$$
$$= A'BC' + A'BC + A'BC + ABC = A'B(C' + C) + (A' + A)BC = A'B + BC$$

1.6 卡诺图法化简逻辑函数

1.6.1 逻辑函数的最小项

1. 最小项

在 n 变量逻辑函数中，若 m 为包含 n 个因子的乘积项，而且这 n 个变量均以原变量或反变量的形式在 m 中出现一次，则称 m 为该组变量的最小项。

例如，A、B、C 三个变量的最小项有 $A'B'C'$、$A'B'C$、$A'BC'$、$A'BC$、$AB'C'$、$AB'C$、ABC'、ABC 共八个（即 2^3 个）。n 变量的最小项应有 2^n 个。

输入变量的每一组取值都使一个对应的最小项的值等于 1。例如，在三变量 A、B、C 的最小项中，当 $A=1$、$B=0$、$C=1$ 时，$AB'C=1$。如果把 A、B、C 的取值 101 看作是个二进制数，那么它所表示的十进制数就是 5。为了今后使用的方便，将 $AB'C$ 这个最小项记作 m_5。按照这一约定，就得到了三变量最小项的编号表，见表 1-16。

同理，将 A、B、C、D 这四个变量的 16 个最小项记作 $m_0 \sim m_{15}$。

从最小项的定义出发可以证明它具有如下的重要性质：

1）对于任意一个最小项，输入变量只有一组取值使它的值为 1，而在变量取其他各组值时，这个最小项的值都是 0。

2）不同的最小项，使它的值为 1 的那一组输入变量的取值也不同。

表 1-16 三变量最小项的编号表

最小项	使最小项为1的变量取值			对应的十进制数	编 号
	A	B	C		
$A'B'C'$	0	0	0	0	m_0
$A'B'C$	0	0	1	1	m_1
$A'BC'$	0	1	0	2	m_2
$A'BC$	0	1	1	3	m_3
$AB'C'$	1	0	0	4	m_4
$AB'C$	1	0	1	5	m_5
ABC'	1	1	0	6	m_6
ABC	1	1	1	7	m_7

3）对于输入变量的任意一组取值，任意两个最小项的乘积为0。

4）对于输入变量的任意一组取值，全体最小项之和为1。

为了将逻辑函数化为最小项和的形式，首先要将给定的逻辑函数表达式化为若干项乘积之和的形式，然后再利用基本公式 $A+A'=1$ 将每个乘积项中缺少的因子补全，这样就可以将逻辑函数化为最小项之和的标准形式。这种标准形式在逻辑函数的化简以及计算机辅助分析和设计中得到了广泛应用。

【例 1-15】 已知逻辑函数为 $Y=ABC'+BC$，写出最小项的表达式。

解：

$$Y = ABC' + (A + A')BC = ABC' + ABC + A'BC = m_3 + m_6 + m_7$$

或写作

$$Y(A,\ B,\ C) = \sum m(3,\ 6,\ 7)$$

2. 逻辑相邻性

只有一个变量不同的两个最小项，称为逻辑相邻项。例如 $A'BC$ 和 ABC，在这两个最小项中只有变量 A 取值不同，所以 $A'BC$ 和 ABC 逻辑上是相邻的。

相邻的两个最小项相或，可以消去一个因子，例如 $A'BC+ABC=BC$。

1.6.2 逻辑函数的卡诺图表示

1. 变量卡诺图

将 n 变量的全部最小项用小方块表示，并使具有逻辑相邻性的最小项在几何位置上也相邻地排列起来，所得到的图形称为 n 变量最小项的卡诺图。因为这种表示方法是由美国工程师卡诺（M. Karnaugh）首先提出的，所以将这种图形称为卡诺图。

图 1-18 中画出了 2~5 变量最小项的卡诺图。图形两侧标注的 0 和 1 表示使对应小方格内的最小项为 1 的变量取值。同时，这些 0 和 1 组成的二进制数对应的十进制数大小也就是对应的最小项的编号。

为了保证卡诺图中几何位置相邻的最小项在逻辑上也具有相邻性，这些数码不能按自然二进制数从小到大的顺序排列，而必须按图形中的排列方式排列，以确保相邻的两个最小项仅有一个变量是不同的。

从图 1-18 所示的卡诺图上还可以看到，处在任意一行或一列两端的最小项也仅有一个变量不同，所以它们也是具有逻辑相邻性。因此，从几何位置上应当将卡诺图看成是上下、

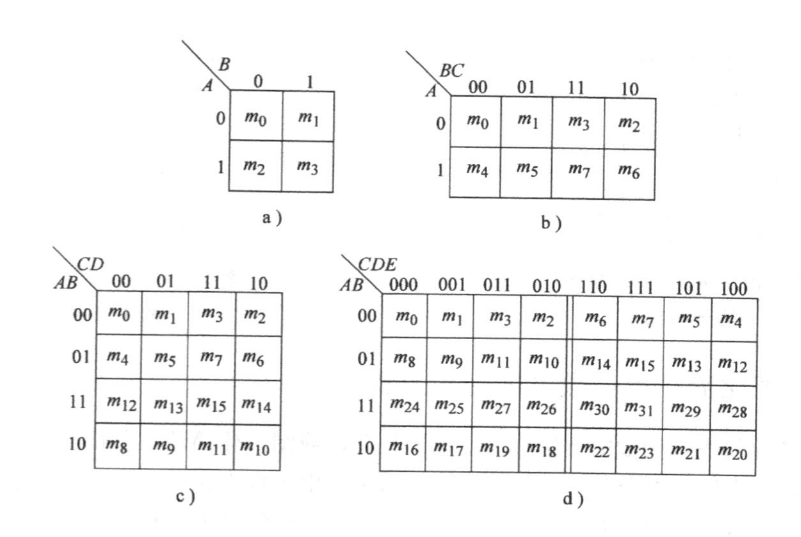

图 1-18　变量卡诺图

a）2 变量卡诺图　b）3 变量卡诺图　c）4 变量卡诺图　d）5 变量卡诺图

左右闭合的图形。

在变量数大于或等于 5 以后，仅仅用几何图形在两维空间的相邻性来表示逻辑相邻性已经不够了。例如，在图 1-18d 所示的 5 变量卡诺图中，除了几何位置相邻的最小项具有逻辑相邻性以外，以图中双竖线为轴左右对称位置上的两个最小项也具有逻辑相邻性。

从图 1-18 看出，卡诺图直观地反映了变量之间的相邻性，但是随着变量数的增加，图形越来越复杂。因此 5 变量以下的函数适合用卡诺图表示。

2. 函数卡诺图

既然任意逻辑函数都能表示为若干最小项之和的形式，那么自然也就可以设法用卡诺图来表示任意一个逻辑函数。具体方法是：首先将逻辑函数化为最小项之和的形式，然后在卡诺图上与这些最小项对应的位置上填入 1，在其余的位置上填入 0，就得到了表示该逻辑函数的卡诺图。也就是说，任何一个逻辑函数都等于对应卡诺图中填入 1 的那些最小项之和。

【例 1-16】 用卡诺图表示逻辑函数 $Y=A'B'C'D+A'BD'+ACD+AB'$。

解：首先将 Y 化为最小项之和的形式

$$\begin{aligned}Y &= A'B'C'D + A'B(C + C')D' + A(B + B')CD + AB'(C + C')(D + D')\\ &= A'B'C'D + A'BCD' + A'BC'D' + ABCD + AB'CD + AB'CD + AB'CD' + AB'C'D + AB'C'D'\\ &= m_1 + m_4 + m_6 + m_8 + m_9 + m_{10} + m_{11} + m_{15}\end{aligned}$$

画出 4 变量卡诺图，在对应与函数式中各最小项的位置上填入 1，其余位置上填入 0，就得到如图 1-19 所示的函数 Y 的卡诺图。

【例 1-17】 已知函数 Y 的卡诺图如图 1-20 所示，写出其最小项的表达式。

解：

$$Y = A'B'CD' + A'BC'D + A'BCD + ABC'D' + AB'CD' = m_2 + m_5 + m_7 + m_{12} + m_{10}$$

说明：在函数卡诺图中，方块内省略部分表示 0，即 0 在方块内可以省略不填写。

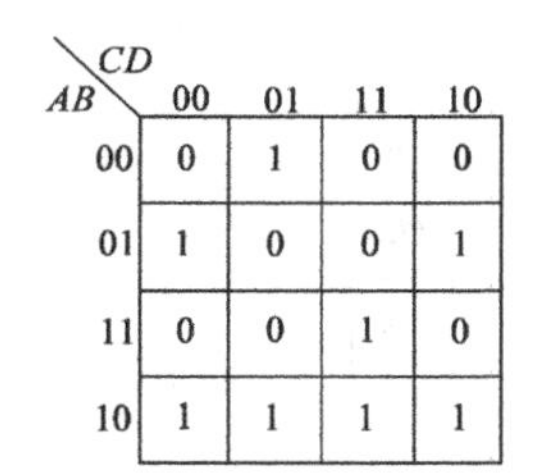

AB\CD	00	01	11	10
00	0	1	0	0
01	1	0	0	1
11	0	0	1	0
10	1	1	1	1

图 1-19 例 1-16 函数 Y 的卡诺图

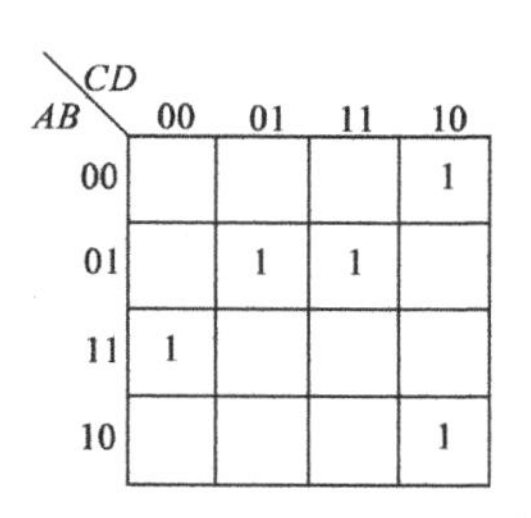

AB\CD	00	01	11	10
00				1
01		1	1	
11	1			
10				1

图 1-20 例 1-17 函数 Y 的卡诺图

1.6.3 卡诺图化简逻辑函数的规则和步骤

利用卡诺图化简逻辑函数的方法称为卡诺图化简法或图形化简法。化简时依据的基本原理就是具有相邻性的最小项可以合并，并消去不同的因子。由于在卡诺图上几何位置相邻与逻辑上相邻是一致的，因而从卡诺图上能直观地找出那些具有相邻性的最小项并将其合并化简。

1. 合并最小项的规律

（1）若两个最小项相邻，则可合并为一项并消去一对因子，合并后的结果取其公共因子。

在图 1-21a 和 b 中画出了两个最小项相邻的几种可能情况。例如，图 1-21a 中 $A'BC$（m_3）和 ABC（m_7）相邻，故可合并为

$$A'BC + ABC = (A' + A)BC = BC$$

合并后将 A 和 A' 一对因子消掉了，只剩下公共因子 B 和 C。

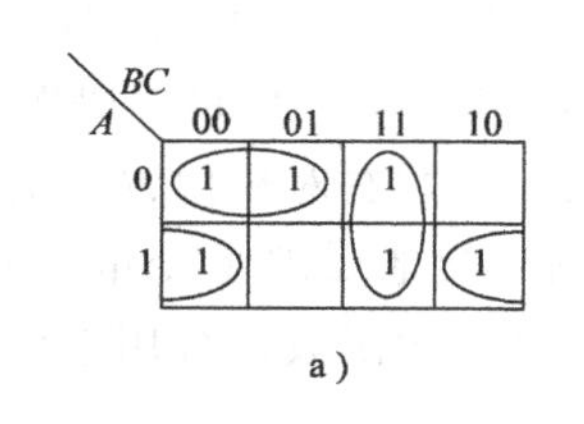

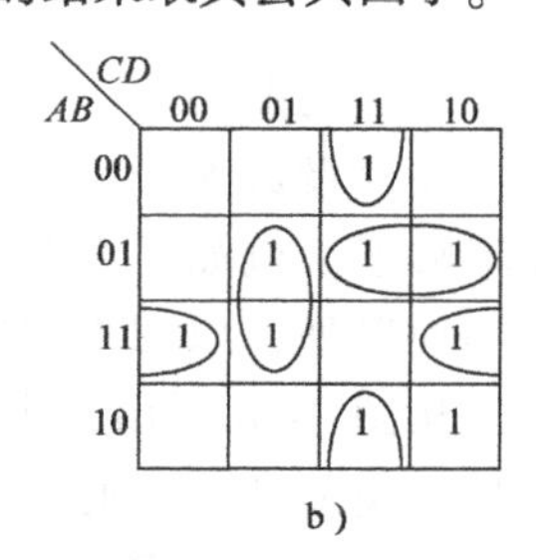

图 1-21 两个最小项相邻的卡诺图

（2）若四个最小项相邻并排列成一个矩形组，则可以合并为一项并消去两对因子。合并后的结果中只包含公共因子。

例如，在图 1-22b 中，$A'BC'D$（m_5）、$A'BCD$（m_7）、$ABC'D$（m_{13}）和 $ABCD$（m_{15}）相邻，故可合并。合并后得到

$$\begin{aligned}&A'BC'D + A'BCD + ABC'D + ABCD\\&= A'BD(C + C') + ABD(C + C') = BD(A + A') = BD\end{aligned}$$

可见，合并后消去了 A、A'和 C、C'两对因子，只剩下四个最小项的公共因子 B 和 D。

（3）若八个最小项相邻并且排列成一个矩形组，则可合并为一项并消去三个因子。合并后的结果中只包含一个公共因子。

例如，在图 1-23 中，上边两行的八个最小项是相邻的，可将它们合并为一项 A'。其他的因子都被消去了。

至此，可以归纳出合并最小项的一般规则，如果有 2^n 个最小项相邻（$n=1$，2，…）并排列成一个矩形组，则它们可以合并为一项，并消去 n 对因子。合并后的结果中仅包含这些最小项的公共因子。

2. 卡诺图化简法的步骤

用卡诺图化简逻辑函数时可按如下步骤进行：

1）将函数化为最小项之和的形式。

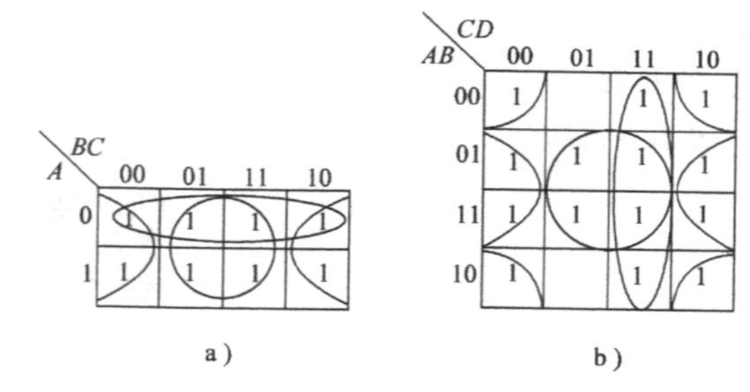

图 1-22　四个最小项相邻的卡诺图

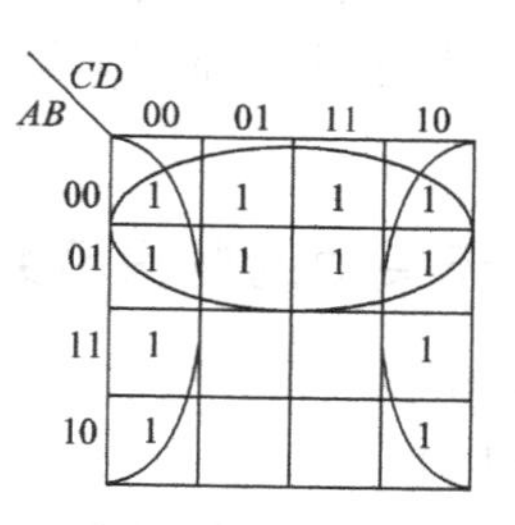

图 1-23　八个最小项相邻的卡诺图

2）画出表示该逻辑函数的卡诺图。

3）找出可以合并的最小项，并把相邻的最小项画成一个圈。

4）写出每个圈的公共因子，并把各公共因子进行逻辑加。

3. 卡诺图合并最小项的原则（画圈的原则）

1）尽量画大圈，但每个圈内只能含有 2^n（$n=0, 1, 2, 3, \cdots$）个相邻项。要特别注意对边相邻性和四角相邻性。

2）圈的个数尽量少。

3）卡诺图中所有取值为 1 的方格均要被圈过，即不能漏下取值为 1 的最小项。

4）在新画的包围圈中至少要含有一个未被圈过的 1 方格，否则该包围圈是多余的。

【例 1-18】　用卡诺图化简逻辑函数 $Y(A, B, C, D) = \sum m(1, 5, 6, 7, 11, 12, 13, 15)$。

解：根据逻辑函数画出如图 1-24 所示卡诺图。

按照合并最小项的原则画圈，然后写出化简后的函数

$$Y(A, B, C, D) = A'C'D + A'BC + ABC' + ACD$$

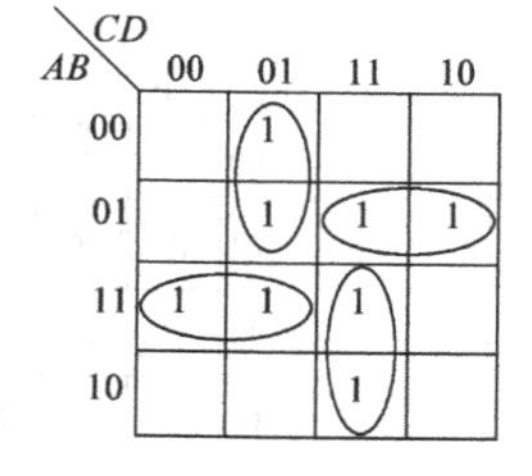

图 1-24　例 1-18 的卡诺图

【例 1-19】　用卡诺图化简逻辑函数 $Y(A, B, C, D) = \sum m(0, 2, 8, 10)$。

解：根据逻辑函数画出如图 1-25 所示卡诺图。

按照合并最小项的原则画圈，然后写出化简后的函数

$$Y(A, B, C, D) = B'D'$$

【例 1-20】　用卡诺图化简逻辑函数 $Y(A, B, C, D) = \sum m(1, 3, 8, 9, 10, 11, 12, 14)$。

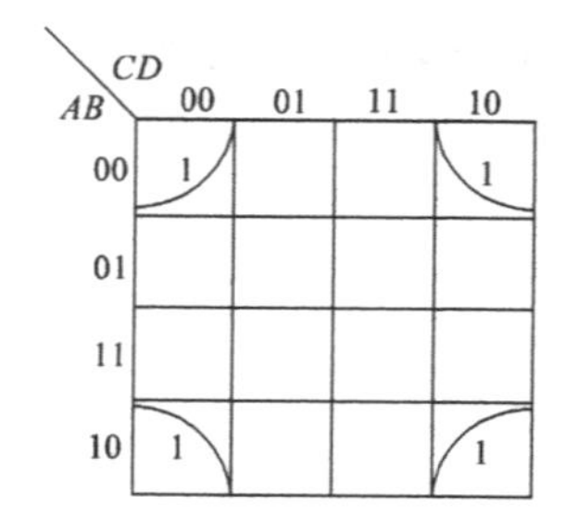

图 1-25　例 1-19 的卡诺图

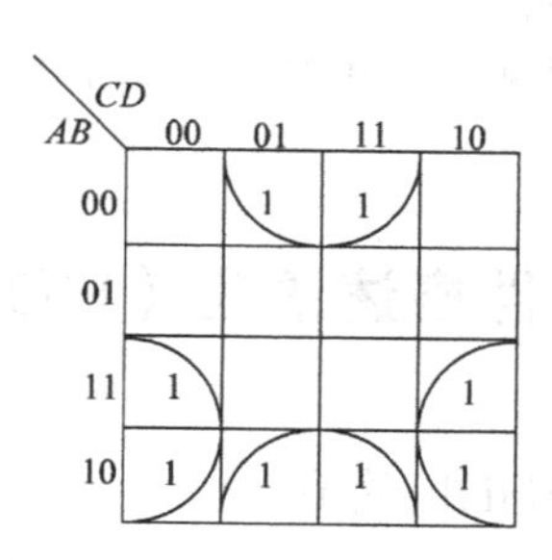

图 1-26　例 1-20 的卡诺图

解：根据逻辑函数画出如图1-26所示卡诺图。

按照合并最小项的原则画圈，然后写出化简后的函数

$$Y(A, B, C, D) = B'D + AD'$$

1.6.4 含无关项的逻辑函数化简

1. 无关项

(1) 约束项

约束项是变量在取值过程中，受到某一条件的限制，最小项的取值恒为0，这样的乘积项称为约束项。

例如，四变量ABCD有16个最小项，在8421*BCD*码中，1010、1011、1100、1101、1110、1111这六种变量组合是不可能出现的，即$\sum m(10, 11, 12, 13, 14, 15)=0$。这六个最小项为约束项。

(2) 任意项

在某些变量取值下，其值等于1或等于0，不影响函数输出结果的那些最小项称为任意项。

约束项和任意项统称无关项，用d表示。在卡诺图中无关项用“×”表示。

2. 化简方法

对于具有无关项的逻辑函数，可以合理地使用无关项，对逻辑表达式进一步化简。

【例1-21】 化简具有约束条件的逻辑函数$Y=A'B'C'D+A'BCD+AB'C'D'$，约束条件为$\sum d(3, 5, 9, 10, 12, 14, 15)=0$。

解：根据逻辑函数表达式和约束条件画出如图1-27所示卡诺图，可以得到

$$Y = A'D + AD'$$

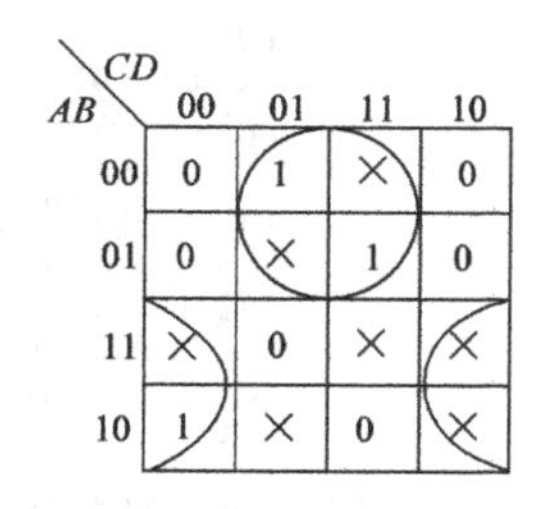

图1-27 例1-21的卡诺图

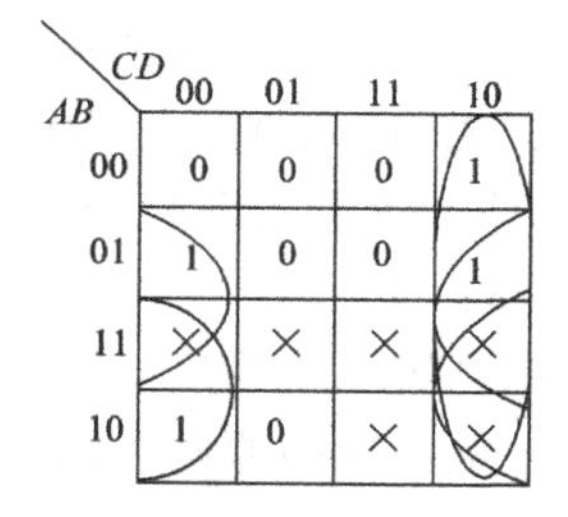

图1-28 例1-22的卡诺图

【例1-22】 化简逻辑函数$F(A, B, C, D)=\sum m(2, 4, 6, 8)+\sum d(10, 11, 12, 13, 14, 15)$。

解：根据逻辑函数表达式和约束条件画出如图1-28所示卡诺图，可以得到

$$Y = AD' + BD' + CD'$$

1.7 硬件描述语言（HDL）

1.7.1 VHDL简介

目前，用于可编程逻辑器件（Programmable Logic Device, PLD）编程的硬件描述语言

(Hardware Description Language，HDL) 主要有 VHDL 和 Verilog。这两种语言均已成为美国电气电子工程师学会 (Institute of Electrical and Electronics Engineers，IEEE) 的工业标准。

VHDL 是超高速集成电路硬件描述语言 (Very High Speed Integrated Circuit Hardware Description Language) 的简称，它是美国国防部在 20 世纪 80 年代初提出的超高速集成电路研究计划的产物。VHDL 与数字电路基本知识结合紧密，利用 VHDL 可进行数字电路的单元电路设计和系统设计，并结合电子设计自动化 (Electronic Design Automation，EDA) 工具软件 (如 Altera 公司的 Quartus 软件、Xilinx 公司的 Vivado 软件等)，通过计算机下载到 PLD 器件上，从而实现所设计的电路功能，可以提高开发效率，缩短开发周期，增加已有开发成果的可继承性。

VHDL 语言具有如下优点：

1) VHDL 是一个多层次的硬件描述语言，覆盖面广，描述能力强。设计的原始描述非常简练，经过层层设计后，最终成为可直接付诸生产的电路或版图参数描述，整个过程都可以用 VHDL 描述。

2) VHDL 具有很强的移植能力和良好的可读性，既可以被计算机接受，也容易被读者理解。

3) VHDL 独立于器件设计，与工艺无关，生命周期长。因为 VHDL 的硬件描述与工艺无关，不会因工艺变化而使描述过时，当工艺改变时，只需修改相应程序中的参数即可。

4) VHDL 支持大规模设计的分解和已有设计的再利用。一个大项目的设计不可能由一个人独立完成，必须由多人共同承担，使用 VHDL 可以实现大项目的拆分和合并，便于共享和复用。

1.7.2　VHDL 结构

VHDL 可以把一个数字电路或数字系统看作一个模块，一个模块主要包含库 (LIBRARY) 与程序包 (PACKAGE)、实体 (ENTITY)、结构体 (ARCHITECTURE) 等部分。VHDL 基本结构如图 1-29 所示。

1. 库与程序包

库是程序包的集合，专门用来存放已经编译过的实体、结构体，库可以由设计者利用已有的程序自己生成，也可以由其他公司提供。

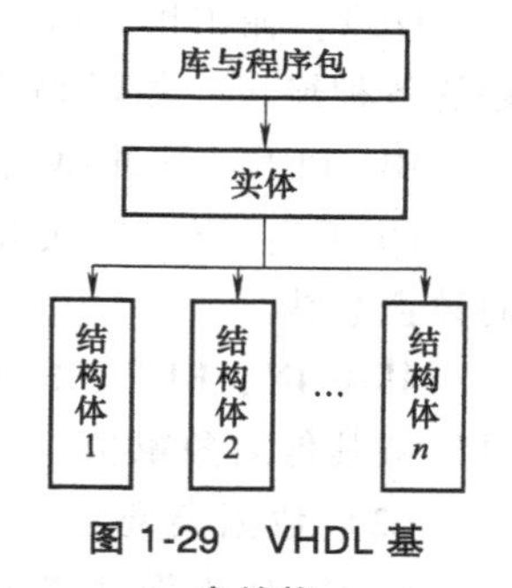

图 1-29　VHDL 基本结构

(1) 库的类型

VHDL 中有 5 类库：IEEE 库、STD 库、ASIC 库、WORK 库和用户自定义库。

IEEE 库：存放 IEEE1076 标准中标准程序包集合，常用的有：STD_LOGIC_1164、STD_LOGIC_ARITH、STD_LOGIC_SIGNED、STD_LOGIC_UNSIGNED 等，使用前必须对其进行说明。

STD 库：存放 VHDL 的标准数据类型，如 BOOLEAN 等数据类型的定义等，由于 STD 库是 VHDL 的标准配置，STD 库对 VHDL 程序均可见，默认不用进行库的说明。

ASIC 库：存放与逻辑门对应的实体，目的是进行门级仿真。

WORK 库：用户进行 VHDL 设计的现行工作库，设计项目成品、半成品模块以及预先设计好的元件都放在其中。默认不用进行库的说明。在 PC 上，利用 VHDL 进行项目设计，不允许在根目录下进行，必须为项目设定一个文件夹，用于保存此项目的所有设计文件。

用户自定义库：存放用户自定义的实体集合，使用前必须对其进行说明。

（2）库和程序包的说明语句

在多数情况下，只有对库和程序包进行说明，才能使用库中已经定义的数据。在VHDL中库和程序包说明语句通常放在程序开头，库和程序包的说明语句格式如下：

```
LIBRARY 库名；
USE 库名．程序包名．ALL；
```

当使用两种特殊的数据类型STD_LOGIC或STD_LOGIC_VECTOR时，必须指定VHDL的库和程序包，使用语句如下：

```
LIBRARY IEEE；
USE IEEE.STD_LOGIC_1164.ALL；
```

2．实体

模块中含有一个设计实体，它提供该设计模块的公共信息，用于描述所设计模块的外部接口信号，如设计模块的名称、输入端口、输出端口。实体语句格式如下：

```
ENTITY  实体名  IS
PORT（端口名：端口模式  数据类型；
      端口名：端口模式  数据类型）；
END 实体名；
```

（1）端口语句与模式

端口是实体与外界通信的通道，每个端口都有端口名、端口模式及端口数据类型。描述端口必须用PORT语句来定义，并在语句结尾处加分号“；”。

端口模式有四种，用于定义端口上数据流动的方向。具体模式有IN、OUT、BUFFER、INOUT。

IN：输入模式端口仅允许数据由外部流进实体。输入模式主要用于时钟输入、控制（复位或使能）输入、单向数据输入等。

OUT：输出模式端口仅允许数据由实体内部流出，不能用于内部反馈。输出模式用于电路的各种输出，如译码器输出、计数器输出等。

BUFFER：缓冲模式端口通常用于内部有反馈需求的信号描述。

INOUT：双向模式端口允许数据流入或者流出实体，可用于内部反馈，通常用于描述双向数据总线。

其中IN、BUFFER和INOUT端口可以对其他对象赋值，OUT、BUFFER和INOUT端口可以被其他对象赋值。

（2）数据类型与类型定义语句

VHDL要求设计实体中的每一个常数、信号、变量、函数以及设定的各种参量都必须具有确定的数据类型。只有相同数据类型的量才能相互传递和运算。常用数据类型有位（BIT）类型、位矢量（BIT_VECTOR）类型、标准逻辑位（STD_LOGIC）类型、标准逻辑位矢量（STD_LOGIC_VECTOR）类型、布尔（BOOLEAN）类型、整数（INTEGER）类型。

其中STD_LOGIC所定义的九种数据的含义是：'U'表示未初始化；'X'表示强未知；'0'表示强逻辑0；'1'表示强逻辑1；'Z'表示高阻态；'W'表示弱未知；'L'表示弱逻辑0；'H'表示弱逻

辑 1；'—'表示忽略。这种类型完整地概括了数字系统中所有可能的数据表现形式，更适合于描述实际电路。

除了上述数据类型之外，用户也可自定义数据类型。用户自定义数据类型利用类型定义语句 TYPE 实现。TYPE 语句格式如下：

TYPE 数据类型名 IS 数据类型定义 OF 基本数据类型；

或　TYPE 数据类型名 IS 数据类型定义；

例如：

```
TYPE ST1 IS ARRAY (0 TO 15) OF STD_LOGIC;
TYPE WEEK IS (SUN, MON, TUE, WED, THU, FRI, SAT);
```

第一句定义的数据类型 ST1 是一个具有 16 个元素的数组类型，数组中每个元素的数据类型都是 STD_LOGIC 型；第二句的数据类型属于枚举类型，由一组文字符号组成。

3. 结构体

一个实体可以对应多个结构体，多个结构体的取名不可相同。配置说明语句可以把特定的结构体与实体相关联，利用配置说明语句可以为实体指定多个结构体中的一个。配置说明语句的位置在实体之后、结构体之前。配置说明语句的格式如下：

```
CONFIGURATION 配置名 OF 实体名 IS
FOR 结构体名
END FOR;
END 配置名;
```

如果程序中的实体只对应一个结构体，就不需要配置说明语句。

结构体用于描述模块内部的电路结构或逻辑行为，建立输出和输入之间的逻辑关系。结构体语句的格式如下：

```
ARCHITECTURE  结构体名  OF  实体名  IS
[说明语句]
BEGIN
(功能描述语句)
END 结构体名;
```

（1）说明语句

说明语句包含在结构体中，位于 ARCHITECTURE 和 BEGIN 之间，用于说明和定义对结构体内部的使用信号、常量、数据类型和元件调用声明等，说明语句并非必须，有时可以省略。

（2）功能描述语句

功能描述语句包含在结构体中，位于 BEGIN 和 END 之间，功能描述语句有以下几种：

信号赋值语句：用设计实体内的处理结果给定义的信号或输出端口赋值。

进程语句：定义顺序语句模块。

元件例化语句：对其他的设计实体作元件调用说明，并将此元件的端口与其他的元件、信号或高层次实体的输入、输出端口进行连接。

子程序调用语句：用于调用过程或函数，并将获得的结果赋值给信号。

1.7.3 VHDL 文字规则

1. 标识符

标识符是常数、变量、信号、端口、子程序、结构体和实体的名称。VHDL 基本标识符组成的规则如下：

1）标识符由 26 个英文字母、数字 0，1，2，…，9 及下划线“_”组成。

2）标识符必须是以英文字母开头。

3）标识符中不能有两个连续的下划线，标识符的最后一个字符不能是下划线。

4）标识符中的英文字母不区分大小写。

5）标识符字符长度最多为 32 个字符。

以下几种是合法的标识符：

Decoder_1，FFT，not_A，STATE0

以下几种是不合法的标识符：

```
_Decoder_1          --开头非英文字母
2FFT                --开头非英文字母
not#A               --“#”不能成为标识符组成部分
STATE__0            --标识符中不能有两个连续的下划线
STATE_0_            --标识符的最后不能为下划线
END                 --不能用关键字
AND2                --不能与已有库元件重名
```

2. 关键字

VHDL 中的关键字（或称保留字）是具有特殊含义的标识符号，只能作为固定的用途。用户不能用关键字作为标识符，如 ENTITY、ARCHITECTURE、PROCESS、BLOCK、BEGIN 和 END 等。

3. 分隔符

空格可增强程序的可读性，一个空格和多个连续空格没有区别。回车符不是语句的分隔符，回车符的作用与空格类似。在 VHDL 中，分号“;”才是有效的语句结束符，每个完整的 VHDL 语句均应以分号结尾。

4. 注释符

在 VHDL 中，为了便于理解和阅读程序，通常需要加以注释，注释符用两个连字符“--”表示。注释语句以注释符打头，到行尾结束。注释可以加在语句结束符之后，也可以加在空行处。

1.7.4 VHDL 数据对象

在 VHDL 中，数据对象有三类：信号（SIGNAL）、变量（VARIABLE）和常量（CONSTANT）。

1. 信号

在 VHDL 中，信号通常用来表示硬件电路中的一条硬件连接线，信号定义语句位于结构体的 ARCHITECTURE 和 BEGIN 之间，用于对结构体内部使用的信号、常数、数据类型、函数进行定义。信号定义语句中没有方向说明，意味着信号可以双向传输。信号具有全局性特征。例如，在结构体开头定义的信号，在其对应的结构体中都是可见的，即在整个结构体内部，信号的赋值是同一个值，不能对同一信号进行重复赋值。

实体的端口是一种隐含的信号。在实体中，对端口的定义实质上是作了隐含的信号定义，并附加了数据流动的方向。在结构体中可以把实体的端口视为信号，在使用时不必另作定义，但是要注意端口是有方向的，它与信号的区别是输出端口不能读入数据，输入端口不能被赋值。

信号定义语句的格式如下：

SIGNAL 信号名 [，信号名…]：数据类型 [：=表达式]；

其中，“SIGNAL”用来表示信号的保留字，[：=表达式] 用来对信号进行初始赋值，它是一个可选项，赋值符号为“：=”。在 VHDL 中，信号赋值的符号与此不同，应为“<=”。举例如下：

```
SIGNAL RESET: BIT:='0';
SIGNAL A2,A1,A0: STD_LOGIC;
SIGNAL DATA: STD_LOGIC_VECTOR (7 DOWNTO 0);
```

第一句信号定义语句将 RESET 定义为 BIT 型信号，并赋初值为 0；第二句将 A2、A1、A0 分别定义为 STD_LOGIC 信号；第三句将 DATA 定义为 7 位总线型（也称为矢量型）的信号。

2. 变量

在 VHDL 中，变量主要用于对暂时数据进行局部存储，它是一个局部量，只能在进程语句、过程语句和函数语句的说明部分中加以定义。变量定义语句的格式如下：

VARIABLE 变量名 [，变量名…]：数据类型 [：= 表达式]；

其中，“VARIABLE”用来表示变量的保留字；[：= 表达式] 用来对变量进行赋初始值，它是一个可选项，赋值符号为“：= ”。在 VHDL 中，对变量进行定义时可以对它赋初始值，也可以不赋初始值。如果在定义变量的时候没有赋予初始值，那么认为它取默认值，即该数据类型的最小值。变量的赋值是直接的、立即生效的，这一点与信号赋值不同。举例如下：

```
VARIABLE X, Y: INTEGER;
VARIABLE COUNT: INTEGER RANGE 0 TO 255:=10;
```

第一句变量定义语句定义 X、Y 为整数类型变量；第二句定义 COUNT 为整数类型变量，取值范围为 0 到 255，赋初值为 10。

3. 常量

在 VHDL 中，常量是一个恒定不变的数值，一旦定义数据类型和赋值后，在程序中就不能再改变。常量的有效范围需要根据常量定义语句的位置来确定。常量的定义和设置主要是为了使程序更加容易阅读和修改。例如，将逻辑位的宽度定义为一个常量，只要修改常量定义很容易就可以改变位宽。常量定义语句的格式如下：

CONSTANT 常量名:数据类型:=常量值;

举例如下：

```
CONSTANT VCC: REAL:=5.0;
```

CONSTANT FBUS：BIT_VECTOR：="0101"；

第一句常量定义语句定义VCC为实数型常量，值为5.0；第二句定义FBUS为位类型总线常量，值为“0101”。

1.7.5 VHDL操作符

VHDL中提供6种运算符：赋值运算符、逻辑运算符、算术运算符、关系运算符、移位操作符、并置运算符。

1. 赋值运算符

赋值运算符用来给信号、常量和变量赋值。赋值操作符包括以下3种：

<=　　　用来给信号赋值

:=　　　用来给变量、常量等赋值，也可用于赋初始值

=>　　　用来给矢量中的某些位赋值，或对某些位之外的其他位赋值

例如，定义如下的信号：

```
SIGNAL A:STD_LOGIC;
SIGNAL B:STD_LOGIC_VECTOR (3 DOWNTO 0);
```

对于上面的信号定义，下面的赋值是符合规则的：

```
A<='1';                  --将1赋给信号A，1上面加上单引号
B<="0000";               --将0000赋给信号B，0000上面加上双引号
B<=(OTHERS=>'0');        --其他位是0，与上面的语句结果一样
```

定义如下的变量：

```
VARIABLE C:STD_LOGIC;
VARIABLE D:INTEGER RANGE 0 TO 15 :=0;
VARIABLE E:STD_LOGIC_VECTOR (3 DOWNTO 0);
```

对于上面的变量定义，下面的赋值是符合规则的：

```
C:='0';               --将0赋给信号C，0上面加上单引号
D:=10;                --将整数10赋给D，整数数据上不用加引号
E:="1001"             --将二进制数1001赋给E，1001上加双引号
```

2. 逻辑运算符

逻辑运算符用来执行逻辑操作。操作数必须是BIT、BOOLEAN或STD_LOGIC数据类型。逻辑运算符包括以下几种：

NOT　　　取反

AND　　　逻辑与

OR　　　逻辑或

NAND　　　逻辑与非

NOR　　　逻辑或非

XOR　　　逻辑异或

其中，NOT优先级最高，其余逻辑运算符的优先级相同。在使用逻辑运算符时，需要注意运算的先后顺序。

```
Y<=NOT A AND B;          --实现Y=A'B
```

```
Y<=NOT (A AND B);          --实现 Y=(AB)'
Y<=A NAND B;               -- 实现 Y=(AB)'
```

3. 算术运算符

算术运算符用来执行算术运算。操作数可以是 INTEGER、SIGNED、UNSIGNED 或 REAL 数据类型，其中 REAL 类型是不可综合的。在声明 IEEE 库中的 STD_LOGIC_SIGNED 和 STD_LOGIC_UNSIGNED 程序包后，才能对 STD_LOGIC_VECTOR 类型的数据进行加法和减法运算。算术运算符包括以下几种：

+	加
-	减
*	乘
/	除
MOD	取模
REM	取余
**	指数运算
ABS	取绝对值

4. 关系运算符

关系运算符用来对两个操作数进行比较运算，关系运算符包括以下几种：

=	等于
/=	不等于
<	小于
>	大于
<=	小于等于
>=	大于等于

关系运算符左右两边操作数的数据类型必须相同，适用于所有数据类型。

5. 移位操作符

移位操作符用来对数据进行移位操作，移位操作的格式为

<左操作数> <移位运算符> <右操作数>

其中，左操作数必须是 BIT_VECTOR 型，右操作数必须是 INTEGER 型。移位运算符有以下几种：

SLL	逻辑左移，最左边移出的数舍弃，最右边空位移入 0
SRL	逻辑右移，最右边移出的数舍弃，最左边空位移入 0
SLA	算术左移，最左边移出的数舍弃，最右边空位移入与移位前该位相同的数
SRA	算术右移，最右边移出的数舍弃，最左边空位移入与移位前该位相同的数
ROL	逻辑循环左移，将最左边移出的数从最右边空位移入
ROR	逻辑循环右移，将最右边移出的数从最左边空位移入

例如，令 A<="01001"，则

```
Y<= A SLL 1;          --Y=10010
Y<= A SRL 1;          --Y=00100
Y<= A SLA 1;          --Y=10011
```

```
Y<= A SRA 1;          --Y=00100
Y<= A ROL 1;          --Y=10010
Y<= A ROR 1;          --Y=10100
Y<= A SLL -1;         --Y=00100,等同 A SRL 1
```

6. 并置运算符

并置运算符用于位的拼接，其操作数为支持逻辑运算的任意数据类型，并置运算符有两种：

&   或 (,,,)

例如，定义信号 A、B、Y1、Y2 如下：

```
SIGNAL A,B: STD_LOGIC_VECTOR (3 DOWNTO 0);
SIGNAL Y1,Y2: STD_LOGIC_VECTOR (7 DOWNTO 0);
```

使用并置运算符对信号赋值，注意等式左右位宽要相同。

```
A<='0'&"000";                                          --A=0000
B<=('1','0','0','1');                                  --B=1001
Y1<=A&B;                                               --Y1=00001001
Y2<='1' & A(3) & B(3) &'1'& A(2) & B(2 DOWNTO 0);
                                                       --Y2=10110001
```

运算符的优先级见表1-17。

表1-17 运算符的优先级

运 算 符	优先级
NOT、* *、ABS	最高优先级
* 、/、MOD、REM	↑
+(正号)、-(负号)	↑
+、-、&	↑
SLL、SRL、SLA、SRA、ROL、ROR	↑
=、/=、<、<=、>、>=	↑
AND、OR、NAND、NOR、XOR、XNOR	最低优先级

1.7.6 VHDL常用语句

按照语句的执行方式特点，可以将VHDL语句分为并行语句和顺序语句。

1. 并行语句

并行语句可以在结构体的BEGIN和END之间的任何位置，并行语句执行顺序与书写顺序无关，对应于各自独立运行的逻辑电路。常用的并行语句有信号赋值语句、进程语句、端口映射语句等。

(1) 赋值语句

赋值语句包括简单信号赋值语句、条件信号赋值语句和选择信号赋值语句。

1) 简单信号赋值语句使用符号“<=”，语句格式如下：

信号名<=表达式;

例如，Y <= A AND NOT(B XOR C); --实现 $Y=A(B\oplus C)'$

2）条件信号赋值语句（WHEN-ELSE）。条件信号赋值语句每个条件分支对应一个表达式，符合条件分支时，将相应的表达式的值赋给目标信号，每个条件分支取值不能重复，其语句格式如下：

```
目标信号<=    表达式1  WHEN  条件分支1  ELSE
              表达式2  WHEN  条件分支2  ELSE
              表达式3;
```

例如，
```
Y <=D0  WHEN  S1 = '0'  AND  S0 = '0'  ELSE
    D1  WHEN  S1 ='0'  AND  S0 = '1'  ELSE
    D2  WHEN  S1 ='1'  AND  S0 ='0'  ELSE
    D3;
```

上面这段程序实现在四种条件下分别给 Y 赋 D0、D1、D2、D3 的值，从而实现4选1选择器的功能。

3）选择信号赋值语句（WITH-SELECT）。选择信号赋值语句和条件信号赋值语句类似，但必须考虑到所有可能出现的条件，所以可使用 OTHERS 来指代其他可能出现的条件。如果在某些条件出现时不需要进行操作，可用 UNAFFECTED 指明。其语句格式如下：

```
WITH  条件表达式  SELECT
目的信号量<=表达式1  WHEN  条件表达式取值1,
            表达式2  WHEN  条件表达式取值2,
            …
            表达式N  WHEN OTHERS;
```

例如，
```
WITH  A  SELECT
      Y<= D0  WHEN "00",
          D1 WHEN "01",
          D2 WHEN "10",
          D3 WHEN "11",
          UNAFFECTED WHEN OTHERS;
```

本例可以实现与前面 WHEN-ELSE 语句例子相同的功能。

（2）进程语句

在结构体中可放置多个 PROCESS 语句，与其他并行语句同时执行，并可以存取结构体和实体中所定义的信号。进程语句从整体来看是并行语句，但进程中的所有语句都是顺序语句，按照书写顺序执行，进程是顺序语句的容器。为启动进程，在进程中必须包含一个敏感信号列表（或 WAIT 语句），进程之间的通信是通过信号来实现的。在进程中不允许定义信号，只能将信号列入敏感表，而不能将变量列入敏感表。可见进程只对信号敏感，而对变量不敏感，只有信号才能将进程外的信息带入进程内部，或将进程内的信息带出进程。

进程语句格式如下：

```
PROCESS [(敏感信号列表)]
BEGIN
```

```
    顺序语句 1
    顺序语句 2
    …
    顺序语句 N
  END PROCESS;
```

例如，下面这段程序利用进程语句实现 2 选 1 选择器的功能。

```
PROCESS (A , D0 , D1)
  BEGIN
    IF (A ='0') THEN   Y<= D0;
    ELSE   Y <= D1;
    END IF;
    END PROCESS;
```

（3） 元件例化语句

元件例化语句可以用于层次化设计。元件例化语句包括两部分：元件声明语句和元件调用语句。元件声明语句放置在结构体的说明部分，说明调用已有元件的名称和端口。这些已有元件可能在库中，也可能是预先编写的元件实体描述。元件声明语句的格式如下：

```
COMPONENT 元件名 IS
PORT (端口说明语句);
END 元件名;
```

元件调用语句的格式如下：

```
标号名：元件名 PORT MAP （信号，…）;
```

其中，PORT MAP 表示两层信号之间的关系为映射关系，即连接关系，该映射有两种：位置映射和名称映射。

位置映射：要求 PORT MAP 后的端口列表与元件实体中的端口位置完全一致。

名称映射：将元件已有端口名称与信号相连，不需考虑元件端口位置。

例如，顶层电路如图 1-30 所示。其中 U1、U2、U3 为元件代号，ABC1 为底层元件实体名。A、B、C 为元件端口名，N1、N2、N3、Y1、Y2、Y3 为顶层电路的输入/输出端口。

元件声明语句如下：

```
COMPONENT   ABC1   IS
PORT (A, B : IN BIT;
        C : OUT   BIT);
END ABC1;
```

采用位置映射方式，调用 U2 元件的元件例化语句如下：

```
U2: ABC1   PORT MAP(N2,N3,Y3);
```

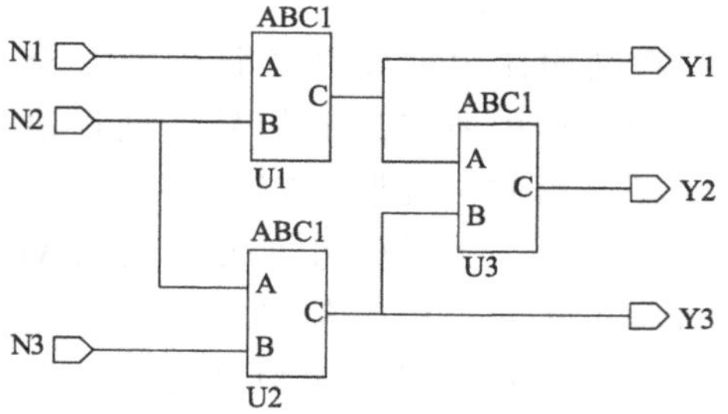

图 1-30 顶层电路

上述语句表明信号 N2 对应接元件端口 A，信号 N3 对应接元件端口 B，信号 Y3 对应接元件端口 C。采用名称映射方式，调用 U2 元件的元件例化语句如下：

```
U2：ABC1　PORT MAP(A=>N2,B=>N3,C=>Y3);
```

或者

```
U2：ABC1　PORT MAP(B=>N3,A=>N2, C=>Y3);
```

2. 顺序语句

顺序语句按照程序书写顺序执行，在进程、函数和过程内部出现，用于时序电路和数据流控制电路。常用的顺序语句有赋值语句、IF 条件语句、CASE 语句等。

（1）赋值语句

因为进程、函数和过程可以使用变量，所以赋值语句不仅可以给信号赋值，还可以给变量赋值。语句格式如下：

```
信号名<=表达式;
变量名：=表达式;
```

（2）IF 语句

IF 语句是最常用的顺序语句之一，IF 语句用在进程 PROCESS 中，并且 IF 和 END IF 必须成对出现。

1）单分支 IF 语句。如果 IF 的判断条件为真，则执行 THEN 分支的相关语句；否则，不做任何操作。单分支 IF 语句属于不完整条件句，因此在电路中会产生锁存器或寄存器。

单分支 IF 语句的格式如下：

```
IF　条件 THEN　　顺序语句;
END IF;
```

例如，D 触发器的时钟条件

```
IF CP’EVENT AND CP=1 THEN Q<=D;
END IF;
```

2）两分支 IF 语句。如果 IF 的判断条件为真，则执行 THEN 分支的相关语句；否则，执行 ELSE 分支的相关语句。两分支 IF 语句不会产生锁存器。

两分支 IF 语句的格式如下：

```
IF 条件 THEN　顺序语句;
ELSE　顺序语句;
END IF;
```

3）多分支 IF 语句。如果第一个条件为真，则执行分支 1 的语句；在第一个条件为假时，如果第二个条件为真，则执行分支 2 的语句；依此类推；如果所有条件都为假，则执行 ELSE 分支的语句。

多分支 IF 语句的格式如下：

```
IF　条件 1 THEN　顺序语句;
ELSIF 条件 2 THEN　顺序语句;
ELSIF 条件 3 THEN　顺序语句;
…
ELSE　　　顺序语句;
END IF;
```

（3）CASE语句

CASE语句是通过对分支条件的判断来确定执行相应分支的语句。如果条件表达式的值与选择项1相等，则执行第一个分支的语句；如果条件表达式的值与选择项2相等，则执行第二个分支的语句；依次比较条件表达式与选择项的取值，以执行相应分支的语句；如果都不相等，则执行OTHERS分支的语句。选择项取值范围必须在条件表达式的取值范围内，选择项不能有重复，必须涵盖条件表达式的所有取值情况。CASE语句的格式如下：

```
CASE  条件表达式  IS
WHEN 选择项 1 => 顺序语句;
WHEN 选择项 2=> 顺序语句;
WHEN 选择项 3=> 顺序语句;
WHEN OTHERS => 顺序语句;
END  CASE;
```

本章小结

1. 基数和权是数制中的两个基本要素。基数是指计数制中所使用的数码的个数；对于多位数，处在某一位上的“1”所表示的数值的大小，称为该位的权。8421BCD码以4位二进制数中的0000~1001对应十进制中的0~9。

2. 逻辑函数的基本运算有与、或、非三种，相应的门电路有与门、或门、非门三种；复合运算常用的有与非、或非、与或非、异或和同或运算等，相应的门电路有与非门、或非门、与或非门、异或门、同或门等。

3. 逻辑函数可用表达式、真值表、逻辑图、波形图等描述。

4. 逻辑函数的化简主要有公式化简法和卡诺图化简法。公式法化简逻辑函数灵活性较强，有一定的技巧，适合任意变量函数化简。卡诺图化简直观，但只适用于5变量以下的函数化简。

5. VHDL是主要的硬件描述语言，用于可编程逻辑器件编程。本章介绍了VHDL的相关语法，包括VHDL程序结构、文字规则、数据对象、运算符及常用语句。

1-1 写出下列十进制数的8421BCD码，并转换成二进制数、八进制数和十六进制数（要求转换误差不大于2^{-6}）。

（1）29　　（2）337　　（3）425.25　　（4）2.178

1-2 将下列二进制数转换成十六进制数。

（1）$(101101)_B$　　（2）$(11.10101)_B$

1-3 将下列十六进制数转换成二进制数。

（1）$(102)_H$　　（2）$(9D)_H$　　（3）$(521.28C)_H$

1-4 写出下列二进制数的原码、反码和补码。

(1) $(+1101)_B$　(2) $(+11010)_B$　(3) $(-1101)_B$　(4) $(-11010)_B$

1-5　用真值表证明下列恒等式。

(1) $A \oplus A' = 1$

(2) $(A+B)(A+C) = A+BC$

(3) $(A \oplus B)' = A'B' + AB$

1-6　写出三变量的摩根定律表达式，并用真值表验证其正确性。

1-7　用逻辑代数定律证明下列等式。

(1) $AB' + B + A'B = A + B$

(2) $ABC + AB'C + ABC' = AB + AC$

1-8　已知逻辑函数表达式为 $L = AC' + B'CD$，画出实现该式的逻辑图。

1-9　画出下列表达式的逻辑图（要求使用非门和二输入与非门）。

(1) $L = AB + AC$

(2) $L = (ABC' + AB'C + A'BC)'$

(3) $L = (A+B)'(C+D)'$

1-10　已知逻辑函数 $L = AB' + A'C + BC'$，试用真值表、逻辑图和卡诺图表示。

1-11　用卡诺图化简下列各式。

(1) $L = A'B' + AC + B'C$

(2) $L = AB'CD + ABC'D + AB' + AD' + AB'C$

(3) $L(A,B,C) = \sum m(1,4,7)$

(4) $L(A,B,C,D) = \sum m(0,1,2,4,6,12,14)$

(5) $L(A,B,C,D) = \sum m(0,1,2,5,6,8,9,10,13,14)$

(6) $L = (A'BC)' + (AB')'$

(7) $L = (A'B'C + A'BC' + AC)(AB'C'D + A'BC + CD)$

1-12　具有无关项的逻辑函数化简。

(1) $L(A, B, C) = \sum m(0, 1, 2, 4) + \sum d(5, 6)$

(2) $L(A, B, C, D) = \sum m(1, 5, 7, 9, 15) + \sum d(3, 8, 11, 14)$

(3) $L = A'B'C + AB'C'$，约束条件 $AB + AC + BC = 0$

(4) $L(A, B, C, D) = \sum m(0, 2, 3, 4, 6, 8, 10)$，约束条件 $\sum d(11, 12, 14, 15) = 0$

(5) $L = A'CD' + A'BC'D' + AB'C'D'$，约束条件 $AB'CD' + AB'CD + ABC'D' + ABC'D + ABCD' + ABCD = 0$

1-13　下面是一个 VHDL 程序的实体部分，请根据这段程序画出实体图。

```
ENTITY DECODER_38 IS
    PORT ( E:  IN STD_LOGIC;
      A:  IN STD_LOGIC_VECTOR (2 DOWNTO 0);
      Y0, Y1, Y2, Y3, Y4, Y5, Y6, Y7: OUT STD_LOGIC);
END DECODER_38;
```

1-14　根据实体图写出实体部分程序（见图 1-31）。

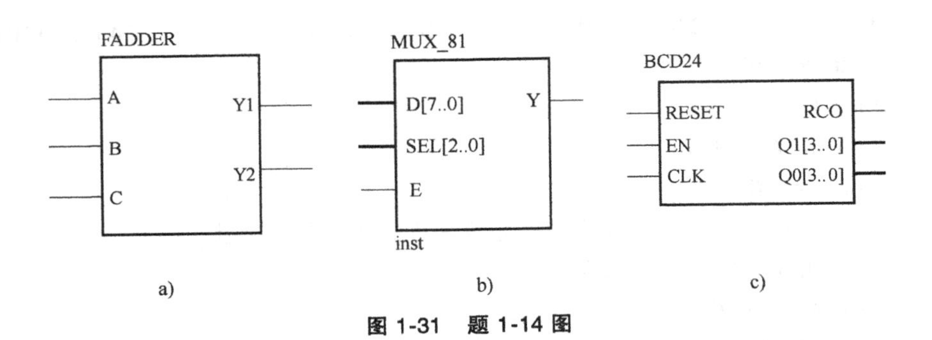
FADDER
A
B
C
Y1
Y2
a)
MUX_81
D[7..0]
SEL[2..0]
E
Y
inst
b)
BCD24
RESET
EN
CLK
RCO
Q1[3..0]
Q0[3..0]
c)

图 1-31 题 1-14 图

第 2 章

逻辑门电路

应用背景

在电子系统设计中，每一个逻辑符号都与某种逻辑电路相对应，能够实现各种基本逻辑运算和复合运算的单元电路称为门电路，而通过集成工艺制作成的集成器件称为集成逻辑门电路。逻辑门是数字集成电路的主要单元电路，根据门的类型和集成规模可构成各种数字集成电路，如 74LS00、74LS283、CC40161、EPF10K20 等。

本章介绍集成逻辑门电路的两种主要类型 TTL 和 MOS 门电路的工作原理、逻辑功能，重点介绍门电路的外部电气特性及参数的物理意义，同时介绍 OC（OD）门、三态门、TTL 与 CMOS 门电路的接口设计以及门级 VHDL 程序设计等内容。

2.1 TTL 集成门电路

随着半导体技术和集成电路制造技术的飞速发展，数字电路几乎都是数字集成电路。数字集成电路（Integrated Circuit，IC）按照芯片单位面积上集成门电路的个数（集成度）可分为小规模集成电路（Small Scale Integration，SSI，其中仅包含 10 个以内的门电路）、中规模集成电路（Medium Scale Integration，MSI，其中包含 $10^1 \sim 10^2$ 个门电路）、大规模集成电路（Large Scale Integration，LSI，其中包含 $10^2 \sim 10^4$ 个门电路）、超大规模集成电路（Very Large Scale Integration，VLSI，其中包含 $10^4 \sim 10^6$ 个门电路）、甚大规模集成电路（Ultra Large Scale Integration，ULSI，其中包含 10^6 个以上门电路）。

从制造工艺来看，数字集成电路又分为双极型集成电路和单极型集成电路。双极型集成电路中的基本开关元件为晶体管，由于有自由电子和空穴两种载流子参与导电，所以称为双极型集成电路。双极型集成电路包括 TTL、ECL、HTL 和 I^2L 等类型，产品以 TTL 类型应用最广泛。单极型集成电路中的基本开关单元为 MOS 管，由于仅有一种载流子（自由电子或空穴）参与导电，所以称为单极型集成电路。单极型集成电路包括 PMOS、NMOS 和 CMOS 等类型，产品以 CMOS 类型应用最广泛。

TTL 电路具有速度快、驱动能力强的特点。然而，TTL 电路也存在着一个缺点，就是功耗比较大。由于这个原因，用 TTL 电路只能做成小规模和中规模集成电路，而无法制作成大规模、超大规模和甚大规模集成电路。CMOS 集成电路产生于 20 世纪 60 年代后期，它最突出的优点在于功耗低，所以适合于制作大规模集成电路。随着 CMOS 制作工艺的不断进步，无论在工作速度还是在驱动能力上，CMOS 电路都已经可与 TTL 电路比拟。因此，CMOS 电路将逐渐取代 TTL 电路而成为数字集成电路的主流产品。

2.1.1 晶体管的开关特性

晶体管是各种电子电路中最常见的器件之一。在模拟电子电路中，晶体管主要作为线性放大器件或非线性器件；在数字电子电路中，利用饱和和截止特性，晶体管主要作为开关器件来使用。

1. 晶体管的稳态开关特性

由 NPN 型晶体管构成的共发射极开关电路及输出特性曲线如图 2-1 所示。

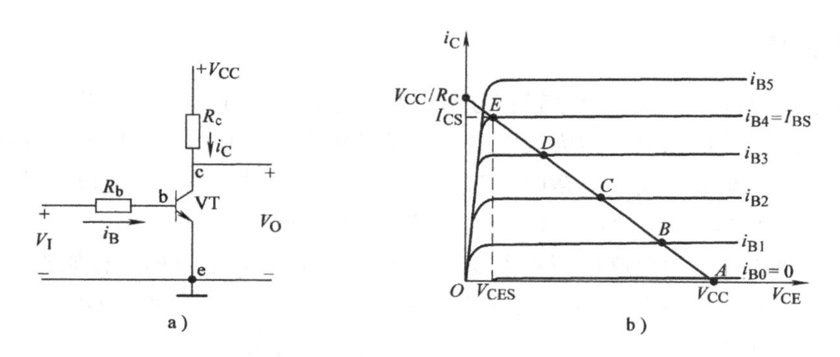

图 2-1 晶体管开关电路及输出特性

a) 开关电路 b) 输出特性

当输入电压 V_I 为低电平（小于晶体管发射结死区电压）时，$i_B \approx 0$，$i_C \approx 0$，$V_O \approx V_{CC}$，对应图 2-1b 中的 A 点。此时集电极回路中的 c、e 之间近似开路，晶体管处于截止状态，相当于开关断开。

当输入电压 V_I 为正且大于晶体管发射结死区电压时，晶体管导通。若 V_I 远大于发射结的正向压降 V_{BE}（硅管为 0.7V，锗管为 0.2V），则有

$$i_B = \frac{V_I - V_{BE}}{R_b} \approx \frac{V_I}{R_b} \tag{2-1}$$

当 R_b 逐渐减小时，则 i_B 逐渐增大，i_C 也随之增大，V_{CE} 随之减小，工作点沿着负载线由 A 点经 B 点、C 点、D 点向上移动。在此区间晶体管处于放大状态，此时 $i_C = \beta i_B$。在模拟电路中晶体管作放大用时就工作在该状态。

若 V_I 保持不变，R_b 继续减小，当 $V_{CE} = 0.7\text{V}$（硅管）时，集电结由反偏变为零偏，称为临界饱和状态，对应图 2-1b 中的 E 点。此时的集电极电流称为集电极饱和电流，用 I_{CS} 表示，基极电流称为基极临界饱和电流，用 I_{BS} 表示，则有

$$I_{CS} = \frac{V_{CC} - 0.7\text{V}}{R_C} \approx \frac{V_{CC}}{R_C} \tag{2-2}$$

$$I_{BS} = \frac{I_{CS}}{\beta} \approx \frac{V_{CC}}{\beta R_C} \tag{2-3}$$

若继续减小 R_b，i_B 会继续增加，但 i_C 已接近于最大值 V_{CC}/R_C，鉴于 V_{CC} 和 R_C 的限制，i_C 不会再随 i_B 的增加按 β 关系增加，晶体管进入饱和状态。

进入饱和状态后，i_B 增加时 i_C 会略有增加，$V_{CE}<0.7V$，集电结变为正向偏置。饱和时的 V_{CE} 电压称为饱和压降 V_{CES}，深度饱和状态下，V_{CES} 在 0.2V 以下。此时集电极回路中的 c、e 之间近似短路，相当于开关闭合。

由此可知，在由 NPN 型晶体管构成的饱和型开关电路中，当 $V_I=V_{IL}$（低电平输入）时，晶体管稳定工作于截止状态，此时 c、e 之间近似开路；当 $V_I=V_{IH}$（高电平输入）时，晶体管稳定工作于饱和状态，此时 c、e 之间近似短路。

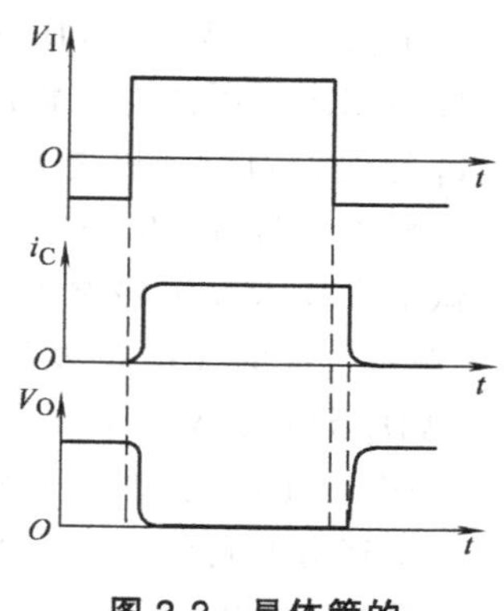

图 2-2　晶体管的动态开关特性

2. 晶体管的动态开关时间

在动态情况下，晶体管的开关过程实质上是管子在饱和与截止两种状态之间的转换过程，同时也是内部电荷的积累和消散的过程，两者都需要一定的时间才能实现。因此，集电极电流 i_C 的变化必将滞后于输入电压 V_I 的变化，同样输出电压 V_O 的变化也必然滞后于输入电压 V_I 的变化，其动态开关特性如图 2-2 所示。

晶体管从截止到饱和与从饱和到截止的时间总称为晶体管的开关时间，一般为几纳秒到几十纳秒。晶体管的开关时间对电路的工作速度影响很大，开关时间越小，电路的速度越快。

2.1.2　TTL 与非门电路的结构与工作原理

1. 电路结构

以 CT54/74 系列晶体管-晶体管逻辑电路（Transistor-Transistor Logic，TTL）为例，其三输入与非门的典型电路如图 2-3a 所示。

该电路由三个部分组成：多发射极晶体管 VT_1、二极管 $VD_1 \sim VD_3$、电阻 R_1 构成输入级，并由 VT_1 发射结实现与逻辑运算；晶体管 VT_2、电阻 R_2、R_3 构成中间级，在发射极和集电极同时输出两个相位相反的信号，作为后级驱动信号，中间级也称为倒相级；晶体管 VT_3、VT_4、二极管 VD_4、电阻 R_4 构成推拉式输出级。

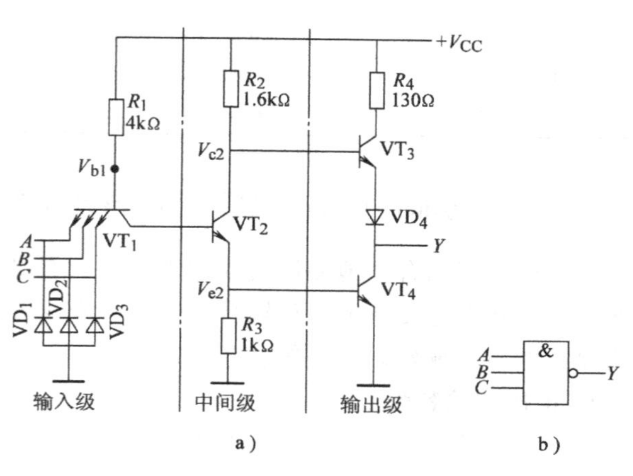

图 2-3　TTL 三输入与非门

a) 典型电路　b) 逻辑图形符号

2. 工作原理

设电源电压 $V_{CC}=5V$，输入高电平用 V_{IH} 表示，令 $V_{IH}=3.6V$。输入低电平用 V_{IL} 表示，令 $V_{IL}=0.2V$，并设 PN 结的开启电压 $V_{ON}=0.7V$。图 2-3a 所示与非门电路中 $VD_1 \sim VD_3$ 为钳位二极管，主要作用是抑制输入端的负脉冲干扰，进而保护多发射极晶体管 VT_1 输入级。

当输入信号 A、B、C 都为高电平（$V_{IH}=3.6V$）时，多发射极晶体管 VT_1 的基极电位被拉高，如果不考虑 VT_2 的存在，则 $V_{b1}=V_{IH}+V_{ON}=4.3V$，然而在 VT_2、VT_4 存在的情况下，VT_1 的基极电位足以使 VT_1 集电结、VT_2 发射结、VT_4 发射结导通，则 VT_1 基极电位 V_{b1} 被钳位在 2.1V。此时 VT_1 集电结处于正向偏置、发射极处于反向偏置的“倒置”工作状态。VT_2 处于饱和导通状态，$V_{c2}=V_{CES2}+V_{e2}=V_{CES2}+V_{be5}\approx 0.2V+0.7V=0.9V$，该电压不能驱动 VT_3、VD_4，导致 VT_3、VD_4 截止。VT_2 发射极为 VT_4 提供足够的基极电流，并使 VT_4 处于饱和导通状态，因此电路输出信号 Y 的电平 $V_O=V_{CES5}\approx 0.2V$。此时称 Y 输出为低电平 V_{OL}。因 VT_4 导通，习惯上称之为开门状态。

当输入信号 A、B、C 至少有一个为低电平（$V_{IL}=0.2V$）时，多发射极晶体管 VT_1 的基极与低电平输入发射极之间有一个约为 0.7V 的导通压降，故 VT_1 基极电位 V_{b1} 被钳位在 0.9V 左右，此时 VT_2 的发射结截止。VT_2 截止后 V_{c2} 为高电平，而 V_{e2} 为低电平，从而使 VT_3、VD_4 导通，VT_4 截止。因此电路 Y 输出的电平 $V_O=V_{CC}-V_{be3}-V_{D4}-V_{R2}\approx 5V-0.7V-0.7V-0V=3.6V$。此时称 Y 输出为高电平 V_{OH}，因 VT_4 截止，习惯上称之为关门状态。

由上述分析可知，只有当输入信号 A、B、C 全部为高电平时，输出 Y 才为低电平；只要输入信号 A、B、C 中有一个为低电平时，输出即为高电平。如果规定高电平对应逻辑状态 1，低电平对应逻辑状态 0，可得表 2-1 所列的逻辑关系。从表中可以看出，该逻辑关系为与非逻辑关系，$Y=(ABC)'$，其逻辑图形符号如图 2-3b 所示。

表 2-1 TTL 与非门逻辑关系

$A(V_A)$	$B(V_B)$	$C(V_C)$	$Y(V_Y)$
0(0.2V)	0(0.2V)	0(0.2V)	1(3.6V)
0(0.2V)	0(0.2V)	1(3.6V)	1(3.6V)
0(0.2V)	1(3.6V)	0(0.2V)	1(3.6V)
0(0.2V)	1(3.6V)	1(3.6V)	1(3.6V)
1(3.6V)	0(0.2V)	0(0.2V)	1(3.6V)
1(3.6V)	0(0.2V)	1(3.6V)	1(3.6V)
1(3.6V)	1(3.6V)	0(0.2V)	1(3.6V)
1(3.6V)	1(3.6V)	1(3.6V)	0(0.2V)

2.1.3 TTL 与非门电路的主要外部特性及参数

为了能够正确合理地使用集成逻辑电路，有必要了解其外部特性及一些主要参数。TTL 与非门外部特性主要有电压传输特性、输入噪声容限、静态输入特性、输入端负载特性、静态输出特性、传输延迟特性等。

1. 电压传输特性

TTL 与非门电压传输特性是指在某一输入端接可调直流电源，其余输入端接高电平情况下，输出电压 V_O 随输入电压 V_I 变化的曲线，如图 2-4 所示。

由图 2-4b 可见，TTL 与非门电压传输特性曲线可分为 AB、BC、CD、DE 四段。

曲线 AB 段：当输入电压 V_I 在 0~0.6V 时，VT_4 截止，这一段特性曲线被称为截止区。

曲线 BC 段：当输入电压 V_I 在 0.6~1.3V 时，VT_2 导通，而 VT_4 仍然截止，此时 VT_2 工作在放大区，随着 V_I 的升高 V_{c2} 和 V_O 近似线性下降。这一段特性曲线被称为线性区。

曲线 CD 段：当输入电压 V_I 上升到 1.4V 左右时，VT_1 基极电位 V_{b1} 约为 2.1V，VT_2 和 VT_4 同时导通，而 VT_3 截止，输出 V_O 急剧下降为低电平。这一段特性曲线被称为转折区，转折区的中点对应输入电压值称为门槛电压或阈值电压，通常用 V_{TH} 表示。

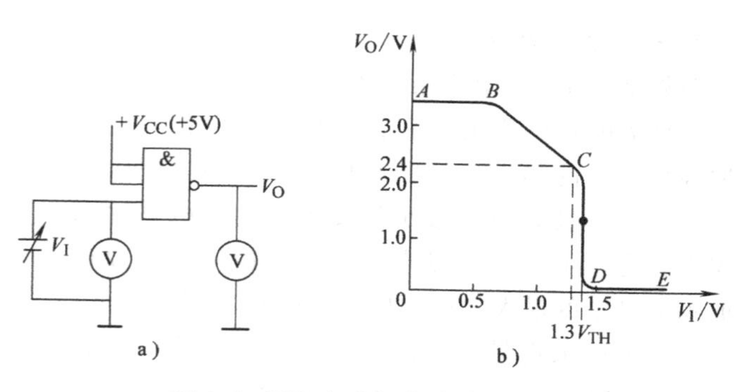

图 2-4　TTL 与非门电压传输特性

a) 测试电路　b) 电压传输特性曲线

曲线 DE 段：当输入电压 V_I 继续上升，VT_1 进入倒置工作状态，VT_4 饱和导通，继续升高 V_I 时，输出电平基本不再变化。这一段特性曲线被称为饱和区。

从 TTL 与非门的电压传输特性曲线上，可以定义几个重要的电路参数。

(1) 输出高电平电压 V_{OH}

输出高电平电压指与非门工作在截止区时对应的输出电压值，V_{OH} 的典型值为 3.6V，产品手册一般规定输出高电平的最小值 $V_{OH(min)}=2.4V$，即大于 2.4V 的输出电压就可称为输出高电压 V_{OH}。

(2) 输出低电平电压 V_{OL}

输出低电平电压指与非门工作在饱和区时对应的输出电压值，V_{OL} 的典型值为 0.2V，产品手册一般规定输出低电平的最大值 $V_{OL(max)}=0.4V$，即小于 0.4V 的输出电压就可称为输出低电压 V_{OL}。

(3) 关门电平电压 V_{OFF}

关门电平电压指输出电压下降到 $V_{OH(min)}$ 时对应的输入电压。显然只要 $V_I<V_{OFF}$，V_O 就是高电压，所以 V_{OFF} 就是输入低电平电压的最大值，用 $V_{IL(max)}$ 表示。从电压传输特性曲线上看，$V_{IL(max)}\approx1.3V$，产品手册一般规定 $V_{IL(max)}=0.8V$。

(4) 开门电平电压 V_{ON}

开门电平电压指输出电压上升到 $V_{OL(max)}$ 时对应的输入电压。显然只要 $V_I>V_{ON}$，V_O 就是低电压，所以 V_{ON} 就是输入高电平电压的最小值，用 $V_{IH(min)}$ 表示。从电压传输特性曲线上看，$V_{IH(min)}$ 略大于 1.3V，产品手册一般规定 $V_{IH(min)}=2V$。

(5) 阈值电压 V_{TH}

阈值电压是决定电路截止和导通的分界线，也是决定输出高、低电压的分界线。V_{TH} 是一个很重要的参数，在近似分析和估算时，常把它作为决定与非门工作状态的关键值，即 $V_I<V_{TH}$，与非门关门，输出高电平；$V_I>V_{TH}$，与非门开门，输出低电平。V_{TH} 的典型值为 1.3~1.4V。

在通常情况下，影响电压传输特性的主要因素是电源电压和环境温度。一般情况下电源电压的变化主要影响输出高电平值，$\Delta V_{OH}\approx\Delta V_{CC}$，而对输出低电平值影响不大；随着环境温度的升高，阈值电压 V_{TH} 降低，而输出高电平值和输出低电平值都会有所升高。

2. 输入噪声容限

在数字系统中，由于信号传输、高低电平转换、外界干扰等噪声因素的存在，工作信号中都可能会叠加各种各样的噪声，只要其幅度值不超过门电路输入逻辑电平最大值或最小值要求，则门电路输出的逻辑状态就不会受到噪声的影响。通常将所允许叠加到信号中的最大噪声幅度称为噪声容限。因此，噪声容限可用来定量表示门电路抗干扰能力，电路的噪声容限越大，其抗干扰能力则越强。

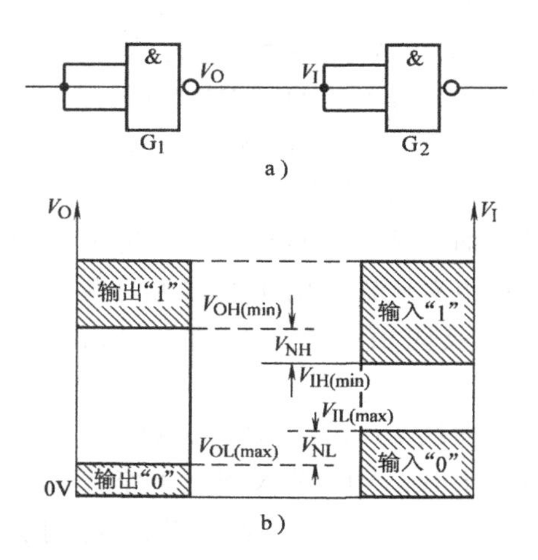

图 2-5　噪声容限示意图

a) 驱动门与负载门　b) 噪声容限定义

在由多个门电路互相连接构成的系统中，前一级驱动门 G_1 的输出作为后一级负载门 G_2 的输入，如图 2-5a 所示。图 2-5b 给出了噪声容限定义的示意图，前一级驱动门 G_1 输出低电平的最大值 $V_{OL(max)}$ 加上瞬态的干扰噪声不能超过后级负载门 G_2 的低电平输入最大值 $V_{IL(max)}$。所以输入低电平噪声容限为

$$V_{NL}=V_{IL(max)}-V_{OL(max)} \tag{2-4}$$

同理，输入高电平噪声容限为

$$V_{NH}=V_{OH(min)}-V_{IH(min)} \tag{2-5}$$

74 系列门电路中，输入输出电平典型参数为：$V_{IL(max)}=0.8\text{V}$，$V_{IH(min)}=2.0\text{V}$，$V_{OL(max)}=0.4\text{V}$，$V_{OH(min)}=2.4\text{V}$，因此可以计算出 $V_{NL}=0.4\text{V}$，$V_{NH}=0.4\text{V}$。

3. 静态输入特性

TTL 与非门输入特性是指输入电流 i_I 随输入电压 V_I 变化的曲线，如图 2-6b 所示。规定从门电路输入端流出的电流为输入电流 i_I 的正方向，如图 2-6a 所示。

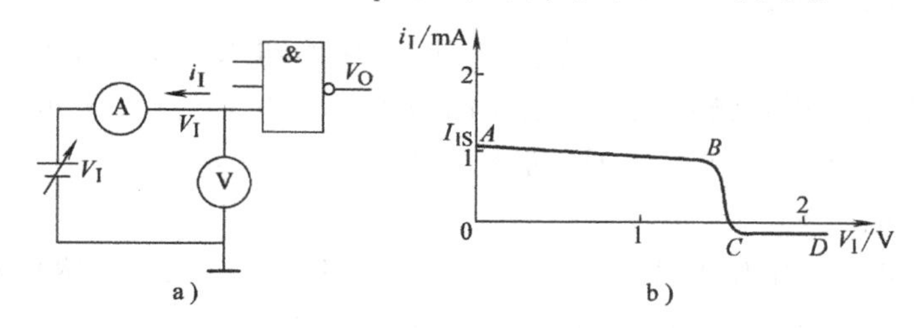

图 2-6　TTL 与非门输入特性

a) 测试电路　b) 输入特性曲线

(1) 输入低电平电流 I_{IL}

输入低电平电流 I_{IL} 是指输入端接低电平时所流出的电流，如图 2-7a 所示。该电流从门电路输入端流出后灌入前级驱动门电路的输出端。当 $V_{CC}=5\text{V}$，$V_I=V_{IL}=0.2\text{V}$ 时，则

$$I_{IL}=\frac{V_{CC}-V_{BE1}-V_{IL}}{R_1}\approx 1\text{mA} \tag{2-6}$$

$V_{IL}=0\text{V}$ 时的输入电流称为输入短路电流 I_{IS}。在电路工程设计做近似分析计算时，通常用器件手册上给出的 I_{IS} 代替 I_{IL} 来使用。

由于电阻 R_1 的限流作用，不论同一个 TTL 与非门有几个输入端接低电平，其所有输入

端流出电流之和应为 I_{IL}，即近似认为 I_{IL} 是输入低电平时流经 R_1 的电流。

（2）输入高电平电流 I_{IH}

输入高电平电流 I_{IH} 是指输入端接高电平时所流入的电流，如图 2-7b 所示。该电流就是 TTL 门电路输入级晶体管 VT_1 发射结的反向漏电流。输入高电平电流 I_{IH} 很小，74 系列门电路每个输入端的 I_{IH} 值一般在 40μA 以下。

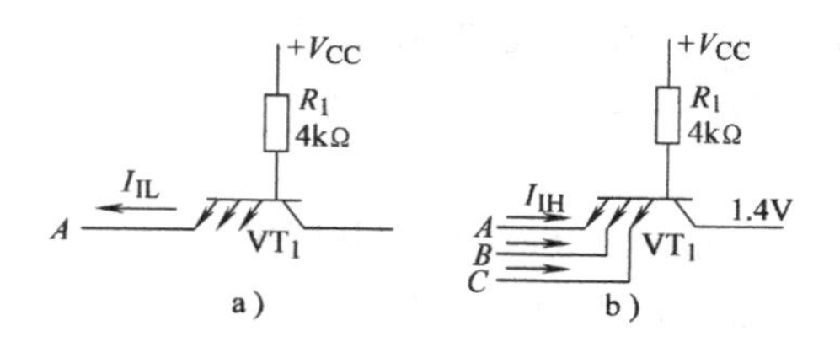

图 2-7 TTL 与非门输入电流

a）输入低电平电流 b）输入高电平电流

由于 I_{IH} 与电阻 R_1 无关，对于同一个 TTL 与非门的多个输入端都接高电平时，其所有输入端流入电流总和应为所有 I_{IH} 之和，这一点与前述输入低电平电流 I_{IL} 的计算是不同的。

4. 输入端负载特性

TTL 门电路的输入端负载特性是指在输入端加上负载电阻 R_I 后，R_I 产生的电压 V_I 随 R_I 变化的曲线，如图 2-8c 所示。图 2-8a 是输入端负载特性的测试电路，输入端部分的等效电路如图 2-8b 所示。

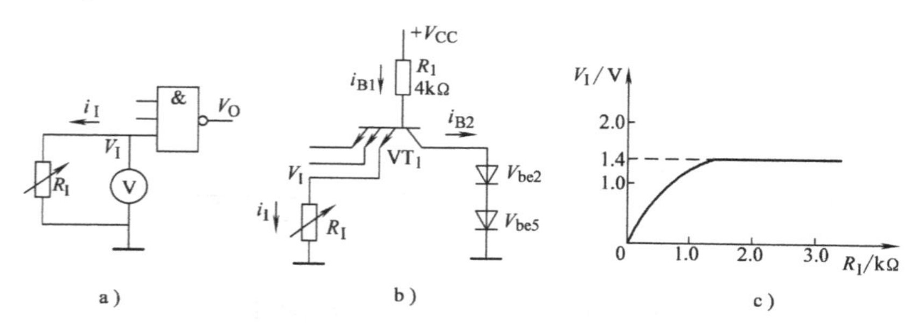

图 2-8 TTL 与非门输入端负载特性

a）测试电路 b）等效电路 c）特性曲线

由测试电路及其等效电路可知，TTL 与非门接入输入负载电阻 R_I 后，R_I 较小时，输入电流在负载电阻上产生的电压为

$$V_I = i_I R_I = \frac{V_{CC} - V_{BE1}}{R_I + R_1} R_I \tag{2-7}$$

由式（2-7）可知，当输入负载电阻 R_I 较小时，V_I 较低，门电路工作在关门状态。为了使电路可靠地工作在关门状态，必须满足 $V_I \leqslant V_{OFF}$，即

$$\frac{V_{CC} - V_{BE1}}{R_I + R_1} R_I \leqslant V_{OFF} \tag{2-8}$$

对于典型 TTL 与非门电路，$R_1 = 4\text{k}\Omega$，$V_{OFF} = 0.8\text{V}$，$V_{CC} = 5\text{V}$，$V_{BE1} = 0.7\text{V}$，将这些参数代入式（2-8）得

$$R_I \leqslant 0.9\text{k}\Omega \tag{2-9}$$

一般把 0.9kΩ 称为关门电阻，用 R_{OFF} 表示。

当输入负载电阻 R_I 较大时，V_I 较高，当 V_I 升高到 1.4V 以后，VT_1 基极电位被钳位在 2.1V，即使 R_I 再增大，V_I 也不会再升高，此时

$$i_{B1} = \frac{V_{CC} - V_{B1}}{R_1} \tag{2-10}$$

为了使电路可靠地工作在开门状态，必须满足 $V_I=i_I R_I \geqslant V_{ON}$，而 $i_I \approx i_{B1}-i_{B2}$，$i_I$ 的值取决于 i_{B2}。在满足 TTL 与非门允许的灌电流负载情况下，根据典型电路参数选取 $i_{B2}=0.172\text{mA}$，$V_{ON}=2.0\text{V}$，则

$$R_I \geqslant 3.6\text{k}\Omega \tag{2-11}$$

一般把 3.6kΩ 称为开门电阻，用 R_{ON} 表示。

通过以上分析，对于典型 TTL 与非门电路，选取输入端接地电阻，在保证工作于关门状态时，$R_I \leqslant 0.9\text{k}\Omega$，在保证工作于开门状态时，$R_I \geqslant 3.6\text{k}\Omega$。

例如图 2-9a 所示 TTL 与非门电路中，由于输入负载电阻 R_I 较小，即 $51\Omega<0.9\text{k}\Omega$，所以 $V_I<V_{OFF}$，Y_1 输出高电平。图 2-9b 所示 TTL 或非门电路中，由于输入负载电阻 R_I 较大，即 $10\text{k}\Omega>3.6\text{k}\Omega$，所以 $V_I>V_{ON}$，Y_2 输出低电平。

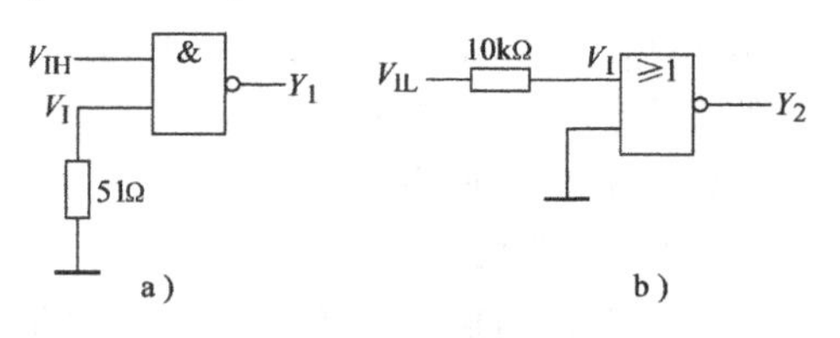

图 2-9 TTL 门输入端接负载电阻

a) 接小电阻 b) 接大电阻

5. 静态输出特性

(1) 低电平输出特性

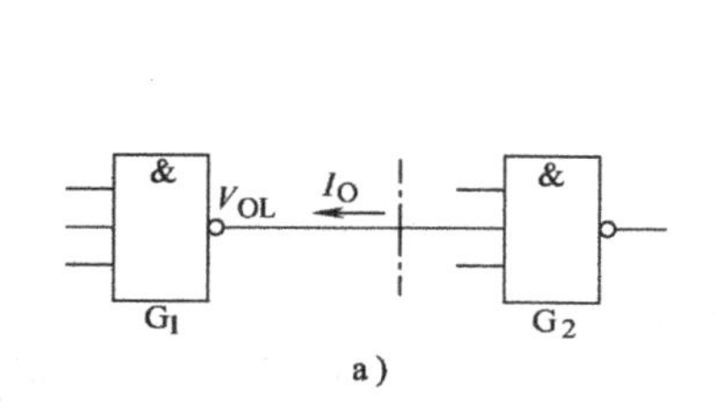

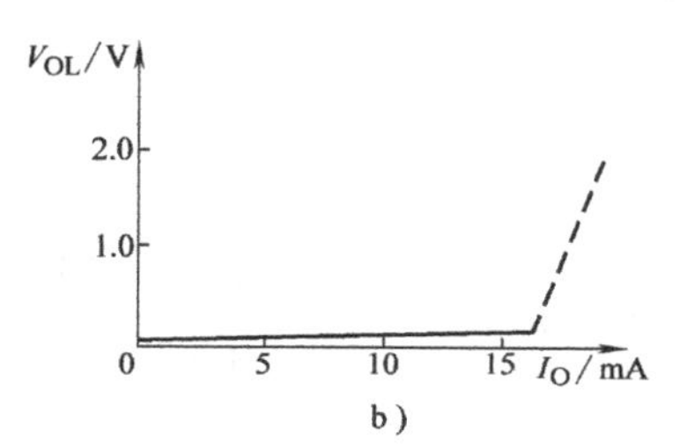

图 2-10 TTL 与非门低电平输出特性

a) 灌电流负载 b) 低电平输出特性

如图 2-10a 所示，当驱动门 G_1 输出低电平 V_{OL} 时，VT_3、VD_4 截止，VT_4 饱和导通（输出阻抗 10Ω 左右），负载电流 I_O 从负载门 G_2 的输入端灌入驱动门 G_1 的 VT_4，该负载电流称为灌电流，G_2 被称为 G_1 的灌电流负载。当灌电流增加，则 VT_5 的饱和深度降低，输出的低电平也随之略有增高，如图 2-10b 实线所示。如果灌电流过大，使 VT_5 脱离了饱和区而进入放大区，则输出电平增加幅度较大，如图 2-10b 虚线所示，在正常工作时这是不允许的。如前所述，74 系列门电路中输出低电平一般不得高于 $V_{OL(max)}=0.4\text{V}$。把输出低电平时允许灌电流定义为输出低电平电流 I_{OL}，这是门电路的一个参数，产品手册一般规定为 $I_{OL}=16\text{mA}$。

(2) 高电平输出特性

如图 2-11a 所示，当驱动门 G_1 输出高电平 V_{OH} 时，VT_3、VD_4 导通，VT_4 截止（输出阻抗为 100Ω 左右），负载电流 I_O 从驱动门 G_1 的 VT_3、VD_4 拉出而流至负载门 G_2 的输入端，该负载电流称为拉电流，G_2 被称为 G_1 的拉电流负载。当拉电流增加，则 VT_4 的饱和深度加大，输出的高电平降低，如图 2-11b 所示。如前所述，74 系列门电路中输出高电平一般不得低于 $V_{OH(min)}=2.4\text{V}$。把输出高电平时允许拉电流定义为输出高电平电流 I_{OH}，这是门电路的一个参数，产品手册一般规定为 $I_{OH}=0.4\text{mA}$。

(3) 扇入、扇出系数

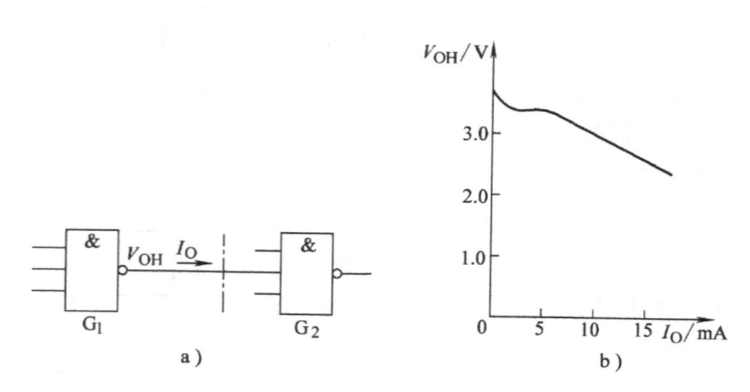

图 2-11　TTL 与非门高电平输出特性

a）拉电流负载　b）高电平输出特性

扇入系数一般指门电路输入端的个数。扇出系数 N_O 指门电路输出端最多能带同类门的个数。

门电路输出低电平时所能驱动同类门的个数为

$$N_{OL}=\frac{I_{OL}}{I_{IL}} \tag{2-12}$$

式中，N_{OL} 称为输出低电平时的扇出系数。

门电路输出高电平时所能驱动同类门的个数为

$$N_{OH}=\frac{I_{OH}}{nI_{IH}} \tag{2-13}$$

式中，N_{OH} 称为输出高电平时的扇出系数；n 为负载门扇入系数。

一般情况下 $N_{OL}\neq N_{OH}$，通常取两者中的较小值作为门电路的扇出系数，用 N_O 表示。

【例 2-1】 在图 2-12 所示的由 74 系列 TTL 与非门组成的电路中，计算门 G_1 能驱动多少同样的与非门。要求 G_1 输出的高、低电平满足 $V_{OH}\geqslant 3.2V$，$V_{OL}\leqslant 0.4V$。与非门的输入电流为 $I_{IL}\leqslant -1.6mA$，$I_{IH}\leqslant 40\mu A$。$V_{OL}\leqslant 0.4V$ 时输出电流最大值为 $I_{OL(max)}=16mA$，$V_{OH}\geqslant 3.2V$ 时输出电流最大值为 $I_{OH(max)}=-0.4mA$。G_1 的输出电阻忽略不计。

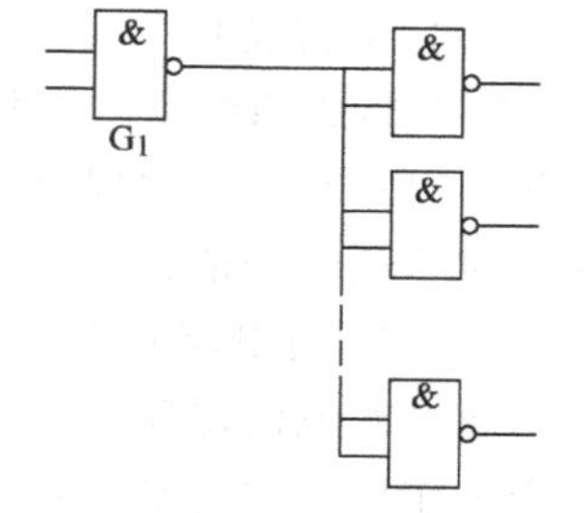

图 2-12　例 2-1 的电路

解： 根据式（2-12）可计算出低电平输出时的扇出系数

$$N_{OL}=\frac{I_{OL}}{I_{IL}}=\frac{|I_{OL(max)}|}{|I_{IL(max)}|}=\frac{16mA}{1.6mA}=10$$

根据式（2-13）可计算出高电平输出时的扇出系数

$$N_{OH}=\frac{I_{OH}}{nI_{IH}}=\frac{|I_{OH(max)}|}{n|I_{IH(max)}|}=\frac{0.4mA}{2\times 0.04mA}=5$$

因此，根据上述两种情况的计算，取输出值较小的为扇出系数，即 TTL 与非门 G_1 最多能驱动 5 个同样的与非门。

6. 传输延迟特性

（1）传输延迟时间

晶体管从截止变为导通或从导通变为截止都需要一定的时间，所以当TTL与非门输入一个脉冲波形时，其输出波形有一定的延迟，如图2-13所示。

导通延迟时间t_{PHL}：从输入波形上升沿的中点到输出波形下降沿的中点所经历的延迟时间。典型值为7ns，最大值为15ns。

截止延迟时间t_{PLH}：从输入波形下降沿的中点到输出波形上升沿的中点所经历的延迟时间。典型值为11ns，最大值为22ns。

与非门的传输延迟时间t_{pd}一般取t_{PHL}和t_{PLH}的平均值，即

$$t_{pd}=\frac{t_{PLH}+t_{PHL}}{2} \tag{2-14}$$

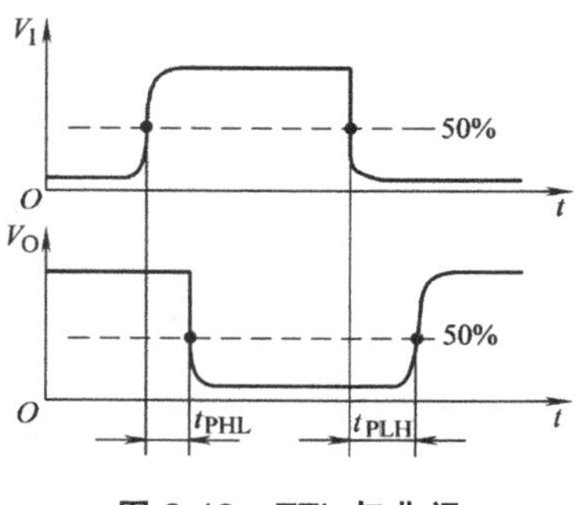

图2-13　TTL与非门传输延迟时间

通常情况下TTL与非门传输延迟时间t_{pd}的值为几纳秒至十几纳秒。传输延迟时间t_{pd}的值决定了数字集成门电路的工作速度，减小t_{pd}可以提高电路工作速度，但相应门电路的功耗必然增加。通常用功耗延迟积来全面衡量数字集成门电路的性能，显然，该值越小越好。

（2）交流噪声容限

如上所述，TTL与非门对输入信号的响应总是有一定延时的，输入信号状态变化时必须有足够的变化幅度和作用时间才能使输出改变状态。如果干扰脉冲持续的时间很短，甚至输出状态还未来得及变化，干扰脉冲就消失了，显然这样的脉冲信号对电路的逻辑状态毫无影响。只有当输入脉冲宽度达到接近于门电路传输延迟时间，且脉冲信号的幅度远大于直流输入信号的幅度时，对门电路的输出状态才会产生影响。通常把门电路对这类窄脉冲的噪声容限称为交流噪声容限。而且，门电路交流噪声容限远高于直流噪声容限，传输延迟越大，交流噪声容限也越大。

（3）电源特性

TTL集成门电路的工作电源一般是+5V，允许波动范围为±10%。TTL与非门在关门状态和开门状态时电源提供的电流是不同的。空载情况下，门电路分别工作于开门状态和关门状态时功耗的均值称为平均功耗。TTL与非门的平均功耗一般在10mW左右。

当TTL门电路在开门状态和关门状态之间转换时，VT_3和VT_4会在瞬间同时导通，从而导致电源电流出现瞬时最大冲击电流，该电流称为动态尖峰电流。动态尖峰电流使电路在一个工作周期内的平均功耗加大，所以当电路状态频繁转换时，对系统电源的设计不可忽略动态尖峰电流的影响。

2.1.4　其他类型的TTL门电路

1. 非门

将图2-3a与非门的输入级VT_1改成单发射极，就构成了非门，如图2-14a所示。当输入A为低电平时，VT_1的发射极正向偏置而导通，VT_1基极电位被钳位在0.9V左右，VT_2、VT_4截止，VT_3、VD_4导通，输出高电平。当输入A为高电平时，VT_1转入倒置放大状态，VT_2、VT_4饱和，VT_3、VD_4截止，输出低电平。因此，该电路实现了非门逻辑功能，即$Y=$

A'，逻辑图形符号如图 2-14b 所示。

2. 或非门

图 2-15a 所示为 TTL 或非门逻辑电路。图中 R_1、VT_1、VT_2 和 VD_1 组成的电路与R_1'、VT_1'、VT_2'和 VD_1'组成的电路完全相同。当 A 和 B 组两个输入均为低电平时，则 VT_2 和 VT_2'均截止，其集电极为高电平，使 VT_3 和 VD_4 饱和导通，而 VT_4 截止，输出 Y 为高电平。当 A 为高电平时，VT_2 和 VT_4 同时导通，VT_3 和 VD_4 截止，输出 Y 为低电平。同理，当 B 为高电平时，输出 Y 也为低电平。所以，该电路实现了或非功能，即 $Y=(A+B)'$，逻辑图形符号如图 2-15b 所示。

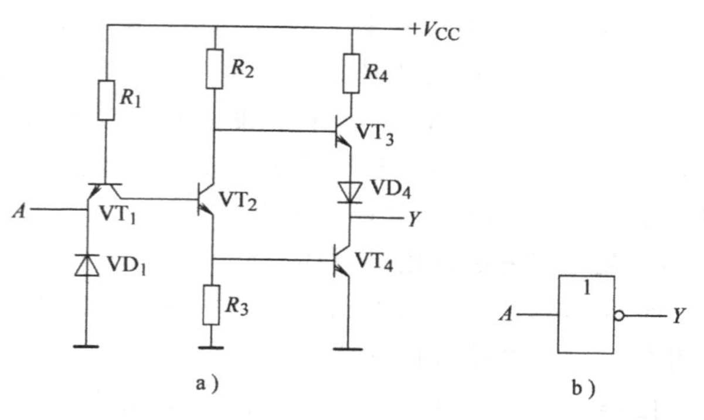

图 2-14　TTL 非门
a）典型电路　b）逻辑图形符号

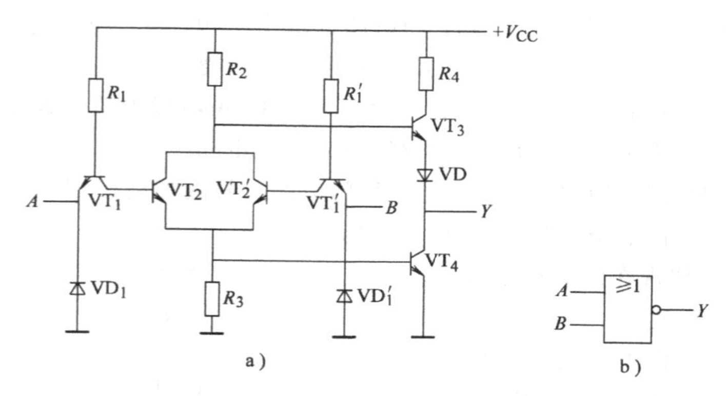

图 2-15　TTL 或非门（一）
a）典型电路　b）逻辑图形符号

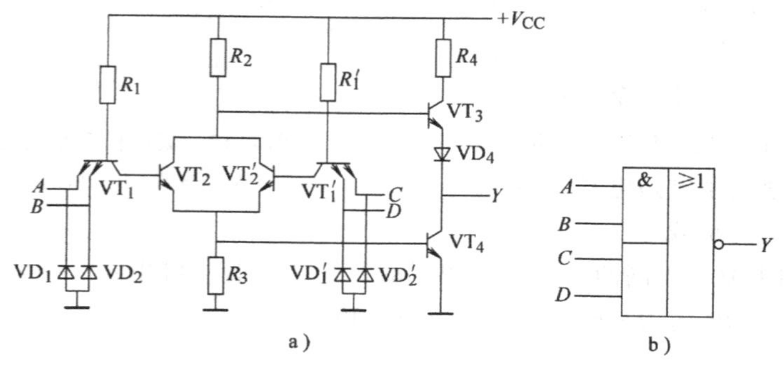

图 2-16　TTL 与或非门（二）
a）典型电路　b）逻辑图形符号

3. 与或非门

将图 2-15a 所示或非门逻辑电路中的两个输入端改用多发射极晶体管，就可构成如图 2-16a 所示与或非门逻辑电路。当 A、B 为高电平时，VT_2 和 VT_4 同时导通，而 VT_3

和 VD_4 截止，输出 Y 为低电平。同理，当 C、D 同时为高电平时，输出 Y 也为低电平。只有当 A、B 和 C、D 每组输入都至少有一个为低电平时，VT_2 和 VT_2' 均截止，其集电极为高电平，使 VT_3 和 VD_4 饱和导通，而 VT_5 截止，输出 Y 为高电平。所以，该电路实现了与或非功能，即 $Y=(AB+CD)'$，逻辑图形符号如图 2-16b 所示。

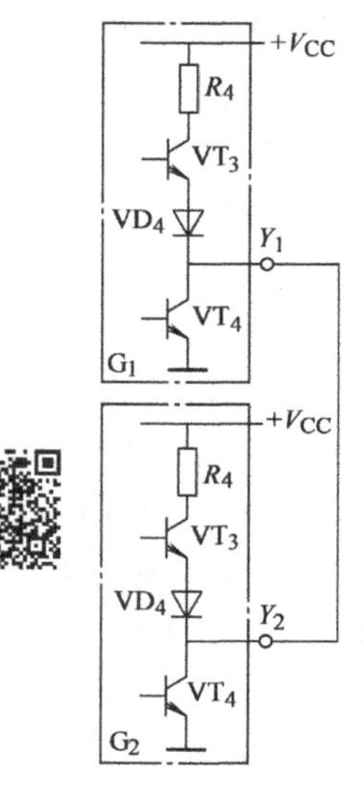

图 2-17 两个 TTL 门电路推拉式输出级直接连接

4. 集电极开路输出门（OC 门）

前面介绍的 TTL 门电路输出端采用推拉式结构，不能将两个门的输出端直接并联。如果将两个 TTL 与非门的输出直接连接起来，如图 2-17 所示，当 G_1 输出为高电平，G_2 输出为低电平时，从 G_1 的电源 V_{CC} 通过 G_1 的 VT_3、VD_4 到 G_2 的 VT_4，形成一个低阻抗通路，两个门电路产生很大的负载电流，逻辑功能将被破坏，甚至损坏器件。

在工程实践中，有时需要将几个门的输出端并联使用，以实现与逻辑，称为“线与”。普通 TTL 门电路的输出结构决定了它不能进行线与。为满足实际应用中实现线与的要求，将 TTL 门电路输出端 R_4、VD_4、VT_3 去掉，在 VT_4 集电极形成开路结构，这样就产生一种可以进行线与的门电路——集电极开路（Open Collector，OC）门，简称 OC 门，如图 2-18a 所示。图 2-18b 是它的逻辑图形符号，用门电路符号内加菱形记号表示 OC 输出结构，菱形下方的横线表示输出低电平时为低输出电阻。

OC 门主要应用体现在以下几方面：

（1）实现电平转换

在数字系统的应用中，经常需要电平转换，例如将 TTL 电平转换为 CMOS 电平、高阈值 TTL（HTL）电平等，常用 OC 门来实现。如图 2-19 所示，把上拉电阻 R_L 接到电源 V_{CC} 上，这样在 OC 门输入普通的 TTL 电平，通过改变电源 V_{CC} 的值，就可以改变输出 V_O 高电平的值，实现 TTL 电平到其他类型电路电平的转换。

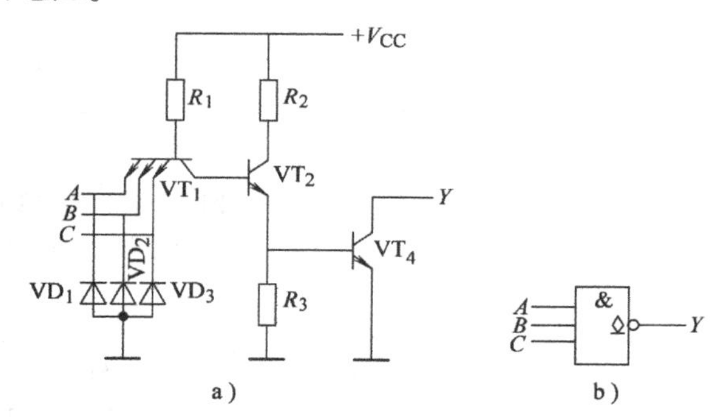

图 2-18 集电极开路的与非门
a）典型电路 b）逻辑图形符号

（2）驱动不同的负载

OC 门可以用来驱动不同的负载，例如驱动发光二极管、继电器、指示灯和脉冲变压器等。图 2-20 所示为 OC 门用来驱动发光二极管的电路。

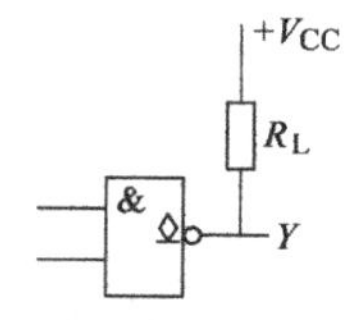

图 2-19 OC 门实现电平转换电路

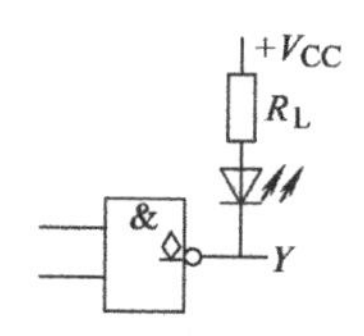

图 2-20 OC 门驱动发光二极管电路

(3) 实现线与

两个 OC 门实现线与时的电路如图 2-21 所示。此时的逻辑关系为

$$Y = Y_1Y_2 = (AB)'(CD)' = (AB + CD)'$$

即在输出线上实现了与运算，通过逻辑变换可转换为与或非运算。

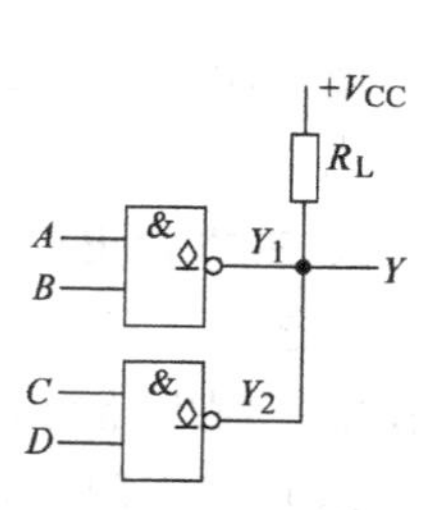

图 2-21　OC 门实现线与

在使用 OC 门进行线与时，外接上拉电阻 R_L 的选择至关重要，只有 R_L 选择适当，才能保证 OC 门输出满足高低电平要求。

假定有 m 个 OC 门的输出端线与，后面接 n 个普通的 TTL 与非门作为负载，如图 2-22 所示，则 R_L 根据以下两种情况综合选择：

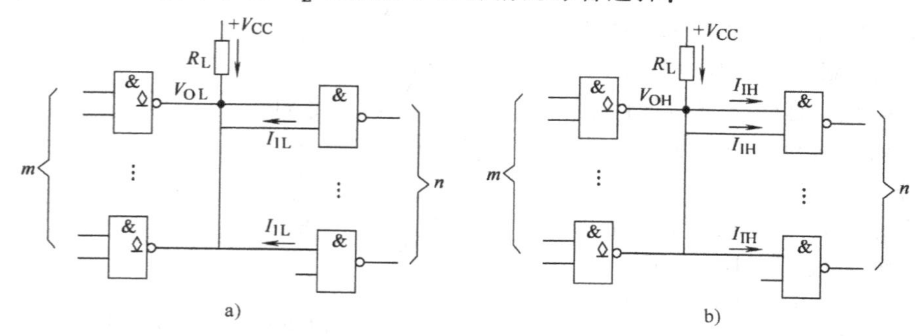

图 2-22　OC 门外接上拉电阻 R_L 的选择

a) 仅一个 OC 门处于开门状态　b) 所有 OC 门处于关门状态

当 m 个 OC 门中至少有一个处于开门状态时，输出 V_O 应为低电平。下面考虑一种较为极端的情况，即只有一个 OC 门处于开门状态，如图 2-22a 所示。此时 R_L 不能太小，如果 R_L 太小，则灌入导通的那个 OC 门的负载电流可能会超过 $I_{OL(max)}$，就会使该 OC 门的 VT_4 脱离饱和，导致输出低电平上升。因此当 R_L 为最小值时要保证输出电压小于等于 $V_{OL(max)}$，故

$$I_{OL(max)} \geqslant \frac{V_{CC} - V_{OL(max)}}{R_L} + nI_{IL} \tag{2-15}$$

$$R_{L(min)} = \frac{V_{CC} - V_{OL(max)}}{I_{OL(max)} - nI_{IL}} \tag{2-16}$$

式中，$V_{OL(max)}$ 是 OC 门输出低电平的上限值；$I_{OL(max)}$ 是 OC 门输出低电平时的灌电流能力；I_{IL} 是负载门的输入低电平电流；n 是负载门的个数。

当所有的 OC 门都处于关门状态时，输出 V_O 应为高电平，如图 2-22b 所示。此时 R_L 不能太大，如果 R_L 太大，则 R_L 上压降太大，导致输出高电平就会太低。因此当 R_L 为最大值时要保证输出电压大于等于 $V_{OH(min)}$，故

$$V_{OH(min)} \leqslant V_{CC} - (NI_{IH}R_L + mI_{OH}) \tag{2-17}$$

$$R_{L(max)} = \frac{V_{CC} - V_{OH(min)}}{NI_{IH} + mI_{OH}} \tag{2-18}$$

式中，$V_{OH(min)}$ 是 OC 门输出高电平的下限值；I_{IH} 是负载门的输入高电平电流；I_{OH} 是负载门的输出高电平电流；N 是所有负载门输入端的总个数，而不是负载门的个数。

另外，因所有 OC 门中的 VT_4 都截止，可以认为没有电流流入 OC 门。

综上所述，R_L 可由下式确定：

$$R_{L(min)} < R_L < R_{L(max)} \tag{2-19}$$

5. 三态输出门

三态输出门（Three State Output Gate，TS 门）简称三态门，是在普通门电路基础之上加入使能控制电路组合而成的。三态门输出有高电平、低电平和高阻三种输出状态。

(1) 三态门原理

图 2-23a 所示是一种三态与非门的电路。

当使能 $EN=1$ 时，非门 G_2 输出为 1，二极管 VD_3 截止，与 G_2 相连的 VT_1 的发射结也截止。这时三态门等价于一个正常的二输入端与非门，输出为高电平或低电平，由输入 A、B 决定，$Y=(AB)'$。当使能 $EN=0$ 时，G_2 输出为 0，一方面使二极管 VD_3 导通，VT_3、VD_4 截止；另一方面使 VT_1 基极电位被钳位在 0.9V 左右，VT_2、VT_4 截止。这时从输出 Y 来看，对电源和对地都相当于开路，呈现高阻状态，所以把这种输出状态称为高阻态。

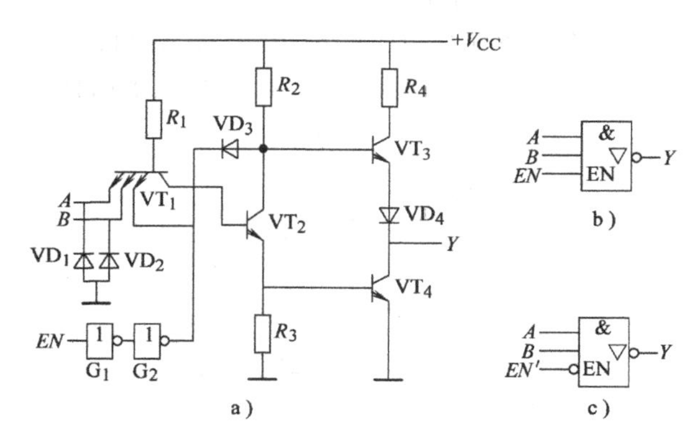

图 2-23 三态输出门

a) 电路 b) 使能高电平有效逻辑图形符号
c) 使能低电平有效逻辑图形符号

上述 $EN=1$ 时为正常工作状态的三态门称为使能高电平有效的三态门，使能高电平有效二输入与非三态门逻辑图形符号如图 2-23b 所示，此时外输入 EN 表示高电平有效。

如果将图 2-23a 中的非门 G_1 去掉，外输入使能 EN 用 EN'表示，则 $EN'=0$ 时为正常工作状态，$EN'=1$ 时为高阻状态，这种三态门称为使能低电平有效的三态门。使能低电平有效二输入与非三态门逻辑图形符号如图 2-23c 所示，此时外输入 EN'和与其连接的小圆圈都表示低电平有效，同时小圆圈也表示对输入逻辑非。

(2) 三态门的应用

在数字系统中，为了减少传输线路，经常需要在一条数据线路上分时传输若干门电路的输出信号，这种输出线称为总线(BUS)。以总线方式分时传输数据时，要求在任何时间内，最多只有一个门处于工作状态，其他门的输出呈现高阻态。三态门在计算机总线结构中有着广泛的应用，图 2-24a 所示为三态门组成的单向总线，各三态门的使能信号轮流有效，可实现信号的分时传送。图 2-24b 所示为三态门组成的双向总线，当 EN_1 为高电平时，G_1 正常工作，G_2 为高阻态，输入数据 D_I 经 G_1 反相后送到总线上；当 EN_1 为低电平时，G_2 正常工作，G_1 为高阻态，总线上的数据 D_O 经 G_2 反

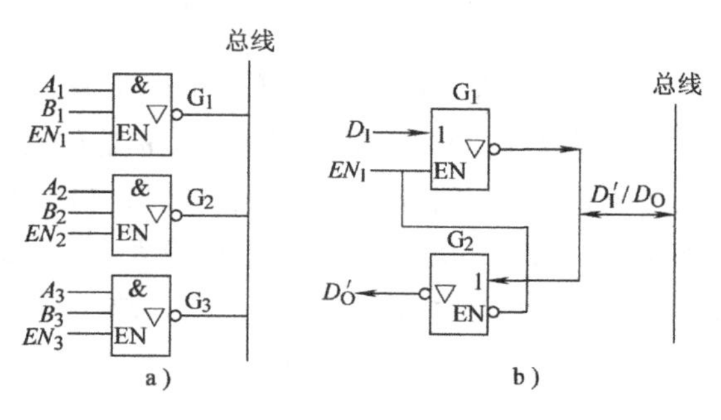

图 2-24 三态门总线结构

a) 单向总线结构 b) 双向总线结构

相后输出 D_0'。这样就实现了信号的分时双向传送。

2.1.5 TTL 集成逻辑门电路系列

TTL 门电路系列主要是依据美国 TI 公司的产品命名的，基本系列分为 74 系列和 54 系列，两者具有完全相同的电路结构和电气性能参数，主要区别在于工作温度范围和电源电压工作范围。通常把 74 系列称为民品，其工作温度范围规定为 0～+70℃，电源电压工作范围为 5（1±5%）V；而 54 系列称为军品，其工作温度范围规定为-55～+125℃，电源电压工作范围为 5（1±10%）V。

TTL 电路有基本系列（54/74 系列）、高速系列（54/74H 系列）、肖特基系列（54/74S 系列）、低功耗肖特基系列（54/74LS 系列）等，这四个系列分别与国标 C1000 系列、C2000 系列、C3000 系列、C4000 系列相对应。

74 系列又称标准 TTL 系列，属中速 TTL 器件，其平均传输延迟时间约为 10ns，平均功耗约为 10mW/门。74L 系列为低功耗 TTL 系列，又称 LTTL 系列，用增加电阻阻值的方法将电路的平均功耗降低为 1mW/门，但平均传输延迟时间较长，约为 33ns。

74H 系列为高速 TTL 系列，又称 HTTL 系列，与 74 标准系列相比，电路结构上主要作了两点改进：一是输出级采用了达林顿结构；二是大幅度地降低了电路中的电阻的阻值。从而提高了工作速度和负载能力，但电路的平均功耗增加了。该系列的平均传输延迟时间为 6ns，平均功耗约为 22.5mW/门。

74S 系列为肖特基 TTL 系列，又称 STTL 系列。与 74 标准系列相比较，为了进一步提高速度主要作了四点改进：①输出级采用了达林顿结构，降低了输出高电平时的输出电阻，有利于提高速度，也提高了负载能力；②采用了抗饱和晶体管；③采用了“有源泄放电路”；④输入端增加了二极管用于抑制输入端出现的负向干扰，起保护作用。由于采取了这些措施，74S 系列的延迟时间缩短为 3ns，但电路的平均功耗较大，约为 19mW。

74LS 系列为低功耗肖特基系列，又称 LSTTL 系列。电路中采用了抗饱和晶体管和专门的肖特基二极管来提高工作速度，同时通过加大电路中电阻的阻值来降低电路的功耗，从而使电路既具有较高的工作速度，又有较低的平均功耗。其平均传输延迟时间为 9.5ns，平均功耗约为 2mW/门。

为了进一步提高转换速度或降低功耗，在肖特基系列基础上又开发了几个改进系列。

74AS 系列为先进肖特基系列，又称 ASTTL 系列，是 74S 系列的后继产品。它在 74S 的基础上大大降低了电路中的电阻阻值，从而提高了工作速度。其平均传输延迟时间为 1.5ns，但平均功耗较大，约为 20mW/门。

74ALS 系列为先进低功耗肖特基系列，又称 ALSTTL 系列，是 74LS 系列的后继产品。它在 74LS 的基础上通过增大电路中的电阻阻值、改进生产工艺和缩小内部器件的尺寸等措施，降低了电路的平均功耗、提高了工作速度。其平均传输延迟时间约为 4ns，平均功耗约为 1mW/门。

74F 系列为快速肖特基系列，其功耗及工作速度介于 74AS 和 74ALS 系列之间，功耗延迟积略低于 74AS 系列。

上述不同系列的 TTL 产品，若产品编号相同，则其逻辑功能必然相同。由于每一系列产品的电参数有一定的差异，所以在同一个数字系统中应选用同一系列的产品，而不同系列的产品不要混用或替代。

2.2 其他类型的双极型集成电路

在双极型数字集成电路中，TTL电路的应用最广泛。但在某些有特殊要求的场合有可能使用其他种类的双极型集成电路，如二极管-晶体管逻辑（Diode Transistor Logic，DTL）、高阈值逻辑（High Threshold Logic，HTL）、发射极耦合逻辑（Emitter Coupled Logic，ECL）和集成注入逻辑（Integrated Injection Logic，I^2L）等。下面简要介绍ECL和I^2L电路。

1. ECL电路

由于TTL门中晶体管工作于饱和状态，开关速度受到了一定限制。只有改变电路的工作方式，从饱和型变为非饱和型，才能从根本上提高开关速度。发射极耦合逻辑（ECL）电路，也称电流开关型逻辑（CML）电路，就是一种非饱和型高速度数字集成电路。

这种电路具有开关速度快、带负载能力强、内部噪声低等优点；主要缺点是噪声容限小、电路功耗大、输出电平受温度影响大。该电路常用于高速中、小规模集成电路中。

2. I^2L电路

集成注入逻辑（I^2L）的电路简单，其基本结构是由一个NPN型多集电极晶体管和一个PNP型恒流源负载组成的反相器。由于I^2L电路的驱动电流是由PNP晶体管的发射极注入的，所以称为集成注入逻辑。它的功耗低，集成度高，电路的每个基本逻辑单元占的芯片面积很小，工作电流不超过1nA，因而其集成度可达500门/mm^2以上（一般TTL电路集成度约为20门/mm^2）。

集成注入逻辑电路可以在低电压下工作，其高电平$V_H=0.7V$，低电平$V_L=0.1V$。集成注入逻辑电路的缺点是抗干扰能力差，开关速度较低。

2.3 CMOS集成门电路

CMOS逻辑门电路是继TTL之后发展起来的另一种应用广泛的数字集成电路。由于它功耗低，抗干扰能力强，工艺简单，因此几乎所有的大规模、超大规模数字集成器件都采用CMOS工艺，CMOS已成为数字逻辑电路的主流工艺技术。

2.3.1 MOS管的开关特性

金属-氧化物-半导体场效应晶体管（Metal-Oxide-Semiconductor Field-Effect Transistor，MOS FET），简称MOS管。它工作时管内只有一种多数载流子参与导电，因此它属于单极型器件。根据导电沟道不同，MOS管可分为N沟道和P沟道两类，简称NMOS管和PMOS管。下面以图2-25所示N沟道增强型MOS管为例，分析其开关特性。

当输入电压$V_I=V_{GS}<V_{GS(th)}$时，MOS管处于截止区，只要负载电阻R_D远小于MOS管的截止内阻R_{OFF}，$i_D\approx0$，输出$V_{OH}\approx V_{DD}$。此时MOS管的D、S之间近似开路，相当于开关断开。

当$V_I=V_{GS}>V_{GS(th)}$，且$V_{DS}>V_{GS}-V_{GS(th)}$时，MOS管工作于恒流区。当V_I逐渐增大，i_D也随之增大，V_O随之减小，此时MOS管处于放大状态。

当 V_I 继续升高，MOS 管的导通内阻 R_{ON} 将变得很小，只要负载电阻 R_D 远大于 MOS 管的导通内阻 R_{ON}，则输出 $V_{OL} \approx 0$。此时 MOS 管的 D、S 之间近似短路，相当于开关闭合。

由此可知，在由 N 沟道增强型 MOS 管构成的开关电路中，当 $V_I = V_{IL}$ 时，MOS 管稳定工作于截止状态，此时 D、S 之间近似开路；当 $V_I = V_{IH}$ 时，MOS 管稳定工作于导通状态，此时 D、S 之间近似短路。

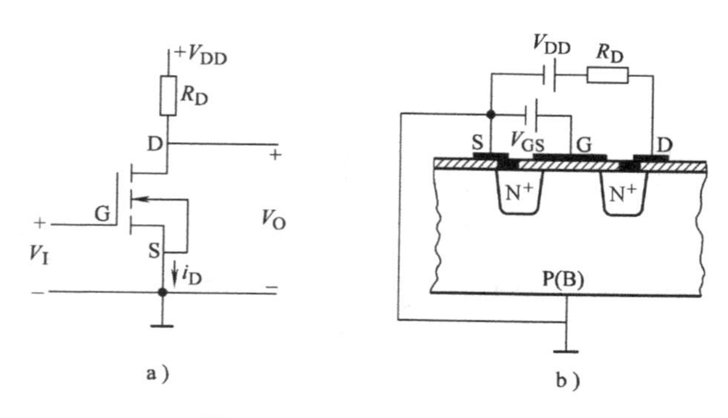

图 2-25　MOS 管开关电路

a) 原理电路　b) 结构电路

2.3.2　CMOS 反相器（非门）的结构与工作原理

CMOS 逻辑门电路是由 N 沟道 MOS 管和 P 沟道 MOS 管互补而成，通常称为互补对称式金属-氧化物-半导体电路（Complementary Metal Oxide Semiconductor Circuit，CMOS）。CMOS 反相器（非门）的基本电路结构如图 2-26 所示，其中 VT_p 是 P 沟道增强型 MOS 管，VT_N 是 N 沟道增强型 MOS 管。

设 VT_P 和 VT_N 的开启电压分别为 $V_{GS(th)P}$ 和 $V_{GS(th)N}$，令电源 V_{DD} 大于两管开启电压绝对值之和，即 $V_{DD} > (V_{GS(th)N} + |V_{GS(th)P}|)$。

当输入为低电平，即 $V_I = V_{IL} = 0V$ 时，V_{GSP} 为负且 $|V_{GSP}| = V_{DD} > |V_{GS(th)P}|$，$V_{GSN} = 0 < V_{GS(th)N}$，此时 VT_P 导通，VT_N 截止，VT_P 的导通电阻约为 750Ω，VT_N 的截止电阻约为 500MΩ，所以输出 $V_O \approx V_{DD}$，即为高电平 V_{OH}。

当输入为高电平，即 $V_I = V_{IH} = V_{DD}$ 时，$V_{GSP} = 0 < |V_{GS(th)P}|$，$V_{GSN} = V_{DD} > V_{GS(th)N}$，此时 VT_P 截止，VT_N 导通，所以输出 $V_O \approx 0V$，即为低电平 V_{OL}。

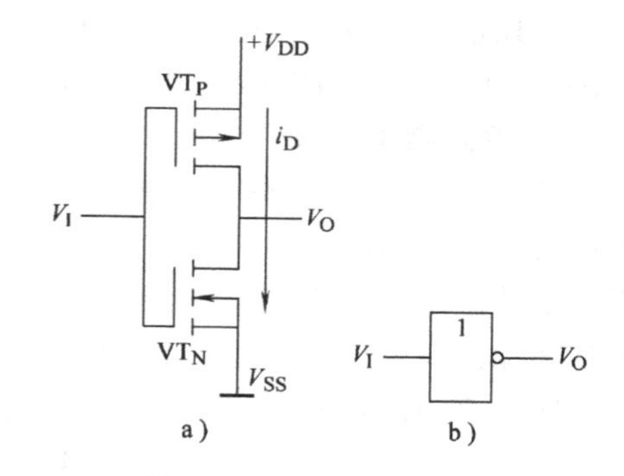

图 2-26　CMOS 反相器

a) 基本电路结构　b) 逻辑图形符号

通过以上分析可以看出，该电路实现了输入输出之间逻辑非的关系，也称为反相器。在 CMOS 非门电路中，静态下无论电路处于何种状态，VT_P、VT_N 中总有一个截止，且截止内阻极高，流过 VT_P 和 VT_N 的静态电流极小，故 CMOS 非门静态功耗极低。

2.3.3　CMOS 反相器的主要外部特性及参数

1. 传输特性

图 2-26 所示 CMOS 反相器电路中，设 $V_{DD} > (V_{GS(th)N} + |V_{GS(th)P}|)$，且 $V_{GS(th)N} = |V_{GS(th)P}|$，$VT_P$、$VT_N$ 具有相同的导通内阻 R_{ON} 和截止内阻 R_{OFF}，则电压传输特性（输出电压随输入电压变化的曲线）如图 2-27a 所示，电流传输特性（漏极电流随输入电压变化的曲线）如图 2-27b 所示。

根据 VT_P 和 VT_N 两个 MOS 管工作情况的不同，传输特性曲线可以分为五段。

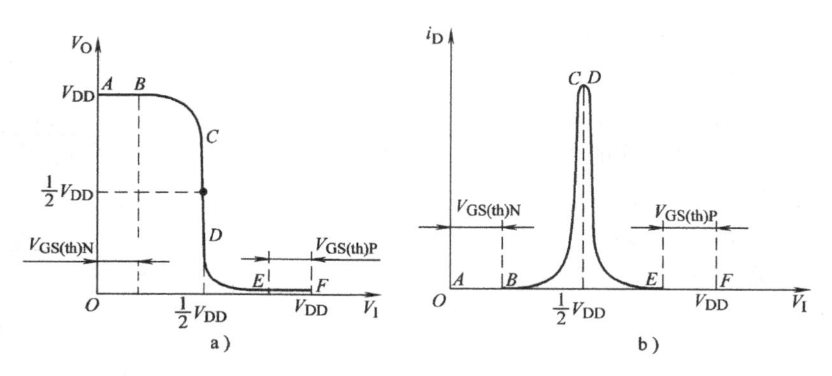

图 2-27 CMOS 反相器的传输特性

a) 电压传输特性 b) 电流传输特性

曲线 *AB* 段或 *EF* 段：由前述 COMS 反相器工作原理的两种情况 $V_I=V_{IL}=0V$ 和 $V_I=V_{IH}=V_{DD}$ 的分析可知，不论输入是高电平还是低电平，总有一个 MOS 管处于截止状态，流过两管的电流 i_D 接近于 0。

曲线 *BC* 段或 *DE* 段：VT_P 和 VT_N 总有一个 MOS 管处于可变电阻区而另一个处于恒流区，此时电路输出电流比较大，传输特性变化比较快，两管在 $V_I=V_{DD}/2$ 处转换状态。

曲线 *CD* 段：在 $V_I=V_{DD}/2$ 时，由于 VT_P 和 VT_N 均工作于恒流区，电流 i_D 达到最大值，此时功耗也达到最大。这一段特性曲线被称为转折区，转折区的中点对应输入电压值称为 CMOS 反相器的阈值电压，通常用 V_{TH} 表示。因此 CMOS 反相器的阈值电压为 $V_{TH}=V_{DD}/2$。

2. 输入噪声容限

从 2-27a 所示的 CMOS 反相器电压传输特性曲线上可以看出，当输入电压从低电平略有升高时，输出的高电平状态并不立刻改变。同样，在输入电压从高电平略有降低时，输出的低电平状态也并不立刻改变。因此，和 TTL 反相器类似，同样存在一个允许的噪声容限，即保证输出高、低电平基本不变的条件下，允许输入电平有一定的波动范围。

噪声容限的定义方法也和 TTL 反相器一样，输入为高电平和低电平的噪声容限为

$$V_{NH}=V_{OH(min)}-V_{IH(min)} \tag{2-20}$$

$$V_{NL}=V_{IL(max)}-V_{OL(max)} \tag{2-21}$$

在 CMOS 门电路中，负载为其他 CMOS 门时，负载电流几乎等于零，与空载情况相当，一般规定 $V_{OH(min)}=V_{DD}-0.1V$，$V_{OL(max)}=V_{SS}+0.1V$。其中，V_{SS} 表示 N 沟道 MOS 管的源极电压，通常接地情况下，$V_{OL(max)}=0.1V$。

一般在输出高、低电平的变化不大于限定的 10% V_{DD} 的情况下，输入信号高、低电平允许变化的范围大于 30% V_{DD}。所以 $V_{NH}=V_{NL}=30\%\ V_{DD}$，CMOS 门电路噪声容限的大小是和电源电压 V_{DD} 紧密相关的，V_{DD} 越大，噪声容限越高。

3. 静态输入特性

CMOS 反相器静态输入特性是指输入电流 i_I 随输入电压 V_I 变化的曲线。

因为 MOS 管的栅极 G 和衬底 B 之间存在着以二氧化硅为介质的输入电容，而绝缘层极薄，非常容易被击穿，一般耐压为 100V 左右，而人体静电就达千伏以上，所以必须采取一定的保护措施。

在目前生产的各类 CMOS 集成电路中都采用了各种形式的输入保护措施。其中 74HC 系

列多采用如图 2-28a 所示的输入保护电路，该反相器的输入特性如图 2-28b 所示。

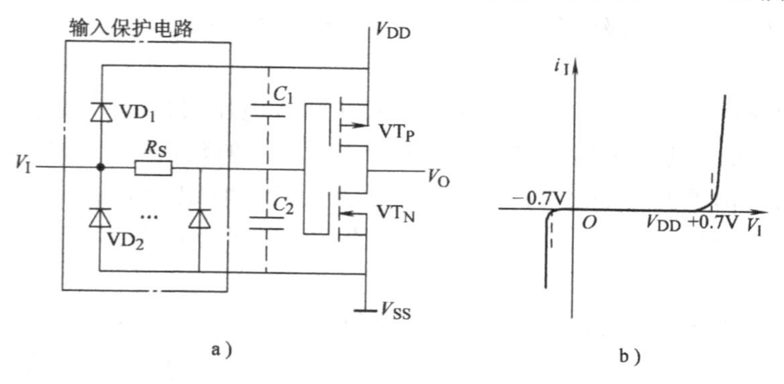

图 2-28 74HC 系列 CMOS 反相器

a）输入保护电路 b）输入特性

当输入信号电压在正常工作范围内（$0<V_I<V_{DD}$），输入保护电路不起作用；当输入端出现瞬时的过冲电压使保护二极管 VD_1 或 VD_2 发生击穿的情况下，只要反向击穿电流不过大，而且持续时间很短，那么在反向击穿消失后二极管的 PN 结仍然可以恢复正常工作状态。

4. 静态输出特性

（1）低电平输出特性

当 $V_{IH}=V_{DD}$ 时，CMOS 反相器的 VT_N 导通，VT_P 截止，输出低电平 V_{OL}，其工作状态如图 2-29a 所示。该状态下负载电流 I_{OL} 为灌电流，输出电平 V_{OL} 随着 I_{OL} 增加而提高；又因为 VT_N 的 V_{GSN} 越大导通内阻越小，所以在同样的 I_{OL} 值下 V_{DD} 越高，VT_N 导通时的 V_{GSN} 越大，V_{OL} 越低，如图 2-29b 所示。

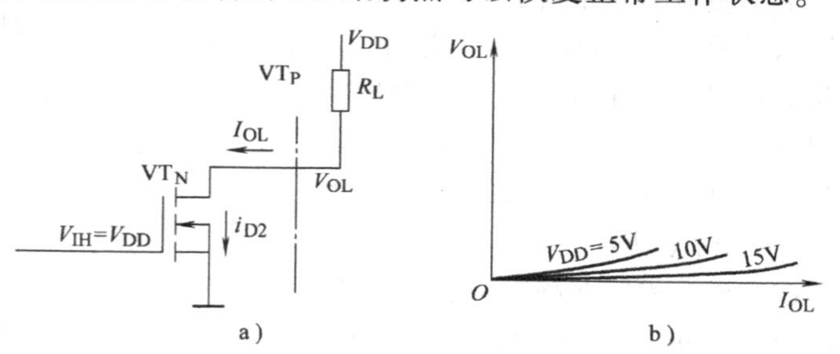

图 2-29 CMOS 反相器低电平输出特性

a）工作状态 b）输出特性

（2）高电平输出特性

当 $V_{IL}=0$ 时，CMOS 反相器的 VT_P 导通，VT_N 截止，输出高电平 V_{OH}，其工作状态如图 2-30a 所示。该状态下负载电流 I_{OH} 为拉电流，输出电平 V_{OH} 随着 I_{OH} 增加而下降；又因为 VT_P 的 V_{GSP} 越负导通内阻越小，所以在同样的 I_{OH} 值下 V_{DD} 越高，VT_P 导通时的 V_{GSP} 越负，V_{OH} 下降得越少，如图 2-30b 所示。

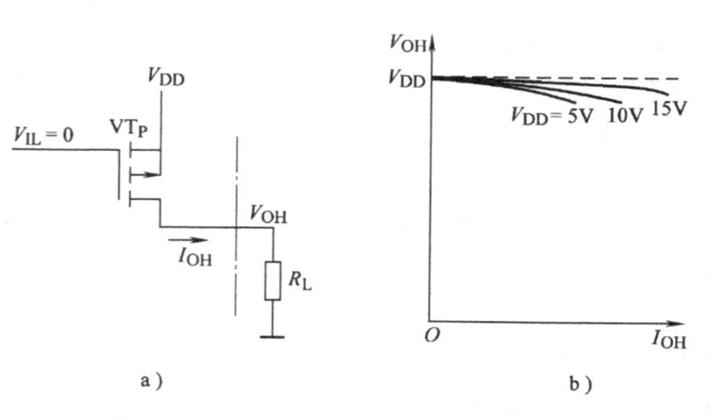

图 2-30 CMOS 反相器高电平输出特性

a）工作状态 b）输出特性

5. 动态特性

（1）传输延迟时间

在 CMOS 反相器电路中，由于 MOS 管的电极之间及衬底和电极之间都存在寄生电容，在反相器的输出端更不可避免地存在着负载电容，例如负载为下一级 CMOS 门时，其输入电容和接线电容就构成了上一级的负载电容，在输入电压发生跳变时，输出电压的变化必然落后于输入电压的变化。

像在 TTL 电路中一样，这里将输出电压滞后于输入电压波形的时间称为传输延迟时间。将输入波形上升沿的中点到输出波形下降沿的中点所经历的延迟时间记为 t_{PHL}，将输入波形下降沿的中点到输出波形上升沿的中点所经历的延迟时间记为 t_{PLH}，如图 2-31 所示。在 CMOS 电路中，一般情况下 t_{PHL} 和 t_{PLH} 是相等的，所以可以用平均传输延迟时间 t_{pd} 表示 t_{PHL} 或 t_{PLH}。

通常情况下 CMOS 门传输延迟时间 t_{pd} 的值为 5~10ns。

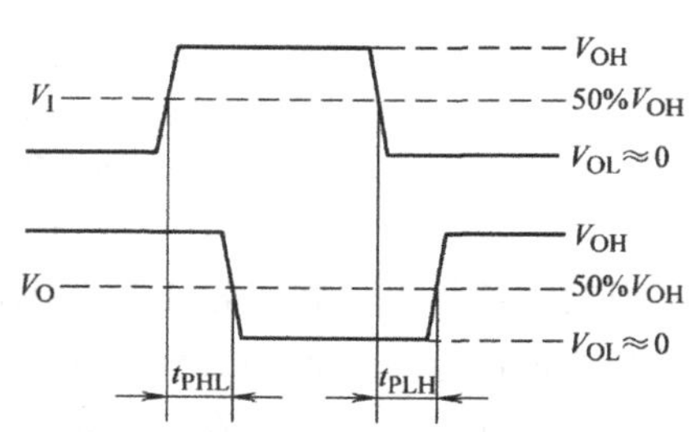

图 2-31 CMOS 反相器传输延迟时间

（2）交流噪声容限

和 TTL 反相器一样，CMOS 电路的交流噪声容限也远大于直流噪声容限。这是由于负载电容和 MOS 管寄生电容的存在，输入信号状态变化时必须有足够的变化幅度和作用时间才能使输出改变状态。当输入信号为窄脉冲，而且脉冲宽度接近于门电路传输延迟时间的情况下，为使输出状态改变，所需要的脉冲信号幅度将远大于直流输入信号的幅度。因此，反相器对窄脉冲的噪声容限（交流噪声容限）远高于直流噪声容限，且传输延迟时间越长，交流噪声容限越大。

（3）动态功耗

CMOS 反相器在静态下，因为 VT_P 和 VT_N 总是处在有一个截止的工作情况，而截止时的漏电流又极其微弱，所以这个电流产生的功耗可以忽略不计。当然，由于存在保护二极管，其反向漏电流要比 VT_P 和 VT_N 的漏电流大得多，从而构成了静态电流的主要部分，一般不超过 1μA。

由此可以看出，CMOS 反相器的功耗主要取决于动态功耗，特别是在工作频率较高的情况下，动态功耗要比静态功耗大得多。动态功耗主要由两部分构成：一部分是对负载电容充放电所消耗的功率 P_C，另一部分是由于两个 MOS 管 VT_P 和 VT_N 在短时间内同时导通所消耗的瞬时导通功耗 P_T。

对电容负载的充、放电电流为状态转换时的瞬时输出电流，若负载电容为 C_L，工作频率为 f，则

$$P_C = C_L f V_{DD}^2 \tag{2-22}$$

瞬时导通功耗 P_T 和电源电压 V_{DD}、输入信号的频率 f 以及电路内部参数有关，可按下式计算

$$P_T = C_{PD} f V_{DD}^2 \tag{2-23}$$

式中，C_{PD} 称为功耗电容，它的具体数值由器件生产商给出。例如 74HC 系列门电路的 C_{PD} 数值通常为 20pF 左右。

总的动态功耗 P_D 应为 P_C 与 P_T 之和，即

$$\begin{aligned} P_D &= P_C + P_T \\ &= (C_L + C_{PD}) f V_{DD}^2 \end{aligned} \tag{2-24}$$

6. 扇出系数

因 CMOS 电路有极高的输入阻抗，故其扇出系数很大，一般额定扇出系数可达 50。但必须指出的是，扇出系数是指驱动 CMOS 电路的个数，若就灌电流负载能力和拉电流负载能力而言，CMOS 电路远远低于 TTL 电路。

2.3.4 其他类型的 CMOS 门电路

在 CMOS 系列门电路中，除上述介绍的反相器外，还有与非门、或非门、异或门、与或非门等电路，并且在输入端基本都带有输入保护电路。下面为了突出其逻辑功能及作图方便，图中都省略了输入保护电路。

1. 与非门

图 2-32a 所示为两输入 CMOS 与非门的基本电路结构，它由两个并联的 P 沟道增强型 MOS 管 VT_{P1}、VT_{P2} 和两个串联的 N 沟道增强型 MOS 管 VT_{N1}、VT_{N2} 组成。

当 $A=B=0$ 时，VT_{P1} 和 VT_{P2} 同时导通，VT_{N1} 和 VT_{N2} 同时截止，$Y=1$；当 $A=0$、$B=1$ 时，VT_{P1} 导通，VT_{N1} 截止，也使 $Y=1$；而当 $A=1$、$B=0$ 时，VT_{P2} 导通，VT_{N2} 截止，同样使 $Y=1$。当且仅当 $A=B=1$ 时，VT_{P1} 和 VT_{P2} 同时截止，VT_{N1} 和 VT_{N2} 同时导通，$Y=0$。因此，该电路实现了与非门逻辑功能，即 $Y=(AB)'$，逻辑图形符号如图 2-32b 所示。

2. 或非门

图 2-33a 所示为两输入 CMOS 或非门的基本电路结构，它由两个串联的 P 沟道增强型 MOS 管 VT_{P1}、VT_{P2} 和两个并联的 N 沟道增强型 MOS 管 VT_{N1}、VT_{N2} 组成。

该电路中，仅当 $A=B=0$ 时，VT_{P1} 和 VT_{P2} 同时导通，VT_{N1} 和 VT_{N2} 同时截止，$Y=1$；而当 A、B 当中只要有一个高电平，则 VT_{P1} 和 VT_{P2} 至少有一个截止，VT_{N1} 和 VT_{N2} 至少有一个导通，$Y=0$。因此，该电路实现了或非门逻辑功能，即 $Y=(A+B)'$，逻辑图形符号如图 2-33b 所示。

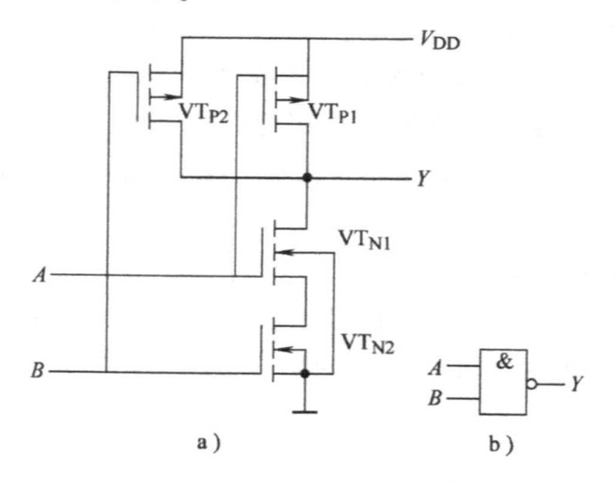

图 2-32 CMOS 两输入与非门

a）基本电路结构 b）逻辑图形符号

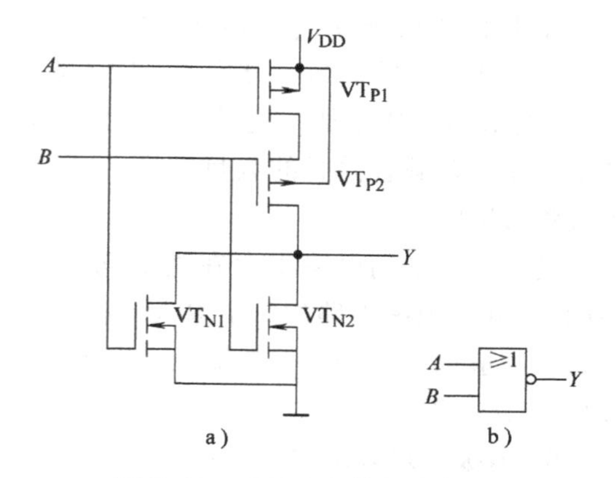

图 2-33 CMOS 两输入或非门

a）基本电路结构 b）逻辑图形符号

3. 异或门

CMOS 异或门基本电路结构如图 2-34a 所示。图中，点划线左侧 VT_{P1}、VT_{P2}、VT_{N1}、VT_{N2} 组成两输入或非门，其中 A、B 为输入，X 为输出，即 $X=(A+B)'$。在点划线右侧，X 控制输出级 VT_{P5} 和 VT_{N5} 的工作状态，当 X 为 1 时，VT_{P5} 截止，VT_{N5} 导通，输出 Y 为 0；

当 X 为0时，VT_{P5} 导通，VT_{N5} 截止，此时 VT_{P5} 将 VT_{P3}、VT_{P4}、VT_{N3}、VT_{N4} 联通成两输入与非门，其输入为 A、B，输出为 Y，即 $Y=(AB)'$。

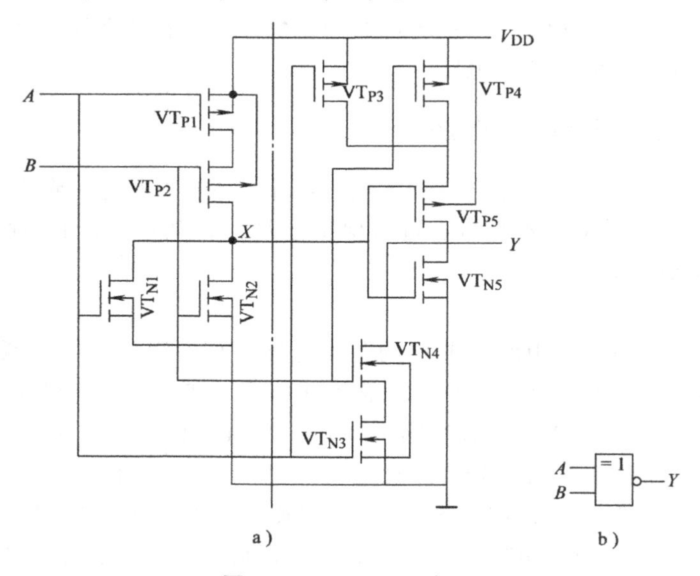

图 2-34 CMOS 异或门

a）基本电路结构 b）逻辑图形符号

根据上述电路的工作过程可知：$Y=X\cdot 0+X'(AB)'=((A+B)')'(AB)'=(A+B)(A'+B')=AB'+A'B=A\oplus B$，即实现了异或门逻辑功能，逻辑图形符号如图 2-34b 所示。

4. 输入、输出缓冲电路

在图 2-32a 所示两输入 CMOS 与非门的基本电路中有两个严重的缺陷。一方面，设 MOS 管的导通内阻为 R_{ON}，截止内阻为 $R_{OFF}\approx\infty$，则 $A=B=0$ 时，输出电阻 $R_O=R_{ON}/2$；$A=B=1$ 时，输出电阻 $R_O=2R_{ON}$；$A=0$、$B=1$ 或 $A=1$、$B=0$ 时，$R_O=R_{ON}$。因此，它的输出电阻 R_O 受输入端状态影响。另一方面，当输入端数目增加时，串联的 NMOS 管数目要增加，并联的 PMOS 管数目也要增加，这样会引起输出低电平 V_{OL} 变高；当输入全部为低电平时，输入端越多意味着负载管并联的数目越多，输出的高电平 V_{OH} 也会越高。故输出高、低电平受输入端数目影响。

其他 CMOS 门电路也存在类似问题。为了克服这些缺点，在实际生产的 4000 系列和 74HC 系列 CMOS 电路的每个输入端和输出端增加一级反相器，加进的这些反相器具有标准参数，一般称为缓冲器。带输入、输出缓冲器的 CMOS 与非门电路结构和逻辑电路及图形符号如图 2-35 所示。

5. 漏极开路输出门（OD 门）

和 TTL 电路中的 OC 门电路输出结构类似，为了满足输出电平转换、吸收大负载电流以及实现线与连接等需要，在 CMOS 电路中也有一种漏极开路（Open Drain，OD）输出结构的门电路。

图 2-36a 所示为 Philips 公司生产的 74HC/HCT03 四 2 输入 OD 输出与非门的电路结构，其输出电路是一个漏极开路的 N 沟道增强型 MOS 管 VT_N。图 2-36b 给出了 OD 门的逻辑图形符号，它的图形符号与 OC 门相同。

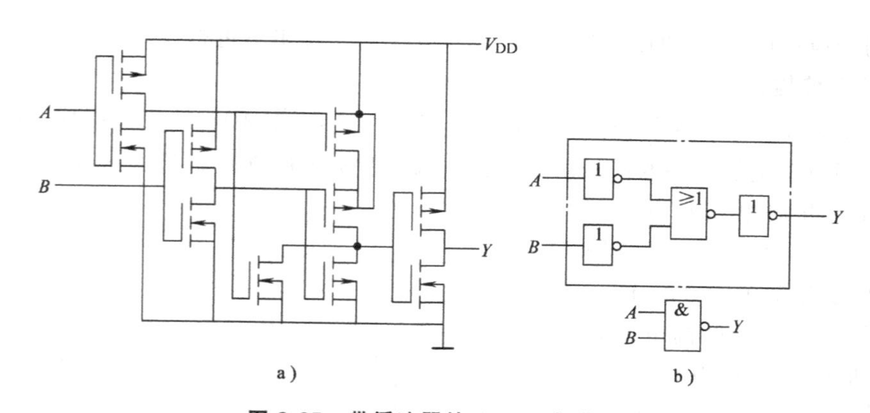

图 2-35 带缓冲器的 CMOS 与非门

a）基本电路结构 b）逻辑电路及图形符号

OD 门在工作时同样需要外接上拉电阻和电源。只要电阻的阻值和电源电压的数值选择得当，就能够实现符合要求的高、低电平输出及负载电流。OD 门的应用及使用方法和前面讲过的 OC 门类似，利用 OD 门同样能接成线与结构以及实现输出与输入之间的电平转换。

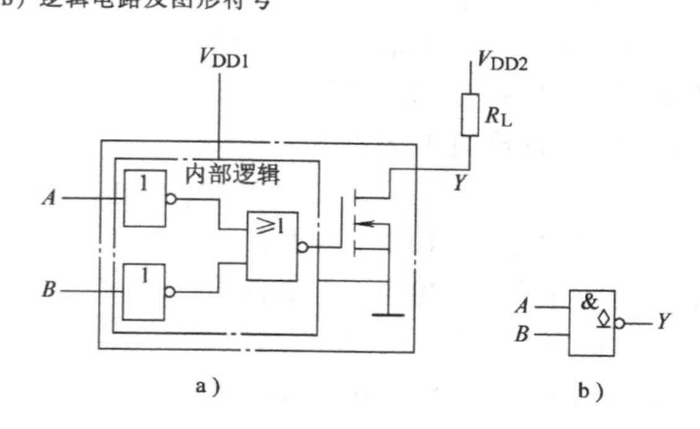

图 2-36 OD 输出的与非门

a）电路结构 b）逻辑图形符号

OD 门外接电阻的计算方法和 OC 门外接电阻的计算方法基本相同，唯一不同的地方是在多个负载门输入端并联的情况下，低电平输入电流的数目与输入端的数目相等。

6. 三态门

在 CMOS 电路中同样也有一种三态输出结构的门电路，CMOS 电路中的三态输出门是在普通门电路的基础上附加控制电路构成的。

图 2-37 所示是 CMOS 三态输出反相器的电路结构和逻辑图形符号。当使能 $EN'=0$ 时，非门 G_3 输出为 0，若 $A=1$，则 G_4、G_5 同时输出高电平，VT_P 截止、VT_N 导通，输出 $Y=0$；若 $A=0$，则 G_4、G_5 同时输出低电平，VT_P 导通、VT_N 截止，输出 $Y=1$。这时三态门等价于一个正常的非门，输出为高电平或低电平，由输入 A 决定，$Y=A'$。当使能 $EN'=1$ 时，非门 G_3 输出为 1，不论 A 的状态如何，G_4 输出为 1，G_5 输出为 0，VT_P、VT_N 同时截止，输出端呈现高阻状态。因此，这个电路是低电平使能有效的三态非门。

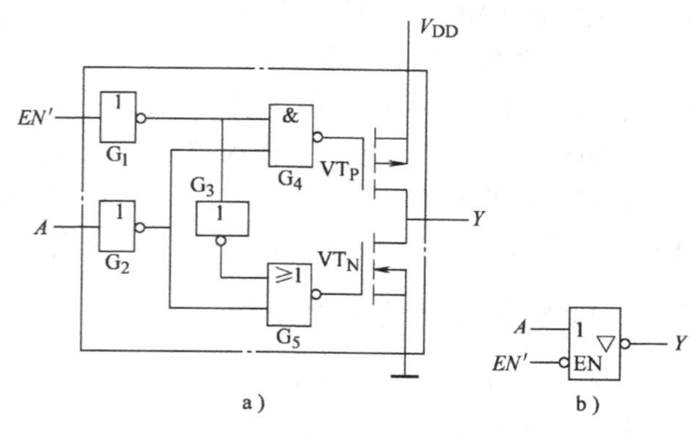

图 2-37 三态输出的 CMOS 反相器

a）电路结构 b）逻辑图形符号

三态门的应用已经在 TTL 三态门的应用中介绍过，这里不再赘述。

7. CMOS 传输门

CMOS 传输门由一个 N 沟道 MOS 管 VT_N 和一个 P 沟道 MOS 管 VT_P 组成，C 和 C'为控制信号，使用时总是加互补的信号，其电路结构和逻辑图形符号如图 2-38 所示。

设两管的开启电压相等，即 $V_{GS(th)N}=|V_{GS(th)P}|$。如果要传输的信号 V_I 的变化范围为 $0V\sim V_{DD}$，则将控制信号 C 和 C'的高电平设置为 V_{DD}，低电平设置为 0，并将 VT_N 的衬底接低电平 0V，VT_P 的衬底接高电平 V_{DD}。

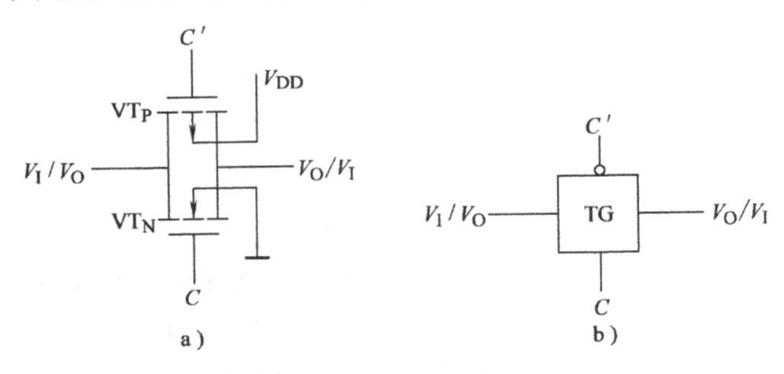

图 2-38 CMOS 传输门

a) 电路结构 b) 逻辑图形符号

当 C 为高电平 V_{DD}，C'为低电平 0V 时，且在负载电阻远大于 VT_N、VT_P 的导通电阻的情况下，若 $0V<V_I<(V_{DD}-V_{GS(th)N})$，则 VT_N 导通；若 $|V_{GS(th)P}|\leqslant V_I\leqslant V_{DD}$，则 VT_P 导通。即 V_I 在 $0V\sim V_{DD}$ 的范围变化时，至少有一管导通，输出与输入之间呈低电阻，将输入电压传到输出端，传输门导通，相当于开关闭合。

当 C 为低电平 0V，C'为高电平 V_{DD}，V_I 在 $0V\sim V_{DD}$ 的范围变化时，VT_N 和 VT_P 都截止，输出呈高阻状态，输入电压不能传到输出端，传输门截止，相当于开关断开。

由于 VT_N 和 VT_P 的结构形式是对称的，即漏极和源极可以互换使用，因此 CMOS 传输门能够双向传输，输入端和输出端可以互易使用。

CMOS 传输门可以传输数字信号，也可以传输模拟信号。利用 CMOS 传输门和 CMOS 反相器可以实现各种复杂的逻辑电路，如异或门、寄存器、计数器等。利用 CMOS 传输门和 CMOS 反相器组合成的双向模拟开关电路结构及逻辑图形符号如图 2-39 所示。

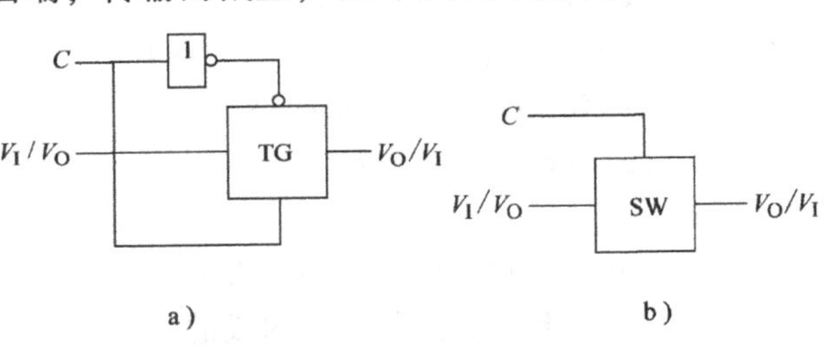

图 2-39 CMOS 双向模拟开关

a) 电路结构 b) 逻辑图形符号

设双向模拟开关的导通内阻为 R_{TG}，负载电阻为 R_L，当 $C=0$ 时，开关截止，$V_O=0$；当 $C=1$ 时，开关接通，输出电压 $V_O=V_IR_L/(R_L+R_{TG})$。

2.3.5 CMOS 逻辑门电路系列

CMOS 集成电路诞生于 20 世纪 60 年代末，经过制造工艺的不断改进，它的技术参数从总体上说，已经达到或接近 TTL 的水平，其中功耗、噪声容限、扇出系数等参数优于 TTL。CMOS 集成电路主要有 4000 系列、HC/HCT 系列、AHC/AHCT 系列、LVC 系列、ALVC 系列等。

4000 系列是早期的 CMOS 集成逻辑门产品，工作电源电压范围为 3~18V，由于具有功耗低、噪声容限大等优点，已得到广泛使用。缺点是最大负载电流仅有 0.5mA 左右，工作速度较低，平均传输延迟时间为几十纳秒，最高工作频率小于5MHz，目前已基本被HC/HCT系列产品取代。

HC/HCT系列也称高速CMOS逻辑系列。电路主要从制造工艺上作了改进，使其大大提高了工作速度，平均传输延迟时间小于10ns，最高工作频率可达50MHz。HC系列和HCT系列的主要区别在于工作电压范围和对输入电平的要求有所不同。HC系列的电源电压范围为2~6V。HCT系列的主要特点是与TTL器件电压兼容，它的电源电压范围为4.5~5.5V，输入电压参数为$V_{IH(min)}=2.0V$，$V_{IL(max)}=0.8V$，与TTL完全相同，可以用于CMOS与TTL混合系统。另外，74HC/HCT系列与74LS系列的产品，只要最后3位数字相同，则两种器件的逻辑功能、外形尺寸相同，引脚排列顺序也完全相同，这样就为以CMOS产品代替TTL产品提供了方便。

AHC/AHCT系列也称改进的高速CMOS逻辑系列。电路的工作频率得到了进一步的提高，同时保持了CMOS超低功耗的特点。其中AHCT系列与TTL器件电压兼容，电源电压范围为4.5~5.5V。AC系列的电源电压范围为1.5~5.5V。AHC/AHCT系列的逻辑功能、引脚排列顺序等都与同型号的HC/HCT系列完全相同。

LVC系列也称低压CMOS逻辑系列。LVC系列主要特点是电源电压低，范围为1.65~3.3V，传输延迟时间可以缩短至3.8ns，3V电源电压时，负载电流可高达24mA。此外，LVC的输入可以接受高达5V的高电平信号，能将5V电平信号转换为3.3V以下的电平信号，LVC系列提供的总线驱动电路又能将3.3V以下的电平信号转换为5V的电平信号，有效地实现3.3V系统与5V系统之间的连接。

ALVC系列也称改进的低压CMOS逻辑系列。ALVC在LVC基础上进一步提高了工作速度，并提供性能更加优越的总线驱动器件。LVC系列和ALVC系列是目前CMOS系列产品中性能最好的两个系列，广泛应用于诸如移动式的便携电子设备中，满足其高性能数字系统设计的需要。

2.4 逻辑门电路使用中的几个实际问题

在使用集成门电路时，有几个实际问题必须注意，如不同门电路之间、门电路与负载之间的接口问题，门电路输入端的处理，接地等。

2.4.1 集成门电路使用注意事项

1. TTL门电路使用注意事项

1）TTL电路的电源一般均采用+5V，纹波及稳定度通常要求应不大于10%，甚至有的要求应不大于5%，即电源电压应限制在5V±0.5V（或5V±0.25V）以内。电源极性不能接反，否则会损毁器件。

2）输入端不能直接与高于+5.5V或低于-0.5V的低内阻电源连接，否则会因为低内阻电源供给较大电流而烧坏器件。

3）输出端不允许与电源或地短接，必要时必须通过串接电阻与电源连接，以提高输出电平。除OC门外输出端不能并接。

4）插入或拔出集成电路时，务必切断电源，否则会因电源冲击而造成永久损坏。

2. CMOS 门电路使用注意事项

1）CMOS 门电路的电源工作范围较宽，但要符合工作电压上下限要求。如同 TTL 电路，电源极性不能接反。另外，在保证电路正常工作的前提下，电流不宜过大。

2）输入高电平不得高于 $V_{DD}+0.5V$，低电平不得低于 $-0.5V$，输入端的电流一般应限制在 1mA 以内。

3）与 TTL 门电路一样，输出端不允许与电源或地短接，必要时必须通过串接电阻与电源连接，以提高输出能力。除 OD 门外输出端不能并接。

4）测试 CMOS 电路时，如果信号电源和电路供电采用两组电源，则在上电时应先接通电路供电电源，后开信号电源；断电时先关信号电源，后关电路供电电源。插拔芯片时先切断电源。

2.4.2 门电路之间的接口

所谓门电路接口，就是用于不同类型逻辑门电路之间或逻辑门电路与外部电路之间，使二者有效连接、正常工作的中间电路。

两种不同类型的集成电路相互连接，驱动门必须要为负载门提供符合要求的高低电平和足够的输入电流，即要满足下列条件：

驱动门 $V_{OH(min)}$ ≥负载门 $V_{IH(min)}$；

驱动门 $V_{OL(max)}$ ≤负载门 $V_{IL(max)}$；

驱动门 $I_{OH(max)}$ ≥负载门 $I_{IH(总)}$；

驱动门 $I_{OL(max)}$ ≥负载门 $I_{IL(总)}$。

下面分别讨论 TTL 门驱动 CMOS 门、CMOS 门驱动 TTL 门及低电压 CMOS 门电路的接口情况。

1. TTL 门驱动 CMOS 门

由于 TTL 门的 $I_{OH(max)}$ 和 $I_{OL(max)}$ 远远大于 CMOS 门的 I_{IH} 和 I_{IL}，所以 TTL 门驱动 CMOS 门时，主要考虑 TTL 门的输出电平是否满足 CMOS 输入电平的要求。

（1）TTL 门驱动 74HC 和 74AHC 系列

当都采用 5V 电源时，TTL 的 $V_{OH(min)}$ 为 2.4V，而 CMOS4000 系列和 74HC 系列电路的 $V_{IH(min)}$ 为 3.5V，显然不完全满足要求。这时可在 TTL 电路的输出端和电源之间接一上拉电阻 R_U，如图 2-40a 所示。R_U 的阻值取决于负载器件的数目及 TTL 和 CMOS 器件的电流参数，一般在几百欧姆~几千欧姆之间。如果 TTL 和 CMOS 器件采用的电源电压不同，则应使用 OC 门，同时使用上拉电阻 R_U，如图 2-40b 所示。

（2）TTL 门驱动 74HCT 系列和 74AHCT 系列

前面提到 74HCT 系列与 TTL 器件电压兼容。它的输入电压参数为 $V_{IH(min)}$ 为 2.0V，而 TTL 的输出电压参数 $V_{OH(min)}$ 为 2.4V，因此两者可以直接相连，不需外加其他器件。

2. CMOS 门驱动 TTL 门

当都采用 5V 电源时，CMOS 门的 $V_{OH(min)}$ 大于 TTL 门的 $V_{IH(min)}$，CMOS 门的 $V_{OL(max)}$ 小于 TTL 门的 $V_{IL(max)}$，两者电压参数相容。但是 CMOS 门的 I_{OH}、I_{OL} 参数较小，所以，这时主要考虑 CMOS 门的输出电流是否满足 TTL 输入电流的要求。

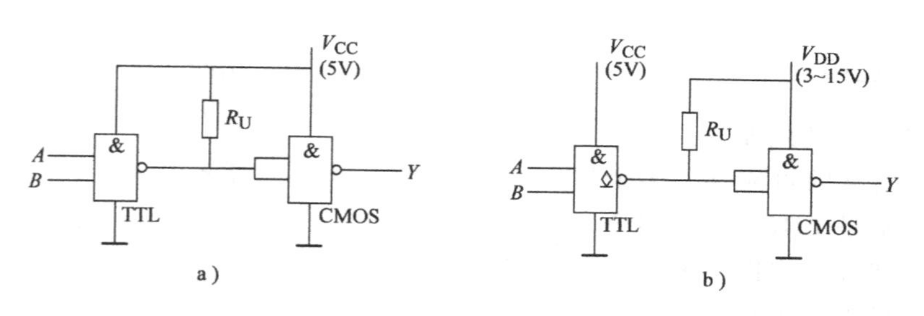

图 2-40　TTL 驱动 CMOS 时的接口

a）电源电压都为 5V 时的接口　b）电源电压不同时的接口

【例 2-2】　一个 74HC00 与非门电路能否驱动四个 7400 与非门？能否驱动四个 74LS00 与非门？

解：74 系列门的 $I_{IL}=1.6mA$，74LS 系列门的 $I_{IL}=0.4mA$，四个 74 门的 $I_{IL(总)}=4\times1.6mA=6.4mA$，四个 74LS 门的 $I_{IL(总)}=4\times0.4mA=1.6mA$。而 74HC 系列门的 $I_{OL}=4mA$，所以不能驱动四个 7400 与非门，可以驱动四个 74LS00 与非门。

要提高 CMOS 门的驱动能力，可在 CMOS 驱动门的输出端与 TTL 负载门的输入端之间加一驱动器，该驱动器可选用 TTL 系列同相缓冲器，如图 2-41 所示。

3. 低电压 CMOS 门电路及接口

为了减小功耗，半导体厂家推出了供电电压分别为 3.3V、2.5V、1.8V 等一系列低电压集成逻辑电路。在同一系统中采用不同电压的逻辑器件，需要考虑不同逻辑器件之间的接口问题。

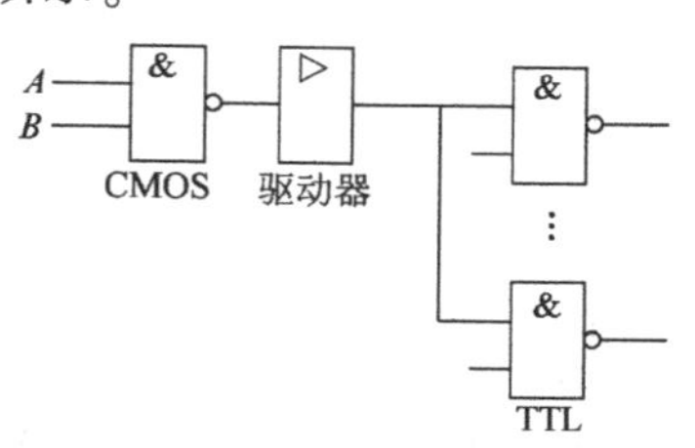

图 2-41　CMOS 驱动 TTL 门接口电路

由于 3.3V 供电电源的 CMOS 逻辑器件 74LVC 系列门具有 5V 输入容限，输入端可以承受 5V 输入电压，可以与 74HCT 系列、74AHCT 系列 CMOS 或 TTL 系列门直接接口。当用 74LVC 系列门驱动 74HC 和 74AHC 系列 CMOS 门时，因为高电平参数不兼容，所以需要用上拉电阻、OD 门或采用专门的逻辑电平转换器解决接口问题。

2.5V 或 1.8V 供电电源的 CMOS 逻辑器件与其他系列的逻辑电路接口时，需要采用专用的逻辑电平转换器件，如 74ALVC164245 等。

2.4.3　门电路带其他负载时的接口

在工程实践中，常常需要用 TTL 或 CMOS 电路去驱动指示灯、发光二极管（LED）、继电器等负载。

对于电流较小、电平能够匹配的负载可以直接驱动，图 2-42a 所示为用 TTL 门电路驱动发光二极管，这时只要在电路中串接一个约几百欧姆的限流电阻即可。图 2-42b 所示为用 TTL 门电路驱动 5V 低电流继电器，其中二极管 VD 作保护，用以防止过电压。

如果负载电流较大，可将同一芯片上的多个门并联作为驱动器，如图 2-43a 所示。也可在门电路输出端接晶体管，以提高负载能力，如图 2-43b 所示。如果负载电流达到几百毫安，则需要在数字电路的输出与负载之间接入一个功率驱动器件，例如 ULN2003A 达林顿晶体管阵列等。

2.4.4 抗干扰措施

1. 多余输入端的处理

为了提高电路的可靠性，多余输入端一般不能悬空，特别是 CMOS 门的多余输入端绝对不能悬空，处理方法应以不改变电路逻辑关系及稳定可靠为原则，通常采用下列方法：

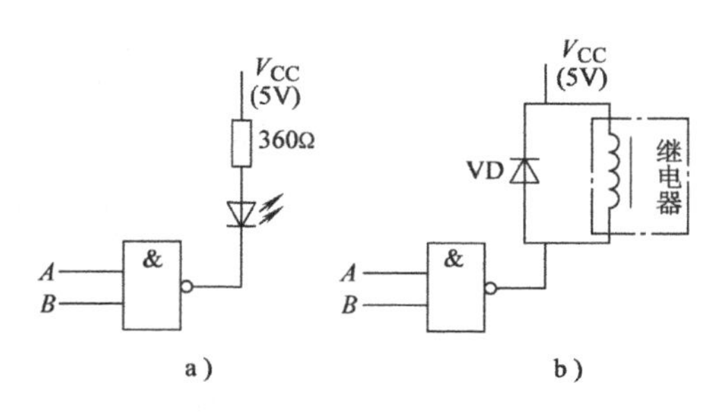

图 2-42 门电路带小电流负载

a) 驱动发光二极管 b) 驱动低电流继电器

1) 对于与非门及与门，多余输入端应接高电平，例如直接接电源正端，或通过一个上拉

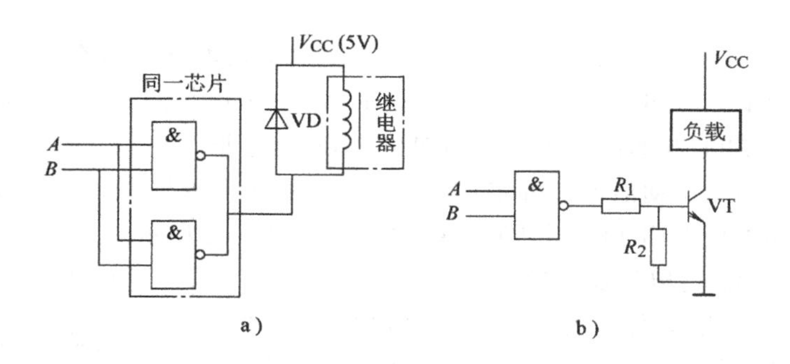

图 2-43 门电路带大电流负载

a) 门电路并联使用 b) 加驱动晶体管

电阻 R_U（1~3kΩ）接电源正端，如图 2-44a 所示；在前级驱动能力允许时，也可以与有用的输入端并联使用，如图 2-44b 所示。

2) 对于或非门及或门，多余输入端应接低电平，例如直接接地，如图 2-45a 所示；也可以与有用的输入端并联使用，如图 2-45b 所示。

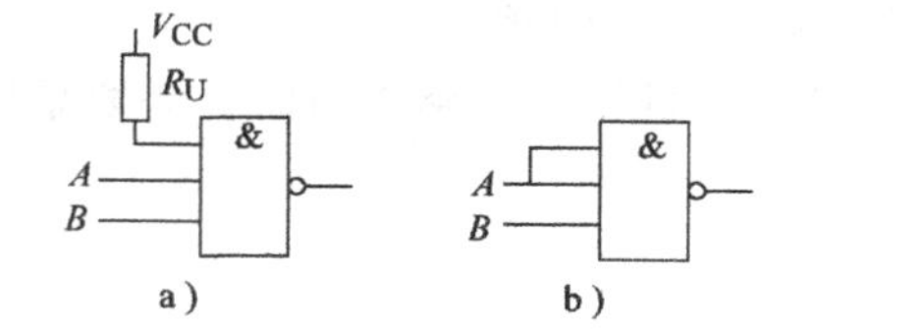

图 2-44 与非门多余输入端的处理

a) 接上拉电阻 b) 输入端并联

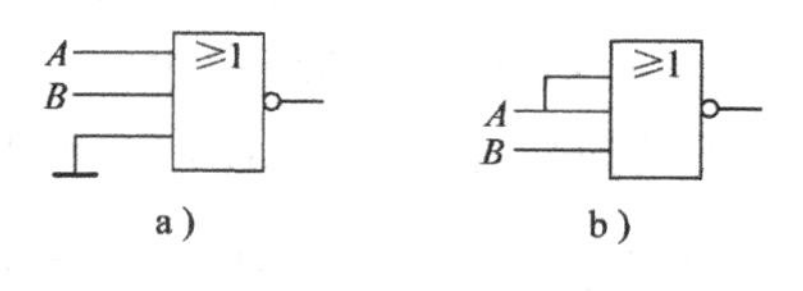

图 2-45 或非门多余输入端的处理

a) 直接接地 b) 输入端并联

2. 去耦合滤波电容

数字电路或系统通常是由多种或多片逻辑芯片构成，由公共的直流电源供电。在电路高低电平状态转换时，将产生较大的脉冲电流和尖峰电流，它们流经公共的电源，由于电源有一定的内阻抗，必将在芯片间产生一定的影响，甚至可能导致逻辑错误。一种较为常用的处理方法是采用去耦合滤波电容，在直流电源与地之间接 10~100μF 的大电容，滤除电源波动而产生的干扰信号。另一方面，对每一个集成芯片的电源与地之间接一个 0.1μF 的电容以滤除开关噪声。

2.5　正负逻辑问题

1. 正负逻辑的规定

在数字电路或系统中，可以采用两种不同的逻辑体制表示电路输入输出的高、低电平。如前面讨论时，规定高电平为逻辑 1，低电平为逻辑 0，这样的表示方法就是正逻辑体制。相反，如果规定高电平为逻辑 0，低电平为逻辑 1，则该表示方法称为负逻辑体制。同一电路的输入输出关系的描述，可以采用正逻辑，也可以采用负逻辑。工程应用中，电路描述一般采用正逻辑体制，负逻辑体制用得较少，本书采用正逻辑。

2. 正负逻辑的等效变换

同一个逻辑电路，在不同的逻辑假定下，其逻辑功能是完全不同的。两种逻辑体制相互转换关系为：采用正逻辑的与门功能，如果采用负逻辑时，它是或门功能；采用正逻辑的或门功能，如果采用负逻辑时，它是与门功能。对于逻辑非门来说，二者功能是等价的，所以正逻辑的与非运算对应负逻辑的或非运算，而正逻辑的或非运算对应负逻辑的与非运算。

2.6　门级 VHDL 程序设计

下面介绍非门、与门、异或门及三态门的 VHDL 程序设计方法。

2.6.1　非门的 VHDL 设计

根据非门的基本功能，设计如下：

1. 实体

非门的实体如图 2-46 所示。图中 NOTA 为非门的实体名，A 为输入端，Y 为输出端。

2. VHDL 程序设计

非门电路可以用赋值语句直接描述为：Y<=NOT　A，编写 VHDL 程序如下：

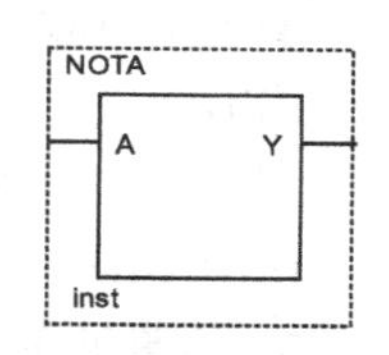

图 2-46　非门的实体

```
-- 库和程序包的说明部分 --
_ LIBRARY IEEE;
USE IEEE. STD_LOGIC_1164. ALL;
-- 实体部分 --
ENTITY NOTA IS                        --NOTA 为实体名
PORT (A: IN STD_LOGIC;                --定义 A 为输入端
    Y: OUT STD_LOGIC);                --定义 Y 为输出端
END NOTA;
-- 结构体部分 --
ARCHITECTURE ONE OF NOTA IS           --ONE 为结构体名
BEGIN
    Y<=NOT A;                         --逻辑非描述
END ONE;
```

3. **仿真波形及分析**

非门的仿真波形如图2-47所示。

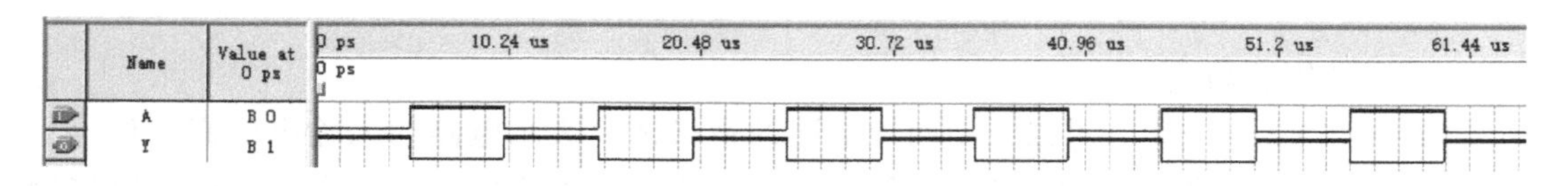

图2-47　非门的仿真波形

由图可知，当输入信号$A=0$时，输出$Y=1$；当输入信号$A=1$时，输出$Y=0$。可见，上述程序实现了非门的逻辑功能。

2.6.2　与门的VHDL设计

根据与门的基本功能，以2输入与门为例，设计如下：

1. **实体**

2输入与门的实体如图2-48所示。图中，AND2A为2输入与门的实体名，A、B为输入端，Y为输出端。

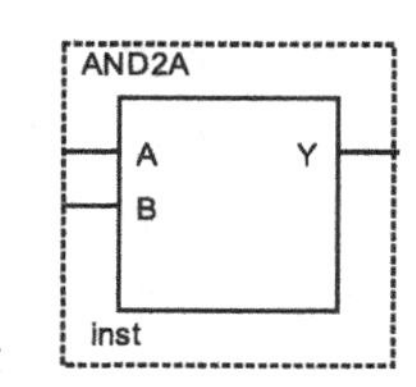

图2-48　2输入与门的实体

2. **VHDL程序设计**

```
LIBRARY IEEE;
USE IEEE.STD_LOGIC_1164.ALL;
ENTITY AND2A IS                          --AND2A为实体名
PORT (A, B: IN STD_LOGIC;                --定义A、B为输入端
      Y: OUT STD_LOGIC);                 --定义Y为输出端
END AND2A;
ARCHITECTURE ONE OF AND2A IS             --ONE为结构体名
BEGIN
      Y<=A AND B;                        --逻辑与描述
END ONE;
```

3. **仿真波形及分析**

2输入与门的仿真波形如图2-49所示。

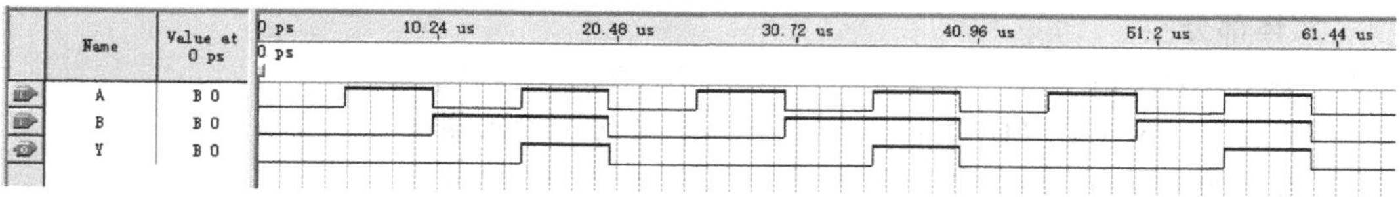

图2-49　2输入与门的仿真波形

由图可知，当输入信号$AB=00$时，输出$Y=0$；当输入信号$AB=01$时，输出$Y=0$；当输入信号$AB=10$时，输出$Y=0$；当输入信号$AB=11$时，输出$Y=1$。可见，上述程序实现了2输入与门的逻辑功能。

2.6.3　异或门的 VHDL 设计

根据异或门的基本功能，设计如下：

1. 实体

异或门的实体如图 2-50 所示。图中，XOR2A 为异或门的实体名，A、B 为输入端，Y 为输出端。

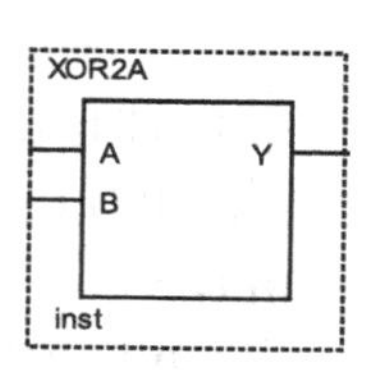

图 2-50　异或门的实体

2. VHDL 程序设计

```
LIBRARY IEEE;
USE IEEE.STD_LOGIC_1164.ALL;
ENTITY XOR2A IS                        --XOR2A 为实体名
PORT (A, B: IN STD_LOGIC;              --定义 A、B 为输入端
      Y: OUT STD_LOGIC);               --定义 Y 为输出端
END XOR2A;
ARCHITECTURE ONE OF XOR2A IS           --ONE 为结构体名
BEGIN
      Y<=A XOR B;                      --逻辑异或描述
END ONE;
```

3. 仿真波形及分析

异或门的仿真波形如图 2-51 所示。

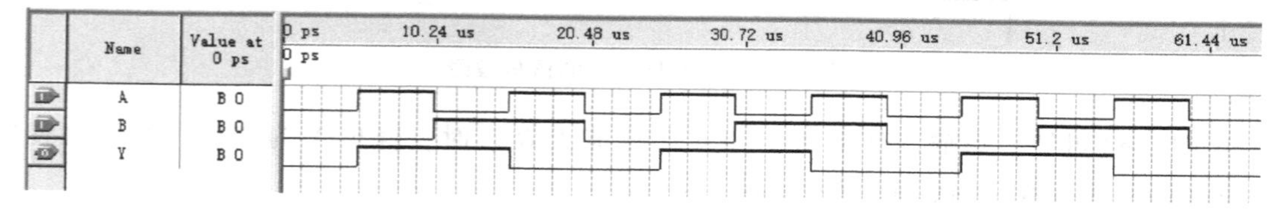

图 2-51　异或门的仿真波形

由图 2-51 可知，当输入信号 $AB=00$ 时，输出 $Y=0$；当输入信号 $AB=01$ 时，输出 $Y=1$；当输入信号 $AB=10$ 时，输出 $Y=1$；当输入信号 $AB=11$ 时，输出 $Y=0$。可见，上述程序实现了异或门的逻辑功能。

2.6.4　三态门的 VHDL 设计

根据三态门的基本功能，以高电平使能有效 2 输入三态与非门为例，设计如下：

1. 实体

2 输入三态与非门的实体如图 2-52 所示。图中，TRI_GATE 为实体名，A、B 为输入端，EN 为使能端，Y 为输出端。

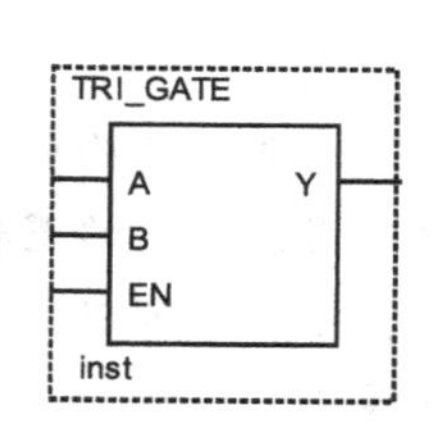

图 2-52　三态与非门的实体

2. VHDL 程序设计

```
LIBRARY IEEE;
USE IEEE.STD_LOGIC_1164.ALL;
```

```
ENTITY TRI_GATE IS
PORT (A, B, EN: IN STD_LOGIC;                  --定义 A、B 为输入端，EN 为使能端
    Y: OUT STD_LOGIC);                         --定义 Y 为输出端
END TRI_GATE;
ARCHITECTURE ONE OF TRI_GATE IS
BEGIN
    PROCESS (A, B, EN)                         --进程语句
    BEGIN
      IF  EN='1'  THEN  Y<=A NAND B;           --正常输出 Y=(AB)'
      ELSE  Y<='Z';                            --输出 Y 为高阻
      END IF;
    END PROCESS;
END ONE;
```

3. 仿真波形及分析

三态与非门的仿真波形如图 2-53 所示。

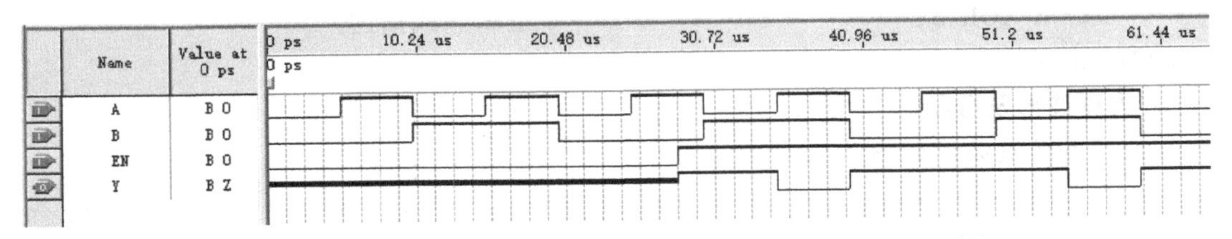

图 2-53 三态与非门的仿真波形

由图 2-53 可知，当输入使能 $EN=0$（即使能无效）时，输出 Y 为高阻；当输入使能 $EN=1$（即使能有效）时，正常输出 $Y=(AB)'$：

输入信号 $AB=00$ 时，输出 $Y=1$；

输入信号 $AB=01$ 时，输出 $Y=1$；

输入信号 $AB=10$ 时，输出 $Y=1$；

输入信号 $AB=11$ 时，输出 $Y=0$。

因此，上述程序实现了高电平使能有效 2 输入三态与非门的逻辑功能。

本章小结

门电路是构成各种数字电路的基本逻辑单元，TTL 和 CMOS 集成门电路是目前数字系统中应用最广泛的逻辑门电路。不论是哪一种逻辑门电路，其中的关键器件是晶体管或 MOS 管，它们均可以作为开关器件，而影响它们开关速度的主要因素是器件内部各电极之间的结电容。

TTL 集成逻辑门电路的输入级多采用多发射极晶体管、输出级采用推拉式结构，这不仅提高了门电路的开关速度，也使电路有较强的驱动负载的能力。

在 TTL 系列中，除了有实现各种基本逻辑功能的门电路以外，还有集电极开路（OC）门，

能够实现线与，并可用来驱动需要一定功率的负载。另外还有三态门用来实现总线结构。

MOS 集成电路常用增强型 N 沟道和 P 沟道 MOS 管互补构成的 CMOS 门电路，这是 MOS 集成门电路的主要结构。与 TTL 门电路相比，它的优点是功耗低、扇出系数大（指带同类门负载）、噪声容限大、开关速度与 TTL 接近，已成为数字集成电路的发展方向。

在 CMOS 系列中，除了有实现各种基本逻辑功能的门电路以外，还有漏极开路（OD）门、三态门、传输门和双向模拟开关等。

逻辑门电路的主要技术参数有输入和输出高、低电平的最大值或最小值、噪声容限、传输延迟时间、功耗等。学习本章时，应重点放在门电路的外部特性上。一方面是输出与输入之间的逻辑关系，即逻辑功能；另一方面是外部电气特性，即电压传输特性、输入特性、输出特性、动态特性等。

在逻辑门电路的实际应用中，必须注意不同类型门电路之间、门电路与负载之间的接口技术问题以及抗干扰等问题。

在逻辑体制中有正、负逻辑两种规定，一般情况下，人们习惯于采用正逻辑。

门电路 VHDL 程序设计方法包括实体构建、程序语言编写、波形仿真与分析。

2-1　试画出图 2-54 中各个 TTL 门电路输出端的电压波形，输入端 A、B、C 的电压波形如图 2-54c 所示。

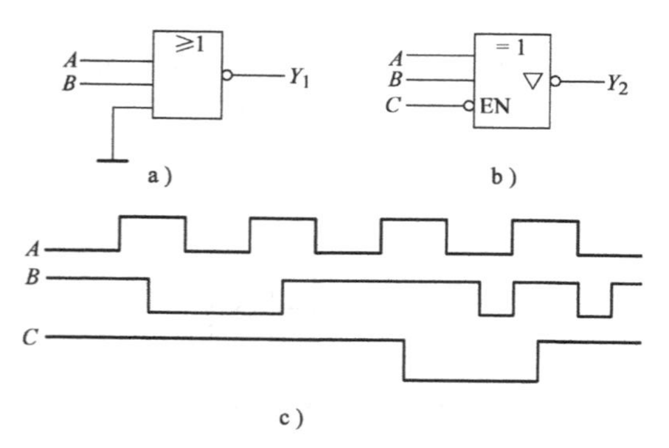

图 2-54　题 2-1 图

2-2　如图 2-55 所示。

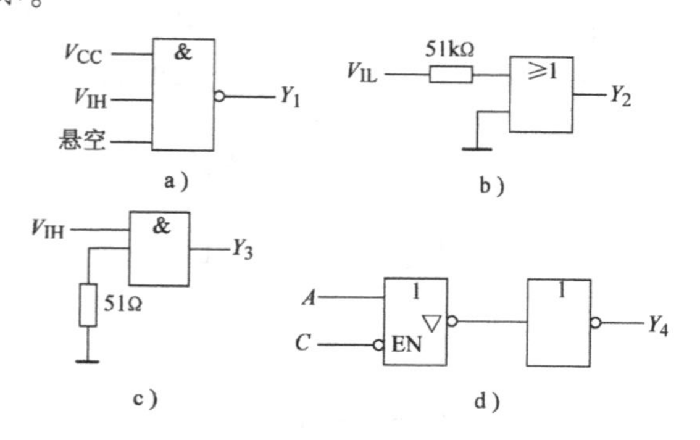

图 2-55　题 2-2 图

(1) 电路均为TTL电路，试写出各个输出信号的表达式；

(2) 电路若为CMOS电路，试写出各个输出信号的表达式。

2-3 在图2-56所示电路中，R_1、R_2和C构成输入滤波电路。当开关S闭合时，要求门电路的输入电平$V_{IL} \leqslant 0.4V$；当开关S断开时，要求门电路的输入电压$V_{IH} \geqslant 4V$，试求R_1、R_2的最大允许阻值。$G_1 \sim G_5$为74LS系列TTL反相器，它们的高电平输入电流$I_{IH} \leqslant 20\mu A$，低电平输入电流$I_{IL} \leqslant -0.4mA$。

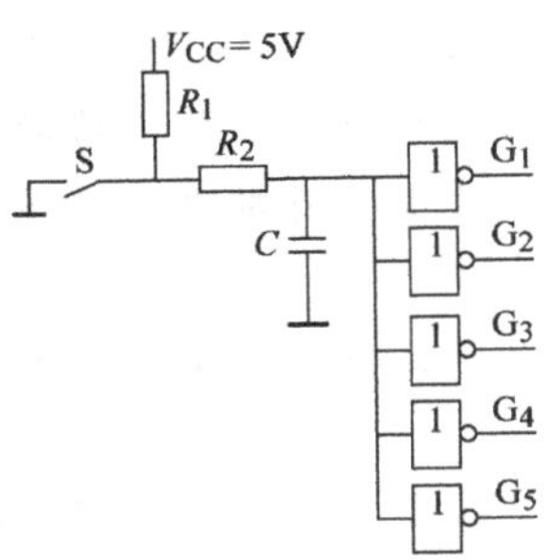

图2-56 题2-3图

2-4 已知TTL反相器的电压参数为$V_{IL(max)} = 0.8V$，$V_{OH(min)} = 3V$，$V_{TH} = 1.4V$，$V_{IH(min)} = 1.8V$，$V_{OL(max)} = 0.3V$，$V_{CC} = 5V$，试计算其高电平噪声容限V_{NH}和低电平噪声容限V_{NL}。

2-5 TTL门电路如图2-57所示，已知门电路参数$I_{IH} = 25\mu A$，$I_{IL} = -1.5mA$，$I_{OH} = -500\mu A$，$I_{OL} = 12mA$。

(1) 求门电路的扇出系数N_O；

(2) 若电路中的扇入系数N_I为4，则扇出系数N_O又应为多少？

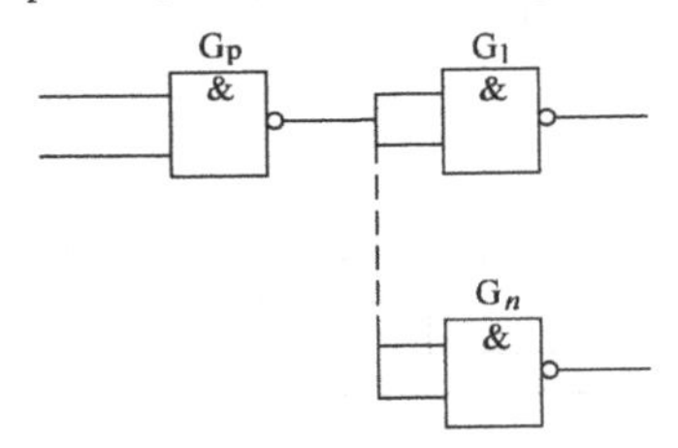

图2-57 题2-5图

2-6 计算图2-58所示电路中上拉电阻R_U的阻值范围。其中G_1、G_2、G_3是74LS系列OC门，输出管截止时的漏电流$I_{OH} \leqslant 100\mu A$，输出低电平$V_{OL} \leqslant 0.4V$时允许的最大负载电流$I_{LM} = 8mA$，$G_3$、$G_5$、$G_6$为74LS系列与非门，它们的输入电流为$I_{IL} \leqslant -0.46mA$，$I_{IH} \leqslant 20\mu A$。OC门的输出高、低电平应满足$V_{OH} \geqslant 3.2V$，$V_{OL} \leqslant 0.4V$。

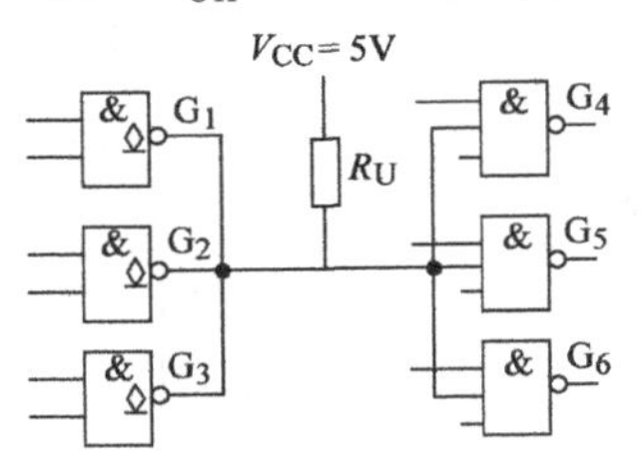

图2-58 题2-6图

2-7　试说明在下列情况下，用万用表测量图 2-59 中的 V_{I2} 各为多少？图中的与非门为 74 系列的 TTL 电路，万用表使用 5V 量程，内阻为 20kΩ/V。

(1) V_{I1} 悬空；

(2) V_{I1} 接低电平 (0.2V)；

(3) V_{I1} 接高电平 (3.2V)；

(4) V_{I1} 经 51Ω 电阻接地；

(5) V_{I1} 经 10kΩ 电阻接地。

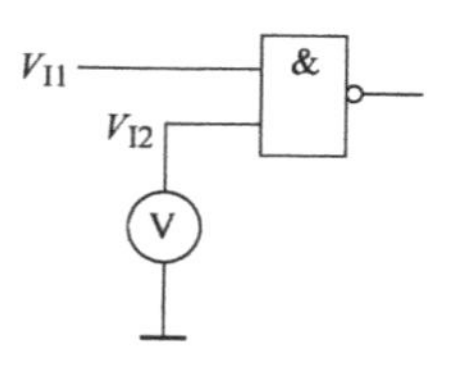

图 2-59　题 2-7 图

2-8　若将题 2-7 中的与非门改为 74 系列 TTL 或非门，试问在上列五种情况下测得的 V_{I2} 各为多少？

2-9　若将题 2-8 图中的门电路改为 CMOS 与非门，试说明当 V_{I1} 为题 2-7 给出的五种状态时测得的 V_{I2} 各等于多少？

2-10　试说明下列各种门电路中哪些可以将输出端并联使用（输入端的状态不一定相同）。

(1) 具有推拉式输出级的 TTL 电路；

(2) TTL 电路的 OC 门；

(3) TTL 电路的三态输出门；

(4) 普通的 CMOS 门；

(5) 漏极开路输出的 CMOS 门；

(6) CMOS 电路的三态输出门。

2-11　设计一个 2 输入或非门的 VHDL 程序，并进行波形仿真及分析。

2-12　设计一个 3 输入同或逻辑运算电路的 VHDL 程序，并进行波形仿真及分析。

2-13　复合逻辑门电路的结构图分别如图 2-60a、b 所示，端口和信号已在图中相应位置标注，使用信号的定义及描述方法设计 VHDL 程序，并进行波形仿真及分析。

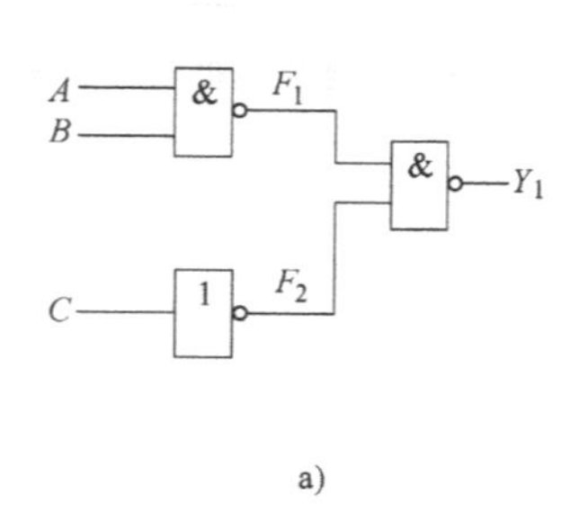

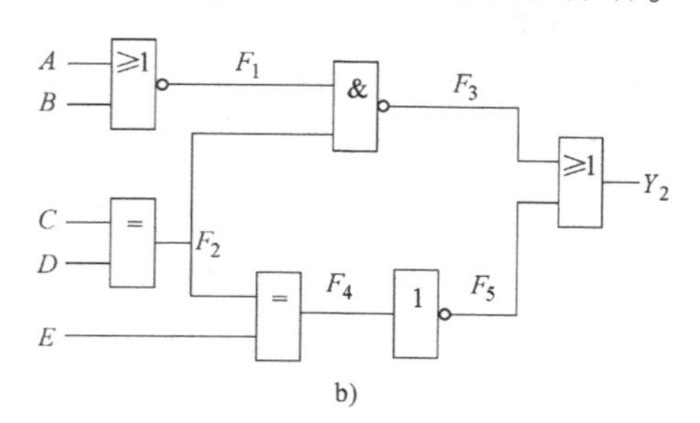

图 2-60　题 2-13 图

第 3 章

组合逻辑电路

应用背景

组合逻辑电路是数字系统的重要组成部分，常用于不需要记忆和存储信息的数字系统中。例如，少数服从多数的表决器、抢答器等就是基本的组合逻辑电路。再例如，多路数据传输系统以及医院病房服务呼叫系统等都是典型的组合逻辑电路，其中多路数据传输系统涉及译码器和数据选择器，服务呼叫系统涉及编码器和译码驱动器等组合逻辑器件。

本章介绍组合逻辑电路的特点、分析方法和设计方法。重点介绍加法器、编码器、译码器、数据选择器、数据比较器等的工作原理、逻辑功能、集成芯片、VHDL 设计及其典型应用。

3.1 组合逻辑电路的基本概念

数字逻辑电路分为组合逻辑电路和时序逻辑电路两大类，它们的最大区别在于有无记忆功能。组合逻辑电路无记忆功能，时序逻辑电路有记忆功能。

任意时刻电路的输出状态，仅取决于该时刻输入信号的组合，与信号作用前电路的状态无关，这种逻辑电路称为组合逻辑电路，简称组合电路。组合逻辑电路可用图 3-1 所示框图描述。

图 3-1 组合逻辑电路的一般框图

图 3-1 中有 n 个输入 x_0，x_1，…，x_{n-1}，m 个输出 y_0，y_1，…，y_{m-1}，输出与输入的关系为

$$y_0 = f_0(x_0,\ x_1,\ \cdots,\ x_{n-1})$$
$$y_1 = f_1(x_0,\ x_1,\ \cdots,\ x_{n-1})$$
$$\vdots$$
$$y_{m-1} = f_{m-1}(x_0,\ x_1,\ \cdots,\ x_{n-1})$$

简记为

$$Y = F(X) \tag{3-1}$$

组合逻辑电路的基本组成单元是门电路，输出与输入之间不存在反馈途径；组合电路中

不含记忆单元（触发器）。例如，图 3-2 所示为三输入单输出的组合电路，图 3-3 所示为两输入两输出的组合电路。

3.2　组合逻辑电路的分析

1. 组合逻辑电路的分析目的

组合逻辑电路的分析目的是找出输出与输入之间的逻辑关系，进而分析电路的逻辑功能。

2. 组合逻辑电路的分析方法

由于组合逻辑电路由门电路构成，不含反馈路径，因此分析较为简便。首先根据逻辑电路逐一写出各个门电路的输出函数，然后整理出整个电路的输出逻辑表达式。当表达式不能直观反映电路的逻辑功能时，列出真值表，然后分析真值表中函数值取 1 或 0 时输入信号的特点，从而概括出电路的逻辑功能。

总结组合逻辑电路的分析方法，可得出其一般的分析步骤如下：

1）根据已知的逻辑电路写出各输出端的表达式，并化简表达式。

2）列出真值表（有时可省略）。

3）根据真值表或表达式，概括电路的逻辑功能。

下面通过实例介绍组合逻辑电路的分析方法。

3. 组合逻辑电路分析举例

【例 3-1】　图 3-2 是单输出组合逻辑电路，分析该电路的逻辑功能。

解： 该电路由三个反相器和四个与非门组成，为了便于分析，写出逐个门的输出并标注在门的输出端，如图 3-2 所示的 Z_1、Z_2、Z_3、Z_4、Z_5、Z_6。

（1）表达式如下

$$Z_1 = A',\ Z_2 = B',\ Z_3 = (AB)',\ Z_4 = C'$$

$$Z_5 = (Z_1Z_2)' = (A'B')' = A + B$$

$$Z_6 = (Z_3Z_4)' = ((AB)'C')' = AB + C$$

$$Z = (Z_5Z_6)' = ((A + B)(AB + C))' = (AB + AC + BC)' \tag{3-2}$$

（2）真值表。把 ABC 的八种组合状态代入表达式（3-2），可得真值表，见表 3-1。

表 3-1　例 3-1 的真值表

A	B	C	Z
0	0	0	1
0	0	1	1
0	1	0	1
0	1	1	0
1	0	0	1
1	0	1	0
1	1	0	0
1	1	1	0

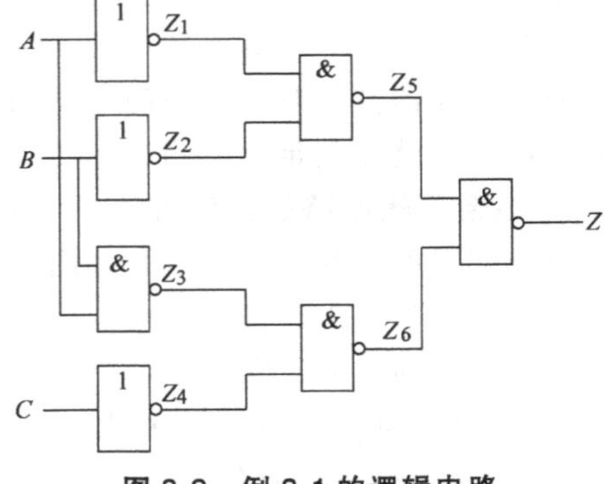

图 3-2　例 3-1 的逻辑电路

（3）功能描述。由真值表可知，函数值取1的条件是输入变量的组合为000、001、010、100，这四种状态的共同点是输入变量中最多只有一个变量取值为1，所以该电路的逻辑功能可概括为输入变量中1的个数少于两个时输出为1，否则输出为0。

【例3-2】 图3-3是一个两输入两输出的组合逻辑电路，分析该电路的逻辑功能。

解：（1）表达式

$$Z_1=(AB)'=A'+B'$$

$$Z_2=(AZ_1)',\ Z_3=(BZ_1)'$$

$$\begin{cases}S=(Z_2Z_3)'=Z_2'+Z_3'=AZ_1+BZ_1=A(A'+B')+B(A'+B')=AB'+A'B=A\oplus B\\C=Z_1'=AB\end{cases}\tag{3-3}$$

（2）真值表。由式（3-3）可得真值表，见表3-2。

（3）功能描述。由真值表可知，A、B都为0时，S为0，C也为0；当A、B有一个为1时，S为1，C为0；当A、B都为1时，S为0，C为1。符合两个1位二进制数相加的原则，即A、B分别是加数和被加数，S是和位输出，C是进位输出。所以该电路可实现两个1位二进制数相加。

表3-2　例3-2的真值表

A	B	C	S
0	0	0	0
0	1	0	1
1	0	0	1
1	1	1	0

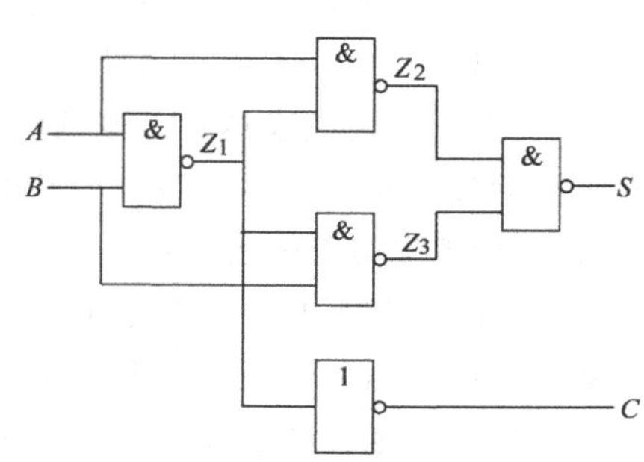

图3-3　例3-2的逻辑电路

在分析多输出逻辑电路时，往往需要把多个输出作为一个整体考虑，而不是独立地描述某一输出的功能，这一点读者分析时需注意。

3.3　组合逻辑电路的设计

1. 组合逻辑电路的设计目的

组合逻辑电路的设计目的是在给定逻辑功能的前提下，画出能实现该功能的逻辑电路（逻辑图）。这里不仅要求所涉及的组合逻辑电路能正确地实现给定逻辑功能，而且还要求尽可能节省元器件。对于面向门电路的设计，一般而言，只要能找到被实现逻辑函数的最简与或表达式，就能满足“最省”的要求。

2. 组合逻辑电路的设计方法

组合逻辑电路的设计目的是画出逻辑电路，而逻辑电路可以根据表达式得到，表达式又可以根据真值表写出，真值表可以根据逻辑功能列出。可见组合逻辑电路的设计是分析的逆过程，其设计的一般步骤如下：

1）逻辑抽象：分析设计要求，确定输入、输出的逻辑变量，并对变量进行逻辑赋值（通常采用正逻辑进行赋值）。这一步的任务是把实际问题转化为一个逻辑问题。

2）列出真值表：根据具体的逻辑功能列出真值表。如果根据逻辑抽象能直接写出设计问题的逻辑函数的表达式，这一步可以省略。

3）写出逻辑函数的表达式：根据真值表并利用函数化简方法，写出逻辑函数的最简与或表达式。

4）选择逻辑器件，并转换表达式：这一步的任务是根据给定的门电路类型，将第三步得到的最简与或表达式转换为所需要的形式，以便能按此形式直接画出逻辑电路。例如给定的门电路是与非门，则把表达式转换成与非-与非形式。

5）画出逻辑电路。

3. 组合逻辑电路设计举例

下面通过实例介绍组合逻辑电路的设计方法。

（1）单输出逻辑电路的设计

单输出逻辑电路是指只有一个输出的逻辑电路，其最简表达式可以通过函数化简得到。

【例 3-3】 试用与非门设计少数服从多数的三人表决电路。

解：逻辑抽象：分析题意，该电路有三个输入变量，用 A、B、C 表示。并假设变量值取“1”的含义是对应的表决人“同意”；取“0”的含义是对应的表决人“不同意”。该电路有一个输出，用 F 表示。假设 F 取“1”的含义是表决“通过”；F 取“0”的含义是表决“不通过”。

列出真值表：根据逻辑抽象可以知道：$ABC=001$ 的含义是表示表决人 A、B“不同意”，表决人 C“同意”，按少数服从多数的原则，表决“不通过”，所以 $F=0$。如果 $ABC=011$，表示表决人 A“不同意”，表决人 B、C“同意”，按少数服从多数的原则，表决可以“通过”，所以 $F=1$，其余情况依次类推，于是可列出三人表决电路的真值表，见表 3-3。

写出逻辑函数的表达式：由卡诺图化简，得最简表达式

$$F = AC + AB + BC \tag{3-4}$$

转换表达式：由于要求用与非门实现电路，因此需要把式（3-4）转换成与非—与非形式。利用反演法则，式（3-4）可写成

$$F = AC + AB + BC = ((AC + AB + BC)')' = ((AC)'(AB)'(BC)')' \tag{3-5}$$

画出逻辑电路：按式（3-5）可画出图 3-4 所示的逻辑电路。

表 3-3　例 3-3 的真值表

A	B	C	F
0	0	0	0
0	0	1	0
0	1	0	0
0	1	1	1
1	0	0	0
1	0	1	1
1	1	0	1
1	1	1	1

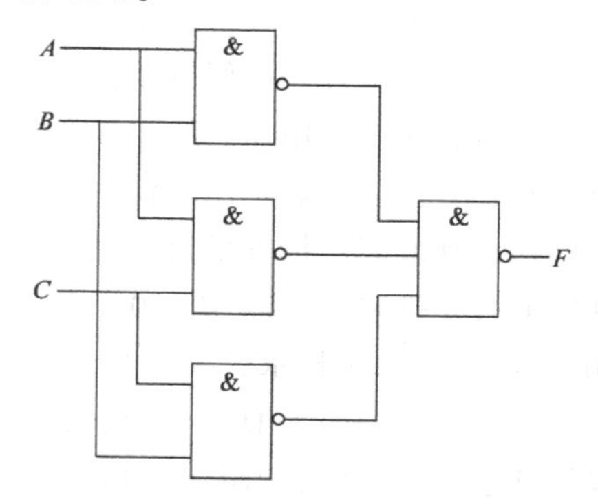

图 3-4　例 3-3 的逻辑电路

（2）多输出逻辑电路的设计

多输出逻辑电路是指在同一组输入变量下有多个输出的逻辑电路。在设计多输出逻辑电路时，如果把每一个输出相对一组输入都单独地看作一个组合逻辑电路，那么其设计方法与单输出逻辑电路的设计完全相同。但是，多输出电路

是一个整体，虽然从“局部”的观点看，每个单输出电路是最简单的，但从“全局”来看，多输出电路可能并不是最简单的。所以设计多输出逻辑电路时，要确定各输出函数的公用项，以使整个电路最简单，而不是片面追求每个输出函数最简。

【例 3-4】 设计实现下列功能的电路：一个 2 位二进制数，当控制信号为 0 时，输出为其本身；当控制信号为 1 时，输出各位取反。

解： 逻辑抽象：分析设计要求，该电路的输入是一个 2 位二进制数，用 A_1A_0 表示；有一个控制信号，用 C 表示；输出为 2 位二进制数，用 Y_1Y_0 表示。

列出真值表：见表 3-4。

写出逻辑函数的表达式

$$Y_1 = CA_1' + C'A_1 = C \oplus A_1$$

$$Y_0 = CA_0' + C'A_0 = C \oplus A_0$$

画出逻辑电路：由于没有限制所用门的类型，所以本题选择异或门实现较为方便，逻辑电路如图 3-5 所示。

表 3-4 例 3-4 的真值表

C	A_1	A_0	Y_1	Y_0
0	0	0	0	0
0	0	1	0	1
0	1	0	1	0
0	1	1	1	1
1	0	0	1	1
1	0	1	1	0
1	1	0	0	1
1	1	1	0	0

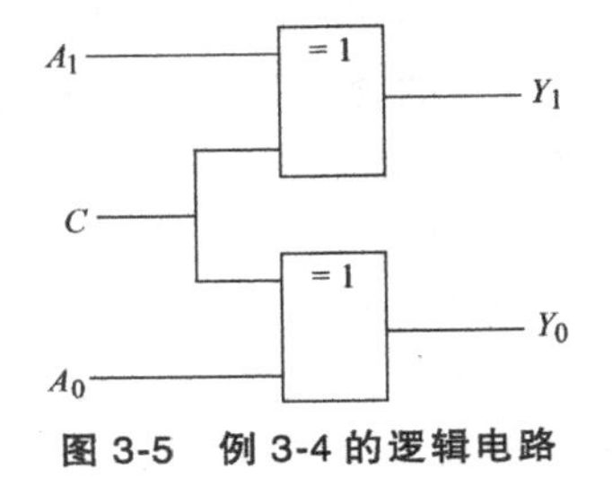

图 3-5 例 3-4 的逻辑电路

（3）带无关项的逻辑电路设计

在实际设计中，经常会遇到无关项的问题，合理使用无关项，可使逻辑电路变得更为简单。

【例 3-5】 水箱有大小两台水泵排水，水位到达低水位时，只开小水泵即可；水位到达中水位时，只开大水泵即可；水位到达高水位时，必须两台水泵同时排水。设计实现上述功能的逻辑电路。

解： 逻辑抽象：分析题意，该电路有三个输入变量，分别用 A、B、C 表示水箱中水位的高、中、低位置，并假设水位到达相应位置时，对应变量用 1 表示，反之用 0 表示。该电路的输出有两个，用 M_S 表示小水泵，M_L 表示大水泵，水泵排水用 1 表示，反之用 0 表示。为了便于分析，不妨画出水池中水位的示意图，如图 3-6a 所示。

列出真值表：根据题意，当水位还没有到达低水位时，变量 $ABC=000$，此时大、小水泵均不需要排水，所以 $M_S=0$，$M_L=0$。当水位到达低水位，但还没有到达中水位时，$ABC=001$，此时小水泵排水，大水泵不需要排水，所以 $M_S=1$，$M_L=0$。当水位到达中水位，但还没有到达高水位时，$ABC=011$，此时小水泵不排水，大水泵排水，所以 $M_S=0$，$M_L=1$。当水位到达高水位时，$ABC=111$，此时两台水泵都需要排水，所以 $M_S=1$，$M_L=1$。

三个变量有八种组合状态。当 ABC 为 010 时，其含义是水位到达中水位，但没有到达低水位，这显然是不现实的。那么 ABC 为 100、101、110 也是不现实的。因此，ABC 为 010、100、101、110 这四种组合是不存在的，在真值表中用无关项表示，即用“×”表示。

由此可以得到真值表，见表 3-5。

表 3-5　例 3-5 的真值表

A	B	C	M_S	M_L
0	0	0	0	0
0	0	1	1	0
0	1	0	×	×
0	1	1	0	1
1	0	0	×	×
1	0	1	×	×
1	1	0	×	×
1	1	1	1	1

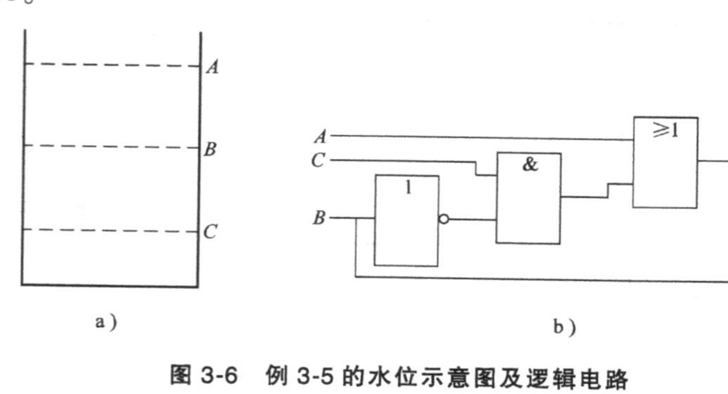

图 3-6　例 3-5 的水位示意图及逻辑电路
a) 水位示意图　b) 逻辑电路

写出逻辑函数的表达式

$$M_S = A + B'C$$

$$M_L = B$$

画出逻辑电路：由表达式可画出逻辑电路，如图 3-6b 所示。

从以上实例可以看出，组合逻辑电路的设计很灵活，在设计时应具体问题具体分析。要会分析电路的输入变量和输出变量，并理解变量值取"0"、"1"的含义。只有这样才能正确列出真值表。有了真值表，表达式和逻辑电路就迎刃而解了。

3.4　常用的组合逻辑器件

针对每一种逻辑功能的要求，都可以设计出一个相应的逻辑电路。因此，从逻辑功能上区分，电路的种类是无穷无尽的。但是，在实际应用中发现，有些组合逻辑电路模块经常出现在多种应用场合，于是便把这些电路模块做成标准化的中规模集成电路（Medium Scale Integration，MSI），例如加法器、编码器、译码器、数据选择器、数值比较器等。本节主要介绍这些常用的 MSI 组合器件的工作原理、逻辑功能及应用，其内部结构只给出其逻辑电路，不作具体介绍。

3.4.1　加法器及其应用

加法器（Adder）是算术运算电路中的基本单元电路。在数字系统中，加法器可分为一位加法器和多位加法器，而一位加法器又可分为半加器和全加器两种。

1. 一位加法器

(1) 半加器

只考虑两个加数本身，不考虑来自低位的进位输入，这种加法运算称为半加，实现半加功能的逻辑电路称半加器。

由半加器的概念可知，半加器的本质是实现两个 1 位二进制数相加。设 A、B 分别为加数、被加数，由于 A、B 都是 1 位二进制数，相加的结果可用 2 位二进制数 C_O、S 表示，其中 S 表示和位输出，C_O 表示进位输出。两个 1 位二进制数相加有四种情况，这四种情况可以用真值表表示，见表 3-6。

表 3-6 半加器的真值表

A	B	C_O	S
0	0	0	0
0	1	0	1
1	0	0	1
1	1	1	0

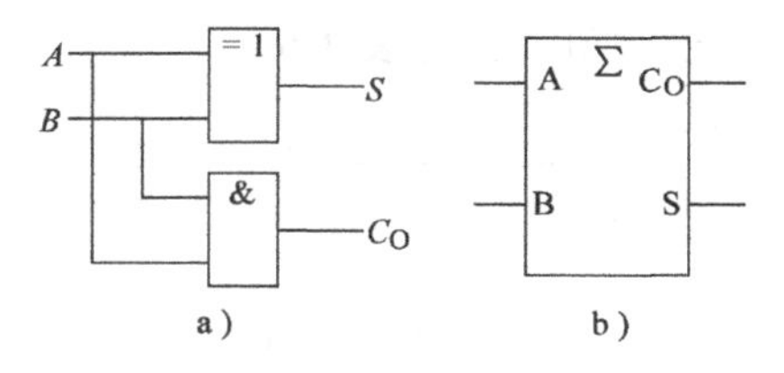

图 3-7 半加器的逻辑电路及逻辑图形符号

a）逻辑电路 b）逻辑图形符号

由表 3-6 可写出半加器的逻辑表达式

$$\begin{cases} C_O = AB \\ S = A \oplus B \end{cases} \tag{3-6}$$

根据式（3-6）可画出逻辑电路，如图 3-7 所示。

半加器的特点：半加器在结构上是两输入两输出的逻辑电路；在逻辑功能上半加器的和位是两个变量相异或，进位是两个变量相与。

（2）全加器

两个本位数相加时，还需要考虑来自低位的进位输入，这种加法运算称为全加，实现全加功能的逻辑电路称为全加器。

由全加器的概念可知，全加器的本质是实现三个 1 位二进制数相加。设 A、B 分别为加数、被加数，C_I 为来自低位的进位输入。三个 1 位二进制相加结果可用 2 位二进制数 C_O、S 表示，其中 S 表示和位输出，C_O 表示进位输出。仿照半加器的分析方法，可列出全加器的真值表，见表 3-7。

表 3-7 全加器的真值表

A	B	C_I	C_O	S
0	0	0	0	0
0	0	1	0	1
0	1	0	0	1
0	1	1	1	0
1	0	0	0	1
1	0	1	1	0
1	1	0	1	0
1	1	1	1	1

由表 3-7 可写出全加器的逻辑表达式

$$\begin{cases} S = A'B'C_I + A'BC_I' + AB'C_I' + ABC_I \\ C_O = AC_I + BC_I + AB \end{cases} \tag{3-7}$$

由式（3-7）可画出由门电路实现的全加器的逻辑电路（请读者自己完成）。全加器也可以由两个半加器构成，其表达式可用下式表示

$$\begin{cases} S = A \oplus B \oplus C_I \\ C_O = A \oplus BC_I + AB \end{cases} \tag{3-8}$$

其逻辑电路及逻辑图形符号如图 3-8 所示。

1 位全加器的特点：全加器在结构上是三输入两输出的逻辑电路，在功能上 1 位全加器的和位是三变量相异或；进位是三个输入变量中“1”的个数等于或大于 2 时输出为“1”。

1 位集成加法器有 74LS183 双全加器，其逻辑电路、逻辑图形符号和引脚排列如图 3-9 所示。

图 3-9 中，引脚 1A、1B、$1C_I$、$1C_O$、1S 对应于一个全加器的输入和输出；引脚 2A、2B、$2C_I$、$2C_O$、2S 对应于另一个全加器的输入和输出；NC 表示空脚，即多余脚。74LS183 是 14 引脚的集成电路，其中有两个多余引脚。

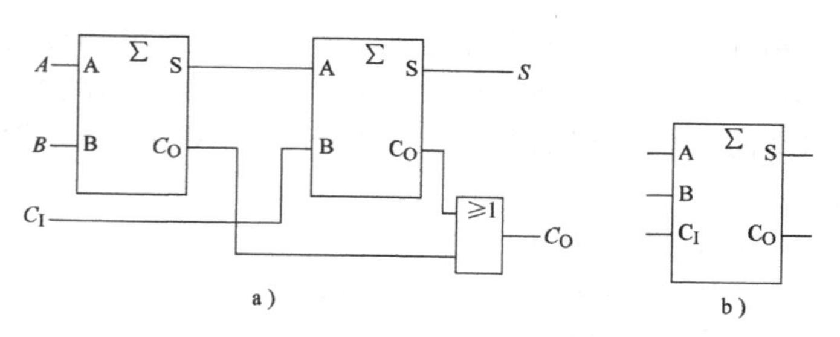

图 3-8　1 位全加器的逻辑电路及逻辑图形符号

a）逻辑电路　b）逻辑图形符号

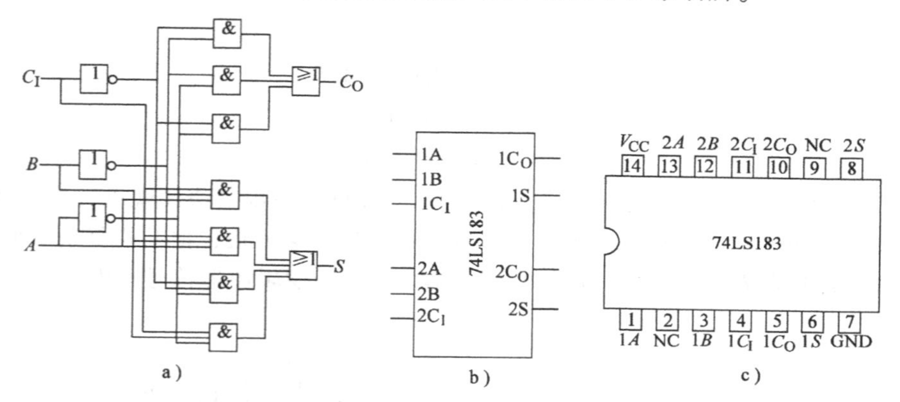

图 3-9　74LS183 的逻辑电路、逻辑图形符号及引脚排列

a）$\frac{1}{2}$74LS183 的逻辑电路　b）74LS183 的逻辑图形符号

c）74LS183 的引脚排列

2. 多位加法器

多位数加法，按进位方式不同，分为串行进位加法和并行进位加法两种。

（1）串行进位加法

如果把多个全加器从低位到高位排列起来，同时把低位的进位输出接到高位的进位输入端，就构成了串行进位的多位加法器，也称逐位进位加法器。

例如，两个 4 位二进制数相加，可用四个 1 位全加器实现，如图 3-10 所示。图中 $A_3A_2A_1A_0$ 和 $B_3B_2B_1B_0$ 分别是两个 4 位二进制数的输入，C_O 为两个 4 位二进制数相加的进位输出，$S_3S_2S_1S_0$ 为和位输出。

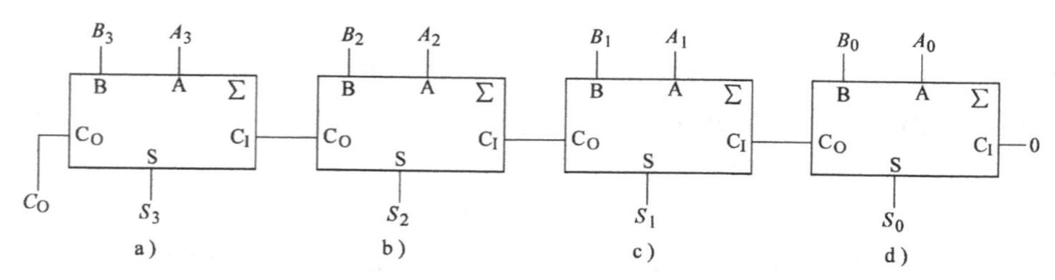

图 3-10　4 位逐位进位加法电路

串行进位加法器的特点是结构简单，但是工作速度较慢。由图 3-10 不难看出，每一位的相加结果必须等到低一位的进位输出信号到来以后才能得到。因此，完成一次加法运算的最长时间等于四个全加器传输延时之和。常用的集成 4 位串行进位加法器有 CT2083、74H83 等。

(2) 并行进位加法

为了加快运算速度，应在最短的时间内使各位都能形成稳定的全加和。为此，可以采用并行进位方式（也称超前进位方式）。

这里仅介绍并行进位加法的思路。由全加器的表达式（3-8）可知

$$\begin{cases} S_0 = A_0 \oplus B_0 \oplus C_{-1} \\ C_0 = A_0 \oplus B_0 C_{-1} + A_0 B_0 \end{cases} \tag{3-9}$$

$$\begin{cases} S_1 = A_1 \oplus B_1 \oplus C_0 \\ C_0 = A_1 \oplus B_1 C_0 + A_1 B_1 \end{cases} \tag{3-10}$$

$$\begin{cases} S_i = A_i \oplus B_i \oplus C_{i-1} \\ C_i = A_i \oplus B_i C_{i-1} + A_i B_i \end{cases} \tag{3-11}$$

式（3-9）中，$C_{-1}=0$，把式（3-9）代入式（3-10），一步步迭代就可得到 S_i 和 C_i。这种思路得到的加法器称为并行进位加法器。其特点是运算速度快，但结构复杂。典型的 4 位并行进位集成加法器有 CT1283、74LS283 等。74LS283 的逻辑图形符号和引脚排列如图 3-11 所示。

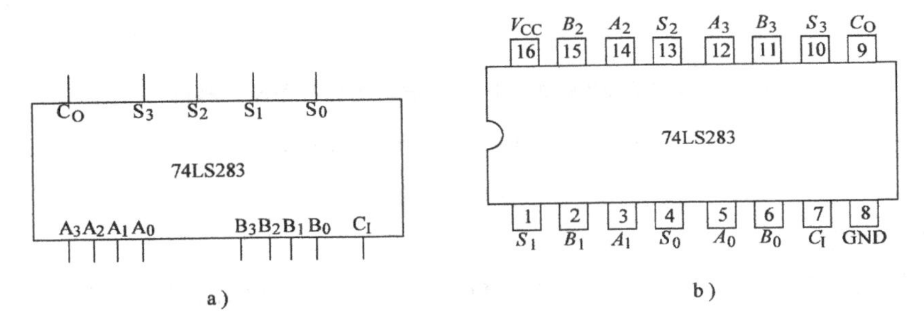

图 3-11 74LS283 的逻辑图形符号及引脚排列

a) 逻辑图形符号 b) 引脚排列

图 3-11 中，$A_3A_2A_1A_0$，$B_3B_2B_1B_0$ 分别是两个 4 位二进制数输入端，C_I 为进位输入端，$S_3S_2S_1S_0$ 为和位输出端，C_O 为进位输出端。

3. 集成加法器的应用

(1) 代码转换电路

【例 3-6】 用 74LS283 把 8421BCD 码转换成余 3 码输出。

解： 设输入 8421 码用变量 $DCBA$ 表示，输出余三码用变量 $Y_3Y_2Y_1Y_0$ 表示。余 3 码是由 8421 码加 0011 得到。两者之间的关系可用下式表示

$$Y_3Y_2Y_1Y_0 = DCBA + 0011 \tag{3-12}$$

式（3-12）可用 74LS283 4 位加法器实现。只要把 8421BCD 码 $DCBA$ 从加法器的 A 端输入，加法器的 B 端接“0011”，进位输入端接“0”即可。逻辑电路如图 3-12 所示。

由图 3-12 可知，当输入 $DCBA=0000$ 时，输出 $Y_3Y_2Y_1Y_0=0011$。当输入 $DCBA=0001$ 时，输出 $Y_3Y_2Y_1Y_0=0100$，依次类推。该电路实现了 8421BCD 码到余 3 码的转换。

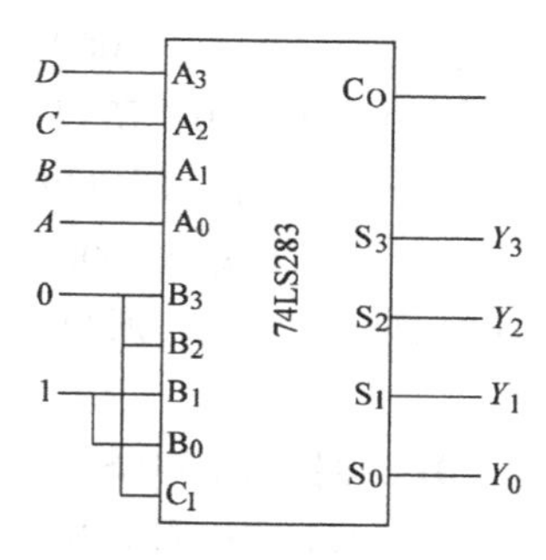

图 3-12　例 3-6 的逻辑电路

（2）加/减运算电路

将几个芯片进行简单的级联，也就是把低 4 位加法器的进位输出作为高 4 位加法器的进位输入，就可构成多位加法电路。图 3-13 所示为两个 74LS283 构成的 8 位加法器，只要把 74LS283（1）的进位输入端接“0”，进位输出端接 74LS283（2）的进位输入端就可实现两个 8 位数的加法运算。

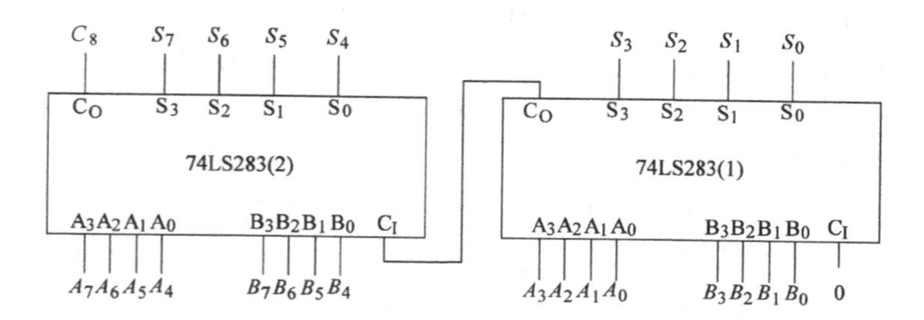

图 3-13　两片 74LS283 构成的 8 位加法电路

图 3-13 中，$A_7A_6A_5A_4A_3A_2A_1A_0$ 和 $B_7B_6B_5B_4B_3B_2B_1B_0$ 分别为两个 8 位二进制数输入，$C_8S_7S_6S_5S_4S_3S_2S_1S_0$ 为两个 8 位二进制数的加法结果。如果 8 位二进制数 $A_7A_6A_5A_4A_3A_2A_1A_0=10001101$，$B_7B_6B_5B_4B_3B_2B_1B_0=01100011$，则 74LS283（1）的和位输出 $S_3S_2S_1S_0=0000$，进位输出 $C_O=1$；此时 74LS283（2）的和位输出 $S_7S_6S_5S_4=1111$，进位输出 $C_O=0$（即 $C_8=0$）。因此，整个电路的输出 $C_8S_7S_6S_5S_4S_3S_2S_1S_0=011110000$，实现了两个 8 位二进制数的相加功能。同理，可分析其他输入情况的输出结果。

【例 3-7】 分析图 3-14 所实现的功能。

解： 数据输入端 $B=b\oplus M$，输出端 $C_F=M\oplus C_O$。

当 $M=0$ 时，输入 $B=b\oplus 0=b$，$C_I=0$，输出为 $C_F=0\oplus C_O=C_O$，$C_FS_3S_2S_1S_0=C_OS_3S_2S_1S_0=A+B+C_I=a_3a_2a_1a_0+b_3b_2b_1b_0$，电路实现两个 4 位二进制数的加法功能，输出为 $C_FS_3S_2S_1S_0$，此时的 C_F 为进位输出，S 为和位输出。

例如，如果 $a_3a_2a_1a_0=0001$，$b_3b_2b_1b_0=0011$，则电路完成 0001+0011 的加法运算，并输出 $C_FS_3S_2S_1S_0=00100$。

当 $M=1$ 时，$B=b\oplus 1=b'$，即输入二进制码各位取反。由于 $C_I=1$，相当于在数据 B 的最低位加 1，也就相当于对数据 b 求补运算，电路实现 $a+[b]_{补}$ 功能，即实现 $a-b$ 的运算，并且是原码输入补码输出。其中 C_F 为符号位，$C_F=1$，表示结果为负数，$C_F=0$，表示结果为正数。

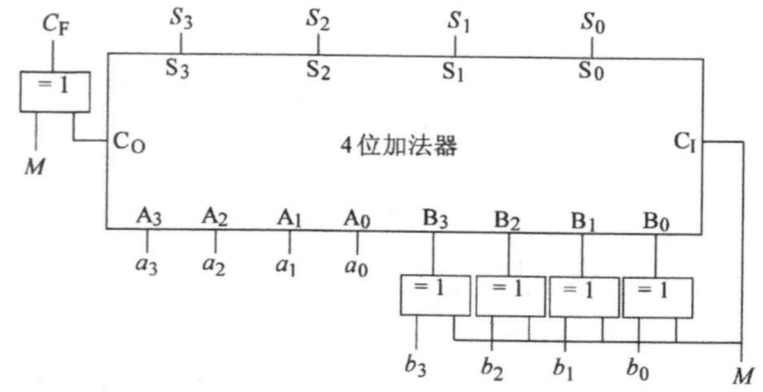

图 3-14　例 3-7 的逻辑电路

例如，$a_3a_2a_1a_0=0001$，$b_3b_2b_1b_0=0011$，则 $C_0S_3S_2S_1S_0=a+[b]_{补}=0001+1100+1=01110$，由于 $C_0=0$，所以 $C_F=C_0\oplus M=0\oplus 1=1$，$S_3S_2S_1S_0=1110$，整个电路输出 11110，由于 $11110=[-2]_{补}$，所以电路输入 1 和 3 的原码，输出为 1−3 的补码，即−2 的补码。

如果 $a_3a_2a_1a_0=1000$，$b_3b_2b_1b_0=0011$，则输出为 $C_FS_3S_2S_1S_0=00101$，由于 $C_FS_3S_2S_1S_0=00101=[+5]_{补}$，所以电路实现功能 8−3=5，即电路的输入为 8、3 的原码，输出为 5 的补码。

【例 3-8】 用 74LS283 实现两个 1 位十进制数的加法电路。

解： 8421BCD 码的相加规则是"逢十进一"，而 4 位二进制数的相加规则是"逢十六进一"，两者之间相差 6。例如 5+3，加法器的输出结果为 0101+0011=1000，即加法器输出 8 的二进制码，此时的二进制码与 8421BCD 码是一致的。如果 5+7，加法器的输出结果为 0101+0111=1100，即加法器输出 12 的二进制码，而 12 的 BCD 码为 00010010，此时就需要在 1100 的基础上加 0110，才能得到与 12 对应的 8421BCD 码。通过这种分析不难发现，当两个 4 位二进制数相加，其和不大于 9（1001）时，对应的二进制码与 BCD 码是一致的；但是当其和大于 9（1001）时，需要把加法器的输出加上 6（0110）才能得到相应的 BCD 码输出。因此该电路的设计思路为：①用一片 4 位加法器完成 4 位二进制数相加；②判别是否需要加 6（0110）修正；③用另一片 4 位加法器实现加 0110 功能。由于两个 1 位 BCD 数相加，最大和为 18，其对应 BCD 码用 5 位二进制表示即可，逻辑电路如图 3-15 所示。图中 A 和 B 为两个十进制数的 BCD 码输入，$Y_4Y_3Y_2Y_1Y_0$ 为 A 和 B 相加的 BCD 码输出。

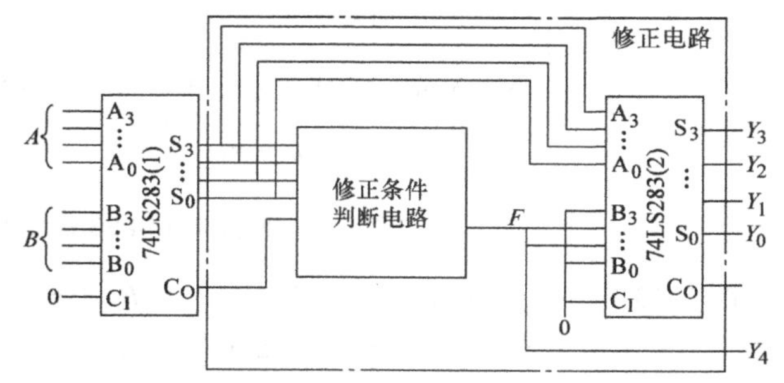

图 3-15 例 3-8 的电路简图

图 3-15 中，关键是修正条件判断电路的设计，修正条件是 74LS283（1）的和位输出 $S_3S_2S_1S_0>9$ 或 $C_0=1$ 时，需要加 6（0110）修正。令 $S_3S_2S_1S_0>9$ 时，给出输出标志 $C=1$，否则 $C=0$，由 C 的卡诺图可知，$C=S_3S_2+S_3S_1$，修正条件为

$$F=C+C_0=S_3S_2+S_3S_1+C_0 \tag{3-13}$$

完整的逻辑电路如图 3-16 所示。

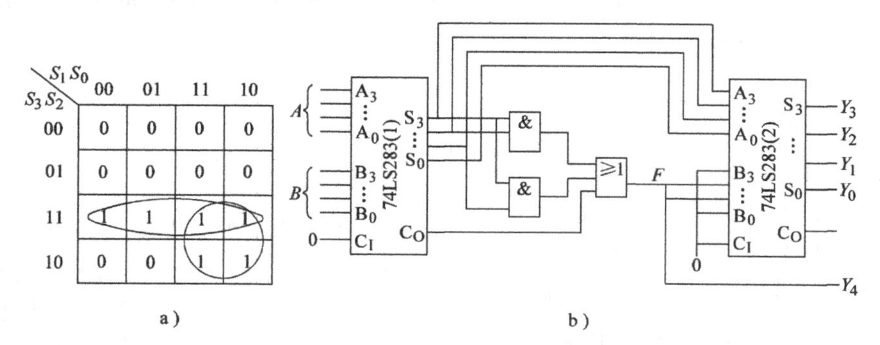

图 3-16 例 3-8 的逻辑电路

a）例 3-8 的卡诺图 b）例 3-8 完整的逻辑电路

在画出图 3-16b 所示逻辑电路后，通常可以在电路的输入端输入典型数据分析其输出结果，从而验证设计电路的正确性。

例如，在 4 位加法器（1）的输入端输入 3 和 6 的 8421BCD 码 0011 和 0110，则加法器（1）的和位输出 $S_3S_2S_1S_0=1001$，进位输出 $C_0=0$，因此 $F=0$；此时，加法器（2）的输入分别为 1001、0000，加法器（2）的和位输出 $S_3S_2S_1S_0=1001$，进位输出 $C_0=0$。整个电路的输出与加法器（2）的进位输出 C_0 无关，结果为 $Y_4Y_3Y_2Y_1Y_0=01001$，即 9 的 BCD 码，符合设计要求。

如果在 4 位加法器（1）的输入端输入 5 和 6 的 8421BCD 码 0101 和 0110，则加法器（1）的输出 $S_3S_2S_1S_0=1011$，$C_0=0$，所以 $F=1$；此时加法器（2）的输入分别为 1011、0110，加法器（2）的输出 $S_3S_2S_1S_0=0001$，整个电路的输出为 $Y_4Y_3Y_2Y_1Y_0=10001$，即 11 的 BCD 码，符合设计要求。

如果在 4 位加法器（1）的输入端输入 8 和 9 的 8421BCD 码 1000 和 1001，加法器（1）的输出 $S_3S_2S_1S_0=0001$，$C_0=1$，所以 $F=1$；此时加法器（2）的输入分别为 0001、0110，加法器（2）的输出 $S_3S_2S_1S_0=0111$，整个电路的输出为 $Y_4Y_3Y_2Y_1Y_0=10111$，即 17 的 BCD 码，符合设计要求。

加法器的基本功能是实现二进制数的相加。因此，当被实现的逻辑函数与变量之间存在数量关系时，用加法器实现是十分方便的。加法器还可以实现两个二进制数的乘法运算，读者可自行完成。

3.4.2　编码器及其应用

在数字系统中，常需要将有特定意义的信息（如数字或字符），编成相应的若干位二进制代码，这一过程称为编码。实际上编码就是把输入逻辑信号转换成输出代码的过程，具有编码功能的逻辑电路称为编码器（Encoder）。日常生活中，大家熟悉的键盘、手机按键等都离不开编码电路，学生学号、电话号码、密电码等利用的也是编码原理。编码器可用图 3-17 所示框图表示，其中 $I_0\sim I_{m-1}$ 为 m 个编码输入信号，$Y_0\sim Y_{n-1}$ 为 n 位二进制代码输出。

根据输出代码的不同，常见的编码器有二进制编码器和 BCD 编码器两类；根据输入信号优先权的不同，编码器又可分为普通编码器和优先编码器两类。在普通编码器中，任何时刻只允许一个输入信号有效，否则输出将发生混乱。在优先编码器中，对每一位输入都设置了优先权，因此允许两个以上的输入信号同时有效，但只对优先级较高的输入信号进行编码，从而保证了编码器工作的可靠性（以下涉及的编码器无特殊说明均指普通编码器）。

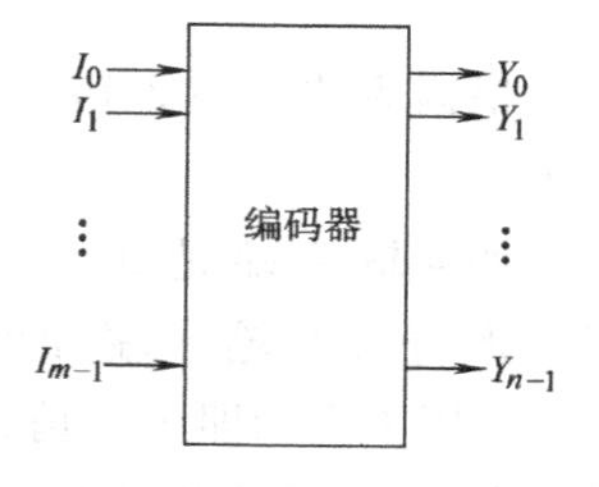

图 3-17　编码器的框图

1. 普通编码器

（1）二进制编码器

把 2^n 个输入逻辑信号转换成 n 位二进制代码的编码电路，称为二进制编码器。在二进制编码器中，输入信号的个数为 2^n，输出代码的位数为 n 位，也称 2^n 线-n 线编码器。下面以 8 线-3 线编码器为例介绍其工作原理。

该编码器由八个逻辑输入 $I_0\sim I_7$，3 位代码输出 $Y_2Y_1Y_0$。不妨假设八个输入对应于八个按键，按键按下时，对应的输入为逻辑高电平，即 $I_i=1$，如图 3-18 所示。编码器的这种输入通常称为输入高电平有效，反之，为输入低电平有效。

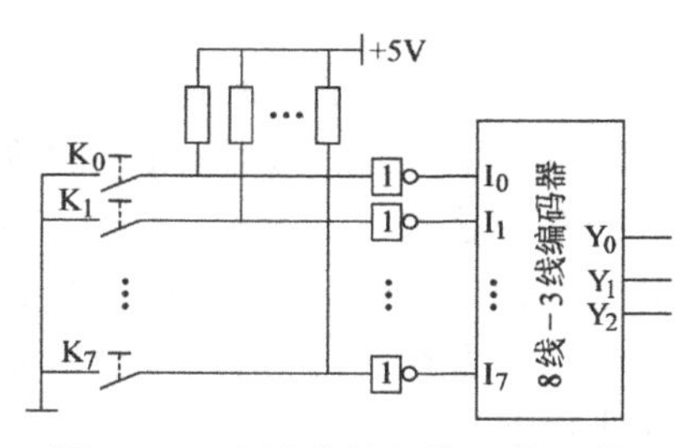

图 3-18 含键盘输入的 8 线-3 线编码器的逻辑图形符号

根据二进制编码的概念，对 I_0 进行编码时，$I_0=1$，$I_1 \sim I_7=0$，对应的输出代码为 000；对 I_1 进行编码时，$I_1=1$，其他输入端均为低电平，对应的输出代码为 001。同理，可得其他输入情况下的输出代码。表 3-8a 是 8 线-3 线编码器的真值表，表 3-8b 是其简化真值表。

表 3-8a 8 线-3 线编码器的真值表

输入								输出		
I_0	I_1	I_2	I_3	I_4	I_5	I_6	I_7	Y_2	Y_1	Y_0
1	0	0	0	0	0	0	0	0	0	0
0	1	0	0	0	0	0	0	0	0	1
0	0	1	0	0	0	0	0	0	1	0
0	0	0	1	0	0	0	0	0	1	1
0	0	0	0	1	0	0	0	1	0	0
0	0	0	0	0	1	0	0	1	0	1
0	0	0	0	0	0	1	0	1	1	0
0	0	0	0	0	0	0	1	1	1	1

表 3-8b 8 线-3 线编码器的简化真值表

输入	输出		
I	Y_2	Y_1	Y_0
I_0	0	0	0
I_1	0	0	1
I_2	0	1	0
I_3	0	1	1
I_4	1	0	0
I_5	1	0	1
I_6	1	1	0
I_7	1	1	1

由简化的真值表可知，在 I_4、I_5、I_6、I_7 四个输入端中，只要有一个为 1，输出 Y_2 就为 1，根据逻辑运算的概念，可得 Y_2 的表达式为

$$Y_2=I_4+I_5+I_6+I_7 \tag{3-14}$$

同理，可得到 Y_1 和 Y_0 的表达式为

$$Y_1=I_2+I_3+I_6+I_7 \tag{3-15}$$

$$Y_0=I_1+I_3+I_5+I_7 \tag{3-16}$$

根据表达式（3-14）~式（3-16），可画出 8 线-3 线编码器的逻辑电路，如图 3-19 所示。

如果输入端是低电平有效，其逻辑图形符号在输入端加圈，外部输入信号 I 用 I' 表示即可。请读者自行完成输入低电平有效的 8 线-3 线编码器的逻辑设计。

(2) 8421BCD 编码器

把 0~9 十个输入信号转换成 8421BCD 码的逻辑电路，称为 8421BCD 编码器，或二-十进制编码器（也称 BCD 码输出的 10 线-4 线编码器）。以输

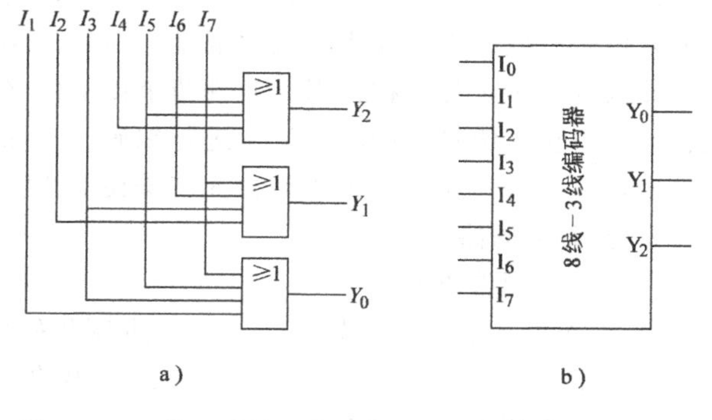

图 3-19 8 线-3 线编码器的逻辑电路及逻辑图形符号
a) 逻辑电路 b) 逻辑图形符号

入低电平有效的 8421BCD 编码器为例，其真值表见表 3-9。

表 3-9　8421BCD 编码器的真值表

输入	输出			
I	Y_3	Y_2	Y_1	Y_0
I_0'	0	0	0	0
I_1'	0	0	0	1
I_2'	0	0	1	0
I_3'	0	0	1	1
I_4'	0	1	0	0
I_5'	0	1	0	1
I_6'	0	1	1	0
I_7'	0	1	1	1
I_8'	1	0	0	0
I_9'	1	0	0	1

注：信号名 I_i'表示输入低电平有效，不表示变量取反。

由真值表可写出如下逻辑表达式

$$\begin{cases} Y_3 = (I_8')' + (I_9')' = (I_8'I_9')' \\ Y_2 = (I_4')' + (I_5')' + (I_6')' + (I_7')' = (I_4'I_5'I_6'I_7')' \\ Y_1 = (I_2')' + (I_3')' + (I_6')' + (I_7')' = (I_2'I_3'I_6'I_7')' \\ Y_0 = (I_1')' + (I_3')' + (I_5')' + (I_7')' + (I_9')' = (I_1'I_3'I_5'I_7'I_9')' \end{cases} \tag{3-17}$$

根据式（3-17）可画出 8421BCD 编码器的逻辑电路，如图 3-20 所示。

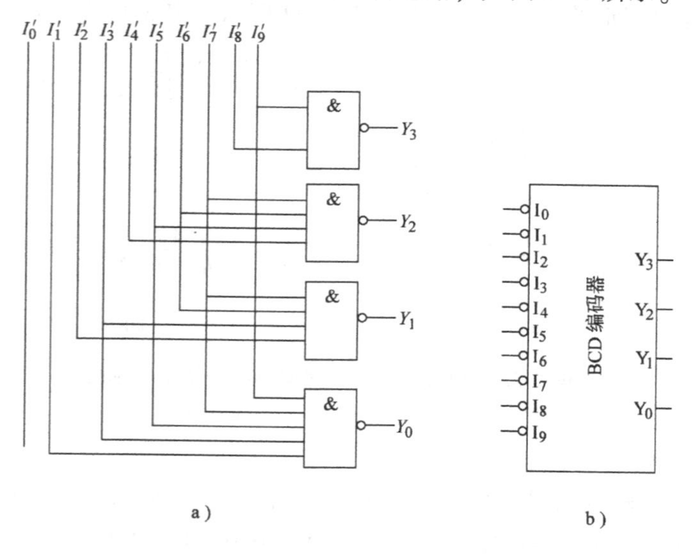

图 3-20　8421BCD 编码器的逻辑电路及逻辑图形符号

a）逻辑电路　b）逻辑图形符号

注意：当 I_1'~I_9'都没有编码信号输入时，默认 I_0' 有效，即对 I_0' 编码，输出代码为 0000。

2. 优先编码器

优先编码器（Priority Encoder）有二进制优先编码和 BCD 优先编码器。下面以 4 线-2 线优先编码器为例，介绍其工作原理及设计方法。假设四个输入信号 $I_3'\sim I_0'$ 中 I_3' 的优先权最高，I_0' 的优先权最低，则无论同时有几个输入信号为“0”，编码器只对其中优先权最高的一个进行编码，其真值表见表 3-10。

表 3-10 4 线-2 线优先编码器的真值表

输入				输出	
I_3'	I_2'	I_1'	I_0'	Y_1	Y_0
0	×	×	×	1	1
1	0	×	×	1	0
1	1	0	×	0	1
1	1	1	0	0	0

根据真值表，可以利用卡诺图化简得到其表达式为

$$\begin{cases} Y_1 = (I_2')' + (I_3')' = (I_2'I_3')' \\ Y_0 = (I_1')'I_2' + (I_3')' = ((I_1')'I_2')'I_3')' \end{cases} \tag{3-18}$$

由表达式（3-18）可画出 4 线-2 线优先编码器的逻辑电路，如图 3-21 所示。

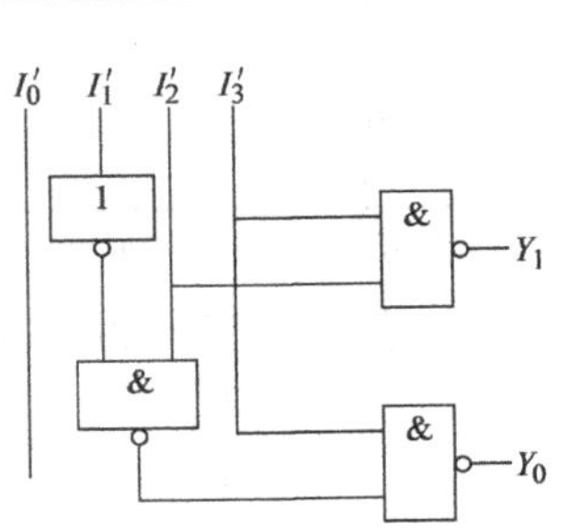

图 3-21 4 线-2 线优先编码器逻辑电路

3. 集成编码器

常见的集成编码器有 74LS148 8 线-3 线优先编码器和 74LS147 10 线-4 线 BCD 优先编码器两种。

（1）8 线-3 线优先编码器（74LS148）

74LS148 的逻辑图形符号、引脚排列如图 3-22 所示。表 3-11 是 74LS148 的功能表。

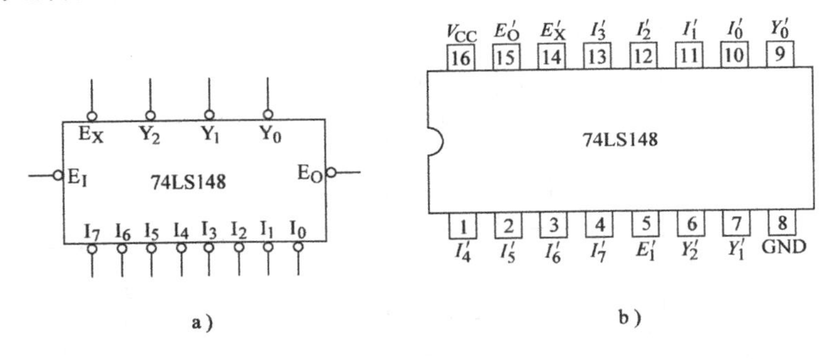

图 3-22 74LS148 的逻辑图形符号及引脚排列

a）逻辑图形符号 b）引脚排列

从功能表 3-11 可看出：

1）$I_0'\sim I_7'$ 为编码输入信号，低电平有效。I_7' 优先级最高，I_0' 优先级最低。$Y_2'Y_1'Y_0'$ 为二进制码的反码输出。例如，$I_7'=0$，则输出 $Y_2'Y_1'Y_0'=000$（111 的反码）。

2）E_I' 为选通输入信号，低电平有效。当 $E_I'=0$ 时，允许编码；当 $E_I'=1$ 时，禁止编码，此时，输出 $Y_2'Y_1'Y_0'=111$，$E_O'E_X'=11$。

3）$E_O'E_X'$ 是编码器工作状态标志信号。$E_O'E_X'=11$，表示编码器处于禁止状态，即编码器不工作（选通输入信号无效）；$E_O'E_X'=01$，表示编码器允许编码，但无编码输入信号；$E_O'E_X'=10$，表示编码器允许编码，且有编码输入信号；$E_O'E_X'=00$ 不可能出现。

表 3-11　74LS148 的功能表

输入									输出				
E_1'	I_7'	I_6'	I_5'	I_4'	I_3'	I_2'	I_1'	I_0'	Y_2'	Y_1'	Y_0'	E_0'	E_X'
1	×	×	×	×	×	×	×	×	1	1	1	1	1
0	1	1	1	1	1	1	1	1	1	1	1	0	1
0	0	×	×	×	×	×	×	×	0	0	0	1	0
0	1	0	×	×	×	×	×	×	0	0	1	1	0
0	1	1	0	×	×	×	×	×	0	1	0	1	0
0	1	1	1	0	×	×	×	×	0	1	1	1	0
0	1	1	1	1	0	×	×	×	1	0	0	1	0
0	1	1	1	1	1	0	×	×	1	0	1	1	0
0	1	1	1	1	1	1	0	×	1	1	0	1	0
0	1	1	1	1	1	1	1	0	1	1	1	1	0

（2）10 线-4 线 BCD 优先编码器（74LS147）

74LS147 的逻辑图形符号和引脚排列如图 3-23 所示。表 3-12 是 74LS147 的功能表。

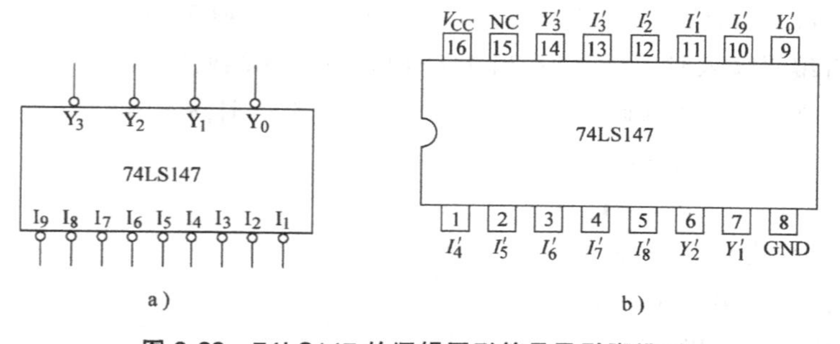

图 3-23　74LS147 的逻辑图形符号及引脚排列

a）逻辑图形符号　b）引脚排列

表 3-12　74LS147 的功能表

输入									输出			
I_9'	I_8'	I_7'	I_6'	I_5'	I_4'	I_3'	I_2'	I_1'	Y_3'	Y_2'	Y_1'	Y_0'
1	1	1	1	1	1	1	1	1	1	1	1	1
0	×	×	×	×	×	×	×	×	0	1	1	0
1	0	×	×	×	×	×	×	×	0	1	1	1
1	1	0	×	×	×	×	×	×	1	0	0	0
1	1	1	0	×	×	×	×	×	1	0	0	1
1	1	1	1	0	×	×	×	×	1	0	1	0
1	1	1	1	1	0	×	×	×	1	0	1	1
1	1	1	1	1	1	0	×	×	1	1	0	0
1	1	1	1	1	1	1	0	×	1	1	0	1
1	1	1	1	1	1	1	1	0	1	1	1	0

从功能表3-12看出：

1）$I'_1 \sim I'_9$ 为编码输入信号，低电平有效。$Y'_3Y'_2Y'_1Y'_0$ 是8421BCD码的反码输出。例如 $I'_9=0$ 时，$Y'_3Y'_2Y'_1Y'_0=0110$（1001的反码）。

2）输入信号 I'_9 的优先级最高，I'_1 的优先级最低。

3）74LS147只有九个输入端，没有 I'_0 输入端，可以理解为当 $I'_1 \sim I'_9$ 均为高电平时，就对十进制数"0"编码，此时的输出代码为"0"的BCD反码，即 $Y'_3Y'_2Y'_1Y'_0=1111$。

4. 集成编码器的应用

利用 E'_I、E'_O 和 E'_X 这三个附加的输入和输出端，可以将几片74LS148组成更大规模的优先编码器。

【例3-9】 试用74LS148 8线-3线优先编码器组成一个16线-4线优先编码器，将编码输入信号 $A'_{15} \sim A'_0$ 编成4位二进制输出代码 $Z_3Z_2Z_1Z_0$ 的1111～0000状态。编码输入信号中 A'_{15} 的优先级最高，A'_0 的优先级最低。

解：由于一片74LS148只有八个编码输入端，所以需要两片74LS148。把 $A'_{15} \sim A'_8$ 的编码输入信号接到芯片74LS148（1）的编码输入端，而把 $A'_7 \sim A'_0$ 接到芯片74LS148（2）的编码输入端。按照优先顺序的要求，只有当 $A'_{15} \sim A'_8$ 均无输入信号时，才允许对 $A'_7 \sim A'_0$ 的编码输入信号进行编码。因此，只要把74LS148（1）的 E'_O 与74LS148（2）的 E'_I 相连即可。当74LS148（1）有编码输入时，$E'_X=0$；当74LS148（1）无编码输入时，$E'_X=1$。因此，可以用74LS148（1）的 E'_X 产生编码输出的第4位 Z_3，以区分 $A'_{15} \sim A'_8$ 和 $A'_7 \sim A'_0$ 的编码。基于这种思路，可得图3-24所示的连接图。

由图3-24可知，当 $A'_{15} \sim A'_8$ 中任意一个输入端为低电平时，例如 $A'_{12}=0$，则74LS148（1）输出的 $E'_O=1$，$E'_X=0$，$Y'_2Y'_1Y'_0=011$。由于74LS148（2）的 $E'_I=1$，所以74LS148（2）处于禁止编码状态，其输出的 $Y'_2Y'_1Y'_0=111$。综合74LS148（1）和74LS148（2）的输出，可得整个电路的代码输出 $Z_3Z_2Z_1Z_0=1100$，即把 A'_{12} 的输入信号编成二进制码1100输出。

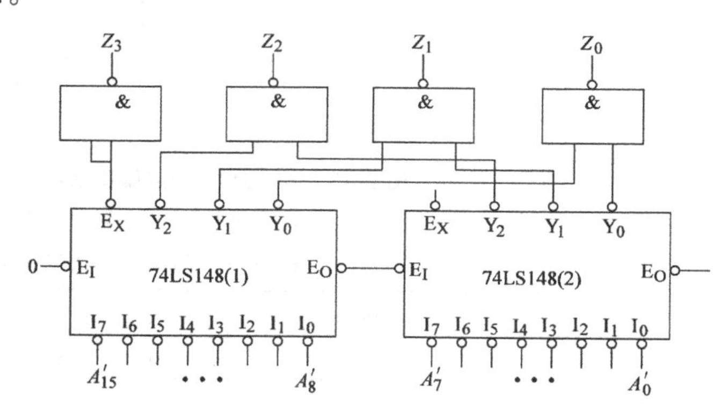

图3-24 例3-9的逻辑电路

当74LS148（1）没有编码输入信号时，其输出 $E'_OE'_X=01$，$Y'_2Y'_1Y'_0=111$。由于74LS148（2）的 $E'_I=0$，所以74LS148（2）处于允许编码状态。假设 $A'_4=0$，则74LS148（2）输出的 $Y'_2Y'_1Y'_0=011$。综合74LS148（1）和74LS148（2）的输出，整个电路的代码输出 $Z_3Z_2Z_1Z_0=0100$，即把 A'_4 的输入信号编成二进制码0100输出。

由此可见，图3-24把 $A'_{15} \sim A'_0$ 十六个输入信号按优先顺序依次编为1111～0000十六个4位二进制码输出。

如果没有现成的编码器可用，可以按照编码器的设计原理独立进行设计。

3.4.3 译码器及其应用

译码是编码的逆过程，它是将若干位二进制码的含义“翻译”出来，还原成有特定意义的输出信号，所以译码是把输入代码转换成相应的输出信号的过程。具有译码功能的逻辑电路称为译码器（Decoder，DEC）。根据译码的概念，n 位代码输入，m 位输出的译码器可用图 3-25 所示框图描述（$m \leqslant 2^n$）。

根据输入代码的不同，译码器通常有二进制译码器、BCD 译码器和七段显示译码器，下面分别进行介绍。

1. 二进制译码器及应用

图 3-25 中，当输入代码 $A_{n-1} \sim A_0$ 为二进制码时，称 n 位二进制译码器，此时，$m=2^n$。常见的有 2 位二进制译码器（也称 2 线-4 线译码器或 2/4 译码器）、3 位二进制译码器（3 线-8 线译码器）等。下面以 3 位二进制译码器为例，介绍二进制译码器的工作原理。

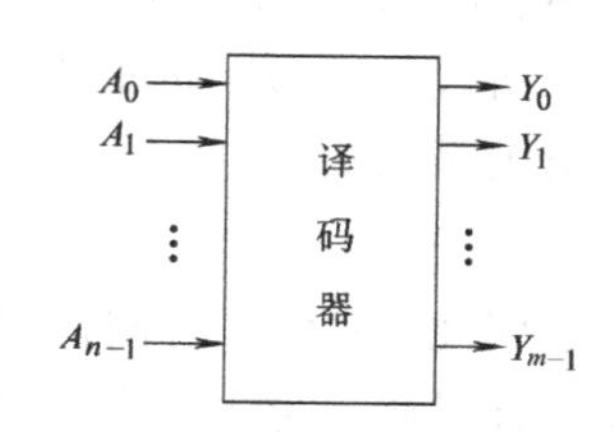

图 3-25 译码器的一般框图

(1) 3 线-8 线译码器

3 线-8 线译码器有 3 位二进制代码输入 $A_2A_1A_0$，有 8 位输出信号 $Y_7' \sim Y_0'$，其真值表见表 3-13。

表 3-13 3 线-8 线译码器的真值表

输入			输出							
A_2	A_1	A_0	Y_7'	Y_6'	Y_5'	Y_4'	Y_3'	Y_2'	Y_1'	Y_0'
0	0	0	1	1	1	1	1	1	1	0
0	0	1	1	1	1	1	1	1	0	1
0	1	0	1	1	1	1	1	0	1	1
0	1	1	1	1	1	1	0	1	1	1
1	0	0	1	1	1	0	1	1	1	1
1	0	1	1	1	0	1	1	1	1	1
1	1	0	1	0	1	1	1	1	1	1
1	1	1	0	1	1	1	1	1	1	1

由真值表可知，当输入代码为 $A_2A_1A_0=000$ 时，八个输出端中只有一个输出 Y_0' 为 0，其余七个输出 $Y_7' \sim Y_1'$ 均为 1，称 $Y_0'=0$ 为有效电平，其余七个输出 $Y'_{i(i=1\sim7)}=1$ 为无效电平，这种状态简称 Y_0' 有效。其他输入代码依次类推，例如当输入代码为 $A_2A_1A_0=110$ 时，只有 $Y_6'=0$，其余均为 1，称 Y_6' 有效。

可见，译码器在译码时，只有与输入代码相对应的一个输出端是有效电平，其余输出端均为无效电平。

若有效电平为低电平，则称该译码器是输出低电平有效的译码器；反之，为输出高电平有效的译码器。表 3-13 是输出低电平有效的 3 线-8 线译码器的真值表。

由真值表可写出译码器的输出逻辑表达式

$$Y_0' = (A_2'A_1'A_0')' = m_0'$$
$$Y_1' = (A_2'A_1'A_0)' = m_1'$$

$$Y_2' = (A_2'A_1A_0')' = m_2'$$
$$Y_3' = (A_2'A_1A_0)' = m_3'$$
$$Y_4' = (A_2A_1'A_0')' = m_4'$$
$$Y_5' = (A_2A_1'A_0)' = m_5'$$
$$Y_6' = (A_2A_1A_0')' = m_6'$$
$$Y_7' = (A_2A_1A_0)' = m_7'$$

即
$$Y_i' = m_i',\ i = 0,\ \cdots,\ 2^3 - 1 \tag{3-19}$$

式中，m_i 是以输入代码为变量的最小项。

由式（3-19）可推出：对于输出低电平有效的 n 位二进制译码器，其输出与输入代码的逻辑关系均为

$$Y_i' = m_i',\ i = 0,\ \cdots,\ 2^n - 1 \tag{3-20}$$

因此，n 位二进制译码器可以产生 n 变量的全部 2^n 个最小项。这个结论对将来用译码器设计逻辑电路时非常有用。

由表达式（3-19）可画出3位二进制译码器的逻辑电路，如图3-26a点划线部分所示。

（2）集成二进制译码器（74LS138）

74LS138是3线-8线集成译码器，其基本功能与上述3位二进制译码器相同，译码输入为3位二进制码 $A_2A_1A_0$，8位输出为 $Y_7' \sim Y_0'$。为了增加使用的灵活性和扩展功能，74LS138附加了三个使能信号 S_1、S_2'、S_3'，其逻辑电路、引脚排列、逻辑图形符号如图3-26所示，功能表见表3-14。

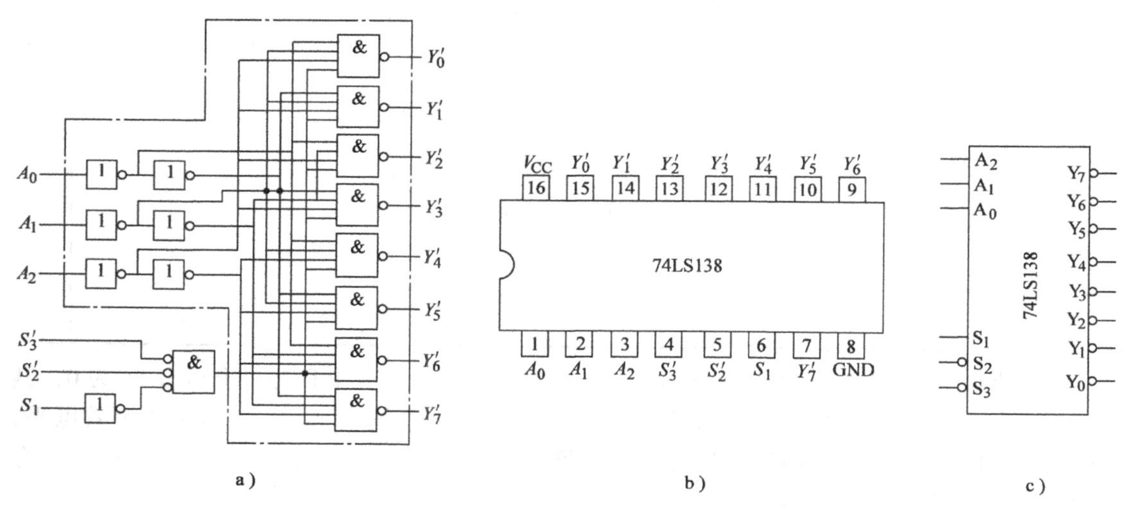

图3-26 74LS138的逻辑电路、逻辑图形符号及引脚排列

a）逻辑电路 b）引脚排列 c）逻辑图形符号

由74LS138的功能表（见图3-14）可知：

1）当 S_1 为高电平，且 S_2' 和 S_3' 同时为低电平时，译码器的输出信号与输入代码相对应，这种状态称为使能有效，译码器正常译码，此时的工作状态与表3-13相同。

2）当使能信号 S_1 为低电平时，译码器的八个输出端均为高电平，与输入代码无关，这种状态称为译码器的使能 S_1 无效，或译码器不译码。同理，当使能信号 $S_2'+S_3'=1$，即 S_2'、

S_3' 中至少有一个为高电平时，译码器不译码。

可见，74LS138 的使能信号 S_1 是高电平有效，S_2'、S_3' 是低电平有效，从相应的逻辑图形符号上也体现了这一点。如果把使能信号写进表达式，则有

$$Y_i' = (m_i S_1 (S_2' + S_3')')' \tag{3-21}$$

常见的二进制译码器还有 74LS139（双 2 线-4 线译码器），其逻辑图形符号如图 3-27 所示，功能表见表 3-15。

表 3-14　74LS138 的功能表

输入					输出							
使能		代码										
S_1	$S_2'+S_3'$	A_2	A_1	A_0	Y_7'	Y_6'	Y_5'	Y_4'	Y_3'	Y_2'	Y_1'	Y_0'
0	×	×	×	×	1	1	1	1	1	1	1	1
×	1	×	×	×	1	1	1	1	1	1	1	1
1	0	0	0	0	1	1	1	1	1	1	1	0
1	0	0	0	1	1	1	1	1	1	1	0	1
1	0	0	1	0	1	1	1	1	1	0	1	1
1	0	0	1	1	1	1	1	1	0	1	1	1
1	0	1	0	0	1	1	1	0	1	1	1	1
1	0	1	0	1	1	1	0	1	1	1	1	1
1	0	1	1	0	1	0	1	1	1	1	1	1
1	0	1	1	1	0	1	1	1	1	1	1	1

表 3-15　74LS139 的功能表

输入			输出			
使能	代码					
G'	A_1	A_0	Y_3'	Y_2'	Y_1'	Y_0'
1	×	×	1	1	1	1
0	0	0	1	1	1	0
0	0	1	1	1	0	1
0	1	0	1	0	1	1
0	1	1	0	1	1	1

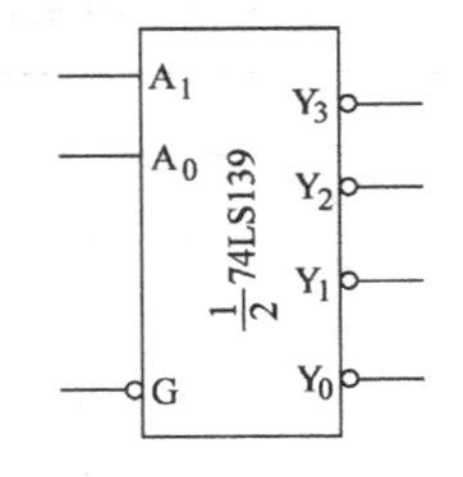

图 3-27　$\frac{1}{2}$74LS139 的逻辑图形符号

输出与输入之间的逻辑关系为

$$Y_i' = (m_i (G')')' \tag{3-22}$$

（3）集成二进制译码器的应用

1）译码器的扩展：当输入代码的位数超过所用译码器代码输入端个数时，就需要对译码器进行扩展。下面通过实例介绍其扩展方法。

【例 3-10】 用 74LS138 组成 4 线-16 线译码电路。

解： 4 线-16 线译码器有四个输入端，16 个输出端，而 74LS138 只有三个输入端，八个输出端，因此需要两片 74LS138 才能构成 4 线-16 线译码器。通过分析 4 线-16 线译码器的工作原理可知，只要把 4 线-16 线译码器的低 3 位代码 $A_2A_1A_0$ 分别与 74LS138（0）、74LS138

(1) 的 $A_2A_1A_0$ 相接，用4线-16线译码器的高位代码 A_3 控制两片74LS138的使能端。当 $A_3=0$ 时，74LS138 (0) 的使能有效，而74LS138 (1) 的使能无效，74LS138 (0) 工作，对应输出为 $Z_0'\sim Z_7'$ 有效；当 $A_3=1$ 时，74LS138 (0) 的使能无效，而74LS138 (1) 的使能有效，74LS138 (1) 工作，对应输出为 $Z_8'\sim Z_{15}'$ 有效。一种连接方式如图3-28所示。

从图3-28中可以看出，$A_3A_2A_1A_0=0000$，则输出端 Z_0' 为低电平，其余输出端均为高电平。如果 $A_3A_2A_1A_0=1000$，则输出端 Z_8' 为低电平，其余输出端均为高电平。

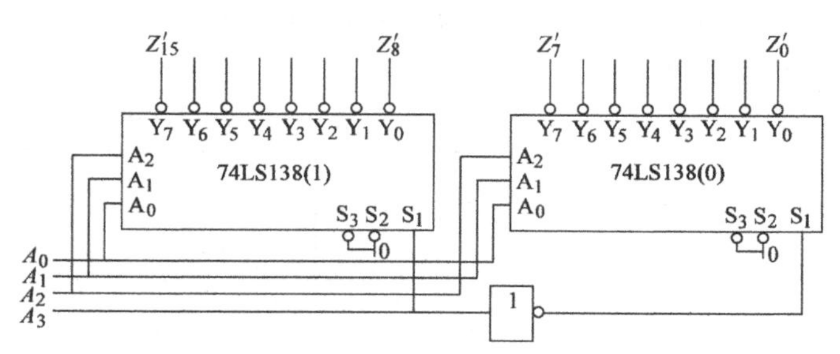

图3-28　例3-10的逻辑电路

由此可见，图3-28把输入代码 $A_3A_2A_1A_0$ 转换成相应的16个输出信号，即用两片74LS138组成了4线-16线译码功能。

2) 译码器实现逻辑函数：任意逻辑函数都可以用最小项和的形式描述，而二进制译码器的输出为输入变量的全部最小项。因此，可用译码器和门电路实现任意组合逻辑函数。下面通过实例介绍译码器实现逻辑函数的方法。

【例3-11】 分析图3-29所示的逻辑电路，写出输出函数 Z_2、Z_1 的表达式，列出真值表，说明电路实现的功能。

解： 由图3-29可知，输出函数 Z_2 和 Z_1 的表达式为

$$Z_2(A, B, C)=(Y_3'Y_5'Y_6'Y_7')'=m_3+m_5+m_6+m_7$$

$$Z_1(A, B, C)=(Y_1'Y_2'Y_4'Y_7')'=m_1+m_2+m_4+m_7$$

由上述表达式可以列出真值表，见表3-16。

表3-16　例3-11的真值表

输入			输出	
A	B	C	Z_2	Z_1
0	0	0	0	0
0	0	1	0	1
0	1	0	0	1
0	1	1	1	0
1	0	0	0	1
1	0	1	1	0
1	1	0	1	0
1	1	1	1	1

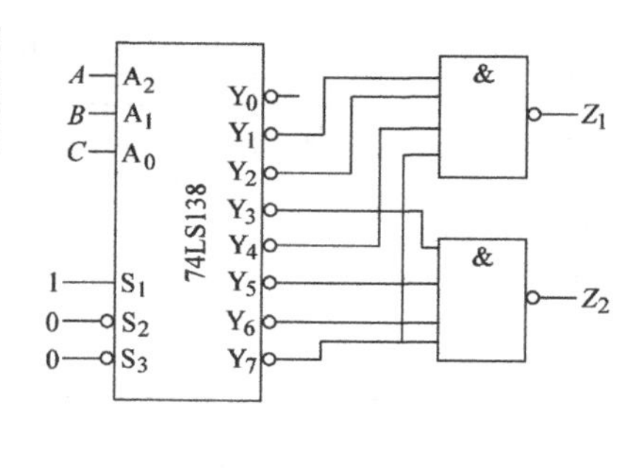

图3-29　例3-11的逻辑电路

由真值表可知，该电路是一位全加器，其中 Z_2 是进位输出，Z_1 是和位输出。

可见，用译码器和与非门组合可以实现任意给定的逻辑函数。其步骤为：第一步，写出被实现逻辑函数最小项和的表达式；第二步，写出所用译码器的输出表达式；第三步，比较两个表达式，找出对应关系；第四步，画出逻辑电路。

【例3-12】 用译码器和与非门实现函数 $F=AB+AC'$。

解： 第一步，写出函数 F 的最小项表达式

$$F(A, B, C) = m_4 + m_6 + m_7 \tag{3-23}$$

式中，m_i 是以 ABC 为变量的最小项。

第二步，由于被实现的逻辑函数是三变量函数，故选用 74LS138，其输出表达式为

$$Y_i' = m_i', \text{ 即 } m_i = (Y_i')' \tag{3-24}$$

式中，m_i 是以代码 $A_2A_1A_0$ 为变量的最小项。

第三步，比较式（3-23）与式（3-24），当译码器的输入代码 $A_2 = A$，$A_1 = B$，$A_0 = C$ 时，可以把式（3-24）代入式（3-23），得到

$$F(A, B, C) = (Y_4')' + (Y_6')' + (Y_7')' = (Y_4'Y_6'Y_7')' \tag{3-25}$$

第四步，由上述对应关系，画出逻辑电路，如图 3-30 所示。

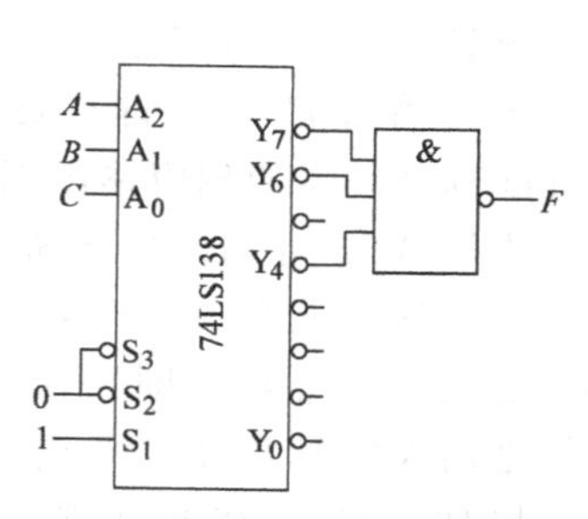

图 3-30　例 3-12 的逻辑电路

注意：画逻辑电路时，必须注意输入代码与逻辑变量之间的对应关系；译码器的使能端必须接成有效状态。

3）译码器作数据分配器使用：数据分配器是根据控制信号，把公共数据线上的数据按要求分配到某一对应的输出端。分配器的作用与多位开关相似，其示意图和一般框图分别如图 3-31a、b 所示。

图 3-31 中，D 是数据输入端，$S_{n-1} \sim S_0$ 是 n 位控制信号（也称地址信号），$Y_0 \sim Y_{2^n-1}$ 为分配器的输出端。如果控制信号 n 位，则有 2^n 路输出，称 2^n 路分配器。下面通过具体实例介绍数据分配器的工作原理。

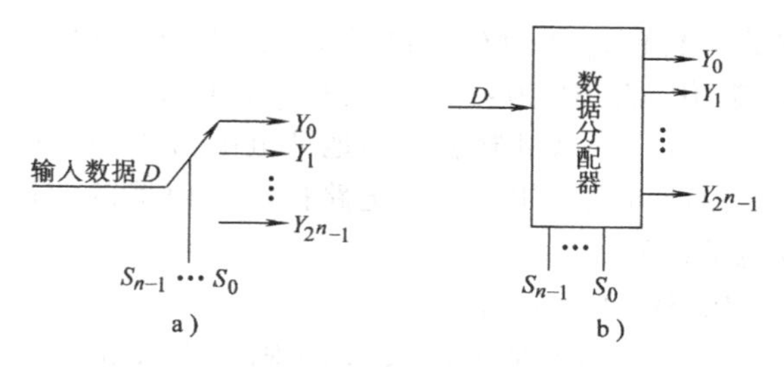

图 3-31　数据分配器的示意图及一般框图

a）数据分配器的示意图　b）数据分配器的一般框图

以四路分配器为例，当控制信号 $S_1S_0 = 00$ 时，把输入数据 D 分配到 Y_0；当 $S_1S_0 = 01$ 时，把输入数据 D 分配到 Y_1；$S_1S_0 = 10$ 时，把输入数据 D 分配到 Y_2；当 $S_1S_0 = 11$ 时，把输入数据 D 分配到 Y_3。根据此原理，可以列出分配器的真值表，见表 3-17。

表 3-17　四路分配器的真值表

输入			输出			
数据	控制信号					
D	S_1	S_0	Y_3	Y_2	Y_1	Y_0
D	0	0	1	1	1	D
D	0	1	1	1	D	1
D	1	0	1	D	1	1
D	1	1	D	1	1	1

由真值表可写出分配器的表达式

$$Y_3 = S_1S_0D, \quad Y_2 = S_1S_0'D, \quad Y_1 = S_1'S_0D, \quad Y_0 = S_1'S_0'D$$

即

$$Y_i = m_i D \tag{3-26}$$

式中，m_i 是以控制信号为变量的最小项。

上述表达式除了可以用门电路实现外，还可以用 74LS139 实现。如果令 74LS139 的使能信号 $G'=D$，则 74LS139 的输出表达式（3-22）可写成

$$Y_i' = (m_i D')' \tag{3-27}$$

比较式（3-26）与式（3-27），当 74LS139 的代码输入端与分配器的控制信号相对应时，译码器的输出 $Y_i'=D$。即只要使能信号 $G'=D$，且 $A_1=S_1$，$A_0=S_0$，译码器就可以把输入数据 D 分配到译码器的相应输出端，如图 3-32 所示。

由图 3-32 可知，当 $S_1S_0=00$ 时：如果 $D=0$，则译码器的使能有效，$Y_0=0$；如果 $D=1$，则译码器使能无效，$Y_0=1$，即当 $S_1S_0=00$ 时，$Y_0=D$，译码器把输入数据 D 分配到 Y_0。其他输入依次类推。

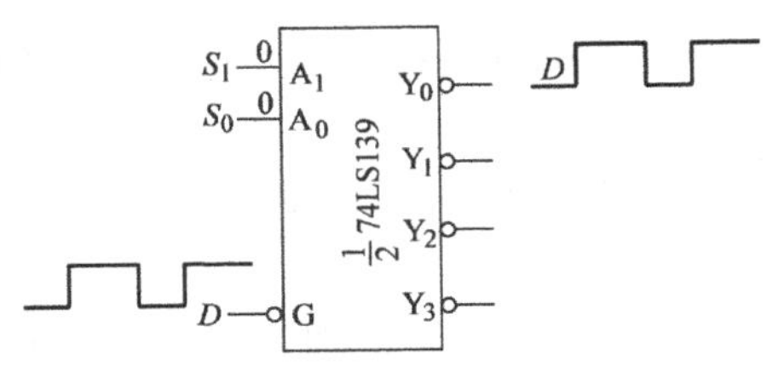

图 3-32 74LS139 实现四路数据分配的逻辑电路

同理，74LS138 可实现八路数据分配，请读者自行画出其逻辑电路。

4）实现地址译码功能：在数据存储系统中，经常需要进行地址译码。例如图 3-33 所示就是一个 8 位地址译码电路。

图 3-33 中，当 $A_7A_5A_3=111$，$A_6A_4=00$ 时译码器使能有效，$A_2A_1A_0$ 从 000～111 变化时 Y_0'～Y_7' 分别有效。地址的变化范围为：$A_7A_6A_5A_4A_3A_2A_1A_0$ 从 10101000～10101111，十六进制表示的地址范围为 A8H～AFH。

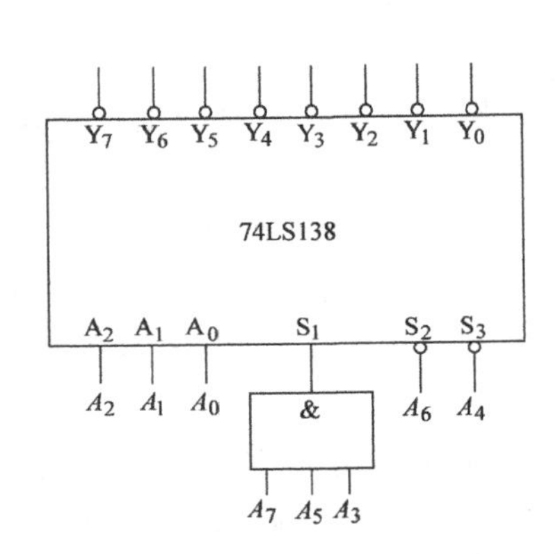

图 3-33 8 位地址译码电路

由此可见，用少量门电路控制译码器的使能端可以实现地址译码。

2. BCD 译码器

BCD 译码器是把输入 BCD 码转换成相应的输出信号的逻辑电路。因此，BCD 译码器有四个输入端，十个输出端，简称 4 线-10 线译码器，典型的器件有 74HC42，其逻辑电路和逻辑图形符号如图 3-34 所示，功能表见表 3-18。

BCD 译码器的原理与二进制译码器类似，这里不再赘述。

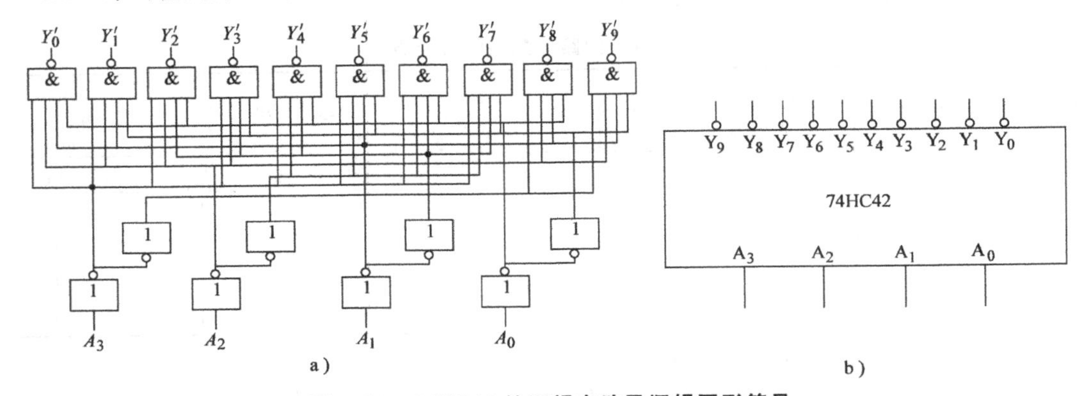

图 3-34 74HC42 的逻辑电路及逻辑图形符号

a）逻辑电路 b）逻辑图形符号

表 3-18　74HC42 的功能表

输入				输出									
A_3	A_2	A_1	A_0	Y'_9	Y'_8	Y'_7	Y'_6	Y'_5	Y'_4	Y'_3	Y'_2	Y'_1	Y'_0
0	0	0	0	1	1	1	1	1	1	1	1	1	0
0	0	0	1	1	1	1	1	1	1	1	1	0	1
0	0	1	0	1	1	1	1	1	1	1	0	1	1
0	0	1	1	1	1	1	1	1	1	0	1	1	1
0	1	0	0	1	1	1	1	1	0	1	1	1	1
0	1	0	1	1	1	1	1	0	1	1	1	1	1
0	1	1	0	1	1	1	0	1	1	1	1	1	1
0	1	1	1	1	1	0	1	1	1	1	1	1	1
1	0	0	0	1	0	1	1	1	1	1	1	1	1
1	0	0	1	0	1	1	1	1	1	1	1	1	1

3. 七段显示译码器

七段显示译码器是把输入 BCD 码转换成七段输出信号，用于驱动七段数码显示器以显示数字或字符的中规模集成电路。

（1）七段字符显示器

七段字符显示器由七段独立的线段 a~g 按图 3-35 所示的形式排列而成，h 为小数点。取不同的线段组合并将它们点亮，可以显示 0~9 十个不同的字符，如图 3-35d 所示。

常见的七段字符显示有半导体数码管和液晶显示器两种。

半导体数码管的每一段都是一个发光二极管（Light Emiting Diode，LED），也称 LED 数码管或 LED 显示器。结构上有共阴极和共阳极两种，如图 3-35b、c 所示。共阳极的数码管输入低电平点亮，共阴极数码管输入高电平点亮。发光二极管的颜色有红、黄、绿等。

液晶显示器（Liquid Crystal Display，LCD）的液晶是一种既具有液体的流动性又具有光学特性的有机化合物，它的透明度和呈现的颜色受外加电场的影响，利用这一特点可做成字符显示器。

（2）七段显示译码器

常用的七段数码显示译码器有输出低电平有效的集成器件 7447，输出高电平有效的集成器件 7448 等。图 3-36 是 7448 的逻辑图形符号和引脚排列，表 3-19 是 7448 的功能表。其中，$A_3A_2A_1A_0$ 为 BCD 码输入信号；$Y_a \sim Y_g$ 为七段输出信号；LT'（Light Test）为灯测试输入信号（简称试灯信号）；RBI'（Ripple Blanking Input）为灭零输入信号；BI'/RBO'（Blanking Input/Ripple Blanking Output）是具有熄灭输入/灭零输出的双重功能输入信号。

若 $A_3A_2A_1A_0$ 输入 8421BCD 码，$Y_a \sim Y_g$ 输出高电平时，对应线段点亮；输出低电平时，对应线段熄灭，显示字符如图 3-35d 所示。若输入 1010~1111 六种状态时，显示字符如图 3-35e 所示，这些字符不是正常使用的符号，可以用作识别输入状态的符号或在特殊规定的情况下使用。7448 除了显示功能外，还有一些附加功能，具体说明如下：

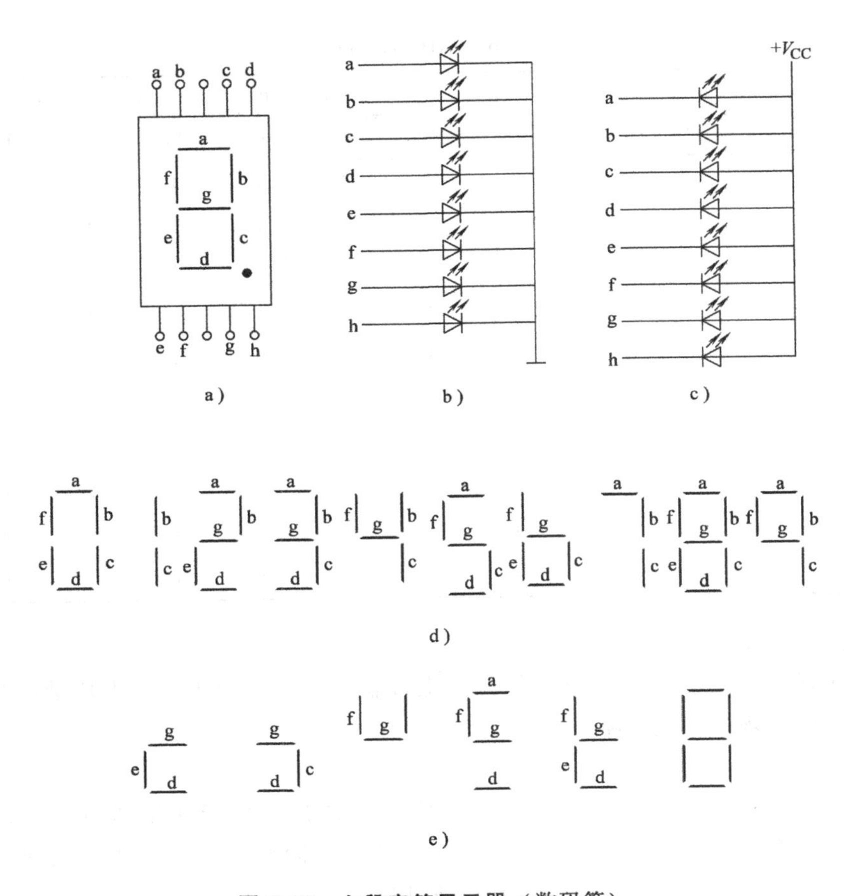

图 3-35　七段字符显示器（数码管）

a）数码管外形　b）共阴极结构　c）共阳极结构　d）十进制数字显示字形

e）输入为 1010~1111 下的六个字符显示

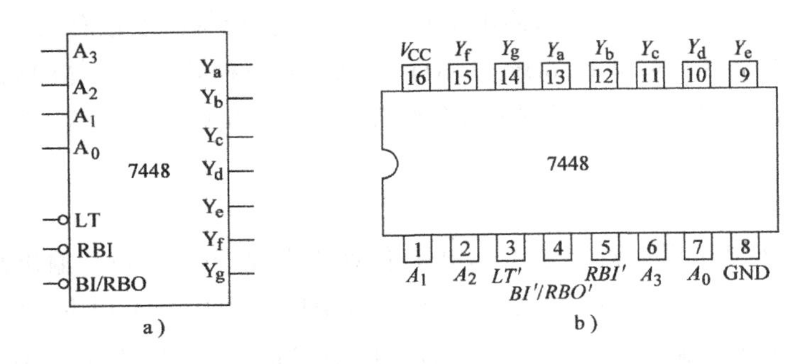

图 3-36　7448 的逻辑图形符号及引脚排列

a）逻辑图形符号　b）引脚排列

1）灯测试输入信号 LT'：当输入 $LT'=0$ 时，七段输出信号均为高电平，显示器的七段同时被点亮，即显示器显示“8”的字符。这一功能可用于检测显示器的好坏。当输入 $LT'=1$ 时，输出与输入代码有关，显示器显示与输入代码对应的字符。所以正常显示时，LT' 必须接高电平。

表 3-19 7448 的功能表

十进制数	输入						BI'/RBO'	输出							功能
	LT'	RBI	A_3	A_2	A_1	A_0		Y_a	Y_b	Y_c	Y_d	Y_e	Y_f	Y_g	
0	1	1	0	0	0	0	1	1	1	1	1	1	1	0	
1	1	×	0	0	0	1	1	0	1	1	0	0	0	0	
2	1	×	0	0	1	0	1	1	1	0	1	1	0	1	
3	1	×	0	0	1	1	1	1	1	1	1	0	0	1	
4	1	×	0	1	0	0	1	0	1	1	0	0	1	1	
5	1	×	0	1	0	1	1	1	0	1	1	0	1	1	
6	1	×	0	1	1	0	1	0	0	1	1	1	1	1	
7	1	×	0	1	1	1	1	1	1	1	0	0	0	0	
8	1	×	1	0	0	0	1	1	1	1	1	1	1	1	译码显示
9	1	×	1	0	0	1	1	1	1	1	0	0	1	1	
10	1	×	1	0	1	0	1	0	0	0	1	1	0	1	
11	1	×	1	0	1	1	1	0	0	1	1	0	0	1	
12	1	×	1	1	0	0	1	0	1	0	0	0	1	1	
13	1	×	1	1	0	1	1	1	0	0	1	0	1	1	
14	1	×	1	1	1	0	1	0	0	0	1	1	1	1	
15	1	×	1	1	1	1	1	0	0	0	0	0	0	0	
	0	×	×	×	×	×	1	1	1	1	1	1	1	1	试灯
	1	0	0	0	0	0	0	0	0	0	0	0	0	0	灭零
	×	×	×	×	×	×	0	0	0	0	0	0	0	0	熄灭

2）灭零输入信号 RBI'：当 $RBI'=0$ 时，如果输入代码 $A_3A_2A_1A_0=0000$，则七段输出信号均为低电平，显示器熄灭，并且使 $BI'/RBO'=0$，这时，BI'/RBO'作为输出使用。因此，RBI'可以熄灭不希望显示的零，使得显示器只显示非零字符。例如一个 6 位数码显示系统，整数和小数部分分别为 3 位。例如 052.320，利用 RBI'可在 6 位显示系统上显示 52.32，即熄灭前、后多余的零，使显示结果更加直观。

3）熄灭输入/灭零输出信号 BI'/RBO'：此信号具有双重功能。当 BI'/RBO'作为熄灭输入控制信号时，只要 $BI'=0$，显示器不显示任何字符，起熄灭显示作用。例如，当需要闪烁显示某一字符时，可用间隔脉冲控制 BI'信号，闪烁频率由间隔脉冲的频率决定。当 BI'/RBO'作为灭零输出时，只有在 $A_3A_2A_1A_0=0000$，且 $RBI'=0$ 的条件下，输出 $RBO'=0$。

把 RBI'和 RBO'配合使用，可实现多位数码显示系统的灭零控制。图 3-37 给出了 6 位数码显示系统灭零控制的连接方式，只需把整数部分最高位和小数部分最低位的 RBI'接低电平，整数部分高位的 RBO'与低位的 RBI'相连，小数部分低位的 RBO'与高位的 RBI'相连。这样整数部分只有当高位是“0”，且被熄灭的前提下，低位才有灭零输入信号。同理，小数部分只有当低位是“0”，且被熄灭时，高位才有灭零输入信号。因此，可以熄灭没有意义的零。为了显示小数点前后一位的零，把整数部分最低位的 RBI'和小数部分最高位的 RBI'接高电平。

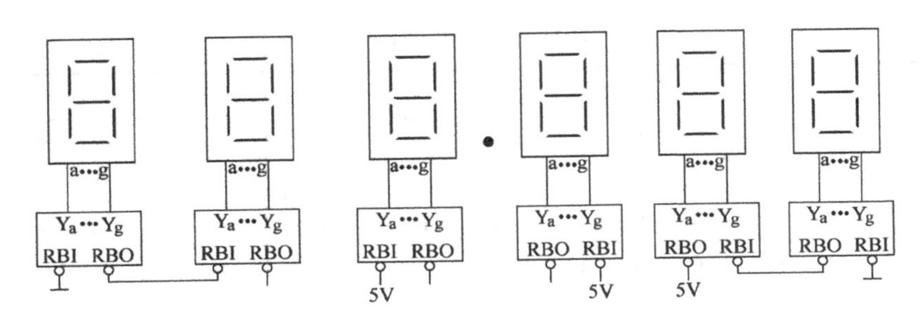

图 3-37　6 位数码显示系统的灭零控制

3.4.4　数据选择器及其应用

在 n 个控制信号（选择信号）的作用下，从 2^n 个数据输入端中选择其中一个输出，具有这种功能的电路称为数据选择器，也称多路选择器或多路开关（Multiplexer，MUL)。若 $n=2$，则有 2 位选择信号，四个数据输入端，一个数据输出端，称为四选一数据选择器，其框图如图 3-38a 所示。其作用相当于多路开关，可用示意图 3-38b 描述。图中，D_0、D_1、D_2、D_3 是数据输入，A_1A_0 是选择输入信号，Y 是选择器的输出信号。可见，数据选择器是数据分配器的逆过程。

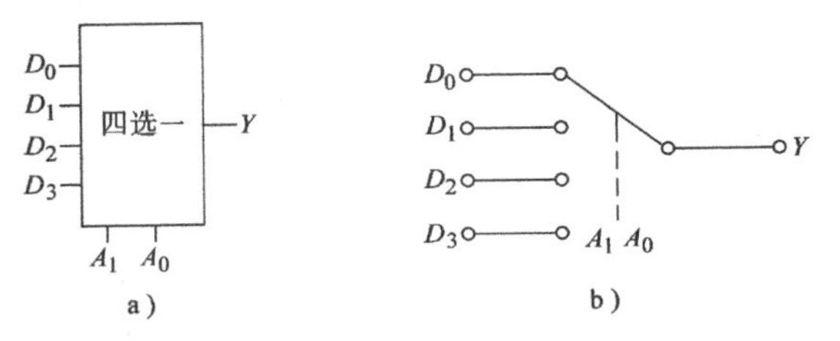

图 3-38　四选一数据选择器的框图及示意图

a) 框图　b) 示意图

1. 选择器的工作原理

以四选一为例，当 $A_1A_0=00$ 时，$Y=D_0$；$A_1A_0=01$ 时，$Y=D_1$；$A_1A_0=10$ 时，$Y=D_2$；$A_1A_0=11$ 时，$Y=D_3$。由此可得四选一数据选择器的真值表，见表 3-20a、b。

表 3-20a　四选一数据选择器的真值表

输入						输出
选择信号		数据输入				
A_1	A_0	D_3	D_2	D_1	D_0	Y
0	0	×	×	×	0	0
0	0	×	×	×	1	1
0	1	×	×	0	×	0
0	1	×	×	1	×	1
1	0	×	0	×	×	0
1	0	×	1	×	×	1
1	1	0	×	×	×	0
1	1	1	×	×	×	1

表 3-20b　四选一数据选择器的简化真值表

选择信号		输出
A_1	A_0	Y
0	0	D_0
0	1	D_1
1	0	D_2
1	1	D_3

由真值表可以写出四选一选择器的表达式

$$Y=A_1'A_0'D_0+A_1'A_0D_1+A_1A_0'D_2+A_1A_0D=m_0D_0+m_1D_1+m_2D_2+m_3D_3=\sum_{i=0}^{3}m_iD_i$$

式中，m_i 是选择信号 A_1A_0 所对应的最小项。

同理，对于 n 选一的选择器，其输出逻辑函数表达式为

$$Y=\sum_{i=0}^{2^n-1} m_i D_i \tag{3-28}$$

2. 集成数据选择器

（1）四选一数据选择器（74LS153）

74LS153 是双四选一选择器，其逻辑电路如图 3-39a 所示，每个四选一选择器都有一个输入低电平有效的使能信号 E'，而选择信号 A_1A_0 为两个选择器共用。现分析其中一个选择器的工作原理。由图 3-39a 可知，当 $E_1'=1$ 时，输出 $Y_1=0$，输出与选择信号 A_1A_0 无关。这种工作状态称选择器不工作或使能无效。当 $E_1'=0$ 时，如果 $A_1A_0=00$，则 $Y_1=D_{10}$；如果 $A_1A_0=01$，则 $Y_1=D_{11}$；如果 $A_1A_0=10$，则 $Y_1=D_{12}$；如果 $A_1A_0=11$，则 $Y_1=D_{13}$。这种工作状态称选择器工作或使能有效。可见 74LS153 的使能信号是低电平有效，其逻辑图形符号如图 3-39b 所示，功能表见表 3-21。

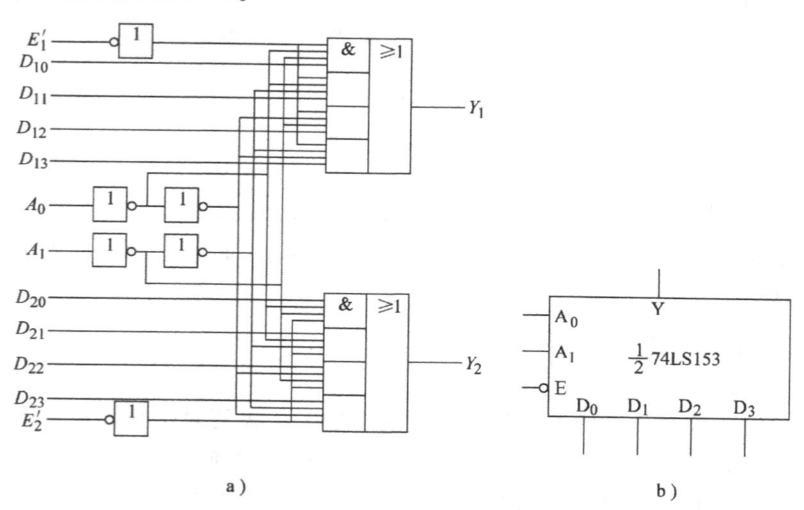

图 3-39　74LS153 逻辑电路和逻辑图形符号

a）逻辑电路　b）逻辑图形符号

表 3-21　74LS153 的功能表

输入			输出	输入			输出
使能信号	选择信号			使能信号	选择信号		
E'	A_1	A_0	Y	E'	A_1	A_0	Y
1	×	×	0	0	0	1	D_1
0	0	0	D_0	0	1	0	D_2
				0	1	1	D_3

如果把使能信号写进表达式，则选择器的输出表达式（3-28）可写成

$$Y=(E')'\sum_{i} m_i D_i \tag{3-29}$$

（2）八选一数据选择器（74151）

74151 是具有互补输出的八选一数据选择器，使能低电平有效，其逻辑图形符号、引脚排列如图 3-40 所示，功能表见表 3-22。

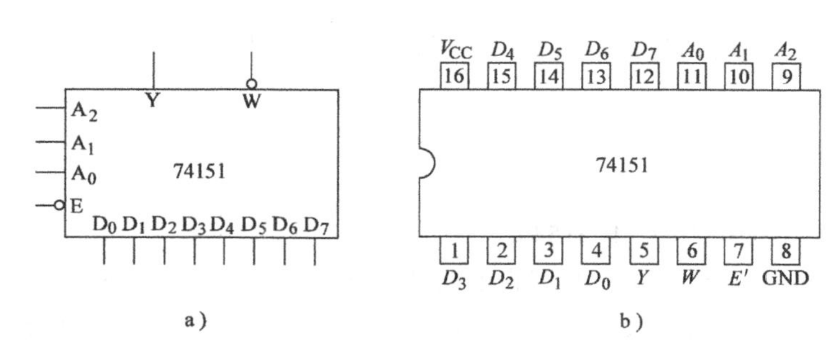

图 3-40 74151 的逻辑图形符号和引脚排列

a) 逻辑图形符号 b) 引脚排列

表 3-22 74151 的功能表

输入				输出		输入				输出	
使能信号	选择信号					使能信号	选择信号				
E'	A_2	A_1	A_0	Y	W	E'	A_2	A_1	A_0	Y	W
1	×	×	×	0	1	0	1	0	0	D_4	D_4'
0	0	0	0	D_0	D_0'	0	1	0	1	D_5	D_5'
0	0	0	1	D_1	D_1'	0	1	1	0	D_6	D_6'
0	0	1	0	D_2	D_2'	0	1	1	1	D_7	D_7'
0	0	1	1	D_3	D_3'						

由表 3-22 可知，当使能无效（$E'=1$）时，输出 $Y=0$，$W=1$；当使能有效（$E'=0$）时，输出由选择信号确定。

3. 数据选择器的应用

（1）选择器的扩展

当输入数据的个数大于选择器数据输入端的个数时，需要对选择器进行扩展，其扩展方法与译码器大扩展方法类似。例如用四选一扩展成八选一选择器。八选一选择器有八个数据输入端，而四选一数据选择器只有四个数据输入端，因此需要两个四选一数据选择器。由于八选一选择器需要三个选择信号，而四选一只有两个选择信号，所以可用八选一选择器的最高位选择信号 A_2 控制两个四选一的使能，使其轮流工作。即当 $A_2=0$ 时，四选一（0）工作，四选一（1）不工作；而当 $A_2=1$ 时，四选一（0）不工作，四选一（1）工作。当选择器不工作时，输出为“0”，所以整个电路输出是两个四选一选择器输出的或运算，其连接方式如图 3-41 所示。

由图 3-41 可知，当 $A_2A_1A_0=000$ 时，四选一（0）输出 D_0，四选一（1）输出“0”，整个电路输出 $Y=D_0$。同理，当 $A_2A_1A_0=001\sim111$ 时，输出 Y 依次为 $D_1\sim D_7$，实现八选一的数据选择功能。

（2）多路数据传送

把多路信号分别送入选择器的各路数据输入端，通过选择信号，可实现多路信号在不同时间段内使用同一通道传送，从而实现时分复用的目的。图 3-42 所示为四路数据传送电路。

令四路数据分别为 8kHz、4kHz、2kHz 和 1kHz 的信号。当选择信号 A_1A_0 由 00 依次变化到 11 时，输出端依次传送 8kHz、4kHz、2kHz 和 1kHz 的信号。

【例 3-13】 用 74151 八选一数据选择器和 74LS138 3 线-8 线译码器构成八路数据传输系

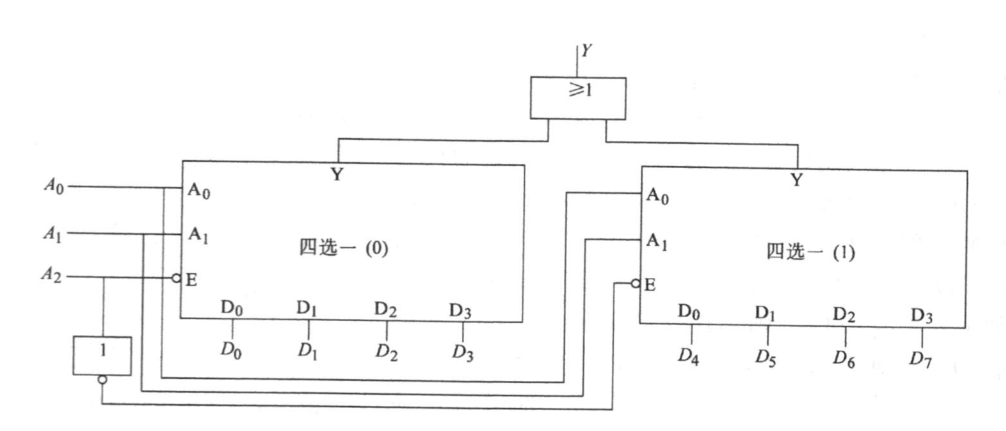

图 3-41　四选一构成八选一的逻辑电路

统。

解：发送端由 74151 实现八选一功能。接收端由 74LS138 实现数据分配功能。把选择器的选择信号与译码器的输入代码对应相接，就构成了八路数据传输系统，逻辑电路如图 3-43 所示。当 $A_2A_1A_0=000$ 时，74151 的输出 $Y=I_0$。如果 $I_0=0$，则 74LS138 的使能有效，由于 74LS138 的 $A_2A_1A_0=000$，所以输出 $F_0=0$；如果 $I_0=1$，则 74LS138 的使能无效，所以输出 $F_0=1$。因此，当 $A_2A_1A_0=000$ 时，74LS138 的输出 $F_0=I_0$，也即把输入数据 I_0 输送到译码器的 F_0 输出端；当 $A_2A_1A_0=001$ 时，把输入数据 I_1 输送到译码器的 F_1 输出端。依次类推，其余输入数据 $I_2\sim I_7$ 也可以分别传输到译码器的 $F_2\sim F_7$ 输出端。

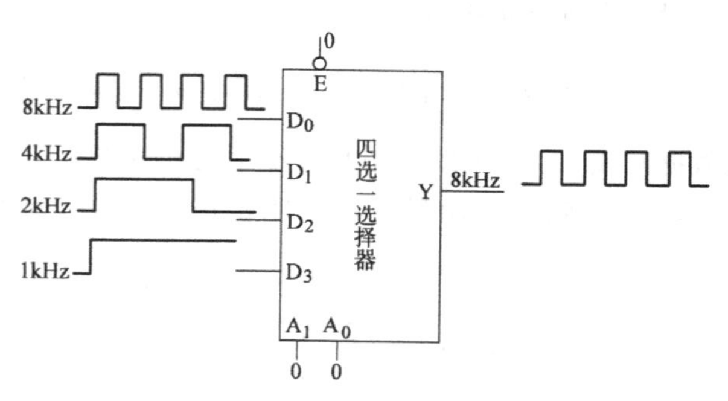

图 3-42　四路数据传送电路

(3) 并行输入转换成串行输出

如图 3-44 所示，选择器的数据输入 $D_0\sim D_7$ 并行输入 11010100，当选择信号 $A_2A_1A_0$ 从 000 依次加 1 变化到 111 时，就把 8 位并行输入的数据转换成串行数据输出。

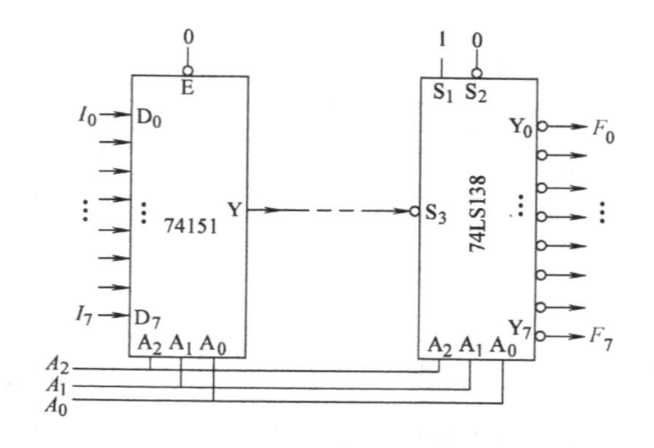

图 3-43　例 3-13 的逻辑电路

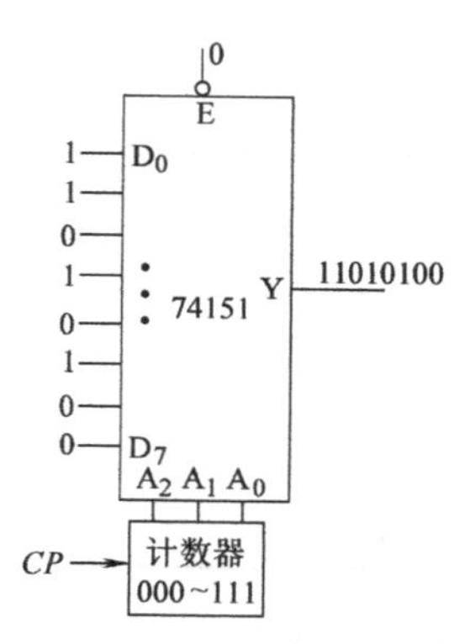

图 3-44　并行转换成串行输出的逻辑电路

(4) 数码比较

把译码器和数据选择器串联起来，可比较两个二进制码是否相等。如图 3-45 所示，使能信号都接成有效状态，把 3 位二进制码 a ($a_2a_1a_0$) 作为译码器的代码输入，3 位二进制码 b ($b_2b_1b_0$) 作为选择器的选择信号，译码器的输出与选择器的数据输入对应相接。当 $a_2a_1a_0=000$ 时，译码器的输出 $Y_0'=0$，其余输出为高电平。如果 $b_2b_1b_0=000$，则选择器输出 $F=D_0=0$；如果 $b_2b_1b_0=001$，则 $F=D_1=Y_1=1$。所以，可以判断只要 $b_2b_1b_0\neq000$，输出 F 就为高电平。由此可推出当 $a=b$ 时，输出 $F=0$，否则输出 $F=1$。

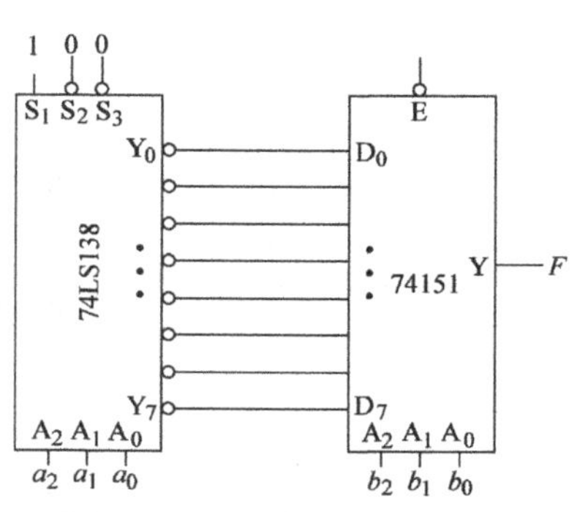

图 3-45 3 位并行码比较电路

(5) 实现逻辑函数

由于选择器的输出 $F=\sum_{i=0}^{2^n-1}m_iD_i$，$m_i$ 是 n 位选择信号对应的最小项，所以适当的选择输入数据 0 或 1，就可以利用其最小项之和的形式实现逻辑函数。

【例 3-14】 已知逻辑电路如图 3-46 所示，分析电路实现的功能。

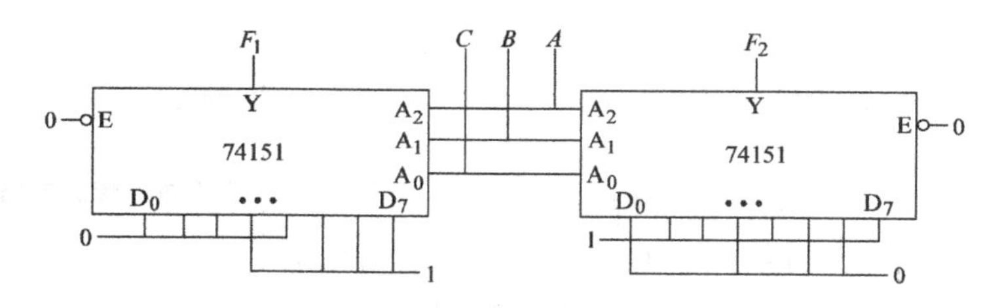

图 3-46 例 3-14 的逻辑电路

解： 由逻辑电路可知

$$F_1(A,\ B,\ C)=\sum m(3,\ 5,\ 6,\ 7)$$

$$F_2(A,\ B,\ C)=\sum m(1,\ 2,\ 4,\ 7)$$

根据上述逻辑关系可列出真值表，见表 3-23。直接根据逻辑电路也可以列出真值表，见表 3-23。

表 3-23 例 3-14 的真值表

输入			输出		输入			输出	
A	B	C	F_1	F_2	A	B	C	F_1	F_2
0	0	0	0	0	1	0	0	0	1
0	0	1	0	1	1	0	1	1	0
0	1	0	0	1	1	1	0	1	0
0	1	1	1	0	1	1	1	1	1

由真值表可知该电路实现三个 1 位二进制数相加，即 1 位全加器，其中 F_1 是进位输出，F_2 是和位输出。

可见，选择器可以实现逻辑函数。其方法是：第一步，画出选择器的卡诺图；第二步，写出被实现逻辑函数的最小项表达式，并画出其卡诺图；第三步，根据逻辑函数相同的概念，比较两张卡诺图，找出对应关系；第四步，画出逻辑电路。下面通过实例介绍其方法。

1）用具有 n 个选择信号的数据选择器实现 m 变量的逻辑函数（$m\leqslant n$）。

【例 3-15】 试用 74151 实现逻辑函数 $F=AB'+A'C+BC'$。

解：第一步，画出选择器的卡诺图，如图 3-47a 所示。

第二步，写出 F 的最小项表达式

$$F(A, B, C)=m_1+m_2+m_3+m_4+m_5+m_6$$

并画出 F 的卡诺图如图 3-47b 所示。

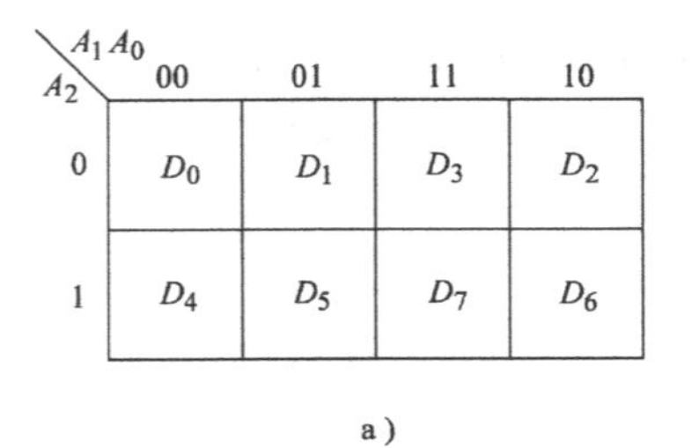

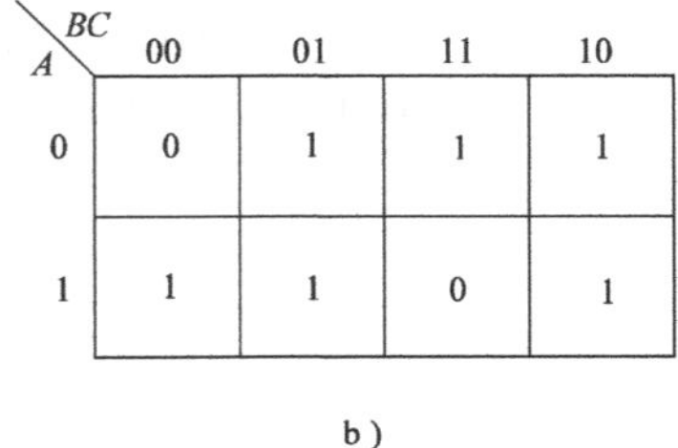

图 3-47 例 3-15 的卡诺图

a）选择器的卡诺图 b）逻辑函数的卡诺图

第三步，要使选择器的输出等于被实现的逻辑函数（$Y=F$），必须两张卡诺图完全相同，即 $A_2=A$，$A_1=B$，$A_0=C$，且 $D_0=D_7=0$，$D_1=D_2=D_3=D_4=D_5=D_6=1$。

第四步，根据上述对应关系画出逻辑电路，如图 3-48 所示。

从上述例子可看出，用具有 n 个选择信号的数据选择器实现 n 变量的逻辑函数是十分方便的，它不需要将函数化简成最简式，只要将输入变量加到选择信号端，选择器的数据输入端按逻辑函数的卡诺图对应连接即可。一个八选一的数据选择器可实现三变量的 256（2^8）种不同函数。

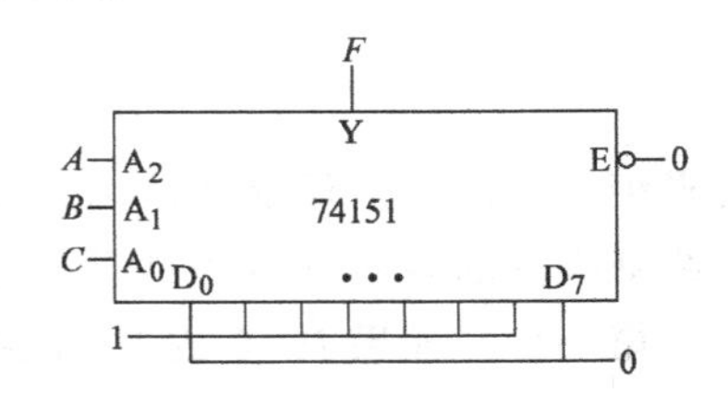

图 3-48 例 3-15 的逻辑电路

2）用具有 n 个选择信号的数据选择器实现 m 变量的逻辑函数（$m>n$）。

【例 3-16】 用八选一的数据选择器实现四变量函数

$$F(A, B, C, D)=\sum m(6, 7, 9, 10, 13, 14, 15)$$

解：方法一，扩展法。

首先把八选一的数据选择器扩展成十六选一的数据选择器，再分别画出十六选一数据选择器的卡诺图及函数 F 的卡诺图，如图 3-49a、b 所示。

要使图 3-49a 和 b 两张卡诺图相等，只要 $A_3=A$，$A_2=B$，$A_1=C$，$A_0=D$，且 $D_0=D_1=D_2=D_3=D_4=D_5=D_8=D_{11}=D_{12}=0$，$D_6=D_7=D_9=D_{10}=D_{13}=D_{14}=D_{15}=1$。

根据上述对应关系，可画出逻辑电路，如图 3-50 所示。

方法二，降维法。

卡诺图的变量数称为维数，n 变量的函数卡诺图，用 m（$m<n$）变量的卡诺图表示，称

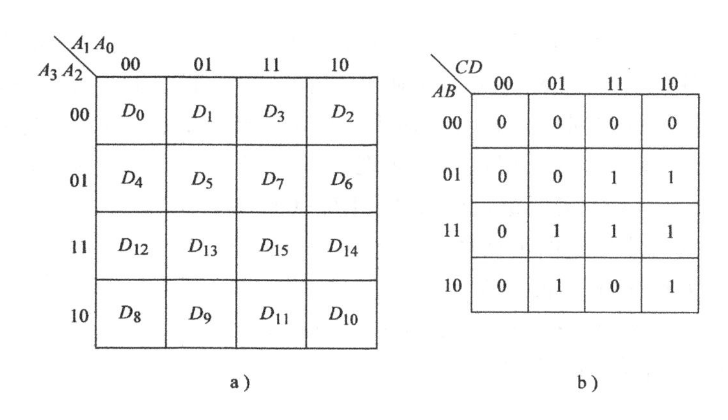

图 3-49 例 3-16 的卡诺图

a）十六选一选择器的卡诺图 b）函数 F 的卡诺图

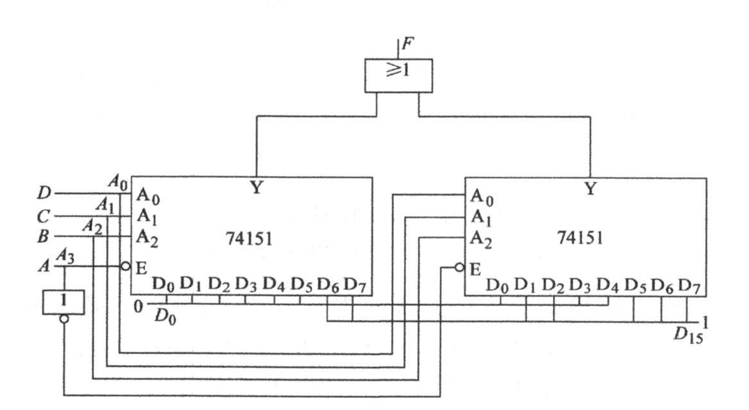

图 3-50 例 3-16 的逻辑电路

为降维。所以所谓降维就是减少卡诺图的变量数。下面以四维卡诺图降成三维卡诺图为例，介绍降维图的画法（令 D 为降维变量）。

第一步，如果 $D=0$ 或 $D=1$ 函数值都为 0，即 $F(A, B, C, 0)=F(A, B, C, 1)=0$，则在降维图对应的方格 $F(A, B, C)$ 内填“0”；

第二步，如果 $F(A, B, C, 0)=F(A, B, C, 1)=1$，则在降维图对应的方格 $F(A, B, C)$ 内填“1”；

第三步，如果 $F(A, B, C, 0)=0$，$F(A, B, C, 1)=1$，则在降维图对应的方格 $F(A, B, C)$ 内填 D；

第四步，如果 $F(A, B, C, 0)=1$，$F(A, B, C, 1)=0$，则在降维图对应的方格 $F(A, B, C)$ 内填 D'。

根据上述步骤可以把四变量卡诺图（见图 3-51a）用三变量卡诺图（见图 3-51b）表示。

卡诺图降维后可以用八选一数据选择器实现四变量函数。把八选一的卡诺图与降维卡诺图（见图 3-51b）进行比较，找出对应关系 $A_2=A$，$A_1=B$，$A_0=C$，且 $D_0=D_1=D_2=0$，$D_3=D_7=1$，$D_4=D_6=D$，$D_5=D'$，则 $Y=F$。

其逻辑电路如图 3-52 所示。

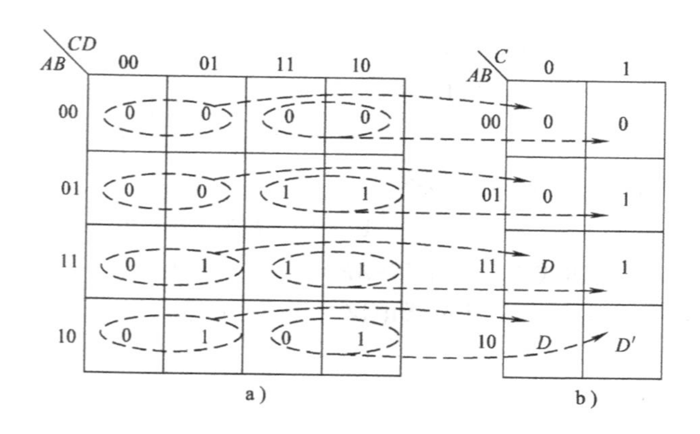

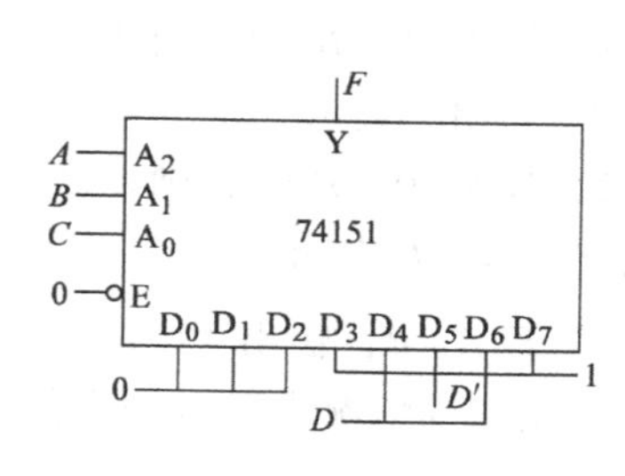

图 3-51　例 3-16 的卡诺图

a）函数 F 的四维卡诺图　b）以 D 为降维变量的三维卡诺图

图 3-52　例 3-16 的逻辑电路

为了便于读者理解降维方法，仍然以例 3-16 的逻辑函数的卡诺图为例，如果把 A 作为降维变量，则降维过程如图 3-53 所示。

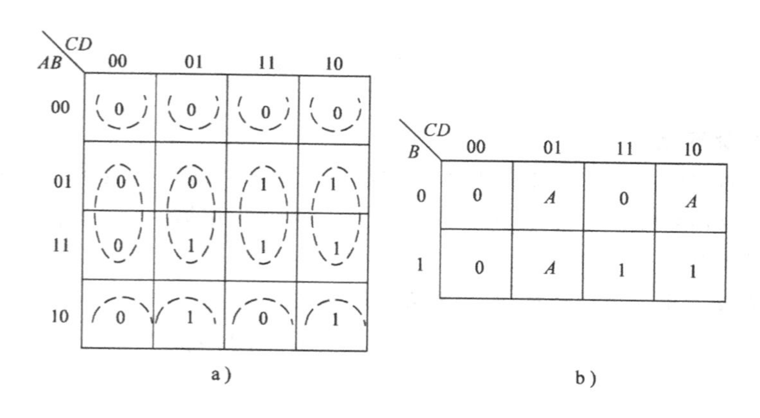

图 3-53　例 3-16 的卡诺图

a）函数 F 的四维卡诺图　b）以 A 为降维变量的三维卡诺图

读者也可以练习把 B、C 作为降维变量，画出其降维图。这里不再赘述。

由上述实例可知，数据选择器实现逻辑函数时无需对函数进行化简，尤其是实现单输出逻辑函数时，连线简单，电路实现较方便。但是对于多输出逻辑函数，每个输出至少需要一个选择器，所以对于多输出函数用译码器实现较为方便。

注意：画逻辑电路时注意选择器的选择信号与逻辑函数变量之间的对应关系；选择器的使能信号必须接成有效状态。

3.4.5　数值比较器及其应用

数值比较器（Magnitude Comparator）是用于比较两个二进制数大小关系的逻辑电路。其一般框图如图 3-54 所示。其中 A_n、B_n 为两个 n 位二进制数输入，$Y_{(A>B)}$、$Y_{(A<B)}$ 和 $Y_{(A=B)}$ 为比较器的输出结果。

1. 一位数值比较器

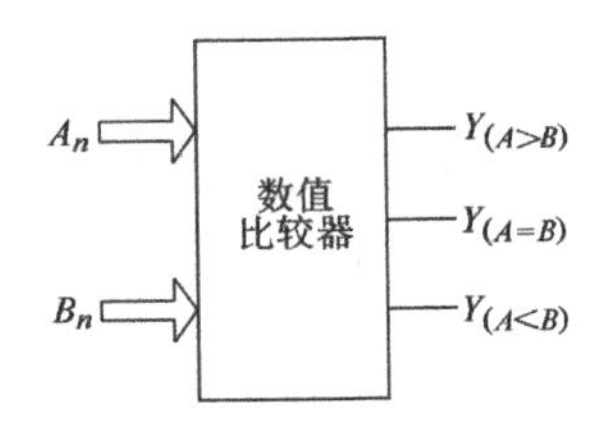

图 3-54 数值比较器的一般框图

两个1位二进制数 A 和 B 进行比较，结果有以下三种：

1）若 $A=1$，$B=0$，则 $A>B$，输出 $Y_{(A>B)}=1$，可以用表达式 $Y_{A>B}=AB'$表示。

2）若 $A=0$，$B=1$，则 $A<B$，输出 $Y_{(A<B)}=1$，可以用表达式 $Y_{A<B}=A'B$ 表示。

3）若 $A=B$，输出 $Y_{(A=B)}=1$，可以用表达式 $Y_{A=B}=A'B'+AB=(A\oplus B)'$表示。

上述三种情况也可以用真值表表示，见表3-24，其逻辑电路如图3-55所示。

表 3-24 一位数值比较器的真值表

A	B	$Y_{(A>B)}$	$Y_{(A<B)}$	$Y_{(A=B)}$
0	0	0	0	1
0	1	0	1	0
1	0	1	0	0
1	1	0	0	1

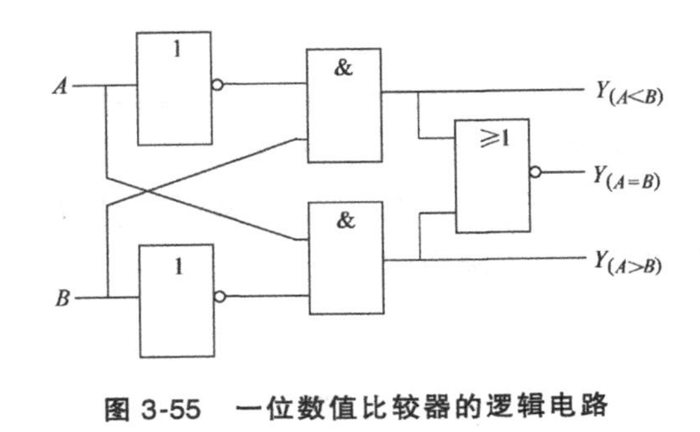

图 3-55 一位数值比较器的逻辑电路

2. 多位数值比较器

由数值比较的原理可知，如果是两个多位数进行比较，应该从两个数的最高位开始逐位比较，只有当高位相等时，才比较下一位。例如，两个两位数 A（A_1A_0）和 B（B_1B_0）进行比较，其原理如下：

当 $A_1>B_1$ 或 $A_1=B_1$，且 $A_0>B_0$ 时，$A>B$，其表达式为

$$Y_{A>B}=A_1B_1'+(A_1\oplus B_1)'(A_0B_0')$$

同理

$$Y_{A<B}=A_1'B_1+(A_1\oplus B_1)'(A_0'B_0)$$
$$Y_{A=B}=(A_1\oplus B_1)'(A_0\oplus B_0)'$$

由此可推出四位数值比较器的逻辑表达式

$$\begin{cases}Y_{A>B}=A_3B_3'+(A_3\oplus B_3)'A_2B_2'+(A_3\oplus B_3)'(A_2\oplus B_2)'A_1B_1'+\\ \qquad (A_3\oplus B_3)'(A_2\oplus B_2)'(A_1\oplus B_1)'(A_0B_0')\\ Y_{A<B}=A_3'B_3+(A_3\oplus B_3)'A_2'B_2+(A_3\oplus B_3)'(A_2\oplus B_2)'A_1'B_1+\\ \qquad (A_3\oplus B_3)'(A_2\oplus B_2)'(A_1\oplus B_1)'(A_0'B_0)\\ Y_{A=B}=(A_3\oplus B_3)'(A_2\oplus B_2)'(A_1\oplus B_1)'(A_0\oplus B_0)'\end{cases} \tag{3-30}$$

鉴于此思想，可以构成四位数值比较器。

3. 集成四位数值比较器（CC14585）

CC14585是集成四位数值比较器。为了便于扩展，增加了 $I_{(A>B)}$、$I_{(A=B)}$、$I_{(A<B)}$ 三个级联信号输入端，用于接收低位比较器的输出。CC14585的逻辑电路、逻辑图形符号、引脚排列如图3-56所示。功能表见表3-25。

表 3-25　CC14585 的功能表

输入				输出		
二进制数	级联信号					
$A\quad B$	$I_{(A>B)}$	$I_{(A=B)}$	$I_{(A<B)}$	$Y_{(A>B)}$	$Y_{(A=B)}$	$Y_{(A<B)}$
$A>B$	×	×	×	1	0	0
$A<B$	×	×	×	0	0	1
$A=B$	1	0	0	1	0	0
$A=B$	0	1	0	0	1	0
$A=B$	0	0	1	0	0	1

由表 3-25 可知，当 $A>B$ 时，比较器的输出 $Y_{(A>B)}=1$，输出与级联信号无关。当 $A<B$ 时，比较器的输出 $Y_{(A<B)}=1$，输出也与级联信号无关。因此，当 $A\neq B$ 时，级联信号不起作用，比较器的输出仅取决于 A 和 B 两个数的大小关系。

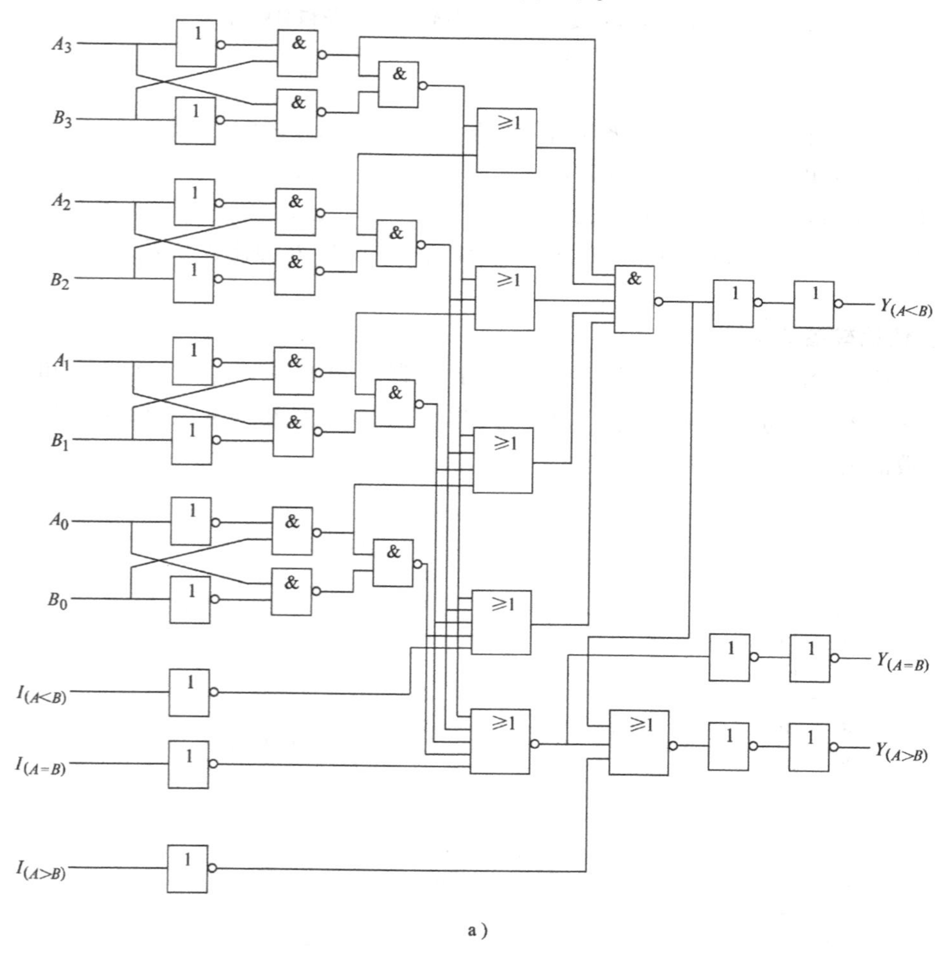

a）

图 3-56　CC14585 的逻辑电路、逻辑图形符号和引脚排列

a）逻辑电路

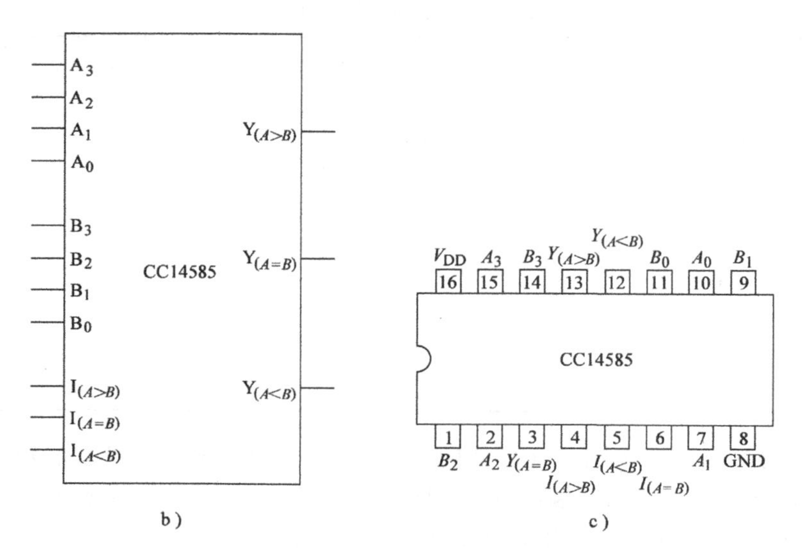

图 3-56 CC14585 的逻辑电路、逻辑图形符号和引脚排列（续）

b）逻辑图形符号 c）引脚排列

当 $A=B$ 时，比较器的输出由级联信号控制。如果 $I_{(A>B)}=1$，则输出 $Y_{(A>B)}=1$；如果 $I_{(A=B)}=1$，则输出 $Y_{(A=B)}=1$；如果 $I_{(A<B)}=1$，则输出 $Y_{(A<B)}=1$。

当 CC14585 芯片单独使用或作为最低位芯片使用时，级联输入端应接成 $I_{(A>B)}=0$，$I_{(A=B)}=1$，$I_{(A<B)}=0$，以便在 A、B 两数相等时，产生 $A=B$ 的比较结果。这一点使用时必须注意。

4. 数值比较器的扩展

当两个待比较的数大于 4 位时，可将低位比较器的输出端 $Y_{(A>B)}$、$Y_{(A=B)}$ 和 $Y_{(A<B)}$ 分别接高位比较器的级联输入端 $I_{(A>B)}$、$I_{(A=B)}$ 和 $I_{(A<B)}$。例如用两片 CC14585 可比较两个 8 位二进制数的大小，如图 3-57 所示。

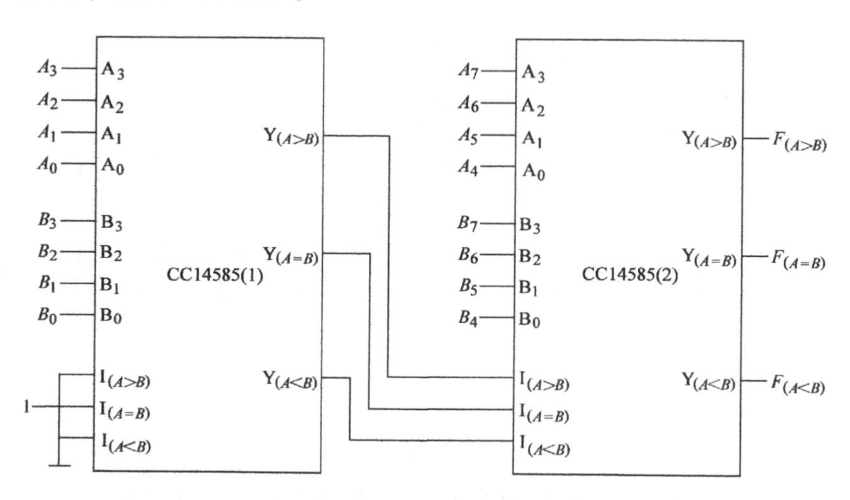

图 3-57 两片 CC14585 扩展成八位数值比较器（串联方式）

注意：低位芯片的级联输入端接入 010。如果比较的二进制数位数小于 8 位，只要将高位多余输入端接成相同状态即可。

图 3-57 所示的扩展方式称为串联方式。串联方式结构简单，但在比较位数较多时，延时较大，因此比较速度较低。采用并联方式可以减少延时。图 3-58 所示为并联方式比较两个 12 位二进制数的大小。这种方式采用两级比较，各组的比较是并行的，因此，速度比串联方式快。

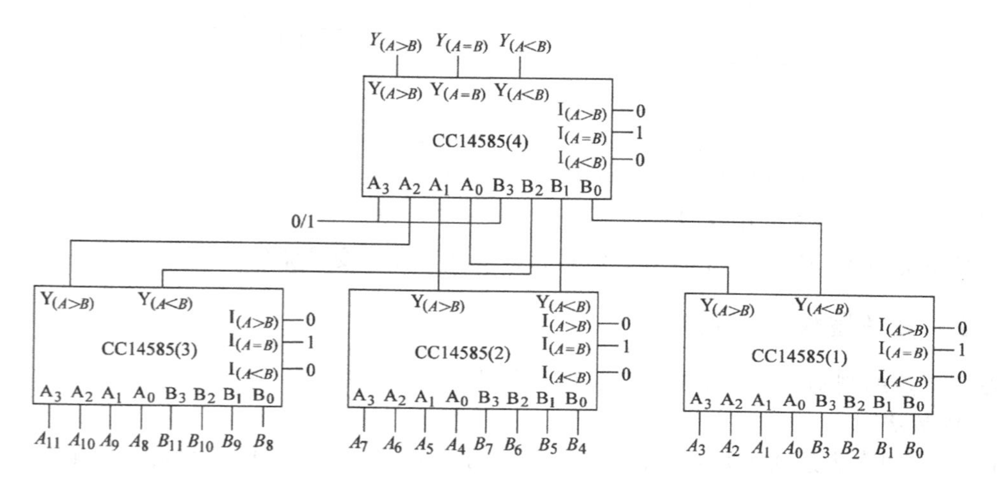

图 3-58　并联方式方法比较 12 位二进制数

3.5　组合逻辑电路中的竞争冒险

3.5.1　产生竞争、冒险的原因

1. 竞争

在 3.2 节和 3.3 节中讨论的组合逻辑电路都是在理想情况下进行工作的，即假设信号通过门电路都没有延时，信号变化都是立即完成的。事实上，信号的变化都需要一定的传输延迟时间。

在组合逻辑电路中，一个信号可能会经过几条不同的路径又重新汇合到某一门电路的输入端，由于路径上传输时间不同，所以到达某一门的输入端就有先后，这种现象称为竞争。

竞争的原因可总结为两点：一是由于传输时间不同可能产生变量竞争；另一个是当门的两个输入端信号同时向相反状态变化时，也可能产生变量竞争。

2. 冒险

由于竞争的结果，在输出端产生错误的输出，即输出端出现了不应该有的干扰脉冲，这种现象称为冒险。示意图如图 3-59 所示。

3. 冒险的类型

冒险有“0”冒险和“1”冒险两类。所谓“0”冒险是指在门电路的输出端出现了不应该有的负脉冲，如图 3-59d 中 Y_2 所示。所谓“1”冒险是指在门电路的输出端出现了不应该

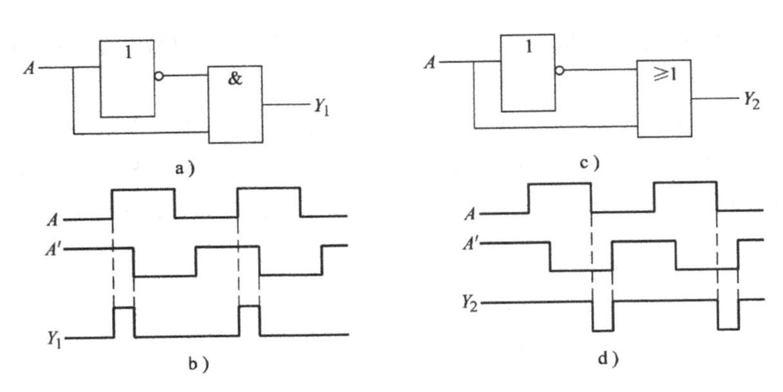

图 3-59 冒险示意图

a）逻辑电路 b）Y_1 的输出波形 c）逻辑电路 d）Y_2 的输出波形

有的正脉冲，如图 3-59b 中 Y_1 所示。

有变量竞争不一定就产生冒险，但是有冒险必定存在变量竞争。

*3.5.2 竞争冒险的判别方法

竞争冒险的判别方法通常有两种，即代数法和卡诺图法。

1. 代数法

1）首先观察表达式中是否存在某一变量的原变量和反变量，即判断是否存在竞争变量。

2）若存在竞争变量，则消去表达式中不存在竞争的变量，仅保留竞争变量。如果存在 $Y=X+X'$的形式，则产生“0”冒险。如果存在 $Y=XX'$的形式，则产生“1”冒险。

【例 3-17】 判断 $Y=AB+A'C$ 是否存在冒险。

解：(1) 确定竞争变量。表达式中 A 变量同时以原变量和反变量形式出现，所以 A 是竞争变量。

(2) 用消去法判断竞争变量 A 是否产生冒险。消去 BC 变量，即把 BC 的各种组合代入表达式，观察是否存在冒险。

$BC=00$ 时，$Y=0$，不产生冒险。

$BC=01$ 时，$Y=A'$，不产生冒险。

$BC=10$ 时，$Y=A$，不产生冒险。

$BC=11$ 时，$Y=A+A'$，产生“0”冒险。

可见逻辑函数 Y 在 $BC=11$ 时，竞争变量 A 产生“0”冒险。通常称 $BC=11$ 是竞争变量产生冒险的条件。

【例 3-18】 判断 $Y=(A+C)(A'+B)(B+C')$ 是否存在冒险。

解：竞争变量为 A、C，分别判断 A、C 是否产生冒险。

对于竞争变量 A，用消去法可得，$BC=00$ 时，$Y=AA'$，产生“1”冒险，BC 的其他三种组合不产生冒险。

对于竞争变量 C，用消去法可得，$AB=00$ 时，$Y=CC'$，产生“1”冒险，AB 的其他三种组合不产生冒险。

2. 卡诺图判别

观察卡诺图中是否存在相切的圈，如果有圈相切，则产生冒险，冒险条件为相切圈的公共变量。如果没有圈相切，则不产生冒险。

【例 3-19】 用卡诺图判别 $Y=AB+A'C$ 是否存在冒险现象。

解：函数的卡诺图如图 3-60 所示。

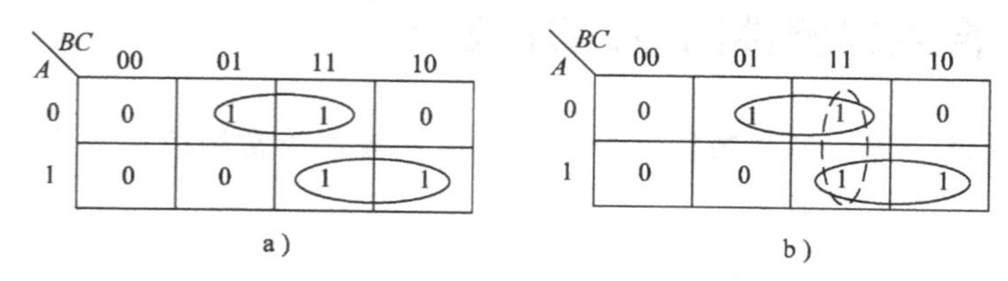

图 3-60 例 3-19 函数卡诺图

a）存在冒险的卡诺图 b）不存在冒险的卡诺图

卡诺图中存在两个圈相切，公共变量为 $BC=11$，所以竞争变量 A 在 $BC=11$ 时产生冒险。

3.5.3 消去冒险的方法

1. 增加冗余项

增加冗余项的方法是在卡诺图中画多余的圈，用增加冗余项消去冒险。例如图 3-60b 所示，对应的表达式为 $Y=AB+A'C+BC$。此函数表达式虽然不是最简式，但可以消去冒险现象。

2. 引入选通脉冲

这种方法是在门电路的输入端增加选通控制信号，只要将选通信号的有效作用时间选定在输入信号变化结束后，门电路的输出就不会产生尖峰脉冲，如图 3-61 所示。这时需注意，只有在选通脉冲 $X=1$ 期间，输出信号才是有效的。

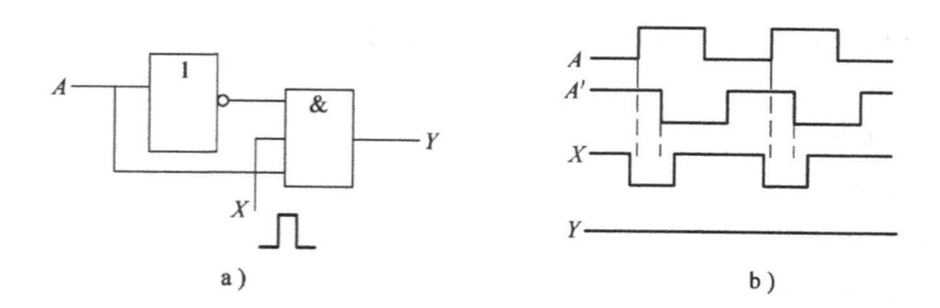

图 3-61 引入选通脉冲的逻辑电路及波形图

a）逻辑电路 b）波形图

3. 输出端加滤波电容

由冒险产生的尖峰脉冲一般很窄（几十纳秒内），只要在输出端并联一个很小的电容 C（TTL 电路中 C 的值在几十至几百皮法范围内），就可消去冒险的影响。但 C 的引入会使输出波形边沿变斜，故参数选择要合理，一般由实验确定。这种方法可用于对输出波形边沿要求不高的场合。

上述三种方法各有特点：增加冗余项，可以起到令人满意的效果，但使电路增加了连接线和门电路，而且多余项并非任何时候都存在，因此适用范围有限；接电容简单易行，是实验时常采用的应急措施，但输出波形随之变坏；加选通脉冲是行之有效的方法，目前许多

MSI 器件都备有使能端，为加选通信号消去毛刺提供了方便，但必须设法得到一个与输入信号同步的选通脉冲，对这个脉冲的宽度和作用时间均有严格的要求。

3.6 常用组合逻辑器件的 VHDL 设计

下面介绍加法器、译码器、数据选择器及数值比较器等常用组合逻辑器件的 VHDL 程序设计方法。

3.6.1 加法器的 VHDL 设计

加法器是用来完成两个二进制数相加的逻辑电路，可分为一位加法器和多位加法器。一位加法器可分为半加器和全加器。以全加器为例，设计如下。

1. 实体

全加器的实体如图 3-62 所示。图中，ADDER 为全加器实体名，A、B 分别为加数和被加数的输入端，CI 为进位输入端，S 为和位输出端，CO 为进位输出端。

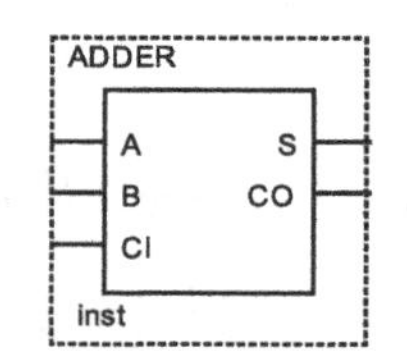

图 3-62 全加器的实体

2. VHDL 程序设计

```
LIBRARY IEEE;
USE IEEE. STD_LOGIC_1164. ALL;
ENTITY ADDER IS
    PORT ( A,B,CI :  IN STD_LOGIC;
        S,CO: OUT STD_LOGIC);
END ADDER;
ARCHITECTURE BHV OF ADDER IS
    SIGNAL S1,CO1,CO2: STD_LOGIC;   --信号定义
BEGIN
    S1 <= A XOR B;
    CO1 <= A AND B;
    S <= S1 XOR CI;   --S=A⊕B⊕CI
    CO2 <= S1 AND CI;
    CO <= CO1 OR CO2;   --CO=A⊕B · CI+AB
END BHV;
```

3. 仿真波形及分析

全加器的仿真波形如图 3-63 所示。

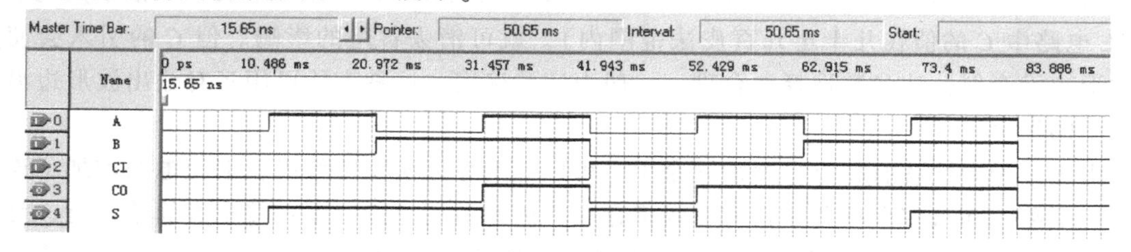

图 3-63 全加器的仿真波形

由图可知：当输入信号 $A=0$，$B=0$，$CI=0$ 时，输出 $CO=0$，$S=0$；当输入信号 $A=0$，$B=0$，$CI=1$ 时，输出 $CO=0$，$S=1$；当输入信号 $A=0$，$B=1$，$CI=1$ 时，输出 $CO=1$，$S=0$；当输入信号 $A=1$，$B=1$，$CI=1$ 时，输出 $CO=1$，$S=1$；可见，上述程序实现了全加器的逻辑功能。

3.6.2　译码器的 VHDL 设计

译码器有 2 线-4 线译码器、3 线-8 线译码器、4 线-16 线译码器等二进制译码器、BCD 译码器、显示译码器等。以 3 线-8 线译码器为例，设计如下：

1. 实体

3 线-8 线译码器的实体如图 3-64 所示。图中，DECODER_ 38 为 3 线-8 线译码器的实体名，E 为使能信号输入端（低电平有效），A [2..0] 为 3 位总线型代码输入端，Y0、Y1、Y2、Y3、Y4、Y5、Y6、Y7 分别为译码器的输出端（低电平有效）。

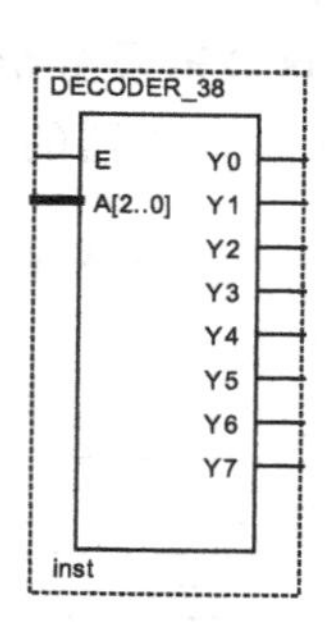

图 3-64　3 线-8 线译码器的实体

2. VHDL 程序设计

```
LIBRARY IEEE;
USE IEEE.STD_LOGIC_1164.ALL;
ENTITY DECODER_38 IS
    PORT ( E:  IN STD_LOGIC;
        A:  IN STD_LOGIC_VECTOR (2 DOWNTO 0);
        Y0,Y1,Y2,Y3,Y4,Y5,Y6,Y7: OUT STD_LOGIC);
END DECODER_38;
ARCHITECTURE BHV OF DECODER_38 IS
    SIGNAL Y : STD_LOGIC_VECTOR(7 DOWNTO 0);--总线型信号定义
BEGIN
    PROCESS (E,A)
    BEGIN
      IF (E='1') THEN
        Y <= "11111111";
      ELSE
        CASE A IS
          WHEN"000"  => Y<="11111110";
          WHEN"001"  => Y<="11111101";
          WHEN"010"  => Y<="11111011";
          WHEN"011"  => Y<="11110111";
          WHEN"100"  => Y<="11101111";
          WHEN"101"  => Y<="11011111";
          WHEN"110"  => Y<="10111111";
          WHEN"111"  => Y<="01111111";
```

```
        WHEN OTHERS => Y<="11111111";
      END CASE;
    END IF;
  END PROCESS;
  Y0 <= Y(0);  Y1 <= Y(1);  Y2 <= Y(2);  Y3 <= Y(3);  --将总线型信号中的位赋给输出端
  Y4 <= Y(4);  Y5 <= Y(5);  Y6 <= Y(6);  Y7 <= Y(7);
END BHV;
```

3. 仿真波形及分析

3线-8线译码器的仿真波形如图3-65所示。

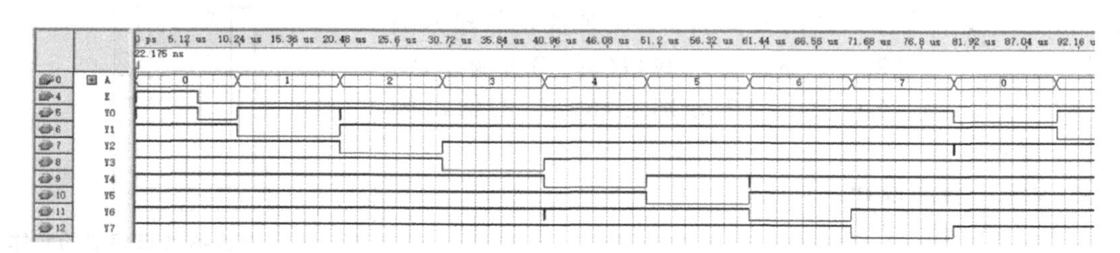

图3-65 3线-8线译码器的仿真波形

由图可知：当$E=1$时，译码器的八个输出端全部为高电平1，此时译码器的输出与输入代码无关，即译码器不译码；当$E=0$时，译码器的八个输出端与输入代码相对应，例如，当输入代码为000时，输出$Y0$有效；当输入代码为001时，输出$Y1$有效；依此类推。可见，上述程序实现了使能低电平有效的3线-8线译码器的逻辑功能。

3.6.3 数据选择器的VHDL设计

数据选择器是根据控制信号从多路输入数据中选择对应一路输出的逻辑电路，有二选一、四选一、八选一、十六选一等种类。以八选一数据选择器为例，设计如下：

1. 实体

八选一数据选择器的实体图如图3-66所示。图中，MUX_ 81为八选一数据选择器的实体名，E为使能信号输入端（低电平有效，并令$E=1$时，输出$Y=0$）；D［7..0］为8位总线数据输入端，即选择器的八个数据输入端；SEL［2..0］为3位总线型控制信号输入端，即3位选择信号输入端；Y为输出端。

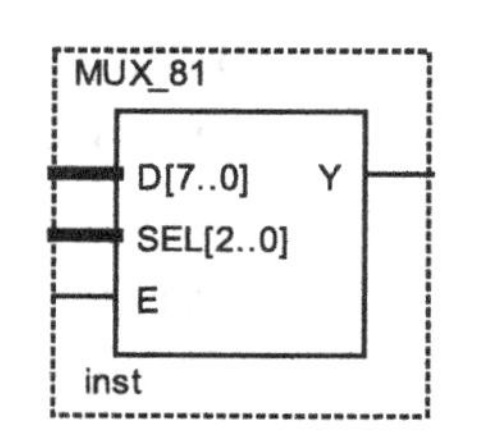

图3-66 八选一数据选择器的实体

2. VHDL程序设计

```
LIBRARY IEEE;
USE IEEE.STD_LOGIC_1164.ALL;
ENTITY MUX_81 IS
    PORT(D:  IN STD_LOGIC_VECTOR(7 DOWNTO 0);
         SEL:  IN STD_LOGIC_VECTOR(2 DOWNTO 0);
         E:  IN STD_LOGIC;
```

```
        Y: OUT STD_LOGIC);
END MUX_81;
ARCHITECTURE BHV OF MUX_81 IS
    BEGIN
     Y <= D(0)   WHEN (SEL="000"   AND  E='0') ELSE
       D(1)   WHEN (SEL="001"   AND  E='0') ELSE
       D(2)   WHEN (SEL="010"   AND  E='0') ELSE
       D(3)   WHEN (SEL="011"   AND  E='0') ELSE
       D(4)   WHEN (SEL="100"   AND  E='0') ELSE
       D(5)   WHEN (SEL="101"   AND  E='0') ELSE
       D(6)   WHEN (SEL="110"   AND  E='0') ELSE
       D(7)   WHEN (SEL="111"   AND  E='0') ELSE
       '0';
END BHV;
```

3. 仿真波形及分析

八选一数据选择器的仿真波形如图 3-67 所示。

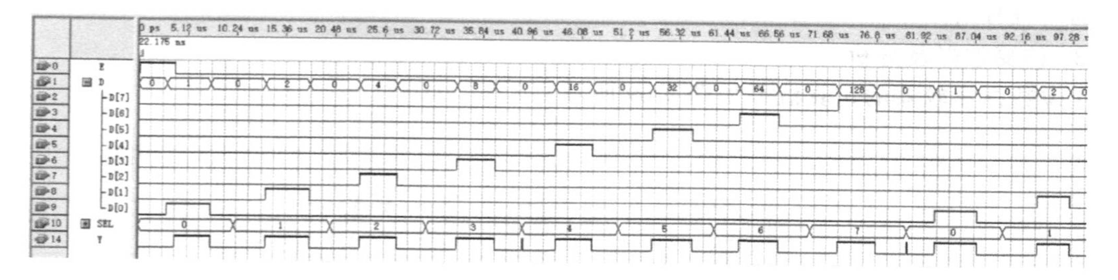

图 3-67　八选一数据选择器的仿真波形

由图可知：当 $E=1$ 时，输出 $Y=0$，此时输出与选择信号 SEL 无关；当 $E=0$ 时，输出 Y 与选择信号 SEL 有关，例如，$SEL=110$ 时，$Y=$D6；$SEL=011$ 时，$Y=D3$；依此类推。可见，上述程序实现了八选一数据选择器的逻辑功能。

3.6.4　数据比较器的 VHDL 设计

数据比较器是用于比较两个数大小关系的逻辑电路。以四位数据比较器为例，设计如下：

1. 实体

四位数据比较器的实体如图 3-68 所示。图中，A [3..0]、B [3..0] 均为 4 位总线型输入端，即四位二进制数输入端；GI、EI、LI 分别为 $A>B$、$A=B$、$A<B$ 的级联信号输入端；GO、EO、LO 分别为 $A>B$、$A=B$、$A<B$ 的输出端。

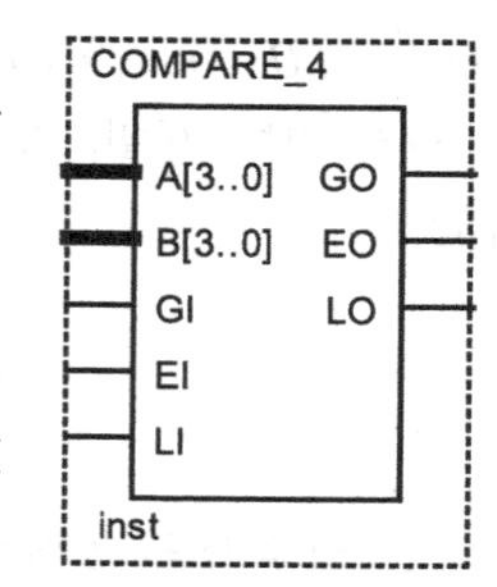

图 3-68　四位数据比较器的实体图

2. VHDL 程序设计

```
LIBRARY IEEE;
```

```
USE IEEE. STD_LOGIC_1164. ALL;
ENTITY COMPARE_4 IS
    PORT( A,B :  IN STD_LOGIC_VECTOR(3 DOWNTO 0);
        GI,EI,LI :  IN STD_LOGIC;
        GO,EO,LO : OUT STD_LOGIC);
END COMPARE_4;
ARCHITECTURE BHV OF COMPARE_4 IS
    SIGNAL RES : STD_LOGIC_VECTOR(2 DOWNTO 0);
BEGIN
     RES <= "100" WHEN (A>B OR (A=B AND GI='1' AND EI='0' AND LI='0')) ELSE
            "010" WHEN ( A=B AND GI='0' AND EI='1' AND LI='0') ELSE
            "001" WHEN ( A<B OR ( A=B AND GI='0' AND EI='0' AND LI='1')) ELSE
            "XXX";
      GO <= RES(2);
      EO <= RES(1);
      LO <= RES(0);
END BHV;
```

3. 仿真波形及分析

4位数据比较器的仿真波形如图3-69所示。

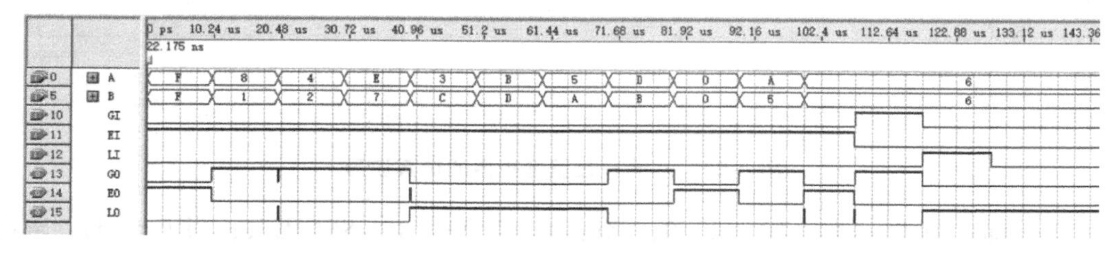

图3-69 4位数据比较器的仿真波形

由图可知：当$A<B$，则$LO=1$，其余输出端为0；当$A>B$，则$GO=1$，其余输出端为0；当$A=B$时，输出由级联信号输入端决定，例如，当$GI=1$，$EI=0$，$LI=0$时，输出$GO=1$，$EO=0$，$LO=0$；当$GI=0$，$EI=1$，$LI=0$时，输出$GO=0$，$EO=1$，$LO=0$；当$GI=0$，$EI=0$，$LI=1$时，输出$GO=0$，$EO=0$，$LO=1$。可见，上述程序实现了4位数据比较器的逻辑功能。

本章小结

1. 组合逻辑电路的特点是电路的输出仅与该时刻的输入有关，而与电路原来的状态无关。组合逻辑电路中没有反馈回路，不含存储元件，其基本组成单元是门电路。

2. 组合逻辑电路的分析方法是由逻辑电路写出对应的表达式，列出真值表，并分析其逻辑功能。

3. 组合逻辑电路的设计是分析的逆过程，其方法是由给定的逻辑功能列出真值表、写出表达式、画出逻辑电路。

4. 加法器是用来完成两个二进制数相加的逻辑电路，是数字系统中不可缺少的组成单元。当某一逻辑函数的输出等于输入变量所表示的数加上另一常数或一组代码时，用加法器实现是十分方便的。

5. 编码器是把输入信号转换成特定代码的逻辑电路，有普通编码器和优先编码器两类。在普通编码器中，任何时刻只允许有一个输入信号有效，而优先编码器允许两个以上输入信号同时有效。输入信号可以是低电平有效，也可以是高电平有效，输出代码可以是原码输出，也可以是反码输出。

6. 译码器是把输入代码转换成输出信号的逻辑电路，其工作过程是编码的逆过程。有二进制译码器、BCD译码器和七段显示译码器。译码器可以实现地址译码；译码器附加小规模集成（SSI）门电路可以实现组合逻辑函数等，它是计算机及其他数字系统中使用最广泛的一种多输入多输出逻辑器件。

7. 数据选择器的功能是根据控制信号从多路输入数据中选择对应的一路输出，它是多输入单输出的逻辑电路。常用于多路数据传输，并行码转换成串行码，实现组合逻辑函数等。

8. 比较器是用来对两个数字进行比较，并判别其是否相等或大小的逻辑电路。

为了增加器件使用的灵活性，多数MSI器件都设置了控制端（使能端），控制端既可以控制电路的工作状态，又可以作为输出信号的选通信号，还可以实现器件的扩展。合理运用这些控制端，不仅能使器件完成本身的逻辑功能，还可以用这些器件实现其他功能的组合逻辑电路，最大限度地发挥器件的潜力。

9. 利用VHDL可以实现组合逻辑器件的程序设计，本章介绍了加法器、译码器等常用组合逻辑器件的VHDL设计方法。

实践案例

设计一个1位十进制数的加法系统。加数对应开关$K_0 \sim K_9$，被加数对应开关$E_0 \sim E_9$，通过开关输入加数和被加数（只要开关K_9、E_9按下，其他开关就不起作用），运算结果用数码管显示。即如果要实现5+7的运算，只要分别按下开关K_5和E_7，数码管就能显示两数之和12。

分析：根据对设计要求的分析，可以把整个加法系统划分为10线-4线优先编码电路、BCD码加法电路、数码显示电路三大部分，如图3-70所示。优先编码电路把$K_0 \sim K_9$、$E_0 \sim E_9$给出的开关信号编成对应的BCD码。BCD加法电路接收编码电路的输出，并完成两个BCD码的相加，输出为BCD码。数码显示电路把BCD加法电路的输出转换成七段码，并实现数码驱动和显示功能。

下面给出每个部分电路的设计过程。

（1）10线-4线优先编码电路

主要由两片 74147 构成优先编码电路，如图 3-71 所示。由于 74147 是 BCD 码的反码输出，因此需加反相器还原成原码。当按下开关 K、E 时，如图 3-71 所示，输出与 K、E 对应 BCD 码 A（$A_3A_2A_1A_0$）和 B（$B_3B_2B_1B_0$）。

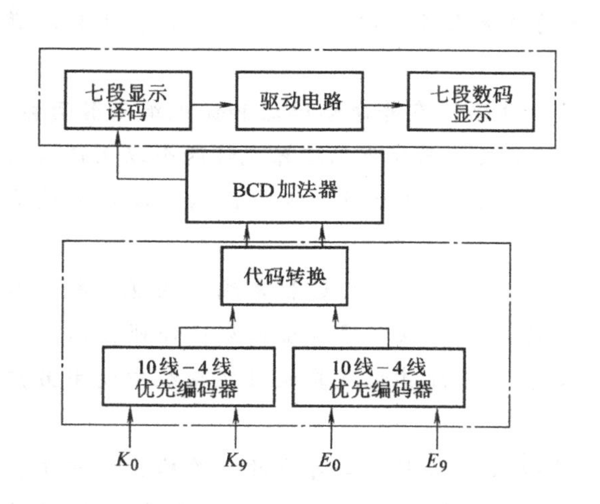

图 3-70 实践案例的一般框图

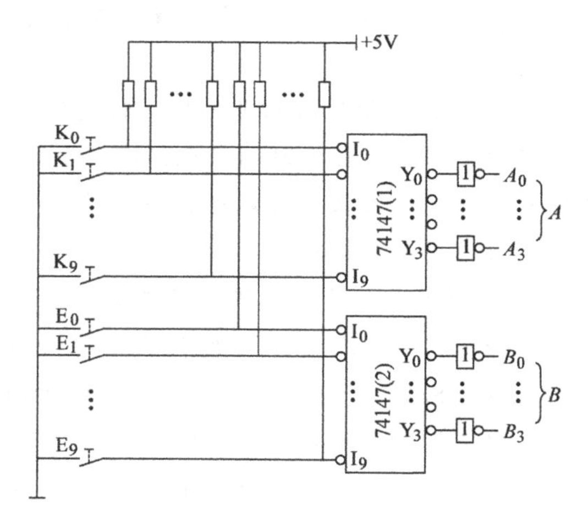

图 3-71 优先编码电路

（2）BCD 码加法电路

主要由两片 74LS283 构成加法电路，如图 3-72 所示，完成两个 BCD 码相加，输出为 BCD 码 Y（$Y_4Y_3Y_2Y_1Y_0$）。

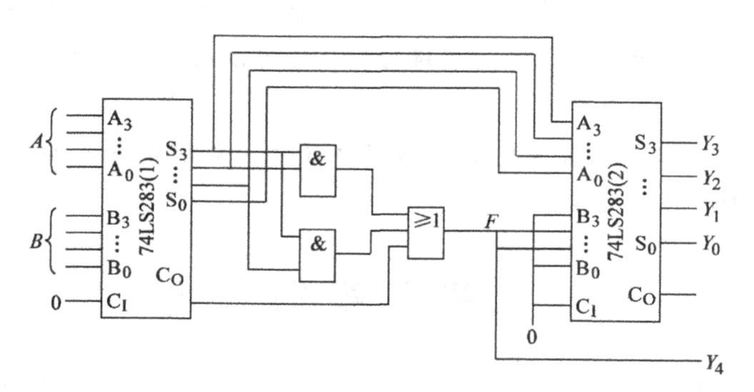

图 3-72 加法电路

（3）数码显示电路

这部分电路首先把 BCD 码加法电路的输出 Y（$Y_4Y_3Y_2Y_1Y_0$）经过 7448 译码驱动器转换成七段码，然后由数码管显示，如图 3-73 所示。由于两个 1 位十进制数相加，最大和为 18，因此 $Y_4=0$ 或 $Y_4=1$，即对应的数码管显示“0”或“1”，这种情况下，不必通过译码驱动，只要把数码管的 e、f 两段接 Y_4 即可。逻辑电路如图 3-73 所示，其中 7448 器件内阻很小，为了确保数码管亮度的稳定性，需接上拉电阻（电阻值的大小根据数码管点亮电流计算得到）。

（4）系统电路分析

系统电路如图 3-74 所示。如果按下开关 K_2，则编码电路中 74147（1）的编码输入端

$I_2=0$，其余输入端均为高电平，74147（1）输出 $Y_3'Y_2'Y_1'Y_0'=1101$，经过反相器输出 $A_3A_2A_1A_0=0010$。同理，按下开关 E_5，输出 $B_3B_2B_1B_0=0101$，即编码电路输出2和5的BCD码。

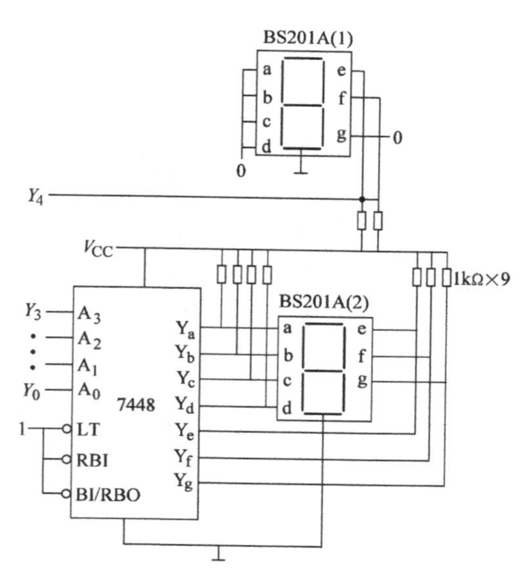

图3-73 数码显示电路

把2和5的BCD码送入加法器74LS283（1）的加数和被加数输入端，此时74LS283（1）的输出 $C_O=0$，$S_3S_2S_1S_0=0111$，则 $F=0$。此时74LS283（2）的输入分别为0111和0000，因此74LS283（2）的输出 $Y_4Y_3Y_2Y_1Y_0=00111$。

由于 $Y_4=0$，因此数码管BS201A（1）的七段均为低电平，数码管不显示。$Y_3Y_2Y_1Y_0=0111$ 经BCD译码驱动器转换成“7”的七段码，使数码管显示“7”的字符。

按下其他开关，同样可以分析电路中各器件的输入输出端逻辑电平。熟悉了分析方法，有助于调试电路时的故障分析及排除。

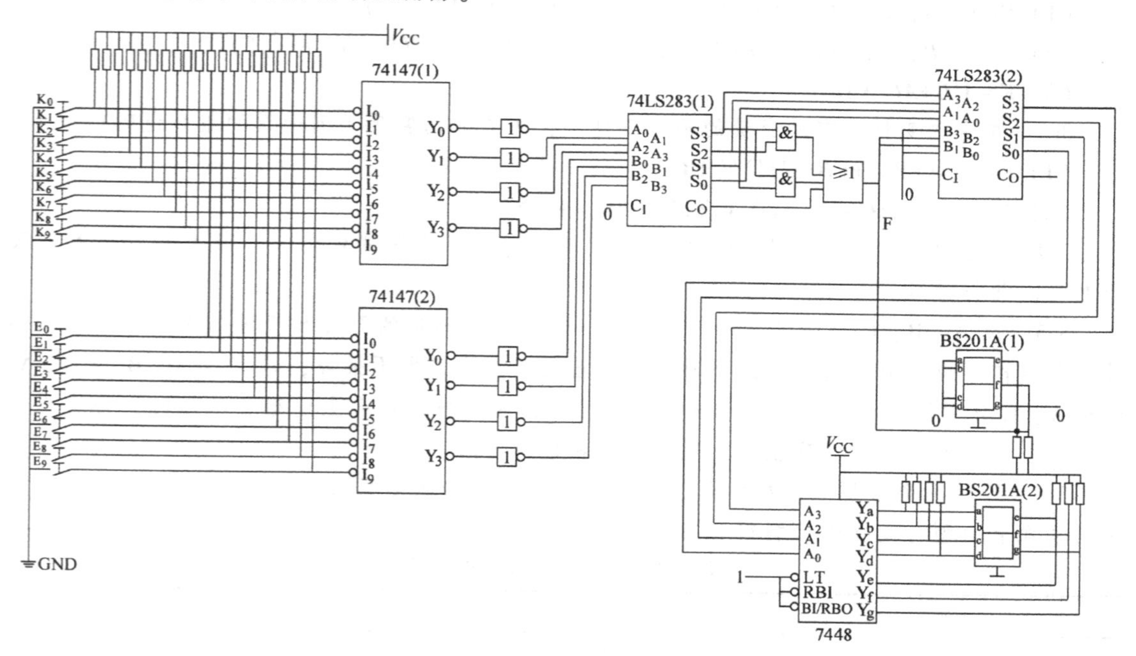

图3-74 系统电路图

习题

3-1 试分析图3-75所示逻辑电路，写出表达式，列出真值表，说明逻辑功能。

3-2 在有原变量又有反变量的输入条件下，用与非门实现下列函数的组合逻辑电路。

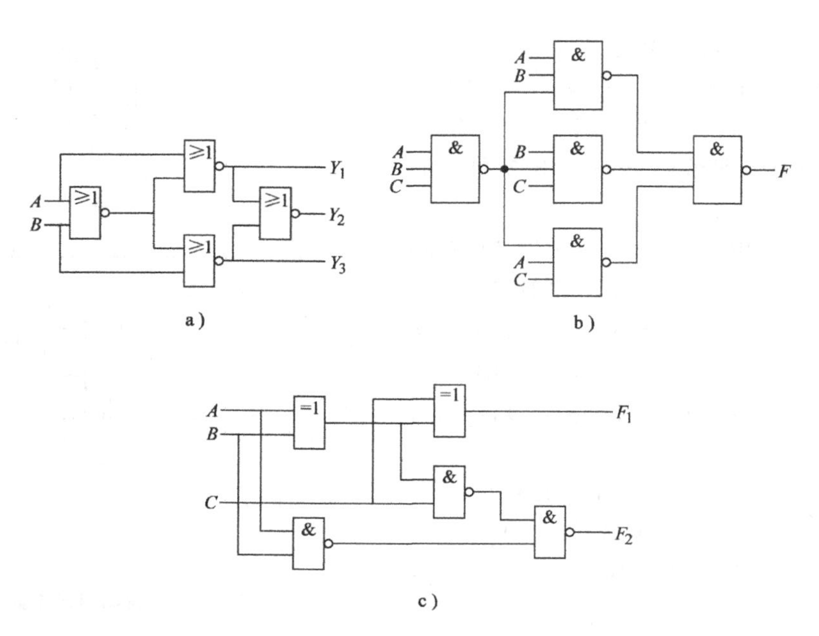

图 3-75 题 3-1 图

(1) $F(A,\ B,\ C,\ D)=\sum m(0,\ 2,\ 6,\ 7,\ 8,\ 10,\ 14,\ 15)$

(2) $F(A,\ B,\ C,\ D)=\sum m(2,\ 4,\ 5,\ 6,\ 7,\ 10)+\sum d(0,\ 3,\ 8,\ 15)$

(3) $F=A'B+AC'+AB'$

3-3 在有原变量又有反变量的输入条件下，用或非门实现下列函数的组合逻辑电路。

(1) $F=((A+B)'+(B+C)')'(AB)'$

(2) $F(A,B,C,D)=\sum m(0,1,2,4,6,10,14,15)$

3-4 设计用三个开关控制一个电灯的逻辑电路，要求改变任何一个开关的状态都能改变电灯的开关状态。

3-5 设 A、B、C 为密码箱的三个按键，可控制密码箱的开关和报警信息的指示。当 A 按键单独按下或任何按键都不按下时，密码箱既不打开，也不报警；只有当 A、B、C 或 A、B 或 A、C 分别按下时，密码箱才被打开，且不报警。当不符合上述组合状态时，将发出报警信息。用与非门设计实现上述功能的密码箱逻辑电路。

3-6 设计一个血型配对指示器。输血时供血者和受血者的血型配对情况见表 3-26。要求当供血者血型与受血者血型符合要求时 T 灯亮；反之 F 指示亮。

表 3-26 题 3-6 的血型配对表

供血者	配对条件	受血者
A	*A*，*AB*	*A*
B	*B*，*AB*	*B*
AB	*AB*	*AB*
O	*A*，*B*，*AB*，*O*	*O*

3-7 有一键盘输入电路，一共有四个按键 I_0、I_1、I_2、I_3，不按键时，对应的输入信号为低电平，键按下时，对应的输入信号为高电平，且任意时刻只能有一个按键被按下。用与

非门设计出对应的按键编码电路，要求使用与非门的个数最少。

3-8　试用译码器及必要的门电路实现下列函数。

$$F_1(A, B, C, D) = \sum m(0, 4, 5, 8, 12, 13, 14)$$

$$F_2(A, B, C, D) = \sum m(1, 4, 6, 8, 11, 13, 14)$$

$$F_3 = AB + A'C + BC$$

$$F_4 = A'C + BC + AC$$

3-9　已知逻辑电路如图 3-76 所示：(1) 分别写出电路的输出函数表达式；(2) 列出真值表。

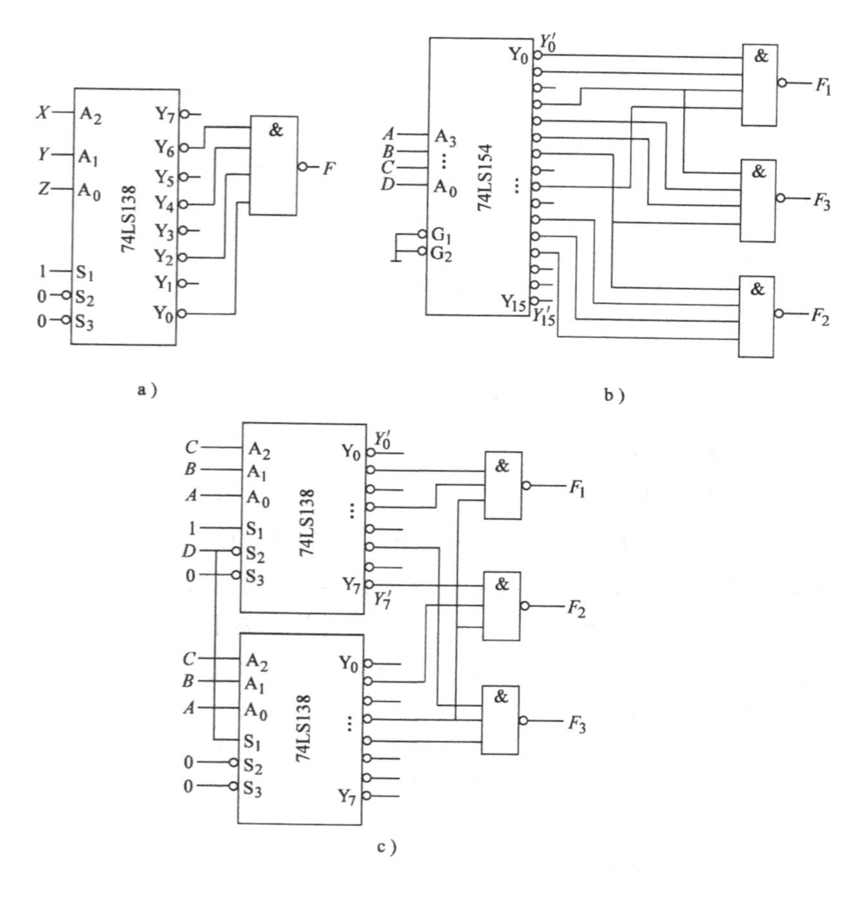

图 3-76　题 3-9 图

3-10　用 74138 译码器扩展成 5/32 译码电路。

3-11　由 74151 构成的电路和各输入端的输入波形如图 3-77 所示：(1) 列出真值表；(2) 画出输出端 Y 的波形 F。

3-12　已知逻辑电路如图 3-78 所示：(1) 分别写出电路的输出函数表达式；(2) 列出真值表；(3) 将表达式化为最简与或式。

3-13　试用 74151 八选一选择器实现下列逻辑函数。

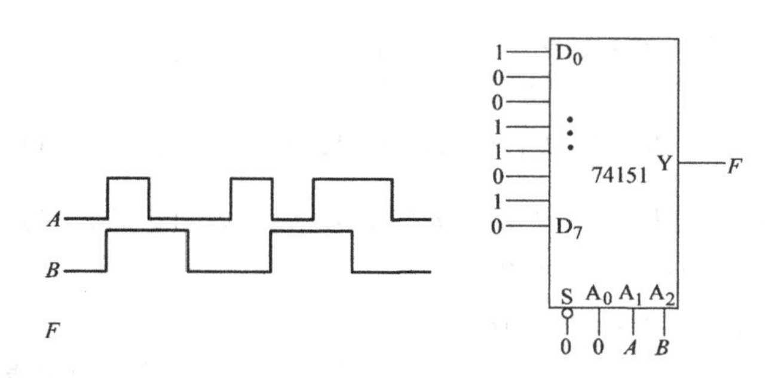

图 3-77 题 3-11 图

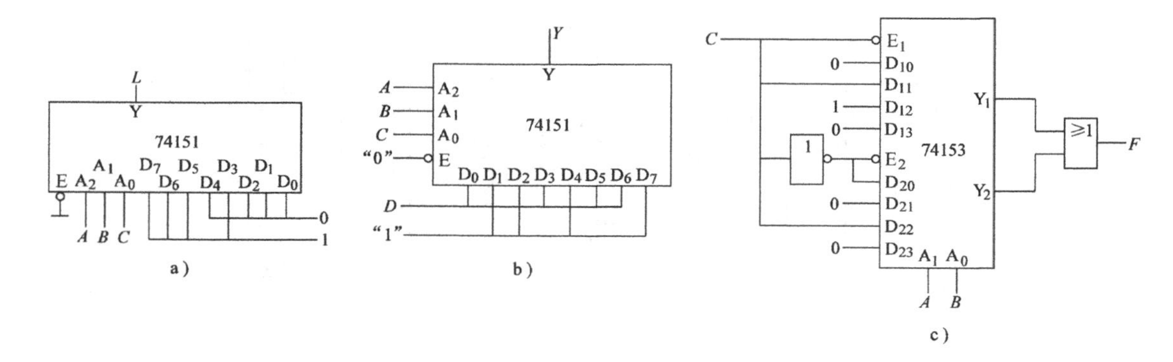

图 3-78 题 3-12 图

$$F_1 = AB + A'C + BC$$

$$F_2 = A'C + BC + AC$$

$$F_3(A, B, C, D) = \sum m(0, 3, 6, 8, 12, 14)$$

3-14 用 74151 八选一选择器和 2 线-4 线译码器 74139 构成三十二选一选择器。

3-15 某汽车驾驶员培训班结业考试，有三名评判员，其中 A 为主评判员，B、C 为副评判员。评判时，按照少数服从多数原则；但若主评判员认为合格也可以通过。分别用译码器和选择器实现此功能的逻辑电路。

3-16 设计一个三人表决器电路。在表决一般问题时，以多数同意为通过；在表决重要问题时，必须一致同意才通过。要求列出真值表，写出标准式，分别用译码器和选择器实现。

3-17 说明图 3-79 所示逻辑电路实现的功能。

3-18 电路如图 3-80 所示，$b_3b_2b_1b_0$ 取值范围 0000~1001，(1) 列出真值表；(2) 说明该电路的逻辑功能。

3-19 用 74283 四位二进制全加器设计一个 2 位二进制数（A_1A_0）的 3 倍乘法运算电路。

3-20 用 74283 四位二进制全加器实现两个 4 位二进制数的减法电路，要求原码输入，原码输出。

3-21 用 74LS283 设计一个 4 位二进制数（$A=A_3A_2A_1A_0$）大小可变的比较器。当控制信号 $M=0$，$A\geqslant8$ 时，输出为 1；当控制信号 $M=1$，$A\geqslant4$ 时，输出为 1。

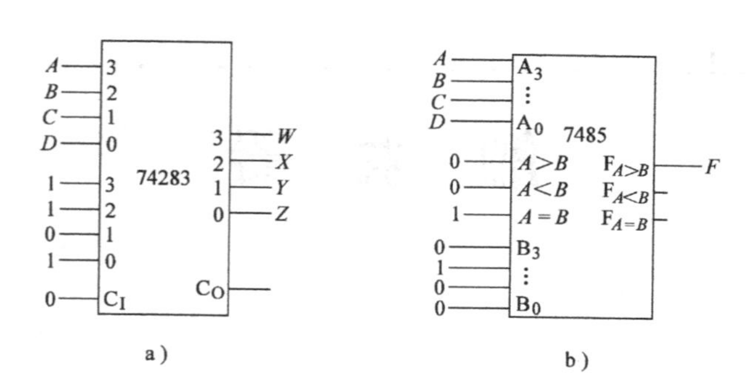

图 3-79 题 3-17 图

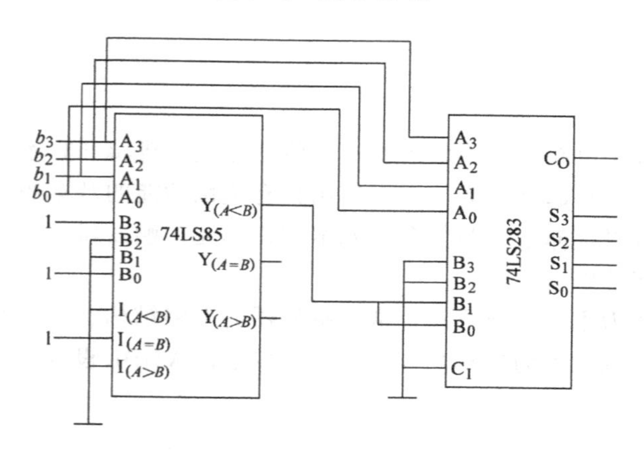

图 3-80 题 3-18 图

3-22 用 74283 四位二进制全加器及 7485 四位比较器实现两个 1 位 8421BCD 十进制数的加法电路（可以附加必要门电路）。

3-23 用两个四位数值比较器组成三个数的判断电路。要求能够判断三个 4 位二进制数（A，B，C）是否相等，A 是否最大，A 是否最小，分别给出三个数相等、A 最大、A 最小的输出信号。

3-24 用 VHDL 设计一个 4 线-16 线译码器。

3-25 用 VHDL 设计一个 2 位二进制数的乘法器。

3-26 用 VHDL 设计一个十六选一的选择器。

3-27 用 VHDL 设计一个显示译码电路（0~9）。

第 4 章

触 发 器

应用背景

在各种复杂的数字电路中，不仅需要对二值信号进行逻辑和算术运算，还经常需要将这些信号及运算结果保存起来，为此需要使用具有记忆功能的基本逻辑单元。触发器是一种具有记忆功能，可以存储二进制信息的基本逻辑单元。触发器广泛应用于计数器、运算器、存储器等电子部件中。

本章以触发方式为主线，介绍几种常用触发器的电路结构、工作原理和逻辑功能，最后介绍集成触发器、触发器的逻辑功能转换及触发器的 VHDL 设计。

4.1 触发器的基本概念

4.1.1 触发器的基本性质

触发器是一种具有记忆功能，可以存储二进制信息的双稳态电路，是组成时序逻辑电路的基本单元。触发器具有如下基本性质：

1）具有两个互补的输出：原码输出 Q；反码输出 Q'。当 $Q=1$ 时，$Q'=0$；而当 $Q=0$ 时，$Q'=1$。

2）具有两个稳定的状态：将 $Q=1$ 和 $Q'=0$ 称为触发器处于“1”状态；将 $Q=0$ 和 $Q'=1$ 称为触发器处于“0”状态。

3）在输入信号的作用下，触发器可以由一个稳态到另一个稳态：若输入信号不变，则触发器将长期稳定在其中一个状态，即具有记忆功能。

此外，如果输入信号使触发器的输出 $Q=Q'$，则触发器正常工作状态被破坏。实际运用触发器时应该避免出现这种情况。

4.1.2 触发器的现态和次态

现态是指触发器的输入信号发生改变之前的触发器所处的状态，用 Q 和 Q'表示；次态是指触发器的输入信号发生改变之后的触发器的状态，用 Q^* 和 Q'^* 表示。

若用 X 表示输入信号的集合，则触发器的次态是它的现态和输入信号的逻辑函数，可表示为

$$Q^{*}=f(Q,\ X) \tag{4-1}$$

式中，X 为触发器的输入信号。

式（4-1）称为触发器的状态方程，这是描述时序逻辑电路的最基本的表达式。因为每一种功能的触发器都有自身特定的状态方程，所以式（4-1）也称为特征方程。

4.1.3 触发器的分类

1）根据触发方式的不同，可分为：电平触发器、脉冲触发器、边沿触发器。

2）根据逻辑功能的不同，可分为：RS 触发器、D 触发器、JK 触发器、T 触发器。

3）按照使用的开关元件不同，可分为：TTL 触发器、CMOS 触发器。

4）按照是否集成，可分为：分立元件触发器、集成触发器。

同一种触发方式可以实现具有不同功能的触发器，同一种功能也可以用不同的触发方式实现，触发方式和逻辑功能没有固定的对应关系，也不能把两者混为一谈。下面以触发方式为主线，介绍几种常用触发器的电路结构、工作原理和逻辑功能。

4.2 基本 RS 触发器

基本 RS 触发器可由与非门构成，也可由或非门构成。本节介绍与非门构成的基本 RS 触发器。

4.2.1 电路结构与工作原理

与非门组成的基本 RS 触发器的电路结构如图 4-1a 所示，基本 RS 触发器有两个输入 S'_D（置“1”端，低电平有效）和 R'_D（置“0”端，低电平有效），两个输出 Q 和 Q'。输入 S'_D 和 R'_D 字母上的“′”号表示低电平有效，即 S'_D 和 R'_D 为低电平时表示有信号输入，为高电平时表示无信号输入；输出 Q 和 Q'既表示两个互补的信号输出，又表示触发器的状态。在触发器正常工作时，输出 Q 和 Q'的状态是互补的，一个端口为高电平，另一个端口则为低电平。

基本 RS 触发器的工作原理如下：

1）当 $S'_D=1$、$R'_D=0$ 时，$Q^*=0$、$Q'^*=1$。触发器输出置为“0”状态。

2）当 $S'_D=0$、$R'_D=1$ 时，$Q^*=1$、$Q'^*=0$。触发器输出置为“1”状态。

3）当 $S'_D=1$、$R'_D=1$ 时，触发器状态保持不变。触发器具有保持功能。

4）当 $S'_D=0$、$R'_D=0$ 时，$Q^*=1$、$Q'^*=1$，触发器既不是“1”状态，也不是“0”状态。

图 4-1b 为基本 RS 触发器的逻辑图形符号，图中方框下面输入端处的小圆圈，表示低电平有效；方框上面的两个输出端，一个无小圆圈，为 Q，另一个有小圆圈，为 Q'。

图 4-1c 所示为实际中触发器的输出波形，相对于输入波形有一定的延迟，若与非门的

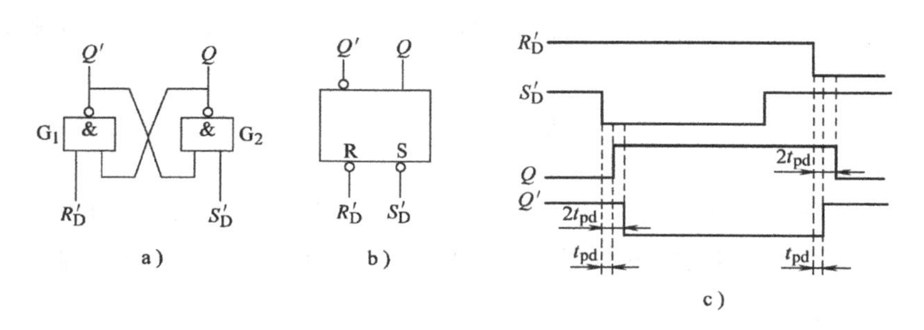

图 4-1 与非门组成基本 RS 触发器

a）电路结构 b）逻辑图形符号 c）波形图

延迟时间为 t_{pd}，当 S'_D 变为低电平时先引起 Q 的变化（延迟 $1t_{pd}$），再经过 $1t_{pd}$ 后才引起 Q' 的变化，同理，当 R'_D 变为低电平时先引起 Q'的变化（延迟 $1t_{pd}$），再经过 $1t_{pd}$ 后才引起 Q 的变化。为了保证触发器正常工作，基本 RS 触发器的输入信号持续时间应大于 $2t_{pd}$。

4.2.2 逻辑功能的描述

触发器的逻辑功能，通常采用的描述方法有：状态转移表、状态方程、状态转移图。这些描述方法可以相互转换。

1. 状态转移表

状态转移表是用表格的形式描述触发器的次态 Q^*、现态 Q 与输入信号之间的逻辑关系，简称状态表。与非门组成基本 RS 触发器状态表见表 4-1。

表 4-1 基本 RS 触发器状态表

输入		现态	次态	功能
R'_D	S'_D	Q	Q^*	
0	0	0	1	×[①]
0	0	1	1	
0	1	0	0	置“0”
0	1	1	0	
1	0	0	1	置“1”
1	0	1	1	
1	1	0	0	保持
1	1	1	1	

① 在 S'_D、R'_D 同时为“0”时，$Q^*=1$、$Q'^*=1$，在这种情况下，一旦 S'_D、R'_D 同时由“0”变为“1”，触发器状态无法预料，实际应用时，应避免出现这种情况。

2. 状态方程

状态方程是描述触发器逻辑功能的函数表达式。由表 4-1 可得与非门组成基本 RS 触发器状态方程为

$$\begin{cases} Q^* = (S'_D)' + R'_D Q \\ S'_D + R'_D = 1 \end{cases} \tag{4-2}$$

3. 状态转移图

状态转移图是用图形方式描述触发器的逻辑功能，简称状态图。图 4-2 所示为与非门组成基本 RS 触发器的状态图。图中，两个圆圈分别表示触发器的两个稳定状态，箭头表示在输入信号作用下状态转移的方向，箭头旁的标注表示转移条件，条件中的“×”表示可以为“0”，也可以为“1”。

【例 4-1】 已知用与非门组成的基本 RS 触发器输入波形如图 4-3 所示，设触发器的初始状态为“0”，试画出该触发器的输出波形。

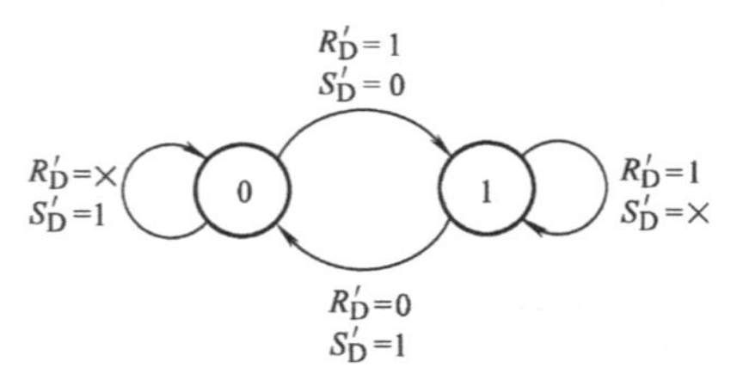

图 4-2　状态图

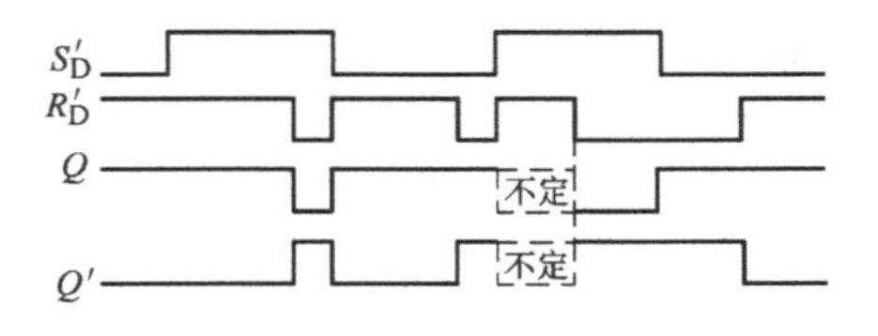

图 4-3　例 4-1 波形图

解：根据同一时刻的 S_D' 和 R_D' 去查找触发器的状态表，找出 Q^* 和 Q'^* 的对应状态，按时间顺序逐段画出 Q^* 和 Q'^* 的波形。该波形中有两处 $S_D'R_D'$ 为“00”，前面一处 $S_D'R_D'$ 为“00”同时翻转为“11”，形成了竞争，所以触发器的状态不能确定；在后面一处虽然输入端出现了 $S_D'=R_D'=0$ 的状态，但由于 R_D' 先变为无效的高电平，所以触发器的状态仍是可以确定的。

4.3　电平触发的触发器

一个实际数字系统中往往要求输入信号只决定触发器转移到什么状态，而状态什么时候转移由另外的同步信号决定，这个同步信号就是触发信号，也称为时钟信号（Clock Pulse，CP 或记作 CLK）。只有在时钟信号输入端出现脉冲信号时，触发器才会根据输入信号改变输出状态。

4.3.1　电路结构与工作原理

电平触发的 RS 触发器的电路结构及逻辑图形符号如图 4-4 所示，图中虚线为异步置“1” S_D' 和异步置“0” R_D'，S_D'、R_D' 均为低电平有效，不用时应置“1”。当 $CP=0$ 时，即为 CP 低电平时，控制门 G_3、G_4 关闭，都输出“1”。这时，不管 R、S 端的信号如何变化，触发器的输出保持原状态不变。当 $CP=1$ 时，即为 CP 高电平时，控制门 G_3、G_4 打开，R、S 端的输入信号才能通过这两个门，使基本 RS 触发器的状态翻转，其输出状态由 R、S 端的输入信号决定，触发器的输出状态会随着输入信号的变化而改变，并且输出状态可以随着输入信号的变化而

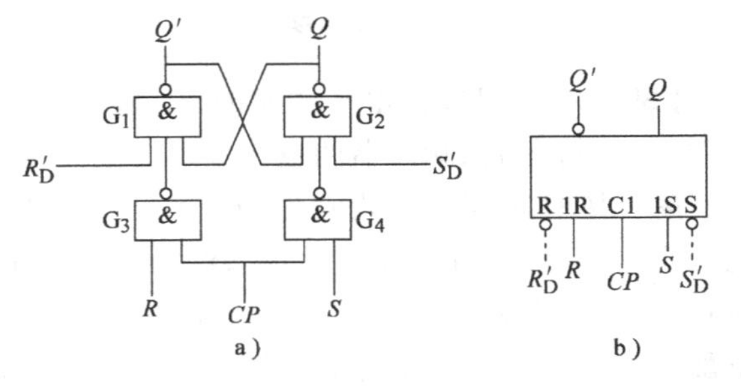

图 4-4　电平触发的 RS 触发器
a）电路结构　b）逻辑图形符号

多次翻转。

4.3.2 逻辑功能的描述

表4-2为电平触发的RS触发器状态表，图4-5为RS触发器的状态图。

表4-2 电平触发RS触发器状态表

输入			现态	次态	功能
CP	*R*	*S*	*Q*	Q^*	
0	× ×	× ×	0 1	0 1	保持
1	0 0	0 0	0 1	0 1	保持
1	0 0	1 1	0 1	1 1	置“1”
1	1 1	0 0	0 1	0 0	清“0”
1	1 1	1 1	0 1	1 1	×注

注：当 $CP=1$，$R=1$，$S=1$ 时，触发器输出 $Q^*=1$，$Q'^*=1$，在这种情况下，一旦R、S由“1”同时变为“0”或者CP由1变为0时，触发器状态无法预料，实际应用时，应避免出现这种情况。

RS触发器的状态方程为

$$\begin{cases} Q^* = S + R'Q \\ RS = 0(\text{约束条件}) \end{cases} \tag{4-3}$$

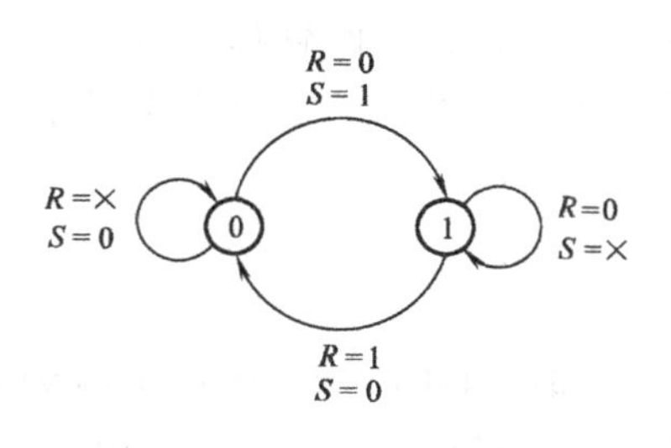

图4-5 状态图

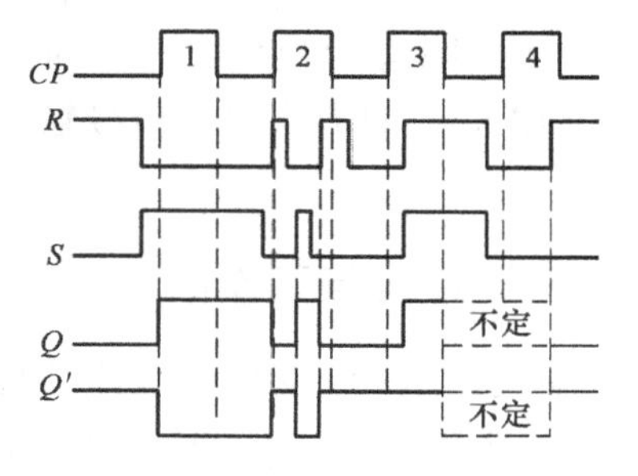

图4-6 例4-2波形图

【例4-2】 已知高电平触发的RS触发器输入波形如图4-6所示，设触发器的初始状态为“0”，试画出该触发器的输出波形。

解： 按时间顺序逐段画出 Q^* 和 Q'^* 的波形。当 $CP=1$ 时，Q^* 和 Q'^* 状态随R、S变化，当 $CP=0$ 时，Q^* 和 Q'^* 状态保持不变。第1个脉冲高电平期间，$R=0$，$S=1$，故触发器置“1”，即 $Q^*=1$，$Q'^*=0$；第2个脉冲高电平期间，触发器状态发生多次翻转，称为空翻现象；第3个脉冲高电平期间，当R、S输入都为“1”，触发器的正常工作状态被破坏，第4个脉冲高电平来到时，触发器的输出状态无法确定，图中用虚线表示。

4.4 脉冲触发的触发器

因为电平触发的触发器状态翻转是在一定的时间间隔内（时钟脉冲的高电平期间或低电平期间），而不是控制在某一个时刻进行翻转，所以会产生空翻现象。采用两级时钟电平互补的触发器构成脉冲触发的触发器可以克服空翻现象。脉冲触发的触发器前级接收输入信号，称为主触发器，后级接收主触发器的输出信号，称为从触发器。

4.4.1 电路结构与工作原理

脉冲触发的触发器电路及逻辑图形符号如图 4-7 所示。

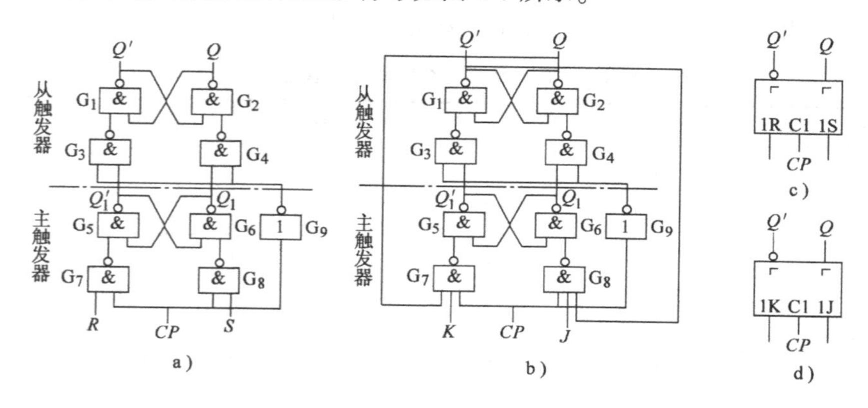

图 4-7 脉冲触发的触发器

a）RS 触发器 b）JK 触发器 c）RS 触发器的逻辑图形符号 d）JK 触发器的逻辑图形符号

图 4-7a 为脉冲触发的 RS 触发器。该电路由两个电平触发的 RS 触发器组成，非门使这两个触发器的时钟电平相反。从触发器状态的改变只会发生在 CP 下降沿处，所以不会产生空翻现象。但由于主触发器本身是电平触发的 RS 触发器，所以在 CP 高电平期间主触发器的状态仍会随输入信号 R、S 的变化而多次改变，并且输入信号 R、S 仍需遵守 $RS=0$ 的约束条件。

图 4-7b 为脉冲触发的 JK 触发器。因为图 4-7a 中触发器的 Q、Q'是互补输出，如果把这两个输出信号通过反馈线分别引到输入端的 G_7、G_8 门，一个从 Q 引到 G_7 门的输入端，一个从 Q'引到 G_8 门的输入端，在工作时就一定有一个门被封锁，使 R、S 不会同时有效，从而消除了 RS 触发器的约束条件。为了区别起见，把原来的 S 端称为 J 端，把原来的 R 端称为 K 端。从而构成了 JK 触发器。其工作原理分析如下：

1）当 $J=1$，$K=0$，$CP=1$ 时主触发器置“1”，在 CP 下降沿处，从触发器跟随主触发器置“1”，即 $Q^*=1$。

2）当 $J=0$，$K=1$，$CP=1$ 时主触发器置“0”，在 CP 下降沿处，从触发器跟随主触发器置“0”，即 $Q^*=0$。

3）当 $J=K=0$，G_7、G_8 门均被“0”封锁，只能输出“1”，所以主触发器保持原状态不变，从触发器也不变，即 $Q^*=Q$。

4）当 $J=K=1$，$CP=1$ 时需要分别考虑以下两种情况：

① $Q=0$，$Q'=1$，此时 G_7 门输入有一个为“0”，其输出为“1”，故 K 不会对电路产生影响；而 G_8 门输入全为“1”，其输出为“0”，故主触发器置“1”，其次态与现态相反。

② $Q=1$，$Q'=0$，此时 G_8 门输入有一个为“0”，其输出为“1”，故 J 不会对电路产生影响；而 G_7 门输入全为“1”，其输出为“0”，故主触发器置“0”，其次态与现态相反。

因此，当 $J=K=1$，$CP=1$ 时，主触发器次态与现态相反。在 CP 下降沿处，从触发器跟随主触发器变化，$Q^*=Q'$。

4.4.2 逻辑功能的描述

脉冲触发 JK 触发器的状态转换一般分两步进行：$CP=1$ 期间，主触发器按输入信号的状态翻转，待 CP 由“1”变为“0”的下降沿时，从触发器再按主触发器的状态翻转，使输出端改变状态。表 4-3 为脉冲触发的 JK 触发器的状态表。图 4-8 为 JK 触发器的状态图。

表 4-3 脉冲触发 JK 触发器的状态表①

CP	J	K	Q	Q^*	功能
⎍	0 0	0 0	0 1	0 1	保持
⎍	0 0	1 1	0 1	0 0	清“0”
⎍	1 1	0 0	0 1	1 1	置“1”
⎍	1 1	1 1	0 1	1 0	取反

① 该状态转移规律成立的条件是 J、K 的取值在 $CP=1$ 期间保持不变；若 J、K 的取值在 $CP=1$ 期间发生变化，则不能根据本表直接得到从触发器的状态，而应根据 JK 触发器的电路结构具体分析。

JK 触发器的状态方程为

$$Q^* = JQ' + K'Q \tag{4-4}$$

在某些场合将 JK 触发器的 J 端和 K 端相连作为一个输入端，称为 T 触发器，其电路及逻辑图形符号如图 4-9 所示。

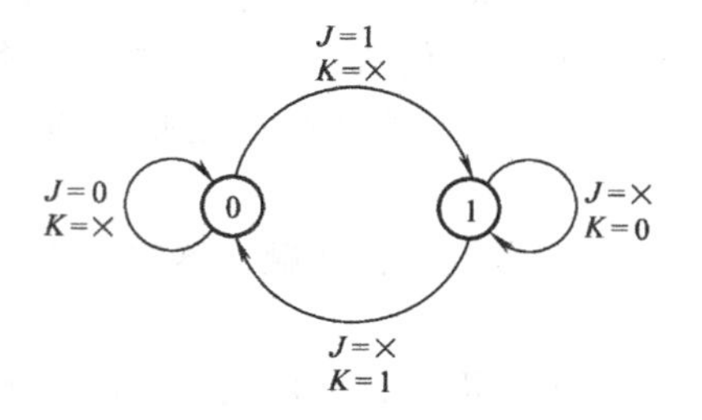

图 4-8 JK 触发器的状态图

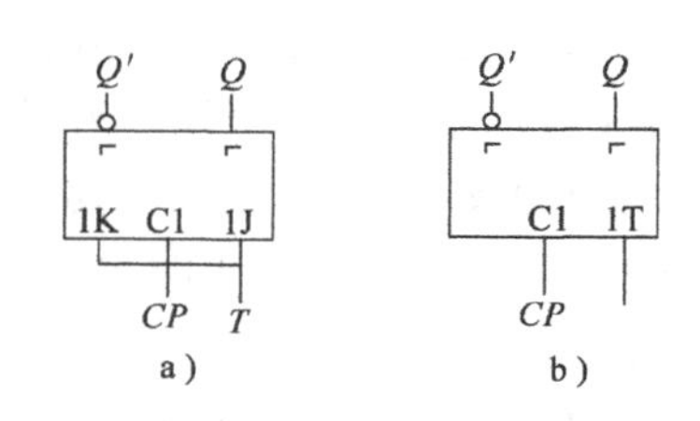

图 4-9 用 JK 触发器构成的 T 触发器

a) 电路结构 b) 逻辑图形符号

当 $T=1$ 时，每来一个时钟脉冲下降沿，触发器的状态就翻转一次；当 $T=0$ 时，触发器

的状态不随时钟脉冲下降沿翻转。T 触发器状态方程为

$$Q^* = TQ' + T'Q \tag{4-5}$$

当 T 触发器的输入控制端为 $T=1$ 时，则触发器每输入一个时钟脉冲 CP，状态便翻转一次，这种状态的触发器称为 T′触发器。T′触发器的状态方程为

$$Q^* = Q' \tag{4-6}$$

【例 4-3】 已知脉冲触发的 JK 触发器输入波形如图 4-10 所示，设触发器的初始状态为“0”，试画出该触发器的输出波形。

解：第 1、4 个 CP 高电平期间 J、K 未发生变化，可以用 CP 下降沿到达时的 J、K 和 Q 确定触发器的次态。而第 2、3 个 CP 高电平期间 J、K 取值发生了变化，应根据 JK 触发器电路结构具体分析。通过分析可知，脉冲触发的 JK 触发器具有一次翻转特性，其主触发器的状态最多在现态的基础上变化一次。这种情况下按如下的方法确定 CP 下降沿处从触发器的状态：

1）若 $Q=1$，则观察 $CP=1$ 期间是否出现过 $K=1$，若是，则 $Q^*=0$，否则 $Q^*=1$。

2）若 $Q=0$，则观察 $CP=1$ 期间是否出现过 $J=1$，若是，则 $Q^*=1$，否则 $Q^*=0$。

例如，第 2 个 CP 期间，$Q=1$，并且出现 $K=1$，所以第 2 个 CP 下降沿处，从触发器由“1”变为“0”。

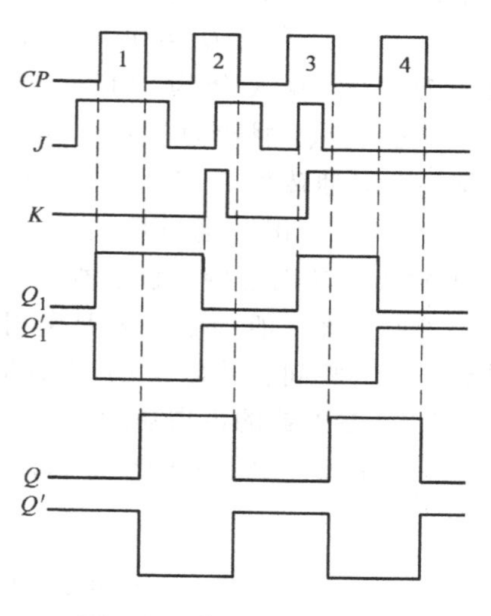

图 4-10 例 4-3 的波形图

脉冲触发的 JK 触发器虽然对输入信号没有约束条件，但由于存在一次变化现象，因此，在使用脉冲触发的 JK 触发器时，必须保证在 $CP=1$ 期间，J、K 保持状态不变。一次变化现象也使得触发器的抗干扰能力差，如果在时钟高电平期间输入端出现干扰信号，则可能使触发器的状态出错。

4.5 边沿触发的触发器

边沿触发的触发器不仅将触发器的触发翻转控制在 CP 触发沿到来的一瞬间，而且将接收输入信号的时间也控制在 CP 触发沿到来的前一瞬间，使得输入端受干扰的时间大大缩短，受干扰的可能性也就降低了，从而提高了触发器工作的可靠性和抗干扰能力。

4.5.1 维持-阻塞上升沿 D 触发器

1. 电路结构与工作原理

维持-阻塞上升沿 D 触发器的电路结构及逻辑图形符号如图 4-11 所示。

1）若 $D=1$，在 $CP=0$ 时，G_3、G_4 被封锁，$Q_3=1$、$Q_4=1$，G_1、G_2 组成的基本 RS 触发器保持原状态不变。当 CP 由“0”变“1”时，因 $D=1$，G_5 输入全为“1”，输出 $Q_5=0$，它使 $Q_6=1$，则 G_4 输入全为“1”，输出 Q_4 变为“0”。继而，Q 翻转为“1”，Q' 翻转为“0”，这是触发器翻转为“1”状态的全过程。同时，一旦 Q_4 变为“0”，通过反馈线 L_1 封锁了 G_6 门，这时如果 D 信号由“1”变为“0”，只会影响 G_5 的输出，不会影响 G_6 的输

出，维持了触发器的“1”状态。因此，称 L_1 线为置“1”维持线。同理，Q_4 变“0”后，通过反馈线 L_2 也封锁了 G_3 门，从而阻塞了置“0”通路，故称 L_2 线为置“0”阻塞线。

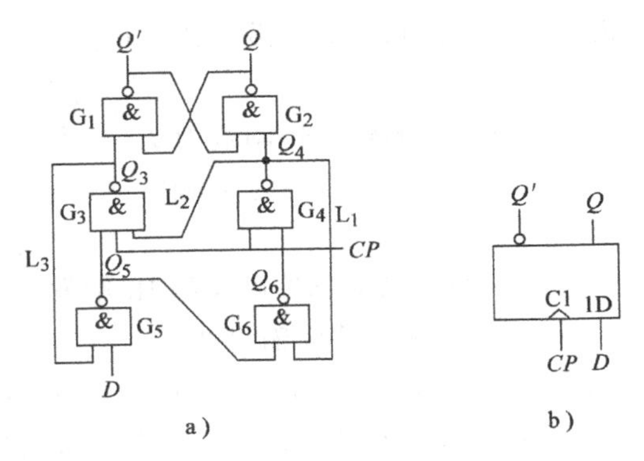

图 4-11 维持-阻塞上升沿 D 触发器

a) 电路结构 b) 逻辑图形符号

2) 若 $D=0$，在 $CP=0$ 时，G_3、G_4 被封锁，$Q_3=1$、$Q_4=1$，G_1、G_2 组成的基本 RS 触发器保持原状态不变。因 $D=0$，$Q_5=1$，G_6 输入全为“1”，输出 $Q_6=0$。当 CP 由“0”变“1”时，G_3 输入全为“1”，输出 Q_3 变为“0”。继而，Q' 翻转为“1”，Q 翻转为“0”，这是触发器翻转为“0”状态的全过程。同时，一旦 Q_3 变为“0”，通过反馈线 L_3 封锁了 G_5 门，这时无论 D 信号如何变化，也不会影响 G_5 的输出，从而维持了触发器的“0”状态。因此，称 L_3 线为置“0”维持线。

可见，维持-阻塞触发器是利用了维持线和阻塞线，将触发器的触发翻转控制在 CP 上升沿到来的一瞬间，并接收 CP 上升沿到来前一瞬间的 D 信号。维持-阻塞触发器因此而得名。

2. D 触发器的逻辑功能

表 4-4 为 D 触发器的状态表，图 4-12 为 D 触发器的状态图。D 触发器的状态方程为

$$Q^* = D \tag{4-7}$$

表 4-4 D 触发器的状态表

D	Q	Q^*	功能说明
0	0	0	输出状态 和输入 D 一致
0	1	0	
1	0	1	
1	1	1	

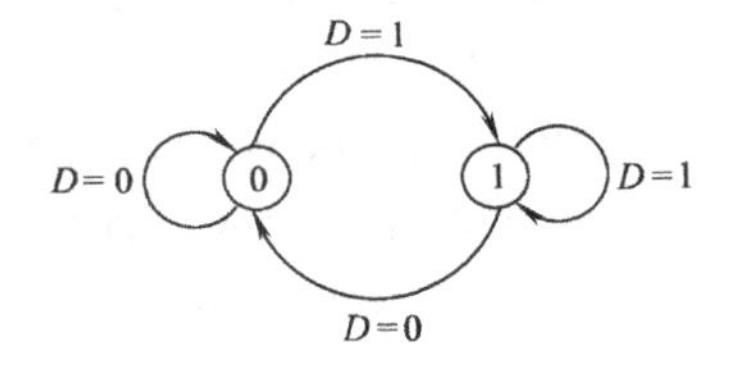

图 4-12 D 触发器的状态图

【例 4-4】 已知上升沿 D 触发器的输入波形如图 4-13 所示，设触发器初始状态为“0”，试画出输出 Q 的波形。

解： 因为是上升沿 D 触发器，所以触发器的状态翻转发生在时钟脉冲的上升沿，判断触发器次态的依据是时钟脉冲上升沿前一瞬间输入端的状态。例如，第 1 个上升沿处，$D=1$，故 $Q^*=1$。

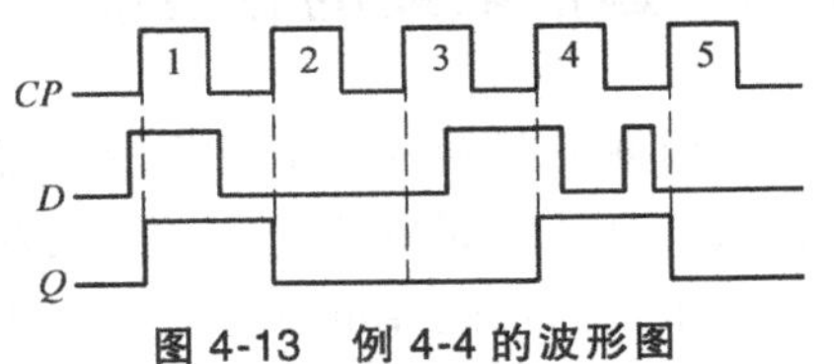

图 4-13 例 4-4 的波形图

4.5.2 下降沿触发的 JK 触发器

利用门传输延迟时间构成的下降沿触发的 JK 触发器电路结构及逻辑图形符号如图 4-14 所示。R'_D、S'_D 为异步置“0”、置“1”信号，均为低电平有效，不用时使其处于无效的电平，即 $R'_D=1$、$S'_D=1$。

图 4-14 中的两个与或非门构成基本 RS 触发器，两个与非门 G_1、G_2 作为输入信号引导门，而且在制作时已保证与非门的延迟时间大于基本 RS 触发器的传输延迟时间。其原理如下：

当 $CP=0$ 稳定时，输入信号 J、K 被封锁，与非门 G_1、G_2 的输出 $Q_1=Q_2=1$，触发器的状态保持不变；而当 $CP=1$ 时，触发器的输出也不会变，从以下表达式中可以看出：

$$Q^{*}=(Q'\cdot CP+Q'Q_1)'=Q$$

$$Q'^{*}=(Q\cdot CP+QQ_2)'=Q'$$

由此可见，在稳定的 $CP=0$ 及 $CP=1$ 期间，触发器状态均维持不变，这时触发器处于一种“自锁”状态。

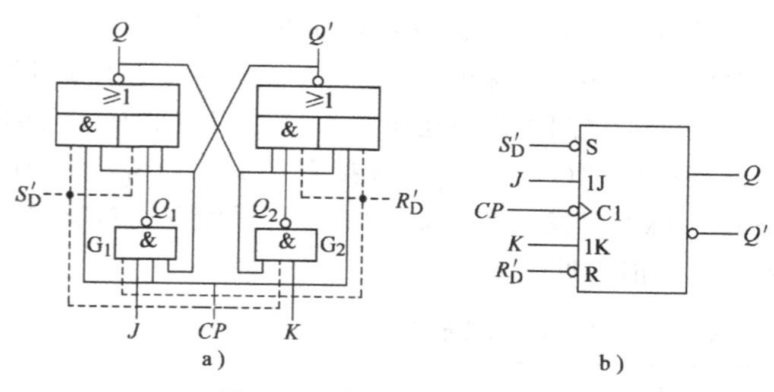

图 4-14 负边沿 JK 触发器

a）电路结构 b）逻辑图形符号

当 CP 由“1”变为“0”时，由于 CP 信号是直接加到与或非门的其中一个与门输入端，首先解除了触发器的“自锁”，但 Q_1 和 Q_2 还要经过一个与非门延迟时间 t_{pd} 才能变为“1”。在没有变为“1”以前，仍维持 CP 下降沿前的值，即 $Q_1=(JQ')'$，$Q_2=(KQ)'$，代入基本 RS 触发器状态方程，有 $Q^{*}=JQ'+K'Q$，因此，在 CP 由“1”变为“0”的下降沿处，触发器接收了输入信号 J、K，并按 JK 触发器的功能改变输出状态。

由以上分析可知，在 $CP=1$ 时，J、K 信号可以进入输入与非门，但仍被拒于触发器之外。只有在 CP 由“1”变为“0”之后的短暂时刻里，由于与非门对信号的延迟，在 $CP=0$ 前进入与非门的 J、K 信号仍起作用，而此时触发器又解除了“自锁”，使得 J、K 信号可以进入触发器，并引起触发器状态改变。因此，只在时钟下降沿前的 J、K 值才能对触发器起作用，从而实现了边沿触发的功能。

该 JK 触发器是在 CP 下降沿产生翻转，翻转方向决定于 CP 下降前瞬间的 J、K 输入信号。它只要求输入信号在 CP 下降沿到达之前，在与非门 G_1、G_2 转换过程中保持不变，而在 $CP=0$ 及 $CP=1$ 期间，J、K 信号的任何变化都不会影响触发器的输出。因此，这种触发器比维持-阻塞式触发器在数据输入端具有更强的抗干扰能力。

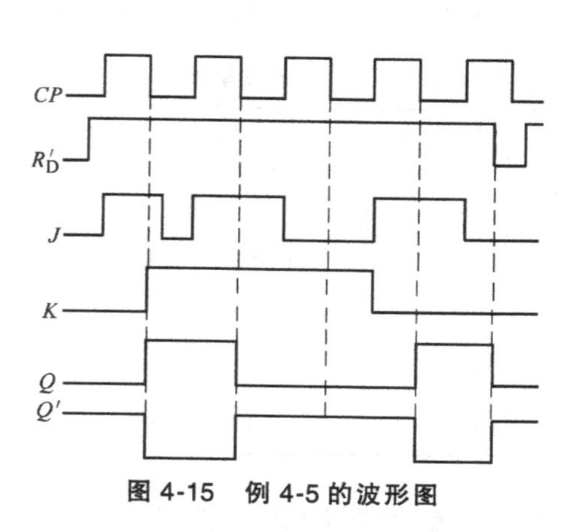

图 4-15 例 4-5 的波形图

【例 4-5】 已知具有异步置“0”信号 R'_D、异步置“1”信号 S'_D 的下降沿 JK 触发器各输入端的波形如图 4-15 所示，其中 R'_D、S'_D 均为低电平有效，并且 S'_D 一直为“1”，试画出该触发器的输出波形。

解：该触发器 S'_D 一直为“1”，即置位无效，在 R'_D 低电平时触发器直接置“0”。在 S'_D、R'_D 无效时，在 CP 下降沿处，触发器根据 JK 触发器的功能改变输出状态。

4.6 集成触发器及功能转换

4.6.1 常用的集成触发器

集成触发器有 CMOS 型和 TTL 型。下面介绍两个常用的集成触发器 74LS72 和 74HC74。

1. TTL型74LS72脉冲触发的JK触发器

74LS72为多输入端的JK触发器，具有三个J端和三个K端，三个J端之间是与逻辑关系，三个K端之间也是与逻辑关系。使用中如有多余的输入端，应将其接高电平。该触发器带有直接置“0”端 R'_D 和直接置“1”端 S'_D，均为低电平有效，不用时应接高电平。74LS72为脉冲触发的触发器，*CP* 下降沿触发。74LS72的逻辑图形符号和引脚排列如图4-16所示，其功能表见表4-5。

表4-5 74LS72的功能表

输入					输出	
R'_D	S'_D	*CP*	1*J*	1*K*	*Q*	*Q'*
0	1	×	×	×	0	1
1	0	×	×	×	1	0
1	1	↓	0	0	*Q*	*Q'*
1	1	↓	0	1	0	1
1	1	↓	1	0	1	0
1	1	↓	1	1	*Q'*	*Q*

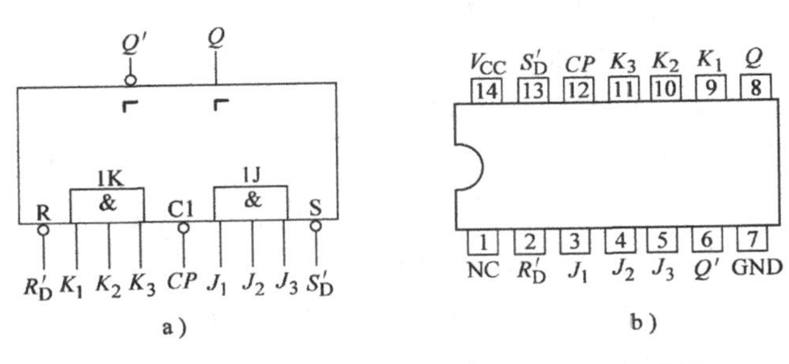

图4-16 TTL型74LS72脉冲触发的JK触发器
a) 逻辑图形符号 b) 引脚排列

2. CMOS型74HC74边沿D触发器

74HC74为双D触发器。一个集成块内封装了两个相同的D触发器，每个触发器只有一个D端，各自带有直接置“0”端R和直接置“1”端S，均为低电平有效。时钟上升沿触发。74HC74的逻辑图形符号和引脚排列如图4-17所示，其功能表见表4-6。

表4-6 74HC74的功能表

输入				输出	
R'_D	S'_D	*CP*	*D*	*Q*	*Q'*
0	1	×	×	0	1
1	0	×	×	1	0
1	1	↑	0	0	1
1	1	↑	1	1	0

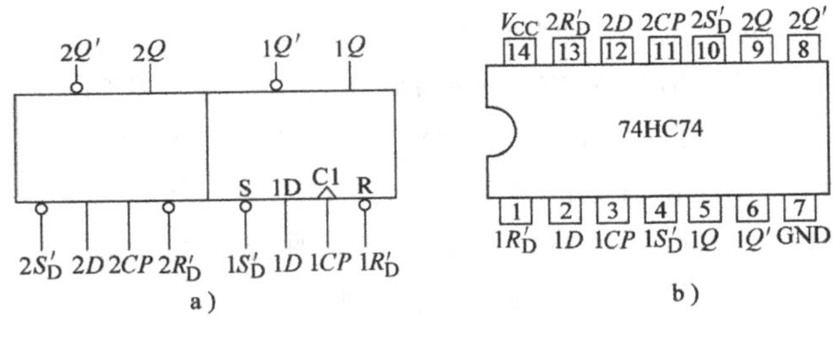

图4-17 高速CMOS型74HC74边沿D触发器
a) 逻辑图形符号 b) 引脚排列

4.6.2 触发器的功能转换

触发器按功能分有RS、JK、D、T、T′等类型，但最常见的集成触发器是JK触发器和D触发器。T、T′触发器没有集成产品，可用其他触发器转换成T或T′触发器。JK触发器与D触发器之间的功能也是可以互相转换的。触发器功能转换原理框图如图4-18所示。

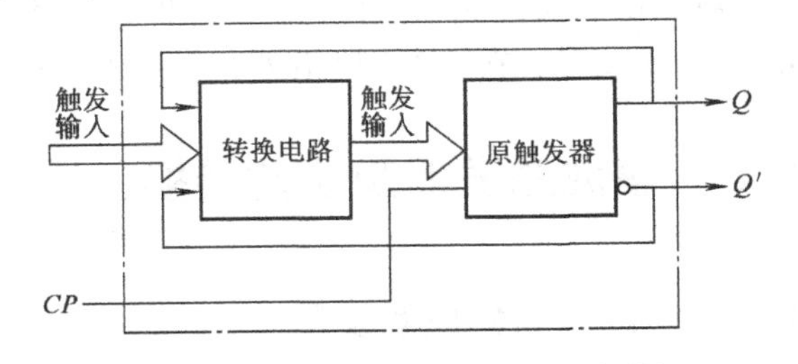

图4-18 触发器功能转换原理框图

实现功能转换的关键就是要设计一个为原触发器提供输入信号的转换电路，该电路的输入信号由新触发器的触发输入信号和原触发器的输出信号组成，转换电路的输出信号就是原触发器的触发输入信号。由图 4-18 可知，原触发器的的输出状态和新触发器的输出端口是一致的，也就是在时钟脉冲 CP 的作用下，原触发器的和新触发器的状态是一致的。因此，可令原触发器的和新触发器的状态方程相等，求出原触发器的驱动方程即可，该驱动方程是以新触发器的触发输入信号和原触发器的输出信号为变量的。

1. 用 JK 触发器转换成其他功能的触发器

(1) JK 触发器转换为 D 触发器

JK 触发器的状态方程为

$$Q^* = JQ' + K'Q$$

将 D 触发器的状态方程变换为

$$Q^* = D = D(Q' + Q) = DQ' + DQ$$

比较以上两式得，$J=D$，$K=D'$。JK 触发器转换成 D 触发器的逻辑电路如图 4-19a 所示。

(2) JK 触发器转换为 T（T′）触发器

T 触发器的状态方程为

$$Q^* = TQ' + T'Q$$

与 JK 触发器的状态方程比较可得，$J=T$，$K=T$。JK 触发器转换成 T 触发器的逻辑电路如图 4-19b 所示。令 $T=1$，即可得 T′触发器，如图 4-19c 所示。

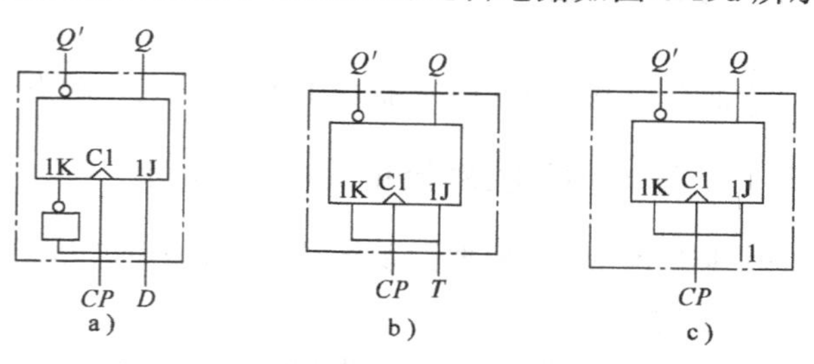

图 4-19 JK 触发器转换成其他功能的触发器

a) JK→D b) JK→T c) JK→T′

2. 用 D 触发器转换成其他功能的触发器

(1) D 触发器转换为 JK 触发器

D 触发器和 JK 触发器的状态方程分别为

$$Q^* = D$$

$$Q^* = JQ' + K'Q$$

联立两式，可得，$D=JQ'+K'Q$。D 触发器转换成 JK 触发器的逻辑电路如图 4-20a 所示。

(2) D 触发器转换为 T 触发器

D 触发器和 T 触发器的状态方程分别为

$$Q^* = D$$

$$Q^* = TQ' + T'Q$$

联立两式，可得，$D=TQ'+T'Q=T\oplus Q$。D 触发器转换成 T 触发器的逻辑电路如图 4-20b 所示。

(3) D 触发器转换为 T′触发器

D 触发器和 T′触发器的状态方程分别为

$$Q^* = D$$

$$Q^* = Q'$$

联立两式，可得，$D=Q'$。D 触发器转换成 T′触发器的逻辑电路如图 4-20c 所示。

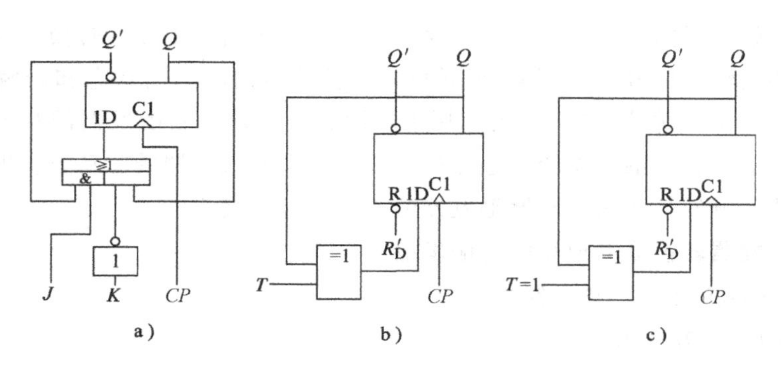

图 4-20 D 触发器转换成其他功能的触发器

a) D→JK b) D→T c) D→T′

4.7 触发器的 VHDL 设计

下面介绍基本 RS 触发器、D 触发器、JK 触发器的 VHDL 程序设计方法。

4.7.1 基本 RS 触发器的 VHDL 设计

根据基本 RS 触发器的逻辑功能，设计如下：

1. 实体

基本 RS 触发器的实体如图 4-21 所示。图中，RSFF1 为基本 RS 触发器的实体名，R、S 分别为置“0”端（低电平有效）和置“1”端（低电平有效），Q、QB 为一对互补输出端。

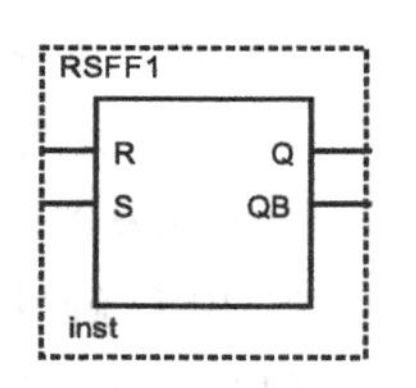

图 4-21 基本 RS 触发器实体

2. VHDL 程序设计

```
LIBRARY IEEE ;
USE IEEE. STD_LOGIC_1164. ALL ;
ENTITY RSFF1 IS
    PORT (R : IN STD_LOGIC ;
            S: IN STD_LOGIC ;
            Q,QB: OUT STD_LOGIC );
END RSFF1;
ARCHITECTURE BHV OF RSFF1 IS
  SIGNAL Q_TEMP: STD_LOGIC ;
BEGIN
  PROCESS ( R,S )
  BEGIN
      IF R='0' AND S='1'  THEN  Q_TEMP <= '0' ;  --清零
      ELSIF R='1' AND S='0'  THEN  Q_TEMP <= '1' ;--置“1”
      ELSIF R='1' AND S='1'  THEN  Q_TEMP <=Q_TEMP ;--保持
```

```
        END IF;
    END PROCESS ;
  Q<=Q_TEMP;
  QB<=NOT Q_TEMP;
  END BHV;
```

3. **仿真波形及分析**

基本 RS 触发器的仿真波形如图 4-22 所示。

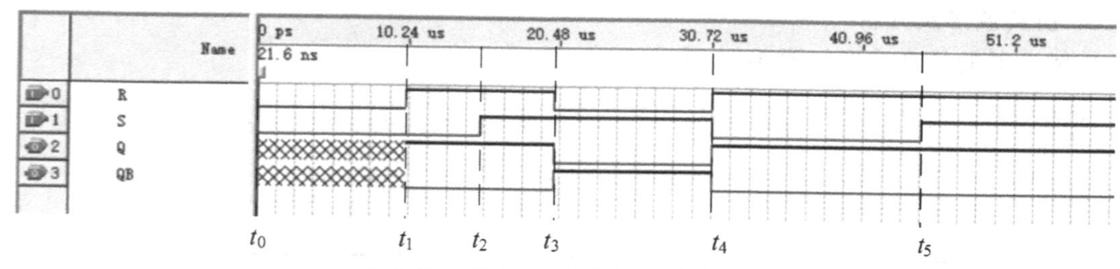

图 4-22　基本 RS 触发器的仿真波形

由图可知，在 $t_0 \sim t_1$ 区间，输入信号 $RS=00$ 时，触发器输出 Q、QB 为未知；在 $t_1 \sim t_2$ 区间，输入信号 $RS=10$ 时，输出 $Q=1$，$QB=0$，触发器实现置“1”动作；在 $t_2 \sim t_3$ 区间，输入信号 $RS=11$ 时，输出 $Q=1$，$QB=0$，触发器保持前一个状态不变；在 $t_3 \sim t_4$ 区间，输入信号 $RS=01$ 时，输出 $Q=0$，$QB=1$，触发器实现置“0”动作。可见，上述程序符合基本 RS 触发器的功能。

4.7.2　D 触发器的 VHDL 设计

根据 D 触发器的逻辑功能，设计如下：

1. **实体**

D 触发器的实体如图 4-23 所示。图中，DFF1A 为 D 触发器的实体名，CP 为上升沿触发时钟端，D 为数据输入端，Q、QB 为一对互补输出端。

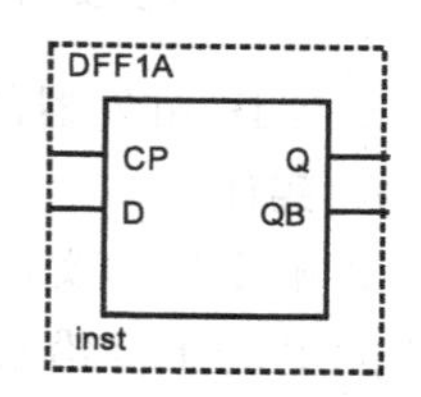

图 4-23　D 触发器的实体

2. **VHDL 程序设计**

```
LIBRARY IEEE ;
USE  IEEE.STD_LOGIC_1164.ALL ;
ENTITY  DFF1A  IS
PORT (CP  : IN STD_LOGIC ;
       D  : IN STD_LOGIC ;
      Q,QB: OUT STD_LOGIC );
END DFF1A   ;
ARCHITECTURE  BHV  OF  DFF1A  IS
SIGNAL  Q1 :  STD_LOGIC;
BEGIN
PROCESS (CP)
```

```
BEGIN
    IF  CP'EVENT  AND  CP = '1'  THEN  Q1 <= D ;--上升沿触发
    END IF;      --单分支的 IF 语句实现触发器功能
END PROCESS;
Q<=Q1;
QB<= NOT Q1;
END  BHV ;
```

3. 仿真波形及分析

D 触发器的仿真波形如图 4-24 所示。

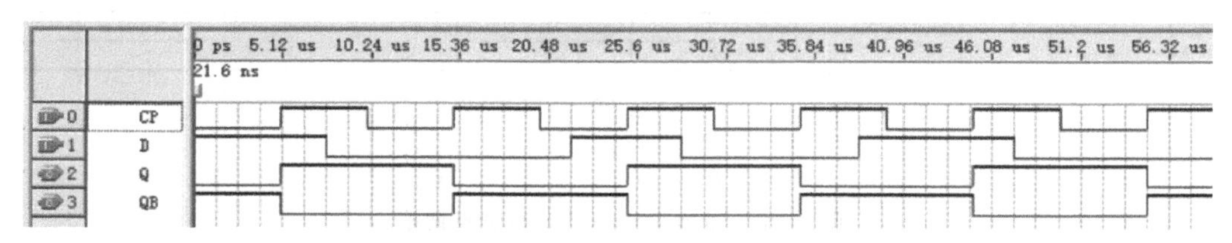

图 4-24 D 触发器的仿真波形

由图可知，在第 1 个 *CP* 上升沿处，输入 $D=1$，则 Q 由 0 变为 1，QB 由 1 变为 0，这种状态一直保持到第 2 个 *CP* 上升沿；在第 2 个 *CP* 上升沿处，输入 $D=0$，则 Q 由 1 变为 0，QB 由 0 变为 1，这种状态一直保持到第 3 个 *CP* 上升沿；依此类推。可见该程序符合 D 触发器的功能。

以上介绍的 D 触发器只有基本功能，D 触发器还具有清零、置“1”等功能，读者可根据需要添加。

4.7.3 JK 触发器的 VHDL 设计

根据 JK 触发器的逻辑功能，设计如下：

1. 实体

JK 触发器的实体如图 4-25 所示。图中，JK1A 为 JK 触发器的实体名，CP 为下降沿触发时钟端，J、K 为输入端，Q、QB 为一对互补输出端。

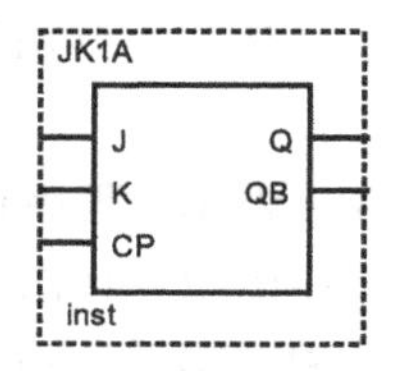

图 4-25 JK 触发器的实体

2. VHDL 程序设计

```
LIBRARY IEEE;
USE IEEE. STD_LOGIC_1164. ALL;
ENTITY JK1A IS
    PORT (J,K,CP: IN STD_LOGIC;
              Q,QB: OUT STD_LOGIC);
END JK1A;
ARCHITECTURE ONE OF JK1A IS
    SIGNAL Q1: STD_LOGIC;                           --寄存信号定义
    SIGNAL S: STD_LOGIC_VECTOR(1 DOWNTO 0);         -- 2 位总线型信号定义
```

```
BEGIN
    S<=J & K;       --并置操作,将 J 和 K 并置为 2 位总线型信号
    PROCESS  (CP)
    BEGIN
    IF CP'EVENT AND CP='0' THEN
            CASE  S  IS
              WHEN  "00"  => Q1 <= Q1;            --保持
              WHEN  "01"  => Q1 <= '0';           --置“0”
              WHEN  "10"  => Q1 <= '1';           --置“1”
              WHEN  "11"  => Q1 <= NOT Q1;        --取反
              WHEN OTHERS => NULL;
          END CASE;
    END IF;
    END PROCESS;
    Q <= Q1;
    QB <= NOT Q1;
END ONE;
```

3. 仿真波形及分析

JK 触发器的仿真波形如图 4-26 所示。

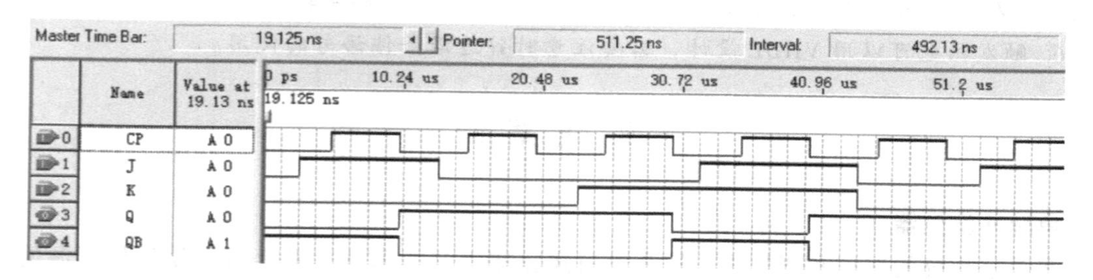

图 4-26 JK 触发器的仿真波形

由图可知，在第 1 个 CP 下降沿处，输入 $J=1$、$K=0$，则 Q 由 0 变为 1，QB 由 1 变为 0，符合置“1”功能；在第 2 个 CP 下降沿处，输入 $J=0$、$K=0$，则 Q 不变，QB 不变，符合保持功能；在第 3 个 CP 下降沿处，输入 $J=0$、$K=1$，则 Q 由 1 变为 0，QB 由 0 变为 1，符合清零功能。在第 4 个 CP 下降沿处，输入 $J=1$、$K=1$，则 Q 由 1 变为 0，QB 由 0 变为 1，触发器状态与上一个状态相反，符合取反功能。可见，上述程序符合 JK 触发器的功能。

本章小结

1. 触发器有两个基本性质：在一定条件下，触发器可维持在两种稳定状态（“0”或“1”状态）之一而保持不变；在一定的外加信号作用下，触发器可从一个稳定状态转变到另一个稳定状态。这就使得触发器能够记忆二值信息 0 和 1。

2. 触发器的逻辑功能是指触发器输出的次态与输出的现态及输入信号之间的逻辑关系。

描写触发器逻辑功能的方法主要有状态转移表、状态方程、状态转移图、激励表。

3. 根据触发方式的不同，触发器可分为基本触发器（锁存器）、电平触发器、脉冲触发器（主从出发器）和边沿触发器等。电平触发的触发器存在空翻现象，主从触发的JK触发器可以克服空翻现象，但存在一次翻转现象，降低了JK触发器的抗干扰性能，实际应用中常用边沿触发器。

4. 触发器的逻辑功能及状态方程分别为

RS触发器

$$\begin{cases} Q^* = S + R'Q \\ RS = 0(\text{约束条件}) \end{cases}$$

JK触发器

$$Q^* = JQ' + K'Q$$

D触发器

$$Q^* = D$$

T触发器

$$Q^* = TQ' + T'Q$$

T′触发器

$$Q^* = Q'$$

5. 同一电路结构的触发器可以构成不同的逻辑功能，同一逻辑功能的触发器也可以用不同的电路结构来实现，不同功能的触发器其逻辑功能可以相互转换。

6. 触发器也可以用VHDL设计，需要注意时钟边沿条件语句的使用。

实践案例

单脉冲发生器

在数字系统的调试和测量中，经常要用到脉宽固定的单脉冲发生器以便作信号源使用。单脉冲发生器可以输出一个与时钟脉冲 CP 周期相等的负脉冲，并可消除机械开关抖动噪声。

图4-27a就是用两个D触发器和一个开关组成的单脉冲发生器。下面简单分析它的工作原理。

电路工作前两个触发器处于 $Q_1Q_2=00$。未按下开关S时，触发器 FF_1 的输入 $D_1=1$，第一个 CP 脉冲来到后，FF_1 的输出 $Q_1^*=1$，FF_2 的状态不变，此时 $D_2=Q_1=1$。第二个 CP 来到后，FF_2 的输出 $Q_2^*=1$。此后因输入 D_1 无变化，触发器的状态保持不变，与非门的输出为

$$F = (Q_2Q_1')' = (1 \cdot 1')' = 1$$

当按下开关S时，$D_1=0$，在 CP 作用下，$Q_1^*=0$，但 $Q_2=1$ 保持不变。与非门输出为

$$F = (Q_2Q_1')' = (1 \cdot 0')' = 0$$

再来一个 CP，FF_2 接收 FF_1 的状态，输出 $Q_2^*=0$，而 $Q_1=0$ 不变。此时与非门输出 $F=$

1。若不释放开关，触发器的状态不变。一旦开关断开，经一个 CP 后，$Q_1^*=1$，$Q_2=0$，则 $F=1$，再来一个 CP，$Q_2^*=1$，$Q_1=1$，则 $F=1$，没有脉冲输出，波形图如图 4-27b 所示。

由波形图可以看出单脉冲发生器的工作特性，每按一次开关，只产生一个负脉冲，负脉冲的宽度与按下开关时间的长短无关。每次产生的负脉冲宽度与时钟 CP 的周期相等。

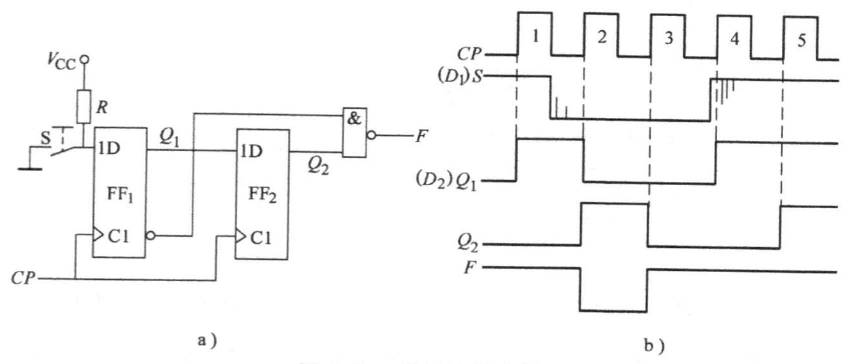

图 4-27　单脉冲发生器

a）电路　b）波形图

4-1　画出图 4-28 所示由与非门组成的基本 RS 触发器输出 Q、Q'的电压波形，输入 S_D'、R_D' 的电压波形如图中所示。

4-2　画出图 4-29 所示由或非门组成的基本 RS 触发器输出 Q、Q'的电压波形，输入 S_D、R_D 的电压波形如图中所示。

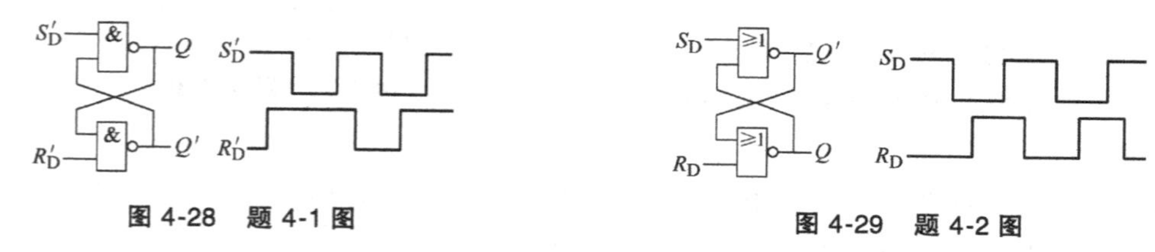

图 4-28　题 4-1 图　　图 4-29　题 4-2 图

4-3　若主从结构 RS 触发器的 CP、S、R、R_D' 的电压波形如图 4-30 所示，$S_D'=1$。试画出 Q、Q'对应的电压波形。

4-4　已知主从结构 JK 触发器 J、K 和 CP 的电压波形如图 4-31 所示，试画出 Q、Q'对应的电压波形。设触发器的初始状态为 $Q=0$。

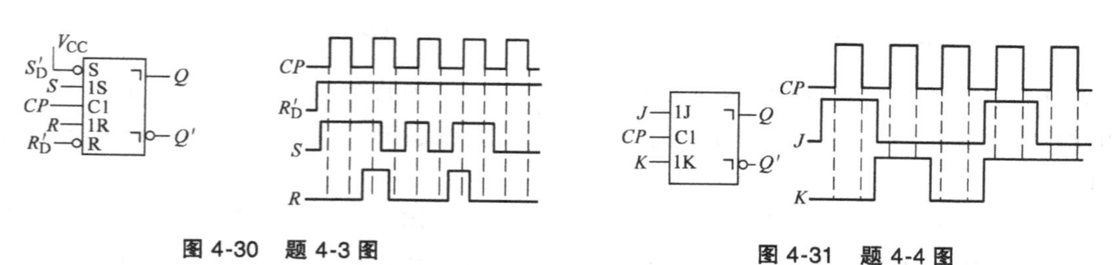

图 4-30　题 4-3 图　　图 4-31　题 4-4 图

4-5 已知 CMOS 型边沿触发结构 JK 触发器各电压波形如图 4-32 所示，试画出 Q、Q'对应的电压波形。

4-6 若将同步 RS 触发器的 Q 与 R、Q'与 S 相连，如图 4-33 所示，试画出在 CP 信号作用下 Q 和 Q'的电压波形。已知 CP 信号的宽度 $t_w=4t_{pd}$。t_{pd} 为门电路的平均传输延迟时间，假定 $t_{pd}\approx t_{phl}\approx t_{plh}$，设触发器的初始状态为 $Q=0$。

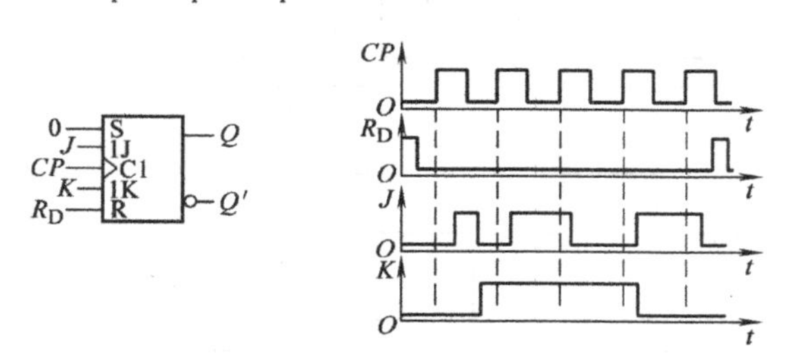

图 4-32 题 4-5 图

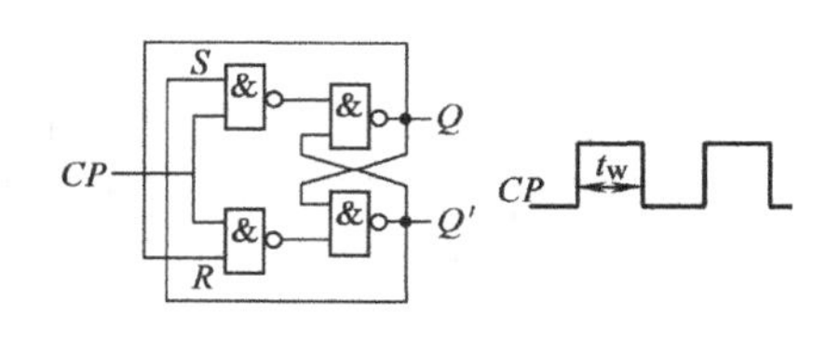

图 4-33 题 4-6 图

4-7 设图 4-34 中各触发器的初始状态皆为 $Q=0$，试画出在 CP 信号连续作用下各触发器输出端的电压波形。

4-8 在图 4-35 所示主从结构 JK 触发器电路中，已知 CP 和输入信号 T 的电压波形如图所示，试画出触发器输出 Q 和 Q'的电压波形，设触发器的起始状态为 $Q=0$。

4-9 在图 4-36 所示电路中，已知输入信号 v_I 的电压波形如图所示，试画出与之对应的输出电压 v_O 的波形。触发器为维持-阻塞结构，初始状态为 $Q=0$（提示：应考虑触发器和异或门的传输延迟时间）。

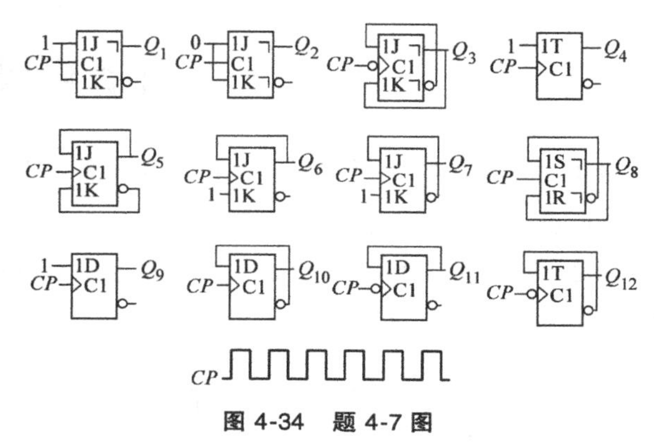

图 4-34 题 4-7 图

4-10 在图 4-37 所示的主从 JK 触发电路中，CP 和 A 的电压波形如图中所示，试画出对应的 Q 的电压波形。设触发器的初始状态为 $Q=0$。

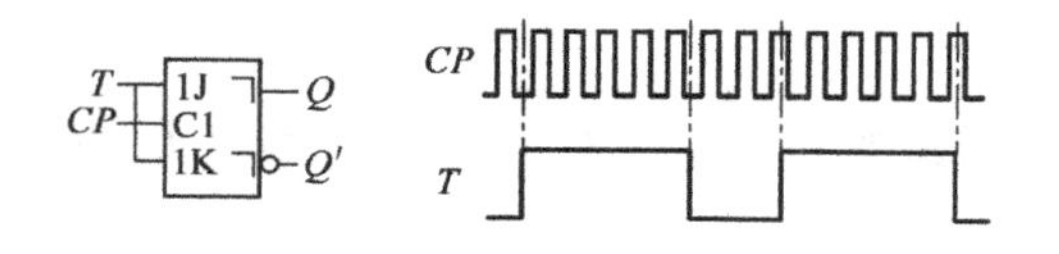

图 4-35 题 4-8 图

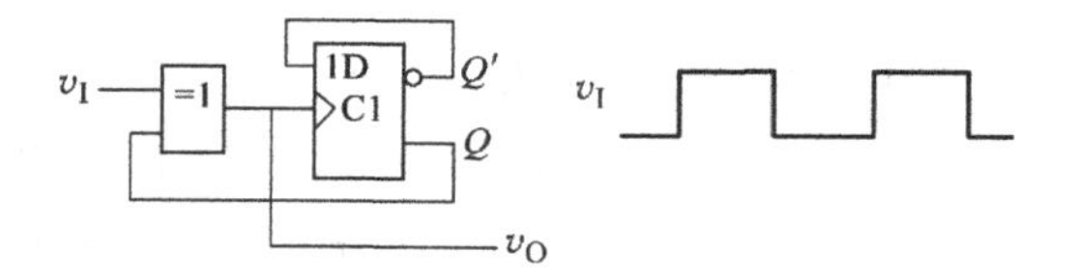

图 4-36 题 4-9 图

4-11 图 4-38 所示是用 CMOS 型边沿触发器和或非门组成的脉冲分频电路。试画出在一系列 CP 脉冲作用下，对应的输出 Q_1、Q_2 和 Z 的电压波形。设触发器的初始状态皆为 $Q=0$。

4-12 D 触发器的实体如图 4-39 所示，编写该电路的 VHDL 程序（命名为“DFF2A. VHD”，要求采用 IF-THEN 语句设计），并进行波形仿真。其中 CLK 为上升沿触发的时钟端，D 为触发输入端，RESET 为低电平有效的同步清零端，SET 为低电平有效的同步置“1”端，Q 和 QB 为一对互补的输出端。

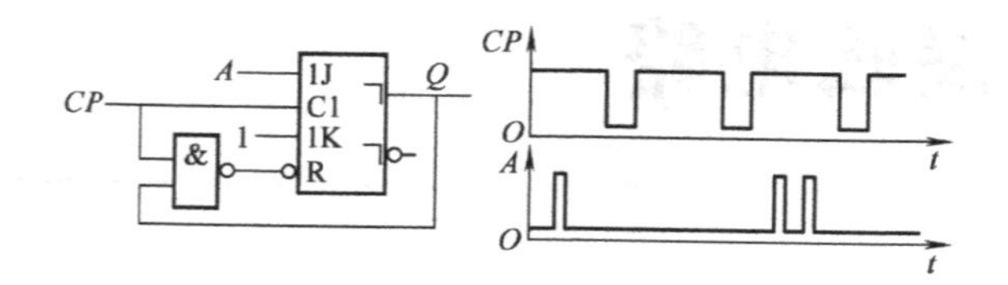

图 4-37　题 4-10 图

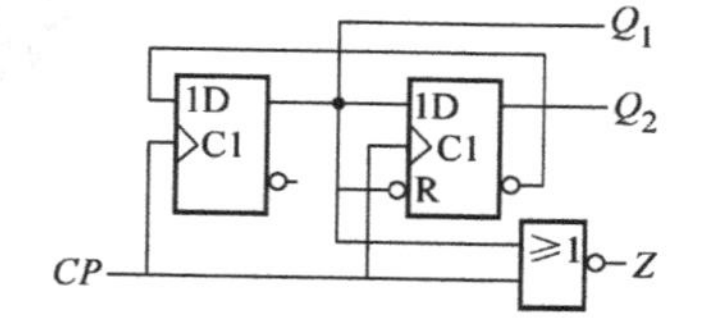

图 4-38　题 4-11 图

4-13　JK 触发器的实体如图 4-40 所示，编写该电路的 VHDL 程序（命名为“JK1A. VHD”，要求采用 IF-THEN 语句及 CASE 语句设计），并进行波形仿真。其中 CLK 为下降沿触发的时钟端，J、K 为触发输入端，RESET 为低电平有效的异步清零端，SET 为低电平有效的异步置“1”端，Q 和 QB 为一对互补的输出端。

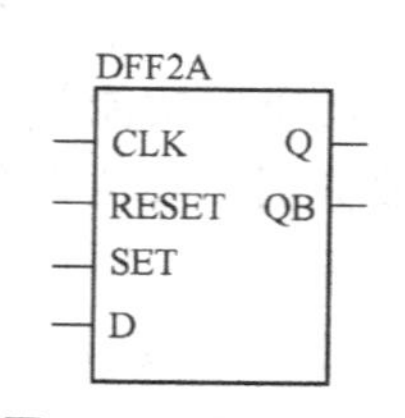

图 4-39　题 4-12 图

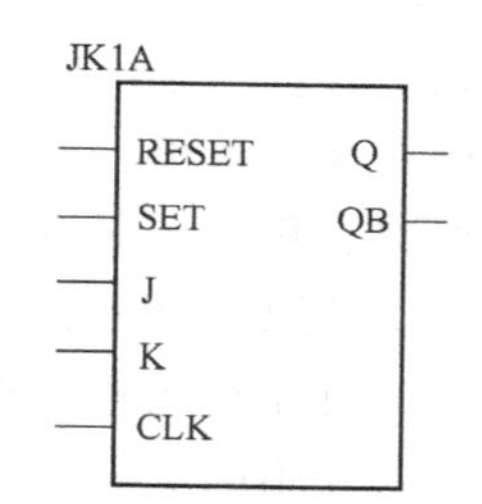

图 4-40　题 4-13 图

第 5 章

时序逻辑电路

应用背景

时序逻辑电路和组合逻辑电路是数字系统的两大重要组成部分，时序逻辑电路和组合逻辑电路相结合，一起构成数字系统。时序逻辑电路应用在需要有保存和记忆功能的数字系统中，例如计数系统、数字检测系统、自动控制系统、逻辑运算系统等。本章介绍的计数器、寄存器、移位寄存器、序列信号发生器等是时序逻辑电路中的重要功能部件。计数器通常可用于计数、分频、顺序脉冲产生等；寄存器通常用于存放数据；移位寄存器通常用于对数据进行左移或者右移操作以及序列信号的产生、逻辑运算等。

本章首先介绍同步时序逻辑电路的分析和设计方法，然后重点介绍计数器、寄存器、移位寄存器等的逻辑功能、典型芯片、VHDL 设计及应用。

5.1 时序逻辑电路的基本概念

5.1.1 时序逻辑电路的结构和特点

组合逻辑电路在任一时刻的输出状态仅取决于该时刻各输入状态的组合，而与过去的输入状态无关。组合逻辑电路可以完成单纯的编码/译码、代码转换、数据选择/数据分配、逻辑运算/算术运算等。但当某些操作依赖于前一操作的处理结果时，组合逻辑电路就不能完成了，而需要增加能记忆以前操作结果的记忆电路，例如图 5-1 所示的累加器结构示意图。所谓累加器就是将多个二进制数一个一个相加求和的电路。图中的加法器是执行被加数 A 和加数 B 相加的组合逻辑电路，累加寄存器是保存相加结果的记忆电路，它在控制命令的作用下，接受输入端的数据 D（即加法器的输出 S）并予以保存。在累加器工作之前，先将累加寄存器清零（$Q=0$），再送入第一个数据。这时，加法器的 $B=X_1$，$A=0$；加法器的输出 $S=A+B=0+X_1=X_1$。在第一个控制命令到来后，累加寄存器工作，将 $D=S=X_1$ 送入累加寄存器保存起来，使 $Q=X_1$。然后再送入第二个数据 X_2。由于 $B=X_2$，$A=X_1$，所以加法器 $S=A+B=X_1+X_2$，随后到来的第二个控制命令将 $D=S=X_1+X_2$ 送入累计寄存器，使 $Q=D=X_1+X_2$。之后再送入第三个数据……。依次类推，直至完成所有需要相加的数为止。

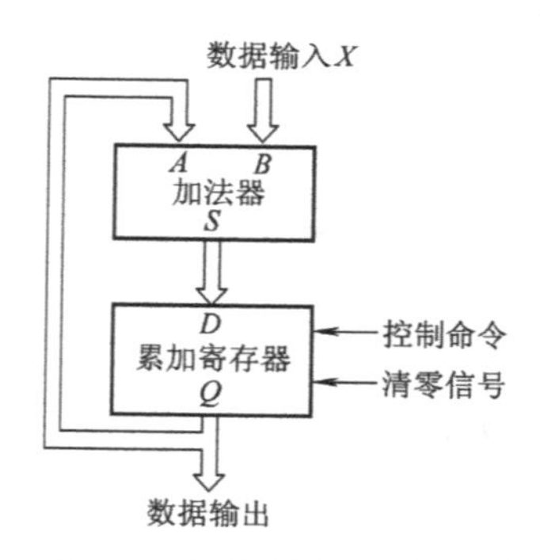

图 5-1　累加器结构示意图

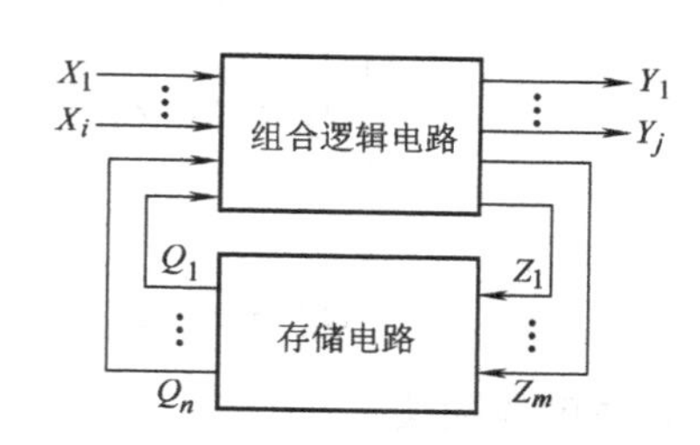

图 5-2　时序逻辑电路的结构模型

从累加器的工作原理可以看出，为了实现数据信号逐个相加，必须在组合逻辑电路的基础上加上能记忆前次操作结果的存储电路。累加器是一个典型的时序逻辑电路。图 5-2 所示为时序逻辑电路的一般结构模型。由此可见，时序逻辑电路和组合逻辑电路一样，关注的都是其输出对输入的响应。然而，在电路性能上，在任何时刻，时序逻辑电路的输出不仅取决于该时刻电路的输入，而且还与电路以前的状态有关，即时序逻辑电路有记忆功能，而组合逻辑电路没有记忆功能；在电路结构上，时序逻辑电路中存在反馈回路，而组合逻辑电路中则没有反馈回路。

需要说明的是，在很多情况下，时序逻辑电路并不具备图 5-2 这种完整的结构形式，有时没有输入信号部分，有时没有组合逻辑部分，但是它们在逻辑功能上仍具有时序逻辑电路的基本特征。

5.1.2　时序逻辑电路的一般表示方法

由于时序逻辑电路在时间上有先后顺序，为了表达清楚输入、输出和电路状态前后的变化顺序，通常可以用以下几种方法来描述时序逻辑电路。

1. 方程组描述法

图 5-2 中，X 代表输入信号，Y 代表输出信号，Z 代表存储电路的输入信号，Q 代表存储电路的输出信号。这些信号之间的逻辑关系可以用三个方程组（输出方程、驱动方程、状态方程）来描述，即

输出方程

$$\begin{cases} Y_1 = f_1(X_1, X_2, \cdots, X_i, Q_1, Q_2, \cdots, Q_n) \\ Y_2 = f_2(X_1, X_2, \cdots, X_i, Q_1, Q_2, \cdots, Q_n) \\ \quad\vdots \\ Y_j = f_j(X_1, X_2, \cdots, X_i, Q_1, Q_2, \cdots, Q_n) \end{cases} \tag{5-1}$$

驱动方程（或激励方程）

$$\begin{cases} Z_1 = g_1(X_1, X_2, \cdots, X_i, Q_1, Q_2, \cdots, Q_n) \\ Z_2 = g_2(X_1, X_2, \cdots, X_i, Q_1, Q_2, \cdots, Q_n) \\ \quad\vdots \\ Z_m = g_m(X_1, X_2, \cdots, X_i, Q_1, Q_2, \cdots, Q_n) \end{cases} \tag{5-2}$$

状态方程

$$
\begin{cases}
Q_1^* = h_1(Z_1, Z_2, \cdots, Z_m, Q_1, Q_2, \cdots, Q_n) \\
Q_2^* = h_2(Z_1, Z_2, \cdots, Z_m, Q_1, Q_2, \cdots, Q_n) \\
\qquad \vdots \\
Q_n^* = h_n(Z_1, Z_2, \cdots, Z_m, Q_1, Q_2, \cdots, Q_n)
\end{cases}
\tag{5-3}
$$

2. 状态图描述法

时序逻辑电路状态转移图简称状态图。在状态图描述法中，电路的状态用状态名的取值加上圆圈表示，状态转移的关系用箭头表示，并且在箭头上方或者下方用 X/Y 表示转移所需的输入条件和相应的输出状态。状态图是分析和设计时序逻辑电路的重要工具，它能直观地描述时序逻辑电路的状态转移和输入输出关系，也能直观地说明电路的逻辑功能。例如，图 5-3 所示是六进制加法计数器的状态图。

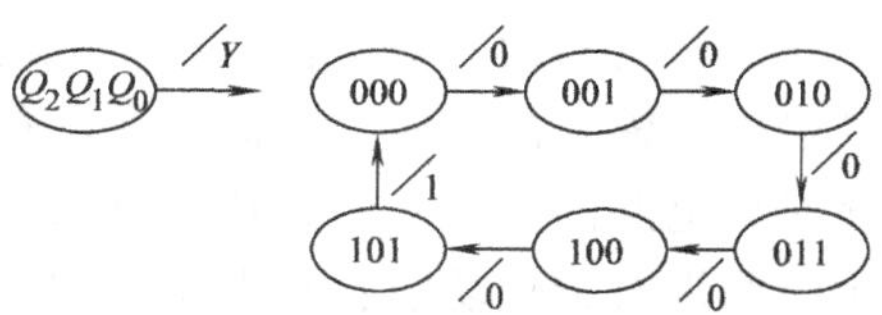

图 5-3 状态图示例

$Q_2Q_1Q_0$ $\xrightarrow{/Y}$ 是图例，表明该状态图描述的是由三个触发器（输出分别是 Q_2、Q_1、Q_0）构成的电路，X 的位置空缺表示该电路没有外部输入 X，但是有外部输出 Y；状态图表示的是三个触发器的状态转移情况，圆圈里的“0”和“1”代表相应触发器的状态。

3. 状态表描述法

时序逻辑电路的另一种描述方法是状态表描述法。状态表是针对输入信号的所有取值和对应的输出以及存储电路中触发器的所有状态所列的表格。列状态表时把输入信号和触发器的现态列在表的左边，对应的输出和触发器的次态列在表的右边。四进制可逆计数器的状态表见表 5-1。状态图和状态表可以互相转换。

表 5-1 状态表示例

输入信号	现态		次态		输出
X	Q_1	Q_0	Q_1^*	Q_0^*	Y
0	0	0	0	1	0
	0	1	1	0	0
	1	0	1	1	0
	1	1	0	0	1
1	0	0	1	1	1
	0	1	0	0	0
	1	0	0	1	0
	1	1	1	0	0

4. 时序图描述法

时序图就是时序电路的工作波形，它能直观地描述时序逻辑电路的输入信号、时钟信号、输出信号以及电路状态的转换在时间上的对应关系。图 5-4 所示为六进制计数器的时序图示例。

5.1.3 时序逻辑电路的分类

1. 同步时序逻辑电路和异步时序逻辑电路

根据各触发器接入的时钟信号源的情况，时序逻辑电路可以分为同步时序逻辑电路和异步时序逻辑电路。如果所有的触发器共用一个时钟源，则称为同步时序逻辑电路，电路中所有触发器的状态会在同一时刻满足变化条件，这个变化也与时钟脉冲的变化同步。因此，同步时序逻辑电路的状态是每隔一个固定的时间才会变化一次，而这个固定时间即是时钟脉冲的周期。

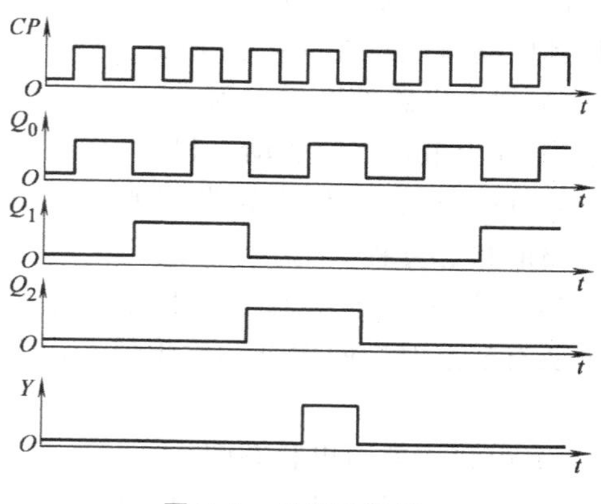

图 5-4 时序图示例

异步时序逻辑电路中各触发器不再采用统一的时钟信号源，至少存在两个或两个以上时钟信号，因此，触发器状态的变化不会在同时发生，而是有前有后，所以称之为异步。在异步时序逻辑电路中，有些触发器的时钟采用外部时钟，则它们的状态改变与时钟信号同步；有的触发器时钟采用的是其他脉冲信号，则它们的状态变化与外部时钟信号不一定同步。总之，由于异步时序逻辑电路没有统一的时钟信号，所以在进行电路分析时相对比较复杂繁琐，在进行电路设计时更是没有规律可循，很多是借助于前人的经验总结。

2. 米勒型电路和摩尔型电路

时序逻辑电路还可以根据输出信号的特点分为米勒（Mealy）型和摩尔（Moore）型两种。在米勒型电路中，输出信号不仅取决于存储电路的状态，而且还取决于输入信号；在摩尔型电路中，输出信号仅仅取决于存储电路的状态。可见，摩尔型电路只不过是米勒型电路的一种特例而已。

5.2 时序逻辑电路的分析

时序逻辑电路的分析目的是根据所给的逻辑图找出电路所完成的逻辑功能。具体说，时序逻辑电路分析就是要找出电路的状态在输入信号和时钟信号作用下的变化规律。

5.2.1 同步时序逻辑电路的分析

1. 同步时序逻辑电路的分析方法

由于同步时序逻辑电路中所有的触发器都在同一个时钟信号作用下工作，所以分析方法比较简单。根据 5.1.2 节中介绍，时序逻辑电路可以用输出方程、驱动方程和状态方程来描述，也可以用状态表、状态图、时序图来描述。虽然用方程组描述的方法比较抽象，不能直观地看出电路的变化规律，但是方程组可以方便地转换成状态表和状态图，从而找出电路的功能，所以分析同步时序逻辑电路还是要从驱动方程和状态方程着手。

通过总结同步时序逻辑电路的分析方法，可以得出其一般分析步骤如下：

1）分析电路组成，寻找输入和输出变量以及触发器的个数和类型。根据触发器的类型可写出触发器的状态方程，根据触发器的个数可以得到电路可能存在的状态个数。

2）列出电路的输出方程。

3）列出触发器的驱动方程。

4）将驱动方程代入触发器的状态方程，得到电路的状态方程。

5）根据电路的状态方程和输出方程，可以求出所有现态对应的次态和输出值，由此得到状态表。

6）由状态表画出状态图。

7）根据实际情况，必要时画出时序图。

8）根据状态表、状态图和时序图，分析电路状态的变化规律以及输出与输入的逻辑关系，找出电路的逻辑功能。

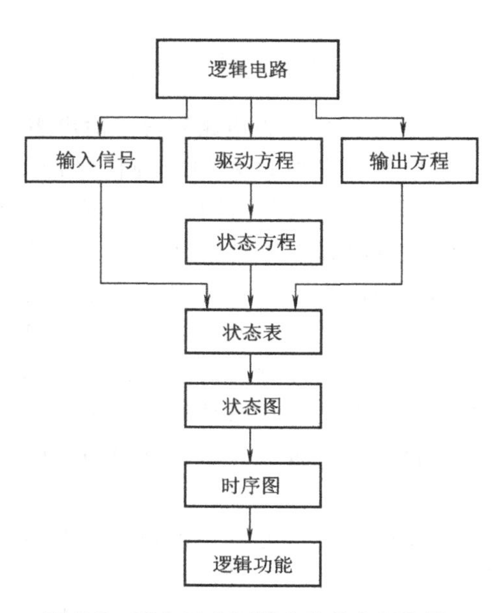

图 5-5　同步时序逻辑电路的分析步骤

上述的分析步骤如图 5-5 所示。

2. 同步时序逻辑电路分析举例

【例 5-1】　分析图 5-6 所示时序电路的逻辑功能。

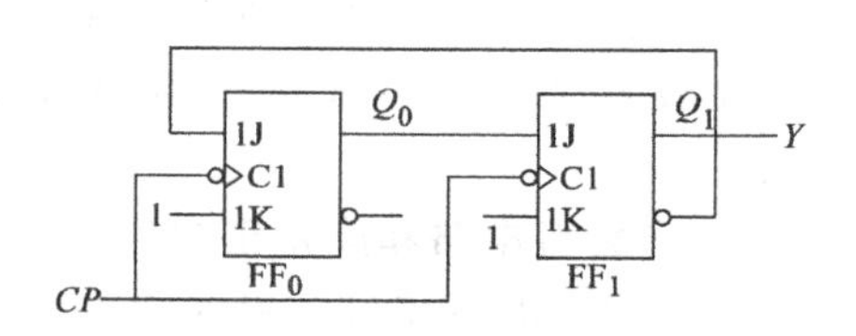

图 5-6　例 5-1 的电路图

解：（1）分析电路。该时序电路由两个下降沿触发的 JK 触发器构成，两个触发器共用一个时钟 CP，没有外部输入信号（时钟信号不属于外部输入信号），所以该电路是摩尔型的同步时序逻辑电路。

JK 触发器的状态方程

$$Q^{*}=JQ'+K'Q$$

（2）输出方程

$$Y=Q_1 \tag{5-4}$$

（3）驱动方程

$$\begin{cases}J_0=Q_1'\\K_0=1\end{cases} \tag{5-5}$$

$$\begin{cases}J_1=Q_0\\K_1=1\end{cases} \tag{5-6}$$

（4）次态方程（状态方程）。将驱动方程式（5-5）和式（5-6）分别代入 JK 触发器的状态方程，可得各触发器的次态方程

$$\begin{cases}Q_0^{*}=J_0Q_0'+K_0'Q_0=Q_1'Q_0'\\Q_1^{*}=J_1Q_1'+K_1'Q_1=Q_0Q_1'\end{cases} \tag{5-7}$$

（5）状态表。根据次态方程式（5-7）求出每种状态的次态，再由输出方程式（5-4）得到输出状态，根据这些数据列出状态表。

例如，假设现态 $Q_0=0$，$Q_1=0$，则根据式（5-4），$Y=Q_1=0$；根据式（5-7），次态 $Q_0^{*}=Q_1'Q_0'=1$，$Q_1^{*}=Q_0Q_1'=0$。依次类推，可得到状态表，见表 5-2。

表 5-2　例 5-1 的状态表

现态		次态		输出
Q_1	Q_0	Q_1^*	Q_0^*	Y
0	0	0	1	0
0	1	1	0	0
1	0	0	0	1
1	1	0	0	1

(6) 状态图。根据状态表，画出状态图，如图 5-7 所示。

(7) 时序图。假设触发器的初态为“0”，根据状态图，画出电路的时序图如图 5-8 所示。

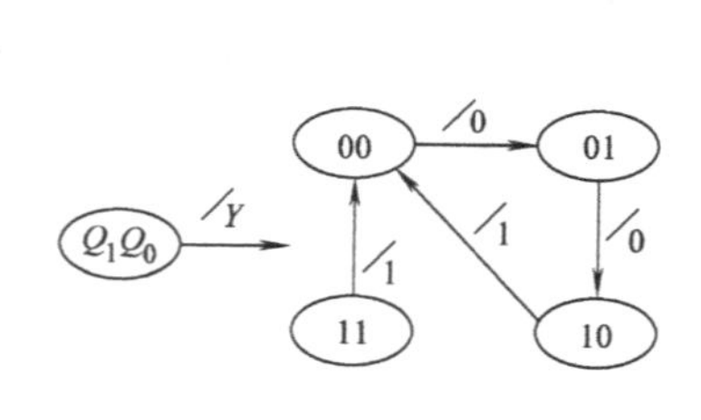

图 5-7　例 5-1 的状态图

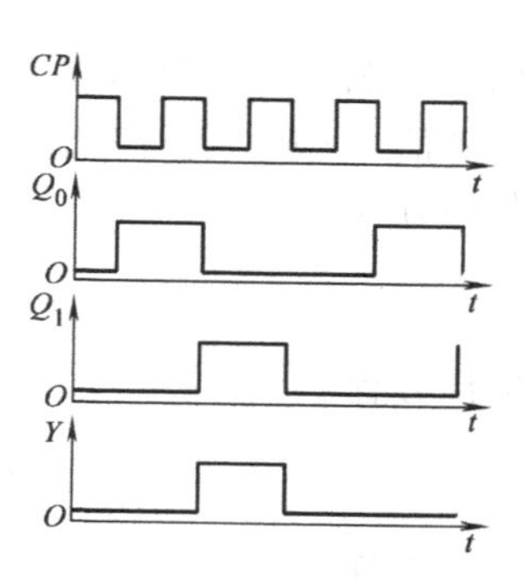

图 5-8　例 5-1 的时序图

(8) 分析逻辑功能。由状态图和时序图可以看出，当时钟脉冲下降沿到来，触发器的状态发生改变，Q_1Q_0 变化的顺序是“00”→“01”→“10”→“00”。也就是说在时钟信号的作用下，电路在三个状态“00”、“01”、“10”之间循环。第四个状态“11”的次态是“00”，即“11”经过一个时钟周期后也可以到达该循环状态之中。如果从 Q_1Q_0 =“00”时加入时钟信号，则 Q_1Q_0 的数值可以表示输入的时钟脉冲数目，所以该电路可以看成是一个三进制的加计数器，Y 为进位信号。

在此补充几个概念：

1) 有效循环（主循环）和无效循环（死循环）：如果一个时序逻辑电路的所有状态构成不止一个循环，则把其中有用的一个循环（或者指定其中的一个循环）称为有效循环，或称主循环；其他循环称为无效循环或者死循环。

2) 有效状态和无效状态：在有效循环中的工作状态称为有效状态，其他游离在循环外或者在无效循环中的状态则称为无效状态。例如，例 5-1 的电路共有四个状态，其中三个为有效状态，分别是“00”、“01”、“10”，一个为无效状态，为“11”。

如果一个由 n 个触发器构成的时序逻辑电路，若有效状态为 m 个，则无效状态为 2^n-m 个。

3) 自启动能力：如果电路所有的无效状态在经过若干个时钟周期后都能到达有效循环中，则称该电路具有自启动能力。例 5-1 中的无效状态“11”经过一个时钟周期后就到达了有效循环中，所以该电路具有自启动能力。一般分析和设计电路时都要检查电路的自启动情况。如果电路具备自启动能力，则开机时无论在什么状态，经过一段时间后，都会自动到达有效循环中，也就是正常工作状态，而不会发生死循环（死机）的状况。

【例 5-2】 分析图 5-9 所示电路的逻辑功能。

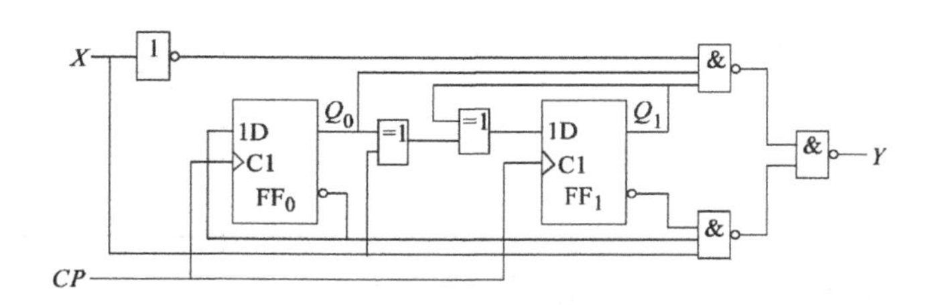

图 5-9 例 5-2 的电路图

解：（1）分析电路。该时序逻辑电路由两个上升沿触发的 D 触发器构成，两个触发器共用一个时钟信号 CP，有外部输入信号 X，所以该电路是米勒型的同步时序逻辑电路。D 触发器的状态方程

$$Q^*=D$$

（2）输出方程

$$Y=((X'Q_1Q_0)'(XQ_1'Q_0')')'=X'Q_1Q_0+XQ_1'Q_0' \tag{5-8}$$

（3）驱动方程

$$\begin{cases} D_0=Q_0' \\ D_1=X\oplus Q_0\oplus Q_1 \end{cases} \tag{5-9}$$

（4）状态方程。将驱动方程式（5-9）代入 D 触发器的状态方程，可得各触发器的次态方程

$$\begin{cases} Q_0^*=D_0=Q_0' \\ Q_1^*=D_1=X\oplus Q_0\oplus Q_1 \end{cases} \tag{5-10}$$

（5）状态表。根据次态方程式（5-10），求出每种状态的次态，再由输出方程式（5-8）得到输出状态，根据这些数据列出状态表。

由于是米勒型电路，有外部输入信号 X，所以要考虑 X 的不同取值时电路状态的转移情况。例如 Q_1Q_0 的现态为“00”，当 $X=0$ 时，Q_1Q_0 的次态为“01”；当 $X=1$ 时，Q_1Q_0 的次态为“11”。依次类推，可以得到状态表，见表 5-3。

表 5-3 例 5-2 的状态表

输入信号	现态		输出	次态	
X	Q_1	Q_0	Y	Q_1^*	Q_0^*
0	0	0	0	0	1
	0	1	0	1	0
	1	0	0	1	1
	1	1	1	0	0
1	0	0	1	1	1
	1	1	0	1	0
	1	0	0	0	1
	0	1	0	0	0

（6）状态图。根据状态表，可以得到状态图，如图 5-10 所示。

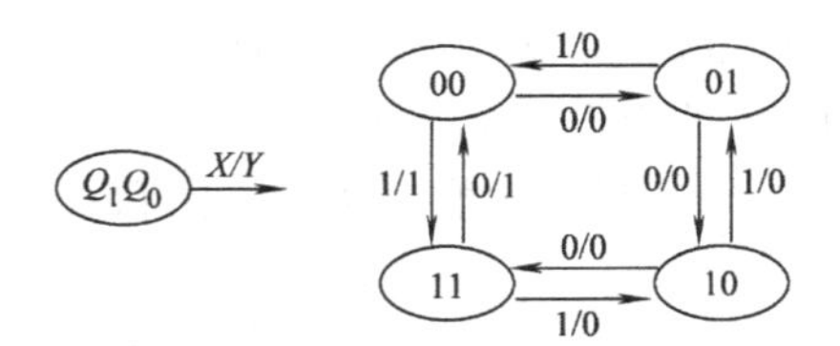

图 5-10　例 5-2 的状态图

（7）时序图。假设 Q_1Q_0 的初态为"00"，则电路的时序图如图 5-11 所示。注意：为了能反映电路的变化规律，图中 X 的值要保持四个以上时钟周期不变。另外，输出 Y 是一个组合逻辑电路输出，它的值取决于 X 和 Q_1、Q_0 的值。图中出现了一个不应该有的窄脉冲，如果要消除这个脉冲，可以将时钟信号接入输出 Y 中，即

$$Y=(X'Q_1Q_0+XQ_1'Q_0')CP$$

（8）逻辑功能。从状态图（见图 5-10）和时序图（见图 5-11）可以看出，该电路是一个可逆计数器。当 $X=0$ 时，是一个加计数器，在时钟信号的连续作用下，Q_1Q_0 变化的顺序是"00"→"01"→"10"→"11"，呈递增趋势，Y 为进位信号；当 $X=1$ 时，是一个减计数器，在时钟信号的连续作用下，Q_1Q_0 的变化顺序是"11"→"10"→"01"→"00"，呈递减趋势，Y 为借位信号。

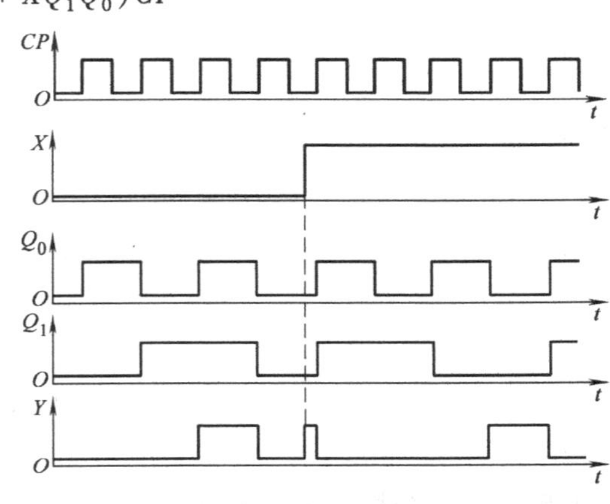

图 5-11　例 5-2 的时序图

5.2.2　异步时序逻辑电路的分析

与同步时序逻辑电路相比，异步时序逻辑电路没有统一的时钟源，电路状态的变化可能和外部时钟不一致。所以在分析异步时序逻辑电路时，首先要分析各触发器的时钟信号，再根据触发器的驱动方程和状态方程，分析电路状态在何时发生改变。同步时序逻辑电路各触发器状态的变化与时钟信号同步，所以电路分析比较规律和简单。但是异步时序逻辑电路各触发器状态的变化与各自的时钟同步，因此，异步时序逻辑电路的分析比较复杂。下面结合具体的实例讲解分析异步时序逻辑电路的步骤。

【例 5-3】　分析图 5-12 的电路，说明电路的功能。

解：（1）分析电路。电路由三个下降沿触发的 T 触发器构成，前一个触发器的 Q' 作为后一个触发器的时钟，没有外部输入信号，所以该电路是摩尔型的异步时序逻辑电路。

T 触发器的状态方程为

$$Q^*=TQ'+T'Q$$

当 $T=1$ 时，$Q^*=Q'$。

图 5-12 中，每个触发器的输入 T 都为高电平 1，所以每当各自的时钟下降沿到来，该触发器的状态便发生翻转。

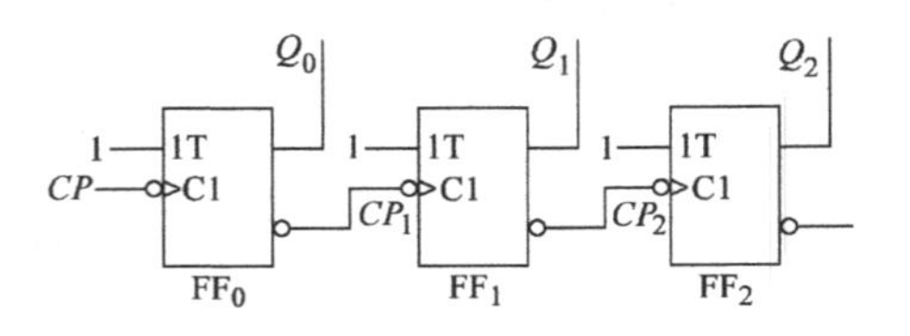

图 5-12　例 5-3 的电路图

（2）时序图和状态图。在外部时钟 CP 的作用下，可以得到电路的时序图如图 5-13a 所示，图中忽略了触发器的延时。FF_0 以 CP 为时钟（下降

沿)，FF_1 以 Q_0' 为时钟（Q_0' 的下降沿，即 Q_0 的上升沿)，FF_2 以 Q_1' 为时钟（Q_1' 的下降沿，即 Q_1 的上升沿)。图 5-13b 是其状态图。

(3) 逻辑功能。从时序图和状态图中可以看出该时序逻辑电路是异步八进制减计数器。

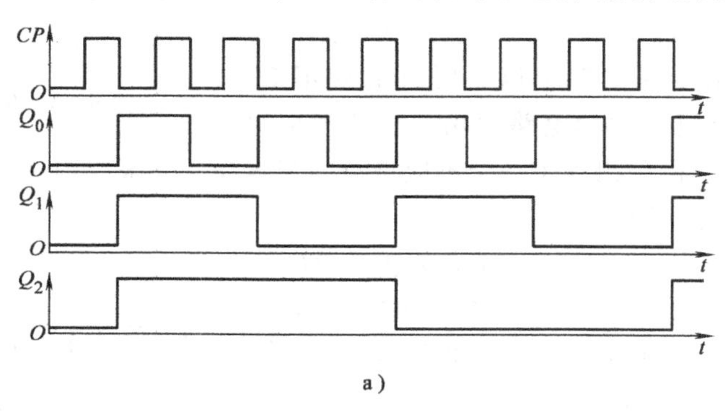

a)

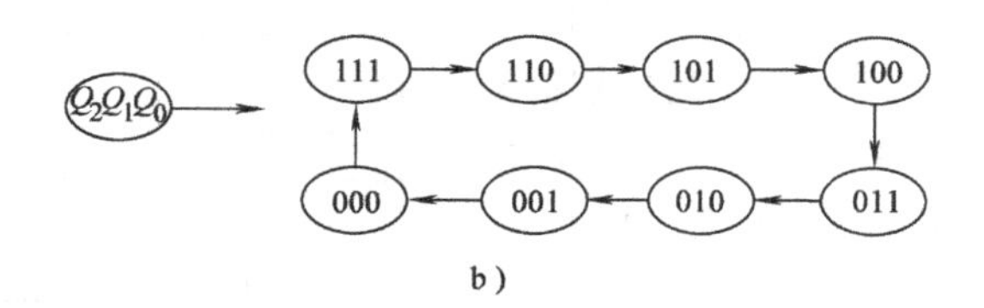

b)

图 5-13 例 5-3 的时序图和状态图

a) 时序图 b) 状态图

【例 5-4】 分析图 5-14 的电路，说明电路的功能。

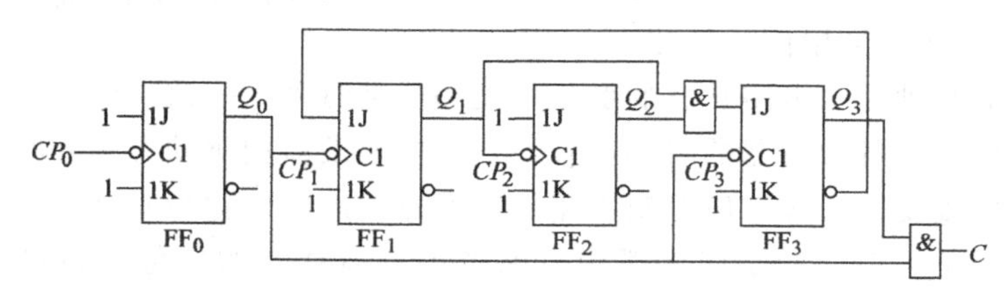

图 5-14 例 5-4 的电路图

解: (1) 分析电路。该电路由四个下降沿触发的 JK 触发器组成，没有统一的时钟信号，没有外部输入信号，所以该电路是摩尔型的异步时序逻辑电路。

(2) 时钟信号分析

FF_0: CP_0

FF_1: $CP_1 = Q_0$

FF_2: $CP_2 = Q_1$

FF_3: $CP_3 = Q_0$

(3) 驱动方程

$$\begin{cases} J_0 = 1, \ K_0 = 1 \\ J_1 = Q_3', \ K_1 = 1 \\ J_2 = 1, \ K_2 = 1 \\ J_3 = Q_1 Q_2, \ K_3 = 1 \end{cases} \tag{5-11}$$

输出方程

$$C = Q_0 Q_3 \tag{5-12}$$

（4）状态方程。JK 触发器的状态方程

$$Q^* = JQ' + K'Q$$

将驱动方程式（5-11）代入 JK 触发器的状态方程，即可得到该电路的状态方程（次态方程）

$$\begin{cases} Q_0^* = J_0 Q_0' + K_0' Q_0 = Q_0' & \cdots(CP_0 \downarrow) \\ Q_1^* = J_1 Q_1' + K_1' Q_1 = Q_3' Q_1' & \cdots(Q_0 \downarrow) \\ Q_2^* = J_2 Q_2' + K_2' Q_2 = Q_2' & \cdots(Q_1 \downarrow) \\ Q_3^* = J_3 Q_3' + K_3' Q_3 = Q_1 Q_3 Q_3' & \cdots(Q_0 \downarrow) \end{cases} \tag{5-13}$$

式中，“…”号后面括号中表示的是该触发器的时钟信号，不参加逻辑运算，意思是该触发器将在此时钟信号下降沿时状态发生改变。例如 FF_2 的时钟信号是 Q_1，只有在 Q_1 有下降沿时，FF_2 才会按照状态方程的规律发生状态的改变。

（5）状态表。根据状态方程式（5-13），可以得到各触发器的次态。但是，由于是异步时序逻辑电路，各触发器拥有不同的时钟信号，所以触发器状态的改变不会都跟随外部时钟信号，而是要根据具体情况分别进行分析。因此，在计算次态时，首先要确定该触发器是否有时钟下降沿。只有当该触发器的时钟下降沿到达，触发器的状态才会改变，否则触发器的状态将保持不变。

状态表见表 5-4。为了分析方便起见，在状态表中增加了各触发器时钟信号一栏。时钟信号栏中，“↑”表示时钟上升沿，“↓”表示时钟下降沿，“-”表示时钟既没有上升沿也没有下降沿。

表 5-4 例 5-4 的状态表

外部时钟信号	现态				各触发器时钟				次态				输出
	Q_3	Q_2	Q_1	Q_0	CP_3 (Q_0)	CP_2 (Q_1)	CP_1 (Q_0)	CP_0	Q_3^*	Q_2^*	Q_1^*	Q_0^*	C
1	0	0	0	0	↑	-	↑	↓	0	0	0	1	0
2	0	0	0	1	↓	↑	↓	↓	0	0	1	0	0
3	0	0	1	0	↑	-	↑	↓	0	0	1	1	0
4	0	0	1	1	↓	↓	↓	↓	0	1	0	0	0
5	0	1	0	0	↑	-	↑	↓	0	1	0	1	0
6	0	1	0	1	↓	↑	↓	↓	0	1	1	0	0
7	0	1	1	0	↑	-	↑	↓	0	1	1	1	0
8	0	1	1	1	↓	↓	↓	↓	1	0	0	0	0
9	1	0	0	0	↑	-	↑	↓	1	0	0	1	0
10	1	0	0	1	↓	-	↓	↓	0	0	0	0	1
11	1	0	1	0	↑	-	↑	↓	1	0	1	1	0
12	1	0	1	1	↓	↓	↓	↓	0	1	0	0	1
13	1	1	0	0	↑	-	↑	↓	1	1	0	1	0
14	1	1	0	1	↓	-	↓	↓	0	1	0	0	1
15	1	1	1	0	↑	-	↑	↓	1	1	1	1	0
16	1	1	1	1	↓	↓	↓	↓	0	0	0	0	1

现在就表 5-4 进行说明。观察第一行，在外部时钟 CP_0 的下降沿到达后，Q_0 取反，由 0 变为 1，同时 Q_0 产生一个上升沿；由于 Q_0 没有产生下降沿，所以 FF_1 和 FF_3 将保持输出不变，即保持 0 不变；FF_2 的时钟是 Q_1，由于 Q_1 没有变化，所以 Q_2 也保持 0 不变。电路的

状态由 0000→0001。再观察第二行，在外部时钟 CP_0 的下降沿到达后，Q_0 取反，由 1 变为 0，同时 Q_0 产生一个下降沿；由于 Q_0 有下降沿产生，所以 FF_1 和 FF_3 的输出将根据状态方程而发生变化，$Q_1^* = Q_3'Q_1' = 1$，$Q_3^* = Q_1Q_3Q_3' = 0$；FF_2 的时钟是 Q_1，Q_1 产生了一个上升沿而不是下降沿，所以 Q_2 保持 0 不变。电路的状态由 0001→0010。其他状态的变化依次类推，不再赘述。电路由四个触发器构成，共有 16 种状态，每种状态的次态和输出见表 5-4。

在列状态表的同时画出时序图，可以更清晰地表达状态的转换。图 5-15 所示的是电路在连续时钟信号作用下的时序图，图中的虚线表示的是触发器针对本身时钟的延时示意。

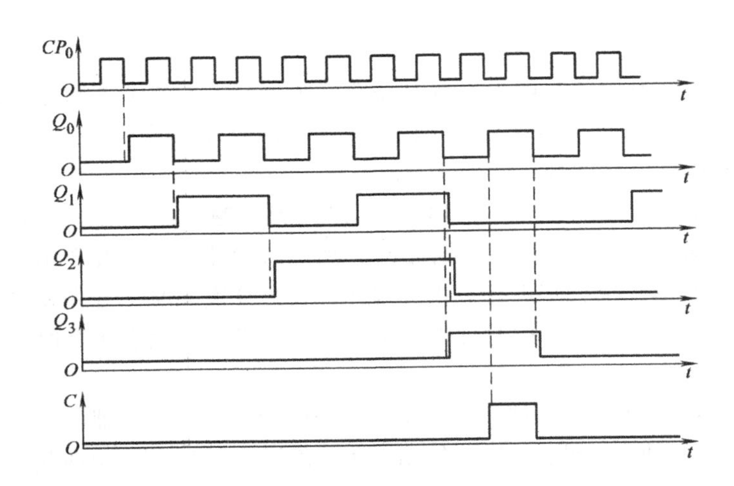

图 5-15 例 5-4 的时序图

(6) 状态图。根据状态表和时序图，可以得到状态图，如图 5-16 所示。

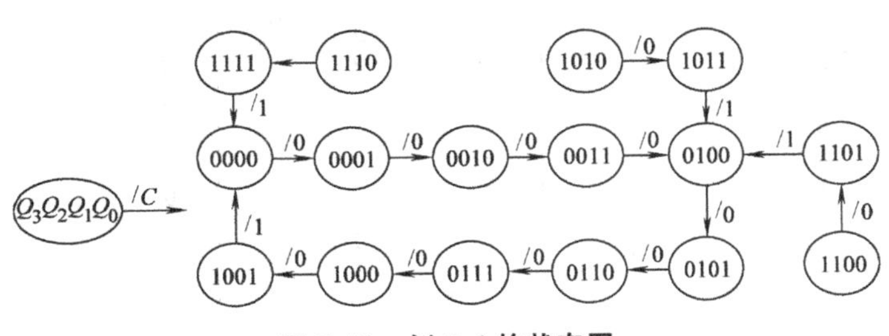

图 5-16 例 5-4 的状态图

(7) 逻辑功能。从状态图（见图 5-16）可以看出，有效循环中有十个状态，从“0000”递增到“1001”，所以该循环构成十进制加计数器。另外有六个无效状态经过一个或者两个时钟脉冲后也能到达有效循环中。因此，该时序电路是具有自启动能力的十进制加计数器。

从上面的例子可以看出，异步时序逻辑电路触发器的状态翻转不是同步的，分析异步时序逻辑电路的关键是分析各触发器的时钟情况，触发器的状态转移一定要在其本身的时钟信号的作用下才会发生。

5.3　计数器及其应用

5.3.1　计数器概述

所谓计数就是统计时钟脉冲的个数，计数器是对时钟脉冲计数的一种电路。计数器是数字系统中使用最多的时序逻辑电路之一，除了可以用于对时钟脉冲计数，还可以用于分频、定时、产生节拍脉冲和序列脉冲以及进行数字运算等。

在结构上，计数器由触发器构成，它是利用触发器的记忆能力完成计数器的计数功能。

计数器的种类很多。如果按计数器中的触发器是否同时翻转分类，可以将计数器分成同步计数器和异步计数器。同步计数器中所有触发器采用同一时钟信号，触发器的翻转和时钟信号同步；异步计数器中触发器的时钟信号不止一个，有的触发器采用外部时钟信号作时钟源，有的触发器则把其他触发器的输出或者其他信号作为时钟源，因此触发器的翻转有先有后，不会同时发生，计数器计的是外部时钟脉冲数。

如果按计数值的增减趋势分类，计数器可以分成加计数器、减计数器和加/减计数器（又称可逆计数器）。随着计数脉冲的不断输入而作递增计数的是加计数器，作递减计数的是减计数器，可增可减的是可逆计数器。

如果按计数体制分类，计数器可以分为二进制计数器、十进制计数器和 N 进制计数器。假设计数器由 n 个触发器构成，用于计数功能的有效状态数为 N（称为计数长度）。如果 $N=2^n$，则称为二进制计数器，其计数值通常采用自然二进制数；如果 $N=10$，则称为十进制计数器，其计数值采用二-十进制编码，即 BCD 码，所以十进制计数器也称为 BCD 计数器；除二进制计数器、十进制计数器之外的计数器统称为 N 进制计数器，如五进制、十二进制、二十四进制等。

通常计数器的名称是分类方式的组合，反映了计数器的工作特点。例如，同步二进制加计数器，异步十进制可逆计数器等。

虽然计数器种类繁多，但是同种类型的计数器具有相同的工作特点，所以可以通过典型计数器的学习，举一反三，达到掌握其他计数器的目的。下面将详细介绍 4 位同步二进制加计数器（74161）、同步十进制计数器（74160）、异步十进制计数器（74290）、4 位单时钟可逆计数器（74191）等典型计数器的逻辑功能和应用。

5.3.2　集成同步二进制加计数器

1. 4 位同步二进制加计数器（74161）

74161 是 4 位同步二进制加计数器，即十六进制计数器，属于中规模集成电路，是同步二进制加计数器的典型器件之一，具有异步清零和同步置数的功能。

（1）逻辑电路和逻辑图形符号

图 5-17a 所示的是 74161 的逻辑电路，图 5-17b 是其逻辑图形符号。图中，四个下降沿触发的 JK 触发器，共用一个时钟信号 CP，所以称 4 位同步计数器。CP 经过非门后与下降沿触发 JK 触发器的时钟端相连，所以电路的状态变化应该发生在 CP 上升沿时刻。四个触发器完成十六进制计数功能。另外，电路还有其他的输入端，完成辅助功能。例如，R_D 为

清零端（复位端），LD 为置数控制端，ET、EP 为工作状态控制端或称计数使能端，$D_0 \sim D_3$ 是数据输入端。电路还有一个进位输出端 C，且 $C=ET \cdot Q_3Q_2Q_1Q_0$

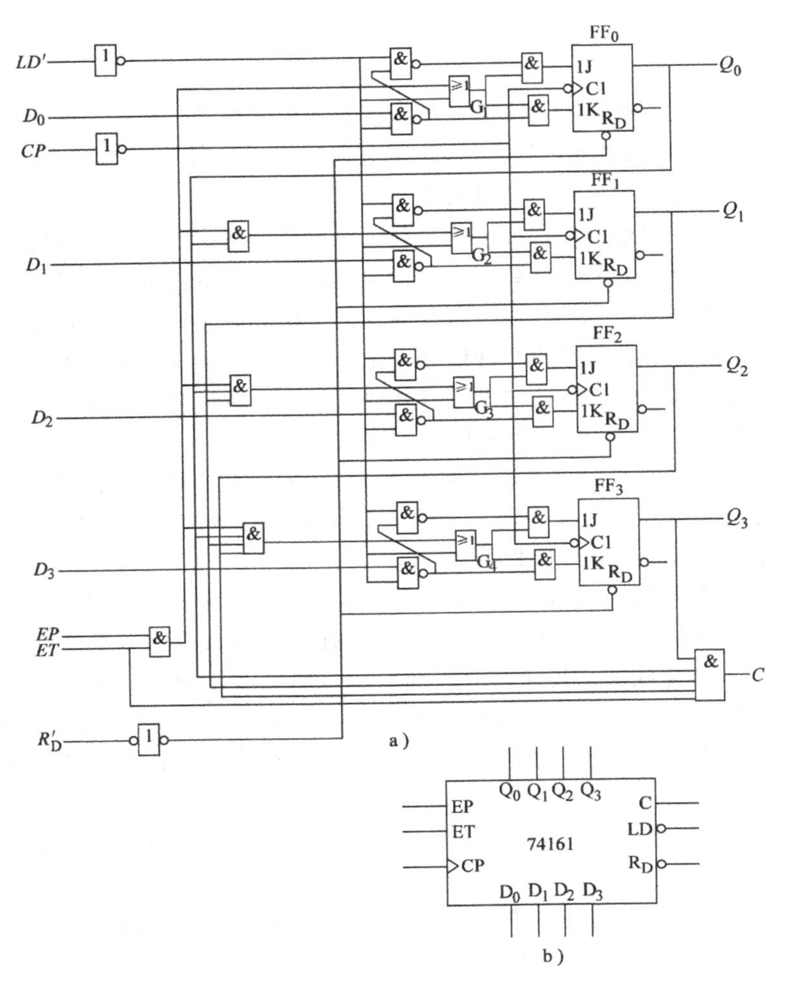

图 5-17　74161 的逻辑电路和逻辑图形符号

a）逻辑电路　b）逻辑图形符号

（2）逻辑功能和功能表

1）清零功能：从图 5-17a 可以看出，当 $R_D'=0$ 时，计数器的状态 $Q_3Q_2Q_1Q_0$ 同时被置零，而且置零操作不受其他输入状态的影响。也就是说只要清零端接上低电平信号时，计数器立即置零，和时钟信号没有关系，这种清零方式称为异步清零。所以 74161 具有异步清零功能，清零信号低电平有效，这与 74161 逻辑图形符号图 5-17b 中清零端 R_D 上的小圆圈相对应。

2）置数功能：当 $R_D'=1$，即电路不处于清零状态时，如果置数信号 $LD'=0$，也就是说，当不清零时，置数端接上低电平信号，等待时钟的上升沿到达后，$D_0 \sim D_3$ 被置到计数器相应的输出端。这种需要时钟配合的置数方式称为同步置数。所以 74161 具有同步置数功能，置数信号低电平有效，这与 74161 逻辑图形符号图 5-17b 置数端 LD 上的小圆圈相对应。

3）保持功能：当 $R_D'=LD'=1$，而 $EP=0$、$ET=1$ 时，当 CP 信号到达时计数器保持原来的状态不变，同时输出 C 的状态也得到保持。如果 $ET=0$，则 EP 无论为何状态，计数器的状态也将保持不变，但这时进位输出 C 等于 0。也就是说只要 EP、ET 中有一个为低电平，计数器将保持原状态不变。

4）计数功能：当 $R_D'=LD'=EP=ET=1$，电路工作在计数状态，即在时钟作用下，其状态变化如图 5-18 所示。EP 和 ET 称为计数使能，高电平有效。

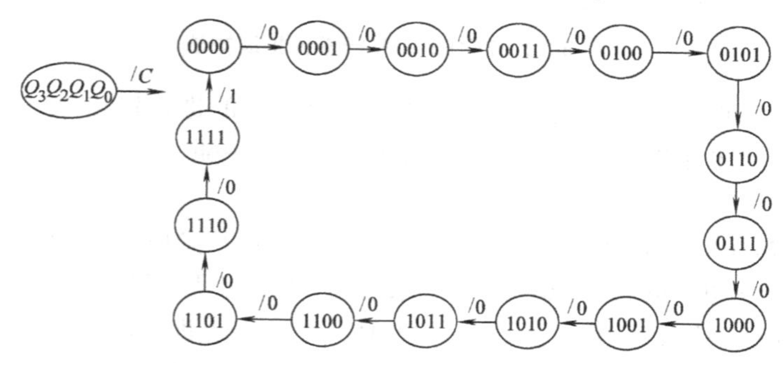

图 5-18　74161 的状态图

把 74161 的各项功能归纳总结到功能表中，可以更加简洁明了地说明 74161 的逻辑功能，也便于以后使用。功能表是时序逻辑器件功能最好的描述方式，各种定型的产品都能在其手册上找到功能表。表 5-5 是 74161 的功能表，表中，“×”表示任意态，“↑”表示时钟上升沿。

表 5-5　4 位同步二进制加法计数器 74161 的功能表

R_D'	LD'	EP	ET	CP	D_3	D_2	D_1	D_0	Q_3	Q_2	Q_1	Q_0	工作状态
0	×	×	×	×	×	×	×	×	0	0	0	0	异步清零
1	0	×	×	↑	D_3	D_2	D_1	D_0	D_3	D_2	D_1	D_0	同步置数
1	1	0	1	×	×	×	×	×	Q_3	Q_2	Q_1	Q_0	保　持
1	1	×	0	×	×	×	×	×	Q_3	Q_2	Q_1	Q_0	保　持
1	1	1	1	↑	×	×	×	×	十六进制加计数				计　数

74161 是同步二进制加计数器的典型芯片，事实上，集成同步二进制加计数器有很多，但功能都大同小异，应用时需要根据不同之处加以区分。例如，74163 也是 4 位二进制加计数器，但是 74163 采用同步清零的方式。同步清零与异步清零的区别是：同步清零是指当清零端接上清零信号后，计数时钟脉冲的上升沿或者下降沿到来后，计数器才会清零；异步清零不需要时钟信号，只要清零端接上清零信号，计数器立即清零。

2. 74161 同步二进制计数器的应用举例

（1）位数扩展

74161 是 4 位二进制计数器，如果合理利用使能端和进位输出端，则可以扩展成 8 位、16 位等二进制计数器。扩展方法通常有并行进位扩展和串行进位扩展两种方法。

1）并行进位扩展（同步扩展）：图 5-19 所示的是由两片 74161 连接成的 8 位二进制计数器的逻辑电路，采用的是并行进位扩展方法。并行进位扩展方法是将两片 74161 的时钟输

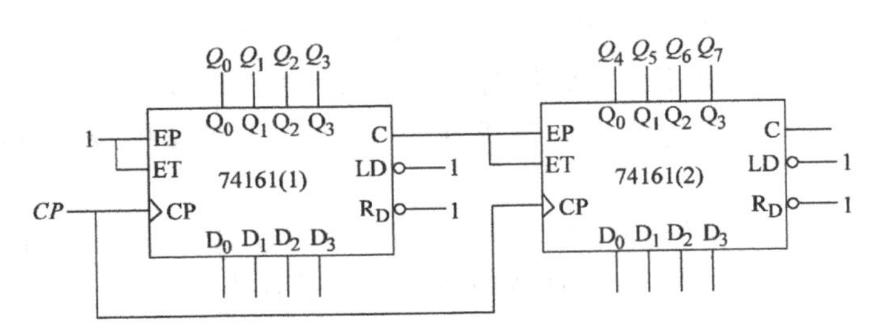

图 5-19 74161 的并行进位扩展方法

入端连在一起与外部时钟信号相连，再将低位片（片 1）的进位输出端 C 与高位片（片 2）的计数使能端 EP、ET 相连接。由于两片的时钟信号连在一起，所以并行进位级联方式属于同步级联方式。

图 5-19 中，74161（1）在时钟脉冲 CP 的连续作用下实现加计数，此时 $C=0$，也即 74161（2）的使能为 0，虽然 74161（2）也接上了时钟信号，但不会计数，而是处于保持状态；当 74161（1）计数到 $Q_3Q_2Q_1Q_0=1111$ 时，$C=1$，也即 74161（2）的使能接了高电平 1，此时 74161（2）也处于计数状态，当下一个时钟上升沿到达，74161（1）加 1 回到“0000”，74161（2）加 1 计数，此时 74161（1）的进位输出 $C=0$，74161（2）又处于保持状态。以上分析可以用表 5-6 加以表述，两片 4 位二进制加计数器构成 8 位二进制计数器，即实现 $2^8=256$ 进制计数。

表 5-6 8 位并行进位二进制计数器的状态简表

CP	Q_7	Q_6	Q_5	Q_4	Q_3	Q_2	Q_1	Q_0	C(74161(1))
初	0	0	0	0	0	0	0	0	0
↑	0	0	0	0	0	0	0	1	0
↑		…					…		
↑	0	0	0	0	1	1	1	1	1
↑	0	0	0	1	0	0	0	0	0
↑	0	0	0	1	0	0	0	1	0
↑		…					…		
↑	0	0	0	1	1	1	1	1	1
↑	0	0	1	0	0	0	0	0	0
↑		…					…		
↑	1	1	1	1	0	0	0	0	0
↑		…					…		
↑	1	1	1	1	1	1	1	1	1
↑	0	0	0	0	0	0	0	0	0

2）串行进位扩展（异步扩展）：图 5-20 所示的是串行进位扩展方法。串行进位扩展方法是将 74161（1）的进位输出 C 经过非门接到 74161（2）的时钟输入端，两片的使能输入端都接上高电平 1。由于两片的时钟信号不同，所以串行进位级联方式属于异步级联方式。

74161（1）在时钟脉冲 CP 的连续作用下实现加计数，这个过程中 $C=0$，74161（2）的时钟信号输入端始终为 1，没有上升沿，因此 74161（2）不会计数，处于保持状态；当 74161（1）计数到 $Q_3Q_2Q_1Q_0=1111$ 时，$C=1$，经过非门后为 0，也即 74161（2）的时钟产

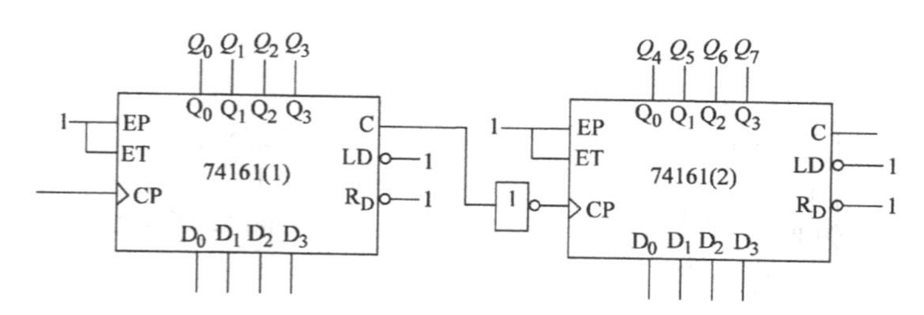

图 5-20　74161 的串行进位扩展方法

生了一个下降沿，74161（2）还是不会计数；当下一个时钟上升沿到达，74161（1）回到“0000”，进位输出 $C=0$，经过非门后为高电平，即 74161（2）的时钟输入端产生了一个上升沿，74161（2）实现加 1 计数；此后 74161（1）继续计数，74161（2）又处于保持状态；依次类推，完成 8 位二进制即 256 进制计数。用表 5-7 表示 8 位串行进位二进制计数器的状态转移过程，特别注意最后一列，即 74161（2）的时钟信号。

表 5-7　8 位串行进位二进制计数器的状态简表

CP(74161(1))	Q_7	Q_6	Q_5	Q_4	Q_3	Q_2	Q_1	Q_0	C(74161(1))	CP(74161(2))
初	0	0	0	0	0	0	0	0	0	1
↑	0	0	0	0	0	0	0	1	0	1
↑		…				…				
↑	0	0	0	0	1	1	1	1	1	0(↓)
↑	0	0	0	1	0	0	0	0	0	1(↑)
↑	0	0	0	1	0	0	0	1	0	1
↑		…				…				
↑	0	0	0	1	1	1	1	1	1	0(↓)
↑	0	0	1	0	0	0	0	0	0	1(↑)
↑		…				…				
↑	1	1	1	1	1	1	1	1	1	0
↑	0	0	0	0	0	0	0	0	0	1(↑)

（2）构成任意进制计数器

从降低成本的角度考虑，集成电路的定型产品必须有足够大的数量。因此，目前常见的计数器芯片在计数体制上只做成应用较广的几种类型，如十进制、十六进制、7 位二进制、12 位二进制等。在需要其他任意一种进制的计数器时，只能用已有的计数器产品经过外电路的不同连接方法得到。

74161 是 4 位二进制即十六进制计数器，它具有异步清零和同步置数功能。如果合理利用它的异步清零端和同步置数端，则可以构成任意进制计数器。

1）反馈清零法：图 5-21a 所示电路是利用清零端构成的六进制计数器。74161 具有异步清零功能，图中触发器的输出 Q_2、Q_1 通过与非门反馈到异步清零端，即 $R'_D=(Q_2Q_1)'$。如果计数器从“0000”开始计数，当六个计数脉冲输入后，状态到达“0110”状态，即 $Q_2Q_1=11$，那么，$R'_D=(Q_2Q_1)'=0$，计数器进入清零工作状态。由于是异步清零，所以触发器立刻清零而不需要等待时钟的上升沿，即计数器跳过了后面的所有状态直接回到“0000”状态。计数器到达“0000”状态后，清零信号消失，计数器又回到计数工作状态。

图 5-21b 是六进制计数器的状态图。因为六进制计数器只有六种状态，所以只要用到三

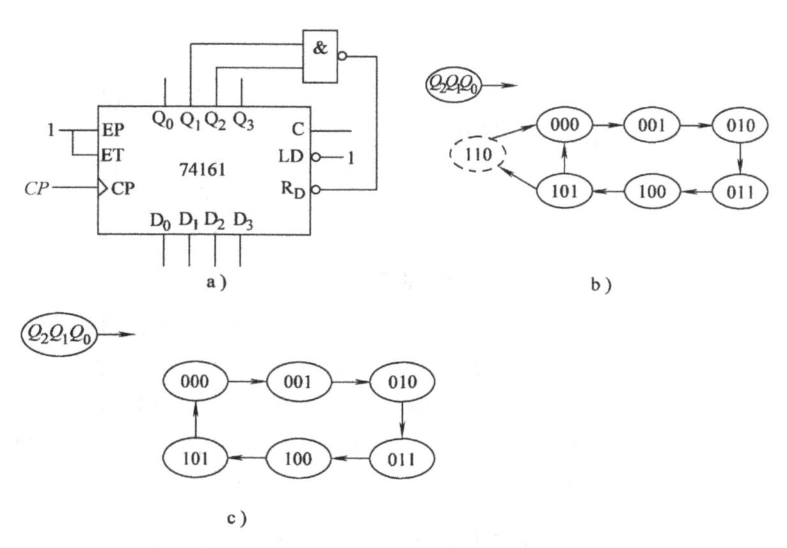

图 5-21 用反馈清零法构成的六进制计数器及状态图

a）逻辑电路 b）状态图 c）简化的状态图

个触发器，74161 中的第四个触发器就省去了。图中的一个状态到下一个状态需要等待一个时钟的上升沿，也就是说从一个状态到另一个状态需要一个时钟周期。但是当状态到达“110”后，$Q_2Q_1=11$，$R_D'=0$，所有触发器立刻清零，即从状态“110”到状态“000”是立刻执行的，不需要等待一个时钟周期。所以，事实上“110”的状态存在过，但瞬间就消失了，实际电路中观察不到这个状态。因此此状态被称为瞬态，用虚线的圆圈表示，它不会长久的存在，在画状态图时也可以省略。总的说来，该六进制计数器中，“000”、“001”、“010”、“011”、“100”、“101”是六个稳定存在的状态，“110”只是一个瞬态，可以不画，直接从“101”→“000”，如图 5-21c 所示。

通过上面六进制计数器的分析，可以总结出用反馈清零法实现任意进制计数器的方法。如果要实现 N 进制计数器，则其有效状态是 $0\sim(N-1)$，在状态 N 时利用异步清零端实现清零，状态 N 为瞬态。

反馈清零法构造任意进制计数器的缺点是电路工作不稳定。因为清零信号随着计数器被清零而立刻消失，所以清零信号持续时间非常短。如果触发器的复位速度有快有慢，则可能动作慢的触发器还没有来得及复位，清零信号已经消失，导致电路误动作。所以这种电路可靠性不高。

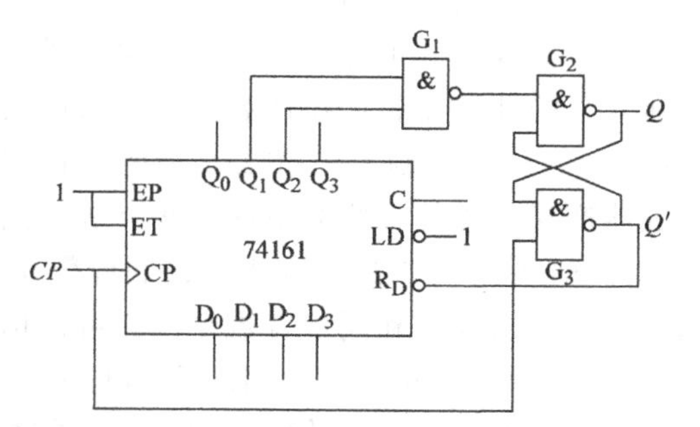

图 5-22 反馈清零法的改进电路

为了克服这个缺点，时常采用图 5-22 所示的改进电路。图中，与非门 G_2 和 G_3 组成了 SR 锁存器，它的置零输入端（低电平有效）接的是时钟信号，置 1 输入端（低电平有效）接的是 G_1 门的输出，锁存器的 Q' 接到计数器的清零端。当计数器进入“0110”状态，G_1 输出为“0”，将 SR 锁存器置“1”，Q' 的低电平立刻将计数器清零。这时虽然 G_1 输出的低电平消失了，但时钟信号在高电平状态，所以锁存器 Q 将维持“1”、Q' 维持“0”状态不变，直到时钟下降沿到达。可见，加到计数器清零端的低电平信号的宽度与输入计数脉冲高电平持续时间相等，这样就避免了因清零信号持续时间太短而造成的电路误动作情况。本书其他类似电路也可以作如此处理，但为了突出主要问题，均没有加入锁存器电路。

2）反馈置数法：一般集成计数器都具有置数功能，利用置数端可以灵活地实现任意进制计数器。图 5-23 和图 5-24 表示的是两种常用的置数方法，它们都可以实现任意进制计数器（图中电路实现的均是六进制计数）。

图 5-23a 所示的方法是将触发器的输出端通过与非门反馈接入置数控制端，再结合并行数据输入端的不同预置数，可以实现不同进制。针对图 5-23a 的具体电路来说，置数控制信号 $LD'=(Q_2Q_0)'$，数据输入 $D_3D_2D_1D_0=0000$。如果计数器从“0000”开始计数，在连续五个脉冲后计数器到达“0101”状态，此时 $LD'=(Q_2Q_0)'=0$，即置数端接上了低电平信号，计数器处于置数工作状态。由于 74161 是同步置数，所以要等待下一个时钟上升沿才会置数。当下一个 CP 上升沿到来，计数器就将数据输入端的信号送到相应的触发器的输出端，即 $D_3\Rightarrow Q_3$，$D_2\Rightarrow Q_2$，$D_1\Rightarrow Q_1$，$D_0\Rightarrow Q_0$，也即计数器的状态变为“0000”。当计数器状态到“0000”后，$LD'=(Q_2Q_0)'=1$，计数器回到计数工作状态。

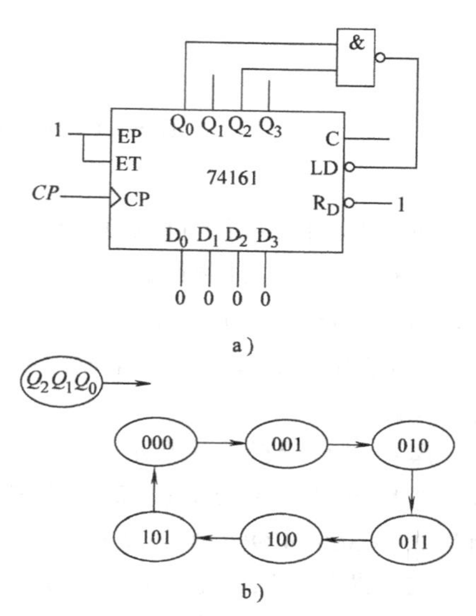

图 5-23 反馈置数法构成六进制计数器

a）逻辑电路 b）状态图

图 5-23b 是其状态图。与图 5-21 比较，反馈置数法和反馈清零法的状态图没有区别，都是六个有效状态组成六进制循环计数，但是在图 5-21 中存在瞬态，而图 5-23 中则没有瞬态，这就是异步和同步的区别。如果器件是异步清零或者异步置数，则在状态转移的过程中会出现一个瞬态，如果器件是同步清零或者同步置数，则在状态转移过程中不会产生瞬态。

图 5-23a 电路中的预置数是“0000”，当然也可以置其他数，例如“0001”、“0010”等。所以说六进制计数器的六个状态可以是“0000”~“0101”，也可以是“0001”~“0110”，当然也可以是其他的六个状态。因此，利用反馈置数法在不同的状态置不同的数，可以实现相同进制的计数器。

根据以上分析，总结如下：如果同步置数的集成计数器，要实现 N 进制计数，若预置数是 M，则需要在状态（$N+M-1$）时反馈置数，计数器的有效状态是 $M\sim(N+M-1)$。

图 5-24 所示的是利用进位输出端置数，实现任意进制计数器的方法。该方法是将进位输出信号 C 通过非门接入置数控制端，即 $LD'=C'$，当 $C=1$ 时，$LD'=C'=0$，电路进入置数状态，待时钟脉冲的上升沿到来，计数器就将并行数据输入端的预置数送到计数器输出端。所以，只要选择不同的预置数，就可以实现不同的进制计数。具体针对图 5-24a 电路来讲，当电路计数到“1111”时，进位输出 $C=1$，置数控制端 $LD'=0$，CP 下一个上升沿到来时，计数器置数，将预置数数据“1010”送到相应触发器的输出端，即计数器状态为“1010”，此时 $C=0$，电路回到计数状态。图 5-24b 是该电路的状态图，从图中可以看出，该六进制计数器的有效状态是“1010”~“1111”。

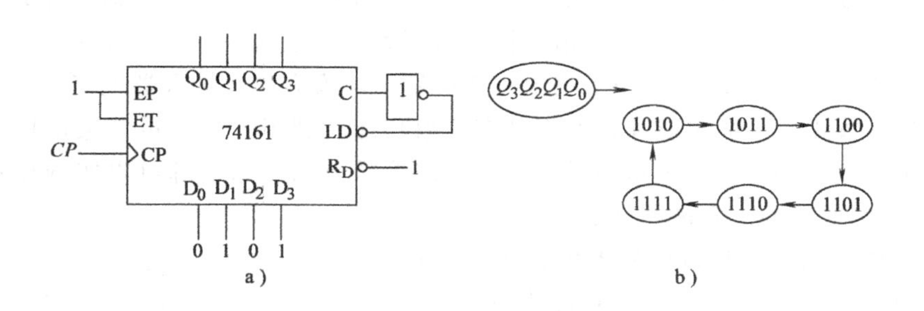

图 5-24 利用进位输出端置数实现的六进制计数器

a) 逻辑电路 b) 状态图

通过上面的分析，可以总结出利用进位输出端的反馈置数构成任意进制计数器的方法。如果是利用4位二进制计数器构成 N 进制计数器，则预置数应为（$15-N+1$），计数器的有效状态是（$15-N+1$）~15。

【例 5-5】 试用74161集成计数器构成365进制计数器，画出逻辑电路，可以添加必要的门电路。

解：（1）分析芯片数量。74161是4位同步二进制计数器，一片实现16（$=2^4$）进制计数，两片级联实现256（$=2^8$）进制计数，三片级联则可以实现4096（$=2^{12}$）进制计数。因为256<365<4096，所以要构成365进制计数器要选用三片74161。

（2）芯片级联。把三片74161连接在一起，可以选择同步级联方式，也可以选择异步级联方式。本例选择同步级联方法，即并行扩展方式。如图5-25所示，三片74161的时钟输入端连在一起，74161（1）的进位端 C 与74161（2）的计数使能端相连接，74161（1）、74161（2）的进位端 C 与后与74161（3）计数使能端相连接。

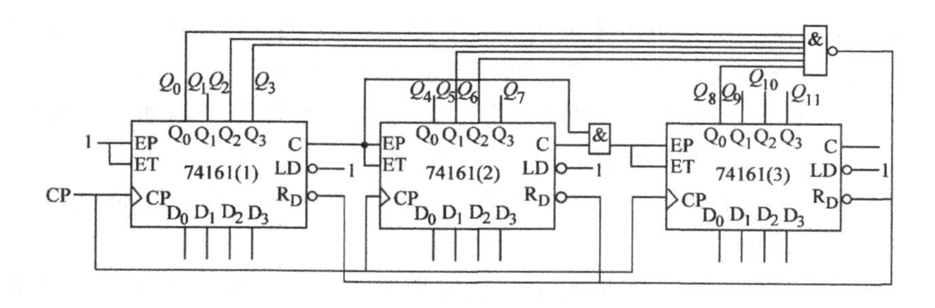

图 5-25 365进制计数器

（3）选择实现方法。实现365进制计数器可以选择反馈清零方式，也可以选择反馈置数方式。本例选择异步清零方式实现365进制计数器，有效状态为0~364，365时清零，365是瞬态。

（4）实现365进制计数器。因为365是十进制数，74161进行的是二进制计数，所以首先要把十进制数365化成二进制数，即

$$(365)_{10}=(101101101)_2$$

计数器的有效状态为0~364（二进制数000000000~101101100），365（二进制数

101101101）为瞬态，即在 365 时利用异步清零端使计数器清零，如图 5-25 所示。

5.3.3 集成同步十进制加计数器

1. 集成同步十进制加计数器（74160）

（1）逻辑电路和逻辑图形符号

74160 是集成同步十进制计数器的典型芯片之一，其内部逻辑电路如图 5-26 所示。由图可见，74160 由四个触发器和外围电路构成，和 74161 的内部电路很相似，只是 FF_1 和 FF_3 的输入端略有不同，经过分析可知，四个触发器实现的是十进制计数。另外，74160 的外围的引脚数和引脚功能也和 74161 完全相同，具有一个时钟信号输入端、两个高电平有效的计数使能端 EP 和 ET、一个异步清零端 R_D、一个同步置数控制端 LD、四个并行数据输入端 $D_0 \sim D_3$、四个触发器的输出端 $Q_0 \sim Q_3$、一个进位输出端 C，$C=ET \cdot Q_3Q_0$。

74160 的逻辑图形符号与 74161 的逻辑图形符号外部端口完全一样，如图 5-26b 所示。

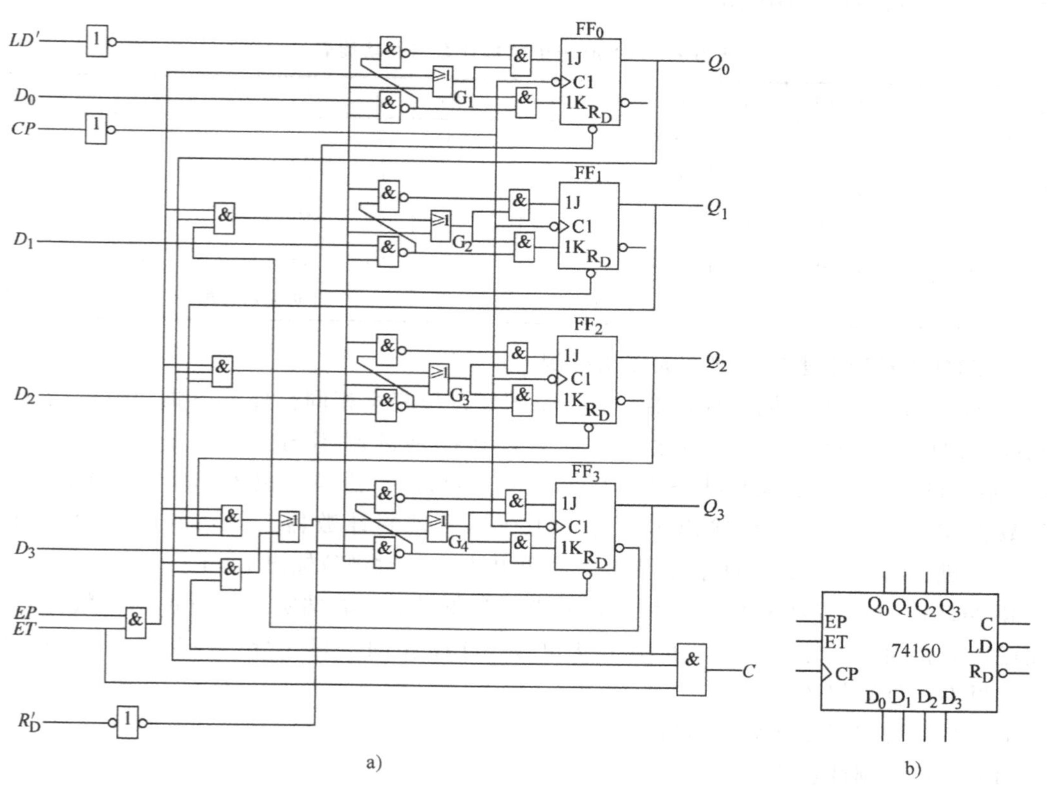

图 5-26　74160 的逻辑电路和逻辑图形符号

a）逻辑电路　b）逻辑图形符号

（2）74160 的逻辑功能

74160 的异步清零功能、同步置数功能、保持功能的条件和 74161 完全一致，这里不再重复。

当 $R'_D=LD'=EP=ET=1$ 时，电路工作在计数状态，其状态变化如图 5-27 所示。

从状态图中可以看出，在连续输入脉冲的作用下，电路从“0000”递增计数到

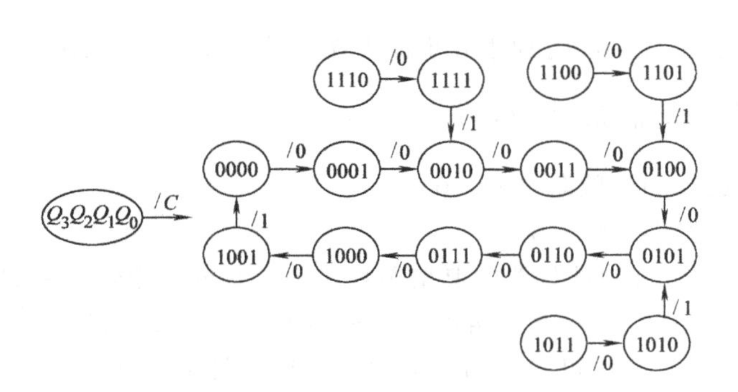

图 5-27 74160 的状态图

"1001"，完成一次循环，所以 74160 是十进制计数器。

74160 的功能表见表 5-8。需要说明的是同步十进制计数器除了 74160 外，还有很多类似产品，例如 74162、74HC162 等。

表 5-8 74160 十进制加计数器的功能表

R'_D	LD'	EP	ET	CP	D_3	D_2	D_1	D_0	Q_3	Q_2	Q_1	Q_0	工作状态
0	×	×	×	×	×	×	×	×	0	0	0	0	异步清零
1	0	×	×	↑	D_3	D_2	D_1	D_0	D_3	D_2	D_1	D_0	同步置数
1	1	0	1	×	×	×	×	×	Q_3	Q_2	Q_1	Q_0	保 持
1	1	×	0	×	×	×	×	×	Q_3	Q_2	Q_1	Q_0	保 持
1	1	1	1	↑	×	×	×	×	十进制加计数				计 数

2. 74160 同步十进制计数器的应用举例

74160 和 74161 都是同步计数器，其逻辑图形符号完全相同，外围引脚和引脚功能也完全相同。74160 和 74161 的不同之处有两点：其一是进制不同；其二是进位输出不同。74161 是二进制计数器，循环状态为"0000" ~ "1111"，进位输出 $C=ET\cdot Q_3Q_2Q_1Q_0$，即当计数器状态为 15 时进位输出 $C=1$；74160 是十进制计数器，循环状态为"0000" ~ "1001"，进位输出 $C=ET\cdot Q_3Q_0$，即当计数器状态为 9 时进位输出 $C=1$。

和 74161 一样，74160 也可以利用异步清零端和同步置数端实现任意进制计数，方法和前面讲述的相同。另外，芯片的扩展方法也和 74161 相同，有并行扩展和串行扩展两种方法，这里不在重复叙述。

下面举例讲解同步计数器的另外的应用。

(1) 可控进制计数器

所谓可控进制计数器，就是在控制信号作用下，用相同的电路实现不同的计数进制。实现可控进制计数器的方法很多，下面介绍两种常用的方法。

1) 在相同的输出状态下置不同的数：在相同的输出状态下置不同的数，是指在计数器的某一个状态时，使置数控制 $LD'=0$，电路进入置数状态，如果此时 $D_0\sim D_3$ 输入不同的预置数，则电路就可以实现不同进制计数。

图 5-28a 所示的就是利用上述思想构建的一种可控进制计数器。电路中，$LD'=Q'_3$，$D_0=D_1=D_3=0$，$D_2=X'$。当 $Q_3=1$ 时，$LD'=Q'_3=0$，电路进入置数工作状态。在下一个计数时钟

脉冲上升沿到来，电路置数，$Q_0=D_0=0$，$Q_1=D_1=0$，$Q_2=D_2=X'$，$Q_3=D_3=0$。所以当 $X=0$ 时，置数后电路的状态是"0100"，电路在"0100" ~ "1000"之间循环，构成五进制计数器；当 $X=1$ 时，置数后电路的状态是"0000"，电路在"0000" ~ "1000"之间循环，构成九进制计数器。图 5-28b 是该电路的状态图。

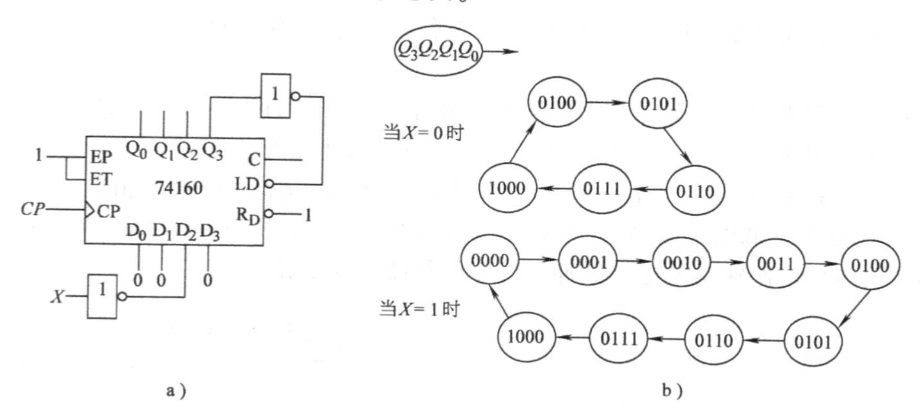

图 5-28 一种可控进制计数器

a) 逻辑电路 b) 状态图

2) 在不同的输出状态下置相同的数：这种方法是指数据输入端的预置数相同，为了实现不同进制计数，则必须在计数器的不同状态下使置数控制端为低电平，实现置数。图 5-29a 就是这种可控计数器的一个实例。

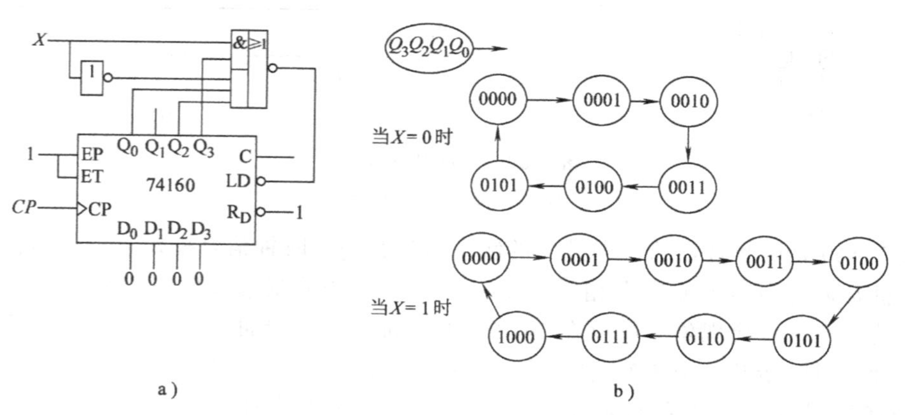

图 5-29 另一种可控计数器

a) 逻辑电路 b) 状态图

图 5-29a 中，$LD'=(Q_3X+Q_0Q_2X')'$，预置数 $D_3D_2D_1D_0=0000$。若 $X=0$，$LD'=(Q_3X+Q_0Q_2X')'=(Q_0Q_2)'$，当 $Q_2=Q_0=1$ 时，电路处于置数状态，时钟上升沿到来后，状态为"0000"。所以计数状态是"0000"~"0101"，实现六进制计数；若 $X=1$，$LD'=(Q_3X+Q_0Q_2X')'=Q_3'$，当 $Q_3=1$ 时，电路处于置数状态，时钟上升沿到来后，状态为"0000"，所以计数状态是"0000"~"1000"，实现九进制计数。图 5-29b 是该电路的状态图。

(2) 顺序脉冲发生器

在一些数字系统中，有时需要系统按照事先规定的顺序进行一系列的操作。这就要求系统的控制部分能给出一组在时间上有先后顺序的脉冲信号，再用这组脉冲形成所需要的各种控制信号。顺序脉冲发生器就是用来产生这样一组顺序脉冲的电路。

顺序脉冲发生器可以有多种构成方式，其常用方法之一是用计数器和译码器组合构成。图5-30a所示的是有8个顺序脉冲输出的顺序脉冲发生器电路。图中74160是同步十进制计数器，74138是3线-8线译码器，74160的低3位输出Q_2、Q_1、Q_0作为译码器的3线输入信号。

当74160的计数使能、清零端、置数端都接上高电平，即$R'_D=LD'=EP=ET=1$时，计数器处于计数工作状态，其低3位输出Q_2、Q_1、Q_0的输出为“000”～“111”，即八进制计数。由于74138的3线输入A_2、A_1、A_0与计数器的Q_2、Q_1、Q_0对应相连，3线使能中2线低电平使能接上了低电平信号，1线高电平使能接了CP'，所以在连续时钟脉冲的作用下，74138的8线输出依次输出低电平脉冲，时序图如图5-30b所示。

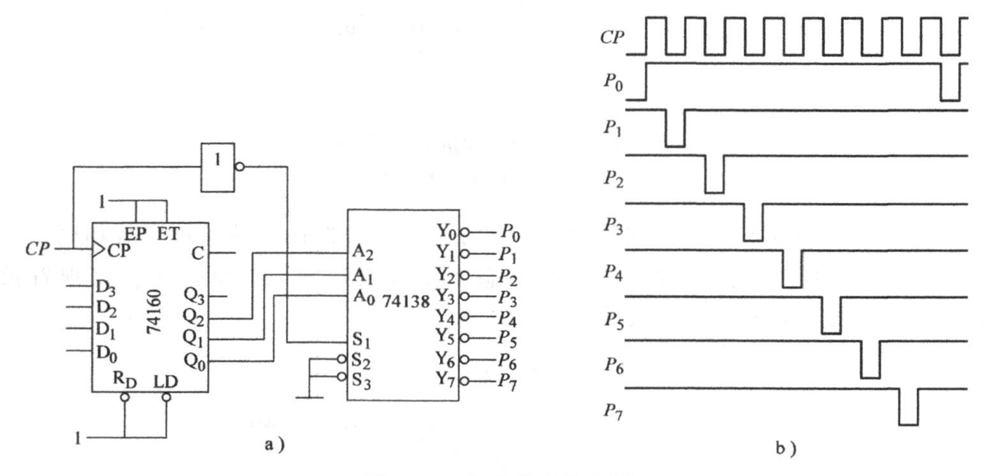

图5-30　顺序脉冲发生器

a）逻辑电路　b）时序图

虽然74160是同步计数器，即其中的触发器是在同一时钟信号操作下工作的，但各个触发器的传输延迟时间不可能完全相同，所以在将计数器的状态译码时仍然存在竞争冒险现象。为了消除竞争冒险现象，可以在74138的S_1加入选通脉冲。选通脉冲的有效时间应与触发器的翻转时间错开。图5-30中选择CP'作为74138的选通脉冲。

【例5-6】　设计一个可控计数器，当控制信号$M=0$时实现十二进制计数，$M=1$时实现二十四进制计数，用74160实现，可以附加必要的门电路。

解：（1）分析计数器74160数量。74160是同步十进制计数器，一片实现十进制计数，两片级联可以实现100进制计数。因为10<24(12)<100，所以选用两片74160即可。

（2）选择级联方式。同步计数器的级联方式可以用同步级联或者异步级联的方式。本例选择同步级联的方式，即把两片的时钟输入端连接在一起，74160（1）的进位端C和74160（2）计数使能端EP、ET相连接。74160（1）的输出为Q_3、Q_2、Q_1、Q_0，74160（2）的输出为Q_7、Q_6、Q_5、Q_4。

（3）实现可控计数器。

方法一：置相同的预置数。

选择十二进制的计数状态为 0 ~11（BCD：0000 0000~0001 0001），二十四进制的计数状态为 0~23（BCD：0000 0000~0010 0011）。也就是当 $M=0$ 时，计数器计数到 11（BCD：0001 0001）时置 0，所以 $LD'=(Q_4Q_0)'$；当 $M=1$ 时，计数器计数到 23（BCD：0010 0011）时置 0，所以 $LD'=(Q_5Q_1Q_0)'$。把 M 写进 LD'的表达式，可以得到

$$LD'=(Q_4Q_0M'+Q_5Q_1Q_0M)'$$

图 5-31 所示的就是第一种方法实现的可控计数器。

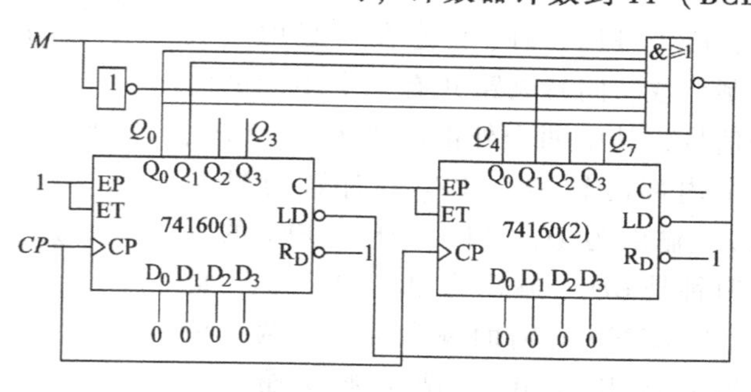

图 5-31　例 5-6 的第一种方法的逻辑电路

方法二：预置数不同。

选择二十四进制的计数状态为 0~23（BCD：0000 0000~0010 0011），十二进制的计数状态为 12~23（BCD：0001 0010~0010 0011）。也就是在相同的输出 23 时让置数控制端为 0，即 $LD'=(Q_5Q_1Q_0)'$。当 $M=0$ 时，预置数为 12（BCD：0001 0010）；当 $M=1$ 时，预置数为 0（BCD：0000 0000）。所以 74160（1）的数据输入应为 $D_3=D_2=D_0=0$，$D_1=M'$；74160（2）的数据输入应为 $D_3=D_2=D_1=0$，$D_0=M'$。图 5-32 所示的就是第二种方法实现的可控计数器。

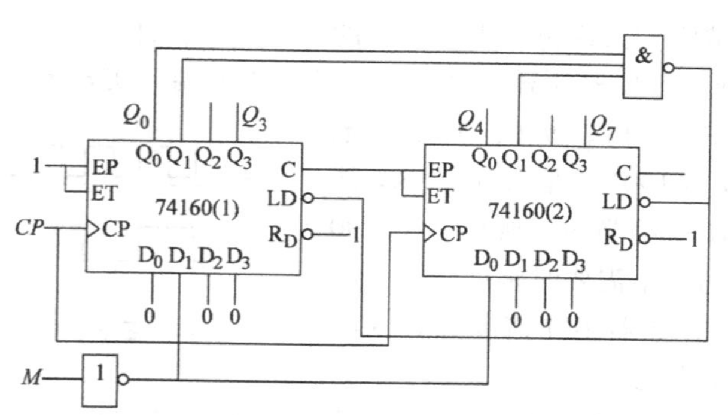

图 5-32　例 5-6 的第二种方法的逻辑电路

5.3.4　集成异步十进制加计数器

集成计数器有两大类产品，一类是同步计数器，另一类是异步计数器。如前面所讲述的 74161、74160 等都属于同步计数器，74161 是同步二进制计数器，74160 是同步十进制计数器。同样，异步计数器也有二进制和十进制之分。常见的异步二进制计数器有 74LS293、74LS393 等，常见的异步十进制计数器有 74LS90、74LS290 等。本节重点介绍异步十进制计数器 74LS290 的功能和应用，其余器件功能请参阅其他资料。

1. 异步十进制加计数器（74LS290）

（1）74LS290 的逻辑电路和逻辑图形符号

图 5-33a 是 74LS290 的逻辑电路。与图 5-14 的电路（异步十进制计数器）相比，两电路基本形同，只是增加了一些辅助的清零输入和置数输入端。结合图 5-14 和图 5-33 可知，

74LS290由四个下降沿触发的JK触发器构成，其中FF_0独立构成1位二进制计数，FF_1、FF_2、FF_3互连在一起构成五进制计数。同时电路共有三个不同的时钟信号，其中两个外部时钟CP_0、CP_1，一个内部时钟Q_1。FF_0的计数时钟是CP_0，输出为Q_0；FF_1、FF_2、FF_3的计数时钟是CP_1，输出为Q_1、Q_2、Q_3。此外，74LS290的辅助输入端有：两个清零输入端R_{01}、R_{02}，两个置9输入端S_{91}、S_{92}。74LS290的逻辑图形符号如图5-33b所示。

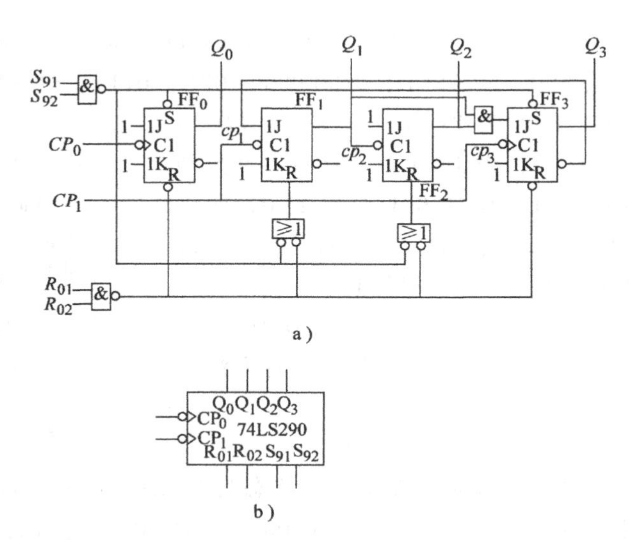

图5-33 74LS290的逻辑电路和逻辑图形符号

a）逻辑电路 b）逻辑图形符号

（2）74LS290的逻辑功能

1）清零功能：分析电路（见图5-33a）可知，只要当触发器的清零端R接上清零信号后，触发器立刻清零，所以该计数器清零功能是异步实现的，和时钟信号无关。FF_0、FF_3是低电平有效的清零信号，FF_1、FF_2是高电平有效的清零信号。当$R_{01}=R_{02}=1$时，触发器各清零输入端都接上了有效的清零信号，计数器清零。

2）置9功能：利用触发器的异步置1端和异步清零端，实现置9功能。当$S_{91}=S_{92}=1$时，FF_0、FF_3置1，FF_1、FF_2置0，所以计数器的输出为$Q_3Q_2Q_1Q_0=1001$。即当S_{91}、S_{92}同时为高电平1时，74LS290置9。所以74LS290的置9功能也是异步的，不需要时钟配合。

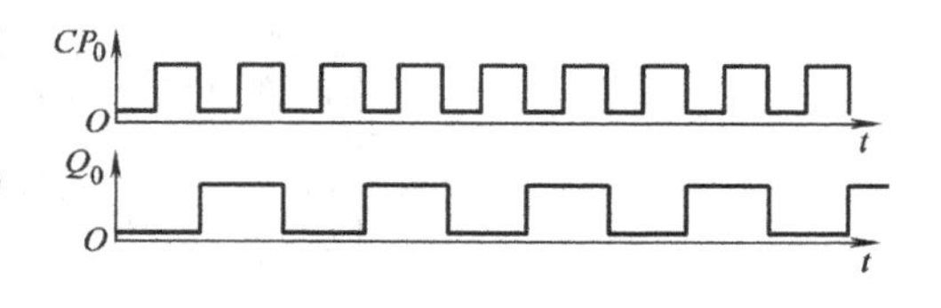

图5-34 Q_0的时序图

3）计数功能：当计数器不在清零和置9状态时，计数器处于计数状态。

对于FF_0：$J_0=K_0=1$，$Q_0^*=Q'$。即在CP_0的作用下，FF_0实现二进制计数，或者说FF_0对时钟信号二分频，如图5-34所示。

对于FF_1、FF_2、FF_3：$J_1=Q_3'$，$K_1=1$；$J_2=K_2=1$；$J_3=Q_1Q_2$，$K_3=1$；所以

$$\begin{cases} Q_1^* = J_1Q_1' + K_1'Q_1 = Q_3'Q_1' & \cdots(CP_1\downarrow) \\ Q_2^* = J_2Q_2' + K_2'Q_2 = Q_2' & \cdots(Q_1\downarrow) \\ Q_3^* = J_3Q_3' + K_3'Q_3 = Q_1Q_3Q_3' & \cdots(CP_1\downarrow) \end{cases} \tag{5-14}$$

经过分析可得状态图和时序图如图5-35所示。可见，在时钟信号CP_1的作用下，FF_1、FF_2、FF_3实现的是五进制计数。

可见，74LS290内部有两个独立计数器，分别实现模2计数和模5计数。如果把Q_0与CP_1相连，即把Q_0作为模5计数器的时钟，则可以实现十进制计数，所以称74LS290为异步二-五-十进制计数器。图5-36为74LS290的结构示意图。

综合以上分析，把74LS290的功能用功能表来表示，见表5-9。

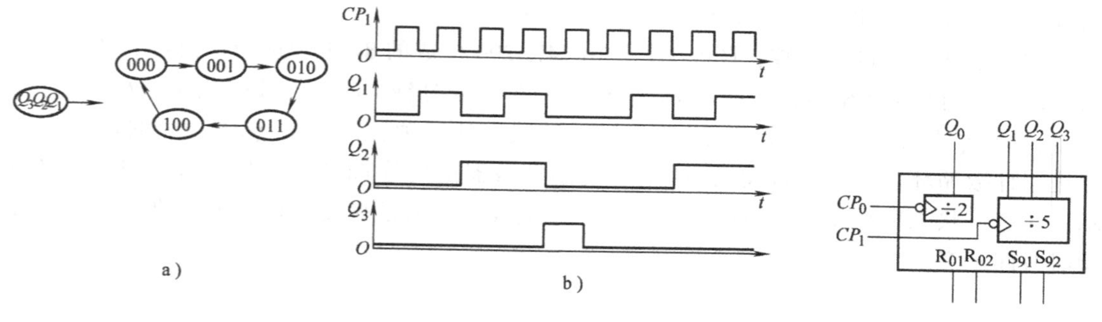

图 5-35　$Q_3Q_2Q_1$ 的状态图和时序图

a) 状态图　b) 时序图

图 5-36　74LS290 的结构示意图

表 5-9　74LS290 的功能表

$R_{01}R_{02}$	$S_{91}S_{92}$	CP_0	CP_1	Q_3	Q_2	Q_1	Q_0	功能
1	0	×	×	0	0	0	0	异步清零
×	1	×	×	1	0	0	1	异步置 9
0	0	↓	0				二进制计数	计数
0	0	0	↓	五进制加计数				

2. 74LS290 的应用举例

虽然 74LS290 和 74LS160 都是十进制计数器，但是它们有很多的不同。表 5-10 所列的是 74LS290 和 74LS160 的不同之处。

表 5-10　74LS290 和 74LS160 的比较

引脚 器件	时钟 (触发沿)	清零端	置数端	计数使能	进位输出
74LS160	1 个 (↑)	1 个 低电平有效 异步	1 个 低电平有效, 同步	2 个 高电平有效	1 个
74LS290	2 个 (↓)	2 个 高电平有效 异步	2 个 高电平有效 异步置 9	无	无

从表 5-10 可以看出，无论是时钟触发沿，还是清零端、置数端等的处置情况，74LS290 和 74LS160 都不同，所以使用 74LS290 构成时序逻辑电路时，其方法和 74LS160 也有很大不同。下面具体介绍 74LS290 构成时序逻辑电路的一些典型应用。

(1) 构成十进制计数器

74LS290 内部有两个互相独立的计数器，在各自独立的时钟脉冲作用下实现二进制和五进制计数。如果要构成十进制计数器，则需要把两个时钟进行适当的处理。通常选择其中的一个时钟输入端与外部时钟信号相连作计数时钟，另一个则采用内部信号作为时钟源。由于两个时钟输入端都可以与外部时钟相连作为计数时钟使用，所以构成十进制计数器有两种不同的方法，即8421十进制计数和5421十进制计数。

1）构成8421十进制计数：图5-37a是用74LS290构成的8421十进制计数器。图中CP_0端与外部计数时钟CP相连，Q_0与CP_1端相连。在计数时钟CP的连续作用下，Q_0作二进制计数，即Q_0是二分频器；再把Q_0作为模5计数器的时钟，即$Q_3Q_2Q_1$在Q_0的作用下进行五进制计数循环。由此可以得到8421十进制计数器的时序图和状态图，如图5-37b和c所示。注意：状态翻转发生在下降沿时刻，图中虚线表示的是触发器相对于它的时钟下降沿的延时时间示意。

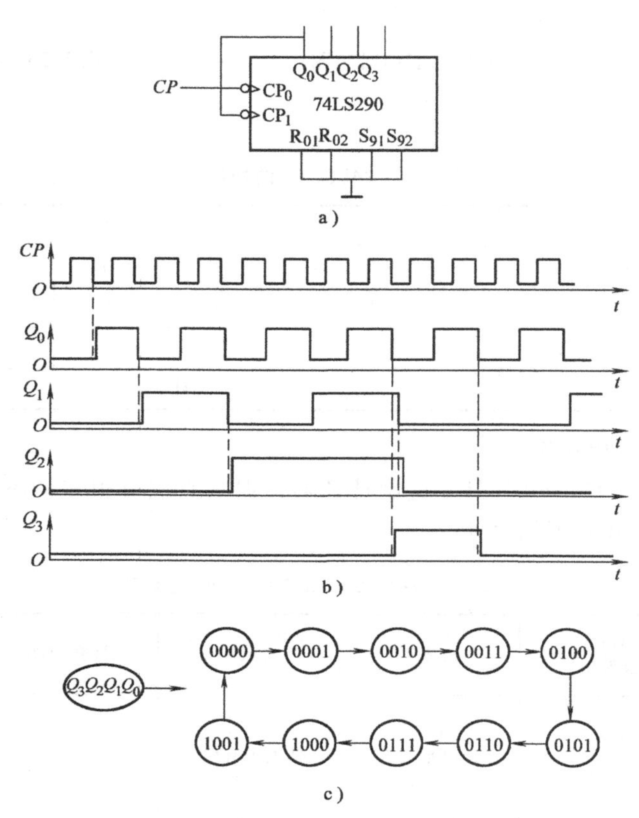

图5-37 74LS290构成8421十进制计数器

a）逻辑电路 b）时序图 c）状态图

2）构成5421十进制计数：图5-38a是用74LS290构成的5421十进制计数器。图中CP_1端与计数时钟CP相连，Q_3与CP_0端相连。在计数时钟CP的连续作用下，$Q_3Q_2Q_1$进行五进制计数；Q_3是FF_0的时钟，所以在Q_3的作用下，Q_0进行二进制计数或者说进行二分频。5421十进制计数器的时序图和状态图如图5-38b和c所示，图中虚线表示的是触发器相对于它的时钟下降沿的延时时间示意。注意：用74LS290构成的5421十进制计数器中Q_0是高位，代表权重5，其余3位是Q_3、Q_2、Q_1，分别代表权重4、2、1。

（2）位数扩展

由于74LS290没有计数使能和进位输出，所以不能采用同步计数器74160、74161等的扩展方法。74LS290位数的扩展是利用低位片的Q_3和高位片的时钟输入端相连而实现的，

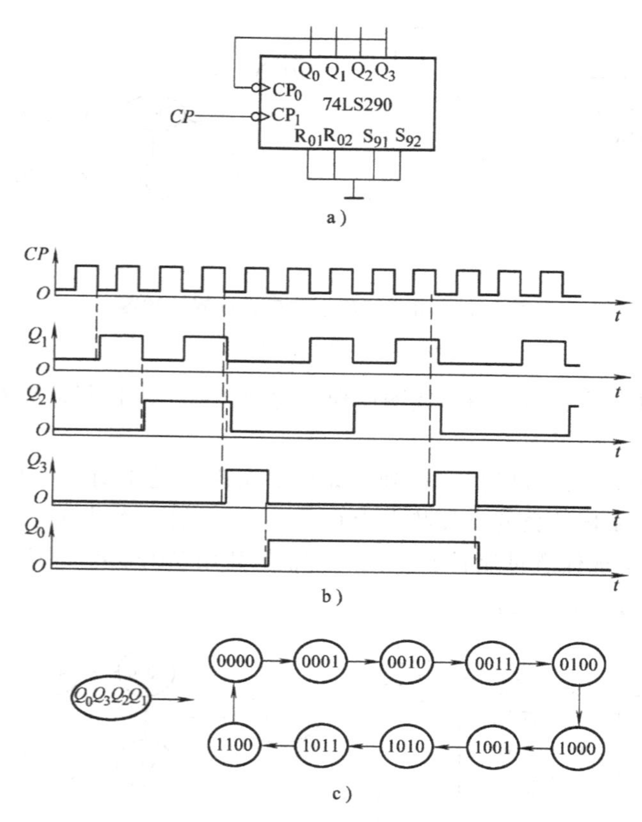

图 5-38 74LS290 构成 5421 十进制计数器

a）逻辑电路 b）时序图 c）状态图

如图 5-39 所示。

首先把每一片 74LS290 连接成 8421 十进制计数方式。假设从“0000”开始计数，每来一个时钟 CP 下降沿，74LS290（1）加 1 计数。当 74LS290（1）计数到“1000”时，Q_3 由“0”翻转为“1”，产生上升沿，继续计数到“1001”，Q_3 维持高电平“1”。此时再来一个 CP 下降沿，74LS290（1）回“0000”，Q_3 由“1”翻转到“0”，产生下降沿，此时 74LS290（2）加 1 计数。如此循环往复，实现了十位片和个位片的串行进位级联。

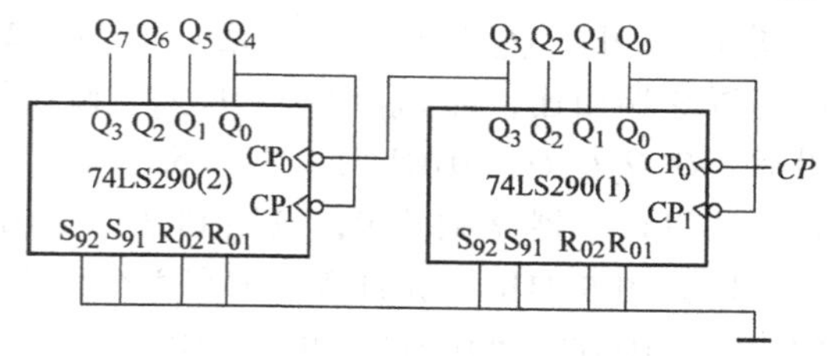

图 5-39 74LS290 的扩展方法

（3）构成任意进制计数器

利用清零端和置 9 端，74LS290 可以实现任意进制计数。

1）利用清零端实现任意进制计数：图 5-40a 是利用 74LS290 的异步清零端实现的六进制计数器，图 5-40b 是其状态图。

图 5-40a 中，Q_0 与 CP_1 端相连，将 74LS290 构成了 8421 十进制计数模式。Q_2、Q_1 通过与门与清零端相连，即 $R_{01}=R_{02}=Q_2Q_1$。假设计数器从“0000”开始计数，当第六个脉冲下降沿后，$Q_3Q_2Q_1Q_0=0110$ 时，$R_{01}=R_{02}=Q_2Q_1=1$，即清零端接上了清零信号。由于是异步清零，所以计数器立刻清零，电路回到“0000”状态。但是“0110”是一个瞬态，不是一

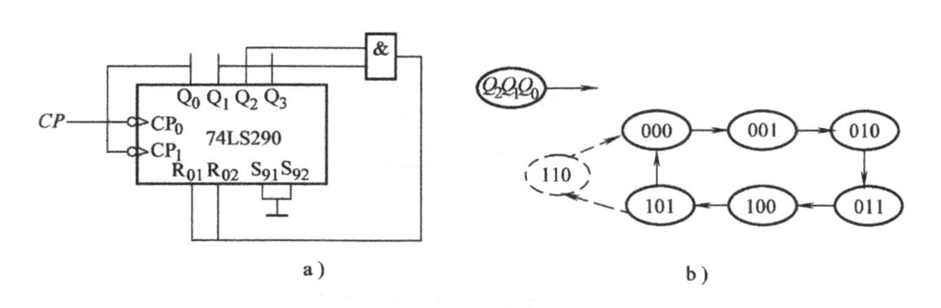

图 5-40 异步清零法实现六进制计数器

a）逻辑电路 b）状态图

个稳定的状态，所以在状态图中用虚线圈体现。此外，由于六进制计数器只需用到三个触发器，所以在状态图中省略了 Q_3。

通过上面的具体实例，可以推广得到：如果要实现 N 进制计数，则在状态 N 时使清零端接上高电平信号，循环计数的有效状态为 $0\sim(N-1)$，状态 N 为瞬态。

2）利用置 9 端实现任意进制计数：图 5-41a 是利用 74LS290 的异步置 9 法实现的六进制计数器，图 5-41b 是其状态图。

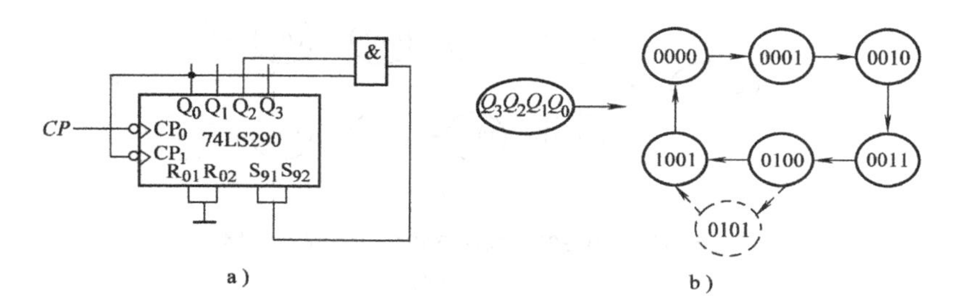

图 5-41 异步置 9 法实现六进制计数器

a）逻辑电路 b）状态图

图 5-41a 中，Q_0 与 CP_1 端相连，将 74LS290 构成了 8421 十进制计数模式。Q_2、Q_0 通过与门与置 9 端相连，即 $S_{91}=S_{92}=Q_2Q_0$。假设计数器从"0000"开始计数，当第五个脉冲下降沿后，$Q_3Q_2Q_1Q_0=0101$ 时，$S_{91}=S_{92}=Q_2Q_0=1$，即置 9 端接上了置数信号。由于是异步置数，所以计数器立刻置 9，电路到达"1001"状态，下一个时钟下降沿回到"0000"状态。所以如图 5-41b 所示的循环中有六个稳定的状态，分别是"0000"、"0001"、"0010"、"0011"、"0100"、"1001"，虚线圆圈内的状态"0101"是一个瞬态，它只是一个短暂存在的状态。用这种方法实现的六进制计数器用了四个触发器。

请读者注意，用反馈置 9 的方法实现任意进制计数器时，"1001"是一个稳定的状态，要把它计算在有效状态中。

通过上面的实例，同样可以推广得到：如果要实现 N 进制计数，则要在状态（$N-1$）时使置 9 端接上高电平信号，循环计数的有效状态为 $0\sim(N-2)$，和"1001"一共 N 个状态，状态（$N-1$）为瞬态。

在利用 74LS290 时特别要注意的是，它的清零端和置 9 端都是高电平有效，所以用反馈清零和反馈置数法实现任意进制计数器时经常使用与门。

和同步计数器相比，异步计数器具有结构简单的优点。但异步计数器存在两个明显的缺点：第一个是工作频率比较低，因为异步计数器的各级触发器以串行进位方式连接，所以新状态的建立要等待各级触发器的传输延时，如果工作频率较高，后面的触发器还没有翻转，下一个时钟又来到了，这样会造成电路工作的混乱；第二个缺点是在电路状态译码时存在竞争冒险现象。这两个缺点使异步计数器的应用受到了很大的限制。

【例 5-7】 试用 74LS290 设计一个 365 进制计数器，可以添加必要的门电路。

解：（1）选择计数器个数。一片 74LS290 实现十进制计数，两片级联实现 100 进制计数，三片级联实现 1000 进制计数。因为 100<365<1000，所以选用三片 74LS290 级联即可。

（2）选择反馈清零方式实现 365 进制。由于是异步清零，所以要在 365 时清零，即 365 是瞬态，有效状态为 0~364。

又因为 365 是十进制数，74LS290 是十进制计数器，所以只要把 365 写成 BCD 码即可

$$(365)_{10}=(0011\ 0110\ 0101)_{8421BCD}$$

清零信号

$$R_{01}=R_{02}=Q_9Q_8Q_6Q_5Q_2Q_0$$

（3）逻辑电路如图 5-42 所示。

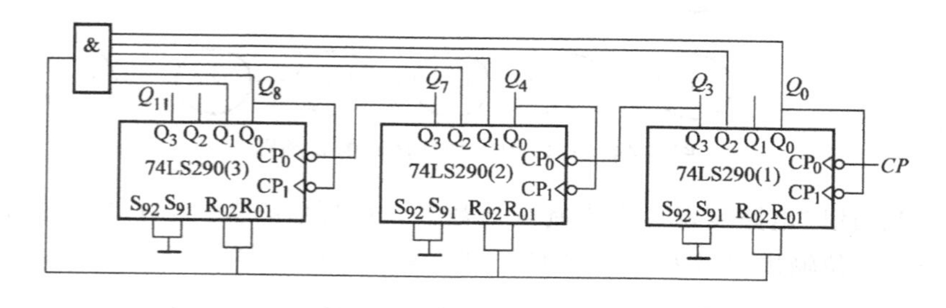

图 5-42　用 74LS290 构成的 365 进制计数器

5.3.5　集成可逆计数器

可逆计数器又称为加/减计数器。集成可逆计数器在结构上通常有两种形式，一种是单时钟形式，另一种是双时钟形式；在进制上也有两种，一种是十进制，另一种是二进制。例如，74LS190 是单时钟同步十进制可逆计数器，74LS193 是双时钟 4 位同步二进制可逆计数器。下面重点介绍 74LS191 单时钟 4 位同步二进制可逆计数器的功能和应用，在此基础上简单介绍其余类型的可逆计数器。

1. 单时钟 4 位同步二进制可逆计数器（74LS191）

（1）逻辑符号

74LS191 的逻辑符号如图 5-43 所示。

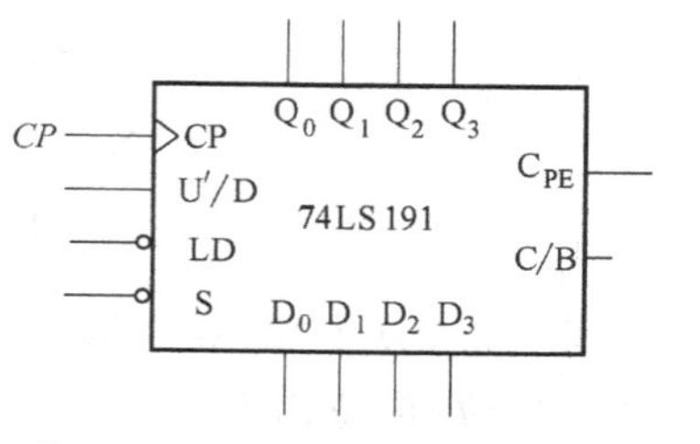

图 5-43　74LS191 的逻辑符号

（2）逻辑功能

74LS191 的逻辑功能见表 5-11。

表 5-11 74LS191 的功能表

LD'	S'	U'/D	CP	工作状态
0	×	×	×	异步置数
1	0	0	↑	加计数
		1	↑	减计数
	1	×	×	保持

由表 5-11 可知：

1）当 $S'=0$，$LD'=1$ 时，电路处于计数状态。若 $U'/D=0$，此时电路实现十六进制加计数器，循环状态为“0000”~“1111”，当状态为“1111”时，进位输出信号 C/B 为“1”，状态变化如图 5-44 所示。

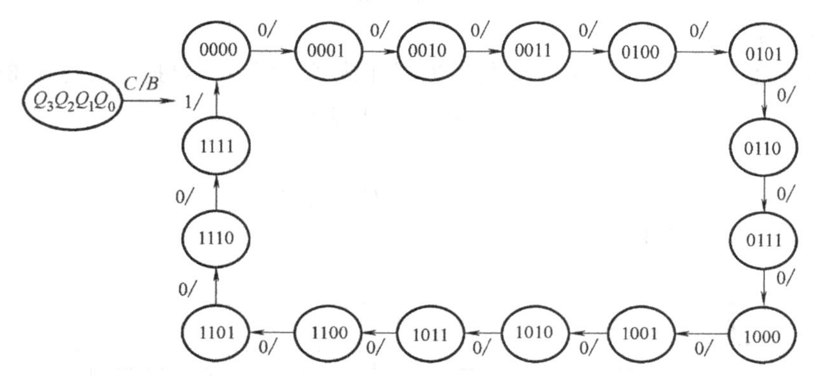

图 5-44 74LS191 加计数时的状态图

若 $U'/D=1$，此时电路实现十六进制减计数器，循环状态为“1111”~“0000”，当状态为“0000”时，借位输出信号 C/B 为“1”，状态变化如图 5-45 所示。

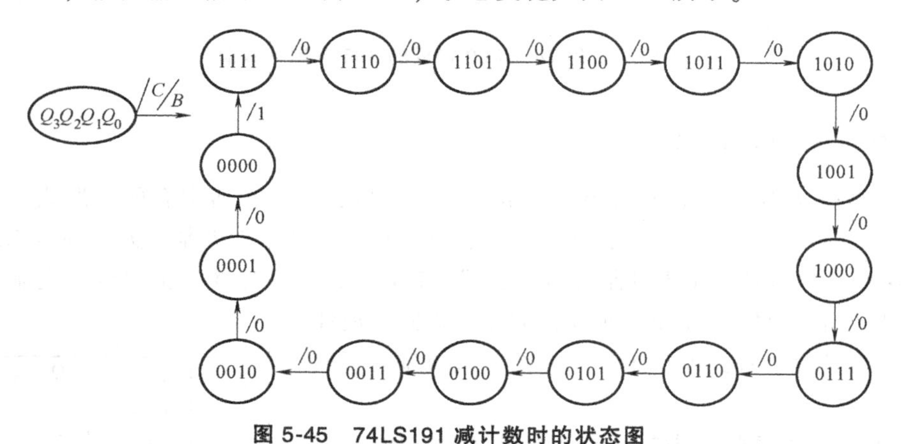

图 5-45 74LS191 减计数时的状态图

可见 U'/D 为加/减控制端，当 $U'/D=0$ 时，执行加计数；当 $U'/D=1$ 时，执行减计数；C/B 为进位/借位输出端。

2）当 $LD'=1$，$S'=1$ 时，74LS191 工作于保持状态。所以 S' 是低电平有效的计数使能，当 $S'=0$ 时，执行加或者减计数，当 $S'=1$ 时，禁止计数，保持输出不变。

3）当 $LD'=0$ 时，计数器立刻置数，$Q_0=D_0$，…，$Q_3=D_3$。所以 LD 是低电平有效的异步置数控制端。

另外，电路还有一个串行时钟输出端 C_{PE}，$C_{PE}=(CP'(S')(C/B))'$，即当计数器处于计数工作状态（$S'=0$）时，当计数到最大值（加计数）或者最小值（减计数）（$C/B=1$）时，$C_{PE}=CP$，C_{PE} 输出一个负脉冲。其余情况下，C_{PE} 均为 1。

74LS191 工作原理可以用图 5-46 所示的时序图表示。

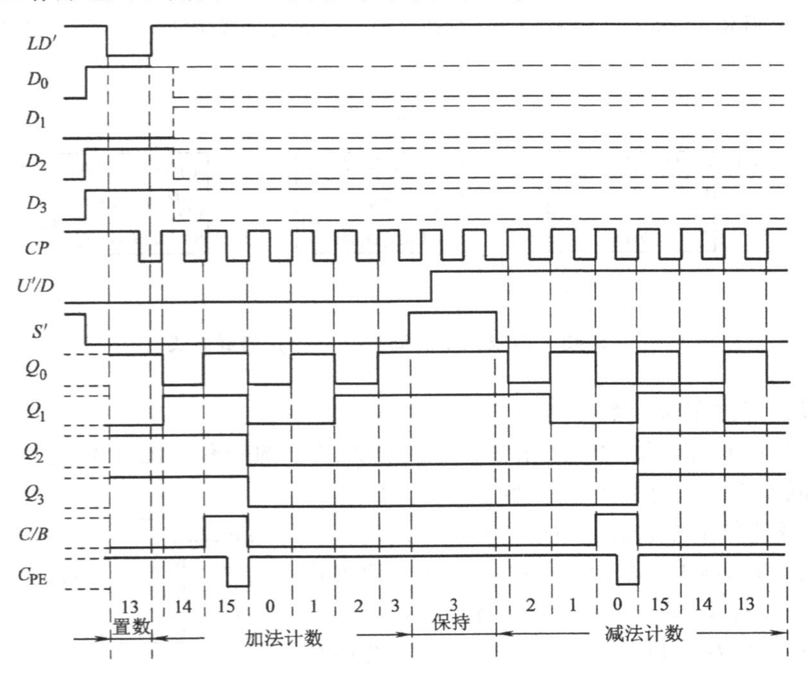

图 5-46　74LS191 的时序图

2. 74LS191 应用举例

（1）位数扩展

1）异步（串行）级联：图 5-47 所示的是 74LS191 串行进位的级联方法，所有芯片的加/减控制端连在一起，计数脉冲加在最低位，低位片的串行时钟输出端 C_{PE} 和相邻的高位片的时钟相连。假设电路处于加计数状态，$C_{PE}=1$，当芯片计数到“1111”时，$C_{PE}=CP$，即在这个时钟周期内，有一个负脉冲（下降沿），当下一个时钟到来，该片返回“0000”，C_{PE} 也回到高电平“1”，即此时 C_{PE} 产生了一个上升沿。相邻的高位片在此上升沿的作用下，加 1 计数。在减计数状态时也作同样分析。

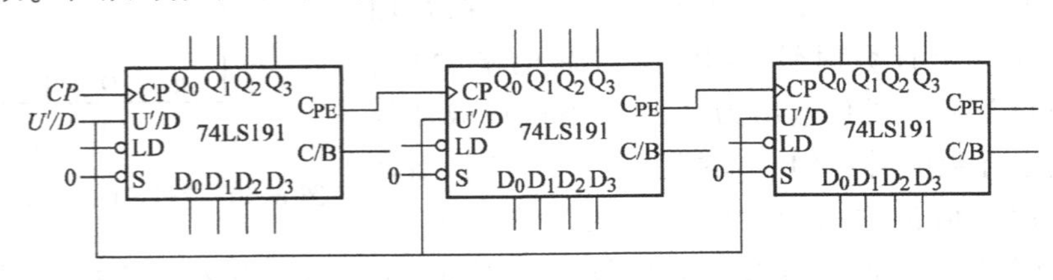

图 5-47　74LS191 的异步（串行）级联方法

2）同步（并行）级联：图 5-48 是 74LS191 的同步级联方式，所有芯片的时钟输入端连在一起，加/减控制端连在一起，低位片的串行时钟输出端 C_{PE} 和相邻的高位片的计数使能相连。假设计数控制端接低电平信号，即计数器处于加计数状态。低位片从“0000”开始计数，$C_{PE}=1$，即高位片计数使能为“1”，工作在保持状态。在连续时钟的作用下，低位片执行加计数，高位片保持状态，一直到状态“1111”。当低位片计数到“1111”时，$C_{PE}=CP$，也即当 CP 为低电平时，C_{PE} 也为低电平，高位片的计数使能有效，准备计数。当下一个时钟上升沿到达，低位片返回“0000”，相邻的高位片加 1 计数。然后再开始下一个循环。

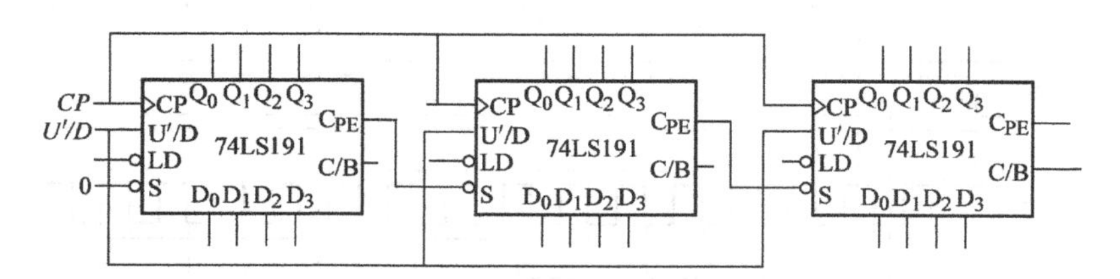

图 5-48 74LS191 的同步（并行）级联方式

（2）构成任意进制减计数

构成任意进制减计数器的方法很多，这里介绍其中的一种。图 5-49 是用 74LS191 构成的十二进制减计数器。图中，加/减控制 $U'/D=1$，74LS191 处于减计数工作状态。$LD'=(C/B)'$，当计数到“0000”时，$C/B=1$，则 $LD'=(C/B)'=0$，即置数控制端接上了有效的置数电平，计数器置数，$Q_3Q_2Q_1Q_0=D_3D_2D_1D_0=1100$。所以该减计数器的循环状态是“1100”、“1011”、…、“0001”，共 12 个有效状态，“0000”是瞬态。

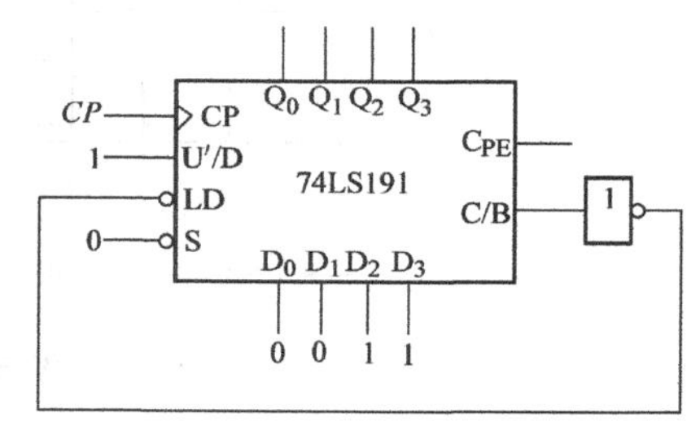

图 5-49 十二进制减计数器

3. 其他类型的可逆计数器介绍

（1）单时钟十进制可逆计数器（74LS190）

74LS190 的逻辑图形符号与功能表和 74LS191 完全一致，两者之间的区别在于进制的不同。74LS190 是十进制加或者十进制减计数器，不存在“1010”～“1111”六个状态。

（2）双时钟 4 位二进制可逆计数器（74LS193）

74LS193 的逻辑图形符号如图 5-50 所示，功能表见表 5-12。CP_U 是加计数时钟输入端，CP_D 是减计数时钟输入端，C 为进位输出端，B 为借位输出端。当执行加计数时，CP_U 端接上计数时钟，CP_D 端接高电平“1”，当计数到“1111”时，进位输出为“0”；当执行减计数时，CP_D 端接上计数时钟，CP_U 端接高电平“1”，当计数到“0000”时，借位输出为“0”。R 为异步清零端，高电平有效，即当 $R=1$ 时，计数器各触发器立刻置“0”。LD 为异步置数控制端，低电平有效，即当 $LD'=0$ 时，计数器立刻把数据 $D_0\sim D_3$ 送入相应的触发器 $Q_0\sim Q_3$。

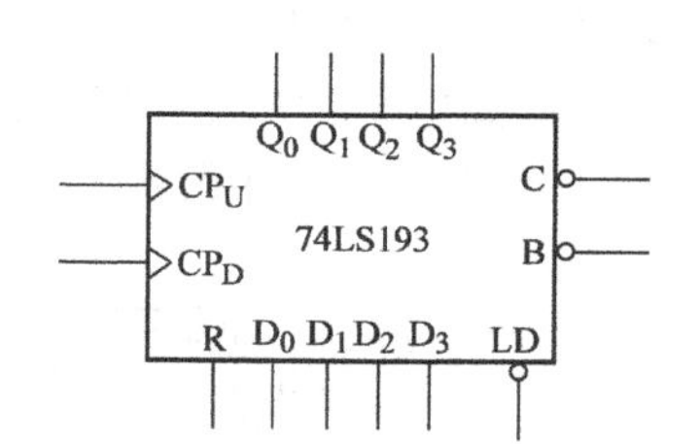

图 5-50 74LS193 的逻辑图形符号

表 5-12　74LS193 的功能表

R	LD'	CP_D	CP_U	工作状态
1	×	×	×	异步清零
0	0	×	×	异步置数
	1	↑	1	加计数
		1	↑	减计数

（3）双时钟十进制可逆计数器（74LS192）

74LS192 的逻辑图形符号与功能表和 74LS193 完全一致，两者之间的区别也仅在于进制的不同。

5.4　寄存器和移位寄存器

5.4.1　寄存器

寄存器（Register）也称数码寄存器，是存放二值数码的逻辑器件，它具备接收和保存数码的功能。寄存器被广泛用于各类数字系统和数字计算机中。

因为触发器具备接收和保存二值数码的功能，所以触发器就可以构成寄存器。1 个触发器能存储 1 位二值数码，N 个触发器能存储 N 位二值数码，也即 N 个触发器可以构成 N 位寄存器。

对寄存器中的触发器，只要求它们具有置“1”、置“0”的功能即可，所以无论是电平触发的触发器，还是脉冲触发的触发器，或者边沿触发的触发器，都可以构成寄存器。

图 5-51 所示的是集成寄存器 74LS75 的逻辑电路。由图可见，74LS75 是由四个电平触发的 D 触发器两两相连构成的两个 2 位寄存器。在 CP 高电平期间，Q 的状态跟随 D 的状态改变而改变；在 CP 低电平期间，Q 将保持 CP 变为低电平时刻 D 的状态。

图 5-52 所示的是集成寄存器 74LS175 的逻辑电路。由图可见，74LS175 是由四个边沿触发器构成的 4 位寄存器，触发器输出端的状态仅取决于 CP 上升沿到达时刻 D 的状态。另外，74LS175 还具有异步清零功能，当 $R'_D=0$，四个触发器立刻清零。

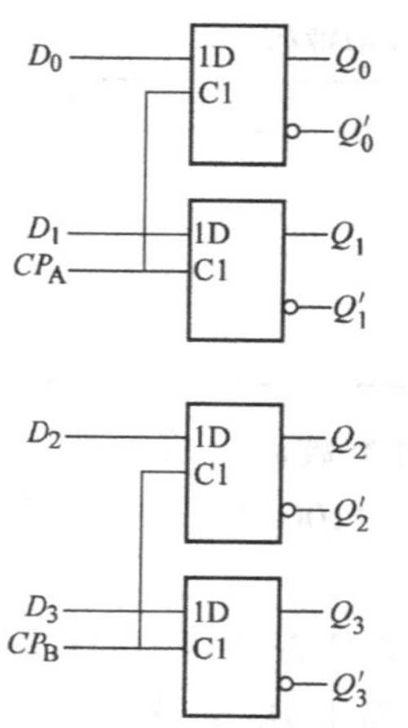

图 5-51　74LS75 的逻辑电路

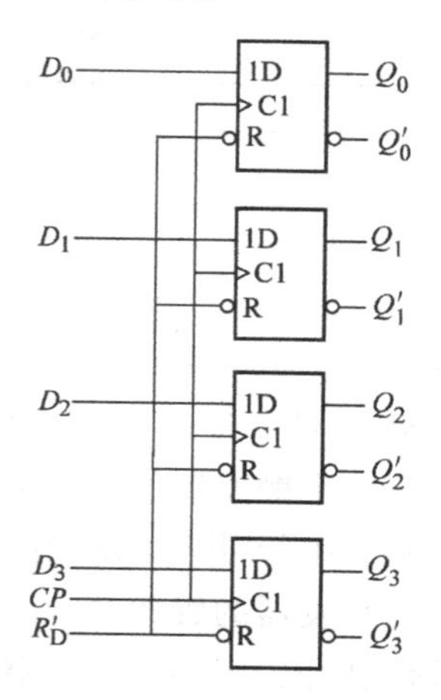

图 5-52　74LS175 的逻辑电路

在上面介绍的两个寄存器电路中，接收数据时所有各位代码是同时输入的，而且触发器中的数据是并行出现在输出端的，因此将这种输入、输出方式称为并行输入、并行输出方式。

5.4.2 移位寄存器

移位寄存器（Shift Register）是实现移位和寄存功能的逻辑器件。所谓移位功能，是指寄存器里存储的数码能在移位脉冲的作用下依次左移或者右移。移位寄存器不仅可以用来存储数码，而且还可以用来实现数码的串行-并行转换、并行-串行转换和数据的运算、处理等。

移位寄存器在结构上分单向移位寄存器和双向移位寄存器两大类。

1. 单向移位寄存器

单向移位寄存器可以分成左移移位寄存器和右移移位寄存器。左移移位寄存器是指在移存脉冲的作用下寄存器里的数码依次向左移动一位，右移移位寄存器是指在移存脉冲的作用下寄存器里的数码依次向右移动一位。

图5-53所示的是由四个D触发器构成的4位右移移位寄存器。图中，最左边的触发器的输入端接收输入信号，其余的每个触发器的输入均与相邻左边触发器的输出相连。

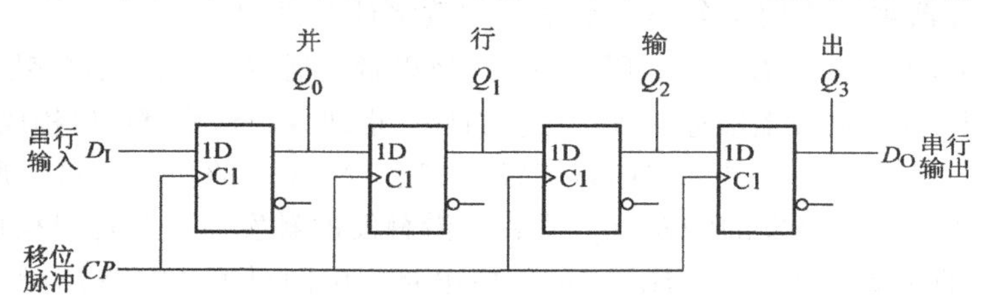

图5-53 4位右移移位寄存器

假设在串行数据输入端输入的信号 D_I 是“1001”，而移位寄存器的初始状态为 $Q_0Q_1Q_2Q_3=0000$，则在移位脉冲的作用下，移位寄存器里的数码移动情况见表5-13。图5-54是四个触发器的电压时序图。

表5-13 右移移位寄存器中数码的移动情况

D_I	CP	Q_0	Q_1	Q_2	Q_3
		0	0	0	0
1	↑	1	0	0	0
0	↑	0	1	0	0
0	↑	0	0	1	0
1	↑	1	0	0	1

从图5-54可见，经过四个 CP 信号后，串行输入的四个数码“1001”全部移入了移位寄存器中，在四个触发器的输出端得到了并行输出的数码“1001”。因此，利用移位寄存器可以实现数码的串行-并行的转换。

如果利用触发器的置数端首先将4位数据并行地置入移位寄存器的四个触发器中，然后加入四个移位脉冲，则移位寄存器里的四个数码将从串行输出 D_O 依次送出，这就实现了数据的并行-串行转换。

如果串行输入信号从最右边的输入端输入，右边触发器的输出与相邻左边的触发器的输入相连，则可以构成左移移位寄存器。读者可以自行画出电路图，并分析之。

另外，JK 触发器、RS 触发器同样可以构成移位寄存器。但是，移位寄存器不能采用有空翻现象的触发器组成。

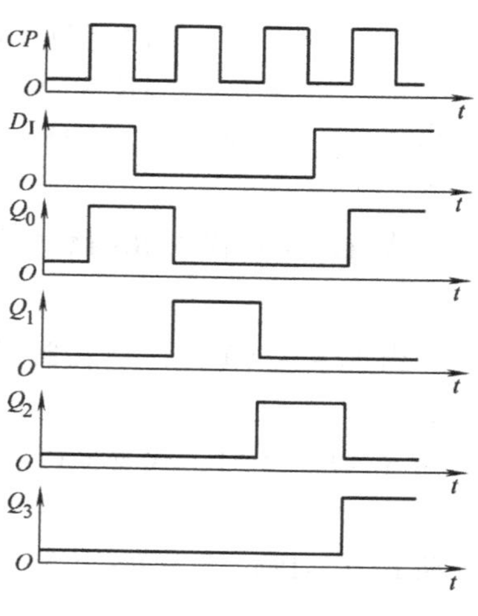

图 5-54　右移移位寄存器的输出电压时序图

2. 双向移位寄存器

双向移位寄存器是指在移存脉冲信号的作用下，不但可以使数据左移，而且还可以使数据右移的寄存器。为了扩展逻辑功能和增加使用的灵活性，定型生产的集成双向移位寄存器不仅可以实现数据的左移、右移，而且还有数据并行输入、保持、异步清零等功能。74LS194 是集成双向移位寄存器的一个典型芯片，其逻辑电路如图 5-55 所示。

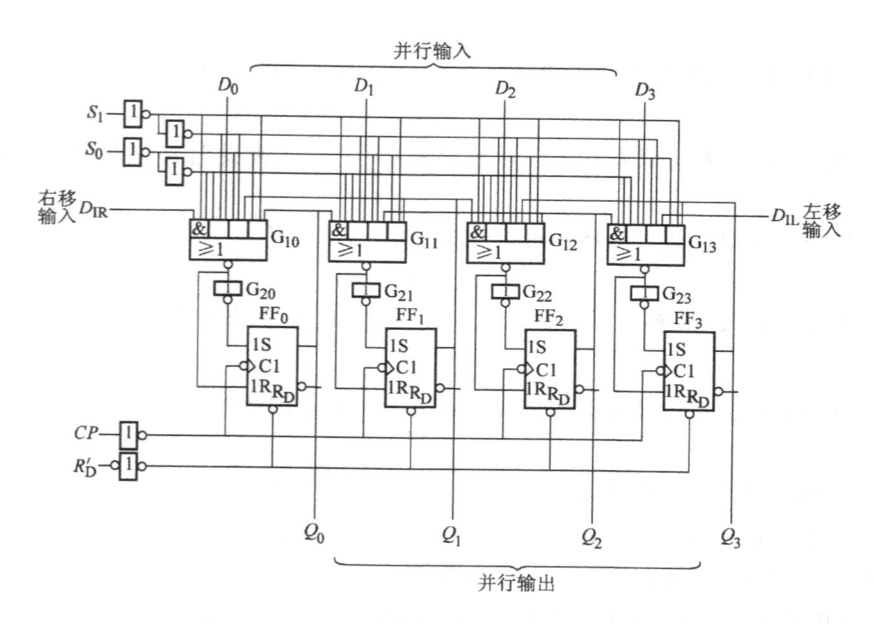

图 5-55　74LS194 双向移位寄存器逻辑电路

74LS194 由四个触发器 $FF_0 \sim FF_3$ 和各自的输入控制电路组成。输入控制电路是由与或非门 $G_{10} \sim G_{13}$ 和反相器 $G_{20} \sim G_{23}$ 组成的具有互补输出的四个四选一数据选择器，其四个互补输出分别作为四个 RS 触发器的输入信号。D_{IR} 为右移串行数据输入，D_{IL} 为左移串行数据输入，$D_0 \sim D_3$ 为并行数据输入，$Q_0 \sim Q_3$ 为并行数据输出。74LS194 的工作状态由 S_1 和 S_0 的取值决定。

现在以第二位触发器 FF_1 为例，分析在 S_1、S_0 不同取值下 74LS194 的工作情况。

触发器 FF_1 的输入激励信号为

$$\begin{cases} S = S_1'S_0Q_0 + S_1S_0D_1 + S_1S_0'Q_2 + S_1'S_0'Q_1 \\ R = (S_1'S_0Q_0 + S_1S_0D_1 + S_1S_0'Q_2 + S_1'S_0'Q_1)' \end{cases} \tag{5-15}$$

当 $S_1=S_0=0$ 时，式（5-15）可以化为

$$S = Q_1,\ R = Q_1' \tag{5-16}$$

将式（5-16）代入 RS 触发器的状态方程，可得 FF_1 的次态方程为

$$Q_1^* = Q_1 \tag{5-17}$$

即当 $S_1=S_0=0$ 时，触发器将保持原来的状态不变，因此此时移位寄存器工作在保持状态。

当 $S_1=S_0=1$ 时，式（5-15）可以化为

$$S=D_1,\ R=D_1' \tag{5-18}$$

将式（5-18）代入 RS 触发器的状态方程，可得 FF_1 的次态方程为

$$Q_1^* = D_1 \tag{5-19}$$

即当 $S_1=S_0=1$ 时，触发器置数，FF_1 被置成 D_1，因此此时移位寄存器工作在并行数据输入状态。

当 $S_1=0$，$S_0=1$ 时，式（5-15）可以化为

$$S=Q_0,\ R=Q_0' \tag{5-20}$$

将式（5-20）代入 RS 触发器的状态方程，可得 FF_1 的次态方程为

$$Q_1^* = Q_0 \tag{5-21}$$

即当 $S_1=0$，$S_0=1$ 时，左边触发器的信号被置入 FF_1 中，因此此时移位寄存器工作在右移移位状态。

当 $S_1=1$，$S_0=0$ 时，式（5-15）可以化为

$$S=Q_2,\ R=Q_2' \tag{5-22}$$

将式（5-22）代入 RS 触发器的状态方程，可得 FF_1 的次态方程为

$$Q_1^* = Q_2 \tag{5-23}$$

即当 $S_1=1$，$S_0=0$ 时，右边触发器的信号被置入 FF_1 中，因此此时移位寄存器工作在左移移位状态。

其他三个触发器的工作原理与 FF_1 类似，这里不再赘述。

此外，当 $R_D'=0$ 时各触发器同时被置“0”。因此，R_D 是低电平有效的异步清零端，移位寄存器正常工作时应使 R_D 端处于高电平状态。

74LS194 的功能表见表 5-14，逻辑图形符号如图 5-56 所示。

表 5-14 双向移位寄存器 74LS194 的功能表

R_D'	CP	S_1	S_0	D_0	D_1	D_2	D_3	Q_0	Q_1	Q_2	Q_3	工作状态
0	×	×	×	×	×	×	×	0	0	0	0	异步清零
1	↑	0	0	×	×	×	×	Q_0	Q_1	Q_2	Q_3	保持
	↑	0	1	×	×	×	×	D_{IR}	Q_0	Q_1	Q_2	右移
	↑	1	0	×	×	×	×	Q_1	Q_2	Q_3	D_{IL}	左移
	↑	1	1	D_0	D_1	D_2	D_3	D_0	D_1	D_2	D_3	并行数据输入

3. 移位寄存器应用举例

（1）位数扩展

74LS194 是 4 位双向移位寄存器，两片 74LS194 级联可以实现 8 位双向移位寄存器，图 5-57 是其连接图。图中，两芯片的 CP、S_1、S_0、R_D 端分别并联在一起；左边的芯片的 Q_3 端与右边芯片的 D_{IR} 端相连，实现数据的右移；右边芯片的 Q_0 端与左边芯片的 D_{IL} 端相连，实现数据的左移。

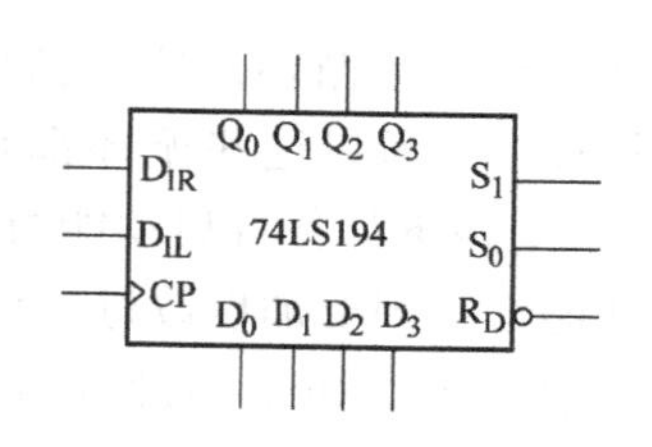

图 5-56　74LS194 的逻辑图形符号

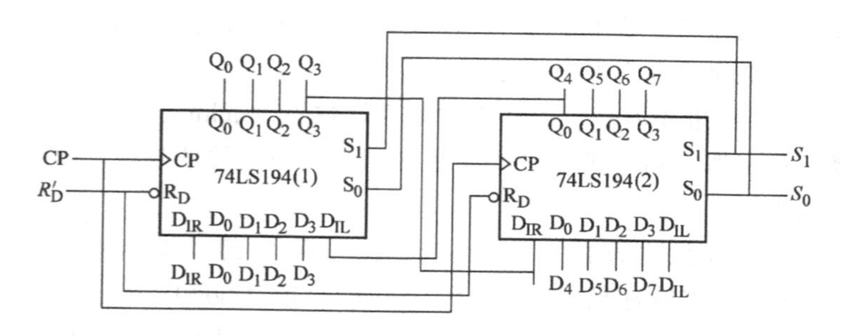

图 5-57　用两片 74LS194 接成 8 位双向移位寄存器

（2）移存型计数器

1）环形计数器：将移位寄存器的最后一级输出送回到第一级的输入称为环形移位器，用它可以实现环形计数，所以又称为环形计数器。图 5-58 所示的是用 74LS194 构成的四进制环形计数器。

图 5-58 中，先使 $S_1S_0=01$，使 74LS194 工作于右移移位方式，同时使 $Q_3=D_{IR}$（相连接）。在电路开始工作时，先给 S_1 一个正脉冲信号，使 74LS194 处于并行数据输入状态，即置数状态。在 CP 上升沿到达后，把并行数据输入端的数据送到相应的触发器输出端，即 $Q_0=D_0$，…，$Q_3=D_3$。正脉冲过后，$S_1=0$，74LS194 处于右移工作状态，在移位脉冲 CP 的作用下，寄存器里的数据实现右移。由于 $Q_3=D_{IR}$，所以 $Q_0^*=D_{IR}=Q_3$。该环形计数器的计数顺序见表 5-15，假设并行数据输入为“1000”。

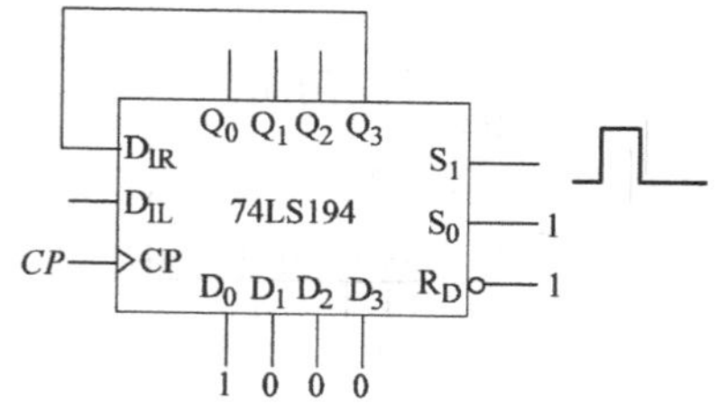

图 5-58　环形计数器

表 5-15　环形计数器计数顺序

CP	Q_0	Q_1	Q_2	Q_3
1	1	0	0	0
2	0	1	0	0
3	0	0	1	0
4	0	0	0	1

图 5-58 所示的环形计数器的状态图如图 5-59 所示。该环形计数器有一个有效循环（或称主循环），该有效循环由四个状态组成，分别是“1000”，“0100”，“0010”，“0001”，所以该环形计数器是一个四进制计数器，或称四分频器。另外，状态图显示，除了主循环外，

还有几个独立的循环，这些循环中的状态都不能到达主循环中，所以这些循环都是无效循环（或称死循环），电路不具备自启动能力。如果要使电路具备自启动能力，则要加以改进，请读者自行分析。

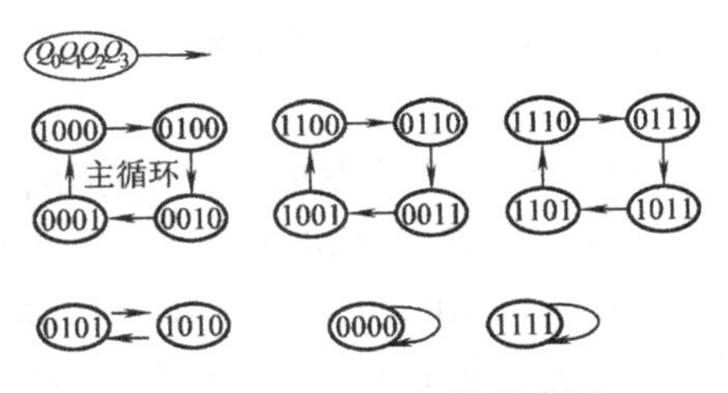

图 5-59　环形计数器状态图

一般来说，如果环形计数器含有 N 个触发器，则可以构成 N 进制计数器，无效状态数为（2^N-N）。可见，利用移位寄存器构成的环形计数器，其触发器的利用率很低。

由于环形计数器的每个工作状态中只有一个触发器的输出为“1”，因此，不需要译码电路，便可直接用于数字显示器和数字系统的控制器中。

2）扭环形计数器：扭环形计数器又叫约翰逊计数器（Johnson Counter），它是将移位寄存器中最后一级的输出取反后与第一级的输入端相连而构成的计数器。图 5-60 是由 74LS194 构成的扭环形计数器。

图 5-60 中采用右移移位方式，$D_{IR}=Q_3'$。在移位之前，先给并行数据输入端接上“0000”，并在 S_1 给一个正脉冲信号，在 CP 上升沿后把“0000”送到移位寄存器输出端。之后，S_1 回到 0，移位寄存器工作在右移状态，在移存脉冲作用下，移位寄存器里的数据逐位右移，其状态图如图 5-61 所示。

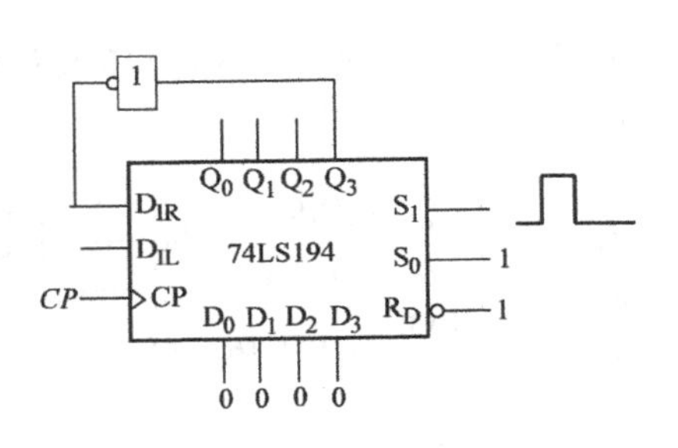

图 5-60　扭环形计数器

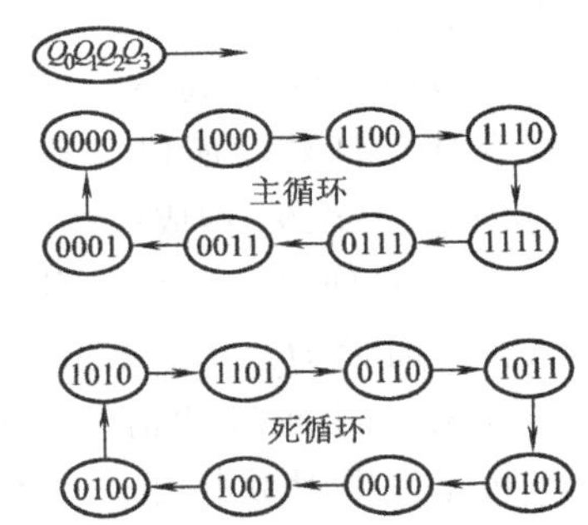

图 5-61　扭环形计数器的状态图

由图 5-61 所示状态图可知，由四个触发器构成的扭环形计数器的主循环中有八个有效状态，另有八个状态构成了非工作循环或称死循环，所以扭环形计数器也不具备自启动能力。如果要使扭环形计数器具有自启动能力，则要附加其他电路。

一般情况下，N 个触发器可以构成模为 $2N$ 的扭环形计数器。

扭环形计数器的优点是：计数顺序按一种循环码的顺序进行，相邻码之间仅一位不同。因而，对其进行译码时，译码器的输出不会出现毛刺。此外，扭环形计数器作为分频器使用时，最高位触发器输出 Q 的波形正好是方波。扭环形计数器的缺点是所用的触发器较多，有 2^N-2N 个状态未被使用。

（3）顺序脉冲发生器

5.3.3 节中已经介绍过用计数器和译码器构成的顺序脉冲发生器。用移位寄存器同样可以构成顺序脉冲发生器，而且不需要加译码器，不会产生竞争冒险现象。

图 5-58 的环形计数器就是一种顺序脉冲发生器，但是它没有自启动能力。图 5-62a 所示

的是另一种用 74LS194 构成的顺序脉冲发生器。图中 74LS194 的工作模式采用右移移位方式，并且利用或非门使其具有自启动能力。图 5-62b、c 是其状态图和时序图。

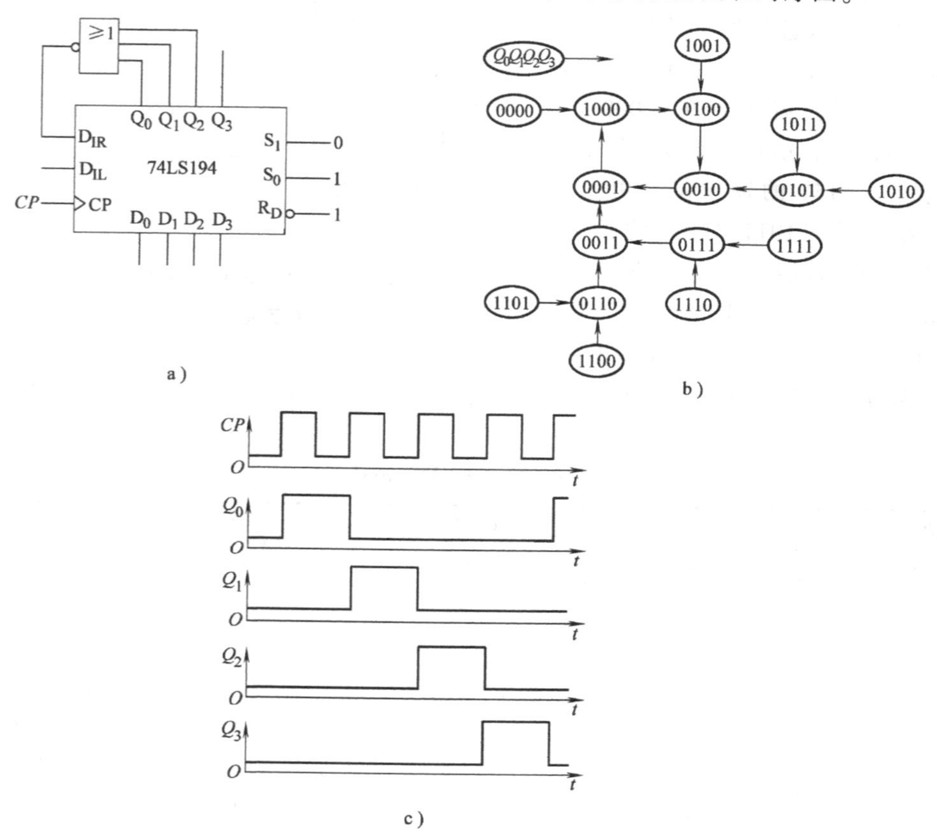

图 5-62　用移位寄存器构成的顺序脉冲发生器

a) 逻辑电路　b) 状态图　c) 时序图

5.5　序列信号发生器

在数字信号的传输和数字系统的测试中，通常需要用到一组或多组特定的周期性的串行数字信号，例如“1101011”，“1101011”，…。这种周期性的串行数字信号被称为序列信号，信号位数称为序列信号长度，产生序列信号的电路称为序列信号发生器。

序列信号发生器的组成方式有很多种，通常可以概括成计数型和移存型两类。

5.5.1　计数型序列信号发生器

计数型序列信号发生器由计数器和组合逻辑电路构成，其中计数器可以由触发器、集成计数器等构成，用来实现一个序列信号长度的循环，组合逻辑电路可以由门电路、译码器、数据选择器、ROM 阵列等构成，用来实现序列信号。图 5-63 是用计数器和数据选择器构成的序列信号发生器。

图 5-63 中，74161 是 4 位二进制加法计数器，74151 是八选一数据选择器，74161 的低 3

位输出与74151的3线地址选择输入相连。在时钟脉冲 CP 的作用下，74161的低3位输出为八进制加法计数，状态在“000”~“111”之间循环，也就是说74151的地址选择输入在“000”~“111”之间循环，所以 $D_0 \sim D_7$ 就依次轮流出现在74151的输出端。由于在 $D_0 \sim D_7$ 接上了“10110010”的信号，因此在八进制计数器的一个循环中，输出 F 将依次轮流输出“10110010”（时间顺序为自左而右）。一个循环结束后，又一个计数循环开始，重复以上的过程，就此产生周期性的序列信号。表5-16为其状态转移表。

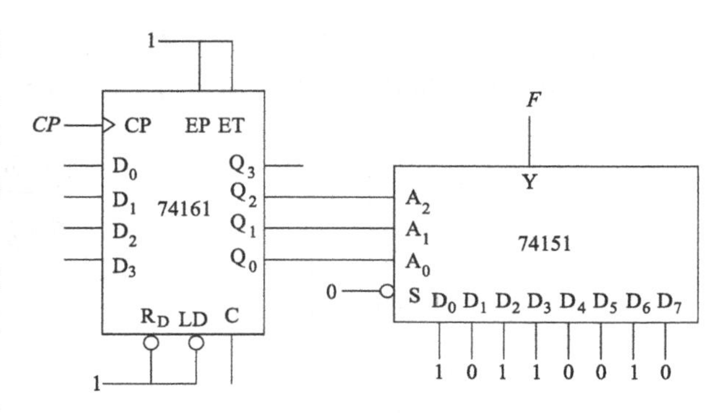

图5-63 用计数器和数据选择器构成的序列信号发生器

表5-16 图5-63的状态转移表

CP 顺序	$Q_2(A_2)$	$Q_1(A_1)$	$Q_0(A_0)$	F
0	0	0	0	$1(D_0)$
1	0	0	1	$0(D_1)$
2	0	1	0	$1(D_2)$
3	0	1	1	$1(D_3)$
4	1	0	0	$0(D_4)$
5	1	0	1	$0(D_5)$
6	1	1	0	$1(D_6)$
7	1	1	1	$0(D_7)$

从上面的分析可以推广得知，如果要产生一个长度为 M 的序列信号，则首先要构造一个 M 进制的计数器，然后根据所要求的序列信号在数据选择器的数据输入端接上相应的“0”或者“1”即可。

图5-64所示的是计数型序列信号发生器的另一种常用形式，即由计数器和译码器构成。

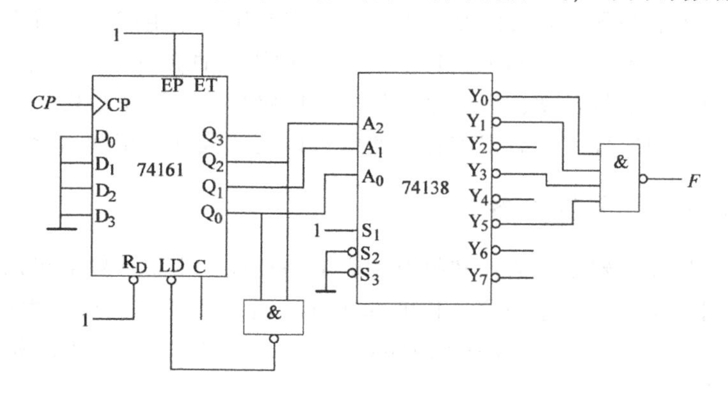

图5-64 用计数器和译码器构成的序列信号发生器

图中 74161 构成六进制计数，译码器采用 74138 3 线-8 线译码器，计数器的输出和译码器的输入端相连，译码器和与非门结合构成的组合逻辑电路实现序列信号。经过分析可得，该电路在连续脉冲 CP 的作用下，输出的序列信号 F 是“110101”，“110101”，…。

5.5.2 移存型序列信号发生器

所谓移存型序列信号发生器是指用移位寄存器和组合逻辑电路构成的序列信号发生器。图 5-65 所示的是由移位寄存器和选择器构成的序列信号发生器。

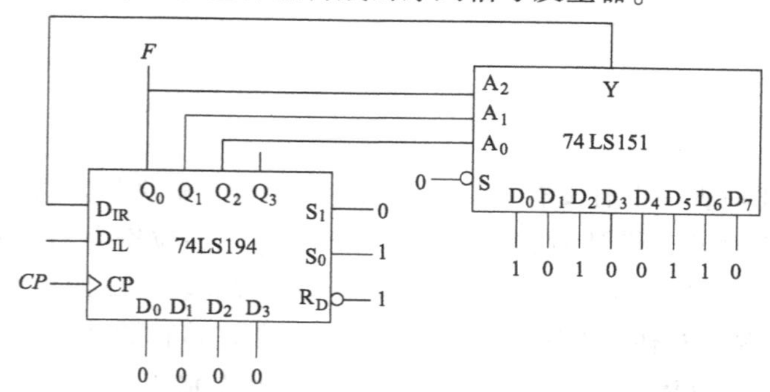

图 5-65 移位寄存器和数据选择器构成的序列信号发生器

图 5-65 中，74LS194 是双向移位寄存器，接成右移移位方式；74LS151 是八选一数据选择器，其地址输入端与移位寄存器的输出端相连；74LS151 的输出反馈送至 74LS194 的右移数据输入端；序列信号 F 从 74LS194 的 Q_0 端输出。

假设 74LS194 的输出 $Q_0Q_1Q_2Q_3$ 的初始状态为“0000”，则选择器选择 D_0 输出，即 $Y=1$，该信号反馈至 74LS194 的 D_{IR}，$D_{IR}=1$，当下一个移位脉冲上升沿到来，D_{IR} 送到 Q_0 端，$Q_0=1$，其余的触发器的状态右移，即 $Q_0Q_1Q_2Q_3$ 的状态转移至“1000”。依次类推，可得表 5-17 所示的状态表。从表 5-17 中可见，该电路产生的序列信号是从 Q_0 端串行输出的信号“01011100”，“01011100”，…。

表 5-17 图 5-65 的状态表

CP 顺序	$Q_0(A_2)$	$Q_1(A_1)$	$Q_2(A_0)$	$D_{IR}(Y)$
0	→0	0	0	1(D_0)
1	1	0	0	0(D_4)
2	0	1	0	1(D_2)
3	1	0	1	1(D_5)
4	1	1	0	1(D_6)
5	1	1	1	0(D_7)
6	0	1	1	0(D_3)
7	0	0	1	0(D_1)

【例 5-8】 设计一个移存型序列信号发生器，要求产生的序列信号是“000111”，“000111”，…。

解：（1）计算触发器个数。因为要求产生的序列信号的长度是 6，所以选择三个触发器构成移位寄存器。

(2) 选择移位方式，列出状态表。选择右移移位方式，并让序列信号从 Q_0 端串行输出，则输出 Q_0 为“000111”（时间顺序从左至右），其余触发器的状态则由右移移位决定。因此可以得到表 5-18 所示的状态表。

表 5-18 例 5-8 的状态表

Q_0(序列)	Q_1	Q_2
0	1	1
0	0	1
0	0	0
1	0	0
1	1	0
1	1	1

注意：这里需要检查一下有没有重复的状态，如果有，解决的办法是增加一个触发器。

(3) 选择移位寄存器，设计右移数据输入信号 D_{IR}。移位寄存器选择集成移位寄存器 74LS194。为了实现表 5-18 的状态转移，首先需要设计 D_{IR}。74LS194 在右移时，最左边的触发器的输出 Q_0 来源于右移数据输入端的信号 D_{IR}，即在移存脉冲作用下，$Q_0=D_{IR}$，其余触发器信号依次右移。具体来说如果要使 Q_0 在下一个状态输出为“0”，就要在移存脉冲到来前在 D_{IR} 接上低电平信号“0”；如果要使 Q_0 在下一个状态输出为“1”，就要在移存脉冲到来前在 D_{IR} 接上高电平信号“1”。因此，如果把 Q_0、Q_1、Q_2 看成是逻辑变量，D_{IR} 看成逻辑函数，则可以得到 D_{IR} 的函数真值表，见表 5-19。

表 5-19 D_{IR} 的真值表

Q_0	Q_1	Q_2	D_{IR}
0	1	1	0
0	0	1	0
0	0	0	1
1	0	0	1
1	1	0	1
1	1	1	0

(4) 选择实现 D_{IR} 的方法。实现 D_{IR} 的方法很多，任何实现组合逻辑电路的方法都可以应用。这里选择译码器和与非门组合实现。逻辑电路如图 5-66 所示，序列信号 F 从 Q_0 端串行输出。

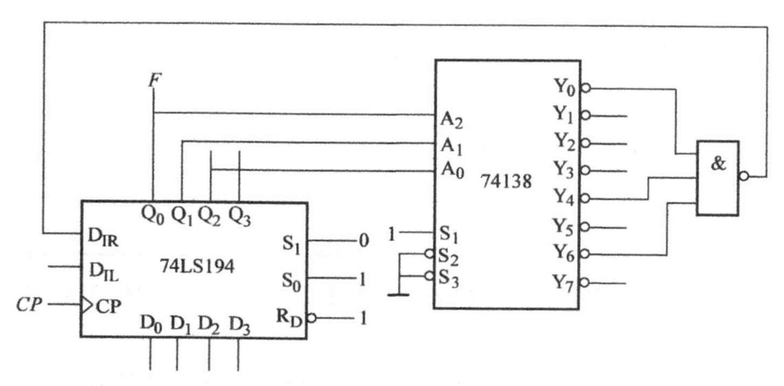

图 5-66 例 5-8 的逻辑电路

5.6 同步时序逻辑电路设计

5.6.1 同步时序逻辑电路的设计方法

同步时序逻辑电路的设计，就是根据给出的具体逻辑问题，求出实现这一逻辑功能的逻辑电路。

设计同步时序逻辑电路时，一般可以按如下步骤进行：

1）逻辑抽象，确定原始状态表（图）：分析给定的逻辑问题，确定输入变量、输出变量以及电路的状态数，初步画出状态图和状态表。由于它们可能包含多余的状态，所以称为原始状态图和原始状态表。

2）状态化简：若两个电路状态在相同的输入下有相同的输出，并且转换到同样一个次态，则称这两个状态为等价状态。显然，等价状态是重复的，可以合并为一个。状态化简就是利用等价状态，把原始状态表（或者原始状态图）中多余的状态消去，得到最小化状态表。电路的状态数越少，设计出来的电路就越简单。

3）状态分配：状态分配又称状态编码。首先确定触发器的数目 n，因为时序逻辑电路的状态是用触发器状态的不同组合来表示的，n 个触发器共有 2^n 种状态组合。若要实现的时序逻辑电路有 M 个状态，则可以根据下式确定触发器的数量，即

$$2^{n-1}<M<2^n \tag{5-24}$$

把最小化状态表中的每个字符表示的状态规定一个二值代码，并使代码与各触发器的状态相对应，这称为状态分配。

在 $M<2^n$ 的情况下，从 2^n 个状态中取 M 个状态的组合可以有多种不同的方案，而每个方案中 M 个状态的排列顺序又有许多种。因此，状态编码方案会有很多种。不同的状态编码方案将得出不同的逻辑电路。所以，如果编码方案选择得当，设计结果可以较简单；反之，编码方案选得不好，设计的电路会很复杂。

一般情况下，为了便于记忆和识别，选用的状态编码和它们的排列顺序都遵循一定的规律。

4）触发器选型，并求出电路的驱动方程和输出方程：因为不同逻辑功能的触发器的驱动方式不同，所以用不同类型触发器设计出的电路也不一样。为此，在设计具体的电路前必须选定触发器的类型。触发器选择的类型不同，也会使电路的复杂程度不同。

根据代码形式的状态表和选用的触发器类型，就可以写出触发器的驱动方程（或称激励方程）和输出方程。

5）画出逻辑电路：根据驱动方程和输出方程，画出逻辑电路。

6）检查设计的电路是否自启动：有些设计需要检查电路是否自启动，如果电路不能自启动，则需要采取措施加以解决。一种解决方法是在电路开始工作时通过预置数将电路的状态置成有效循环状态中的其中一个状态；另一种方法是修改设计以解决自启动问题。

至此，电路设计基本完成。图 5-67 用框图表示了上述设计方法的大致过程。不难看出，这一过程和分析时序逻辑电路的过程正好是相反的。

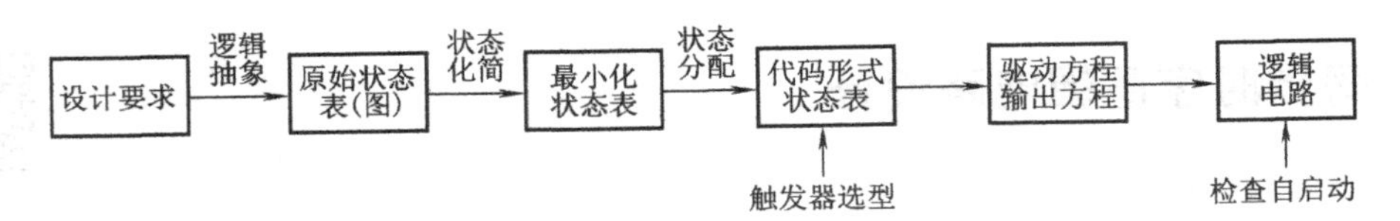

图 5-67　同步时序逻辑电路的设计过程

5.6.2　同步时序逻辑电路设计举例

【例 5-9】　试设计一个带有借位输出端的十二进制减计数器。

解：(1) 确定触发器个数，列出状态编码表。因为计数器是在时钟信号的作用下自动地依次从一个状态转移到下一个状态，所以它没有输入变量，但有输出信号，因此该计数器是属于摩尔型的一种简单时序逻辑电路。

十二进制减计数器已经明确地指出了有 12 个有效状态，所以可以省略设计过程中的确定原始状态表和状态化简的过程，直接可以确定代码形式的状态表。

根据式 (5-24)，可以求出触发器的个数。

因为 $2^3<12<2^4$，所以选四个触发器即可，状态编码表见表 5-20。

表 5-20　例 5-9 的状态编码表

等效十进制数	状态编码				借位输出 C
	Q_3	Q_2	Q_1	Q_0	
11	1	0	1	1	0
10	1	0	1	0	0
9	1	0	0	1	0
8	1	0	0	0	0
7	0	1	1	1	0
6	0	1	1	0	0
5	0	1	0	1	0
4	0	1	0	0	0
3	0	0	1	1	0
2	0	0	1	0	0
1	0	0	0	1	0
0	0	0	0	0	1

(2) 选择触发器。本例选择下降沿触发的 JK 触发器。

(3) 确定驱动方程和输出方程。由表 5-20 可知，输出方程为

$$C=Q_3'Q_2'Q_1'Q_0' \tag{5-25}$$

驱动方程的求解方法常用的有两种：一种是利用 JK 触发器的激励表，获得电路驱动方程（激励方程）；另一种是通过电路的次态方程和 JK 触发器的状态方程比对，获得驱动方程（激励方程）。下面详细介绍这两种方法的设计步骤。

1) 利用 JK 触发器的激励表确定电路的驱动方程：JK 触发器的激励表见表 5-21。

表 5-21　JK 触发器的激励表

$Q \to Q^*$	J	K
0→0	0	×
0→1	1	×
1→0	×	1
1→1	×	0

根据表 5-21 可知，如果触发器的状态要从“0”转移到“0”，则要在下一个时钟脉冲到来前，使 $J=0$，K 则可以为任意信号；如果触发器的状态要从“0”转移到“1”，则要在下一个时钟脉冲到来前，使 $J=1$，K 可以为任意信号；如果触发器的状态要从“1”转移到“0”，则要在下一个时钟脉冲到来前，使 $K=1$，J 则可以为任意信号；如果触发器的状态要从“1”转移到“1”，则要在下一个时钟脉冲到来前，使 $K=0$，J 可以为任意信号。因此，根据各触发器的现态和次态的情况，可以得到 J、K 的驱动信号表，见表 5-22。

表 5-22　例 5-9 的 J、K 驱动信号表

现态				次态				J、K 驱动信号							
Q_3	Q_2	Q_1	Q_0	Q_3^*	Q_2^*	Q_1^*	Q_0^*	J_3	K_3	J_2	K_2	J_1	K_1	J_0	K_0
1	0	1	1	1	0	1	0	×	0	0	×	×	0	×	1
1	0	1	0	1	0	0	1	×	0	0	×	×	1	1	×
1	0	0	1	1	0	0	0	×	0	0	×	0	×	×	1
1	0	0	0	0	1	1	1	×	1	1	×	1	×	1	×
0	1	1	1	0	1	1	0	0	×	×	0	×	0	×	1
0	1	1	0	0	1	0	1	0	×	×	0	×	1	1	×
0	1	0	1	0	1	0	0	0	×	×	0	0	×	×	1
0	1	0	0	0	0	1	1	0	×	×	1	1	×	1	×
0	0	1	1	0	0	1	0	0	×	0	×	×	0	×	1
0	0	1	0	0	0	0	1	0	×	0	×	×	1	1	×
0	0	0	1	0	0	0	0	0	×	0	×	0	×	×	1
0	0	0	0	1	0	1	1	1	×	0	×	1	×	1	×

把现态 $Q_3Q_2Q_1Q_0$ 看成逻辑变量，激励信号 J_3、K_3、…、J_0、K_0 看成逻辑函数，可以得到各 J、K 的函数卡诺图，如图 5-68 所示，没有在表 5-22 中出现的状态当作无关项处理。卡诺图化简后得到各触发器的驱动方程为

$$\begin{cases} J_3 = Q_2'Q_1'Q_0', \ K_3 = Q_1'Q_0' \\ J_2 = Q_3Q_1'Q_0', \ K_2 = Q_2'Q_1' \\ J_1 = K_1 = Q_0' \\ J_0 = K_0 = 1 \end{cases} \tag{5-26}$$

2）利用次态方程和 JK 触发器状态方程的比对，确定电路的驱动方程：把表 5-22 中的现态作为逻辑变量，次态作为逻辑函数，画函数卡诺图，如图 5-69 所示。

触发器次态的函数卡诺图（见图 5-69）化简后可得各触发器的次态方程为

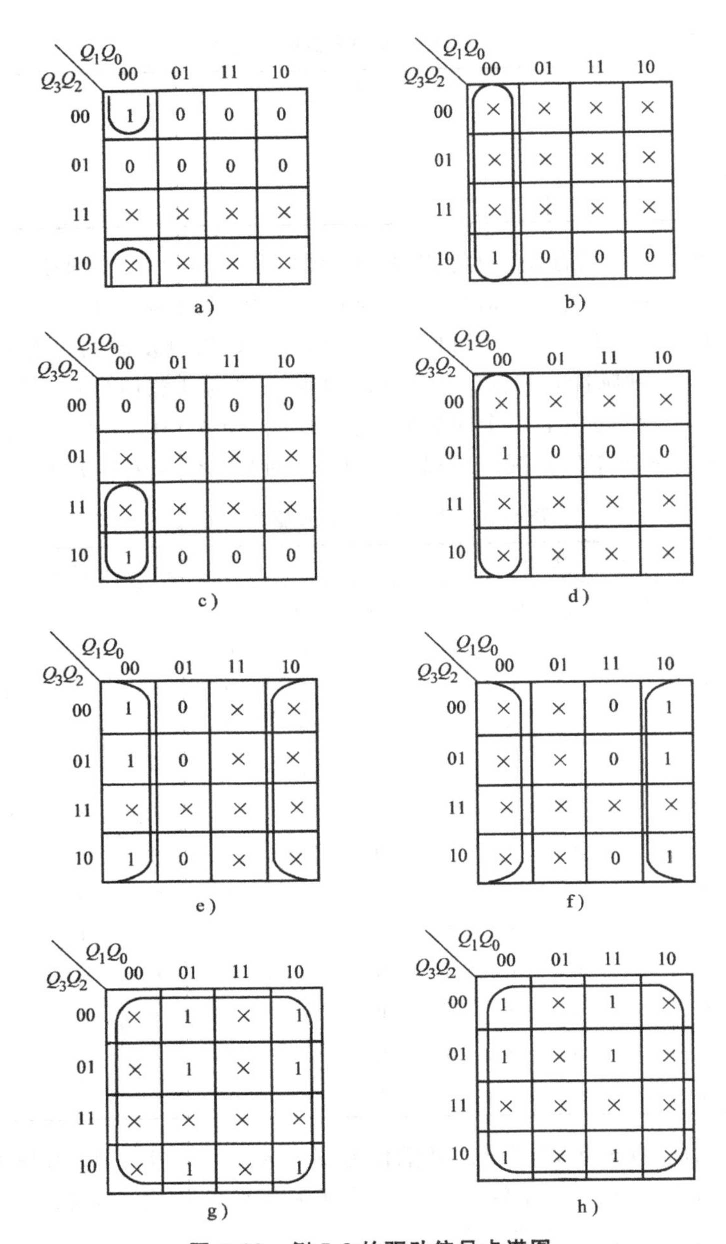

图 5-68 例 5-9 的驱动信号卡诺图

a）J_3 的卡诺图 b）K_3 的卡诺图 c）J_2 的卡诺图 d）K_2 的卡诺图

e）J_1 的卡诺图 f）K_1 的卡诺图 g）J_0 的卡诺图 h）K_0 的卡诺图

$$\begin{cases} Q_3^* = Q_3'Q_2'Q_1'Q_0' + Q_3Q_1 + Q_3Q_0 = (Q_2'Q_1'Q_0')Q_3' + (Q_1 + Q_0)Q_3 \\ Q_2^* = Q_3Q_2'Q_1'Q_0' + Q_2Q_1 + Q_2Q_0 = (Q_3Q_1'Q_0')Q_2' + (Q_1 + Q_0)Q_2 \\ Q_1^* = Q_1'Q_0' + Q_1Q_0 = (Q_0')Q_1' + (Q_0)Q_1 \\ Q_0^* = Q_0' \end{cases} \tag{5-27}$$

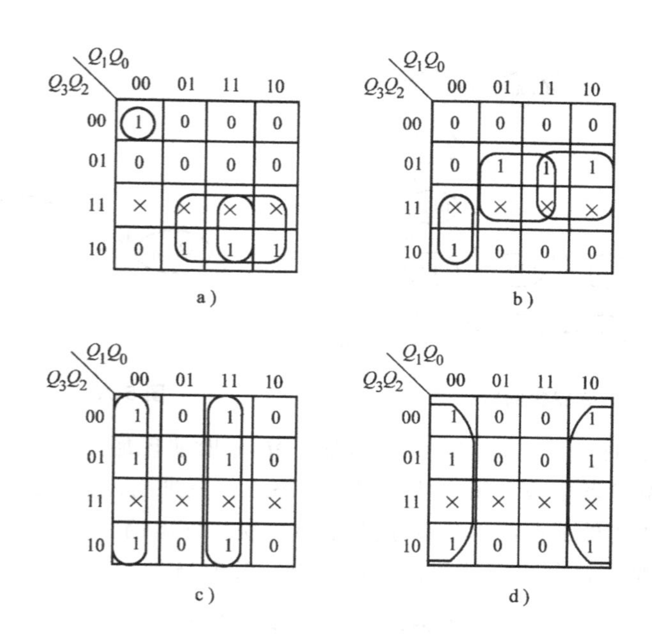

图 5-69　例 5-9 的 Q 函数卡诺图

a) Q_3^*　b) Q_2^*　c) Q_1^*　d) Q_0^*

式（5-27）是四个触发器的次态方程，和 JK 触发器的状态方程 $Q^*=JQ'+K'Q$ 相比较后，可得 J、K 的驱动方程为

$$\begin{cases} J_3=Q_2'Q_1'Q_0',\ K_3=(Q_1+Q_0)'=Q_1'Q_0' \\ J_2=Q_3Q_1'Q_0',\ K_2=(Q_2+Q_1)'=Q_2'Q_1' \\ J_1=K_1=Q_0' \\ J_0=K_0=1 \end{cases} \tag{5-28}$$

比较式（5-26）和式（5-28），可见两组驱动方程完全一致。

（4）画逻辑电路。根据驱动方程式（5-28）和输出方程式（5-25），可以画出逻辑电路如图 5-70 所示。

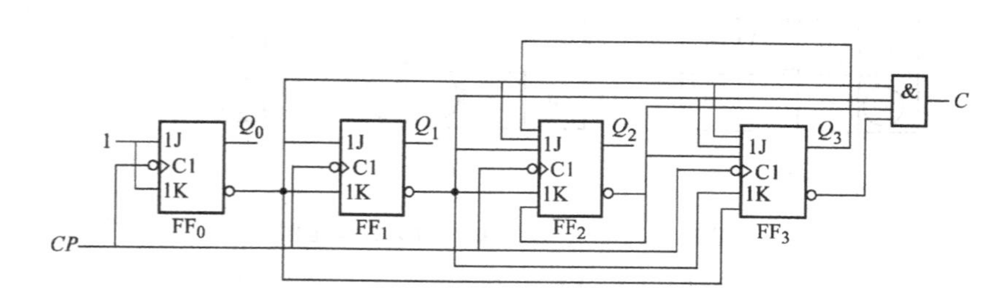

图 5-70　例 5-9 的逻辑电路

（5）检查自启动能力。经过检查，在 12 个有效状态外的四个状态在若干个时钟脉冲后都能进入主循环，所以该电路具有自启动能力。电路完整的状态图如图 5-71 所示。

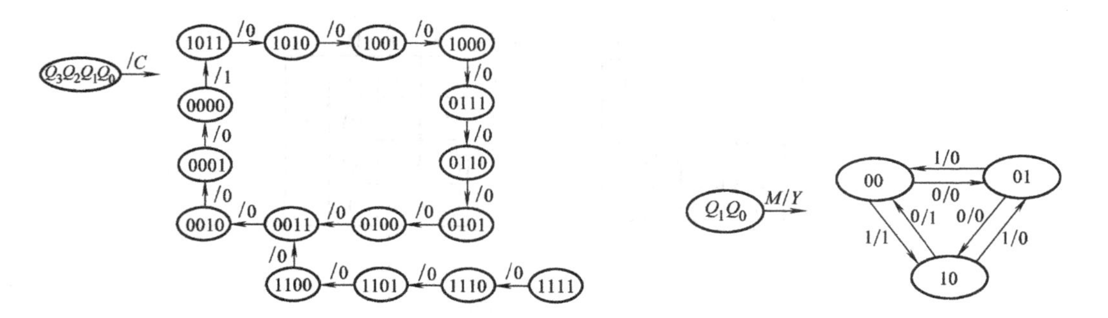

图 5-71 例 5-9 完整的状态图　　图 5-72 例 5-10 的状态图

【例 5-10】 试设计一个三进制可逆计数器，$M=0$ 时实现加计数，$M=1$ 时实现减计数。

解：（1）确定触发器个数，画出状态图、状态表。三进制计数器，需要用两个触发器实现；可逆计数器需要用外部控制信号 M 控制加减，所以该电路是米勒型电路。

图 5-72 所示的是三进制可逆计数器的状态图，表 5-23 所示的是其状态表。

表 5-23 例 5-10 的状态表

控制信号 M	现态		次态		输出信号 Y
	Q_1	Q_0	Q_1^*	Q_0^*	
0	0	0	0	1	0
	0	1	1	0	0
	1	0	0	0	1
1	0	0	1	0	1
	1	0	0	1	0
	0	1	0	0	0

（2）选择触发器。本例选择上升沿触发的 D 触发器，D 触发器的状态方程为 $Q^*=D$。

（3）确定次态方程和输出方程。本例选择第二种方法即比对状态方程中的激励信号的方法来求解驱动方程。把表 5-23 中的控制信号 M、现态 Q_1、Q_0 当作逻辑变量，次态 Q_1^*、Q_0^* 和输出 Y 当作逻辑函数，分别画出 Q_1^*、Q_0^* 和 Y 的函数卡诺图，如图 5-73 所示。

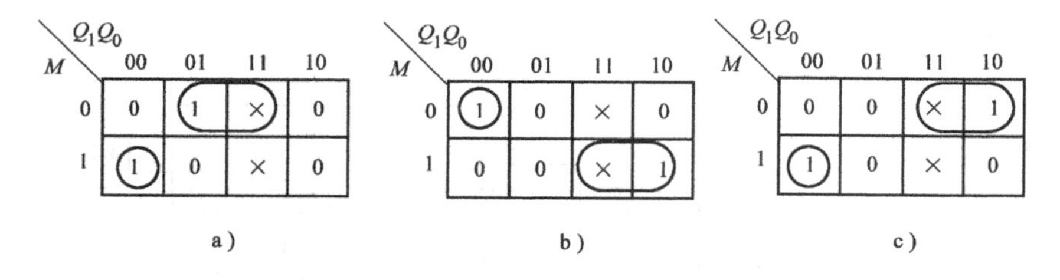

图 5-73 Q_1^*、Q_0^* 和 Y 的函数卡诺图

a) Q_1^* 的卡诺图 b) Q_0^* 的卡诺图 c) Y 的卡诺图

图 5-73 中各卡诺图化简后可得各触发器的次态方程为

$$\begin{cases} Q_1^* = MQ_1'Q_0' + M'Q_0 \\ Q_0^* = M'Q_1'Q_0' + MQ_1 \end{cases} \tag{5-29}$$

输出方程为

$$Y=MQ_1'Q_0'+M'Q_1 \tag{5-30}$$

（4）驱动方程。把 D 触发器的状态方程和式（5-29）相比较，可得触发器的驱动方程为

$$\begin{cases}D_1 = MQ_1'Q_0' + M'Q_0\\ D_0 = M'Q_1'Q_0' + MQ_1\end{cases} \tag{5-31}$$

（5）逻辑图。根据驱动方程式（5-31）和输出方程式（5-30），可以画出逻辑电路，如图 5-74 所示。

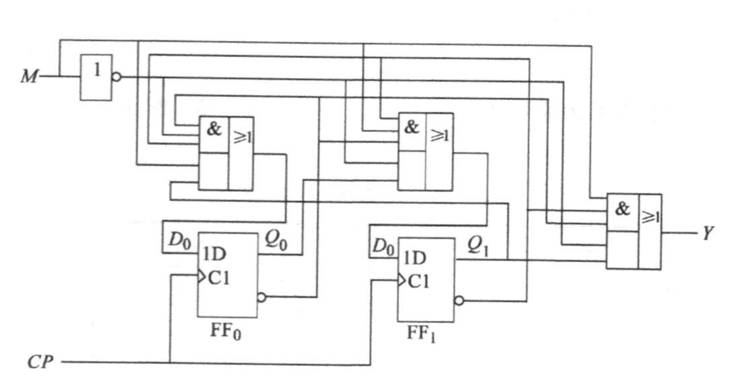

图 5-74 例 5-10 的逻辑电路

（6）检查自启动能力。经过检查，该电路具有自启动能力。图 5-75 是该电路完整的状态图。

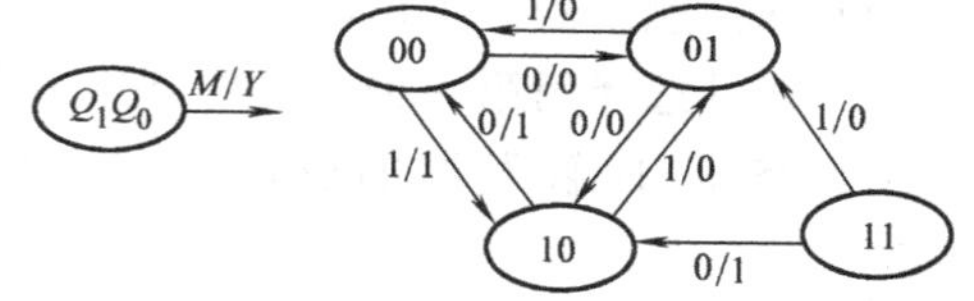

图 5-75 例 5-10 完整的状态图

【例 5-11】 设计一个串行数据检测器，对它的要求是：连续输入三个或三个以上的“1”时输出为“1”，其他输入情况下输出为“0”。

解：（1）根据设计要求，设定状态，画出原始状态图。用 X 表示输入信号，用 Y 表示输出信号。

S_0——初始状态或序列失败后的状态；

S_1——收到“1”后的状态；

S_2——连续收到“11”后的状态；

S_3——连续收到“111”或三个以上的“1”后的状态。

根据题意可以画出如图 5-76 所示的原始状态图。

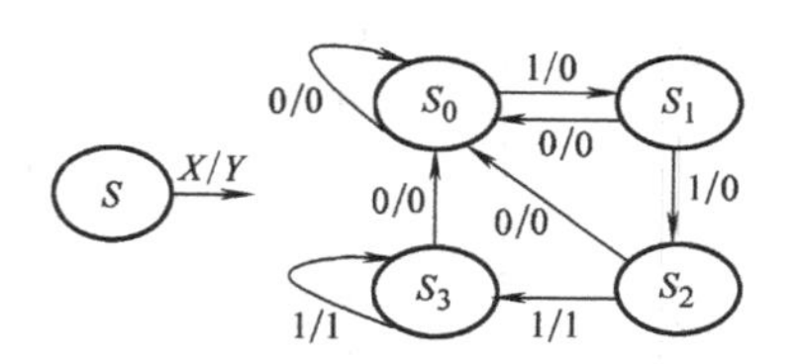

图 5-76 例 5-11 的原始状态图

（2）状态化简，画出状态归并后的状态图。状态化简，就是合并等价状态。观察图 5-76 所示的原始状态图，S_2 和 S_3 两个状态在输入信号 $X=0$ 时，输出为“0”，次态为 S_0；在输入信号 $X=1$ 时，输出为“1”，次态为 S_3。可见，S_2 和 S_3 两个状态在输入信号相同的情况下的次态和输出完全相同，所以 S_2 和 S_3 是等价状态，可以合并。图 5-77 是合并等价状态、消去一个状态后的简化的状态图。

（3）确定触发器的个数，进行状态分配，列出状态表。从图 5-77 中可见，电路共有三

个状态，所以用两个触发器可以构成。如果用触发器 Q_1Q_0 的“00”、“01”、“10”分别代表 S_0、S_1、S_2，则可以画出编码后的状态图，同时列出状态表。图5-78所示是编码形式的状态图，表5-24所示的是状态表。

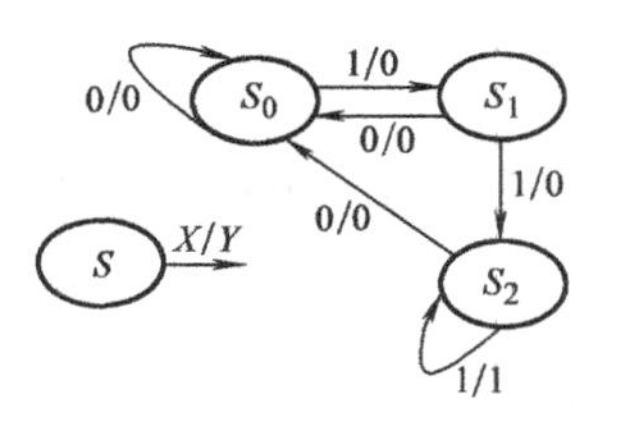

图5-77 例5-11的化简后的原始状态图

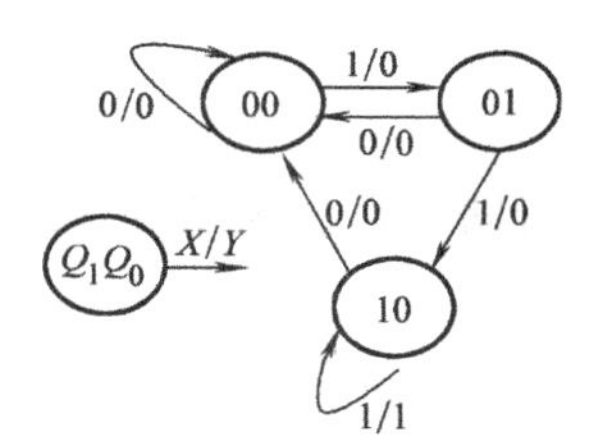

图5-78 例5-11的编码形式的状态图

表5-24 例5-11的状态表

输入信号 X	现态		次态		输出信号 Y
	Q_1	Q_0	Q_1^*	Q_0^*	
0	0	0	0	0	0
	0	1	0	0	0
	1	0	0	0	0
1	0	0	0	1	0
	0	1	1	0	0
	1	0	1	0	1

（4）选择触发器，求出状态方程、驱动方程和输出方程。本例选择两个上升沿触发的D触发器，并且选择用第一种方法即利用D触发器的激励表的方法来求解驱动方程。

表5-25是D触发器的驱动表（激励表）。根据此表，可以得到电路的驱动表，见表5-26。

表5-25 D触发器的驱动表

$Q \to Q^*$		D
0	0	0
0	1	1
1	0	0
1	1	1

表5-26 例5-11的驱动表

输入信号 X	现态		次态		驱动信号	
	Q_1	Q_0	Q_1^*	Q_0^*	D_1	D_0
0	0	0	0	0	0	0
	0	1	0	0	0	0
	1	0	0	0	0	0
1	0	0	0	1	0	1
	0	1	1	0	1	0
	1	0	1	0	1	0

根据表5-26可以画出驱动信号 D_1、D_0 的卡诺图，根据表5-24可以画出输出 Y 的卡诺图，如图5-79所示。进一步化简可以得到电路的驱动方程和输出方程为

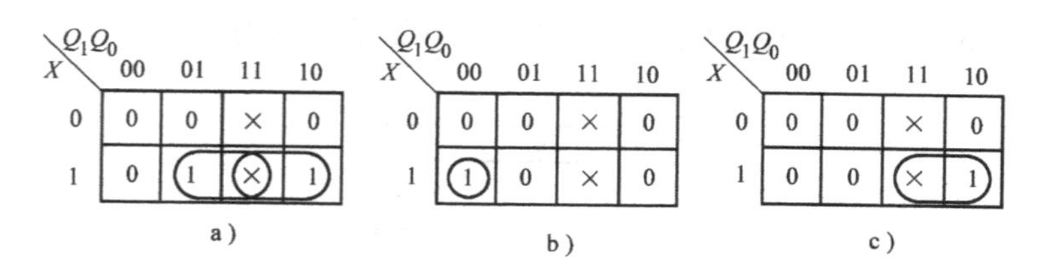

图 5-79　例 5-11 的驱动信号和输出信号的卡诺图

a) Q_1^* 的卡诺图　b) Q_0^* 的卡诺图　c) Y 的卡诺图

驱动方程

$$\begin{cases} D_1 = XQ_0 + XQ_1 \\ D_0 = XQ_1'Q_0' \end{cases} \tag{5-32}$$

输出方程

$$Y = XQ_1 \tag{5-33}$$

(5) 逻辑电路。根据驱动方程式 (5-32) 和输出方程式 (5-33)，所画的逻辑电路如图 5-80 所示。

(6) 检查自启动能力。图 5-81 是该检测器的完整的状态图。从状态图中可以看出，当电路进入无效状态“11”后，若 $X=0$，则次态转入“00”，若 $X=1$，则次态转入“10”，因此这个电路是能够自启动的。

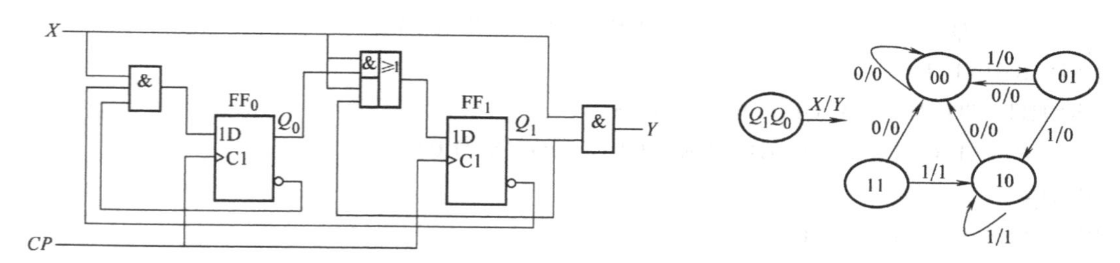

图 5-80　例 5-11 的逻辑电路　　**图 5-81　例 5-11 完整的状态图**

5.7　常用时序逻辑器件的 VHDL 设计

下面介绍同步二进制加计数器、同步十进制加计数器、异步十进制加计数器、可逆计数器、移位寄存器及有限状态机的 VHDL 设计方法。

5.7.1　同步二进制加计数器的 VHDL 设计

以 4 位同步二进制加计数器（功能与 74LS161 类似）为例，设计如下：

1. 实体

4 位同步二进制加计数器的实体如图 5-82 所示。图中，COUNT_ 16 为该计数器的实体名，CP 为上升沿触发的时钟输入端，EP 为高电平有效的计数使能输入端，RD 为低电平有效的清零控制端（采用异步清零方式），LD 为低电平有效的置数控制端（采用同步置数方式)，D [3..0] 为4位总线型并行置数数据输入端，C 为计数器的进位输出端（并令 $C=Q_3Q_2Q_1Q_0$），Q [3..0] 为4位总线型输出端（即计数器的状态输出信号）。

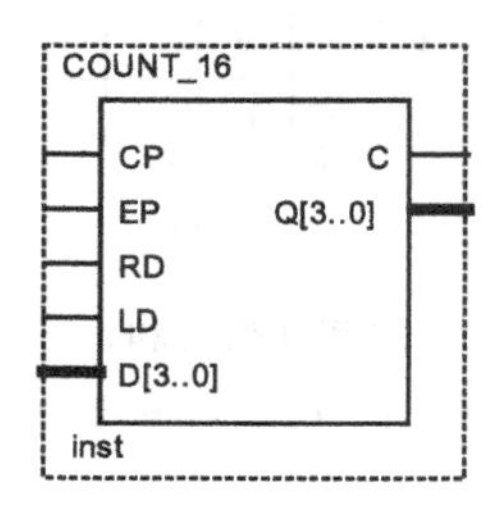

图 5-82 4位同步二进制加计数器的实体

2. VHDL 程序设计

```
LIBRARY IEEE;
USE IEEE.STD_LOGIC_1164.ALL;
USE IEEE.STD_LOGIC_UNSIGNED.ALL;
ENTITY COUNT_16 IS
    PORT (CP,EP,RD,LD:  IN STD_LOGIC;
          D:IN STD_LOGIC_VECTOR(3 DOWNTO 0);
          C:OUT STD_LOGIC;
          Q:OUT STD_LOGIC_VECTOR(3 DOWNTO 0));
END COUNT_16;
ARCHITECTURE BHV OF COUNT_16 IS
    SIGNAL CNT:STD_LOGIC_VECTOR(3 DOWNTO 0);
BEGIN
PROCESS(CP,EP,LD,RD)
    BEGIN
        IF RD='0' THEN  CNT <="0000";          --异步清零(不受时钟信号控制)
        ELSIF(CP'EVENT AND CP='1')THEN         --上升沿触发
          IF LD='0' THENCNT <=D;               --上升沿时,同步置数
          ELSIF EP='1' THEN  CNT <=CNT+1;      --上升沿且使能有效时,加1计数
          END IF;
        END IF;
END PROCESS;
    Q <=CNT;                                   --状态输出
    C <=CNT(3)AND CNT(2)AND CNT(1)AND CNT(0);--进位输出
END BHV;
```

3. 仿真波形及分析

4位二进制计数器的仿真波形如图 5-83 所示。

由图可知，当 $RD=0$ 时，计数器清零，即异步清零；当 $RD=1$，$LD=0$ 时，在时钟上升

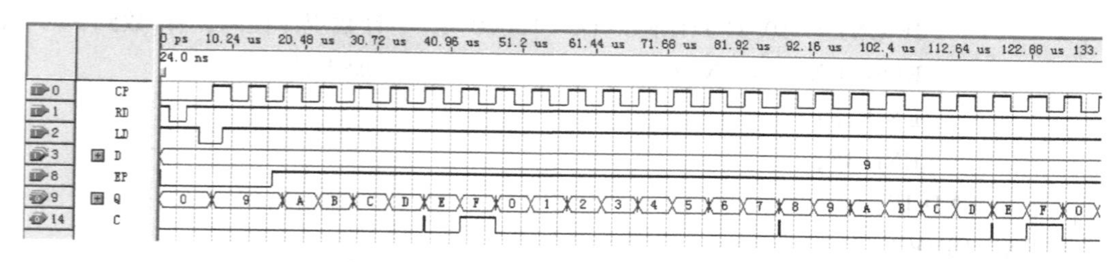

图 5-83 4 位二进制计数器的仿真波形

沿置数，即 $Q^*=D=9$，同步置数；当 $RD=1$，$LD=1$，$EP=1$ 时，处于计数状态，即由状态“0000”~“1111”循环计数，当计数状态为“1111”时产生进位输出，$C=1$。可见，上述程序实现了 4 位二进制计数器，具有异步清零、同步置数以及计数使能控制的逻辑功能。

5.7.2 同步十进制加计数器的 VHDL 设计

以同步十进制加计数器（功能与 74LS160 类似）为例，设计如下：

1. **实体**

十进制计数器，也称为 BCD 计数器，其实体如图 5-84 所示。图中，COUNT_ 10 为十进制计数器的实体名，CP 为上升沿触发的时钟输入端，EP 为高电平有效的计数使能输入端，LD 为低电平有效的置数输入端（采用同步置数方式），RD 为低电平有效的清零输入端（采用异步清零方式），D［3..0］为 4 位总线型并行置数数据输入端，C 为计数器的进位输出端（并令 $C=Q_3Q_0$），Q［3..0］为 4 位总线型输出端。

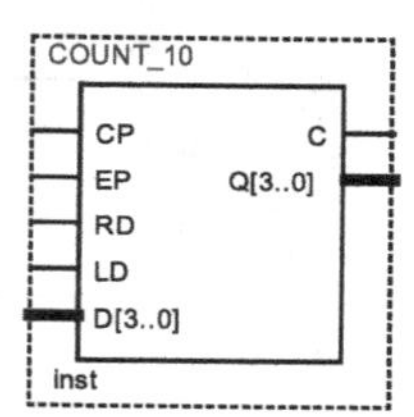

图 5-84 十进制计数器的实体

2. **VHDL 程序设计**

```
LIBRARY IEEE;
USE IEEE.STD_LOGIC_1164.ALL;
USE IEEE.STD_LOGIC_UNSIGNED.ALL;
ENTITY COUNT_10 IS
    PORT(CP,EP,RD,LD:  IN STD_LOGIC;
            D:  IN STD_LOGIC_VECTOR(3 DOWNTO 0);
            C:OUT STD_LOGIC;
            Q:OUT STD_LOGIC_VECTOR(3 DOWNTO 0));
END COUNT_10;
ARCHITECTURE BHV OF COUNT_10 IS
    SIGNAL CNT:STD_LOGIC_VECTOR(3 DOWNTO 0);
BEGIN
    PROCESS(CP,EP,LD,RD)
    BEGIN
        IF RD='0' THEN  CNT <="0000";          --异步清零(不受时钟信号控制)
        ELSIF(CP'EVENT AND CP='1')THEN         --上升沿触发
            IF LD='0' THEN CNT <=D;            --上升沿时,同步置数
            ELSIF EP='1' THEN                  --上升沿且使能有效时,计数
```

```
            IF CNT="1001"THENCNT<="0000";    --计数规律控制,当计数到9时,置零
            ELSE CNT <=CNT+1;                --加1计数
            END IF;
            END IF;
        END IF;
    END PROCESS;
    Q <=CNT;                                 --状态输出
    C <=CNT(3)AND CNT(0);                    --进位输出
END BHV;
```

3. 仿真波形及分析

十进制计数器的仿真波形如图5-85所示。

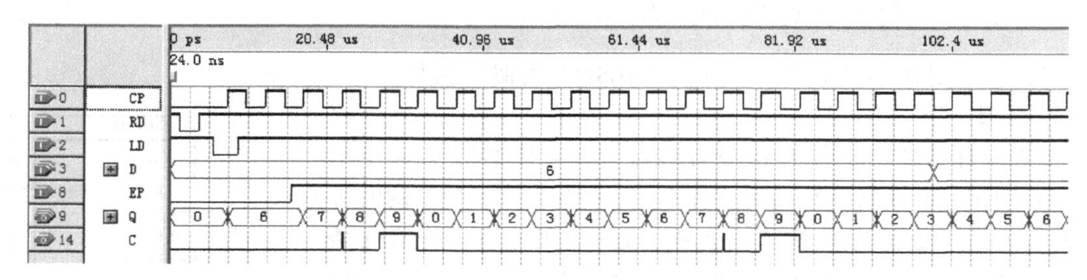

图5-85 十进制计数器的仿真波形

由图可知，当 $RD=0$ 时，计数器清零，即异步清零；$LD=0$ 时，在时钟上升沿置数，即 $Q=D=9$，同步置数；当 $RD=1$，$LD=1$，$EP=1$ 时，处于计数状态：实现从0到9循环计数，当计数状态为9时，进位输出 $C=1$。可见，上述程序实现了十进制计数器，具有异步清零、同步置数以及计数使能控制的逻辑功能。

5.7.3 异步十进制加计数器的VHDL设计

以二-五-十进制计数器（功能与74LS290类似）为例，设计如下：

1. 实体

二-五-十计数器的实体如图5-86所示。图中，COUNT2_ 5_ 10为实体名，CP2为二进制计数器的时钟输入端（下降沿触发），CP5为五进制计数器的时钟输入端（下降沿触发），R0为高电平有效的清零端（采用异步清零方式），S9为高电平有效的置9端（采用异步置9方式），Q［3..0］为4位总线型输出端（其中Q0为二进制计数器的输出端，Q3、Q2和Q1为五进制计数器的输出端）。

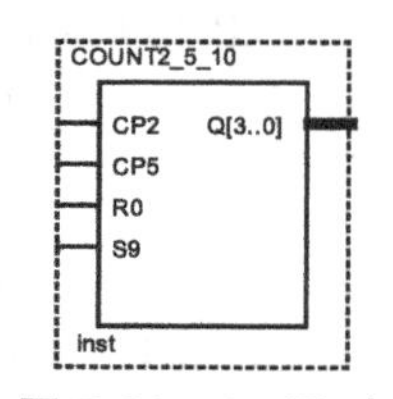

图5-86 二-五-十进制计数器的实体

2. VHDL程序设计

根据二-五-十进制的工作原理编写二进制和五进制计数器的VHDL程序，然后以原理图的形式构建十进制计数器，程序如下：

```
LIBRARY IEEE;
USE IEEE.STD_LOGIC_1164.ALL;
USE IEEE.STD_LOGIC_UNSIGNED.ALL;
```

```
ENTITY COUNT2_5_10 IS
    PORT(CP2,CP5,R0,S9:  IN STD_LOGIC;
         Q:OUT STD_LOGIC_VECTOR(3 DOWNTO 0));
END COUNT2_5_10;
ARCHITECTURE BHV OF COUNT2_5_10 IS
    SIGNAL CNT2:STD_LOGIC;
    SIGNAL CNT5:STD_LOGIC_VECTOR(2 DOWNTO 0);
BEGIN
    PROCESS(CP2,R0,S9)                          --二进制计数
    BEGIN
        IF S9='1' THEN CNT2 <='1';              --异步置 9 端有效时,CNT2 立即置 1
        ELSIF R0='1' THEN CNT2 <='0';           --异步清零端有效时,CNT2 立即清零
        ELSIF CP2'EVENT AND CP2='0' THEN        --CP2 下降沿触发
            CNT2 <=NOT CNT2;                    --1 位计数
        END IF;
    END PROCESS;
    PROCESS(CP5,R0,S9)                          --五进制计数
    BEGIN
        IF S9='1' THEN CNT5 <="100";            --异步置 9 端有效时,CNT5 立即置 100
        ELSIF R0='1' THEN CNT5 <="000";         --异步清零端有效时,CNT5 立即清零
        ELSIF CP5'EVENT AND CP5='0' THEN        --CP5 下降沿触发
          IF CNT5="100" THEN CNT5 <="000";      --计数规律控制,当计数到 4 时,置零
          ELSE CNT5 <=CNT5+1;                   --加 1 计数
          END IF;
        END IF;
    END PROCESS;
    Q(0)<=CNT2;
    Q(3 DOWNTO 1)<=CNT5;
END BHV;
```

3. 仿真波形及分析

二进制和五进制计数的仿真波形如图 5-87 所示。

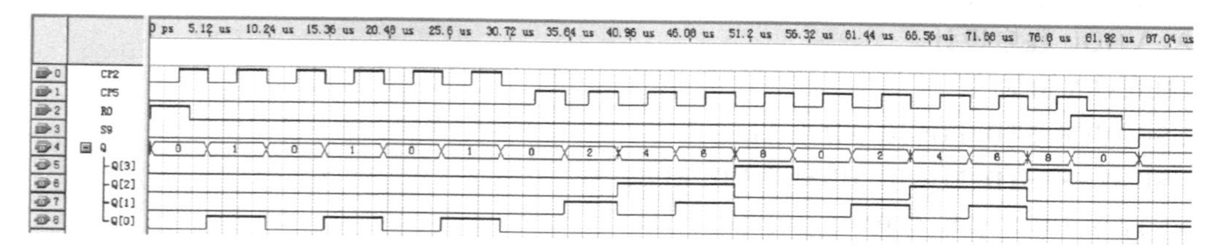

图 5-87　二进制和五进制计数的仿真波形

由二进制和五进制计数器级联可构成十进制计数，将上述程序打包成元件，在原理图文

件中调用 COUNT2_ 5_ 10 元件，将 4 位总线型输出端 Q［3..0］中的最低位 Q0 取出，接到五进制计数器的时钟端 CP5，构成顶层电路如图 5-88 所示，仿真结果如图 5-89 所示。

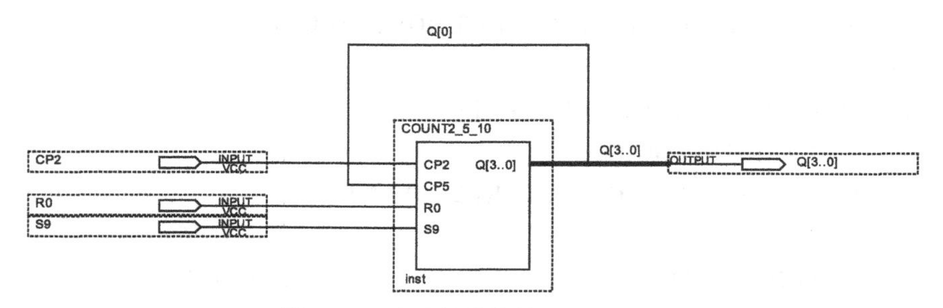

图 5-88 十进制计数的顶层原理图

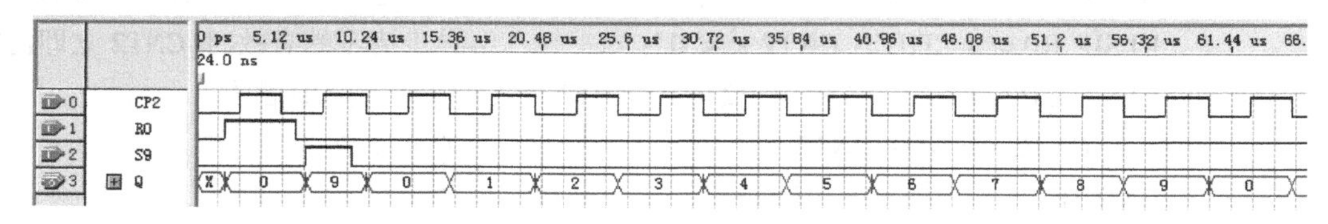

图 5-89 十进制计数的仿真波形

由图 5-87 可知，在 $CP2$ 的作用下，Q0 是二进制计数器；在 CP5 的作用下，Q3Q2Q1 是五进制计数器。如图 5-88 所示，如果把 Q0 接 CP5，则构成十进制计数器，其仿真波形如图 5-89 所示。由图 5-89 可知，当 $R0$ 是高电平时，计数器清零；当 $S9$ 是高电平时，计数器置 9；当 $R0=0$，$S9=0$ 时，实现从 0 到 9 循环计数。可见，上述程序及原理图实现了二-五-十进制的计数器，具有异步清零、异步置 9 以及计数的逻辑功能。

5.7.4 可逆计数器的 VHDL 设计

以 4 位二进制可逆计数器（功能与 74LS191 类似）为例，设计如下：

1. 实体

可逆计数器的实体如图 5-90 所示。图中，UPDOWN_ COUNT_ 191 为实体名，CP 为上升沿触发的时钟输入端，U_ D 为加减控制输入端（当 $U\_D=0$ 时，加计数；当 $U\_D=1$ 时，减计数），LD 为低电平有效的置数控制端（采用异步置数方式），S 为低电平有效的计数使能端，D［3..0］为 4 位总线型并行置数数据输入端，CPE 为串行时钟输出端，C_ B 为进位或借位输出端，Q［3..0］为 4 位总线型输出端。

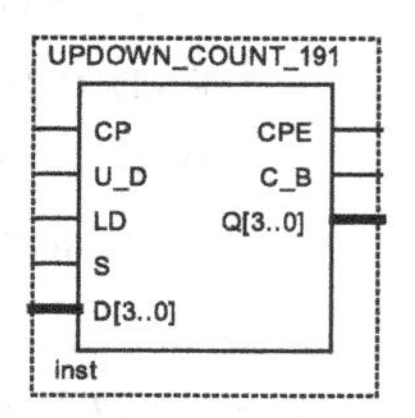

图 5-90 可逆计数器的实体

2. VHDL 程序设计

```
LIBRARY IEEE;
USE IEEE.STD_LOGIC_1164.ALL;
USE IEEE.STD_LOGIC_UNSIGNED.ALL;
ENTITY UPDOWN_COUNT_191 IS
    PORT(CP,U_D,LD,S   :  IN STD_LOGIC;
            D:  IN STD_LOGIC_VECTOR(3 DOWNTO 0);
```

```
            CPE ,C_B:OUT STD_LOGIC;
            Q:OUT STD_LOGIC_VECTOR(3 DOWNTO 0));
END UPDOWN_COUNT_191;
ARCHITECTURE BHV OF UPDOWN_COUNT_191 IS
BEGIN
    PROCESS(CP,U_D,LD,S,D)
    VARIABLE CNT:STD_LOGIC_VECTOR(3 DOWNTO 0);          --变量定义
    VARIABLE  C_BS:STD_LOGIC;                          --变量定义
    BEGIN
    IF LD='0' THEN   CNT:=D;
    ELSIF CP'EVENT AND CP='1'   THEN
        IF S='0' THEN
            IF U_D='0' THEN   CNT:=CNT+1;               --加计数
            ELSIF U_D='1' THEN   CNT:=CNT-1;            --减计数
            END IF;
        ELSE CNT:=CNT;
        END IF;
    END IF;
    IF U_D='0'  AND CNT="1111" THEN C_BS:='1';          --进位
    ELSIF U_D='1'  AND CNT="0000" THEN C_BS:='1';       --借位
    ELSE     C_BS:='0';
    END IF;
    CPE<=NOT((NOT CP)AND(NOT S)AND C_BS);              --串行时钟输出
    C_B<=C_BS;                                         --进位或借位输出
    Q <=CNT;                                           --计数器状态输出
    END PROCESS;
END BHV;
```

3. 仿真波形及分析

可逆计数器的仿真波形如图 5-91 所示。

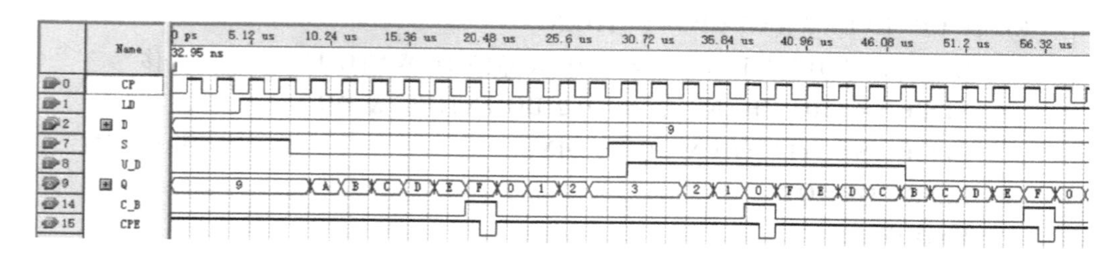

图 5-91　可逆计数器的仿真波形

由图可知，当 $LD=0$ 时，并行置数（置数输入为 9）；当 $LD=1$，$S=0$，$U\_D=0$ 时，实现加计数；当 $LD=1$，$S=1$ 时，保持计数状态不变；当 $LD=1$，$S=0$，$U\_D=1$ 时，实现减

计数。可见，上述程序实现了可逆计数器的逻辑功能。

5.7.5 移位寄存器的 VHDL 设计

以 4 位双向移位寄存器（功能与 74LS194 类似）为例，设计如下：

1. 实体

4 位双向移位寄存器的实体如图 5-92 所示。图中，SHIFT194 为 4 位双向移位寄存器的实体，RD 为低电平有效的清零端（采用异步清零方式），CP 为上升沿触发的时钟输入端，S1、S0 为工作模式控制信号，DIR 为串行右移输入端，DIL 为串行左移输入端，A、B、C、D 是 4 位并行数据输入端，QA、QB、QC、QD 是并行数据输出端。

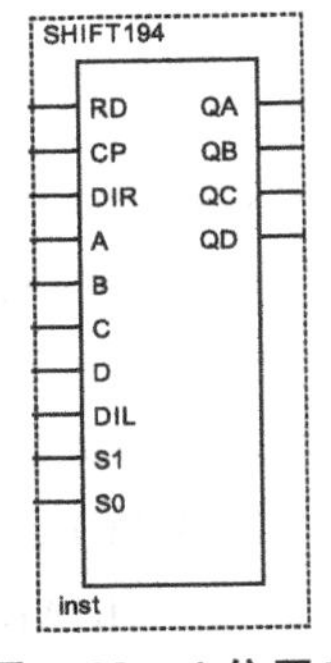

图 5-92 4 位双向移位寄存器的实体

2. VHDL 程序设计

```
LIBRARY IEEE;
USE IEEE. STD_LOGIC_1164. ALL;
ENTITY SHIFT194 IS
PORT(RD,CP:IN STD_LOGIC;
    DIR,A,B,C,D,DIL:IN STD_LOGIC;
    S1,S0:IN STD_LOGIC;
    QA,QB,QC,QD:OUT STD_LOGIC);
END SHIFT194;
ARCHITECTURE BHV OF SHIFT194 IS
    SIGNAL Q,DIN:STD_LOGIC_VECTOR(3 DOWNTO 0);
    SIGNAL S:STD_LOGIC_VECTOR(1 DOWNTO 0);
BEGIN
S<=S1&S0;                        --将 S1S0 并置为 2 位总线
DIN<=A&B&C&D;                    --将 ABCD 并置为 4 位总线
QA <=Q(3); QB <=Q(2); QC <=Q(1); QD <=Q(0);    --将暂存信号的值分别送给输出
PROCESS(CP,RD)
BEGIN
    IF RD='0' THEN Q<=(OTHERS=>'0');                       --异步清零
    ELSIF CP'EVENT AND CP='1' THEN
        IF    S="01" THEN  Q <=DIR & Q(3 DOWNTO 1);       --右移
        ELSIF S="10" THEN  Q <=Q(2 DOWNTO 0)& DIL;        --左移
        ELSIF  S="11" THEN  Q <=DIN;                      --并行置数
        ELSE  Q<=Q;                                       --保持
        END IF;
    END IF;
END PROCESS;
END BHV;
```

3. 仿真波形及分析

4 位双向移位寄存器的仿真波形如图 5-93 所示。

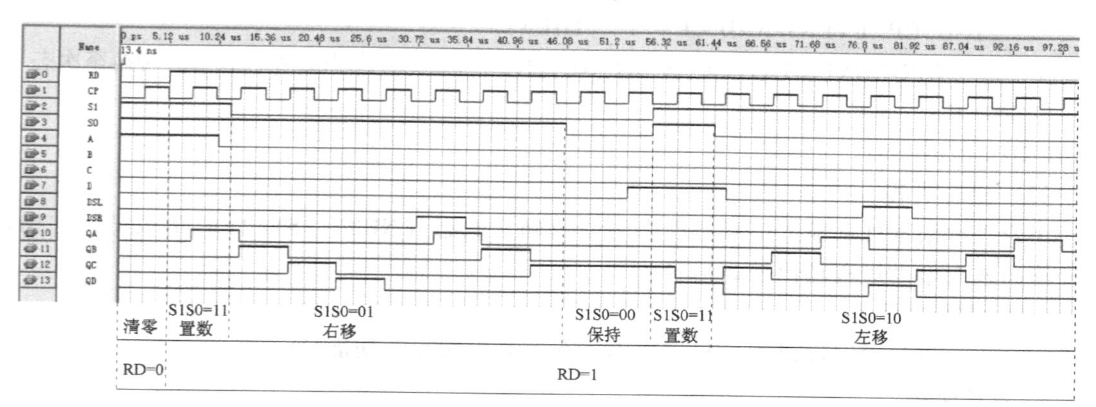

图 5-93 4 位双向移位寄存器的仿真波形

由图可知，当 $RD=0$ 时，异步清零；当 $S1S0=11$ 时，在时钟作用下并行置数；当 $S1S0=01$ 时，在时钟作用下右移，输出由 QA、QB、QC、QD 右移变为 DIR、QA、QB、QC；当 $S1S0=10$，在时钟作用下左移，输出由 QA、QB、QC、QD 左移变为 QB、QC、QD、DIL；当 $S1S0=00$，保持状态不变。可见，上述程序实现了 4 位双向移位寄存器的逻辑功能。

5.7.6 有限状态机的 VHDL 设计

1. 有限状态机的组成

状态机是一种广义的时序逻辑电路，触发器、计数器、移位寄存器都是状态机的特例。实际时序逻辑电路中的状态数是有限的，称为有限状态机（Finite-State Machine，FSM）。状态机分为两种类型：米勒（Mealy）型状态机和摩尔（Moore）型状态机。摩尔型状态机的输出仅是当前状态的函数，米勒型状态机的输出是当前状态和输入信号的函数。

VHDL 有限状态机由说明部分、时序进程、组合进程、辅助进程等部分组成。

（1）说明部分

进行状态机的状态名定义，其数据类型是枚举类型。状态变量应定义为信号，便于信息全局获取和传递，说明部分一般放在 ARCHITECTURE 和 BEGIN 之间。例如：

```
ARCHITECTURE ... IS
    TYPE STATES IS(ST0,ST1,ST2,ST3);              --定义新的数据类型和状态名
    SIGNAL CURRENT_STATE,NEXT_STATE:STATES;  --用新的数据类型定义状态变量
BEGIN
...   ;
```

（2）时序进程

状态机随外部时钟信号以同步时序方式工作，因此，状态机中必须包含一个对工作时钟信号敏感的进程，即时序进程。时序进程一般不负责次态的取值，次态（NEXT_ STATE）的取值由组合进程决定。当时钟的有效边沿到来时，时序进程只是机械地将代表次态的信号（NEXT_ STATE）中的内容送入代表现态的信号（CURRENT_ STATE）中。例如：

```
PROCESS(CP,RESET)                              -- 时序进程对 CP 及 RESET 敏感
```

```
    BEGIN
      IF RESET='1' THEN   CURRENT_STATE <=ST0;  -- 异步复位
      ELSIF CP'EVENT AND CP='1'   THEN
          CURRENT_STATE <=NEXT_STATE;           -- 当时钟上升沿时转换至次态
    END IF;
  END PROCESS;
```

(3) 组合进程

组合进程根据外部输入信号及现态的取值确定次态（NEXT_ STATE）的取值，并确定对外输出或对辅助进程输出控制信号。

(4) 辅助进程

配合组合进程或时序进程，提供数据锁存、数据转换等功能。

2. 设计举例

(1) 采用状态机实现例5-11的串行数据检测器：连续输入三个或者三个以上的“1”时输出为“1”。根据图5-77的状态转移图，设计如下：

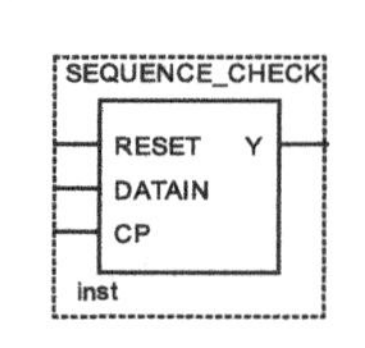

图5-94 串行数据检测器的实体

串行数据检测器的实体如图5-94所示。图中，SEQUENCE_CHECK为串行数据检测器的实体名，RESET为高电平有效的异步复位端，DATAIN为串行数据输入端，CP为上升沿触发的时钟输入端，Y为序列检测的结果输出端。

根据状态机的组成，串行数据检测器的VHDL程序设计如下：

```
LIBRARY IEEE;
USE IEEE.STD_LOGIC_1164.ALL;
ENTITY SEQUENCE_CHECK IS
    PORT(RESET,DATAIN,CP:IN STD_LOGIC;
                Y:OUT STD_LOGIC);
END SEQUENCE_CHECK;
ARCHITECTURE BHV OF SEQUENCE_CHECK IS
    TYPE STATETYPE IS(S0,S1,S2);                 --状态定义,自定义STATETYPE类型
    SIGNAL CURRENT_STATE ,NEXT_STATE:STATETYPE;  --定义现态和次态
BEGIN
    PROCESS(CP,RESET)                            --时序进程
    BEGIN
        IF RESET='1' THEN CURRENT_STATE<=S0;     --复位为初始状态
        ELSIF(CP'EVENT AND CP='1')THEN
            CURRENT_STATE<=NEXT_STATE; --状态转换
        END IF;
    END PROCESS;
    PROCESS(CURRENT_STATE,DATAIN)                --组合进程
    BEGIN
```

```
        CASE CURRENT_STATE IS                          --次态赋值及输出赋值
            WHEN S0=>
            IF(DATAIN='1')THEN NEXT_STATE<=S1;
            ELSE NEXT_STATE<=S0;
            END IF;
            Y<='0';
        WHEN S1=>
            IF(DATAIN='1')THEN NEXT_STATE<=S2;
            ELSE   NEXT_STATE<=S0;
            END IF;
            Y<='0';
        WHEN S2=>
            IF(DATAIN='1')THEN NEXT_STATE<=S2;   Y<='1';
            ELSE   NEXT_STATE<=S0;   Y<='0';
            END IF;
        END CASE;
    END PROCESS;
END BHV;
```

串行数据检测器的仿真波形如图 5-95 所示。

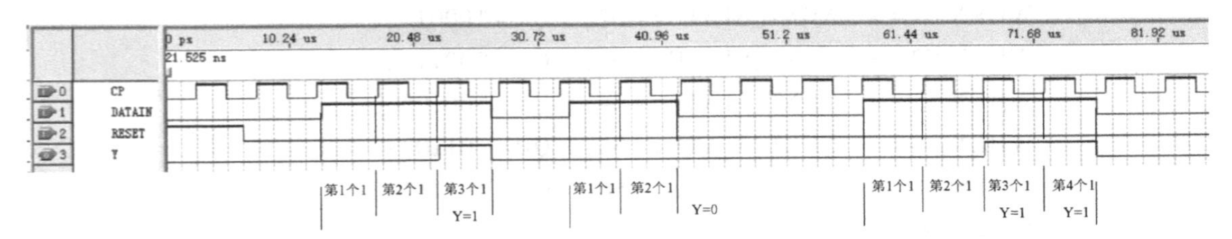

图 5-95 串行数据检测器的仿真波形

由图可知，当输入 DATAIN 为三个“1”时，输出 $Y=1$；当输入 DATAIN 为两个“1”时，输出 $Y=0$；当输入 DATAIN 为四个“1”时，输出 Y 连续输出“1”。可见，上述程序实现了串行数据检测器的逻辑功能。

（2）利用状态机实现 4 位格雷码计数器，设计如下：

4 位格雷码计数器的实体如图 5-96 所示。图中，GRAY_COUNTER 为 4 位格雷码计数器的实体名，RESET 为高电平有效的异步复位端，CP 为上升沿触发的时钟输入端，Q［3..0］为 4 位总线型输出端。

GRAY_COUNTER
CP　Q[3..0]
RESET
inst

图 5-96 4 位格雷码计数器的实体

根据状态机的组成，4 位格雷码计数器的 VHDL 程序设计如下：

```
LIBRARY IEEE;
USE IEEE.STD_LOGIC_1164.ALL;
ENTITY GRAY_COUNTER IS
```

```
    PORT(CP,RESET:IN STD_LOGIC;
            Q:OUT STD_LOGIC_VECTOR(3 DOWNTO 0));
END GRAY_COUNTER;
ARCHITECTURE BHV OF GRAY_COUNTER IS
    TYPE STATE IS(S0,S1,S2,S3,S4,S5,S6,S7,S8,S9,S10,S11,S12,S13,S14,S15);
                                                   --状态定义
    SIGNAL CURRENT_STATE,NEXT_STATE:STATE;         --定义现态和次态
BEGIN
    PROCESS(CP,RESET )                             --时序进程
    BEGIN
        IF RESET='1' THEN CURRENT_STATE <=S0;      --复位为初始状态
        ELSIF  CP'EVENT AND CP='1' THEN
            CURRENT_STATE<=NEXT_STATE;             --状态转换
        END IF;
    END PROCESS;
    PROCESS(CURRENT_STATE )                        --组合进程
    BEGIN
        CASE CURRENT_STATE IS                      --次态赋值及输出赋值
        WHEN S0=>  NEXT_STATE<=S1;  Q<="0000";
        WHEN S1=>  NEXT_STATE<=S2;  Q<="0001";
        WHEN S2=>  NEXT_STATE<=S3;  Q<="0011";
        WHEN S3=>  NEXT_STATE<=S4;  Q<="0010";
        WHEN S4=>  NEXT_STATE<=S5;  Q<="0110";
        WHEN S5=>  NEXT_STATE<=S6;  Q<="0111";
        WHEN S6=>  NEXT_STATE<=S7;  Q<="0101";
        WHEN S7=>  NEXT_STATE<=S8;  Q<="0100";
        WHEN S8=>  NEXT_STATE<=S9;  Q<="1100";
        WHEN S9=>  NEXT_STATE<=S10; Q<="1101";
        WHEN S10=>  NEXT_STATE<=S11; Q<="1111";
        WHEN S11=>  NEXT_STATE<=S12; Q<="1110";
        WHEN S12=>  NEXT_STATE<=S13; Q<="1010";
        WHEN S13=>  NEXT_STATE<=S14; Q<="1011";
        WHEN S14=>  NEXT_STATE<=S15; Q<="1001";
        WHEN S15=>  NEXT_STATE<=S0;  Q<="1000";
        END CASE;
    END PROCESS;
END BHV;
```

4位格雷码计数器的仿真波形如图5-97所示。

由图可知，当RESET=1时，异步复位；当RESET=0时，在时钟上升沿处，计数器输

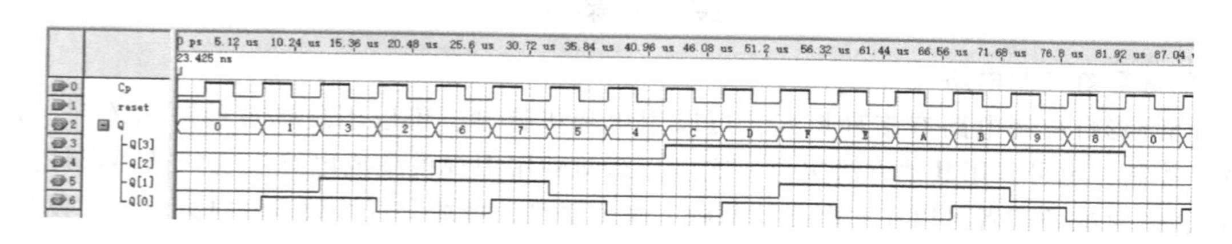

图 5-97　4 位格雷码计数器的仿真波形

出端 Q 的变化规律与表 1-2 中格雷码的次序相同。可见，上述程序实现了 4 位格雷码计数器的逻辑功能。

本章小结

1. 时序逻辑电路是数字系统中区别于组合逻辑电路的另一类非常重要的电路，其特点是在任何时刻电路的输出不仅与当时的输入信号有关，而且还与电路原来的状态有关。在结构上，触发器作为记忆元件是时序逻辑电路的基本单元电路。时序逻辑电路分同步时序逻辑电路和异步时序逻辑电路。

2. 时序逻辑电路分析各触发器的驱动方程、次态方程、状态表、状态图，其最终目的是为了分析各触发器状态的转换，从而得到电路的逻辑功能。

3. 时序逻辑电路的设计是时序逻辑电路分析的逆过程，通过对实际问题的逻辑抽象，确定状态图（表），求解次态方程和驱动方程，最终画出逻辑电路。

4. 计数器是统计计数时钟脉冲个数的时序逻辑部件，主要功能是计数、分频，通常用于测量、控制等数字系统中。常用的集成计数器分二进制和十进制的加、减、可逆这几种形式，它们都可以构成任意进制计数器。

5. 寄存器是较简单的时序逻辑电路，其主要用途是寄存数据，一个触发器可以寄存二值代码中的一位数码。

6. 移位寄存器的主要功能是左移、右移、存入和保持数据，它能实现数据的串行和并行的相互转换。移位寄存器也能实现计数功能，N 个触发器可以构成模为 N 的环形计数器和模为 $2N$ 的扭环形计数器，它们的缺点是触发器的状态利用率低，也不具备自启动能力。

7. 序列信号发生器是用来产生一组或多组有规律的循环串行数码的电路，它可以用计数器和组合逻辑电路组成，也可以用移位寄存器和组合逻辑电路组成，其中的组合逻辑电路可以由门电路构成，也可以由译码器、数据选择器等可以实现组合逻辑电路的部件构成。

8. 顺序脉冲发生器是用来产生一组节拍脉冲的电路，通常可以用计数器和译码器构成，也可以用移位寄存器构成。

9. 利用 VHDL 可以实现常用的时序逻辑器件，如计数器、移位寄存器。此外，还介绍了广义的时序逻辑电路——有限状态机的 VHDL 设计方法。

实践案例

循环彩灯控制电路

循环彩灯控制电路有多种形式，可以用单片机控制，可以用现场可编程门阵列（FPGA）控制，也可以用其他方法实现。这里介绍两种用中规模集成电路实现的循环彩灯控制电路，有兴趣的读者可以在此电路的基础上修改电路，增加彩灯的数量和排列方法，设计出更加绚烂的彩灯变化图案。

图5-98所示是由计数器和译码器组合构成的计数型循环彩灯控制器Ⅰ。U1是74LS192十进制可逆计数器，U2是74LS42 4线-10线译码器，低电平有效输出，其输出通过非门U3、U4（74LS04）接发光二极管。

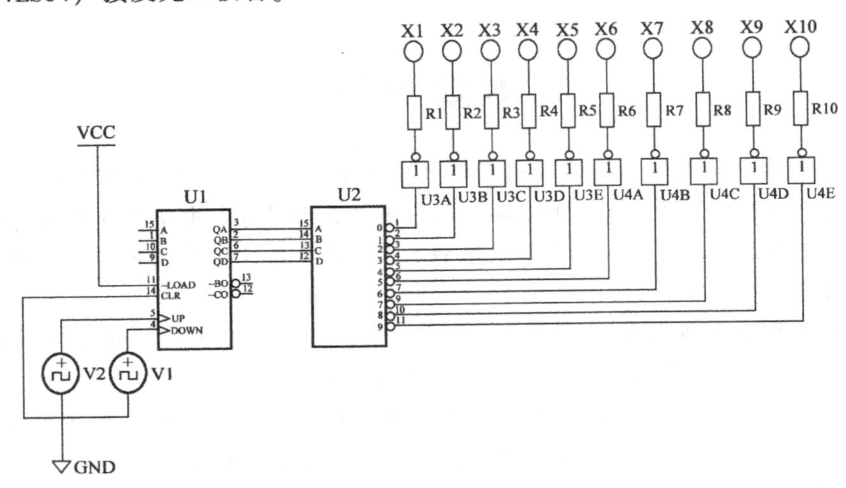

图5-98 循环彩灯控制器Ⅰ

74LS192十进制可逆计数器有两个时钟输入端，分别是UP（加计数）和DOWN（减计数），其输出端按照8421BCD码输出。如果在加计数和减计数输入端分别输入脉冲，输出端则按照两者的频率大小决定计数结果的总的趋势。当加计数输入端的计数脉冲频率大于减计数端的输入脉冲频率时，计数器进行加计数，反之则进行减计数。因此，调节两个时钟输入端的信号频率，可以改变计数器输出端的计数结果，也就是74LS42输入端的数值可以是递增的，也可以是递减的。反映在彩灯显示结果上，灯光会给出不同的移动速度和不同的移动方向。

当两个时钟信号的频率比较接近时，则会出现一种比较特殊的情况，就是彩灯的移动方向会不断发生改变，一会儿向前，一会儿向后，但是总的趋势只有一种，或者向前，或者向后，这由加计数和减计数的时钟脉冲频率决定。

图5-98中，加计数的时钟频率为5Hz，减计数的频率为3Hz，这样的效果使循环彩灯有时向前移动，有时向后移动，但总的趋势是向前移动，给人以“不屈不挠”向前进的感觉。

图5-99所示是由移位寄存器、选择器等构成的移存型循环彩灯控制器Ⅱ。图中，U1是74LS194双向移位寄存器，连接成环形计数形式，在移存脉冲的作用下可以实现左移或者右移形式；U2也是74LS194双向移位寄存器，但是连接成了扭环形计数形式，在移存脉冲的作用下也可以实现左移或者右移形式；U3是74LS157四二选一选择器，其输入端分别与U1

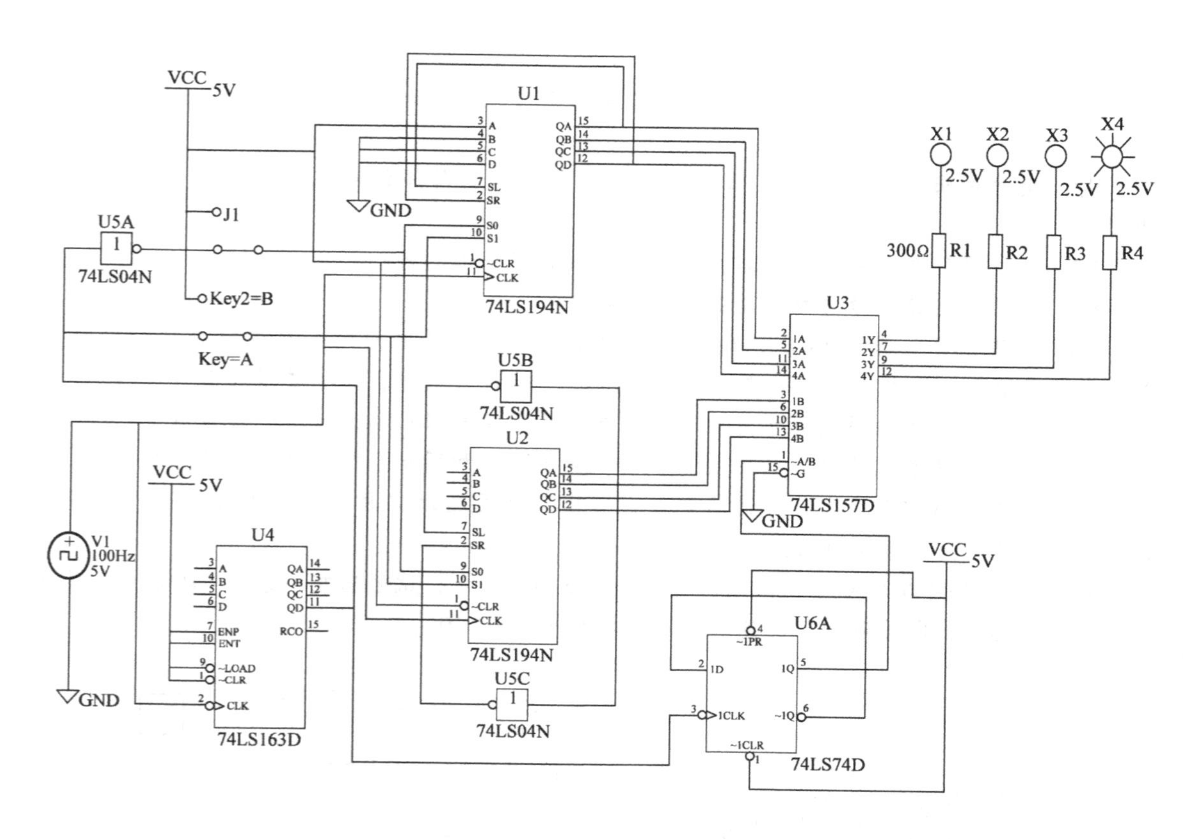

图 5-99 循环彩灯控制器 II

和 U2 的输出相接，输出与四个发光二极管相接；U4 是 74LS163 4 位二进制计数器，其最高位实现十六分频，与 74LS194 的 S1、S0 相接，用于控制 74LS194 的左移或者右移方式；U6 是 D 触发器，接成二分频形式，其脉冲输入是 U4 74LS163 的高位信号，输出连接 74LS157 二选一选择器的选择信号控制端，74LS157 在此信号作用下，分别选择 U1 的输出或者 U2 的输出，从而实现彩灯的不同显示方式。

现在分析 U1、U2 的工作状态。假设在电路工作时，U1 的预置数为“1000”，U2 的预置数“0000”，然后将开关 J1、J2 拨下，使 U1 和 U2 处于移位状态。假设计数器 U4 从 0000 开始计数，前八个时钟周期 U4 的最高位输出为“0”，U1 和 U2 处于右移移位状态，后八个时钟周期 U4 的最高位输出为“1”，U1 和 U2 处于左移移位状态。所以在连续脉冲的作用下，U1 的输出为“1000”→“0100”→“0010”→“0001”→“1000”→“0100”→“0010”→“0001”→“0010”→“0100”→“1000”→“0001”→“0010”→“0100”→“1000“→“0001”；U2 的输出为“0000”→“1000”→“1100”→“1110”→“1111”→“0111”→“0011”→“0001”→“0000”→“0001”→“0011”→“0111”→“1111”→“1110”→“1100”→“1000”。如果开机时 U6 输出是“0”，则彩灯输出为 U1 的状态，经过 16 个脉冲周期后，其输出变为“1”，则彩灯输出为 U2 的状态。所以综合 U1 和 U2 的输出，四个彩灯的循环状态为 32 个。如果增加彩灯的个数，改变彩灯的排列方法，则可以变化出更眩目的图案。有兴趣的读者可以亲自动手制作循环彩灯控制器。

5-1 时序逻辑电路与组合逻辑电路的区别是什么？时序逻辑电路在结构上的特点是什么？

5-2 什么是同步时序逻辑电路？什么是异步时序逻辑电路？

5-3 米勒型电路和摩尔型电路的区别是什么？

5-4 二进制计数器和BCD计数器的区别是什么？如果要构成126进制的二进制计数器，至少要用几个触发器？如果要构成126进制的BCD计数器，至少要用几个触发器？

5-5 如果要构成八进制环形计数器，则要用几个触发器？其无效状态数为多少？

5-6 异步清零和同步清零的区别是什么？异步置数和同步置数的区别是什么？

5-7 分析图5-100所示时序逻辑电路，写出电路的驱动方程、状态方程，画出电路的状态图，并说明电路的逻辑功能。

5-8 已知由边沿D触发器组成的电路如图5-101所示，试画出在一系列 CP 脉冲作用下 Q_1、Q_2、Y 对应的电压波形。设各触发器的初始状态为“0”。

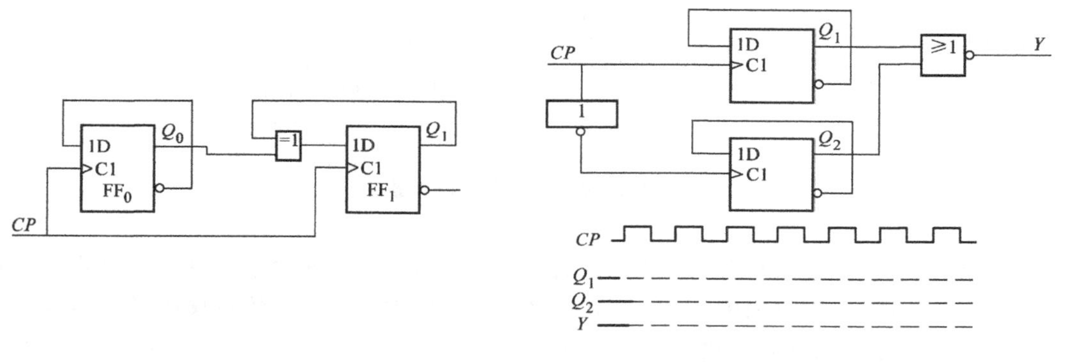

图5-100 题5-7图　　图5-101 题5-8图

5-9 分析图5-102所示时序逻辑电路，写出电路的驱动方程和输出方程，列出状态表、画出状态图，并说明电路逻辑功能。

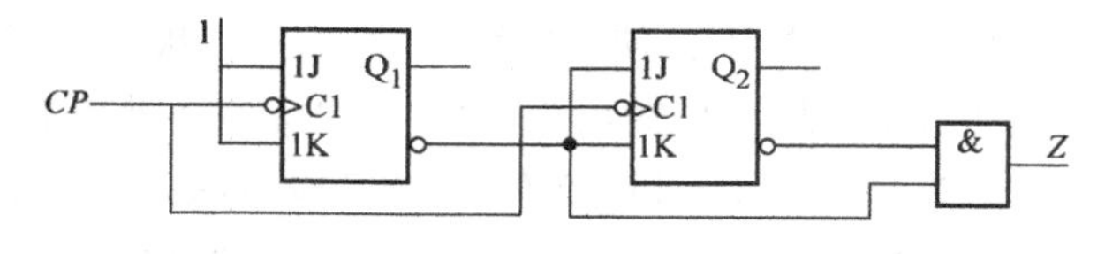

图5-102 题5-9图

5-10 分析图5-103所示时序逻辑电路。(1) 写出各触发器的次态方程；(2) 设各触发器的初始状态为“0”，画出在给定信号 CP 和 X 的作用下 Q 的波形，并分析其功能。设各触发器的初始状态为“0”。

5-11 分析图5-104所示计数器电路，画出状态图，并说明这是多少进制的计数器。

5-12 分析图5-105所示计数器电路，画出状态图，并说明这是多少进制的计数器。

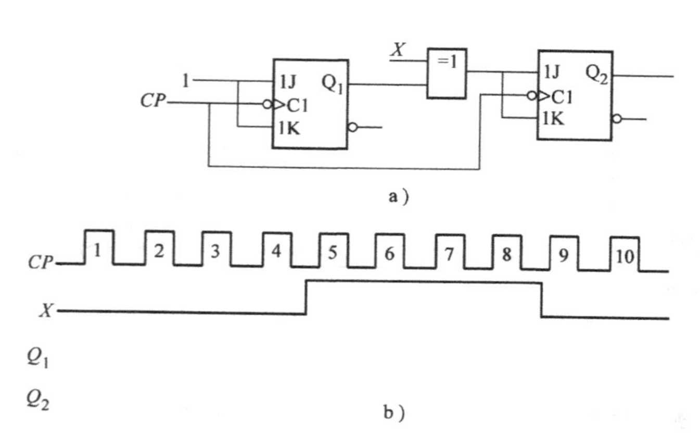

图 5-103　题 5-10 图

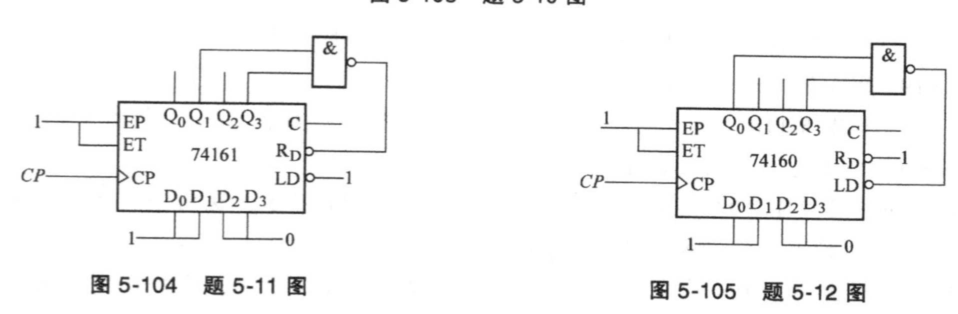

图 5-104　题 5-11 图　　　　图 5-105　题 5-12 图

5-13　图 5-106 所示电路是由两片 74160 十进制计数器同步级联组成的计数器，试分析这是多少进制的计数器，两芯片之间是几进制？

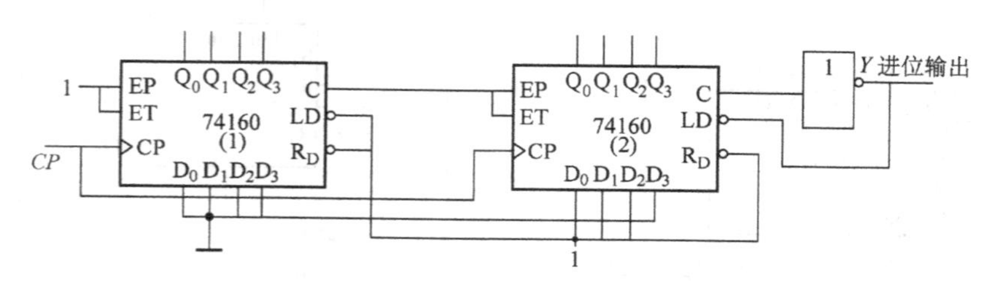

图 5-106　题 5-13 图

5-14　分析图 5-107 所示电路，分别画出 $M=1$ 和 $M=0$ 时的状态图，并说明电路功能。

5-15　分析图 5-108 所示计数器电路，并说明这是多少进制的计数器。

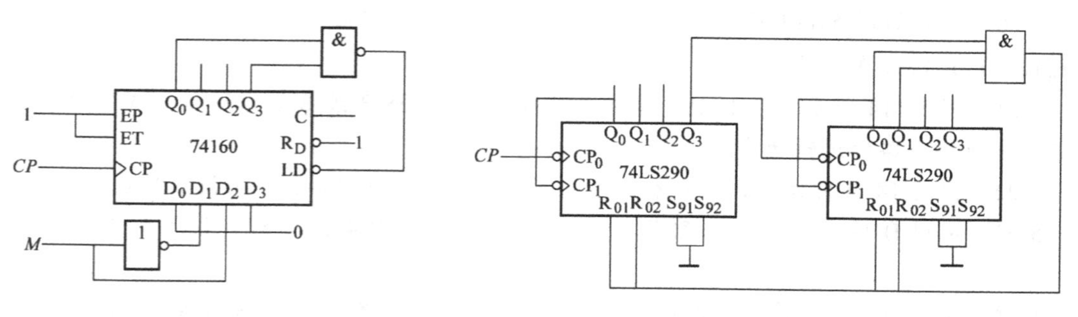

图 5-107　题 5-14 图　　　　图 5-108　题 5-15 图

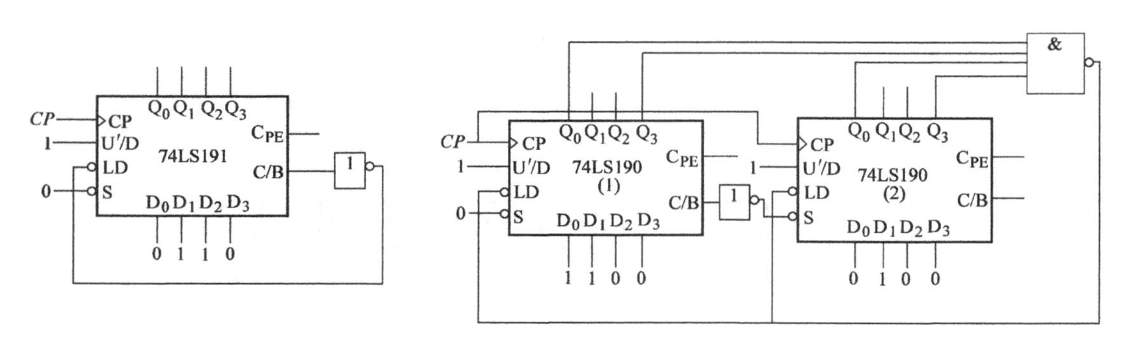

图 5-109　题 5-16 图　　　　图 5-110　题 5-17 图

5-16　分析图 5-109 所示计数器电路，画出状态图，并说明这是多少进制的计数器。图中，74LS191 是 4 位二进制加减计数器。

5-17　分析图 5-110 所示电路，说明这是多少进制的计数器，两芯片之间是多少进制。图中 74LS190 是十进制加减计数器。

5-18　分析由 74LS194 构成的分频器电路，如图 5-111 所示，说明分频系数，要求画出电路的状态图（设电路的初始状态 $Q_0Q_1Q_2Q_3=0000$）。

5-19　分析由 74LS194 构成的时序逻辑电路，如图 5-112 所示，根据图例画出该电路的全状态图，说明该电路的功能。

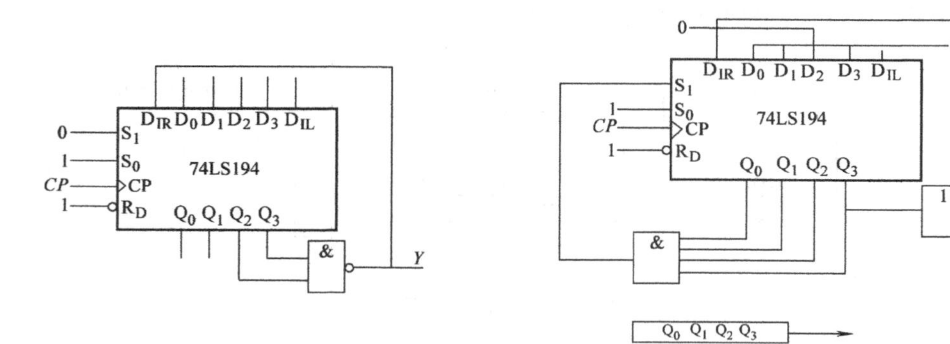

图 5-111　题 5-18 图　　　　图 5-112　题 5-19 图

5-20　电路如图 5-113 所示，分析电路的工作情况，并画出在 CP 脉冲作用下，输出 $Y_7Y_6Y_5Y_4Y_3Y_2Y_1Y_0$ 的波形。

5-21　图 5-114 所示为 74LS194 移位寄存器和 74LS138 3 线-8 线译码器组成的时序逻辑电路，分析该电路的逻辑功能。

5-22　试用 JK 触发器设计一自然态序的同步五进制加计数器，带有进位输出。

5-23　试用 D 触发器和门电路设计一个十一进制计数器，并检查设计的电路能否自启动。

5-24　试用触发器设计一个串行数据检测器。该检测器有一个输入端 X，它的功能是对输入信号进行检测。当输入“110”时，该电路输出 $Y=1$，否则输出 $Y=0$。

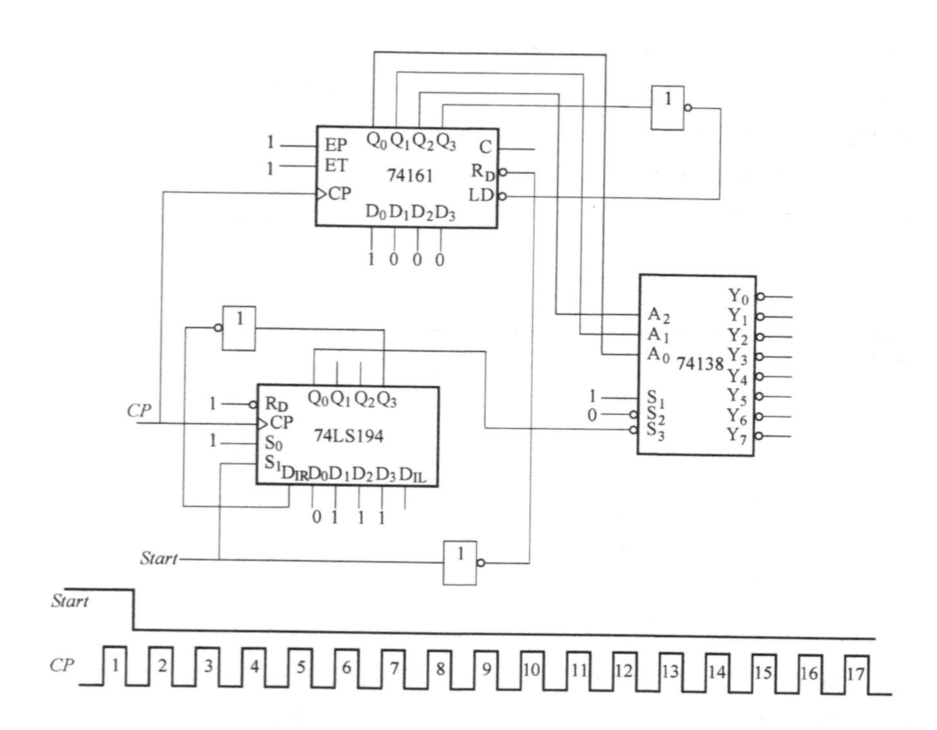

图 5-113　题 5-20 图

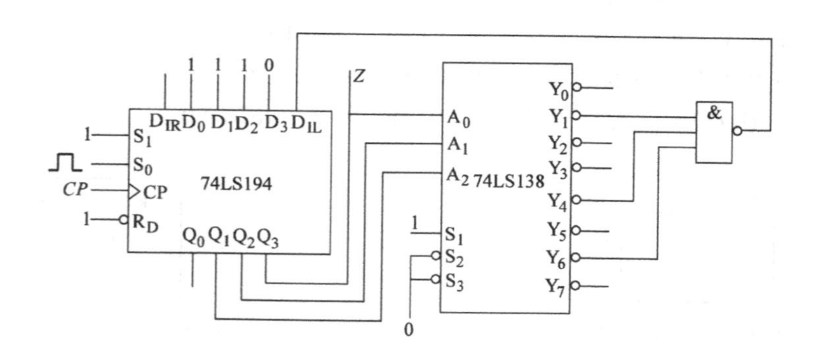

图 5-114　题 5-21 图

5-25　试用集成计数器设计同步 88 进制计数器，可以附加必要的门电路。

5-26　试用集成计数器设计一个异步 36 进制计数器。

5-27　设计一个可控模 M 进制计数器，要求 $X=0$ 时，$M=6$；$X=1$ 时，$M=12$，用集成计数器和少量门电路实现。

5-28　试利用 74LS161 同步十六进制计数器和 74LS154 4 线-16 线译码器设计节拍脉冲发生器，要求从 12 个输出端顺序、循环地输出等宽的负脉冲。

5-29　试用 74LS190 同步十进制可逆计数器和 74LS147 二-十进制优先编码器设计一个工作在减法计数状态的可控分频器。要求在控制信号 A、B、C、D、E、F、G、H 分别为“1”时分频比对应为 1/2、1/3、1/4、1/5、1/6、1/7、1/8、1/9。可以附加必要的门电路。

5-30 试用74194实现六进制环形计数器。

5-31 设计一个序列信号发生器，使之在一系列 *CP* 信号作用下能周期性地输出“11000，11000，…”的序列信号。

5-32 设计一个灯光控制逻辑电路。要求红、绿、黄三种颜色的灯在时钟作用下按表5-27规定的顺序转换状态。表中，“1”表示“亮”，“0”表示“灭”。要求电路能自启动，并使用中规模集成芯片。

表5-27 题5-32表

CP 顺序	红	黄	绿
0	0	0	0
1	1	0	0
2	0	1	0
3	0	0	1
4	1	1	1
5	0	0	1
6	0	1	0
7	1	0	0

5-33 模120的7位二进制计数器的实体如图5-115所示。编写该电路的VHDL程序（命名为“CNT120. VHD”），并进行波形仿真及分析。其中CLK为上升沿触发的时钟端，Q为7位二进制计数输出端，计数范围用十进制表示为0~119（用十六进制表示为0~77）。

5-34 模24的BCD码计数器的实体如图5-116所示。编写该电路的VHDL程序（命名为“BCD24. VHD”），并进行波形仿真及分析。其中CLK为上升沿触发的时钟端，Q1为10位数据输出端，Q0为个位数据输出端，RCO为高电平有效进位输出端。计数范围用十进制表示为0~23，当 $Q1Q0=23$ 时，进位端 $RCO=1$，否则，$RCO=0$。

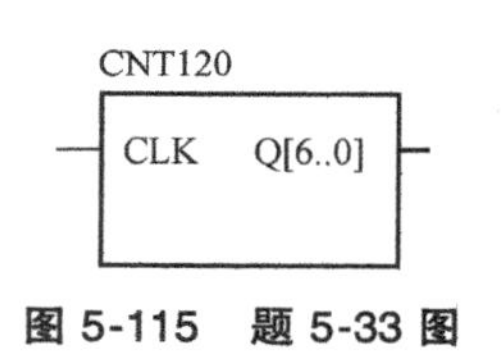

图5-115 题5-33图

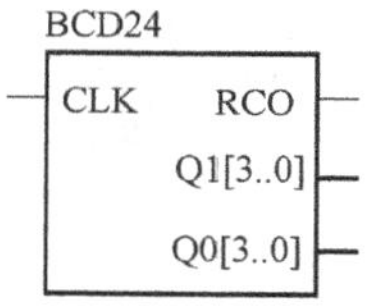

BCD24

CLK RCO

Q1[3..0]

Q0[3..0]

图5-116 题5-34图

5-35 模10的单时钟可逆计数器的实体如图5-117所示。编写该电路的VHDL程序（命名为“up_ down_ cnt10. VHD”），并进行波形仿真及分析。其中clk为上升沿触发的时钟端，reset为低电平有效同步清零端，enab为高电平有效同步计数使能端，up_ down为可逆计数控制端（当up_ down=1时，实现0000~1001的加计数；当up_ down=01时，实现1001~0000的减计数），Cout［3..0］为计数输出端。

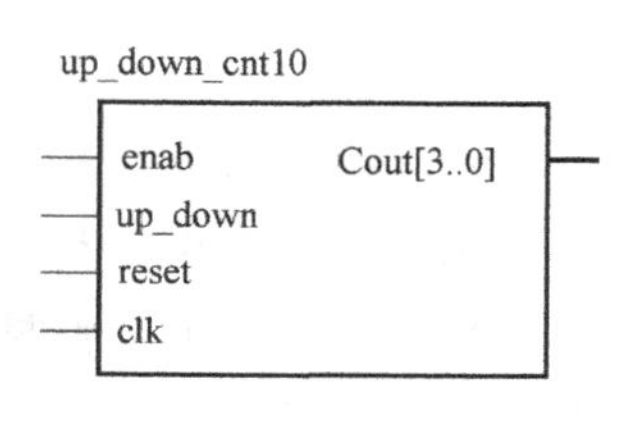

图5-117 题5-35图

第 6 章

脉冲波形的产生与整形

应用背景

在数字电路或系统中，常常需要矩形脉冲波形，例如时钟脉冲、控制过程的定时信号等。矩形脉冲波形的获取，通常采用两种方法：一种是利用自激振荡电路直接产生，其具体电路是多谐振荡器；另一种则是通过对已有信号进行变换，使之满足系统的要求，其具体电路是施密特触发器和单稳态触发器。

本章主要介绍 555 定时器的电路结构、工作原理及 555 定时器的典型应用。同时，介绍施密特触发器、单稳态触发器和多谐振荡器的电路结构、工作原理、集成电路芯片及应用。最后，介绍了有源石英晶体振荡器电路及分频器的 VHDL 设计。

6.1 脉冲信号

6.1.1 脉冲信号的概念

在数字电路中，基本工作信号是二进制数字信号或者二值逻辑信号，只有高电平和低电平两种状态，用时序波形表示就是矩形脉冲信号。通常，把一切既非直流又非正弦交流的电压或电流信号统称为脉冲信号，脉冲信号的特点是持续时间较短、有特定变化规律。典型的脉冲信号有尖脉冲、三角波、矩形波等，如图 6-1 所示。

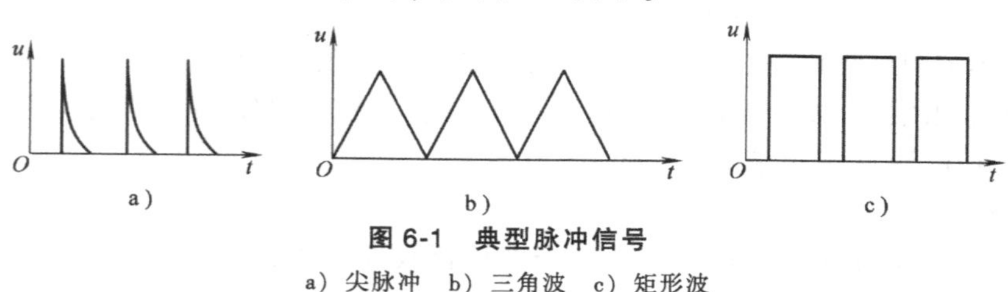

图 6-1 典型脉冲信号

a) 尖脉冲 b) 三角波 c) 矩形波

6.1.2 矩形脉冲的获取及其主要参数

矩形脉冲波形的获取，通常采用两种方法：

1) 利用自激振荡电路直接产生，其具体电路是多谐振荡器。

2）通过对已有信号进行变换，使之满足系统的要求，其具体电路是施密特触发器和单稳态触发器。

为了定量描述矩形脉冲的特性，通常给出图 6-2 所示的一些主要参数。

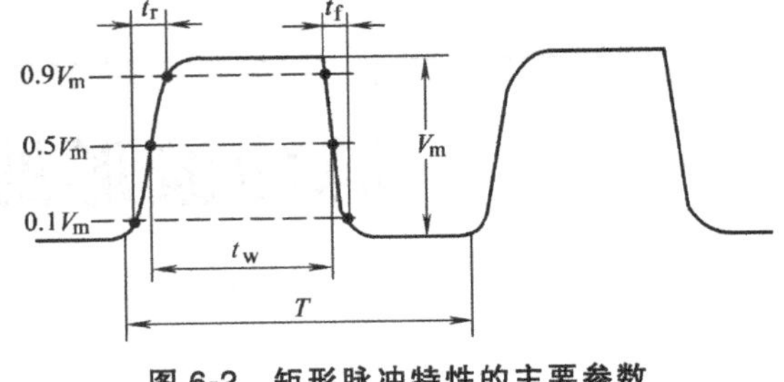

图 6-2 矩形脉冲特性的主要参数

脉冲幅度 V_m：脉冲波形变化时电路幅值变化的最大值。

脉冲宽度 t_w：从脉冲前沿到达 $0.5V_m$ 起，到脉冲后沿到达 $0.5V_m$ 为止的一段时间。

上升时间 t_r：脉冲上升沿从 $0.1V_m$ 升到 $0.9V_m$ 所需要的时间。

下降时间 t_f：脉冲下降沿从 $0.9V_m$ 下降到 $0.1V_m$ 所需要的时间。

脉冲周期 T：在周期性重复的脉冲序列中，两个相邻脉冲之间的时间间隔。

脉冲频率 f：在周期性重复的脉冲序列中，单位时间内脉冲重复的次数，即 $f=1/T$。

占空比 q：脉冲宽度与脉冲周期的比值，即 $q=t_w/T$。

6.2 555 集成定时器

555 定时器是一种集模拟电路与数字电路于一体的中规模集成电路。该电路只需外接少量的阻容元件就可以构成单稳态电路、多谐振荡器和施密特触发器。因而在波形的产生与变换、测量与控制、家用电器和电子玩具等许多领域中都得到广泛的应用。

目前生产的 555 定时器有双极型和 CMOS 型两种类型。虽然 555 定时器产品型号繁多，但是双极型产品型号最后的三位数码都是 555，CMOS 产品型号的最后四位数码都是 7555，并且它们的结构、工作原理以及外部引脚排列基本相同。为了提高集成度，还生产了双定时器产品 556（双极型）和 7556（CMOS 型）。

6.2.1 555 定时器的电路组成

图 6-3 是 555 集成定时器的电路组成、图形符号和引脚排列，包括两个电压比较器，三个等值串联电阻，一个 RS 触发器，一个放电晶体管 VT 及输出缓冲级。图中的数码 1~8 为器件引脚的编号。各个引脚功能如下：

1 脚：接地 GND 或外接电源（负）端 V_{SS}；2 脚：触发端 TR，v_{I2}；3 脚：输出端 v_O；4 脚：直接清零端 R_D'；5 脚：控制电压端 v_{IC}；6 脚：阈值端 TH，v_{I1}；7 脚：放电端 DISC，v_O'；8 脚：外接电源（正）端，V_{CC}。

1. 分压器

分压器由三个 5kΩ 电阻组成，它为两个电压比较器提供比较参考电压。当控制电压端（5 脚）悬空时，分压器对电源电压 V_{CC}（8 脚）分压，电压比较器 C_1 的参考电压为 $v_{R1}=2V_{CC}/3$，电压比较器 C_2 的参考电压为 $v_{R2}=V_{CC}/3$。一般在 5 脚和地线之间外接一个 0.01~0.1μF 的电容，可提高电压比较器参考电压的稳定性。

此外，改变 5 脚的接法可改变电压比较器的参考电压。例如，5 脚外接固定电压 v_{IC}（其值在 0~V_{CC} 之间），则电压比较器 C_1 和 C_2 的参考电压为 $v_{R1}=v_{IC}$，$v_{R2}=v_{IC}/2$。

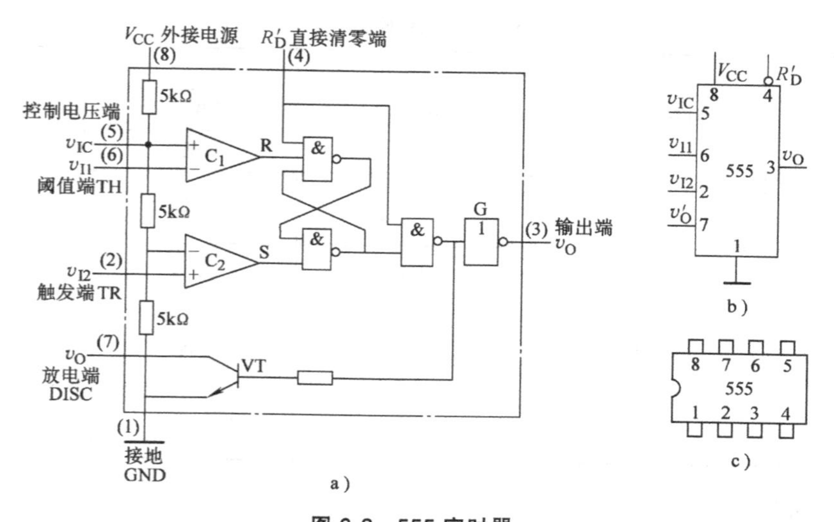

图 6-3 555 定时器

a）电路 b）图形符号 c）引脚排列

2. 电压比较器

C_1 和 C_2 是两个结构完全相同的电压比较器。当电压比较器 $v_+>v_-$ 时，电压比较器输出高电平，当 $v_+<v_-$ 时，电压比较器输出低电平。这两个电压比较器的输出用来控制基本 RS 触发器的动作。v_{I1}（6 脚）是比较器 C_1 的输入（阈值端，用 TH 标注），v_{I2}（2 脚）是电压比较器 C_2 的输入（触发端，用 TR 标注）。

3. 基本 RS 触发器

基本 RS 触发器是利用与非门构成的，它的状态由两个电压比较器的输出控制，根据基本 RS 触发器的工作原理，就可以确定触发器输出端的状态。R'_D端（4 脚）是基本 RS 触发器置零输入端。只要在 R'_D端加上低电平，输出 v_O 便立即被置成低电平，不受其他输入端状态的影响。正常工作时必须使 R'_D端处于高电平。

4. 放电晶体管 VT

放电晶体管 VT 工作在开关状态，VT 的基极为高电平时，放电晶体管饱和导通，VT 的基极为低电平时，放电晶体管截止。用作定时器时，7 脚外部接定时电容，若放电晶体管饱和导通，则电容通过 7 脚快速放电。

5. 输出缓冲器

用两级非门构成输出缓冲器，具有较大的电流驱动能力，并且隔离负载对定时器的影响。

555 定时器能在很宽的电源电压范围内工作，并可承受较大的负载电流。双极型 555 定时器电源电压范围为 5～16V，最大负载电流可达 200mA；CMOS 型 7555 定时器电源电压变化范围为 3～18V，最大负载电流在 4mA 以下。

6.2.2 555 定时器的基本功能

在 1 脚接地，5 脚未外接电压，两个比较器 C_1、C_2 参考电压分别为 $2V_{CC}/3$ 和 $V_{CC}/3$ 的情况下，555 定时器的功能表见表 6-1。

表 6-1 555 定时器功能表

输入			输出	
复位(R_D')	阈值输入(v_{I1})	触发输入(v_{I2})	输出(v_O)	放电晶体管 VT
0	×	×	低	导通
1	$>\frac{2}{3}V_{CC}$	$>\frac{1}{3}V_{CC}$	低	导通
1	$<\frac{2}{3}V_{CC}$	$>\frac{1}{3}V_{CC}$	不变	不变
1	$<\frac{2}{3}V_{CC}$	$<\frac{1}{3}V_{CC}$	高	截止
1	$>\frac{2}{3}V_{CC}$	$<\frac{1}{3}V_{CC}$	高	截止

由表 6-1 可知：

当 $R_D'=0$ 时，基本 RS 触发器被置“0”，放电晶体管 VT 饱和导通，输出端 v_O 为低电平。当 $R_D'=1$ 时，直接清零端无效，根据输入信号 v_{11} 和 v_{12} 分析 555 定时器的工作状态如下：

1）当 $v_{I1}>\frac{2}{3}V_{CC}$，$v_{I2}>\frac{1}{3}V_{CC}$ 时，比较器 C_1 输出低电平，C_2 输出高电平，基本 RS 触发器被置“0”，放电晶体管 VT 饱和导通，输出端 v_O 为低电平。

2）当 $v_{I1}<\frac{2}{3}V_{CC}$，$v_{I2}>\frac{1}{3}V_{CC}$ 时，比较器 C_1 输出高电平，C_2 也输出高电平，即基本 RS 触发器 $R=1$，$S=1$，触发器状态不变，电路也保持原状态不变。

3）当 $v_{I1}<\frac{2}{3}V_{CC}$，$v_{I2}<\frac{1}{3}V_{CC}$ 时，比较器 C_1 输出高电平，C_2 输出低电平，基本 RS 触发器被置“1”，放电晶体管 VT 截止，输出端 v_O 为高电平。

4）当 $v_{I1}>\frac{2}{3}V_{CC}$，$v_{I2}<\frac{1}{3}V_{CC}$ 时，比较器 C_1 输出高电平，C_2 输出低电平，基本 RS 触发器 $Q=Q'=1$，放电晶体管 VT 截止，输出端 v_O 为高电平。

6.3 施密特触发器

施密特触发器是一种脉冲波形变换电路，它能将边沿变化缓慢的信号波形整形成为边沿陡峭的矩形波，而且可以将叠加在矩形波高低电平上的噪声有效地清除掉。

施密特触发器的电压传输特性及图形符号如图 6-4 所示。将输入电压上升过程中，施密特触发器状态翻转时所对应输入电压称为正向阈值电压，用 V_{T+} 表示，而将输入电压下降过程中，状态翻转时所对应输入电压称为负向阈值电压，用 V_{T-} 表示，并将 $V_{T+}-V_{T-}$ 之差称为回差电压，用 ΔV 表示。由电压传输特性可见，施密特触发器有两个稳态，但与本书第 4 章所述的触发器不同，施密特触发器稳态的建立和维持都依赖于外加输入信号的幅度变化，所以没有记忆作用。

施密特触发器的特点是：

1）输入电压在上升和下降过程中，电路状态发生转换所对应的输入电压不同，具有回差特性。

2）电路状态转换速度非常快，可以使输出波形边沿变陡，从而得到比较理想的矩形脉冲。

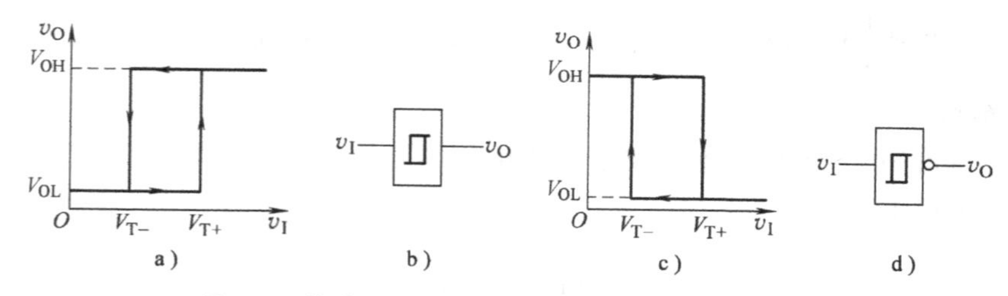

图 6-4　施密特触发器的电压传输特性及图形符号

a）同相输出电压传输特性　b）同相输出图形符号　c）反相输出电压传输特性　d）反相输出图形符号

6.3.1　555 定时器组成的施密特触发器

1. 电路结构与工作原理

用 555 定时器组成的施密特触发器电路如图 6-5a 所示。由于 555 定时器内部的比较器 C_1 和 C_2 的比较基准电压不同，所以比较器的输出端，也就是基本 RS 触发器置“1”和置“0”动作必然发生在输入电压 v_I 的不同电平，因此输出由高电平变为低电平和由低电平变为高电平所对应的输入电平也不同，这样就形成了施密特触发器的回差电压特性。

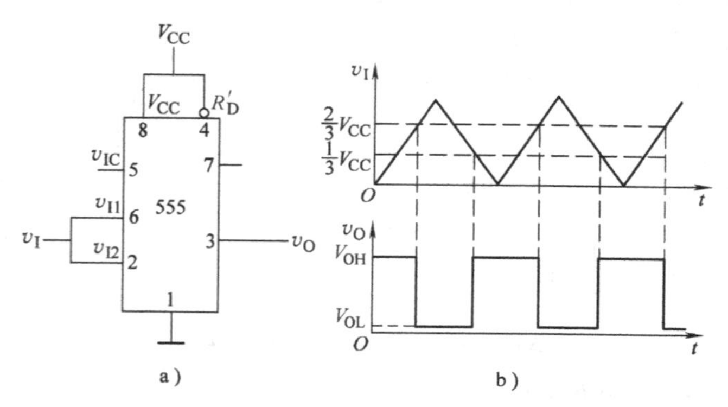

图 6-5　555 定时器构成的施密特触发器

a）电路结构　b）工作波形

设输入为三角波信号，如图 6-5b 所示，根据表 6-1 可知，在 v_I 从 0V 逐渐升高时：

1）当 $v_I<\frac{1}{3}V_{CC}$ 时，即 $v_{I1}<\frac{2}{3}V_{CC}$，$v_{I2}<\frac{1}{3}V_{CC}$，v_O 输出高电平。

2）在$\frac{1}{3}V_{CC}<v_I<\frac{2}{3}V_{CC}$ 时，即 $v_{I1}<\frac{2}{3}V_{CC}$，$v_{I2}>\frac{1}{3}V_{CC}$，保持 v_O 输出高电平。

3）当 v_I 升高到$\frac{2}{3}V_{CC}$ 以后，即 $v_{I1}>\frac{2}{3}V_{CC}$，$v_{I2}>\frac{1}{3}V_{CC}$，v_O 输出变为低电平。

在 v_I 从高电平逐渐下降时：

1）当$v_I>\frac{2}{3}V_{CC}$时，即$v_{I1}>\frac{2}{3}V_{CC}$，$v_{I2}>\frac{1}{3}V_{CC}$，v_O输出低电平。

2）当$\frac{1}{3}V_{CC}<v_I<\frac{2}{3}V_{CC}$时，即$v_{I1}<\frac{2}{3}V_{CC}$，$v_{I2}>\frac{1}{3}V_{CC}$，保持$v_O$输出低电平。

3）当v_I下降到$\frac{1}{3}V_{CC}$以后，即$v_{I1}<\frac{2}{3}V_{CC}$，$v_{I2}<\frac{1}{3}V_{CC}$，v_O输出变为高电平。

2. 主要参数

由以上分析可知，555定时器构成施密特触发器具有反相输出回差特性，其主要参数有正向阈值电压V_{T+}

$$V_{T+}=\frac{2}{3}V_{CC} \tag{6-1}$$

负向阈值电压V_{T-}

$$V_{T-}=\frac{1}{3}V_{CC} \tag{6-2}$$

回差电压ΔV_T

$$\Delta V_T=V_{T+}-V_{T-}=\frac{1}{3}V_{CC} \tag{6-3}$$

【例6-1】 在双极型555定时器构成的施密特触发器中，电源电压为+12V，输入梯形波v_I的幅度为16V，如图6-6所示。（1）当控制电压输入端悬空时，求V_{T+}、V_{T-}及ΔV_T；（2）画出v_O波形，并注明v_I、v_O波形及各处电压值；（3）当控制电压$v_{IC}=10V$时，求V_{T+}、V_{T-}及ΔV_T的值。

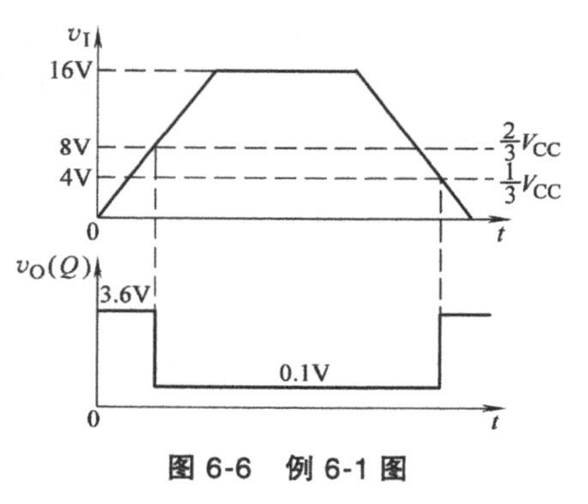

图6-6 例6-1图

解：（1）$V_{T+}=\frac{2}{3}V_{CC}=\frac{2}{3}\times12V=8V$

$$V_{T-}=\frac{1}{3}V_{CC}=\frac{1}{3}\times12V=4V$$

$$\Delta V_T=V_{T+}-V_{T-}=8V-4V=4V$$

（2）画出v_O波形如图6-6所示。

（3）$v_{IC}=10V$，$V_{T+}=v_{IC}=10V$，$V_{T-}=\frac{1}{2}v_{IC}=5V$，$\Delta V_T=V_{T+}-V_{T-}=10V-5V=5V$。

改变555定时器5脚的控制电压v_{IC}可以改变回差电压的大小，若v_{IC}接入一个不超过V_{CC}的电压，则$V_{T+}=v_{IC}$，$V_{T-}=\frac{1}{2}v_{IC}$，$\Delta V_T=\frac{1}{2}v_{IC}$。

6.3.2 门电路组成的施密特触发器

1. 电路结构与工作原理

用CMOS非门构成的施密特触发器如图6-7所示。

假设CMOS非门的阈值电压为$V_{TH}\approx V_{DD}/2$，电路中$R_1<R_2$，并且v_I是一个在$0\sim V_M$之

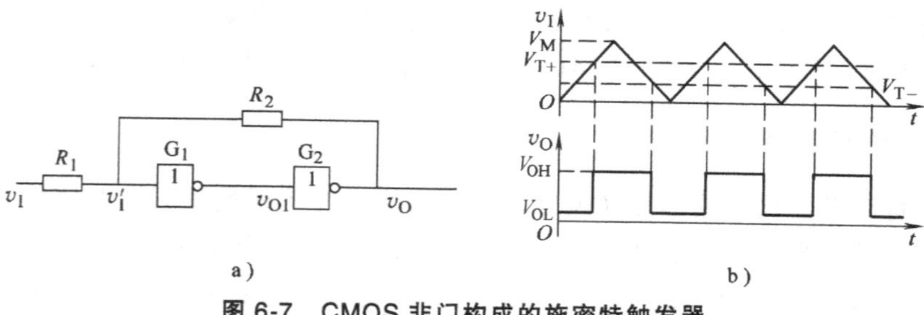

a）　　b）

图 6-7　CMOS 非门构成的施密特触发器

a）电路结构　b）工作波形

间变化的三角波。CMOS 电路中，可以近似地认为 $V_{OH}\approx V_{DD}$、$V_{OL}\approx 0V$。

1）当输入 v_I 为三角波的最小值 0V 时，$v_I'=0V$，v_{O1} 为高电平，v_O 为低电平。输入 v_I 逐渐上升时，v_I'也随之上升，只要 $v_I'<V_{TH}$，G_1、G_2 门状态就不会翻转，因此 v_O 保持低电平不变。当 v_I 上升使 $v_I'=V_{TH}$ 时，G_1 门状态翻转，v_{O1} 变为低电平，由于正反馈作用，G_2 门状态迅速翻转，v_O 变为高电平。此时，继续增大 v_I，G_1、G_2 门状态也不会翻转。

2）当输入 v_I 为三角波的最大值 V_M 时，$v_I'>V_{TH}$，v_{O1} 为低电平，v_O 为高电平。输入 v_I 逐渐下降时，v_I'也随之下降，只要 $v_I'>V_{TH}$，G_1、G_2 门状态就不会翻转，因此 v_O 保持高电平不变。当 v_I 下降使 $v_I'=V_{TH}$ 时，G_1 门状态翻转，v_{O1} 变为高电平，由于正反馈作用，G_2 门状态迅速翻转，v_O 变为低电平。此时，继续减小 v_I，G_1、G_2 门状态也不会翻转。

2. 主要参数

由以上分析可知，用 CMOS 非门构成的施密特触发器具有同相输出回差特性，其主要参数为

正向阈值电压

$$V_{T+}=\left(1+\frac{R_1}{R_2}\right)V_{TH} \tag{6-4}$$

负向阈值电压

$$V_{T-}=\left(1-\frac{R_1}{R_2}\right)V_{TH} \tag{6-5}$$

回差电压

$$\Delta V_T=V_{T+}-V_{T-}=2\frac{R_1}{R_2}V_{TH} \tag{6-6}$$

上式表明，施密特触发器回差电压与 R_1/R_2 成正比，改变 R_1/R_2 比值即可调节回差电压的大小。

6.3.3　集成施密特触发器

单输入端反相缓冲器形式的集成施密特触发器如图 6-8 所示，图 6-8a 是 CMOS 型集成施密特触发器，图 6-8b 是 TTL 型集成施密特触发器。集成施密特

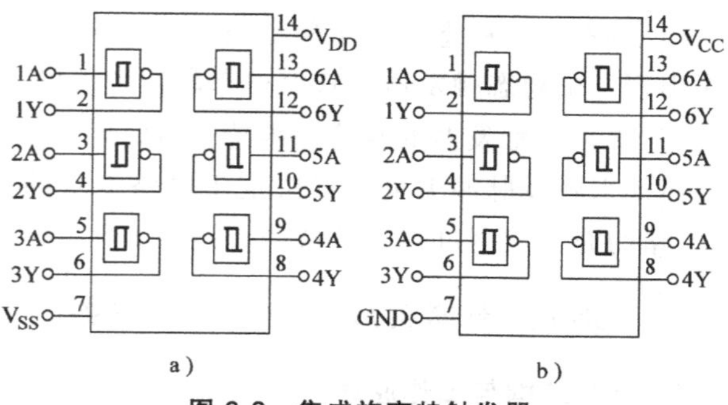

a）　　b）

图 6-8　集成施密特触发器

a）CC40106　b）74LS14

触发器不仅可以做成单输入端反相缓冲器形式，还可以做成多输入端与非门形式，如 CMOS 型 CC4093 四 2 输入与非门，TTL 型 74LS132 四 2 输入与非门和 74LS13 双 4 输入与非门等。

6.3.4 施密特触发器的应用

利用施密特触发器构成波形变换电路，可以将边沿变化缓慢的周期性信号变换为边沿很陡直的相同频率的矩形脉冲。例如，利用反相输出的施密特触发器可将正弦波变为矩形脉冲，如图 6-9a 所示。在数字系统中，矩形脉冲经过传输后往往发生波形畸变，此时可利用施密特触发器构成整形电路，从而得到比较理想的矩形脉冲，如图 6-9b 所示。将一系列幅度各异的脉冲信号加到施密特触发器的输入端，只有幅度大于 V_{T+}时，才会在输出端输出一个脉冲信号，如图 6-9c 所示。

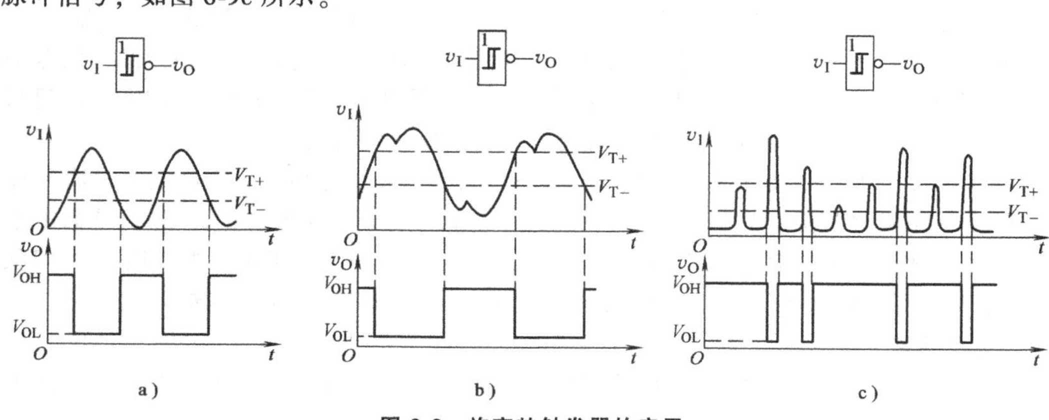

图 6-9 施密特触发器的应用

a) 波形变换 b) 波形整形 c) 脉冲鉴幅

6.4 单稳态触发器

单稳态触发器是数字系统中常用的一种脉冲整形电路，在外加触发脉冲的作用下，它能给出一个固定宽度的矩形脉冲。这个固定宽度的脉冲可用作一些电路的定时信号。单稳态触发器的图形符号如图 6-10 所示。

图 6-10 单稳态触发器的图形符号

a) 正脉冲触发 b) 负脉冲触发

单稳态触发器的特点是：

1）具有一个稳态和一个暂稳态，在外来触发脉冲作用下，单稳态触发器能够由稳态翻转到暂稳态。

2）单稳态触发器的暂稳态维持一段时间后，将自动返回到稳态。暂稳态维持时间的长短，与外来触发脉冲无关，仅决定于电路本身的参数。单稳态触发器的暂稳态通常是利用 *RC* 电路的充、放电过程来维持的。

6.4.1 555 定时器组成的单稳态触发器

1. 电路结构与工作原理

555 定时器构成单稳态触发器电路结构及其工作波形如图 6-11 所示。

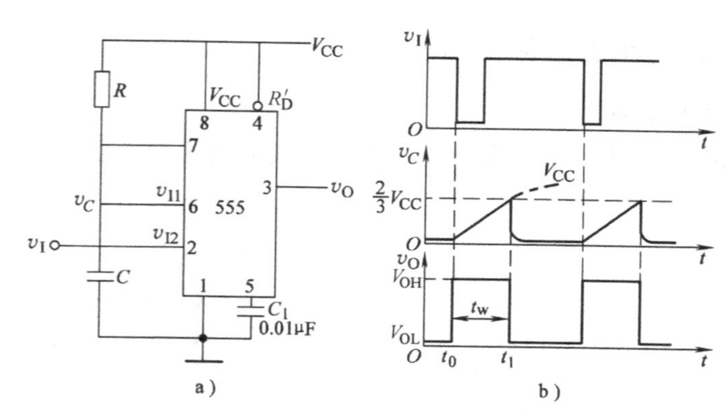

图6-11　用555构成的单稳态触发器

a）电路结构　b）工作波形

555定时器构成的单稳态触发器采用负脉冲触发，其工作过程如下。

（1）稳态

当电路无触发信号时，v_I 保持高电平，电路工作在稳定状态，即输出端 v_O 保持低电平，555定时器内放电晶体管VT饱和导通，7脚接地，电容电压 v_C 为0V。

（2）暂稳态

当 v_I 负脉冲（下降沿）到达时，使2脚电压 $v_{I2}<V_{CC}/3$，此时6脚电压 $v_{I1}=0$，所以 v_O 由稳态时的低电平跳变为高电平，555定时器内部放电晶体管VT截止，V_{CC} 经 R 向 C 充电。其充电回路为 $V_{CC}\to R\to C\to$ 地，时间常数 $\tau_1=RC$。由于充电过程中，负的触发脉冲已消失，此时2脚电压 $v_{I2}>V_{CC}/3$。所以电容电压 v_C 上升至 $\frac{2}{3}V_{CC}$ 之前，输出电压 v_O 保持高电平不变。

（3）恢复过程

电容电压 v_C 上升至稍大于 $2V_{CC}/3$ 时，由于6脚电压 $v_{I1}>2V_{CC}/3$，而2脚电压 $v_{I2}>V_{CC}/3$，则输出电压 v_O 由高电平跳变为低电平（暂态结束），555定时器内放电晶体管VT由截止转为饱和导通，电容 C 经放电晶体管对地迅速放电，时间常数 $\tau_2=R_{CES}C$，其中 R_{CES} 是晶体管VT的饱和导通电阻，其阻值非常小，因此 τ_2 之值也非常小。经过（3~5）τ_2 后，电容 C 放电完毕，恢复过程结束，电路重新返回到稳状，电路又可以接收下一个触发信号，并重复上述过程。

2. 主要参数

输出脉冲宽度就是暂稳态维持时间，也就是定时电容的充电时间。由图6-11b可得

$$t_w=RC\ln\frac{V_{CC}-0}{V_{CC}-\frac{2}{3}V_{CC}}=RC\ln3=1.1RC \tag{6-7}$$

式（6-7）说明，t_w 仅决定于定时元件 R、C 的取值，与输入触发信号和电源电压无关，调节 R、C 的取值，即可方便地调节 t_w。一般 R 的取值为几百欧姆到几兆欧姆之间，C 的取值范围为几百皮法到几百微法，t_w 的范围为几微秒到几分钟。需要注意的是，t_w 的宽度增加，其精度和稳定性下降。

6.4.2 门电路组成的单稳态触发器

1. 电路结构与工作原理

图6-12a是CMOS门电路和RC微分电路构成的微分型单稳态触发器，其工作波形如图6-12b所示。

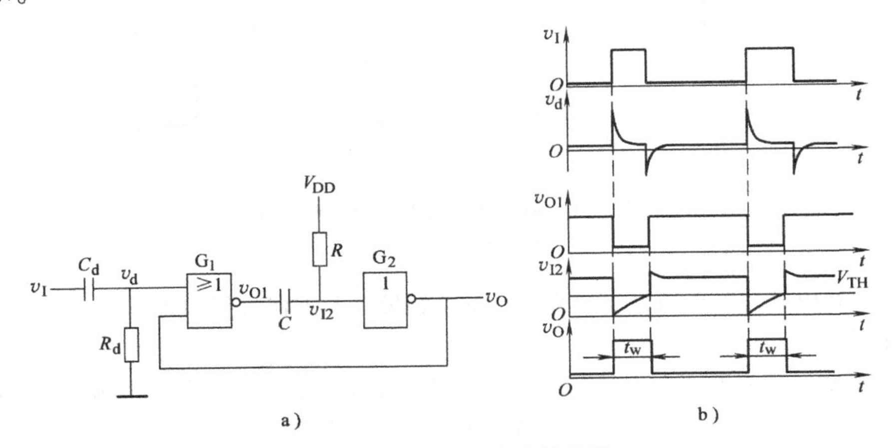

图6-12 微分型单稳态触发器

a）电路结构 b）工作波形

对于CMOS电路，可以近似地认为$V_{OH} \approx V_{DD}$、$V_{OL} \approx 0$，而且通常$V_{TH} \approx V_{DD}/2$。在稳态下$v_I = 0$、$v_{I2} = V_{DD}$，故$v_O = 0$、$v_{O1} = V_{DD}$，电容C上没有电压。

当触发脉冲v_I加到输入端时，在R_d和C_d组成的微分电路输出端得到很窄的正、负脉冲v_d。当v_d上升到V_{TH}以后，会产生一个正反馈过程，使v_{O1}迅速跳变为低电平。由于电容上的电压不可能发生跳变，所以v_{I2}也同时跳变至低电平，并使v_O跳变为高电平，电路进入暂稳态。这时即使v_d回到低电平，v_O的高电平仍将维持。

与此同时，电容C开始充电。随着充电过程的进行v_{I2}逐渐升高，当升至$v_{I2} = V_{TH}$时，又引发另外一个正反馈过程使v_{O1}、v_{I2}迅速跳变为高电平，并使输出返回$v_O = 0$的状态。同时，电容C通过电阻R和门G_2的输入保护电路向V_{DD}放电，直至电容上的电压为零，电路恢复到稳定状态。

2. 主要参数

根据以上分析可得主要参数如下：

脉冲宽度

$$t_w = RC\ln\frac{V_{DD} - 0}{V_{DD} - V_{TH}} \tag{6-8}$$

输出的脉冲幅度为

$$V_m = V_{OH} - V_{OL} \approx V_{DD} \tag{6-9}$$

6.4.3 集成单稳态触发器

集成单稳态触发器有不可重复触发型和可重复触发型两种。不可重复触发的单稳态触发器一旦被触发进入暂稳态以后，再加入触发脉冲不会影响电路的工作过程，必须在暂稳态结束以后，它才能接收下一个触发脉冲而转入下一个暂稳态，如图 6-13a 所示。而可重复触发的单稳态触发器在电路被触发而进入暂稳态以后，如果再次加入触发脉冲，电路将重新被触发，使输出脉冲再继续维持一个 t_w 宽度，如图 6-13b 所示。

74121、74221、74LS221 都是不可重复触发的单稳态触发器。属于可重复触发的触发器有 74122、74LS122、74123、74LS123 等。有些集成单稳态触发器上还设有复位端（例如 74221、74122、74123 等）。通过在复位端加入低电平信号能立即终止暂稳态过程，使输出端返回低电平。

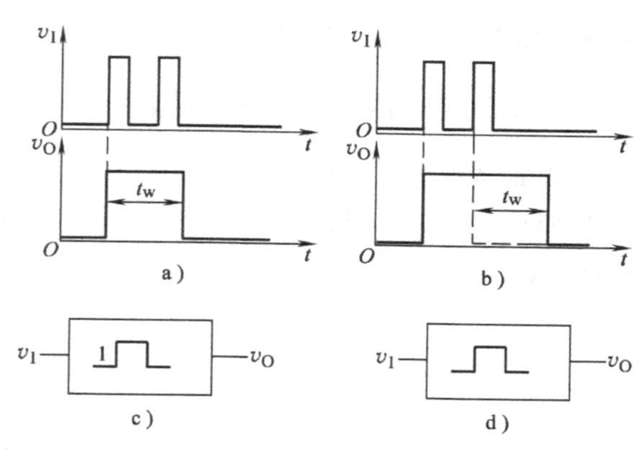

图 6-13　不可重复触发与可重复触发型单稳态触发器的工作波形

a）不可重复触发波形　b）可重复触发波形
c）不可重复触发图形符号　d）可重复触发图形符号

6.4.4　单稳态触发器的应用

单稳态触发器一般可用于延时或定时电路中。例如，图 6-14 是一个频率计的框图及工作波形，其中 v_F 为待测周期信号，v_I 为定时选通信号，v_O 为后级计数器的时钟脉冲。在定时选通信号的下降沿处，对 v_F 信号进行计数，数出 t_w 期间的 v_F 信号包含的脉冲个数 N，就可以计算出 v_F 信号的频率为 $f=N/t_w$，若 t_w 延时为 1s，则可从显示器上直接读出 v_F 信号的频率。图中，v_O'的下降沿比 v_I 的下降沿延时 t_w，这个延时是利用负脉冲触发的单稳态电路实现的。

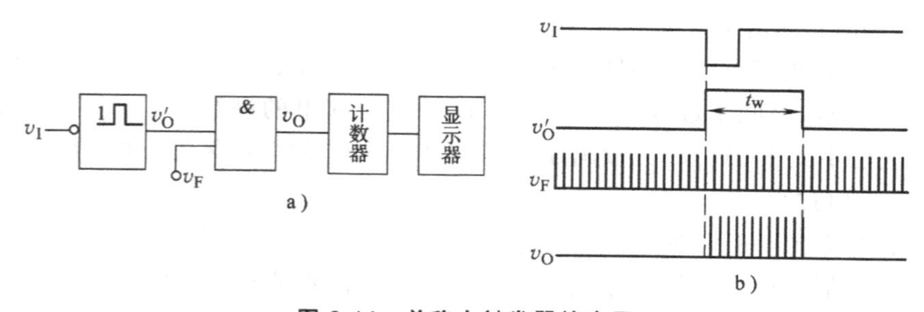

图 6-14　单稳态触发器的应用

a）频率计框图　b）工作波形

6.5　多谐振荡器

多谐振荡器是一种自激振荡器，在接通电源以后，不需要外加触发信号就能自动地产生矩形脉冲。由于矩形脉冲中含有丰富的高次谐波分量，习惯上又把矩形波振荡器叫做多谐振荡器。多谐振荡器的图形符号如图 6-15 所示。

多谐振荡器具有下列特点：

1）多谐振荡器是一种自激振荡器，不需要外加触发信号。

2）多谐振荡器无稳态，只有两个暂稳态。

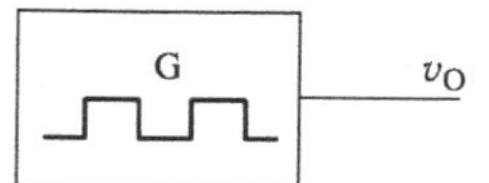

图 6-15　多谐振荡器的图形符号

多谐振荡器可以用 555 定时器构成，也可用门电路构成，为了提高频率的稳定性可以采用石英晶体振荡器。

6.5.1 555定时器组成的多谐振荡器

1. 电路结构与工作原理

用555定时器构成的多谐振荡器如图6-16a所示，R_1、R_2是外接电阻，C是外接电容，工作波形如图6-16b所示。

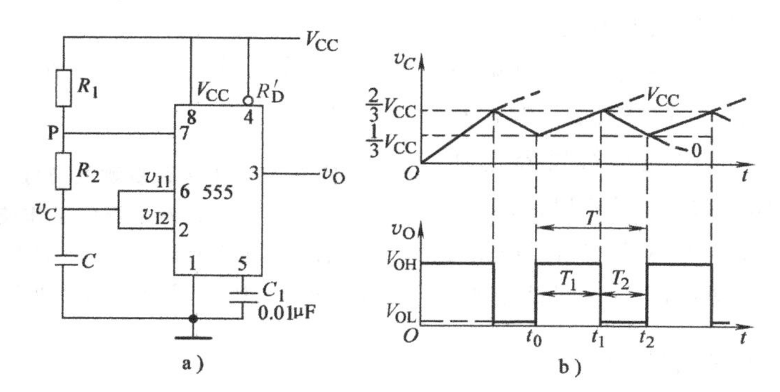

图6-16 555构成的多谐振荡器及工作波形

a）电路结构 b）工作波形

该电路接通电源就会产生自激振荡，不需要任何输入信号，电路自动产生方波，并从v_O输出，其工作过程如下。

（1）电容充电过程

刚接通电源时，电容C上的电压为0V；由于$v_{I2}<V_{CC}/3$，$v_{I1}<2V_{CC}/3$，所以输出端v_O为高电平，555定时器内部的放电晶体管VT截止。在这种情况下，V_{CC}通过电阻R_1、R_2开始对电容C充电，充电时间常数为$\tau_1=(R_1+R_2)C$。随着充电的进行，v_C点的电位逐渐上升，只要v_C点的电位不大于$2V_{CC}/3$，输出端v_O仍为高电平，放电晶体管VT仍截止。

（2）电容放电过程

当v_C点的电位逐渐上升到稍大于$2V_{CC}/3$时，输出端v_O为低电平，放电晶体管导通。电容C通过放电晶体管、电阻R_2放电，若忽略放电晶体管的导通电阻，则放电时间常数为$\tau_2=R_2C$。v_C电位逐渐下降，当下降到$V_{CC}/3$时，放电晶体管截止，输出v_O为高电平。又进入电容充电过程。如此反复循环，在输出端输出矩形脉冲。

2. 主要参数

由以上分析可得，电容充电时间为

$$T_1=(R_1+R_2)C\ln\frac{V_{CC}-\frac{1}{3}V_{CC}}{V_{CC}-\frac{2}{3}V_{CC}}=\tau_1\ln2=0.7(R_1+R_2)C \tag{6-10}$$

电容放电时间为

$$T_2=0.7R_2C \tag{6-11}$$

振荡周期为

$$T=T_1+T_2=0.7(R_1+2R_2)C \tag{6-12}$$

振荡频率为

$$f=\frac{1}{T}\approx\frac{1.43}{(R_1+2R_2)C} \tag{6-13}$$

占空比为

$$q=\frac{T_1}{T}=\frac{0.7(R_1+R_2)C}{0.7(R_1+2R_2)C}=\frac{R_1+R_2}{R_1+2R_2} \tag{6-14}$$

由以上分析可知，在图 6-16 所示电路中，由于电容 C 的充电时间常数 $\tau_1=(R_1+R_2)C$，放电时间常数 $\tau_2=R_2C$，所以 T_1 总是大于 T_2，不能获得方波，占空比始终大于 50%并且不易调节。利用半导体二极管的单向导电特性，把电容 C 充电和放电回路隔离开来，再加上一个电位器，便可构成占空比可调的多谐振荡器，如图 6-17 所示。

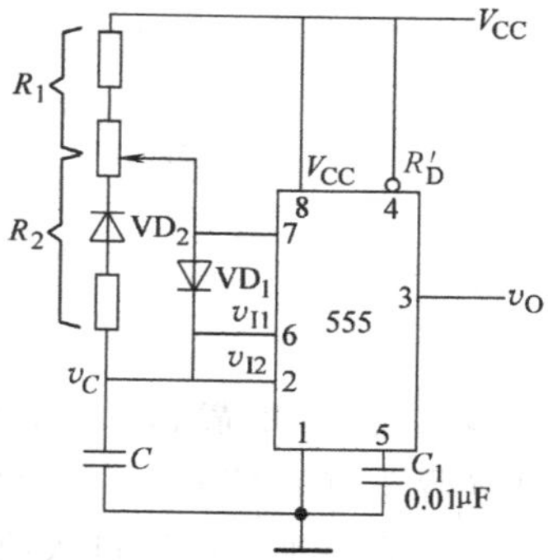

图 6-17　占空比可调的多谐振荡器

若忽略二极管的导通电阻，则电容 C 的充电时间常数 $\tau_1\approx R_1C$，放电时间常数 $\tau_2\approx R_2C$，则电容的充放电时间变为

$$T_1=0.7R_1C \tag{6-15}$$

$$T_2=0.7R_2C \tag{6-16}$$

振荡周期为

$$T=T_1+T_2=0.7(R_1+R_2)C \tag{6-17}$$

占空比为

$$q=\frac{T_1}{T}=\frac{T_1}{T_1+T_2}=\frac{0.7R_1C}{0.7R_1C+0.7R_2C}=\frac{R_1}{R_1+R_2} \tag{6-18}$$

只要改变电位器滑动端的位置，就可以方便地调节占空比 q，当 $R_1=R_2$ 时，$q=0.5$，v_O 就成为方波。

【例 6-2】 试用 CB555 定时器设计一个多谐振荡器，要求振荡周期为 1s，占空比为 75%，输出脉冲幅度为 3V。

解：由 CB555 定时器的特性参数可知，当取电源电压为 5V 时，在 100mA 的输出电流时输出电压的典型值为 3.3V，所以取 $V_{CC}=5V$ 可满足对输出脉冲的幅度要求。

根据式（6-14）可知，$q=\frac{R_1+R_2}{R_1+2R_2}=75\%$，所以 $R_1=2R_2$。

又由式（6-13）可知，$T=0.7(R_1+R_2)C=1$，若取 $C=10\mu F$，则可得 $R_1=71.4k\Omega$，$R_2=35.7k\Omega$，故取 R_1 为一个 68kΩ 电阻和一个 4.7kΩ 电位器串联，取 R_2 为一个 36kΩ 电阻。电路如图 6-18 所示。

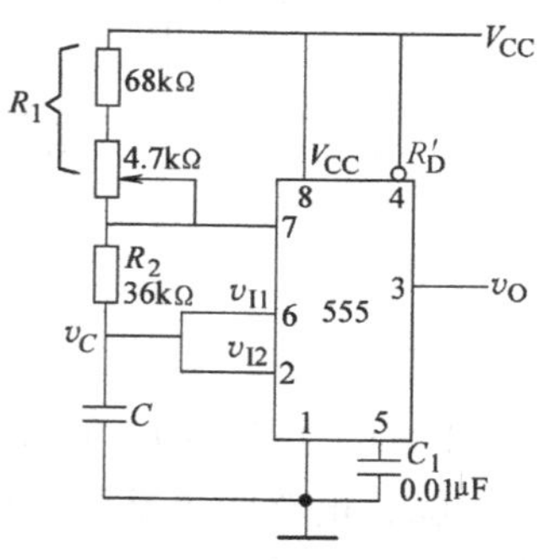

图 6-18　例 6-2 的电路图

6.5.2 门电路组成的多谐振荡器

1. 对称式多谐振荡器

图 6-19a 是对称式多谐振荡器的电路，它是由两个 TTL 反相器 G_1、G_2 经耦合电容 C_1、C_2 连接起来的正反馈振荡回路，电路中各点电压的工作波形如图 6-19b 所示。

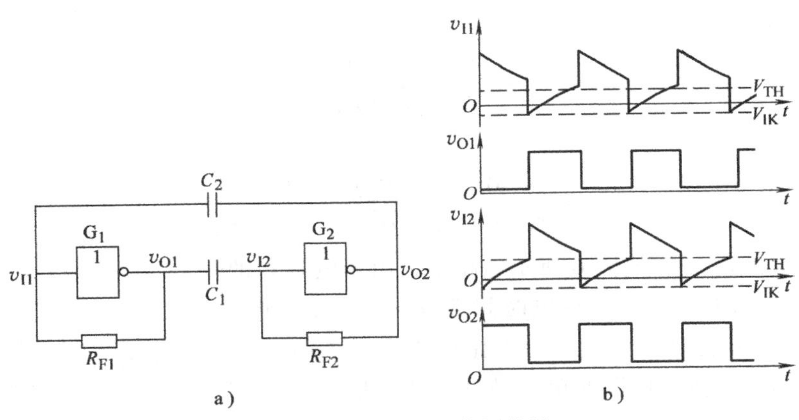

图 6-19　对称式多谐振荡器

a）电路结构　b）工作波形

设 G_1、G_2 的静态工作点位于电压传输特性的转折区。假定由于某种原因（例如电源波动或外界干扰）使 v_{I1} 有微小的正跳变，电路的正反馈过程使 v_{O1} 迅速跳变为低电平、v_{O2} 迅速跳变为高电平，电路进入第一个暂稳态。同时电容 C_1 开始充电而 C_2 开始放电。图 6-20 中画出了 C_1 充电和 C_2 放电的等效电路，图中的 R_{E1} 和 V_{E1} 是根据戴维南定理求得的等效电阻和等效电压源，它们分别为

$$R_{E1}=\frac{R_1+R_{F2}}{R_1+R_{F2}} \tag{6-19}$$

$$V_{E1}=V_{OH}+\frac{R_{F2}}{R_1+R_{F2}}(V_{CC}-V_{OH}-V_{BE}) \tag{6-20}$$

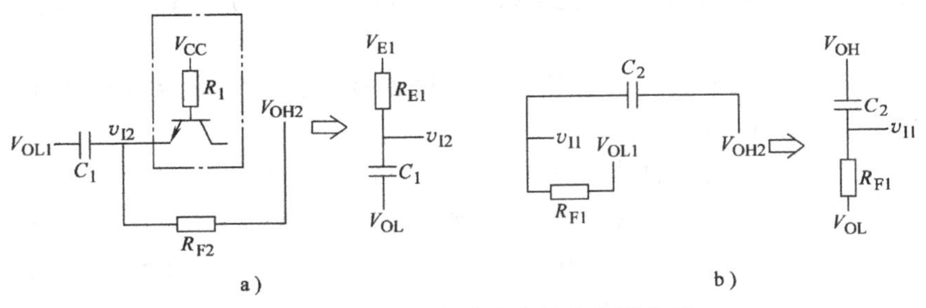

图 6-20　图 6-19 电路中充放电等效电路

a）C_1 充电等效电路　b）C_2 放电等效电路

因为 C_1 同时经 R_1 和 R_{F2} 两条支路充电，所以充电速度较快，v_{I2} 首先上升到 G_2 的阈值电压 V_{TH}，电路的正反馈过程使 v_{O2} 迅速跳变至低电平，而 v_{O1} 迅速跳变至高电平，电路进入第二个暂稳态。同时，C_2 开始充电而 C_1 开始放电。由于电路的对称性，这一过程和上面所述 C_1 充电、C_2 放电的过程完全对应，当 v_{I1} 上升到 V_{TH} 时，电路又迅速地返回 v_{O1} 低电平而 v_{O2} 为高电平的第一个暂稳态。因此，电路便不停地在两个暂稳态之间反复振荡，在输出端产生矩形输出脉冲。

从上面的分析可以看到，第一个暂稳态的持续时间 T_1 等于 v_{I2} 从 C_1 开始充电到上升至 V_{TH} 的时间。由于电路的对称性，总的振荡周期必然等于 T_1 的两倍。可以利用 RC 电路过渡

过程的公式求出 T_1。考虑到 TTL 门电路输入端反向钳位二极管的影响，在 v_{I2} 产生负跳变时只能下跳至输入端负的钳位电压 V_{IK}，所以 C_1 充电的起始值为 $v_{I2}(0)=V_{IK}$。假定 $V_{OL}\approx 0$，则 C_1 上的电压 v_{C1} 也就是 v_{I2}。于是得到 $v_{C1}(0)=V_{IK}$，$v_{C1}(\infty)=V_{E1}$，转换电压即 V_{TH}，故得到

$$T_1=R_{E1}C_1\ln\frac{V_{E1}-V_{IK}}{V_{E1}-V_{TH}} \tag{6-21}$$

在 $R_{F1}=R_{F2}=R_F$，$C_1=C_2=C$ 的条件下，电路的振荡周期为

$$T=2T_1=2R_E C\ln\frac{V_E-V_{IK}}{V_E-V_{TH}} \tag{6-22}$$

其中，R_E 和 V_E 由式（6-19）和式（6-20）给出。

如果 G_1、G_2 为 74LS 系列反相器，取 $V_{OH}=3.4V$、$V_{IK}=-1V$、$V_{TH}=1.1V$，在 $R_F \ll R_1$ 的情况下可得，近似估算振荡周期的公式为

$$T\approx 2R_F C\ln\frac{V_{OH}-V_{IK}}{V_{OH}-V_{TH}}\approx 1.3R_F C \tag{6-23}$$

2. 环形振荡器

环形振荡器就是利用延迟负反馈产生振荡的。它是利用门电路的传输延迟时间将奇数个反相器首尾相接而构成的。图 6-21a 所示电路是一个最简单的环形振荡器，它由三个反相器首尾相连而组成。不难看出，这个电路是没有稳定状态的。因为在静态（假定没有振荡时）下任何一个反相器的输入和输出都不可能稳定在高电平或低电平，而只能处于高、低电平之间，所以处于放大状态。

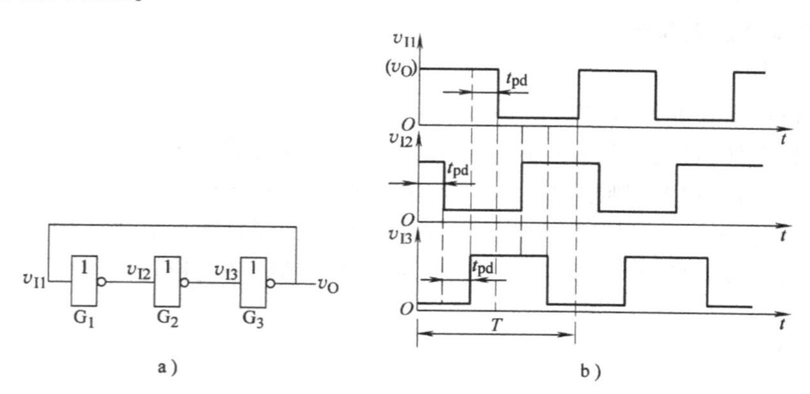

图 6-21　环形振荡器电路

a）电路结构　b）工作波形

假定由于某种原因 v_{I1} 产生了微小的正跳变，则经过 G_1 的传输延迟时间 t_{pd} 之后 v_{I2} 产生一个幅度更大的负跳变，再经过 G_2 的传输延迟时间 t_{pd} 使 v_{I3} 得到更大的正跳变。然后又经过 G_3 的传输延迟时间 t_{pd} 在输出端 v_O 产生一个更大的负跳变，并反馈到 G_1 的输入端。因此，经过 $3t_{pd}$ 的时间以后，v_{I1} 又自动跳变为低电平。可以推想，再经过 $3t_{pd}$ 以后 v_{I1} 又将跳变为高电平。如此周而复始，就产生了自激振荡。根据以上分析，得到环形振荡器电路的工作波形如图 6-21b 所示。由图可见，振荡周期为 $T=6t_{pd}$。并且将任何大于、等于 3 的 n（奇数）个反相器首尾相连地接成环形电路，都能产生自激振荡，其振荡周期为 $T=2nt_{pd}$。

6.5.3 石英晶体多谐振荡器

在许多数字系统中，都要求时钟脉冲频率十分稳定，例如在数字钟表里，计数脉冲频率的稳定性，就直接决定着计时的精度。在上面介绍的多谐振荡器中，由于其工作频率取决于电容 C 充、放电过程中电压到达转换值的时间，因此稳定度不够高。原因有：①转换电平易受温度变化和电源波动的影响；②电路的工作方式易受干扰，从而使电路状态转换提前或滞后；③电路状态转换时，电容充、放电的过程已经比较缓慢，转换电平的微小变化或者干扰，对振荡周期影响都比较大。一般在对振荡器频率稳定度要求很高的场合，都需要采取稳频措施，其中最常用的一种方法，就是利用石英谐振器——简称石英晶体或晶体，构成石英晶体多谐振荡器。

1. 石英晶体的选频特性

石英晶体具有压电效应：在晶片的两个极上加一电场，会使晶体产生机械变形；在石英晶片上加上交变电压，晶体就会产生机械振动，同时机械变形振动又会产生交变电场，虽然这种交变电场的电压极其微弱，但其振动频率是十分稳定的。当外加交变电压的频率与晶片的固有频率（由晶片的尺寸和形状决定）相等时，机械振动的幅度将急剧增加，这种现象称为“压电谐振”。石英晶体的电抗频率特性和图形符号如图 6-22 所示。

石英晶体有两个谐振频率：当 $f=f_s$ 时，为串联谐振，石英晶体的电抗 $X=0$；当 $f=f_p$ 时，为并联谐振，石英晶体的电抗无穷大。$0\sim f_s$ 之间，石英晶体呈电容性；$f_s\sim f_p$ 之间，石英晶体呈电感性；超过 f_p，石英晶体呈电容性。石英晶体的选频特性极好，晶体的标称频率 f_0 十分稳定，其稳定度可达 $10^{-10}\sim10^{-11}$。

2. 石英晶体多谐振荡器

（1）串联式振荡器

串联式 CMOS 石英晶体多谐振荡器如图 6-23 所示，图中 R_1、R_2 的作用是使两个反相器在静态时都工作在转折区，成为具有很强放大能力的放大电路。对于 TTL 门，常取 $R_1=R_2=0.7\sim2\text{k}\Omega$，若是 CMOS 门，则常取 $R_1=R_2=10\sim100\text{M}\Omega$；$C_1=C_2$ 是耦合电容。石英晶体工作在串联谐振频率 f_0 下，只有频率为 f_0 的信号才能通过，满足振荡条件。因此，电路的振荡频率等于 f_0，与外接元件 R、C 无关，所以这种电路振荡频率的稳定度很高。

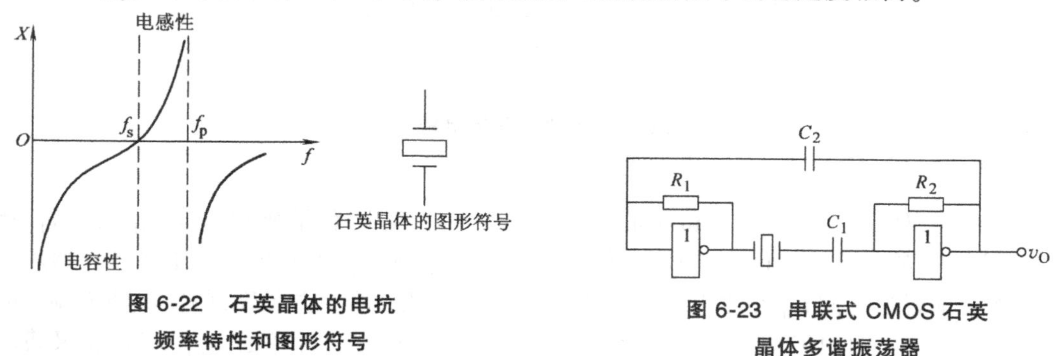

图 6-22 石英晶体的电抗频率特性和图形符号

图 6-23 串联式 CMOS 石英晶体多谐振荡器

（2）并联式振荡器

并联式 CMOS 石英晶体多谐振荡器如图 6-24 所示，图中 R_F 是偏置电阻，保证在静态时使 G_1 工作转折区，构成一个反相放大器。晶体工作在 f_s 与 f_p 之间，等效一电感，与 C_1、

C_2 共同构成电容三点式振荡电路。反相器 G_2 起整形缓冲作用，同时 G_2 还可以隔离负载对振荡电路工作的影响。

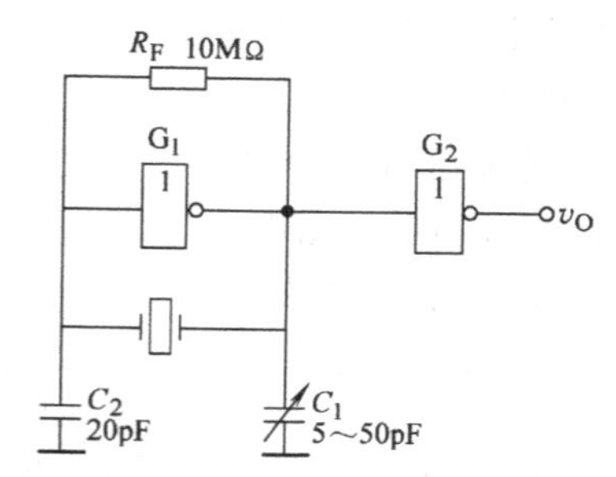

图 6-24 并联式 CMOS 石英晶体多谐振荡器

6.6 555 定时器的实际应用电路

6.6.1 延时报警器

图 6-25 是用两个 555 定时器组成的延时报警器。

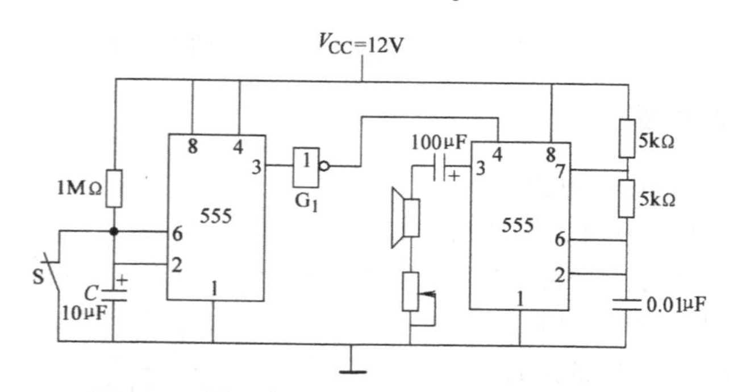

图 6-25 用两个 555 定时器组成的延时报警器

当开关 S 断开时，经过一定的延迟时间后扬声器开始发出声音。如果在延迟时间内 S 重新闭合，扬声器不会发出声音。G_1 是 CMOS 反相器，输出的高、低电平分别为 $V_{OH}\approx 12V$，$V_{OL}\approx 0V$。

图 6-25 中，电路左端的 555 定时器接成了施密特触发器，当 S 断开时，电容 C 开始充电；当充电至 $V_{T+}=2V_{CC}/3$ 时，触发器输出跳变为低电平使反相器 G_1 输出高电平，在电容充电至 $2V_{CC}/3$ 期间，若 S 闭合，则将电容短路，使电容迅速放电，电压下降为零。

电路右端的 555 定时器接成了多谐振荡器，当 G_1 输出高电平时，振荡器开始工作，振荡输出。从开关断开到电容充电至 $2V_{CC}/3$ 所用时间即为延迟时间 t，即

$$t=RC\ln\frac{V_{CC}}{V_{CC}-V_{T+}}=10^6\times10\times10^{-6}\times\ln\frac{12}{12-8}\text{s}=11\text{s}$$

振荡器的输出频率为

$$f=\frac{1}{T}=\frac{1}{(R_1+2R_2)C\ln2}=\frac{1}{15\times10^3\times0.01\times10^{-6}\times0.69}\text{Hz}=9.7\text{kHz}$$

6.6.2 双音门铃

图6-26是用多谐振荡器构成的电子双音门铃电路。

当按钮SB闭合时，V_{CC}经VD_2向C_3充电，P点（4脚）电位迅速充至V_{CC}，复位解除；由于VD_1将R_3旁路，V_{CC}经VD_1、R_1、R_2向C充电，充电时间常数为（R_1+R_2）C，放电时间常数为R_2C，多谐振荡器产生高频振荡，扬声器发出高音。

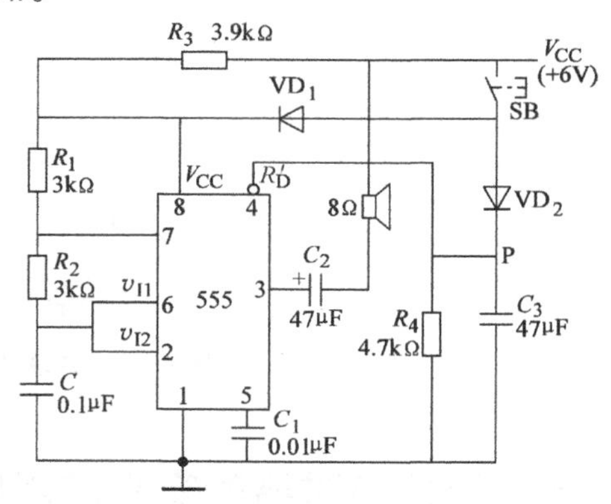

图6-26 用多谐振荡器构成的电子双音门铃电路

当按钮SB断开时，由于电容C_3储存的电荷经R_4放电要维持一段时间，在P点电位降至复位电平之前，电路将继续维持振荡；但此时V_{CC}经R_3、R_1、R_2向C充电，充电时间常数增加为（$R_3+R_1+R_2$）C，放电时间常数仍为R_2C，多谐振荡器产生低频振荡，扬声器发出低音。

当电容C_3持续放电，使P点电位降至555定时器的复位电平以下时，多谐振荡器停止振荡，扬声器停止发声。

调节相关参数，可以改变高、低音发声频率以及低音维持时间。

6.6.3 简易电子琴电路

图6-27是一个简易电子琴电路。

当琴键S_1～S_n均未按下时，晶体管VT接近饱和导通，V_E约为0V，使555定时器组成的振荡器停振，当按下不同琴键时，因R_1～R_n的阻值不等，扬声器发出不同的声音。

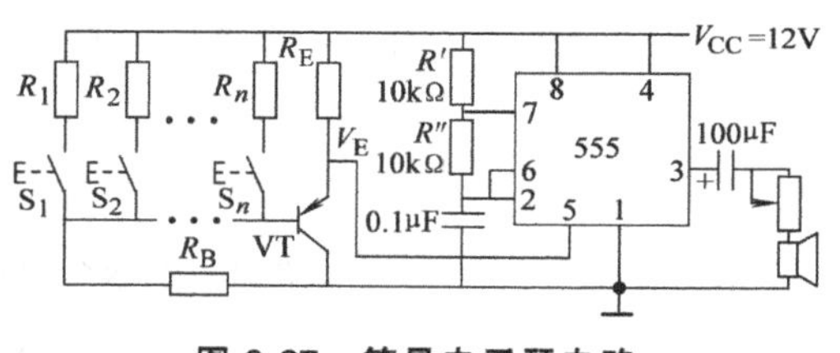

图6-27 简易电子琴电路

若$R_B=20\text{k}\Omega$，$R_1=10\text{k}\Omega$，$R_E=2\text{k}\Omega$，晶体管的电流放大系数$\beta=150$，$V_{CC}=12\text{V}$，振荡器外接电阻、电容参数如图6-27所示。

当S_1按下时，可以认为R_1中流过电流近似等于R_B中流过电流，晶体管基极电流I_B可忽略，$I_{R1}\approx I_{RB}$，因此R_1上电压

$$V_{R1}\approx\frac{R_1}{R_1+R_B}V_{CC}=4\text{V}$$

设VT为锗管，导通时发射结电压≈0.2V，则R_E上电压$V_{RE}=V_{R1}-V_{EB}\approx4\text{V}$，则

$$V_E=V_{CC}-V_{RE}=8\text{V}$$

$$T=(R'+R'')\;C\ln\frac{V_{CC}-V_{T-}}{V_{CC}-V_{T+}}+R''C\ln\frac{0-V_{T+}}{0-V_{T-}}$$

其中

$$V_{T-}=\frac{1}{2}V_E=4\text{V},\quad V_{T+}=V_E=8\text{V}$$

$$T=\left[(10+10)\times10^3\times0.1\times10^{-6}\ln\frac{12-8/2}{12-8}+10^4\times0.1\times10^{-6}\ln\frac{-8}{-8/2}\right]\text{s}=2.1\text{ms}$$

则按下琴键 S_1 时扬声器发出声音的频率为 $f=\frac{1}{T}\approx476\text{Hz}$。

6.6.4　555 触摸定时开关

图 6-28 是一个 555 定时器触摸定时开关电路。

555 定时器在这里接成单稳态电路。平时由于触摸片 P 端无感应电压，电容 C_1 通过 555 定时器 7 脚放电完毕，3 脚输出为低电平，继电器 KS 释放，电灯不亮。

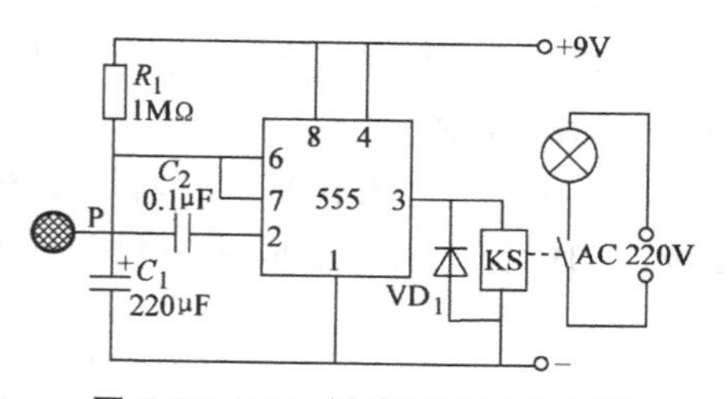

图 6-28　555 触摸定时开关电路

当需要开灯时，用手触碰一下金属片 P，人体感应的杂波信号电压由 C_2 加至 555 定时器的触发端，使 555 定时器的输出由低变成高电平，继电器 KS 吸合，电灯点亮。同时，555 定时器 7 脚内部截止，电源便通过 R_1 给 C_1 充电，这就是定时的开始。

当电容 C_1 上电压上升至电源电压的 2/3 时，555 定时器的 7 脚道通使 C_1 放电，使 3 脚输出由高电平变回到低电平，继电器释放，电灯熄灭，定时结束。

定时长短由 R_1、C_1 决定：$T_1=1.1R_1C_1$。按图 6-28 中所标数值，定时时间约为 4min。VD_1 可选用 1N4148 或 1N4001。

6.6.5　照明灯自动亮灭装置

图 6-29 是一个照明灯自动亮灭装置电路。白天让照明灯自动熄灭；夜晚自动点亮。图中，R 是一个光敏电阻，当受光照射时电阻变小；当无光照射或光照微弱时电阻增大。

当 555 定时器 2 脚的输入电压低于 $V_{CC}/3$ 时，定时器输出 $v_O=1$；6 脚的输入电压高于 $2V_{CC}/3$ 时，定时器输出 $v_O=0$。

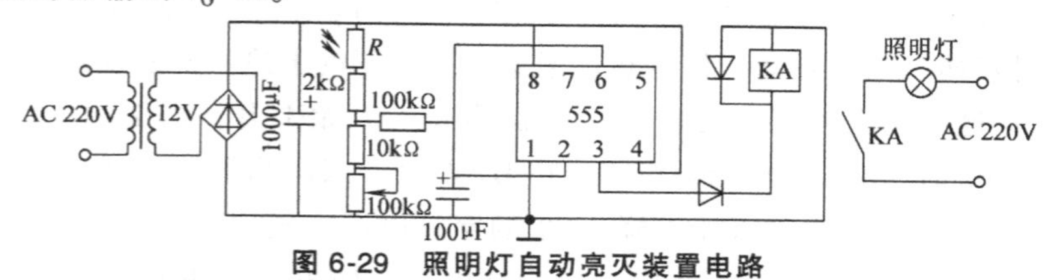

图 6-29　照明灯自动亮灭装置电路

接通交流电源时，555 定时器获得直流电压为

$$V_{CC}=1.2\times12\text{V}=14.4\text{V}$$

白天有光照射时光敏电阻 R 的值变小，电源向 100μF 电容器充电，当充电到

$$V_C>\frac{2}{3}V_{CC}=\frac{2}{3}\times14.4\text{V}=9.6\text{V}$$

这时 555 定时器输出低电平，不足以使继电器 KA 动作，照明灯熄灭。

夜晚无光照射或光照微弱时光敏电阻 R 的值增大，100μF 电容器放电，当放电到

$$V_C<\frac{1}{3}V_{CC}=\frac{1}{3}\times14.4\text{V}=4.8\text{V}$$

这时 555 定时器输出高电平，使继电器 KA 动作，照明灯点亮。

图 6-29 中，100kΩ 电位器用于调节动作灵敏度，阻值增大易于熄灯，阻值减小易于开灯。两个二极管是防止继电器线圈感应电动势损坏 555 定时器，起续流保护作用。

6.6.6 电热毯温度控制器

一般电热毯有高温、低温两挡。使用时，拨在高温挡，入睡后总被热醒；拨在低温挡，有时醒来会觉得温度不够。这里介绍一种电热毯温度控制器，它可以把电热毯的温度控制在一个合适的范围。

图 6-30 中 IC 为 555 定时器。交流电压 220V 经 C_1、R_1 限流降压，VD_1、VD_2 整流、C_2 滤波，VD_5 稳压后，形成 9V 电压给 555 定时器供电。

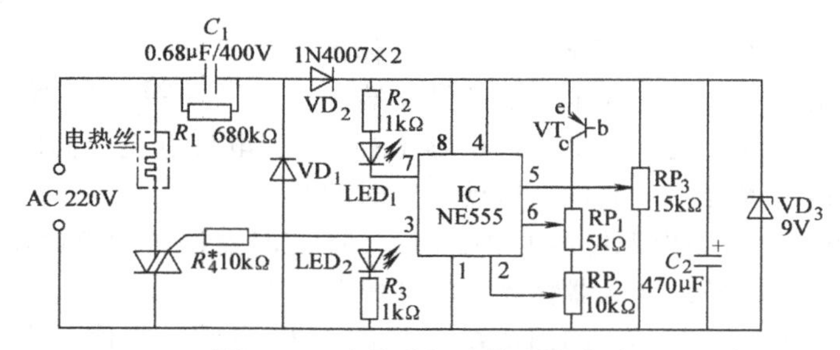

图 6-30 电热毯温度控制器电路

VT 为 3AX、3AG 等 PNP 型锗晶体管，用作温度探头，可用耐温的细软线引出，并将其连同引脚接头装入一电容器铝壳内，注入导热硅脂，制成温度探头。使用时，把该温度探头放在适当部位即可。

RP_3 为温度调节电位器，其滑动端的电压 V_F 决定 555 定时器内部的两个电压比较器的参考电压 V_{R1} 和 V_{R2}，设 1 脚电位为零，5 脚电位为 V_F，则 $V_{R1}=V_F$，$V_{R2}=V_F/2$。室温下，调节 RP_1 使 555 定时器 6 脚电位小于 V_F，2 脚电位小于 $V_F/2$。则 3 脚输出为高电平，LED_2 发光指示，同时双向晶闸管导通，使电热毯通电，其内部的电热丝开始发热。被褥里温度开始升高，VT 的穿透电流也随之增大，使 2、6 脚电位均开始上升，当 2 脚电位大于 $V_F/2$ 并且 6 脚电位大于 V_F 时，3 脚输出为低电平，LED_2 熄灭，双向晶闸管关断，电热毯断电，此时 LED_1 发光指示。然后，温度开始下降，VT 的穿透电流也随之减小，使 2、6 脚电位均开始下降，当 2 脚电位小于 $V_F/2$ 时，3 脚输出为高电平，使电热毯重新通电加热。上述过程不断重复进行，从而使被褥里的温度保持恒定。

6.7 分频器的 VHDL 设计

在现代数字系统中，FPGA/CPLD 的全局时钟一般采用外部有源石英晶体振荡器产生。有源石英晶体振荡器中集成石英晶体和振荡电路，只要给它接上合适的电源就可以产生稳定的方波信号输出，一般用作电路的主时钟信号。有源晶振型号众多，引脚定义不同，接法也不同。一般有标记的为 1 脚，从顶部看逆时针分别为 2、3、4 脚。有源晶振的引脚通常为：1 脚悬空，2 脚接地，3 脚输出，4 脚接供电。有源晶振的典型电路如图 6-31 所示。

有源晶振的振荡频率一般较高，可以根据需要利用分频器将较高频率的信号进行分频，得到较低频率的信号。分频器本质上是一个计数器，其计数模值由分频系数 $R=f_{in}/f_{out}$ 决定。分频器的输出不是计数器的计数结果，而是根据分频系数对输出信号的高、低电平进行控制，从而得到较低频率的时钟信号、选通信号、使能信号等。分频器有二进制分频器、偶数分频器、奇数分频器、占空比可调的分频器和小数分频器等，本节主要介绍二进制分频器、偶数分频器和奇数分频器。

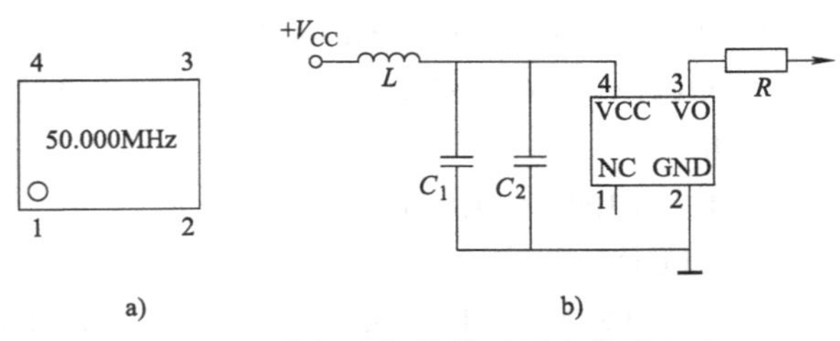

图 6-31 有源晶振的外形图和典型电路

a）外形图 b）典型电路

6.7.1 二进制分频器的 VHDL 设计

二进制分频就是对输入时钟按照 2 的整数次幂分频，分频系数 $R=2^N$，N 是整数。设计一个 N 位的计数器，对输入的时钟脉冲进行计数，计数结果的第 $N-1$ 位就是对输入时钟的 2 的 N 次幂分频。将计数器输出相应的位信号取出即可得到分频信号。图 6-32 所示为一个 4 位二进制计数器的仿真波形，其 Q_3、Q_2、Q_1、Q_0 的输出分别为时钟信号 CLK 的 16 分频、8 分频、4 分频、2 分频。

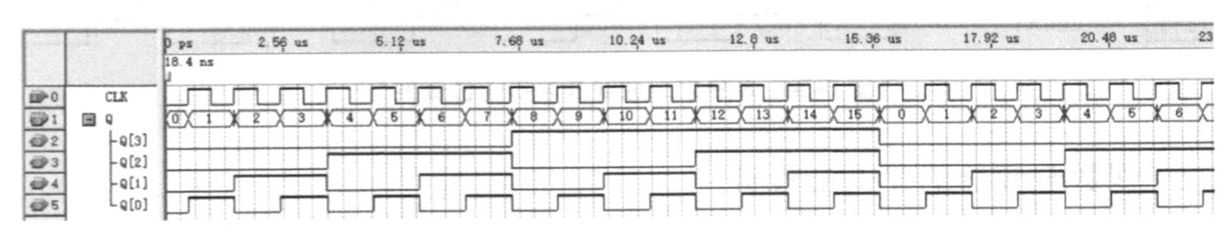

图 6-32 二进制分频器波形

以 8 分频二进制分频器为例，设计如下：

1. 实体

8 分频二进制分频器的实体如图 6-33 所示。图中 FDIV 为分频器的实体名，CLKIN 为输入端，CLKOUT 为输出端。

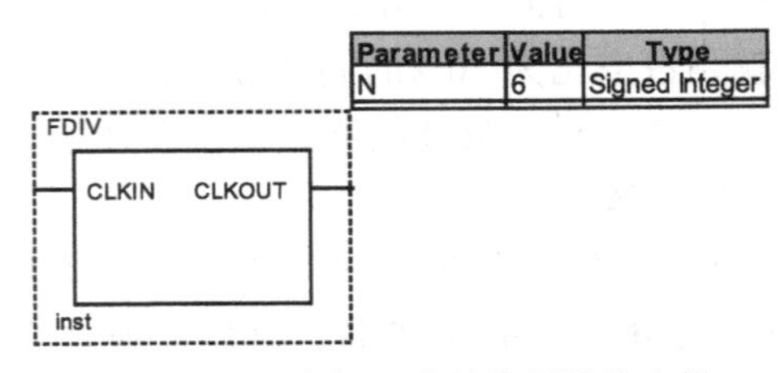

Parameter	Value	Type
N	6	Signed Integer

图 6-33 8 分频二进制分频器的实体

2. VHDL 程序设计

```
LIBRARY IEEE;
USE IEEE. STD_LOGIC_1164. ALL;
USE IEEE. STD_LOGIC_UNSIGNED. ALL;
USE IEEE. STD_LOGIC_ARITH. ALL;
ENTITY FDIV IS
    GENERIC (N: INTEGER:=3);   --RATE=2^N,N为正整数,此处取N=3
    PORT(   CLKIN: IN STD_LOGIC;
            CLKOUT: OUT STD_LOGIC );
END FDIV;
```

```
ARCHITECTURE  AA  OF  FDIV  IS
    SIGNAL CNT: STD_LOGIC_VECTOR(N-1 DOWNTO 0);
BEGIN
    PROCESS(CLKIN)
    BEGIN
    IF(CLKIN'EVENT AND CLKIN='1') THEN
        CNT <= CNT+1;
    END IF;
    END PROCESS;
CLKOUT <= CNT(N-1);   --CLKOUT 是 CLKIN 的 8 分频
END AA;
```

3. 仿真波形及分析

8分频二进制分频器的仿真波形如图6-34所示。由图可知，每8个CLKIN时钟周期，对应一个CLKOUT时钟周期，所以上述程序实现的是8分频二进制分频器。

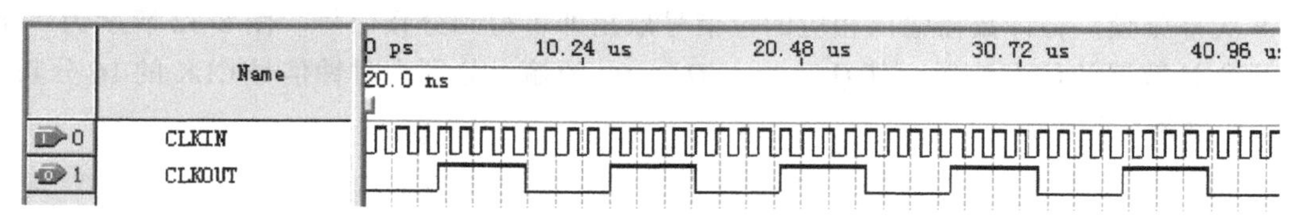

图6-34 8分频二进制分频器的仿真波形

6.7.2 偶数分频器的VHDL设计

分频系数 R=even（偶数），占空比50%。设计一个计数器对输入时钟进行计数，在计数的前一半时间里，输出为高电平，在计数的后一半时间里，输出为低电平，这样输出的信号就是占空比为50%的偶数分频信号。

以6分频偶数分频器为例，设计如下：

1. 实体

6分频偶数分频器的实体如图6-35所示。图中FDIV为分频器的实体名，CLKIN为输入端，CLKOUT为输出端。

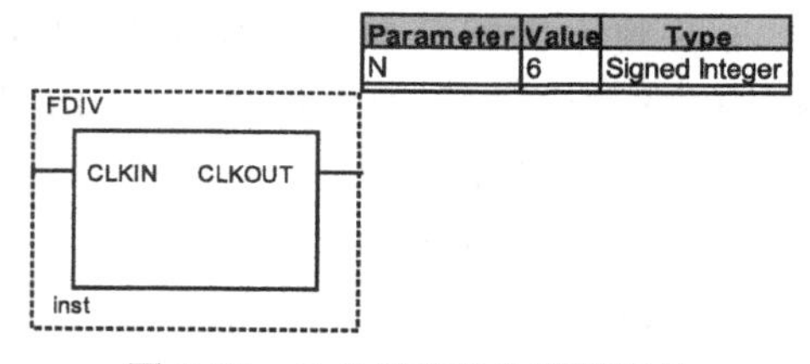

图6-35 6分频偶数分频器实体

2. VHDL程序设计

```
LIBRARY IEEE;
USE IEEE.STD_LOGIC_1164.ALL;
USE IEEE.STD_LOGIC_UNSIGNED.ALL;
USE IEEE.STD_LOGIC_ARITH.ALL;
ENTITY FDIV IS
    GENERIC(N: INTEGER:=6);         --RATE=N,N 是偶数,此处取 N=6
    PORT(   CLKIN: IN STD_LOGIC;
            CLKOUT: OUT STD_LOGIC );
```

```
END FDIV;
ARCHITECTURE AB OF FDIV IS
    SIGNAL CNT: INTEGER RANGE 0 TO N-1;
BEGIN
    PROCESS(CLKIN)
      BEGIN
        IF(CLKIN'EVENT AND CLKIN='1') THEN
            IF(CNT<N-1) THEN CNT <= CNT+1;
          ELSE   CNT <= 0;
          END IF;
          IF(CNT<N/2) THEN CLKOUT <= '1';
          ELSE   CLKOUT <= '0';
          END IF;
      END IF;
  END PROCESS;
END AB;
```

3. 仿真波形及分析

6 分频偶数分频器的仿真波形如图 6-36 所示。由图可知，在 CLKIN 输入第 1~3 个时钟脉冲时对应输出端为高电平，在 CLKIN 输入第 4~6 个时钟脉冲时对应输出端为低电平，所以上述程序实现的是 6 分频偶数分频器。

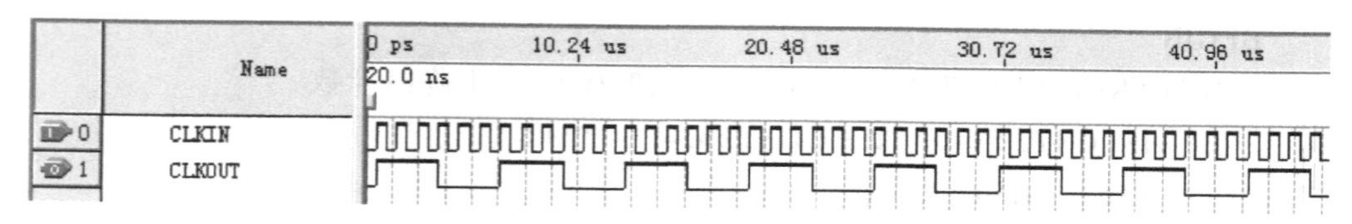

图 6-36　6 分频偶数分频器的仿真波形

6.7.3　奇数分频器的 VHDL 设计

分频系数 R=ODD（奇数），占空比 50%。设计两个计数器，分别对输入时钟的上升沿和下降沿进行计数，然后把这两个计数值输入一个组合逻辑电路，用其控制输出时钟的电平。这时因为计数值为奇数，占空比为 50%，前半个和后半个周期所包含的不是整数个 CLKIN 的周期。

以 5 分频奇数分频器为例，设计如下：

1. 实体

5 分频奇数分频器的实体如图 6-37 所示。图中 FDIV 为分频器的实体名，CLKIN 为输入端，CLKOUT 为输出端。

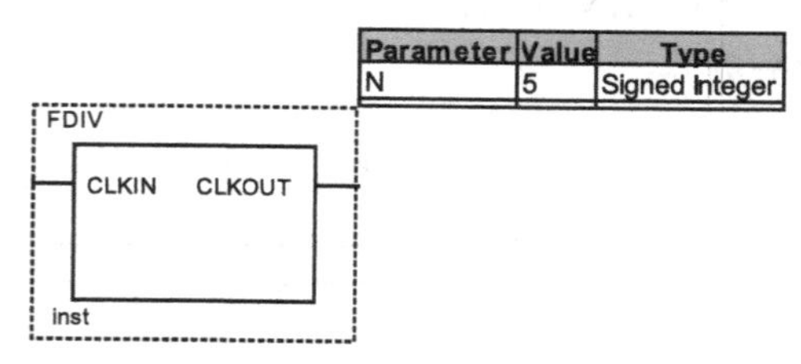

图 6-37　5 分频奇数分频器的实体

2. VHDL 程序设计

```
LIBRARY IEEE;
```

```
USE IEEE. STD_LOGIC_1164. ALL;
USE IEEE. STD_LOGIC_UNSIGNED. ALL;
USE IEEE. STD_LOGIC_ARITH. ALL;
ENTITY FDIV IS
    GENERIC(N: INTEGER:=5);            --RATE=N,N 是奇数
    PORT(   CLKIN: IN STD_LOGIC;
            CLKOUT: OUT STD_LOGIC );
END FDIV;
ARCHITECTURE AC OF FDIV IS
    SIGNAL CNT1, CNT2: INTEGER RANGE 0 TO N-1;
BEGIN
    PROCESS(CLKIN)
    BEGIN
    IF(CLKIN'EVENT AND CLKIN='1') THEN   --上升沿计数
        IF(CNT1<N-1) THEN CNT1 <= CNT1+1;
        ELSE   CNT1 <= 0;
        END IF;
      END IF;
    END PROCESS;
    PROCESS(CLKIN)
    BEGIN
      IF(CLKIN'EVENT AND CLKIN='1')THEN   --下降沿计数
          IF(CNT2<N-1) THEN CNT2 <= CNT2+1;
          ELSE   CNT2 <= 0;
          END IF;
      END IF;
    END PROCESS;
    CLKOUT <= '1' WHEN CNT1<(N-1)/2 OR CNT2<(N-1)/2 ELSE '0';
END AC;
```

3. 仿真波形及分析

5分频奇数分频器的仿真波形如图6-38所示。由图可知，CLKOUT的前半个周期包含2.5个CLKIN周期，后半个周期包含2.5个CLKIN周期，所以上述程序实现的是5分频奇数分频器。

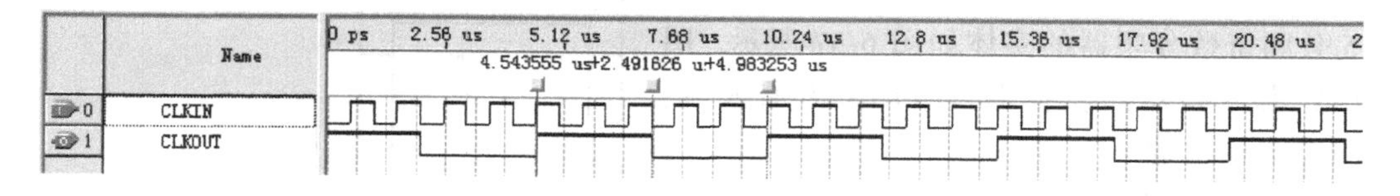

图6-38　5分频奇数分频器的仿真波形

本章小结

数字电路常常需要用到各种幅度、宽度以及具有陡峭边沿的脉冲信号，如计数器就需要时钟脉冲信号。矩形脉冲波形的获取通常采用两种方法：一种方法是利用自激振荡电路直接产生，其具体电路是多谐振荡器；另一种方法是通过对已有信号进行变换，使之满足系统的要求，其具体电路是施密特触发器和单稳态触发器。

施密特触发器的特点是：输入电压在上升和下降过程中，电路状态发生转换所对应的输入电压不同，具有回差特性；电路状态转换速度非常快，可以使输出波形边沿变陡，从而得到比较理想的矩形脉冲。施密特触发器具有两个稳态，但这两个稳态的建立和维持都依赖于外加输入信号的幅度变化，所以没有记忆作用。

单稳态触发器的特点是：具有一个稳态和一个暂稳态，在外来触发脉冲作用下，单稳态触发器能够由稳态翻转到暂稳态；单稳态触发器的暂稳态维持一段时间后，将自动返回到稳态。暂稳态维持时间的长短与外来触发脉冲无关，仅决定于电路本身的参数。

多谐振荡器的特点是：多谐振荡器是一种自激振荡器，不需要外加触发信号；多谐振荡器无稳态，只有两个暂稳态。

555定时器是一种集模拟电路与数字电路于一体的中规模集成电路。该电路只需外接少量的阻容元件就可以构成单稳态电路、多谐振荡器和施密特触发器。因而在波形的产生与变换、测量与控制、家用电器和电子玩具等许多领域中都得到广泛的应用。

利用门电路也可以组成波形产生和变换电路，市场上也有相应的波形产生和变换电路的集成电路芯片出售。

6-1　已知施密特触发器构成的电路如图6-39a所示，其输入波形为三角波，试画出v_{O1}和v_{O2}的波形，施密特触发器的阈值电压V_{T+}，V_{T-}已标在输入波形图上。

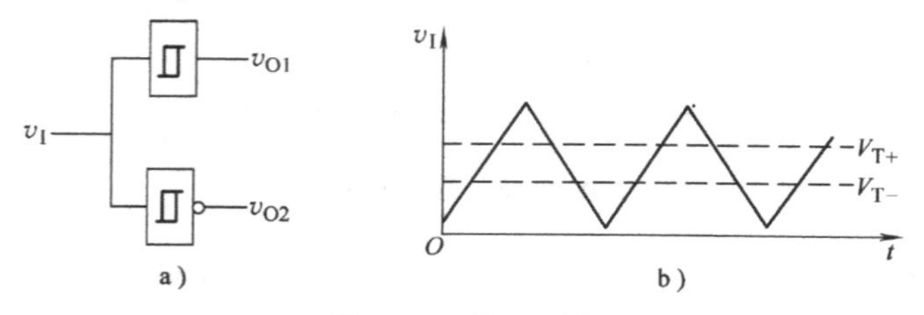

图6-39　题6-1图

6-2　在图6-40a所示的施密特触发器电路中，已知$R_1=10\text{k}\Omega$，$R_2=30\text{k}\Omega$。G_1和G_2为CMOS反相器，$V_{DD}=15\text{V}$。

（1）试计算电路的正向阈值电压V_{T+}、负向阈值电压V_{T-}和回差电压ΔV_T；

（2）若将图6-40b给出的电压信号加到电路的输入端，试画出输出电压的波形。

6-3　在图6-41的555定时器接成施密特触发器电路中，试求：

（1）当$V_{CC}=12\text{V}$而且没有外接控制电压时，V_{T+}、V_{T-}及ΔV_T值；

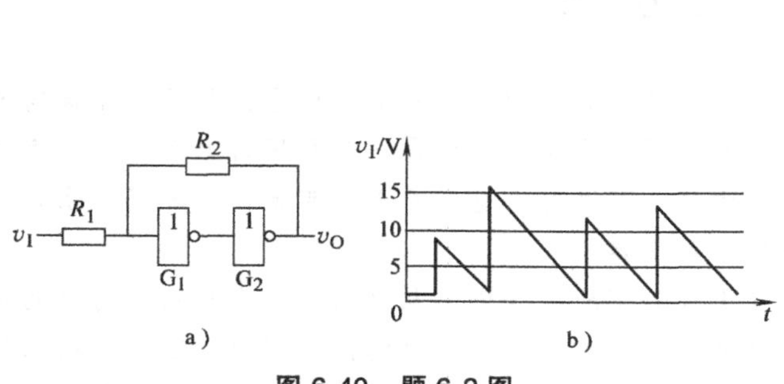

图 6-40 题 6-2 图

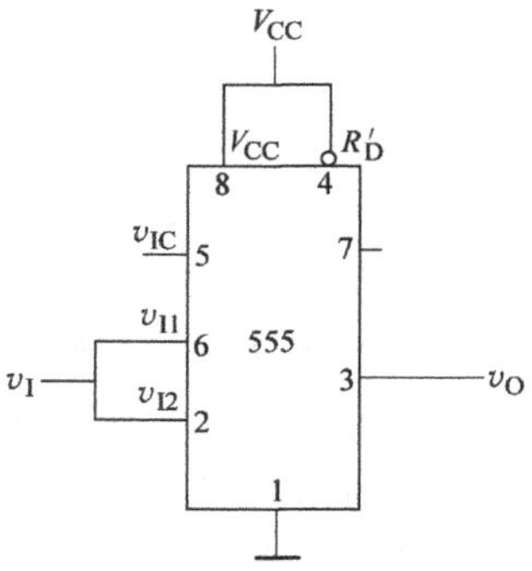

图 6-41 题 6-3 图

（2）当 $V_{CC}=9V$，外接控制电压 $v_{IC}=5V$ 时，V_{T+}、V_{T-}、ΔV_T 各为多少。

6-4 试用 555 定时器设计一个单稳态触发器电路，要求输出脉冲宽度在 1～10s 的范围内可手动调节，给定 555 定时器的电源为 15V。触发信号来自 TTL 电路，高低电平分别为 3.4V 和 0.1V。

6-5 试设计一个单稳态触发器电路，将图 6-42 所示的输入脉冲宽度展宽为 5ms 的等宽脉冲。

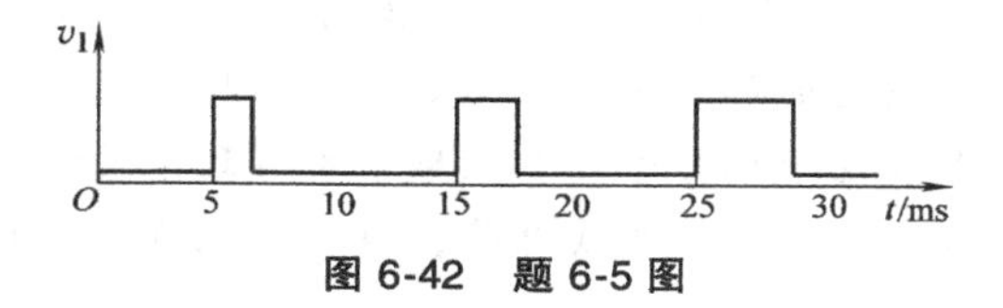

图 6-42 题 6-5 图

6-6 试设计一个能产生如图 6-43 所示输出波形的单稳态触发器电路。

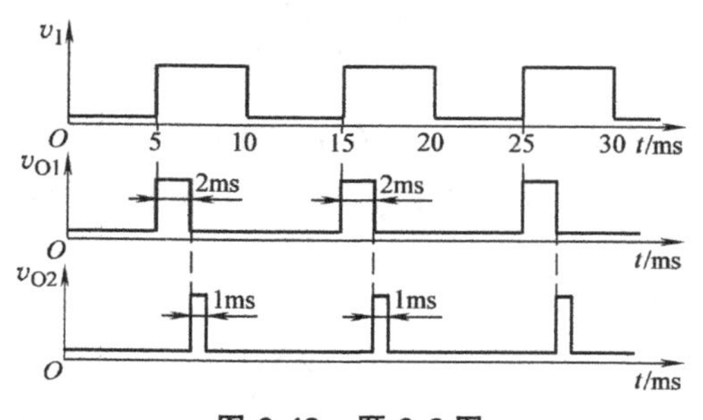

图 6-43 题 6-6 图

6-7 在图 6-44 所示 555 定时器组成的多谐振荡器电路中，若 $R_1=R_2=5.1\text{k}\Omega$，$C=0.01\mu\text{F}$，$V_{CC}=12V$，试计算电路的振荡频率。

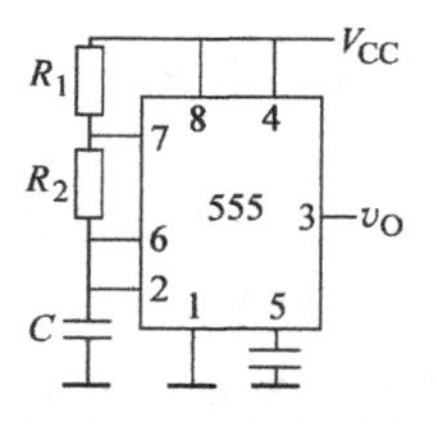

图 6-44 题 6-7 图

6-8　图 6-45 是用 555 定时器构成的压控振荡器，试求输入控制电压 v_I 和振荡周期之间的关系式。当 v_I 升高时振荡频率是升高还是降低？

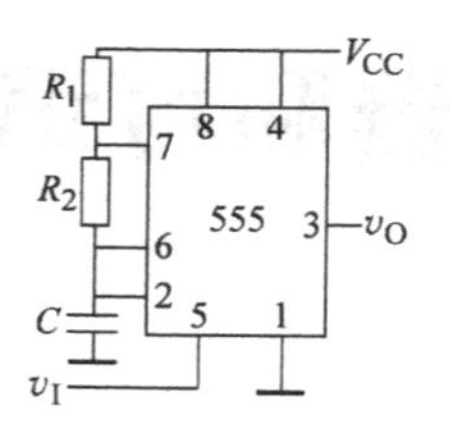

图 6-45　题 6-8 图

6-9　图 6-46 是救护车扬声器发声电路。在图中给出的电路参数下，试计算扬声器发出声音的高、低音频率以及高、低音的持续时间。当 $V_{CC}=12V$ 时，555 定时器输出的高、低电平分别为 11V 和 0.2V，输出电阻小于 100Ω。

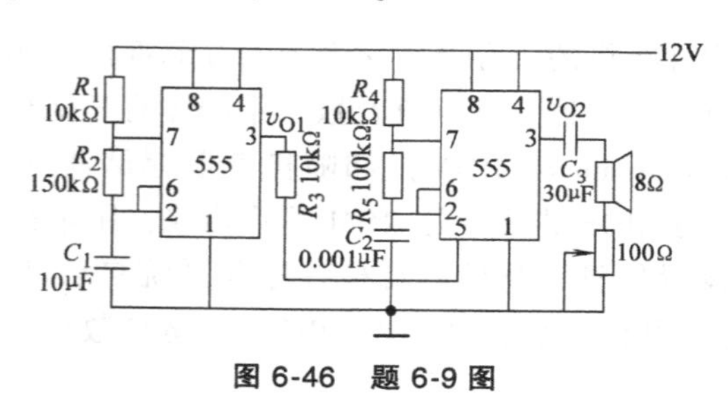

图 6-46　题 6-9 图

6-10　图 6-47 是由五个特性一致的非门连接而成的环形振荡器。测得输出信号的频率为 10MHz，试求每个门的平均传输延迟时间。

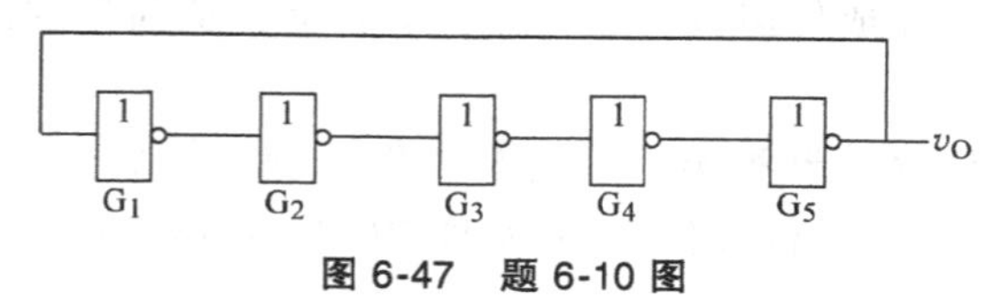

图 6-47　题 6-10 图

6-11　利用 FPGA/CPLD 设计的数字钟在工作时，除了需要 1Hz 的基准时钟信号，还需要有 200Hz 的显示扫描时钟信号、5Hz 的快速校时信号以及 1000Hz 的闹铃信号。给定 FPGA/CPLD 的主时钟频率为 50MHz，请设计一个多路分频器，产生上述四种频率的信号。

第7章

半导体存储器和可编程逻辑器件

应用背景

半导体存储器可作为计算机的内存及数字系统的存储部件，用来存放数据、资料及运算程序等信息，正因为有了存储器，计算机及数字系统才有记忆信息的功能。存储器可分为只读存储器（Read Only Memory，ROM）和随机存取存储器（Random Access Memory，RAM）。例如，计算机中的BIOS芯片就是ROM芯片构成，用来存储计算机最重要的基本输入输出的程序、系统设置信息、开机后自检程序和系统自启动程序。计算机中的内存条，就是采用RAM芯片，其作用是暂时存放CPU中的运算数据，以及与硬盘等外部存储器交换的数据。

可编程逻辑器件（Programmable Logic Device，PLD）是在存储器的基础上发展而来的一种新型逻辑器件，其功能不再是单一的存储信息，而是由用户通过相应的软件和编程器对器件进行编程。PLD能完成任何数字逻辑器件的功能，从简单的门电路到高性能CPU，都可以用PLD来实现。

本章首先介绍半导体存储器种类、结构和工作原理，然后介绍可编程逻辑器件的种类、结构和工作原理，最后介绍利用VHDL实现ROM、RAM的方法。

7.1 半导体存储器

7.1.1 半导体存储器的基本概念

存储器由大量的存储单元组成，存储单元是由若干个记忆元件构成，记忆元件是一种具有两个稳定状态的器件，可用来记忆二进制数据“0”或“1”，一般可由半导体器件或磁性材料等构成。半导体存储器（Semi-conductor Memory，SM）利用半导体器件构成存储单元。每个存储单元都有一个对应的地址码，且每个存储单元的地址码是唯一的。外部电路根据地址码从相应的存储单元中存取二进制数据。

1. 半导体存储器的分类

半导体存储器按存取方式可分为两大类：只读存储器ROM和随机存取存储器RAM。

ROM的内容只能随机读出而不能随机写入，断电后信息不会丢失，具有非易失性。

ROM 常用来存储不需要改变的信息。ROM 所存储的数据，是由在制造过程中所用掩膜（Mask）决定的，所以也称掩膜只读存储器（Mask ROM，MROM）。实际应用中除了少数种类的 ROM（如字符发生器等）可以通用之外，不同用户所需只读存储器的内容是不相同的。为便于用户使用，又适于工业化大批量生产，进一步开发了可编程的只读存储器。可编程 ROM 可分为一次性可编程只读存储器（Programmable Read Only Memory，PROM）、紫外线擦除的可编程只读存储器（Ultra-Violet Erasable Programmable Read Only Memory，UVEPROM 或 EPROM）、电擦除的可编程只读存储器（Electrical Erasable Programmable Read Only Memory，E^2PROM）和快闪存储器（Flash ROM）。

RAM 是可读、可写的存储器，可以对 RAM 的内容随机读、写访问，RAM 中的信息断电后即丢失，具有易失性。RAM 一般用于需要频繁读/写信息的场合，如计算机中的内存，计算机中所有程序的运行都是在内存中进行的，因此内存的性能对计算机的影响非常大，内存一般用来暂时存放 CPU 中的运算数据，以及与硬盘等外部存储器交换的数据，只要计算机在运行中，CPU 就会把需要运算的数据调到内存中进行运算，在运算完成后 CPU 再将结果传送出来。

RAM 又可分为静态随机存取存储器（Static Random Access Memory，SRAM）和动态随机存取存储器（Dynamic Random Access Memory，DRAM）。

半导体存储器分类如图 7-1 所示。

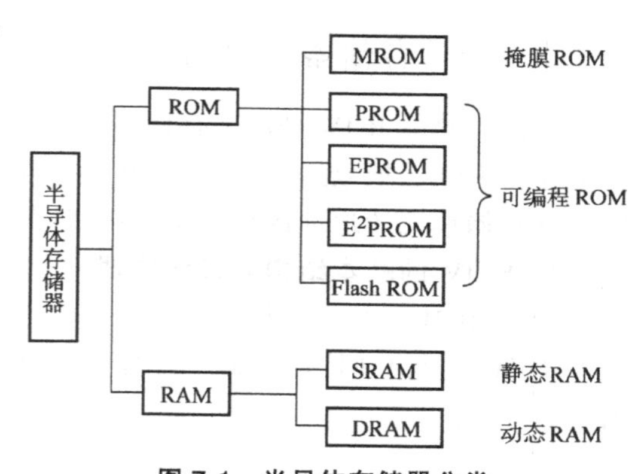

图 7-1　半导体存储器分类

另外，从制造工艺上又可将存储器分为双极型和 MOS 型。由于 MOS 电路具有功耗低、集成度高等优点，所以目前大容量的存储器均采用 MOS 工艺制作。

2. 半导体存储器的主要技术指标

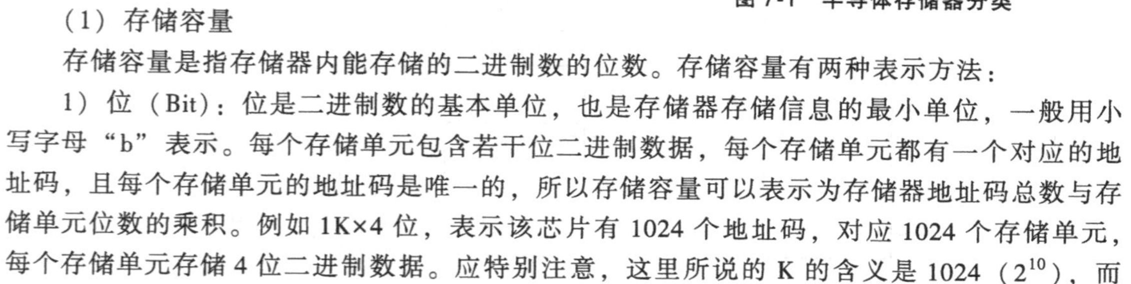

（1）存储容量

存储容量是指存储器内能存储的二进制数的位数。存储容量有两种表示方法：

1）位（Bit）：位是二进制数的基本单位，也是存储器存储信息的最小单位，一般用小写字母“b”表示。每个存储单元包含若干位二进制数据，每个存储单元都有一个对应的地址码，且每个存储单元的地址码是唯一的，所以存储容量可以表示为存储器地址码总数与存储单元位数的乘积。例如 1K×4 位，表示该芯片有 1024 个地址码，对应 1024 个存储单元，每个存储单元存储 4 位二进制数据。应特别注意，这里所说的 K 的含义是 1024（2^{10}），而不是十进制数中的“千”。

2）字节（Byte）：计算机中一般用 8 位构成 1 字节，一般用大写字母“B”表示。例如 128B，表示该芯片共有 128 字节，每字节存储 8 位二进制数，所以该芯片的存储容量为 128×8 位，即 128×8 b。表示存储容量时常用到 KB、MB、GB 等单位，与 B 的换算关系为

$$1\ \text{GB}=1024\ \text{MB},\ 1\ \text{MB}=1024\ \text{KB},\ 1\ \text{KB}=1024\ \text{B},\ 1\ \text{B}=8\ \text{b}$$

（2）存取时间

存储器的两个基本操作为读出与写入。存储器从接收读操作命令到被读出信息稳定在输出缓冲器的输出端为止的时间间隔，称为读出时间；存储器从接收写操作命令到信息被写入

存储单元为止的时间间隔，称为写入时间。读出时间与写入时间统称存取时间，一般以纳秒（ns）为单位。

（3）存取周期

存取周期是指两次独立的存储器操作所需间隔的最小时间，用 T_{min} 表示，通常 T_{min} 稍大于存取时间，原因是存储器进行读/写之后需要短暂的稳定时间，有些存储器电路刷新需要时间。

（4）功耗

功耗是指每个存储单元所耗的功率，单位为 μW/单元，也可以用每块芯片的总功率来表示，功耗的单位为 mW/芯片。

（5）可靠性

可靠性是指存储器对电磁场及温度变化的抗干扰能力。半导体存储器抗干扰能力较强，在高速度使用时也能正确存取。

存取时间和功耗两项指标的乘积为延迟-功耗积，反映器件的品质因数，是一项重要的综合指标。

7.1.2 只读存储器（ROM）

只读存储器 ROM 是用来存储固定信息的器件，在断电后所保存的信息不会丢失，具有掉电非易失性。把数据写入到 ROM 后，正常工作时，ROM 内存储的数据是固定不变的，只能根据存储单元的地址读出，不能随机写入。

1. ROM 的基本结构与工作原理

（1）ROM 的基本结构

ROM 主要由地址译码器、存储矩阵等组成，其基本结构框图及逻辑图形符号如图 7-2 所示。

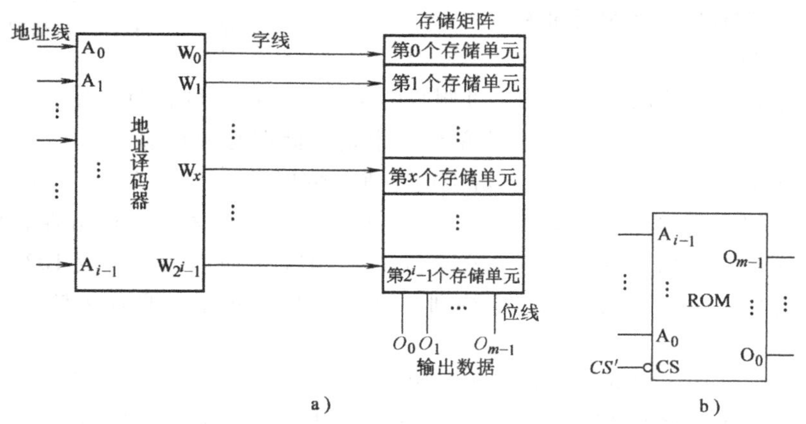

图 7-2 ROM 的基本结构框图及逻辑图形符号

a）基本结构框图 b）逻辑图形符号

地址译码器：地址译码器一般为二进制译码器，采用完全译码结构。地址译码器负责把输入的 i 位二进制地址代码翻译成 2^i 个相应的控制信号，从而选中存储矩阵中相应的存储单元，以便将该单元中的 m 位数据传送给输出端。图 7-2 中 A_{i-1} ~ A_0 为地址输入端，称为地址线，共有 i 根地址线；地址译码器输出信号称为字线，共有 2^i 根字线。

存储矩阵：存储矩阵由 2^i 个存储单元组成。字线根数等于存储器中存储单元的数目，每个存储单元都有一个确定地址代码。图 7-2 中 $O_{m-1} \sim O_0$ 为数据输出端，称为位线或数据线，共有 m 根位线，即一个字由 m 位二进制信息组成。所以 ROM 的存储容量为 $2^i \times m$ 位。

芯片中，还有输出缓冲器，其由三态门组成，其作用一是可以提高存储器的带负载能力，二是可以实现对输出状态的三态控制，以便与系统的数据总线连接。通过片选端 CS 控制 ROM 的数据输出，CS 处的小圆圈表示低电平有效。当 $CS'=0$ 时，可以从 ROM 读出数据；当 $CS'=1$ 时，ROM 的所有输出端均为高阻状态。

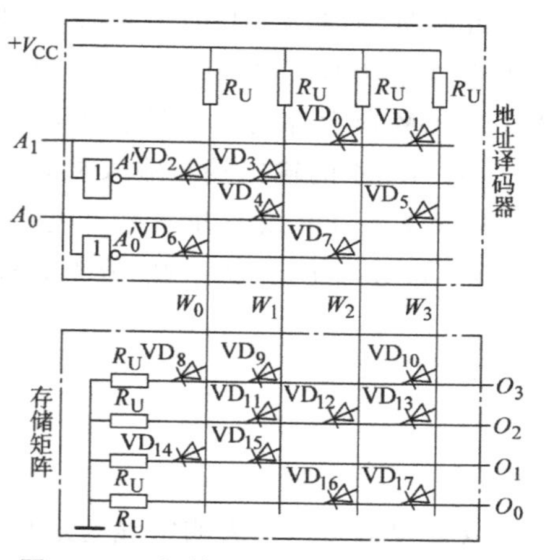

图 7-3　二极管构成 ROM 的原理电路

（2）ROM 的工作原理

ROM 中的存储单元由若干位构成，由具有开关特性的元件（如二极管、晶体管、MOS 管等）组成，ROM 存入数据的工作是将存储单元内的开关元件设置成接通状态和断开状态，这一存入数据的过程称为对 ROM 的“编程”。不管开关元件是哪种类型，它们的工作原理基本相似，只是复杂程度不一样。下面主要介绍二极管 ROM 的工作原理。

图 7-3 是二极管构成的 4×4 的 ROM 原理电路，该电路由地址译码器及 4×4 的二极管存储矩阵构成。A_1A_0 是地址线信号；$W_0W_1W_2W_3$ 是字线信号，共有 4 根字线；$O_3O_2O_1O_0$ 是位线信号，共有 4 根位线。其存储容量为 $2^2 \times 4$ 位 $=4 \times 4$ 位 $=16$ 位。

图 7-3 中电源电压 V_{CC} 通过上拉电阻 R_U 连接二极管的正极。若二极管的负极为高电平“1”，则该二极管截止；若二极管的负极为低电平“0”，则该二极管导通。当地址 $A_1A_0=00$ 时，$A_1'A_0'=11$，则 VD_2 和 VD_6 都截止，因此 W_0 为高电平输出，即 $W_0=1$；VD_3 截止，但 VD_4 导通，则 W_1 的电平为二极管的导通压降，因此 W_1 为低电平输出，即 $W_1=0$；VD_7 截止，但 VD_0 导通，因此 $W_2=0$；VD_1 和 VD_5 都导通，因此 $W_3=0$。

由以上分析可知，当 $A_1A_0=00$ 时，$W_0W_1W_2W_3=1000$；同理可得，当 $A_1A_0=01$ 时，$W_0W_1W_2W_3=0100$；当 $A_1A_0=10$ 时，$W_0W_1W_2W_3=0010$；当 $A_1A_0=11$ 时，$W_0W_1W_2W_3=0001$。因此，地址译码器为 2 线-4 线译码器，输出高电平有效，其地址线与字线的关系见表 7-1。

表 7-1　图 7-3 中 ROM 数据表

地址线		字线				位线			
A_1	A_0	W_0	W_1	W_2	W_3	O_3	O_2	O_1	O_0
0	0	1	0	0	0	1	0	1	0
0	1	0	1	0	0	1	1	1	0
1	0	0	0	1	0	0	1	0	1
1	1	0	0	0	1	1	1	0	1

当地址 $A_1A_0=00$ 时，$W_0W_1W_2W_3=1000$，W_0 为高电平，使得二极管 VD_8 和 VD_{14} 导通，从而 O_3 和 O_1 都为高电平输出；由于 W_1、W_2、W_3 都是低电平，使得存储矩阵中其他二极管都截止，因此 $O_2=0$，$O_0=0$，所以 $O_3O_2O_1O_0=1010$。

由以上分析可知，当地址 $A_1A_0=00$ 时，$W_0W_1W_2W_3=1000$，$O_3O_2O_1O_0=1010$；同理可得，当地址 $A_1A_0=01$ 时，$W_0W_1W_2W_3=0100$，$O_3O_2O_1O_0=1110$；当地址 $A_1A_0=10$ 时，$W_0W_1W_2W_3=0010$，$O_3O_2O_1O_0=0101$；当地址 $A_1A_0=11$ 时，$W_0W_1W_2W_3=0001$，$O_3O_2O_1O_0=1101$。ROM 所存储的数据见表 7-1。

(3) ROM 的输出端与输入端的逻辑关系

从表 7-1 中可以看出，如果把 ROM 的地址 A_1、A_0 看作输入逻辑变量，把 W_0、W_1、W_2、W_3 和 O_3、O_2、O_1、O_0 分别看成一组逻辑函数，字线和地址的逻辑表达式为

$$W_0=A_1'A_0'$$
$$W_1=A_1'A_0$$
$$W_2=A_1A_0'$$
$$W_3=A_1A_0$$

以上逻辑表达式表明字线与地址 A_1 (A_1')、A_0 (A_0') 是与关系，每根字线代表一个最小项，所以地址译码器也被称为与阵列。

位线和地址线的逻辑表达式为

$$O_3=W_0+W_1+W_3=A_1'A_0'+A_1'A_0+A_1A_0$$
$$O_2=W_1+W_2+W_3=A_1'A_0+A_1A_0'+A_1A_0$$
$$O_1=W_0+W_1=A_1'A_0'+A_1'A_0$$
$$O_0=W_2+W_3=A_1A_0'+A_1A_0$$

以上逻辑表达式表明位线与字线是或关系，因此存储矩阵也被称为或阵列。

因此，具有与阵列和或阵列的 ROM 可用来实现逻辑函数。只要写出逻辑函数的最小项表达式，就可以用 ROM 来实现。不是最小项表达式的逻辑函数，要先化成最小项表达式。n 根地址线和 m 根位线的 ROM 可用来实现 n 个输入变量、最多 m 个输出变量的组合逻辑函数。

(4) ROM 的阵列图表示

在使用 PROM 或掩膜 ROM 时，一般可采用阵列图表示，图 7-4a 是图 7-3 ROM 的阵列图。有二极管的地方用一个黑点“·”表示；地址译码器构成的与阵列用字线上的与门符号表示；存储矩阵构成的或阵列用位线上的或门符号表示。从而使得与阵列和或阵列的输出与输入变量的逻辑关系变得十分直观。图 7-4b 是图 7-4a 的简化，图中省略了与门和或门的符号，直接标明与阵列和或阵列。

与阵列中的点“·”表示接入该地址变量（原变量或反变量），没有点表示悬空，相当于高电平。例如 W_0 只与 A_1'、A_0'线有黑点“·”相交，表示 W_0 的表达式中只有 A_1'、A_0'这两个反变量，因此，可以从与阵列中直观地得到 $W_0=A_1'A_0'$。

或阵列中的点“·”表示接入字线，存储的数据为“1”，没有点表示悬空，存储的数据为“0”。例如 O_0 只与 W_2、W_3 有黑点“·”相交，表示 O_0 的表达式中只有 W_2、W_3 这两个变量，因此，可以从或阵列中直观地得到 $O_0=W_2+W_3$。

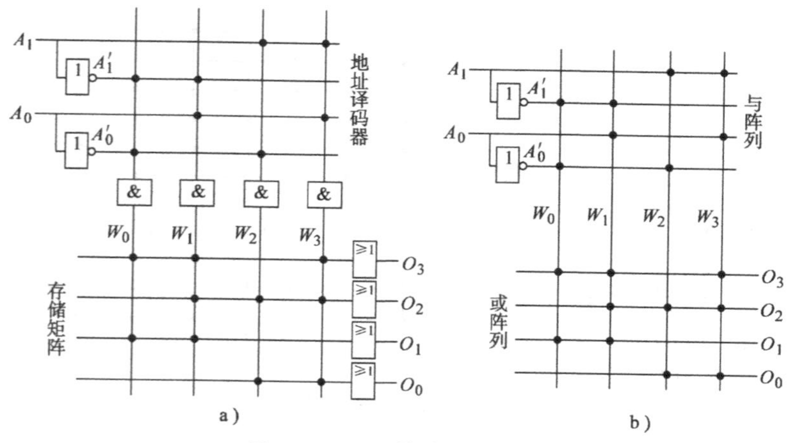

图 7-4　ROM 的阵列图表示

a) 4×4ROM 的阵列图　b) 简化阵列图

【例 7-1】 试用 ROM 实现多输出函数$\begin{cases}F_{1(A,B,C)} &= AB+A'C \\ F_{2(A,B,C)} &= AB+B'C\end{cases}$，并画出实现该多输出函数的逻辑电路和相应的 ROM 阵列图。

解：第一步，化函数表达式为最小项表达式

$$\begin{cases}F_{1(A,B,C)} = ABC+ABC'+A'B'C+A'BC=\sum m\ (1,\ 3,\ 6,\ 7) \\ F_{2(A,B,C)} = ABC+ABC'+AB'C+A'B'C=\sum m\ (1,\ 5,\ 6,\ 7)\end{cases}$$

第二步，选用三根地址线、两根字线的 8×2ROM 实现。

如图 7-5a 所示，将 A、B、C 作为 ROM 的地址输入，分别接地址线 A_2、A_1、A_0，ROM 的位线 O_1、O_0 输出分别对应函数 F_1、F_2，ROM 的片选端 CS 接地。函数的真值表和 ROM 的数据分别见表 7-2 和表 7-3。

表 7-2　例 7-1 中函数真值表

输入			输出	
A	B	C	F_1	F_2
0	0	0	0	0
0	0	1	1	1
0	1	0	0	0
0	1	1	1	0
1	0	0	0	0
1	0	1	0	1
1	1	0	1	1
1	1	1	1	1

表 7-3　例 7-1 中 ROM 数据表

地址线			位线	
A_2	A_1	A_0	O_1	O_0
0	0	0	0	0
0	0	1	1	1
0	1	0	0	0
0	1	1	1	0
1	0	0	0	0
1	0	1	0	1
1	1	0	1	1
1	1	1	1	1

第三步，画出 ROM 的阵列图，如图 7-5b 所示。

【例 7-2】 某序列信号发生电路由 74161、8×8ROM 和 74151 组成，如图 7-6 所示。已知 ROM 的内容，见表 7-4，设计数器初始工作状态为“0000”，在时钟 CP 信号的作用下，画出输出 F 的波形，并写出相应的序列信号。

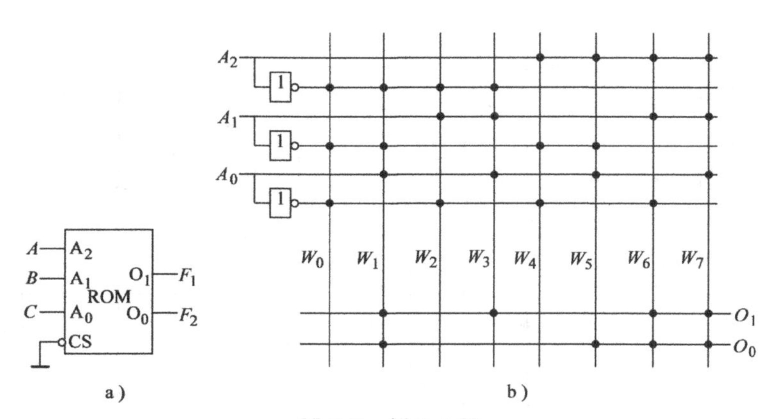

图 7-5 例 7-1 图

a）逻辑电路 b）阵列图

表 7-4 例 7-2 中 ROM 数据表

地址线			位线							
A_2	A_1	A_0	O_7	O_6	O_5	O_4	O_3	O_2	O_1	O_0
0	0	0	1	0	0	0	0	0	0	1
0	0	1	0	0	0	0	0	0	1	1
0	1	0	0	0	0	1	0	0	0	0
0	1	1	1	0	0	0	1	1	0	0
1	0	0	0	1	1	0	1	1	1	0
1	0	1	0	1	1	1	0	1	1	1
1	1	0	0	1	0	1	0	1	1	0
1	1	1	0	0	1	0	1	0	0	1

解： 74161计数器接成十六进制计数器，但计数输出的最高位 Q_3 未接，因此不需要考虑最高位 Q_3 的变化，在时钟脉冲的作用下，$Q_2Q_1Q_0$ 为“000”、“001”、“010”、“011”、“100”、“101”、“110”、“111”共八种状态依次循环变化。图 7-6 中将计数器的输出 Q_2、Q_1、Q_0 分别接到 74151 的选择端 A_2、A_1、A_0 和 ROM 的地址线 A_2、A_1、A_0，所以当 Q_2、Q_1、Q_0 在“000”～“111”依次循环变化时，ROM 的位线从上到下顺序输出表 7-4 的内容。又因为 ROM 的位线接到 74151 八选一数据选择器的数据输入端，所以只选择 ROM 位线的某一根输出。在初始状态下有 $A_2A_1A_0=Q_2Q_1Q_0=000$，所以输出 $F=I_0=O_0=1$，输入第 1 个脉冲时，$A_2A_1A_0=Q_2Q_1Q_0=001$，所以输出 $F=I_1=O_1=1$，输入第 2 个脉冲时，$A_2A_1A_0=Q_2Q_1Q_0=010$，所以输出 $F=I_2=O_2=0$，…，依次类推，得到输出波形如图 7-7 所示。

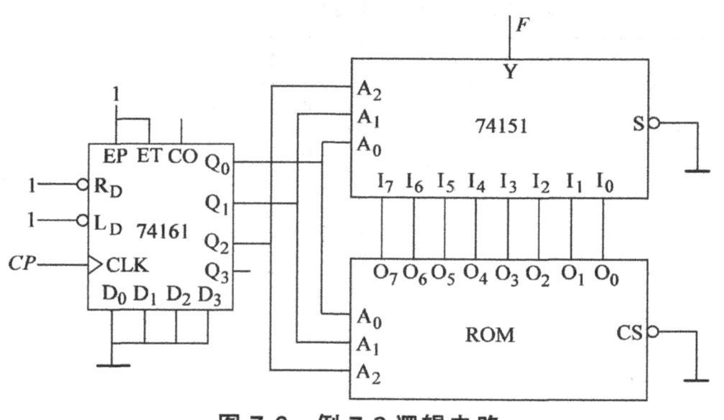

图 7-6 例 7-2 逻辑电路

由图 7-7 可知，序列信号发生器的输出序列为 “11010110”，“11010110”，“11010110”，…。

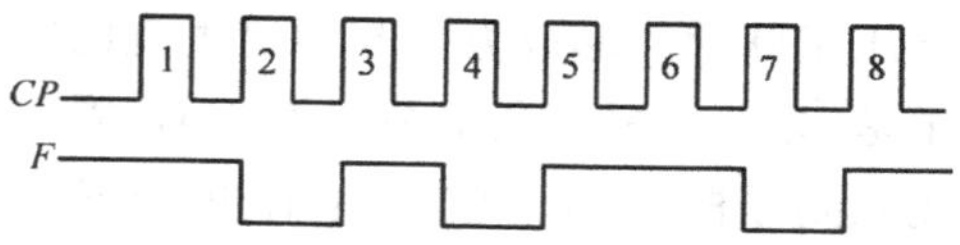

图 7-7　例 7-2 波形图

2. ROM 的分类

根据存储单元编程次数的不同，ROM 分为内容固定不能编程、一次性可编程和可多次可编程几种类型。

（1）掩膜 ROM

掩膜 ROM 中存放的信息是由生产厂家根据需求采用掩膜工艺制作的。这种 ROM 出厂时其内部存储的信息已经“固化”在芯片内，内容固定不能编程，所以也称固定 ROM。在使用时只能读出，不能编程写入，因此通常只用来存放固定数据、固定程序和函数表等。图 7-8 所示为掩膜 ROM 的存储单元。

（2）一次可编程 ROM（PROM）

PROM 在出厂时，存储的内容为全“0”（或全“1”），用户根据需要，可将某些单元改写为“1”（或“0”）。这种 ROM 采用熔丝或 PN 结击穿的方法编程，由于熔丝烧断或 PN 结击穿后不能再恢复，因此 PROM 只能改写一次。熔丝型 PROM 的存储矩阵中，每个存储单元都接有一个二极管或晶体管，但每个二极管或晶体管的一个电极都通过一根易熔的金属丝接到相应的位线上，如图 7-9 所示。

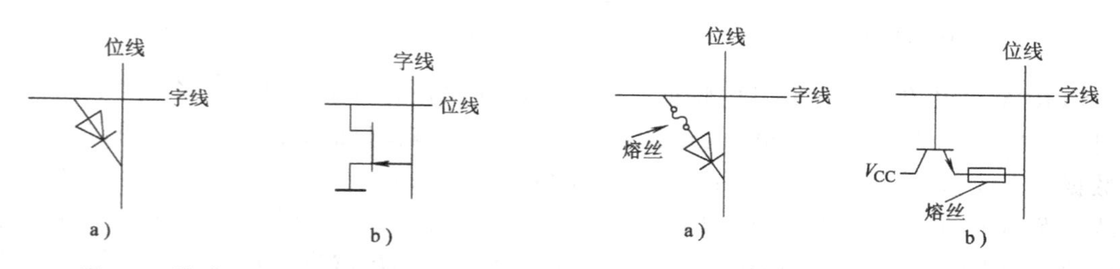

图 7-8　掩膜 ROM 的存储单元

a）二极管型　b）MOS 管型

图 7-9　PROM 的存储单元

a）二极管型存储单元　b）晶体管型存储单元

用户对 PROM 编程是逐字逐位进行的。首先通过字线和位线选择需要编程的存储单元，然后通过规定宽度和幅度的脉冲电流，将该存储管的熔丝熔断，这样就将该单元的内容改写了。因为熔丝熔断后，不能恢复，所以只能改写一次。

除熔丝结构外，PROM 还有其他结构形式，如用肖特基二极管代替熔丝。出厂时肖特基二极管处于反向截止状态，存储单元全部存“0”，如欲使某单元改写为“1”，可在肖特基二极管上加上足够高的反向电压，使其永久性击穿短路即可。

（3）可擦除可编程 ROM（EPROM）

PROM 只能改写一次，数字系统研制和调试过程中，往往需要更改其内容，可采用可多次改写的只读存储器 EPROM，它的存储单元可以进行多次擦除和改写。

EPROM 的存储单元如图 7-10 所示，它采用叠栅注入 MOS（Stacked-gate Injuction Metal-Oxide-Semiconductor，SIMOS）管构成。图 7-10a、b 是 SIMOS 管的结构和图形符号，它是一个 N 沟道增强型的 MOS 管，有 G_f 和 G_c 两个栅极。G_f 没有引出线，而是被包围在二氧化硅（SiO_2）中，称之为浮栅，G_c 为控制栅，它有引出线。若在漏极 D 端加上约几十伏的脉冲电压，使得沟道中的电场足够强，则会造成雪崩，产生很多高能量的电子。此时若在 G_c 上加高压正脉冲，形成方向与沟道垂直的电场，便可以使沟道中的电子穿过氧化层面注入到 G_f，于是 G_f 上积累了负电荷。由于 G_f 周围都是绝缘的二氧化硅，泄漏电流很小，所以一旦电子注入到浮栅之后，就能保存相当长时间（在 100℃ 环境下，浮栅上的电荷每年损失不到 1%）。

如果浮栅 G_f 上积累了电子，则使该 MOS 管的开启电压变得很高。此时给控制栅 G_c（接在地址选择线上）加+5V 电压时，该 MOS 管仍不能导通，相当于存储了“0”；反之，若 G_f 上没有积累电子，MOS 管的开启电压较低，因而当该管的 G_c 被地址选中后，该管导通，相当于存储了“1”。可见，SIMOS 管是利用浮栅是否积累负电荷来表示信息的。这种 EPROM 出厂时为全“1”，即浮栅上无电子积累，用户可根据需要写“0”。

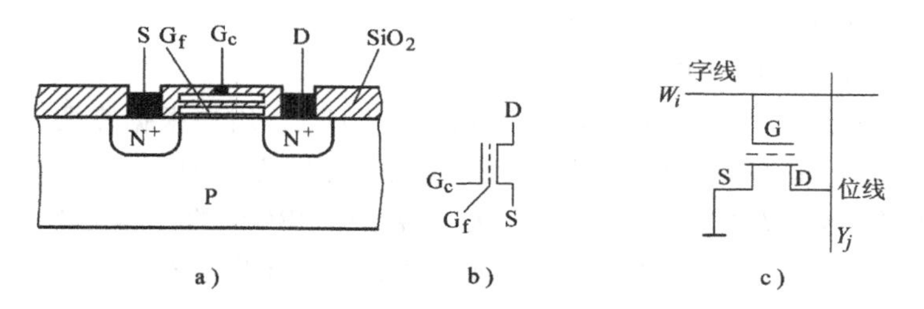

图 7-10　EPROM 的存储单元

a）叠栅 MOS 管的结构　b）叠栅 MOS 管的图形符号　c）叠栅 MOS 管型存储单元

EPROM 芯片有一个很明显的特征，在其正面的陶瓷封装上，开有一个透明玻璃窗口，透过该窗口，可以看到其内部的集成电路，紫外线透过该窗口照射内部芯片就可以擦除其内的数据，完成芯片擦除的操作要用到 EPROM 擦除器。擦除 EPROM 的方法是将器件放在紫外线下照射大约 20min，使浮栅中的电子获得足够能量，从而穿过氧化层回到衬底中，这样可以使浮栅上的电子消失，MOS 管便回到了未编程时的初始状态，从而将编程信息全部擦去，相当于存储了全“1”。

EPROM 写入资料要用专用的编程器，编程器一般要与计算机联用，并且往芯片中写内容时必须要加一定的编程电压。需要注意的是，EPROM 芯片在写入资料后，要以不透光的贴纸或胶布把窗口封住，以免受到周围的紫外线照射而使资料受损。

有时为了降低生产成本，在制造 EPROM 芯片时，不加用于紫外线擦除的透明玻璃窗口，这样就不能用紫外线擦除，所以只能编程一次，被称为 OTP（One Time Programable）芯片。

（4）电可擦除可编程 ROM（E^2PROM）

采用紫外线擦除的 EPROM 虽然具备了擦除重写的功能，但擦除操作复杂，所需时间较长。E^2PROM 采用新工艺制作的存储单元，可实现存储单元用电信号快速擦除。

E^2PROM 的存储单元如图 7-11 所示，它采用浮栅隧道氧化层 MOS（Floating-gate Tunnel Oxide MOS）简称 Flotox 管构成。图 7-11a、b 是 Flotox 管的结构示意图和图形符号，它与 SIMOS 管相似，也是一个 N 沟道增强型的 MOS 管，它也有两个栅极——控制栅 G_c 和浮栅 G_f，不同的是 Flotox 管的浮栅与漏极区（N+）之间有一小块面积，厚度极薄的二氧化硅绝缘层（厚度在 2×10^{-8}m 以下）的区域，称为隧道区。当隧道区的电场强度大到一定程度（$>10^7$V/cm）时，漏区和浮栅之间出现导电隧道，电子可以双向通过，形成电流，这种现象称为隧道效应。

在图 7-11c 电路中，VT_1 是 Flotox 管，VT_2 是选通管，可提高擦写的可靠性，并保护隧道区的极薄的二氧化硅绝缘层。若使 $W_i=1$，D_i 接地，则 VT_2 导通，VT_1 漏极（D_1）接近地电位。此时若在 VT_1 控制栅 G_c 上加 21 V 正脉冲，通过隧道效应，电子由衬底注入到浮栅 G_f，脉冲过后，控制栅加+3V 电压，由于 VT_1 浮栅上积存了负电荷，因此 VT_1 截止，在 D_i 读出高电平“1”；若 VT_1 控制栅接地，$W_i=1$，D_i 上加 21V 正脉冲，使 VT_1 漏极获得约 +20 V 的高电压，则浮栅上的电子通过隧道返回衬底，脉冲过后，正常工作时 VT_1 导通，在位线上则读出“0”。可见，Flotox 管是利用隧道效应使浮栅俘获电子的。E^2PROM 的编程和擦除都是通过在漏极和控制栅上加一定幅度和极性的电脉冲实现的，虽然已改用电压信号擦除了，但 E^2PROM 仍然只能工作在它的读出状态，作 ROM 使用。

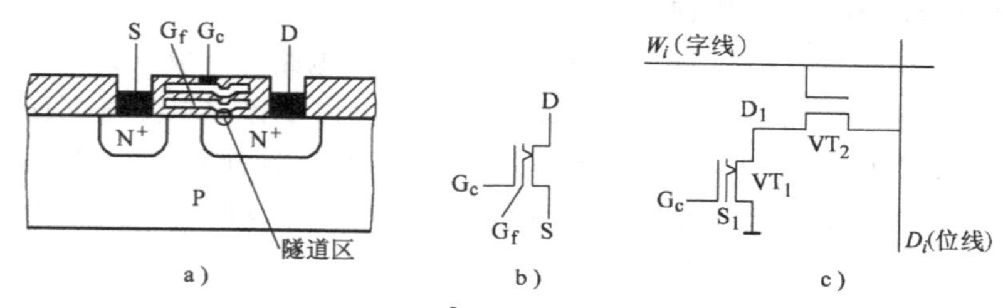

图 7-11 E^2PROM 的存储单元

a）浮栅 MOS 管的结构 b）浮栅 MOS 管的图形符号 c）浮栅 MOS 管型存储单元

（5）快闪存储器（Flash ROM）

Flash ROM 是在吸收 E^2PROM 擦写方便和 EPROM 结构简单、编程可靠的基础上研制出来的一种新型器件，它是采用一种类似于 EPROM 的单管叠栅结构的存储单元制成的新一代用电信号擦除的可编程 ROM。

Flash ROM 的存储单元如图 7-12 所示，图 7-12a、b 是 Flash ROM 采用的叠栅 MOS 管结构示意图和图形符号，其结构与 EPROM 中的 SIMOS 管相似，两者区别在于浮栅与衬底间氧化层的厚度不同。在 EPROM 中氧化层的厚度一般为 30～40nm，在 Flash ROM 中仅为 10～15nm，而且浮栅和源区重叠的部分是源区的横向扩散形成的，面积极小，因而浮栅-源区之间的电容很小，当 G_c 和 S 之间加电压时，大部分电压将降在浮栅-源区之间的电容上。Flash ROM 的存储单元就是用这样一只单管组成的，如图 7-12c 所示。

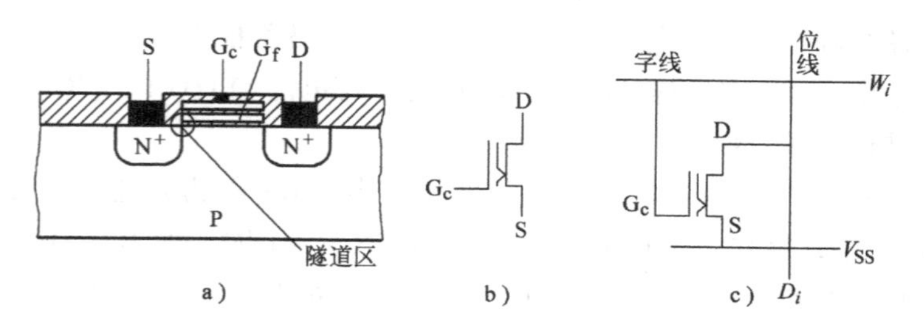

图 7-12 Flash ROM 的存储单元

a）叠栅 MOS 管的结构 b）叠栅 MOS 管的图形符号 c）叠栅 MOS 管型存储单元

Flash ROM 的写入方法和 EPROM 相同，即利用雪崩注入的方法使浮栅充电。在读出状态下，字线加上+5V，若浮栅上没有电荷，则叠栅 MOS 管导通，位线输出低电平；如果浮栅上充有电荷，则叠栅管 MOS 截止，位线输出高电平。擦除方法是利用隧道效应进行的，类似于 E^2PROM 写“0”时的操作。在擦除状态下，控制栅处于“0”电平，同时在源极加入幅度为 12V 左右、宽度为 100 ms 的正脉冲，在浮栅和源区间极小的重叠部分产生隧道效应，使浮栅上的电荷经隧道释放。但由于片内所有叠栅 MOS 管的源极连在一起，所以擦除时是将全部存储单元同时擦除，这是不同于 E^2PROM 的一个特点。

7.1.3 随机存取存储器（RAM）

随机存取存储器也称随机读/写存储器，简称 RAM。在断电后所保存的信息会丢失，具有掉电易失性。正常工作时，RAM 内存储的数据是可变的，可根据存储单元的地址随机读出和写入。

1. RAM 的基本结构与工作原理

RAM 主要由存储矩阵、行列地址译码器和读/写控制电路等组成，其基本结构框图和图形符号如图 7-13 所示。存储矩阵是整个电路的核心，由许多存储单元排列而成；行、列地址译码器根据输入列地址（$A_{i-1} \sim A_j$）和行地址（$A_{j-1} \sim A_0$）选择要访问的存储单元；读/写控制电路利用片选端（CS'，低电平有效）和读/写控制端（R/W'，高电平为读操作，低电平为写操作）控制电路的读/写工作状态。

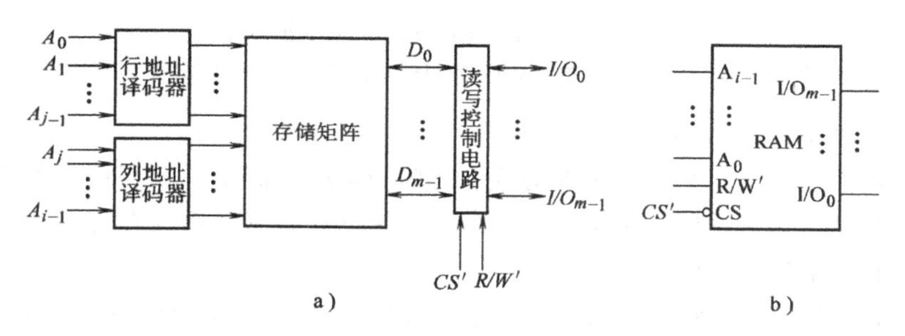

图 7-13 RAM 的基本结构框图及逻辑图形符号
a）结构框图 b）逻辑图形符号

存储矩阵是由许多存储单元组成的二维矩阵，每个存储单元能存放 m 位二值信息（“0”或“1”），在译码器和读/写电路的控制下，进行读/写操作。

地址译码器一般都分成行地址译码器和列地址译码器两部分，行地址译码器根据行地址（$A_{j-1} \sim A_0$）从存储矩阵中选中一行存储单元；列地址译码器根据列地址（$A_{i-1} \sim A_j$）从这一行存储单元中再选中 m 列，并使被选中的 m 位与读/写电路和 I/O 口（输入/输出端）接通，以便对这些单元进行读/写操作。

读/写控制电路用于对电路的工作状态进行控制。CS 称为片选端，低电平有效。当 $CS'=0$ 时，RAM 工作，能对 RAM 进行读/写操作；$CS'=1$ 时，所有 I/O 端均为高阻状态，不能对 RAM 进行读/写操作。R/W'称为读/写控制端。$R/W'=1$ 时，执行读操作，将存储单元中的信息送到 I/O 端上；当 $R/W'=0$ 时，执行写操作，加到 I/O 端上的数据被写入存储单元中。

2. RAM 的分类

根据工作原理不同，RAM 可分为静态随机存取存储器（简称 SRAM）和动态随机存取存储器（简称 DRAM）。

（1）静态随机存取存储器

六个 NMOS 管（$VT_1 \sim VT_6$）组成的静态 RAM 的存储单元如图 7-14 所示。VT_1、VT_2 构成的反相器与 VT_3、VT_4 构成的反相器交叉耦合组成一个 RS 触发器，可存储 1 位二值信息。Q 和 Q'是 RS 触发器的互补输出。VT_5、VT_6 是行选通管，受行选线信息 X（相当于字线）控制，X 为高电平时 Q 和 Q'的存储信息分别送至位线 D 和位线 D'。VT_7、VT_8 是列选通管，受列选线信息 Y 控制，Y 为高电平时，两位线上的信息 D 和 D'被分别送至输入输出线 I/O 和 I/O'，从而使位线上的信息同外部数据线相通。

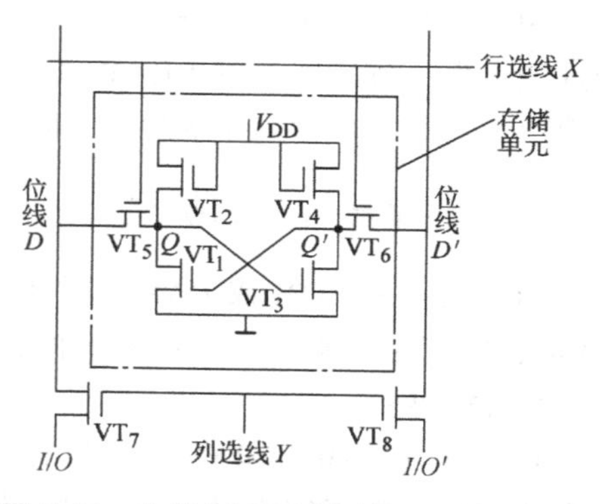

图 7-14　六管 NMOS 静态 RAM 存储单元

读出操作时，X 和 Y 同时为“1”，则存储信息 Q 和 Q'被读到 I/O 线和 I/O′线上。写入信息时，X、Y 也必须都为“1”，同时要将写入的信息加在 I/O 线上，经反相后 I/O′线上有其相反的信息，信息经 VT_7、VT_8和 VT_5、VT_6 加到触发器的 Q 和 Q'，也就是加在了 VT_3 和 VT_1 的栅极，从而使触发器触发，即信息被写入。

SRAM 中的存储单元是一个双稳态锁存器或触发器，有“0”和“1”两个稳态，在供电维持不变时，存储的信息不会丢失，它的优点是不需要刷新，缺点是集成度较低。

（2）动态随机存取存储器

动态 RAM 的存储矩阵由动态 MOS 存储单元组成。动态 MOS 存储单元利用 MOS 管的栅极电容来存储信息，但由于栅极电容的容量很小，而漏电流又不可能绝对等于零，所以电荷保存的时间有限。为了避免存储信息的丢失，必须定时地给电容补充漏掉的电荷。通常把这种操作称为“刷新”，因此 DRAM 内部要有刷新控制电路，其操作也比静态 RAM 复杂。尽管如此，由于 DRAM 存储单元的结构能做得非常简单，所用元件少，功耗低，所以目前已成为大容量 RAM 的主流产品。

动态 MOS 存储单元有四管电路、三管电路和单管电路等。一般容量在 4 KB 以下的动态 RAM 多采用四管或三管电路，大容量的动态 RAM 普遍采用单管电路。图 7-15 所示为单管动态 MOS 存储单元。

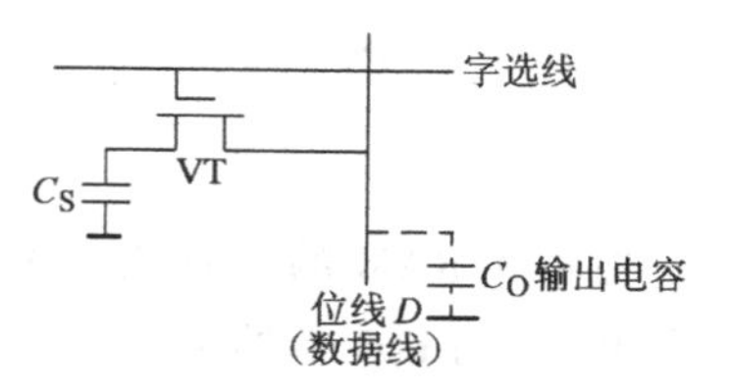

图 7-15　单管动态 MOS 存储单元

图 7-15 中的单管动态 MOS 存储单元，它只有一个 NMOS 管和存储电容器 C_S，C_O 是位线上的分布电容（$C_O \gg C_S$）。显然，采用单管存储单元的 DRAM，其容量可以做得更大。写入信息时，字线为高电平，VT 导通，位线上的数据经过 VT 存入 C_S。读出信息时也使字线为高电平，VT 导通，这时 C_S 经 VT 向 C_O 充电，使位线获得读出的信息。设位线上原来的电位 $V_O=0$，C_S 原来存有正电荷，电压 V_S 为高电平，因读出前后电荷总量相等，因此有 $V_S C_S = V_O(C_S + C_O)$，因 $C_O \gg C_S$，所以 $V_O \ll V_S$。例如读出前 $V_S = 5V$，$C_S/C_O = 1/50$，则位线上读出的电压将仅有 0.1V，而且读出后 C_S 上的电压也只剩下 0.1V，这是一种破坏性读出。因此每次读出后，要对该单元补充电荷进行刷新，同时还需要高灵敏度读出放大器对读出信号加以放大。

DRAM是利用MOS管栅极电容存储电荷来保存“0”和“1”，由于电容中的电荷放电会逐渐丢失，所以工作时DRAM需定时刷新，以维持存储内容不变。DRAM的存储单元非常简单，其集成度远高于SRAM，但存储速度不如SRAM。

7.1.4 存储器容量的扩展

当使用一片ROM或RAM芯片不能满足对存储容量的要求时，就需要将若干片ROM或RAM芯片组合起来，扩展形成一个更大容量的存储器。

1. 位扩展

存储器（ROM和RAM）的位数可以是1位、4位、8位、16位、32位等。当存储器的字数够用而位数不够用时，需要进行位扩展。位扩展可以将多个相同芯片的地址线并联起来实现。例如，将4片1位的存储器的地址线按照高低位并联起来，可构成一个4位的存储器。

【例7-3】 用1K×1位的RAM位扩展为1K×4位RAM。

解：本题中存储器的字数够用，而位数不够用，所以需要位扩展。

（1）确定芯片数：$N=(1K\times4)/(1K\times1)=4$ 片。

（2）确定地址线的根数：$D=\log_2(1K)=\log_2(1024)=10$ 根。

（3）用4片1K×1位的RAM经过位扩展得到1K×4位的存储器，如图7-16所示。

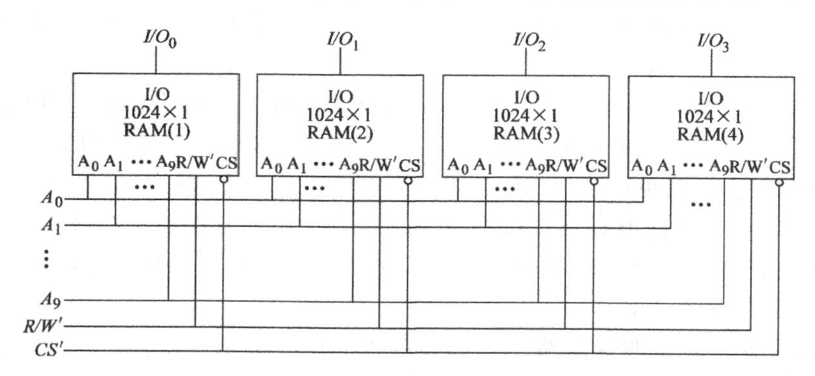

图7-16 例7-3的电路

将4片RAM的所有地址线、R/W′、CS分别对应并联在一起，而每1片的I/O端作为整个RAM的I/O端的1位。这种扩展方式下所有的4片RAM将同时工作，在访问某个地址时会对4片RAM同时进行读/写操作，4片RAM的输出信号合起来就是1个字的内容。总的存储容量为每1片存储容量的4倍，位数扩大了4倍，但字数不变，仍为1024个。

如果对ROM进行位扩展，只需将ROM的地址线、片选端分别对应并联在一起即可，因为ROM芯片上没有R/W′端口。

2. 字扩展

当存储器（ROM和RAM）的位数够用而字数不够用时，需要进行字扩展。字数的扩展可以利用外加组合逻辑电路（如译码器）控制芯片的片选端来实现。

【例7-4】 用256×8位的RAM字扩展为1K×8位RAM。

解：本题中存储器的位数够用，而字数不够用，所以需要字扩展。

（1）确定芯片数：$N=(1K\times8)/(256\times8)=4$ 片。

（2）确定地址线的根数：$D=\log_2(1024)=10$ 根。

因为 4 片 256×8 位的 RAM 中共有 1024 个字，有 1024 个地址码与之对应，所以需要有 $\log_2$（1024）= 10 根地址线。但是每片 256×8 位的 RAM 只有 8 根地址线（$A_7 \sim A_0$），其地址范围为 0～255。因此必须增加地址 A_9A_8，使地址线增加到 10 根，从而得到 $2^{10}=1024$ 个地址码。

4 片 RAM 的地址分配见表 7-5。

表 7-5　RAM 地址分配表

器件编号	地址范围 $A_9A_8A_7A_6A_5A_4A_3A_2A_1A_0$（十六进制表示）
RAM（1）	00 0000 0000 ～ 00 1111 1111（000H～0FFH）
RAM（2）	01 0000 0000 ～ 01 1111 1111（100H～1FFH）
RAM（3）	10 0000 0000 ～ 10 1111 1111（200H～2FFH）
RAM（4）	11 0000 0000 ～ 11 1111 1111（300H～3FFH）

由表 7-5 可知，只要用 A_9A_8 控制 4 片 RAM 的片选端 CS，当 $A_9A_8=00$ 时，RAM（1）的 CS' 有效；当 $A_9A_8=01$ 时，RAM（2）的 CS' 有效；当 $A_9A_8=10$ 时，RAM（3）的 CS' 有效；当 $A_9A_8=11$ 时，RAM（4）的 CS' 有效。

（3）用 4 片 256×8 位的 RAM 经过字扩展得到 1K×8 位的存储器，如图 7-17 所示。

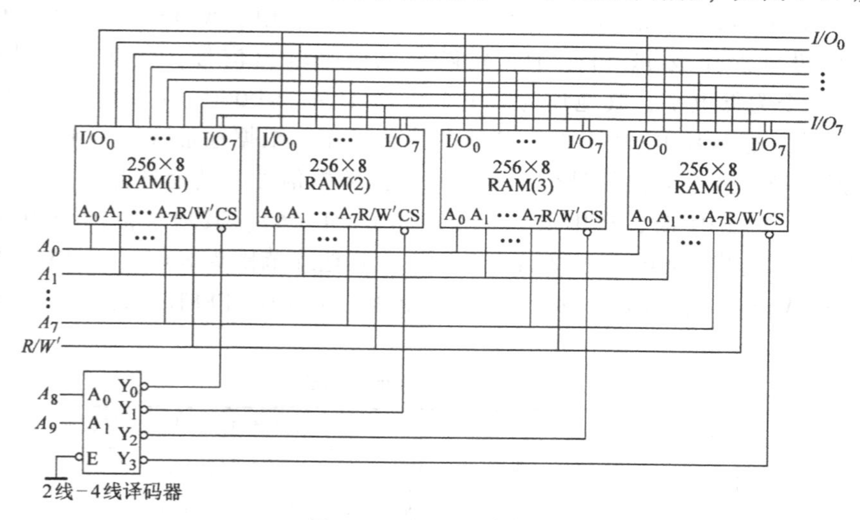

图 7-17　例 7-4 的电路

由图 7-17 可知，当 $A_9A_8=01$，则 RAM（2）的 $CS'=0$，其余各片 RAM 的 $CS'=1$，故选中 RAM（2）。只有该片可以进行读/写操作，读/写的内容由低位地址 $A_7 \sim A_0$ 决定。4 片 RAM 轮流工作，任何时候，只有一片 RAM 处于工作状态。总的存储容量为每一片存储容量的 4 倍，整个系统字数扩大了 4 倍，但位数仍为 8 位。

【例 7-5】 用 1K×4 位的 RAM 扩展为 4K×8 位的存储器。

解：本题中存储器的位数不够用，字数也不够用，所以需要位、字同时扩展。

（1）确定芯片数：$N=(4K\times8)/(1K\times4)=8$ 片。

（2）确定地址线的根数：$D=\log_2(4096)=12$ 根。

（3）用8片1K×4位的RAM经过位、字扩展得到4K×8位的存储器，如图7-18所示。

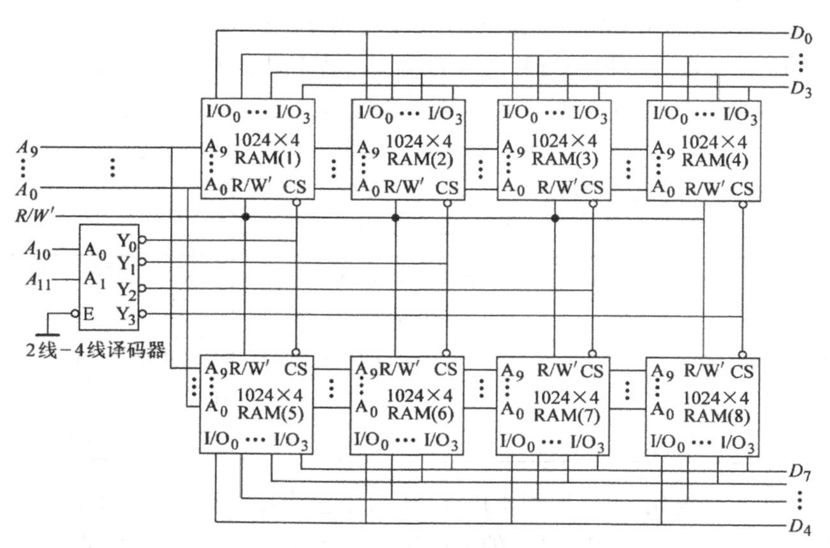

图7-18 例7-5的电路

位扩展不需要增加地址线的根数，字扩展则需要增加地址线的根数。每一片1K×4位的RAM有10根地址线。扩展需要增加地址 A_{11}、A_{10}。利用2线-4线译码器将 A_{11}、A_{10} 的四组不同的代码分别译成 Y'_0、Y'_1、Y'_2、Y'_3四个低电平输出信号，任何一个时刻 Y'_0、Y'_1、Y'_2、Y'_3中只有一个为低电平，其他均为高电平。当 $A_{11}A_{10}=00$ 时，RAM（1）和RAM（5）的片选信号有效，这两片RAM工作，其他芯片不工作。根据地址线 $A_9 \sim A_0$ 的状态，分别输出4位数据信号，两个4位信号合起来就是8位数据信号，其地址范围为000H～3FFH。同理可知，当 $A_{11}A_{10}=01$ 时，选中RAM（2）和RAM（6），其地址范围为400H～7FFH；当 $A_{11}A_{10}=10$ 时，选中RAM（3）和RAM（7），其地址范围为800H～BFFH；当 $A_{11}A_{10}=11$ 时，选中RAM（4）和RAM（8），其地址范围为C00H～FFFH。其地址分配关系见表7-6。

表7-6 RAM地址分配表

器件编号	地址范围 $A_{11}A_{10}A_9A_8A_7A_6A_5A_4A_3A_2A_1A_0$（十六进制表示）
RAM（1）、（5）	0000 0000 0000 ～ 0011 1111 1111（000H～3FFH）
RAM（2）、（6）	0100 0000 0000 ～ 0111 1111 1111（400H～7FFH）
RAM（3）、（7）	1000 0000 0000 ～ 1011 1111 1111（800H～BFFH）
RAM（4）、（8）	1100 0000 0000 ～ 1111 1111 1111（C00H～FFFH）

7.2 可编程逻辑器件（PLD）

前几章介绍的中、小规模的数字集成电路属于通用型逻辑器件，每种器件的逻辑功能都是固定不变的。当设计一个大型的复杂数字系统时，会用到很多通用型逻辑器件。首先，过

多的通用型逻辑器件会使得系统功耗高、体积大，而且器件间连线多使得系统可靠性差，其次，若设计过程中需要修改，则修改的工作量大，此外，设计的电路很容易被复制。

另一种可行的方法是根据设计需求设计和生产一种专用芯片，称为专用集成电路（Application Specific Integrated Circuit，ASIC）。利用 ASIC 可以提高系统可靠性、降低功耗、减小体积，但是这种方法成本昂贵，设计周期长，不适合在小批量产品的生产和研制过程中使用，只有在大批量产品的生产时才会采用这种方法。

采用可编程逻辑器件（Programmable Logic Device，PLD）进行数字系统设计，可以较好地解决上述问题。PLD 内部的硬件资源和连线资源由芯片制造厂生产，但它的逻辑功能可由用户通过对器件编程进行设定。用户借助 EDA 软件与编程器对 PLD 进行编程，定义 PLD 的逻辑功能，并可将一个数字系统完全集成在一片 PLD 中。这种由 PLD 构成的数字系统可称为片上系统（System on a Chip，SOC）或可编程片上系统（System on a Programmable Chip，SOPC）。PLD 是现代数字系统向着超高集成度、超低功耗、超小封装和专用化方向发展的重要基础，它的应用和发展不仅简化了电路的设计，降低了成本，提高了系统的可靠性和保密性，而且给数字系统的设计带来了革命性的变化。

7.2.1　可编程逻辑器件的分类

PLD 经历了从 PROM、PLA、PAL、GAL、EPLD、CPLD 和 FPGA 的发展历程，在器件结构、工艺、集成度、功能、速度和灵活性等方面有了很大的改进和提高。

1. 按照 PLD 的集成度分类

集成度是 PLD 的一项很重要的指标，将 PLD 按集成度分为简单可编程逻辑器件（Simple PLD，SPLD）和高密度可编程逻辑器件（High Density PLD，HDPLD）两类。通常，当 PLD 中的等效门数超过 500 门，则认为它是高密度 PLD。一般将 PROM、PLA、PAL 和 GAL 器件划归为 SPLD 类别，而将 CPLD 和 FPGA 器件统称为 HDPLD。

2. 按照 PLD 的编程工艺分类

PLD 的编程工艺与 PROM 的编程工艺基本相同，按照器件编程工艺分类有熔丝型、反熔丝型、EPROM 型、E^2PROM 型、SRAM 型、Flash 型等。熔丝型和反熔丝型的 PLD 是一次可编程器件，而且掉电后编程信息不会丢失；EPROM 型、E^2PROM 型、Flash 型的 PLD 均可以实现多次编程，而且掉电后编程信息不会丢失；SRAM 型的 PLD 可以实现多次编程，但是掉电后编程信息会丢失，再次上电时需要进行重新配置。

7.2.2　简单可编程逻辑器件

简单 PLD 的集成密度约为每片 500 个等效门以下，它主要包括 PROM、PLA、PAL、GAL 等器件。

1. PLD 的阵列图表示

PLD 一般画成与-或阵列图的形式，阵列图中输入缓冲器、与门、或门的常用画法如图 7-19 所示。图中，两条线交叉处均有可编程单元，这些可编程单元就是 PROM 中使用的可编程单元。

两条线交叉点上的“·”表示两条线已通过可编程单元固定连接在一起，用户不可编程；两条线交叉点上的“×”表示两条线已通过可编程单元连接在一起，用户可编程；两条线交叉点上没有任何连接符号表示两条线不相连。

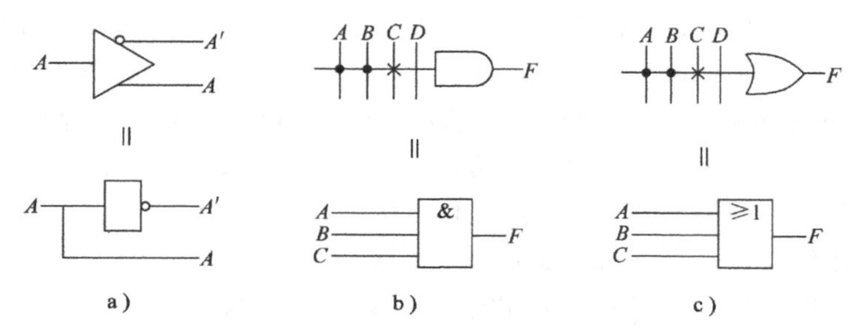

图7-19 PLD阵列图中门电路常用画法

a）输入缓冲器及等效电路 b）与门及等效电路 c）或门及等效电路

2. 简单PLD的结构

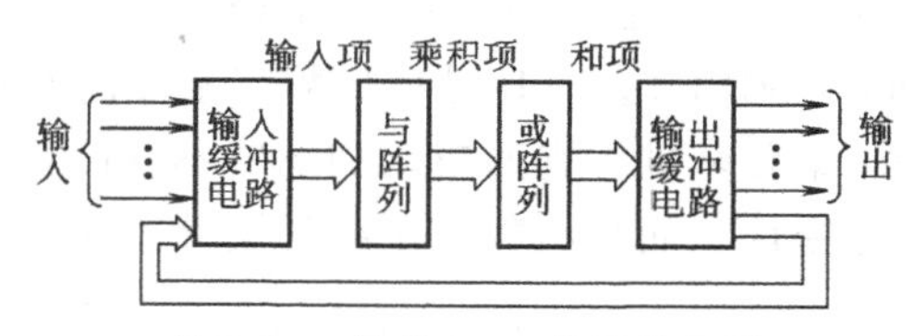

图7-20 简单PLD的结构框图

简单PLD的结构框图如图7-20所示，它由输入缓冲电路、与阵列、或阵列、输出缓冲电路四部分组成。其中与阵列和或阵列是简单PLD的主体，因为任意一个组合逻辑函数都可以用与-或表达式来描述，所以简单PLD可以实现任何以“积之和”形式表示的逻辑函数；输入缓冲电路主要是对输入信号进行预处理，将每个输入信号都变成一对互补的信号输出；输出缓冲电路可提供所需的寄存器或触发器，并可根据需要选择各种灵活的输出方式。

与-或阵列是PLD中的最基本结构，通过改变与阵列和或阵列的内部连接，就可以实现不同的逻辑功能。各种简单PLD的可编程位置不同，其主要区别见表7-7。

表7-7 简单PLD器件可编程的位置

器件名	与阵列	或阵列	输出电路
PROM	固定	可编程	固定
PLA	可编程	可编程	固定
PAL	可编程	固定	固定
GAL	可编程	固定	可组态

(1) PROM

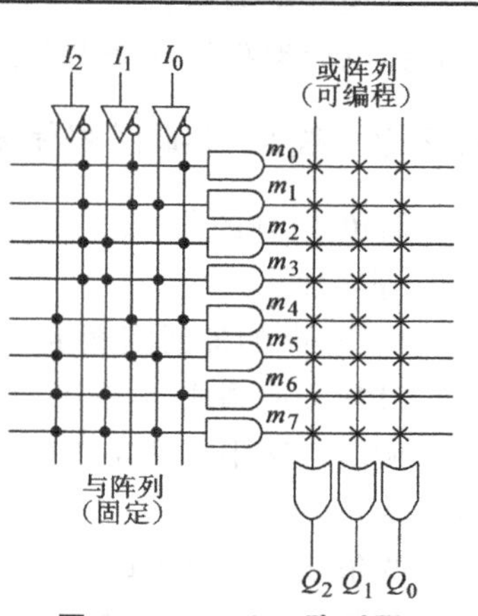

图7-21 PROM阵列图

PROM中包含一个固定连接的与阵列和一个可编程连接的或阵列，出厂时，或阵列的所有的交叉点均有熔丝，其阵列图如图7-21所示。图中的PROM有三个输入端（I_2、I_1、I_0），八个乘积项（$m_7 \sim m_0$）、三个输出端（Q_2、Q_1、Q_0）。PROM的结构与ROM的区别是，ROM的与阵列和或阵列都是固定的，不可编程，而PROM的与阵列固定，但或阵列可编程。PROM也可用来实现逻辑函数，其方法与用ROM实现逻辑函数类似。

【例7-6】 用PROM设计实现下列功能的电路：一个两位二进制数，当控制信号为“0”时输出为其本身，当控制信号为“1”时输出为其各位取反。要求：列出真值表，写出输出逻辑表达式，并画出相应的 PROM 阵列图。

解：第一步，列真值表，并求出函数的最小项表达式。

设两位二进制数为 A_1A_0，控制信号为 C。根据题意可知，当 $C=0$ 时，$Y_1=A_1$，$Y_0=A_0$；当 $C=1$ 时，$Y_1=A_1'$，$Y_0=A_0'$。因此，该电路的真值表见表 7-8。

函数的最小项表达式为

$$Y_1(C,A_1,A_0)=\sum m(2,3,4,5)$$
$$Y_0(C,A_1,A_0)=\sum m(1,3,4,6)$$

第二步，选用具有八个乘积项，两个输出项的 8×2PROM 实现该电路，其阵列图如图 7-22 所示。

表 7-8 例 7-6 真值表

C	A_1	A_0	Y_1	Y_0
0	0	0	0	0
0	0	1	0	1
0	1	0	1	0
0	1	1	1	1
1	0	0	1	1
1	0	1	1	0
1	1	0	0	1
1	1	1	0	0

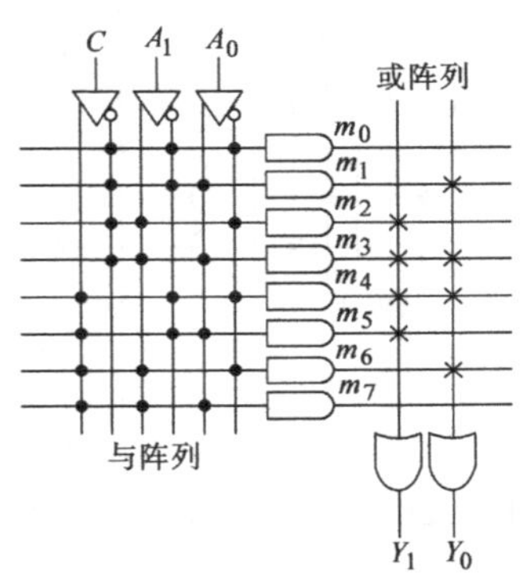

图 7-22 例 7-6 的 PROM 阵列图

（2）PLA

PLA 中包含一个可编程连接的与阵列和一个可编程连接的或阵列，出厂时，与阵列和或阵列的所有的交叉点均有熔丝，其阵列图如图 7-23 所示。图中的 PLA 有三个输入端（I_2、I_1、I_0），八个乘积项（m_7 ~ m_0）、三个输出端（Q_2、Q_1、Q_0）。

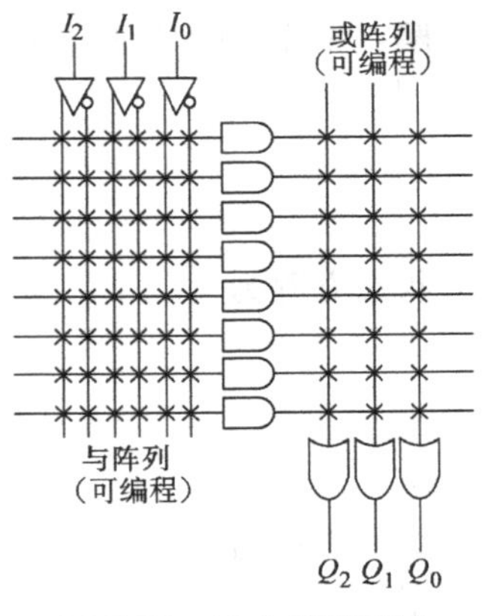

图 7-23 PLA 的阵列图

【例 7-7】 将图 7-22 的电路改用 PLA 实现，图 7-24 为卡诺图。

解：第一步，求最简与-或表达式。

根据例 7-6 的真值表，用卡诺图化简如下：

$$Y_1(C,A_1,A_0)=\sum m(2,3,4,5)=C'A_1+CA_1'$$
$$Y_0(C,A_1,A_0)=\sum m(1,3,4,6)=C'A_0+CA_0'$$

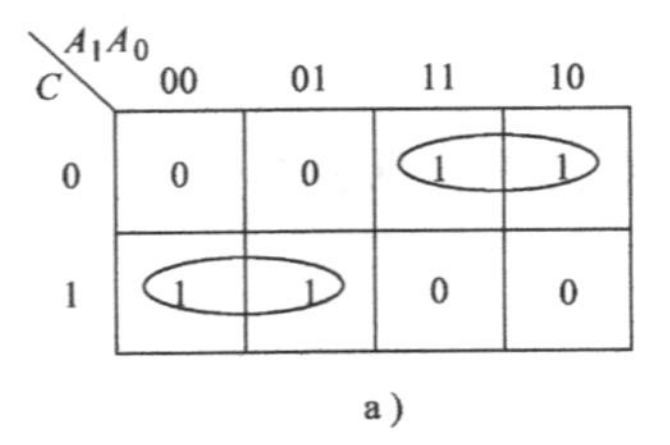

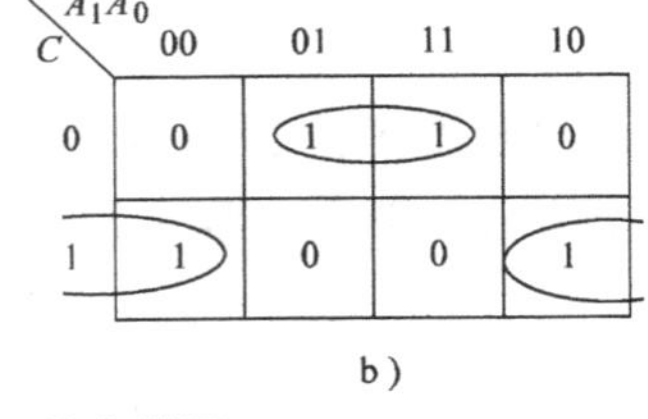

图 7-24 例 7-7 的卡诺图

a) Y_1 的卡诺图 b) Y_0 的卡诺图

第二步，选用四个乘积项，两个输出项的4×2 PLA实现该电路，其阵列图如图7-25所示。

实现同一个电路，例7-6采用8×2 PROM，而例7-7采用4×2 PLA，其阵列规模减小一半。因为PLA的与、或阵列均能编程，所以在实现函数时，只需形成所需的乘积项，其使用的阵列规模比PROM小得多。

为了便于设计时序逻辑电路，在有些PLA芯片中增加了由若干触发器组成的寄存器。触发器的所有输入端由与-或阵列的输出控制，同时触发器的输出反馈到与-或阵列上，从而可以构成时序PLA电路。

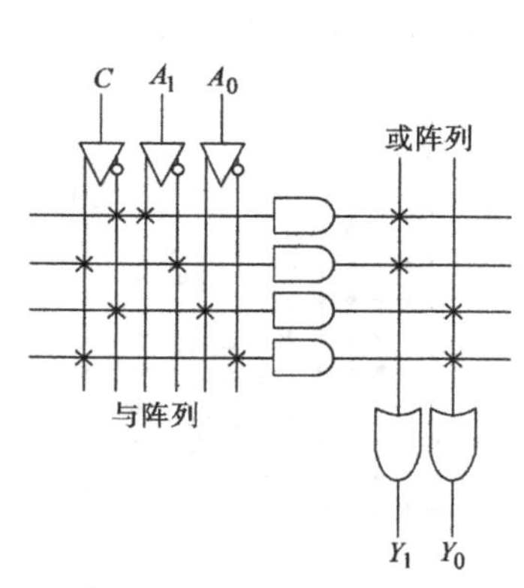

图7-25 例7-7的PLA阵列图

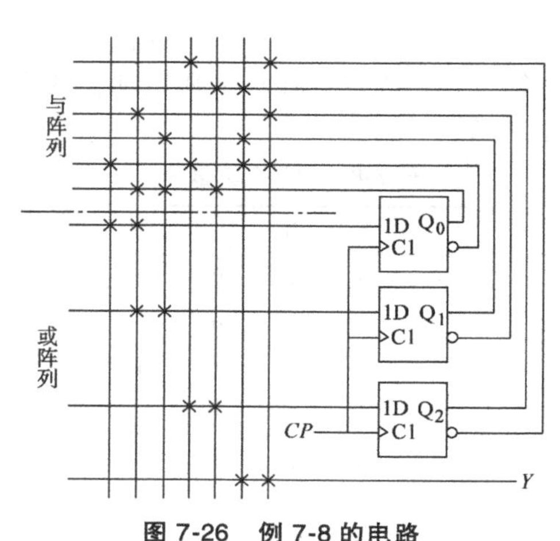

图7-26 例7-8的电路

【例7-8】 PLA和D触发器组成的同步时序电路如图7-26所示。根据PLA结构，写出电路的驱动方程、状态方程和输出方程。

解：根据PLA结构，可得驱动方程为

$$D_0 = Q_0' + Q_0 Q_1'$$

$$D_1 = Q_0 Q_1' + Q_0 Q_1$$

$$D_2 = Q_0' Q_2' + Q_0 Q_2$$

状态方程为

$$Q_0^* = D_0 = Q' + Q_0 Q_1'$$

$$Q_1^* = D_1 = Q_0 Q_1' + Q_0 Q_1$$

$$Q_2^* = D_2 = Q_0' Q_2' + Q_0 Q_2$$

输出方程为

$$Y = Q_0' Q_1 Q_2 + Q_0' Q_1' Q_2'$$

【例7-9】 用PLA和JK触发器实现模4可逆计数器。当$X=0$时，加计数；$X=1$时，减计数。

解：第一步，画出状态图，如图7-27所示，状态表，见表7-9。

第二步，列状态方程，激励方程和输出方程

$$Q_1^* = Q_1'$$

$$Q_2^* = X \oplus Q_1 \oplus Q_2$$

$$Z = X' Q_2 Q_1 + X Q_2' Q_1'$$

表 7-9　例 7-9 状态表

输入	现态		次态		输出
X	Q_2	Q_1	Q_2^*	Q_1^*	Z
0	0	0	0	1	0
0	0	1	1	0	0
0	1	0	1	1	0
0	1	1	0	0	1
1	0	0	1	1	1
1	0	1	0	0	0
1	1	0	0	1	0
1	1	1	1	0	0

根据状态方程得

$$J_1 = K_1 = 1$$

$$J_2 = K_2 = XQ_1' + X'Q_1$$

第三步，画出 PLA 阵列图，如图 7-28 所示。

（3）PAL

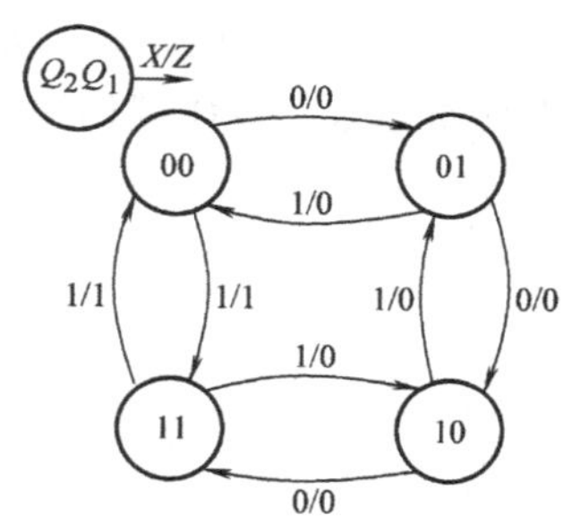

图 7-27　例 7-9 状态图

PAL 具有或阵列固定，与阵列可编程型结构，出厂时，与阵列所有的交叉点均有熔丝，其阵列图如图 7-29 所示。编程时将有用的熔丝保留，无用的熔丝熔断，就得到所需的电路。图中的 PAL 有三个输入端（I_2、I_1、I_0），八个乘积项（m_7 ~ m_0）、两个输出端（Q_1、Q_0）。用 PAL 实现逻辑函数时，每个输出信号对应的乘积项数目固定不变，图中每个输出信号包括四个乘积项。

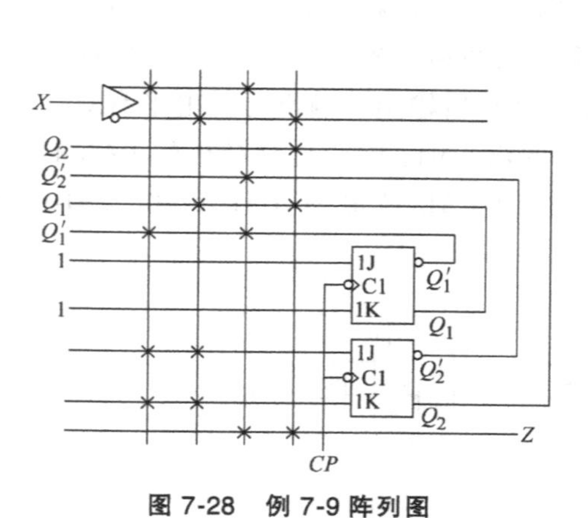

图 7-28　例 7-9 阵列图

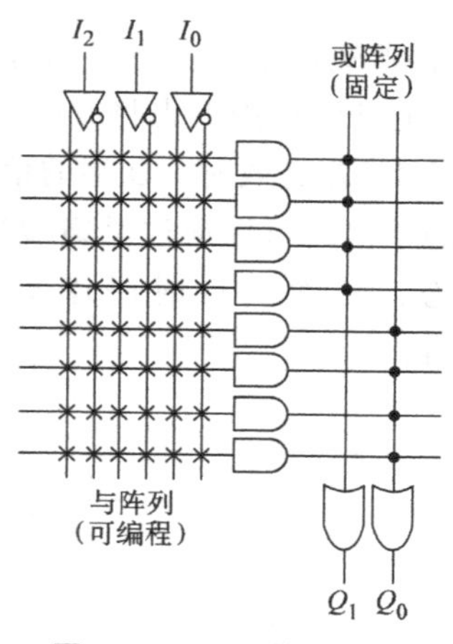

图 7-29　PAL 的阵列图

PAL 的输出电路有以下五种结构：

1）专用输出结构：这种结构的输出端只能输出信号，不能兼做输入，专用输出结构如图 7-30 所示。输入信号 I_1 经过输入缓冲器与与阵列的输入行相连。图中的输出部分采用或门，输出用 Y 标记。有的器件还用互补输出的或门，则称为互补型输出。这种输出结构只适用于实现组合逻辑函数。目前常用的产品有 PAL10H8（10 输入，8 输出，或门结构，高电平有效)、PAL10L8、PAL16C1（16输入，1输出，互补型或门结构）等。

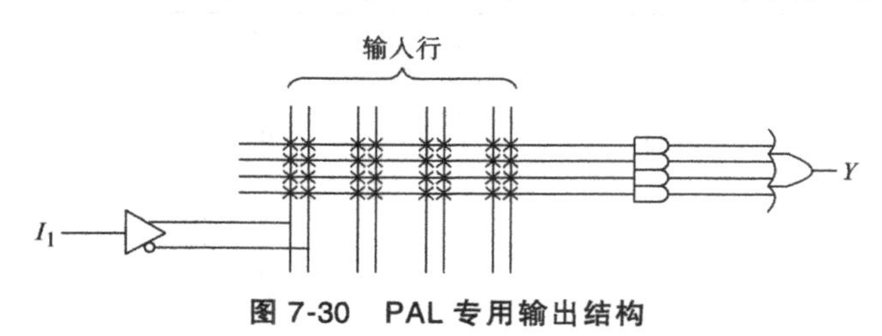

图7-30 PAL专用输出结构

2）可编程输入/输出结构：可编程输入/输出结构具有三态缓冲器和输出反馈的特点，其结构如图7-31所示。图中，或门经三态缓冲器由I/O端引出，三态门受最上面一个与门所对应的乘积项控制，I/O端的信号也可经过反馈缓冲器送到与阵列的输入行。当与门输出为“0”时，三态门禁止，输出呈高阻状态，I/O端作输入使用；当与门输出为“1”时，三态门被选通，I/O端作输出使用。这种结构的产品有PAL16L8、PAL20L10等。

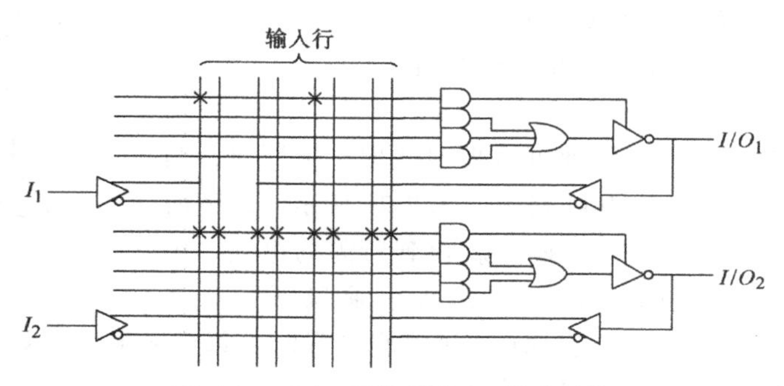

图7-31 PAL可编程输入/输出结构

3）寄存器输出结构：寄存器输出结构的输出端有一个D触发器，其结构如图7-32所示。在时钟上升沿作用下先将或门的输出（输入乘积项的和）寄存在D触发器的Q端，当输出使能信号OE有效时，Q端的信号经三态缓冲器反相后输出，输出为低电平有效。触发器的Q端的输出还可以通过反馈缓冲器送至与阵列的输入端，因而这种结构的PAL能记忆原来的状态，从而实现时序逻辑功能。这种结构的PAL产品有PAL16R4、PAL16R6、PAL16R8等。

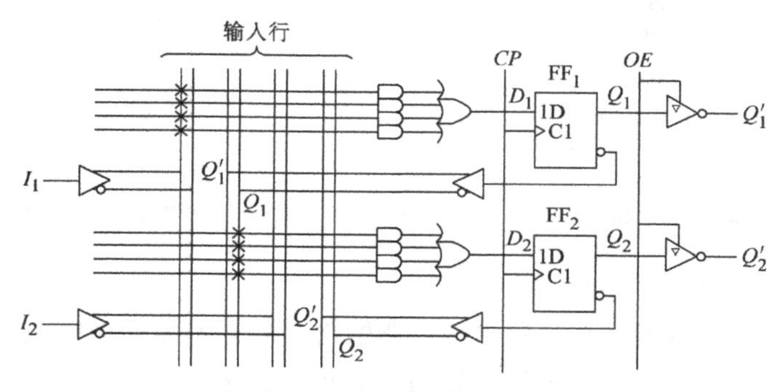

图7-32 PAL寄存器输出结构

4）异或输出结构：异或型输出结构如图7-33所示。输出部分有两个或门，这两个或门的输出先经异或门进行异或运算，再经 D 触发器和三态缓冲器输出。这种结构不仅便于对与-或逻辑阵列输出的函数求反，还可以实现对寄存器状态进行保持操作。这种结构的 PAL 产品有 PAL20X4、PAL20X8 等。

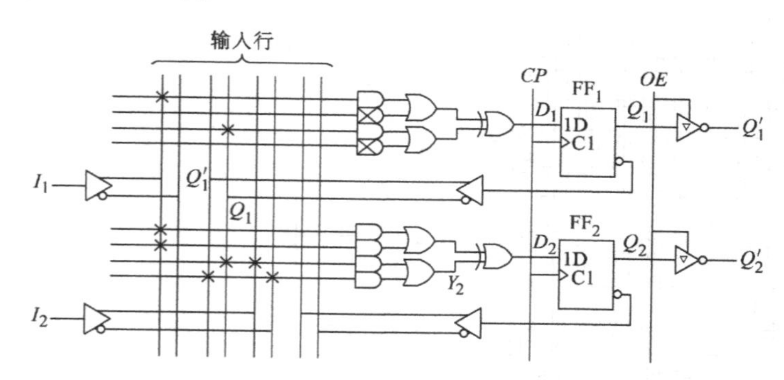

图 7-33　PAL 异或输出结构

5）运算反馈结构：运算反馈结构是在异或输出结构的基础上，增加一组反馈逻辑电路，其结构如图 7-34 所示。反馈逻辑电路可产生 $A+B$、$A+B'$、$A'+B$、$A'+B'$四个反馈量，并接到与阵列的输入行，可用来实现快速算术操作。

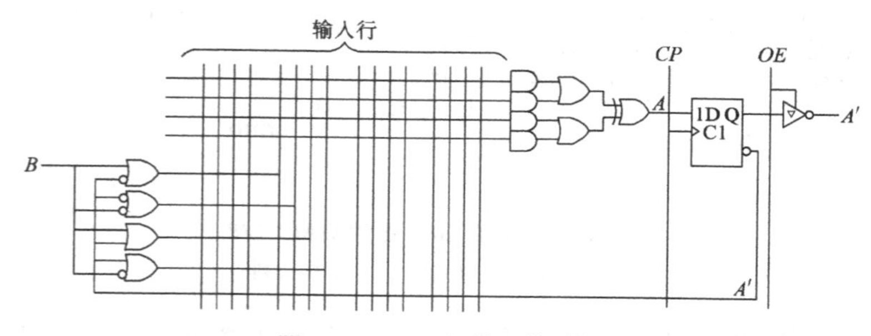

图 7-34　PAL 运算反馈结构

（4）GAL

GAL（通用阵列逻辑）是 Lattice 公司于 1985 年首先推出的新型可编程逻辑器件。它采用了电擦除、电可编程的 E^2CMOS 工艺制作，可以用电信号擦除并反复编程上百次。GAL 继承了 PAL、PROM 等器件的优点，克服了原有 PAL 的不足，是现代数字系统设计的理想器件。GAL 基本结构和 PAL 大致类似，但是在输出结构上作了重要改进。GAL 的输出端设置了可编程的输出逻辑宏单元（Output Logic Macro Cell，OLMC）。通过编程可以将 OLMC 设置成不同的输出方式。这样，同一型号的 GAL 可以实现 PAL 所有的各种输出电路工作模式，可取代大部分 PAL，因此称为通用可编程逻辑器件。

GAL 分两大类：一类为普通型 GAL，其与或阵列结构与 PAL 相似，如 GAL16V8、ispGAL16Z8、GAL20V8 都属于这一类；另一类为新型 GAL，其与或阵列均可编程，与 PLA 结构相似，主要有 GAL39V8。

1）GAL 的基本结构：常见的 GAL 器件 GAL16V8 电路结构及引脚排列如图 7-35 所示。GAL16V8 由一个 32×64 的可编程与阵列、八个 OLMC、十个输入缓冲器、八个三态输出缓冲器和八个反馈缓冲器组成。

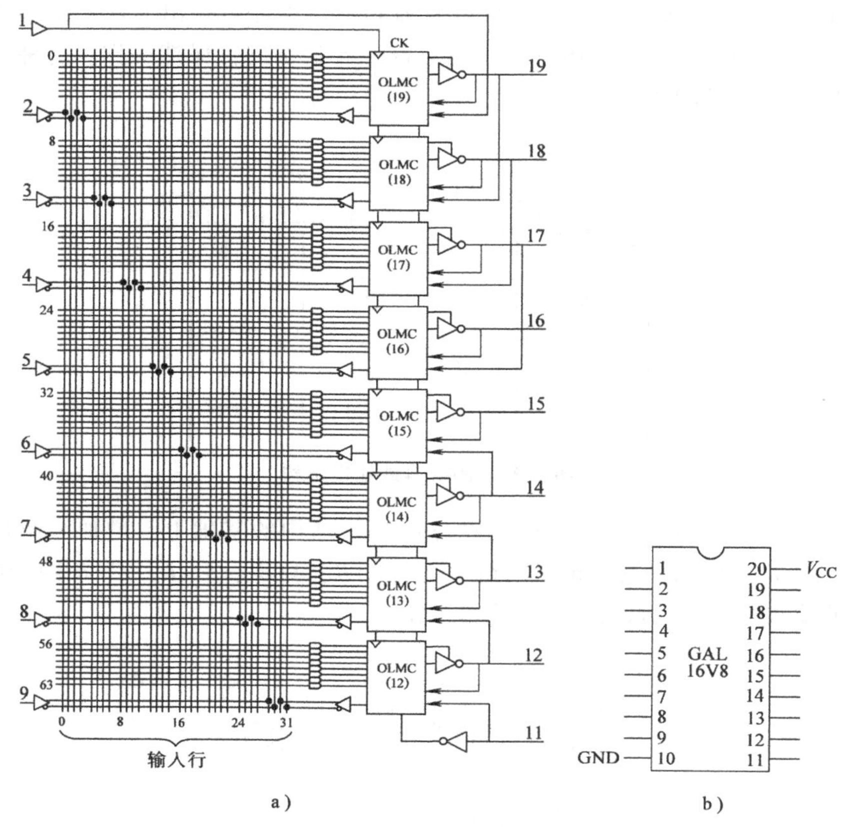

图 7-35 典型的 GAL 器件 GAL16V8

a) GAL16V8 电路结构 b) 引脚排列

GAL16V8 的 2 脚 ~ 9 脚的输入信号分别经过各自输入缓冲器变为一对互补的信号，OLMC 的反馈信号分别经过各自反馈缓冲器变为一对互补的信号，这些信号分别与 0~31 个输入行相连。每个 OLMC 均有八个与门输入，共计 64 个乘积项。从而构成 32×64 的可编程与阵列。可编程与阵列的每个交叉点均设有 E^2CMOS 编程单元。

GAL 的型号定义和 PAL 一样根据输入输出的数量来确定，GAL16V8 中的“16”表示阵列的输入端数量，“8”表示输出端数量，“V”则表示输出形式可以改变的普通型。

2）输出逻辑宏单元 OLMC：输出逻辑宏单元 OLMC 由或门、异或门、D 触发器、多路选择器（MUX）、时钟控制、使能控制和编程元件等组成，其电路结构如图 7-36 所示。

每个 OLMC 包含或门阵列中的一个或门。一个或门有八个输入端，和来自与阵列的八个乘积项（PT）相对应。其中七个直接相连，第一个乘积项（图中最上边的一项）经 PTMUX 相连或门输出为有关乘积项之和。

异或门的作用是选择输出信号的极性。当 $XOR(n)=1$ 时，异或门起反相器作用，否则起同相器作用。$XOR(n)$ 是控制字中的 1 位，n 为引脚号。

D 触发器（寄存器）对异或门的输出状态起记忆（存储）作用，使 GAL 适用于时序逻辑电路。

四个多路开关（MUX）在结构控制字段作用下设定输出逻辑宏单元的组态。

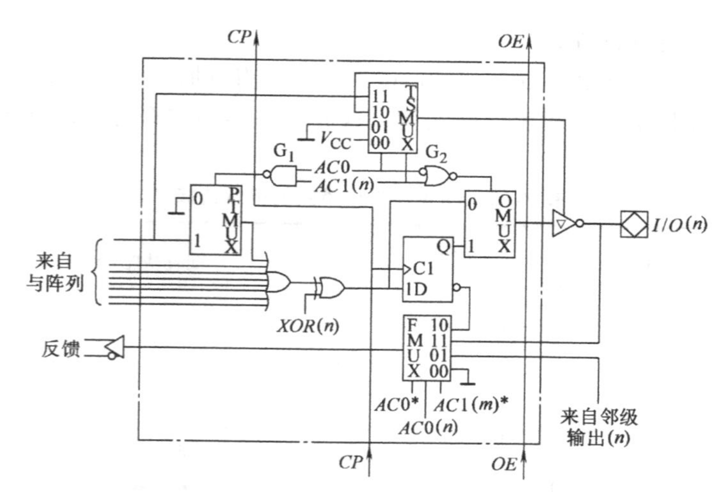

图 7-36　GAL 的输出逻辑宏单元 OLMC 的电路结构

PTMUX 是乘积项选择器，在 $AC1$ (n) $\cdot AC0$ 控制下选择第一乘积项或地 (0) 送至或门输入端。

OMUX 是输出类型选择器，在 $AC1$ (n)$+AC0$ 控制下选择组合型（异或门输出）或寄存型（经 D 触发器存储后输出）逻辑运算结果送到输出缓冲器。

TSMUX 是三态缓冲器的使能信号选择器，在 $AC1$ (n) 和 $AC1$ 控制下从 V_{CC}、地、OE 或第一乘积项中选择一个作为输出缓冲器的使能信号。

FMUX 是反馈源选择器，在 $AC1$ (n)、$AC0$ 控制下选择 D 触发器的 Q、本级 OLMC 输出、邻级 OLMC 的输出或地电平作为反馈源送回与阵列作为输入信号。

3）OLMC 结构控制字：GAL 的结构控制字共 82 位，每位取值为 1 或 0，如图 7-37 所示。

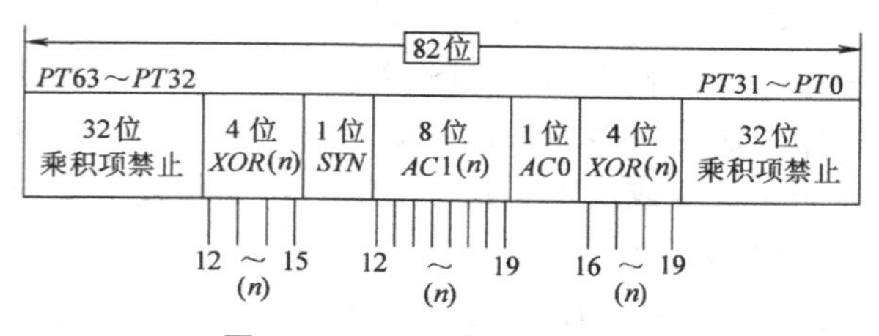

图 7-37　GAL 的结构控制字

图 7-37 中，XOR (n) 和 $AC1$ (n) 字段下的数字对应各个 OLMC 的引脚号。

SYN 决定 GAL 是具有寄存器型（时序型）输出能力（$SYN=0$），还是纯粹组合型输出能力（$SYN=1$）。在 OLMC (12) 和 OLMC (19) 中，SYN 还替代 $AC1$ (n)、$AC0$ 作为 FMUX 的选择输入，以维护与 PAL 的兼容性。

$AC0$、$AC1$ (n) 为方式控制位。8 个 OLMC 共用 1 位 $AC0$。$AC1$ (n) 共 8 位，每个 OLMC (n) 有 1 位，n 为引脚号 (12~19)。$AC0$、$AC1$ (n) 两者配合控制各 MUX 的工作。

XOR (n) 为极性控制位，共 8 位，每个 OLMC (n) 有 1 位，它通过异或门来控制输出极性。XOR (n)$=0$ 时，输出低电平有效；XOR (n)$=1$ 时，输出高电平有效。

PT (n) 为乘积项禁止位，共 64 位，和与阵列中 64 个乘积项 ($PT0$~$PT63$) 相对应，用以禁止（屏蔽）某些不用的乘积项。

在 SYN、$AC0$、$AC1$ (n) 组合控制下，OLMC (n) 可组态配置成五种工作模式，表 7-10 列出了各种模式下对控制位的配置和选择。OLMC 组态的实现，即结构控制字各控制位的设定都是由开发软件和硬件自动完成的。

从以上分析看出，GAL 由于采用了 OLMC，所以使用更加灵活，只要写入不同的结构控制字，就可以得到不同类型的输出电路结构。这些电路结构完全可以取代 PAL 的各种输出电路结构。

表 7-10 OLMC 工作模式的配置选择

工作模式	*SYN*	*AC0*	*AC1* (*n*)	*XOR* (*n*)	配置功能	配置功能	备 注
1	1	0	1	—	专用输入	—	1 和 11 脚为数据输入，被组态的三态门不通，输出端作输入使用
2	1 1	0 0	0 0	0 1	专用组合输出	低有效 高有效	1 和 11 脚为数据输入，三态门是选通
3	1 1	1 1	1 1	0 1	反馈组合输出	低有效 高有效	1 和 11 脚为数据输入，三态门的选通信号是第 1 乘积项，反馈信号取自 I/O
4	0 0	1 1	1 1	0 1	时序电路中的组合输出	低有效 高有效	1 脚 = *CK*，11 脚 = *OE'*，其余 OLMC 至少有一个是寄存器（时序型）
5	0 0	1 1	0 0	0 1	寄存器输出	低有效 高有效	1 脚 = *CK*，11 脚 = *OE'*

GAL 和 PAL 一样都属于低密度 PLD，其共同缺点是规模小，每片相当于几十个等效门电路，只能代替 2~4 片 MSI 器件，远达不到 LSI 和 VLSI 专用集成电路的要求。另外，GAL 在使用中还有许多局限性，如一般 GAL 只能用于同步时序逻辑电路、各 OLMC 中的触发器只能同时置位或清零、每个 OLMC 中的触发器和或门还不能充分发挥其作用、应用灵活性差等。这些不足之处，都在高密度 PLD 中得到了较好的解决。CPLD 和 FPGA 都属于高密度 PLD，是在 PAL、GAL 等逻辑器件的基础上发展起来的。同 PAL、GAL 等相比较，CPLD 与 FPGA 的规模较大，可以替代几十甚至几千块通用集成电路芯片。

7.2.3 复杂的可编程逻辑器件（CPLD）

CPLD 是采用乘积项技术、E^2PROM（或 Flash）工艺的高密度 PLD。CPLD 被编程后，其内部存储单元中的信息掉电后可保持不变。

CPLD 的产品多种多样，器件的结构也有很大的差异，但大多数公司的 CPLD 仍使用基于乘积项的阵列型单元结构，包含可编程逻辑宏单元、可编程 I/O 单元、可编程内部连线，由若干个可编程逻辑宏单元组成逻辑块。例如，Altera 公司的 MAX 系列 CPLD 产品、Xilinx 公司和 Lattice 公司的 CPLD 产品都采用可编程乘积项阵列结构。

Altera 公司的 MAX7000 系列的 CPLD 总体结构如图 7-38 所示。MAX 7000 芯片在结构上包含 32~256 个宏单元。每 16 个宏单元组成一个逻辑阵列块（LAB）。每个宏单元有一个可编程的“与阵”和一个固定的“或”阵，以及一个寄存器，这个寄存器具有独立可编程的时钟、时钟使能、清除和置位等功能。为了能构成复杂的逻辑函数，每个宏单元可使用共享扩展乘积项和高速并行扩展乘积项，它们可向每个宏单元提供多达 32 个乘积项。

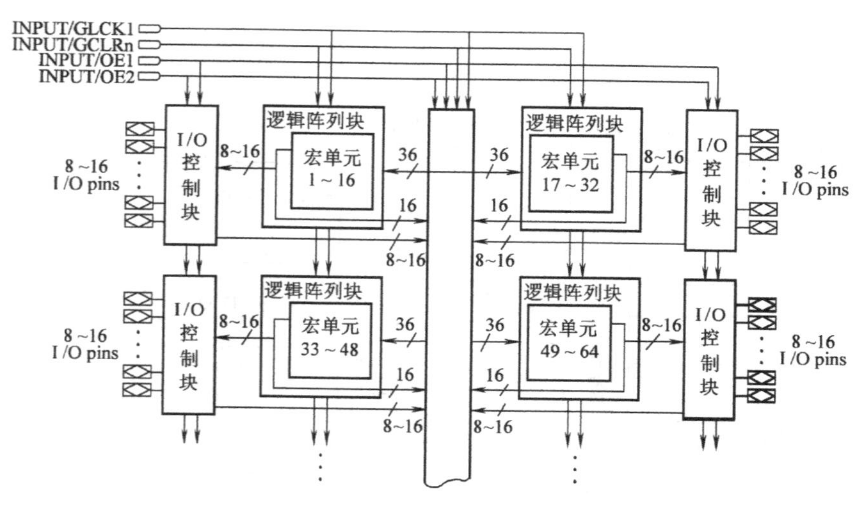

图 7-38　MAX7000 系列的 CPLD 总体结构

MAX 7000 在结构上包括逻辑阵列块（Logic Array Blocks，LAB）、宏单元（Macrocells）、扩展乘积项（共享和并联）（Expender Product Terms）、可编程连线阵列（Programmable Interconnect Array，PIA）和 I/O 控制块（I/O Control Blocks）。宏单元是 PLD 的基本结构，由它来实现基本的逻辑功能，LAB 是多个宏单元的集合，因为宏单元较多，图 7-38 中没有一一画出。PIA 负责信号传递，连接所有的宏单元。I/O 控制块负责输入、输出的电气特性控制，比如可以设定集电极开路输出、三态输出等。图 7-38 中左上角的 INPUT/GCLK1、INPUT/GCLRn、INPUT/OE1、INPUT/OE2 是全局时钟、清零和输出使能信号，这几个信号有专用连线与 PLD 中每个宏单元相连，信号到每个宏单元的延时相同并且延时最短。

1. LAB

一个 LAB 由 16 个宏单元的阵列构成，多个 LAB 组成的阵列及其之间的连线就构成了 MAX7000，如图 7-38 所示。多个 LAB 通过 PIA 和全局总线连接在一起，全局总线从所有的专用输入、I/O 引脚和宏单元馈入信号，对每个 LAB 有下列信号：

1）来自作为通用逻辑输入的 PIA 的 36 个信号。

2）全局控制信号，用于寄存器辅助功能。

3）从 I/O 引脚到寄存器的直接输入通道。

2. 宏单元

MAX7000 系列的宏单元由三部分构成：逻辑阵列、乘积项选择矩阵和可编程寄存器，如图 7-39 所示。它们可以被单独的配置为时序逻辑和组合逻辑工作方式。图 7-39 中，左侧是乘积项阵列，实际就是一个与阵列，每一个交叉点都是一个可编程熔丝，如果导通就是实现“与”逻辑。后面的乘积项选择矩阵是一个“或”阵列。两者一起完成组合逻辑。图 7-39 右侧是一个可编程 D 触发器，它的时钟、清零输入都可以编程选择，可以使用专用的全局清零和全局时钟，也可以使用内部逻辑（乘积项阵列）产生的时钟和清零。如果不需要触发器，也可以将此触发器旁路，信号直接输给 PIA 或输出到 I/O 脚。每个宏单元的一个乘积项可以反相后回送到逻辑阵列。这个“可共享”的乘积项能够连到同一个 LAB 中任何其他乘积项上。

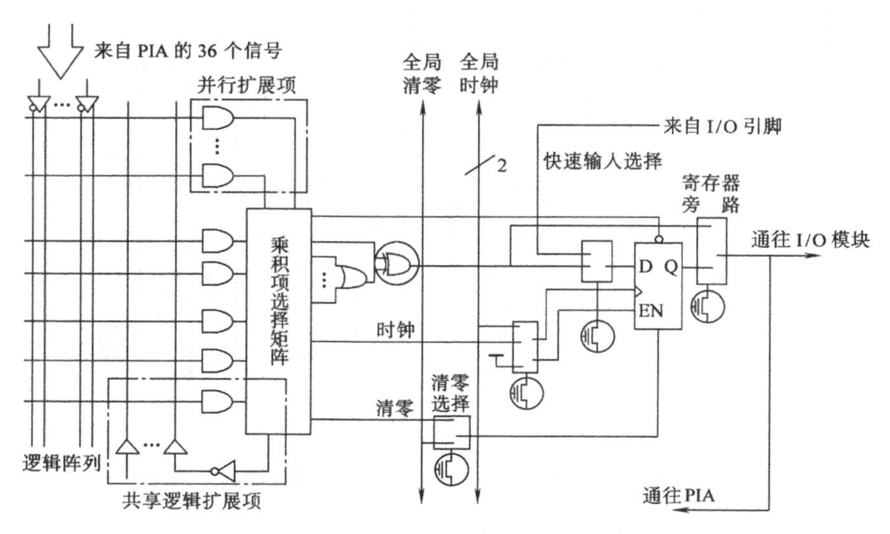

图 7-39 宏单元

3. 扩展乘积项

尽管大多逻辑函数能够用每个宏单元中的五个乘积项实现，但某些逻辑函数比较复杂，要实现它们的话，需要附加乘积项。为提供所需要的逻辑资源，利用了 MAX7000 结构中具有的共享和并联扩展乘积项，而不是利用另一个宏单元。这两种扩展项作为附加的乘积项直接送到本 LAB 的任意宏单元中。利用扩展项可保证在实现逻辑综合时，用尽可能少的逻辑资源，得到尽可能快的工作速度。

4. PIA

PIA 是将各 LAB 相互连接，构成所需的逻辑布线通道。它能够把器件中任何信号源连到其目的地。所有 MAX 7000 的专用输入、I/O 引脚和宏单元输出均馈送到 PIA，PIA 可把这些信号送到整个器件内的各个地方。图 7-40 所示的是 PIA 如何布线到 LAB。在掩膜或现场可编程门阵列（FPGA）中，基于通道布线方案的布线延时是累加的、可变的和与路径有关的；而 MAX 7000 的 PIA 有固定的延时。因此，PIA 消除了信号之间的时间偏移，使得时间性能容易预测。

5. I/O 控制块

I/O 控制块允许每个 I/O 引脚单独地配置为输入、输出和双向工作方式。所有 I/O 引脚都有一个三态缓冲器，它能由全局输出使能信号中的一个控制，或者把使能端直接连到地（GND）或电源（V_{CC}）上。I/O 控制块有两个全局输出使能信号，它们由两个专用的、低电平有效的输出使能引脚 OE1 和 OE2 来驱动。图 7-41 所示为 I/O 控制块的结构。当三态缓冲器的控制端连到地（GND）时，其输出为高阻态，并且 I/O 引脚可作为专用输入引脚使用。当三态缓冲器的控制端连到电源（V_{CC}）时，输出被使能。

MAX 7000 系列的 CPLD 还具有设计加密和在系统编程的功能。

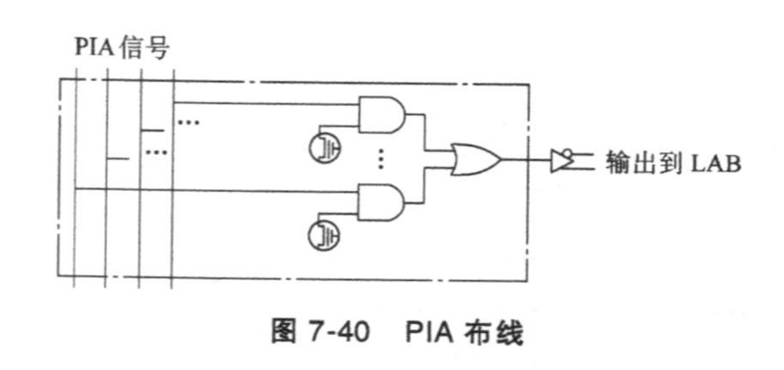

图 7-40　PIA 布线

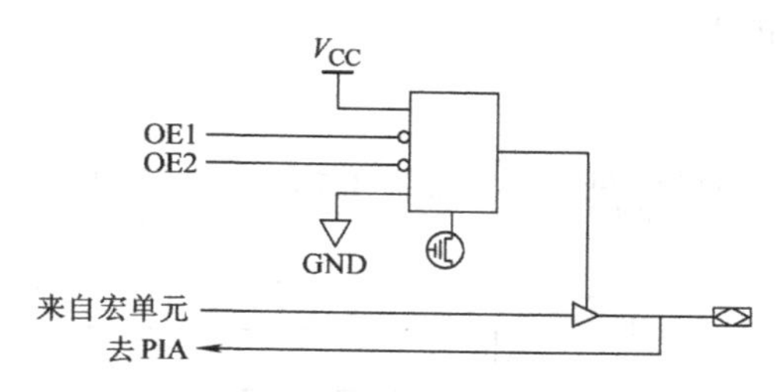

图 7-41　MAX 7000 的 I/O 控制块的结构

7.2.4　现场可编程门阵列（FPGA）

目前，FPGA 市场占有率最高的两大公司 Xilinx 和 Altera 生产的 FPGA 都采用基于 SRAM 工艺的查找表（Look-Up-Table）结构，通过烧写文件改变查找表内容的方法来实现对 FPGA 的重复配置，在使用时需要外接一个片外存储器以保存程序。上电时，FPGA 将外部存储器中的数据读入片内 RAM，完成配置后，进入工作状态；掉电后 FPGA 恢复为空白片，内部编程信息消失；重新上电时需要重新配置。

1. 查找表

由数字电路的基本知识可以知道，对于一个 n 输入的逻辑运算，不管是与或非运算还是异或运算等，最多只可能存在 2^n 种结果。所以，如果事先将相应的结果存放于一个存储器内，就相当于实现了与非门电路的功能。FPGA 的原理也是如此，它通过烧写文件去配置查找表的内容，从而在相同的电路情况下实现了不同的逻辑功能。

查找表（Look-Up-Table，LUT）本质上就是一个 RAM。目前 FPGA 中多使用四输入的 LUT，如图 7-42 所示。

图 7-42　查找表（LUT）

每一个 LUT 可以看成是一个有 4 位地址线的 RAM。当用户通过原理图或 HDL 语言描述一个逻辑电路以后，PLD/FPGA 开发软件会自动计算逻辑电路的所有可能结果，并把真值表写入 RAM，这样，每输入一个信号进行逻辑运算就等于输入一个地址去进行查表，找出地址对应的内容，然后输出即可。

2. FPGA 芯片的结构原理

Altera 公司的 FLEX/ACEX 等 FPGA 芯片的部分结构如图 7-43 所示，主要由逻辑阵列（Logic Array，LA），输入/输出单元（Input/Output Element，IOE），嵌入式阵列块（Embedded Array Block，EAB）和可编程行/列连线（Column/Row Interconnect）等部分组成。LA 中包括若干个逻辑阵列块（Logic Array Block，LAB），每个 LAB 包括 8 个逻辑单元（Logic Element，LE）。

LE 是 FPGA 芯片实现逻辑电路的基础，其内部结构如图 7-44 所示。每个 LE 包括一个 LUT，一个可编程寄存器和相关的逻辑控制电路。LE 中的可编程寄存器可以被配置成 D、T、JK、SR 等触发器模式，并具有置数、时钟、使能、复位等输入信号。利用 LAB 控制信号可灵活配置可编程寄存器。在一些只需要组合逻辑电路的应用场合，可将寄存器旁路，把 LUT 的输出直接送到 LE 的输出端。LE 有两路输出：一路通往局部连线，另一路通往行/列连线。进位链用来实现 1 位加法或者减法运算，级联链用来实现多输入（输入多于 4 个）

的逻辑功能。

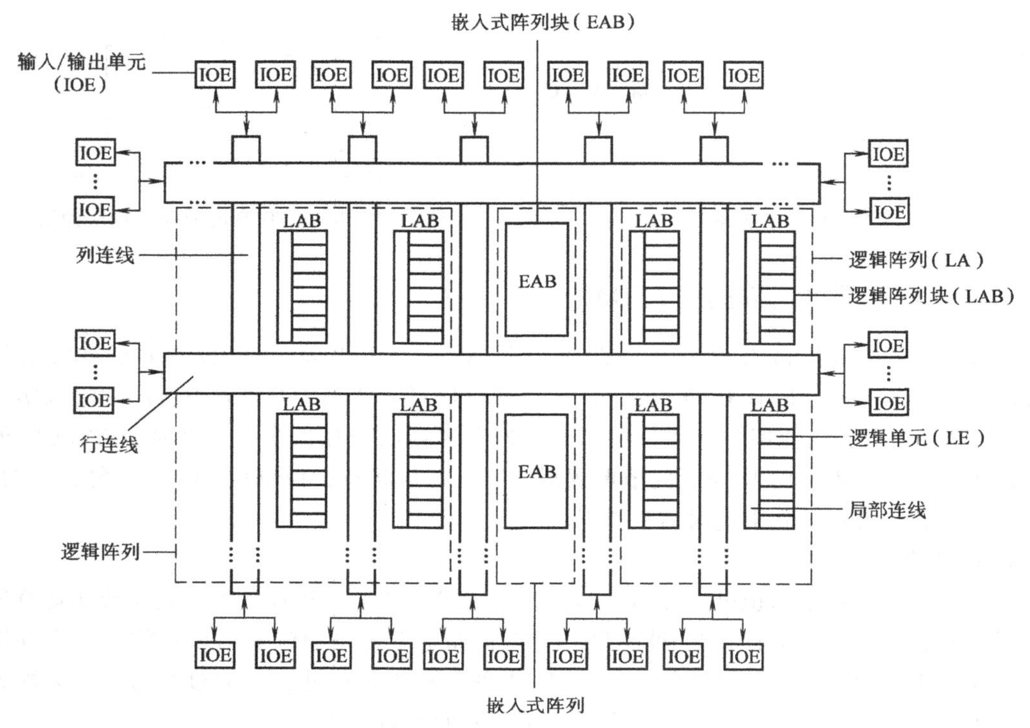

图 7-43 FPGA 芯片的结构

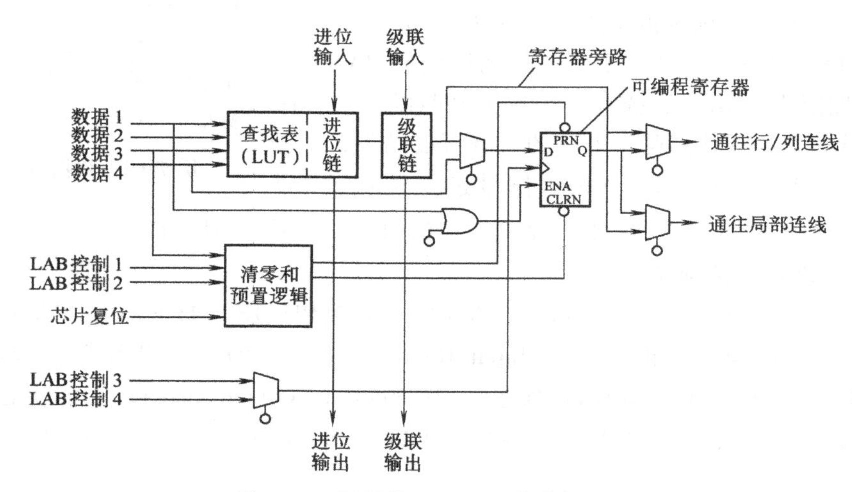

图 7-44 逻辑单元(LE)的内部结构

7.2.5 可编程逻辑器件的编程

随着 PLD 集成度的不断提高，PLD 的编程也日益复杂，设计工作量也越来越大。在这种情况下，PLD 的编程必须在 PLD 开发系统的支持下才能完成。PLD 开发系统包括硬件和软件。硬件包括计算机和编程器。编程器是对 PLD 进行写入和擦除的专用装置，能提供写入和擦除所需的电源电压和控制信号，并通过计算机接口接收编程数据，最终写入 PLD。软件部分是专用的编程语言和相应的编程软件。

PLD 的编程需要满足一定的条件，如编程电压、编程时序和编程算法等。目前，有三种方式对 PLD 进行编程：

1）普通的 PLD 和一次性编程的 FPGA 需要专用的编程器完成器件的编程。

2）基于电可擦除存储单元的 E^2PROM 型或者 Flash 型的 CPLD，利用计算机的接口，通过下载电缆直接对焊接在电路板上的器件编程，称为在系统编程。

3）基于 SRAM 的 FPGA 可以由 E^2PROM 或微处理器进行配置。

PLD 开发系统的种类很多，适用范围也不一样，在选择 PLD 的具体型号时必须同时考虑使用的开发系统是否支持这种型号 PLD 的编程工作。

7.3　存储器的 VHDL 设计

7.3.1　ROM 的 VHDL 设计

只读存储器（ROM）的逻辑功能是在地址信号的选择下从指定存储单元中读取相应的数据。ROM 只能进行数据的读取，不能修改或写入新的数据。

以 8×8 ROM 为例，设计如下：

1. 实体

8×8 ROM 的实体如图 7-45 所示。图中，ROM8 为 8×8 ROM 的实体名，ADDR［2..0］为 3 位地址选择信号，CS 为高电平有效的片选端，DATA OUT［7..0］为数据输出端。

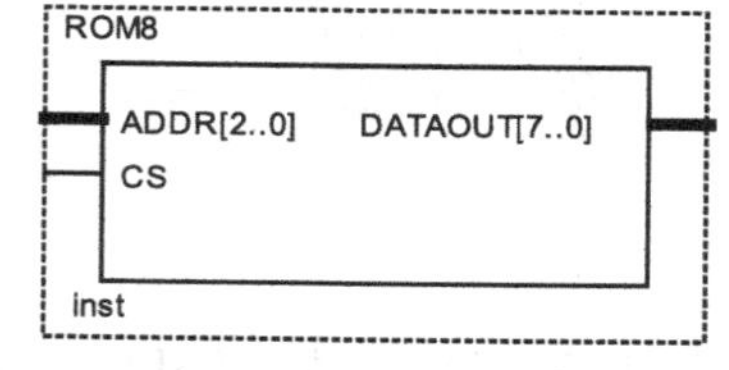

图 7-45　8×8 ROM 的实体

2. VHDL 程序设计

```
LIBRARY IEEE;
USE IEEE.STD_LOGIC_1164.ALL;
USE IEEE.STD_LOGIC_UNSIGNED.ALL;
ENTITY ROM8 IS
    PORT (ADDR: IN STD_LOGIC_VECTOR (2 DOWNTO 0);
        CS: IN STD_LOGIC;
        DATAOUT: OUT STD_LOGIC_VECTOR (7 DOWNTO 0));
END ROM8;
ARCHITECTURE ONE OF ROM8 IS
    TYPE MEMORY IS ARRAY (0 TO 7) OF STD_LOGIC_VECTOR (7 DOWNTO 0);
    SIGNAL DATA:MEMORY :=("00000001","00000010","00000100","00001000",
                "00010000","00100000","01000000","10000000");
BEGIN
PROCESS (CS, ADDR, DATA)
BEGIN
```

```
IF CS='1' THEN
    DATAOUT<=DATA (CONV_INTEGER (ADDR));
ELSE
    DATAOUT<= (OTHERS=>'Z');
END IF;
END PROCESS;
END ONE;
```

3. 仿真波形及分析

8×8 ROM 的仿真波形如图 7-46 所示。由图可知，在 ROM 的片选端 $CS=1$ 有效的情况下，由地址选择信号 ADDR 控制数据输出端 DATAOUT 依次输出存储空间 MEMORY 中存储的二进制数据"00000001"，"00000010"，"00000100"，"00001000"，"00010000"，"00100000"，"01000000"，"10000000"；在片选端 $CS=0$ 无效的情况下，输出端处于高阻 Z。可见，上述程序实现了 8×8 ROM 的功能。

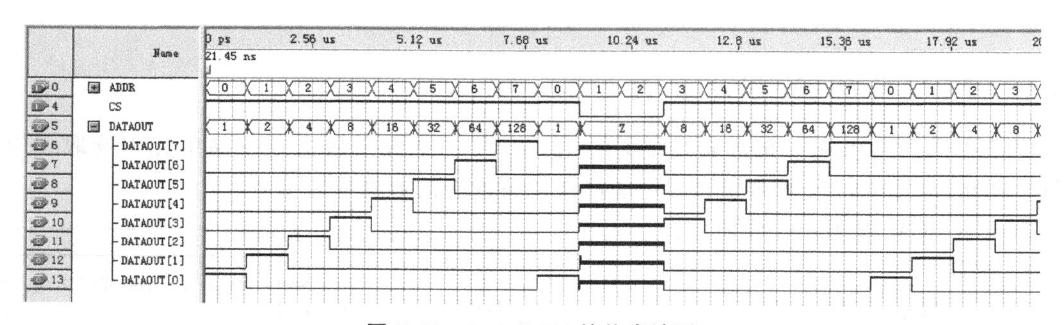

图 7-46 8×8 ROM 的仿真波形

7.3.2 RAM 的 VHDL 设计

随机存取存储器（RAM）的逻辑功能是在地址信号的选择下对指定存储单元进行读/写操作。RAM 不但能进行数据的读取，而且能修改或写入新的数据。

以 16×8 RAM 为例，设计如下：

1. 实体

16×8 RAM 的实体如图 7-47 所示。图中，RAM16 为 16×8 RAM 的实体名，CLK 为上升沿触发的时钟端，R_NW 为读/写信号（高电平为读操作，低电平为写操作），CS 为低电平有效的片选端，ADDR［3..0］为 4 位总线型地址选择信号，DATAIN［7..0］为 8 位总线型数据输入，DATAOUT［7..0］为 8 位总线型输出端。

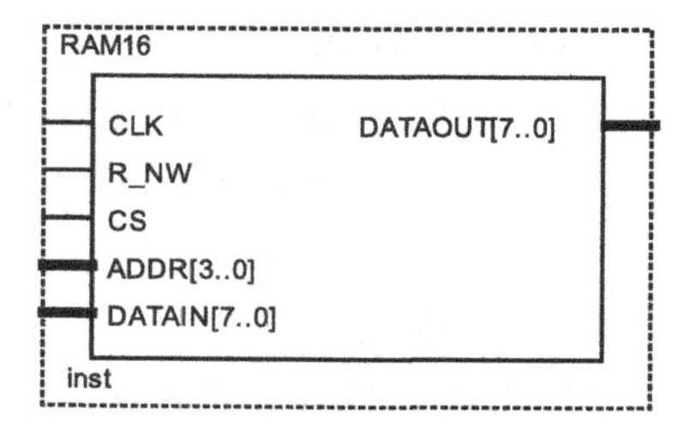

图 7-47 16×8 RAM 的实体

2. VHDL 程序设计

```
LIBRARY IEEE;
USE IEEE.STD_LOGIC_1164.ALL;
USE IEEE.STD_LOGIC_UNSIGNED.ALL;
ENTITY RAM16 IS
```

```
PORT(CLK:IN STD_LOGIC;
        R_NW:IN STD_LOGIC;
        CS:IN STD_LOGIC;
        ADDR:IN STD_LOGIC_VECTOR(3 DOWNTO 0);
        DATAIN:IN STD_LOGIC_VECTOR(7 DOWNTO 0);
        DATAOUT:OUT STD_LOGIC_VECTOR(7 DOWNTO 0));
END RAM16;
ARCHITECTURE ONE OF RAM16 IS
    TYPE MEMORY IS ARRAY(0 TO 15)OF STD_LOGIC_VECTOR(7 DOWNTO 0);
    SIGNAL DATA1: MEMORY;
BEGIN
PROCESS(CLK)
  BEGIN
    IF CLK'EVENT AND CLK='1' THEN
      IF(CS = '0') THEN
        IF(R_NW = '1') THEN
          DATAOUT <= DATA1(CONV_INTEGER(ADDR));
        ELSE
          DATA1(CONV_INTEGER(ADDR)) <= DATAIN;
        END IF;
    ELSE DATAOUT<=(OTHERS=>'Z');
    END IF;
END IF;
END PROCESS;
END ONE;
```

3. 仿真波形及分析

16×8 RAM 的仿真波形如图 7-48 所示。由图可知，在片选端 CS 有效情况下，并且 *R_NW*=0 时，在 CLK 的控制下，将 DATAIN 端的数据 “11” “12” “13” “14” “15” 写入到地址 “0” “1” “2” “3” “4” 对应的 RAM 存储单元中；在片选端 CS 有效的情况下，并且 *R_NW*=1 时，在 CLK 的控制下，从地址 “0” “1” “2” “3” “4” 对应的 RAM 存储单元中读出相应的数据从 DATAOUT 端输出。可见，上述程序实现了 16×8 RAM 的功能。

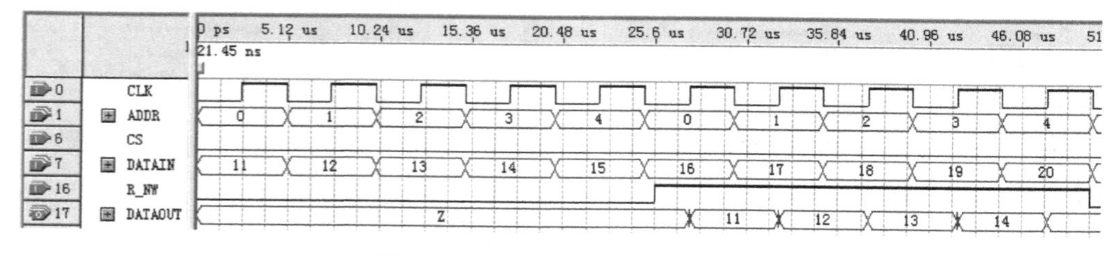

图 7-48　16×8 RAM 的仿真波形

7.3.3 利用 LPM 进行存储器设计

在 EDA 软件中提供了参数化模块库（Library of Parameterized Modules，LPM）。以使用 Quartus II 参数化模块库设计 ROM 为例，介绍 LPM 的使用方法。

1. 定制 ROM 元件

1）新建原理图文件，打开元件调用窗口，如图 7-49 所示。单击“MegaWizard Plug-In Manager”按钮，进入定制宏模块的流程。

2）在图 7-50 对话框中选择第一项，创建新的宏功能模块，单击“NEXT”按钮进入下一页。

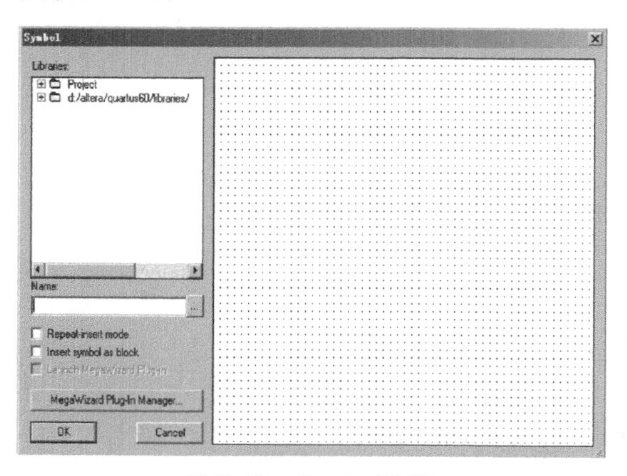

图 7-49 Symbol 窗口

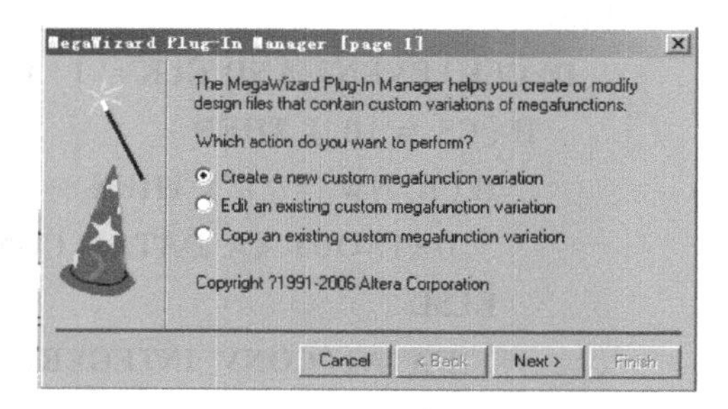

图 7-50 宏模块定制第 1 页

3）宏模块定制第 2 页如图 7-51 所示，在宏模块定制第 2 页中的左栏中，选择“Memory Compiler”中“ROM：1-PORT”模块，在右栏中，设置目标器件类型（Cyclone II）、待生成文件类型（VHDL）、生成文件输出路径和文件名（E：\ ROM \ DATA. VHD）。单击“NEXT”按钮进入下一页。

4）宏模块定制第 3 页如图 7-52 所示。本页设置 ROM 数据宽度为 8 位、存储数据量为 64 个字。

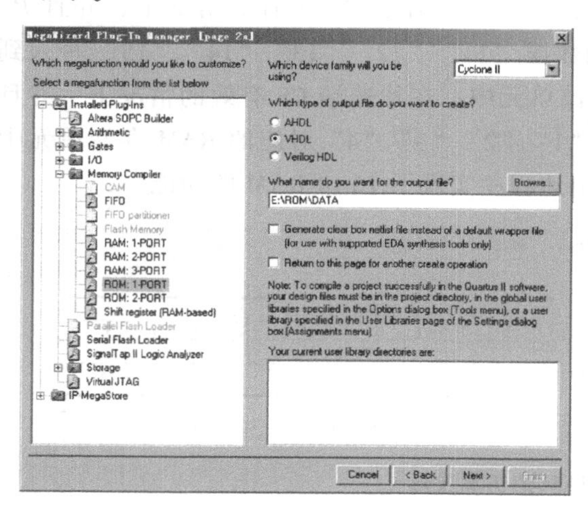

图 7-51 宏模块定制第 2 页

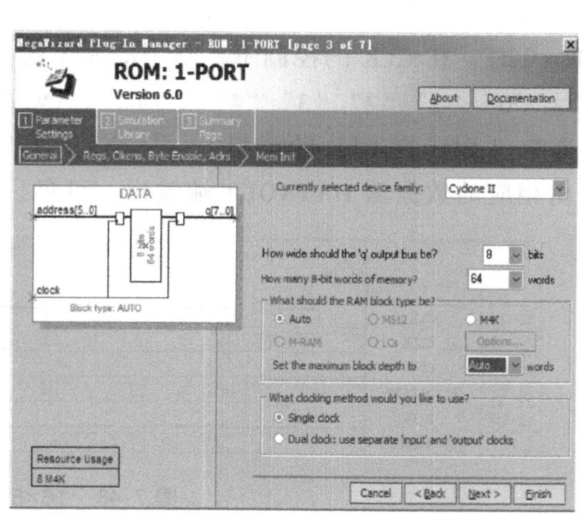

图 7-52 宏模块定制第 3 页

5）宏模块定制第 4 页如图 7-53 所示。本页选择地址和输出端口是否需要寄存，此处选择 q 输出端需要寄存。还可以根据需要进行时钟使能端、寄存器复位端的设置。

6）宏模块定制第 5 页如图 7-54 所示。本页指明初始化 ROM 所使用的数据文件名称为 Mif1. mif。

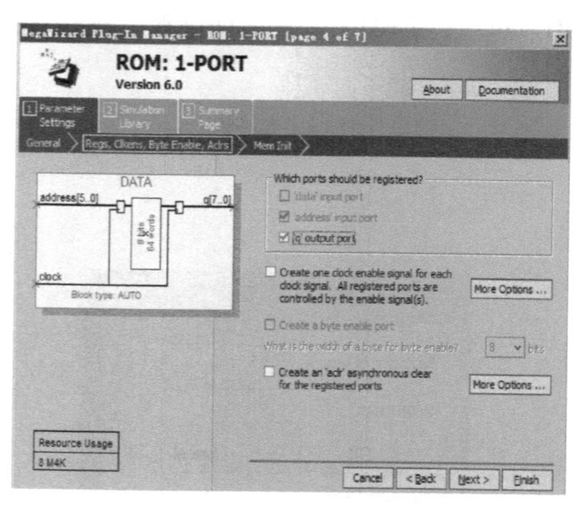

图 7-53　端口设置

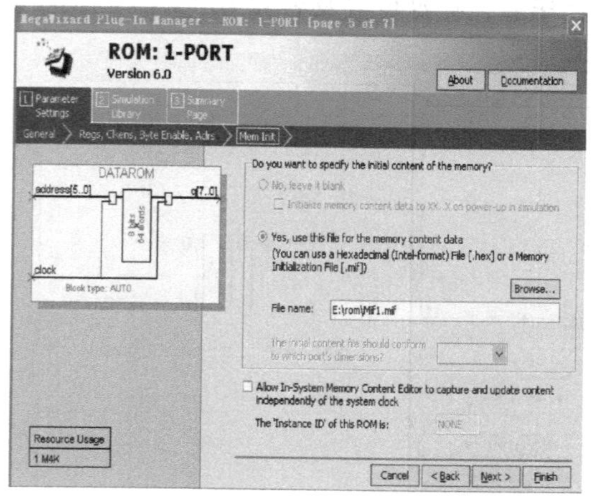

图 7-54　指定 MIF 文件

7）宏模块定制第 6 页如图 7-55 所示。本页为仿真库设置，选择默认仿真库。

8）宏模块定制第 7 页如图 7-56 所示。本页为总结，对产生的各类文件进行说明。若前面设置有误，单击“Back”返回相应页面进行修改；若前面设置无错误，则单击“Finish”，完成 ROM 的设计。

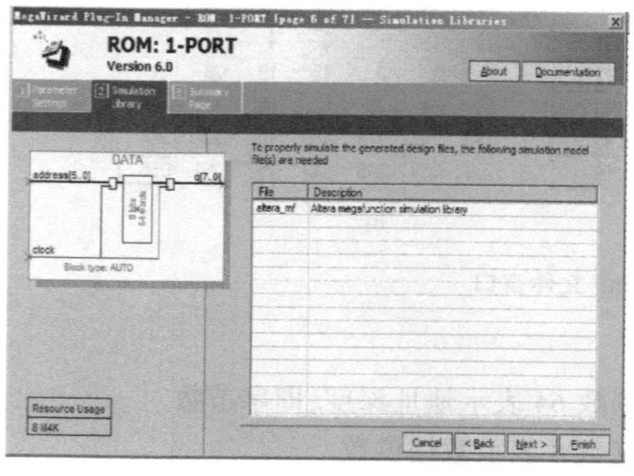

图 7-55　仿真库设置页

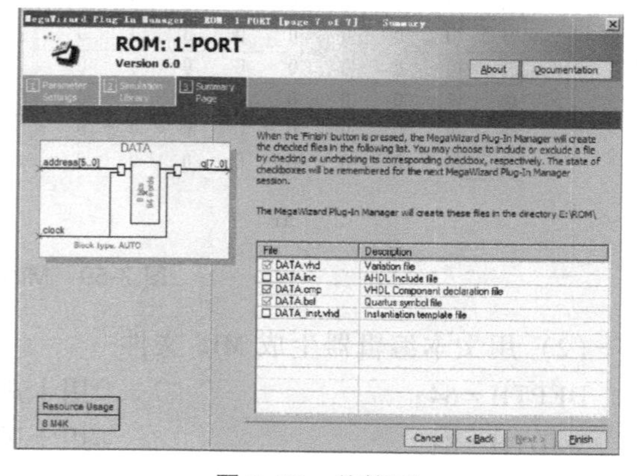

图 7-56　总结页

9）设计完成后，在 Symbol 窗口中即可调用该元件，如图 7-57 所示。

2. 建立 ROM 初始化文件

设计数据 ROM 必须先建立 ROM 初始化文件。ROM 初始化文件有 MIF（Memory Initialization File）格式和 HEX 格式。此处使用的是 MIF 格式。MIF 文件可使用 Quartus II 生成，也可使用文本编辑器生成。

（1）用 Quartus II 软件生成 MIF 文件

在 Quartus II 的 File 菜单中选择“New”，新建“Memory Initialization File”。如图 7-58 所

示进行 ROM 容量设置，在 ROM 容量设置窗口中输入字节数 64，位宽 8，则建立 64×8 位的 MIF 文件。

设置好容量后，单击“OK”，出现 Mif1.mif 文件窗口，默认数据全部为零，如图 7-59a 所示。如图 7-59b 所示，根据需要改变表中数据，例如采用 64 点正弦数据表。ROM 数据输入完毕后，存盘位置及名称为“E：\ROM\Mif1.mif”（与 ROM 文件保存位置一致）。

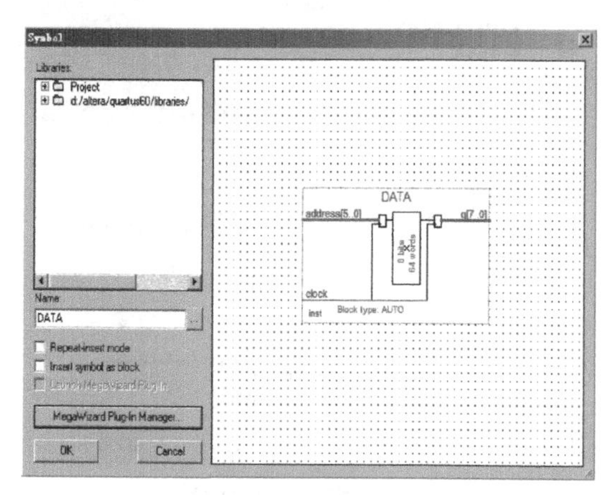

图 7-57　调用定制元件

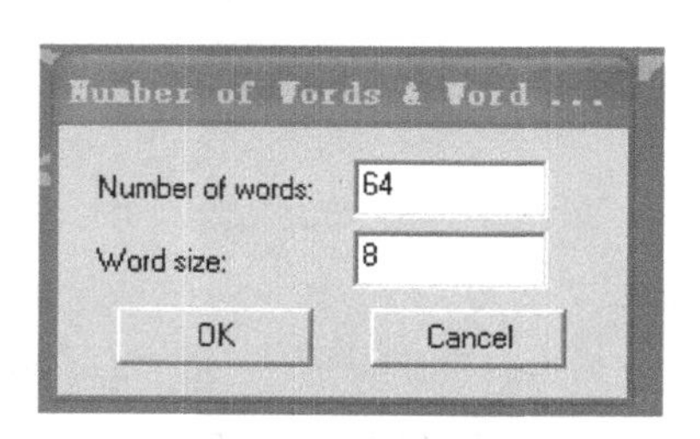

图 7-58　ROM 容量设置

Mif1.mif

Addr	+0	+1	+2	+3	+4	+5	+6	+7
0	0	0	0	0	0	0	0	0
8	0	0	0	0	0	0	0	0
16	0	0	0	0	0	0	0	0
24	0	0	0	0	0	0	0	0
32	0	0	0	0	0	0	0	0
40	0	0	0	0	0	0	0	0
48	0	0	0	0	0	0	0	0
56	0	0	0	0	0	0	0	0

a)

Mif1.mif*

Addr	+0	+1	+2	+3	+4	+5	+6	+7
0	255	254	252	249	245	239	233	225
8	217	207	197	186	174	162	150	137
16	124	112	99	87	75	64	53	43
24	34	26	19	13	8	4	1	0
32	0	1	2	8	13	19	26	34
40	43	53	64	75	87	99	112	124
48	137	150	162	174	186	197	207	217
56	225	233	239	245	249	252	254	255

b)

图 7-59　Mif1.mif 文件窗口

（2）用文本编辑器生成 MIF 文件

```
DEPTH=64;                      --用十进制数 64 表示地址深度,即字节数
WIDTH=8;                       --用十进制数 8 表示数据位数
ADDRESS_RADIX=DEC;             --地址基数,DEC 十进制
DATA_RADIX=DEC;                --数据基数,DEC 十进制
CONTENT                        --在按地址顺序指定数据内容
BEGIN
0:255;
1:254;
2:252;
…                              --省略
```

```
62:254;
63:255;
END;
```

3. ROM 的调用与仿真

如图 7-60 所示，在原理图文件中调用 64×8 ROM 和一个 6 位二进制计数器 CNT64，CNT64 作为 ROM 地址信号发生器。

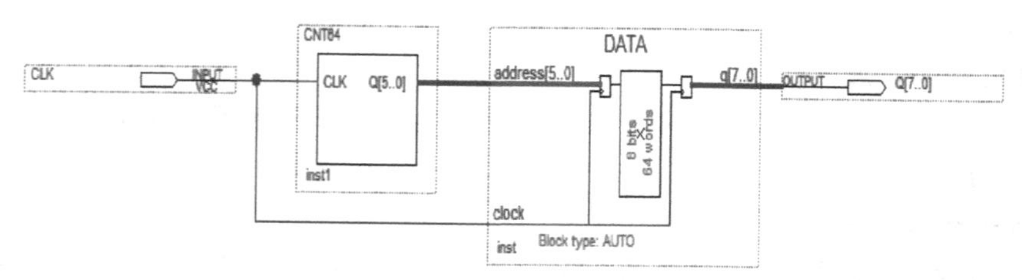

图 7-60　顶层电路

仿真波形如图 7-61 所示。从第二个 CLK 时钟脉冲开始，输出端数据与图 7-59b 的 ROM 表中数据一致。

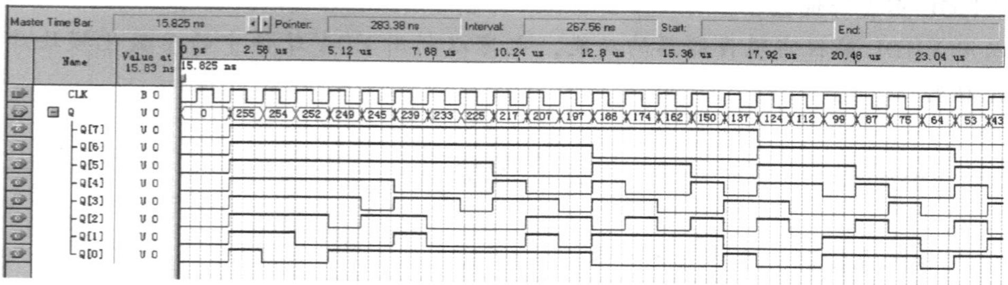

图 7-61　ROM 的仿真波形

若采用 Quartus Ⅱ 9.0 版本，采用模拟波形显示方式，可直观显示正弦波形，如图 7-62 所示。

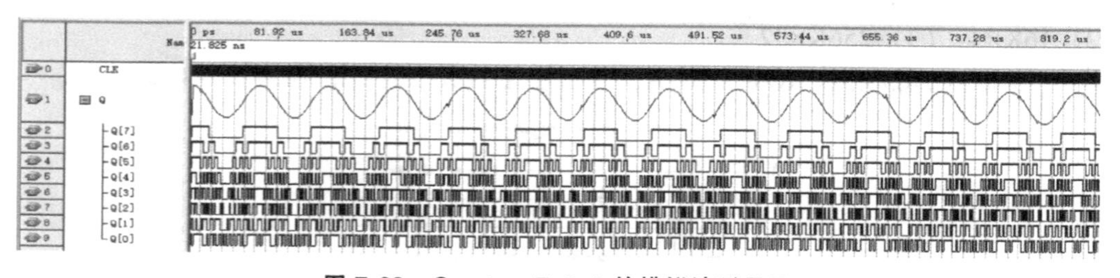

图 7-62　Quartus Ⅱ 9.0 的模拟波形显示

本 章 小 结

1. 半导体存储器的分类和特点

半导体存储器可分为只读存储器（ROM）和随机存储器（RAM）。RAM 是一种易失性的读/写存储器，可分为静态随机存储器（SRAM）和动态随机存储器（DRAM）。ROM 是一种非易失性的存储器，可分为固定ROM和可编程ROM。可编程ROM又可分为PROM、EPROM、E^2PROM和快闪存储器等，特别是E^2ROM和快闪存储器可以用电擦写，兼有RAM的特性。

2. 用ROM实现逻辑函数

从逻辑电路构成的角度看，ROM是由与门阵列（地址译码器）和或门阵列（存储矩阵）构成的组合逻辑电路。ROM的输出是输入最小项的组合，因此采用ROM可方便地实现各种逻辑函数。

3. 存储容量的扩展

可由多片小容量的存储器扩展成大容量的存储器，有三种扩展方式：位扩展、字扩展、位和字同时扩展。

4. 可编程逻辑器件

可编程逻辑器件（PLD）有低密度、高密度等类型。低密度可编程逻辑器件有可编程阵列逻辑（PAL），可编程逻辑阵列（PLA），通用阵列逻辑（GAL）等；高密度可编程逻辑器件有复杂的可编程逻辑器件（CPLD）、现场可编程逻辑门阵列（FPGA）等。PLD器件的编程必须在PLD开发系统的支持下才能完成。

5. VHDL实现存储器

可以用VHDL编程实现存储器的功能，也可以利用EDA软件中的参数化模块库生成所需要的存储器。

习题

7-1 半导体存储器有哪些分类？各有何特点？

7-2 ROM和RAM的主要区别是什么？它们各适用于哪些场合？

7-3 某台计算机系统的内存储器设置有20位的地址线，16位的并行输入/输出端，试计算它的最大存储容量？

7-4 设存储器的起始地址为全零，试指出下列存储系统的最高地址为多少？（1）2K×1；（2）16K×4；（3）256K×32

7-5 分析图7-63所示ROM阵列图，写出输出函数表达式，说明该电路的功能。

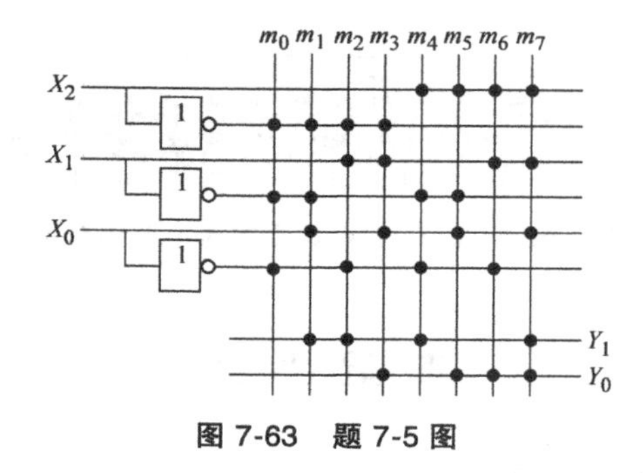

图7-63 题7-5图

7-6 PROM、PLA和PAL如何实现组合逻辑函数？

7-7 试用ROM设计一个能实现函数$Y=X^2$的运算表电路，X的取值范围为0~15的正整数。

7-8 用两片2114（1K×4位）扩展成一个1K×8位的RAM。

7-9 采用两片6116（2K×8位）扩展成一个4 K×8位的RAM。

7-10 用PLA实现4位二进制码转换为格雷码的代码转换电路。

7-11 PAL的结构有什么特点？

7-12 描述PAL与PROM、EPROM之间的区别。

7-13 试分析图7-64所示的逻辑电路，写出逻辑函数表达式。

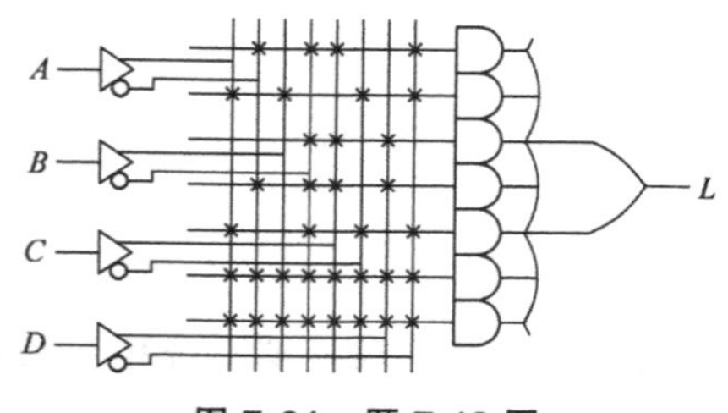

图7-64 题7-13图

7-14 OLMC有何功能？说明GAL是怎样实现可编程组合逻辑电路与时序逻辑电路的。

7-15 为什么GAL能取代大多数的PAL?

7-16 什么是基于乘积项的可编程逻辑结构?

7-17 什么是基于查找表的可编程逻辑结构?

7-18 先进先出存储器（First Input First Output，FIFO）分为写入专用区和读取专用区，读操作与写操作可以异步进行，在FIFO存储器上附加了表示内部缓冲器状态（Buffer Full，缓冲器已满；Buffer Empty，缓冲器为空）的状态引脚，连接于FIFO的双方利用该状态进行操作控制。请用VHDL编写FIFO的程序。

第8章

数/模（D/A）和模/数（A/D）转换电路

应用背景

数/模转换和模/数转换电路是数字系统和模拟系统相互联系的桥梁，是数字系统中不可缺少的组成部分。例如在工业控制过程中，控制对象为压力、流量、温度等连续变化的物理量，经传感器变换为与之相对应的电压、电流等模拟信号，再通过模/数转换电路转换成等效的数字信号送入数字系统（例如微型计算机）进行处理，其输出的数字信号还需通过数/模转换电路转换成等效的模拟信号去驱动或调整生产过程中的控制对象。

本章主要介绍数/模转换和模/数转换的基本原理、典型的转换电路和 VHDL 控制 A/D 或 D/A 的方法。

8.1 D/A 转换器

把数字量转换成模拟量的过程称数/模转换（Digital to Analog，D/A）。具有 D/A 转换功能的逻辑单元称为数/模转换器（Digital to Analog Converter，DAC）。D/A 转换器经常用作数据处理系统的输出接口，为显示器、绘图机以及其他装置提供模拟驱动信号。D/A 转换器还被用作自动控制系统中的模拟输出接口，用以控制调节系统参量。在数字通信系统中，用 D/A 转换器将远地传送过来的数字信息还原成图像或声音。在自动测试设备中，它被用来构成可编程电源或各种函数发生器。它还是许多 A/D 转换器的核心部件。

D/A 转换器常见的有权电阻网络的 D/A 转换器、倒 T 形电阻网络的 D/A 转换器、权电流网络的 D/A 转换器、权电容网络的 D/A 转换器以及开关树形的 D/A 转换器等。

8.1.1 权电阻网络的 D/A 转换器

一个多位二进制数中每一位的 1 所代表的数值大小称为这一位的权。如果一个 n 位二进制数用 $D_n = d_{n-1}d_{n-2}\cdots d_1 d_0$ 表示，那么最高有效位（Most Significant Bit，MSB）到最低有效位（Least Significant Bit，LSB）的权将依次为 2^{n-1}、…、2^{n-2}、2^1、2^0。

实现 D/A 转换的基本方法是用电阻网络将数字量按照每位数码的权转换成相应的模拟量，然后用加法电路将这些模拟量相加输出。加法电路通常采用求和运算放大器实现。

图 8-1 是 4 位权电阻网络 D/A 转换器的工作原理，它由参考电压（基准电压）V_{REF}、权电阻网络、四个模拟开关 $S_0 \sim S_3$ 和一个求和放大器组成。其中，权电阻网络由阻值分别为 2^0R、2^1R、2^2R、2^3R 的电阻组成。

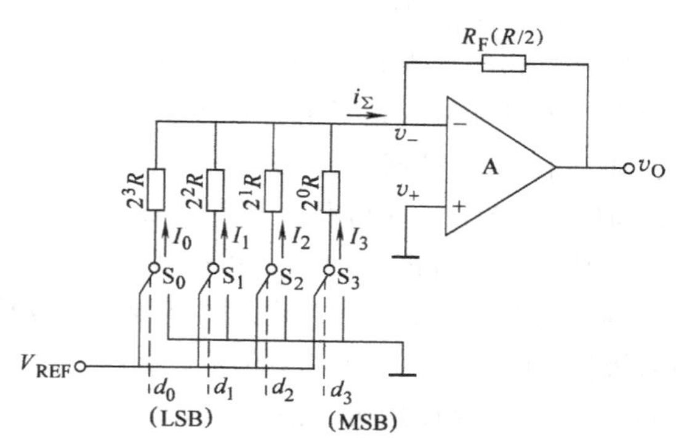

图 8-1　4 位权电阻网络 D/A 转换器工作原理

S_3、S_2、S_1 和 S_0 是四个电子开关，它们的状态分别受输入代码 d_3、d_2、d_1 和 d_0 的取值控制，代码为 1 时开关接到参考电压 V_{REF}，代码为 0 时开关接地。故 $d_i=1$ 时有支路电流 I_i 流向求和放大器，$d_i=0$ 时支路电流为零。

求和放大器是一个接成负反馈的运算放大器。为了简化分析计算，可以把运算放大器近似地看成是理想运算放大器。当参考电压经电阻网络加到 v_- 时，v_O 经 R_F 反馈到 v_- 端完成负反馈，必然有 $v_-=v_+=0$。

根据理想运算放大器输入电流为零（输入阻抗为无穷大）的特性可以得到

$$v_O=-i_\Sigma R_F=-R_F(I_3+I_2+I_1+I_0) \tag{8-1}$$

由于 $v_-=0$，因而各支路电流分别为

$I_3=-\dfrac{V_{REF}}{R}d_3$（其中 $d_3=1$ 时 $I_3=-\dfrac{V_{REF}}{R}$，$d_3=0$ 时 $I_3=0$）

$I_2=-\dfrac{V_{REF}}{R}d_2$

$I_1=-\dfrac{V_{REF}}{R}d_1$

$I_0=-\dfrac{V_{REF}}{R}d_0$

将它们代入式（8-1）并取 $R_F=R/2$，得到

$$v_O=-\frac{V_{REF}}{2^4}(2^3d_3+2^2d_2+2^1d_1+2^0d_0) \tag{8-2}$$

对于 n 位的权电阻网络 D/A 转换器，当反馈电阻取为 $R/2$ 时，输出电压可写成

$$v_O=-\frac{V_{REF}}{2^n}(2^{n-1}d_{n-1}+2^{n-2}d_{n-2}+\cdots+2^1d_1+2^0d_0)=-\frac{V_{REF}}{2^n}D_n \tag{8-3}$$

式（8-3）表明，输出的模拟电压正比于输入的数字量 D_n，从而实现了从数字量到模拟量的转换。当 $D_n=0$ 时，$v_O=0$，当 $D_n=11\cdots11$ 时 $v_O=-\dfrac{2^n-1}{2^n}V_{REF}$，故 v_O 的最大变化范围是 $0\sim-\dfrac{2^n-1}{2^n}V_{REF}$。

由式（8-3）还可知，在 V_{REF} 为正电压时输出电压 v_O 始终为负值。要想得到正的输出

电压，可以将 V_{REF} 取为负值。

这种电路的优点是结构比较简单，所用的电阻个数很少。它的缺点是各个电阻的阻值相差较大，尤其在输入信号的位数较多时，这个问题就更加突出。例如当输入信号增加到8位时，如果取权电阻网络中最小的电阻为 $R=10\text{k}\Omega$，那么最大的电阻阻值将达到 $2^7R=1.28\text{M}\Omega$，两者相差128倍。要想在极为宽广的阻值范围内保证每个数值不相同的电阻都有很高的精度是十分困难的，尤其对制作集成电路更加不利。

为了克服这个缺点，在输入数字量的位数较多时可以采用图8-2所示的双级权电阻网络。在双级权电阻网络中，每一级仍然只有四个电阻，它们之间的阻值之比还是1：2：4：8。可以证明，只要取两级的串联电阻 $R_S=8R$，即可得到

$$v_O=-\frac{V_{REF}}{2^8}(2^7d_7+2^6d_6+2^5d_5+\cdots+2^1d_1+2^0d_0)=-\frac{V_{REF}}{2^8}D_n$$

可见，所得到的结果与式（8-3）相同。虽然电阻的最大值与最小值相差仍为8倍，但是图8-2仍不失为一种可取的方案。

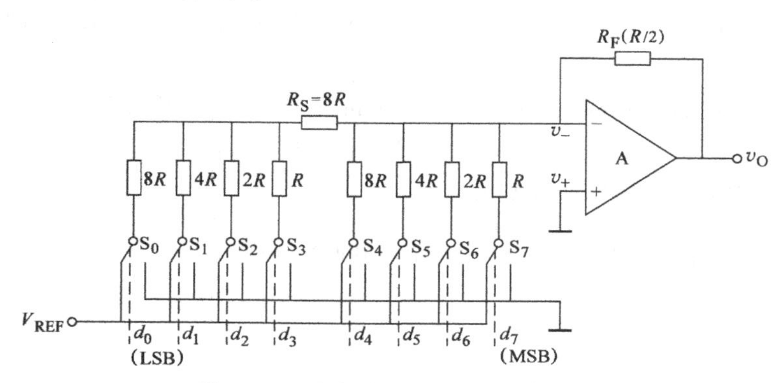

图8-2 双级权电阻网络D/A转换器

8.1.2 倒T形电阻网络的D/A转换器

在单片集成D/A转换器中，使用较多的是倒T形电阻网络D/A转换器。4位倒T形电阻网络D/A转换器的工作原理如图8-3所示。它只有 R 和 $2R$ 两种电阻，克服了二进制权电阻网络D/A转换器中电阻范围宽的缺点。

图8-3中，$S_0\sim S_3$ 为模拟开关，R-$2R$ 电阻解码网络呈倒T形，运算放大器A构成求和电路。S_i 由输入数码 D_i 控制，当 $D_i=1$ 时，S_i 接运算放大器反相输入端（“虚地”），I_i 流入求和电路；当 $D_i=0$ 时，S_i 将电阻 $2R$ 接地。

由图8-3可知，因为求和放大器反相输入端 v_- 的电位始终接近于零，所以无论开关 S_3、S_2、S_1、S_0 合到哪一边，都相当于接到了“地”电位上，流过每个支路的电流也始终不变。在计算倒T形电阻网络中各支路的电流时，可以画出电阻网络的等效电路，如图8-4所示。

不难看出，从AA′、BB′、CC′、DD′每个端口向左看过去的等效电阻都是 R，因此参考电源流入倒T形电阻网络的总电流 $I=V_{REF}/R$，而每个支路的电流依次为 $I/2$、$I/4$、$I/8$ 和 $I/16$。

如果令 $d_i=0$ 时，开关 S_i 接地（接放大器的 v_+），而 $d_i=1$ 时，S_i 接至放大器的输入端

v_-，则由图 8-3 可知

$$i_\Sigma = \frac{I}{2}d_3 + \frac{I}{4}d_2 + \frac{I}{8}d_1 + \frac{I}{16}d_0$$

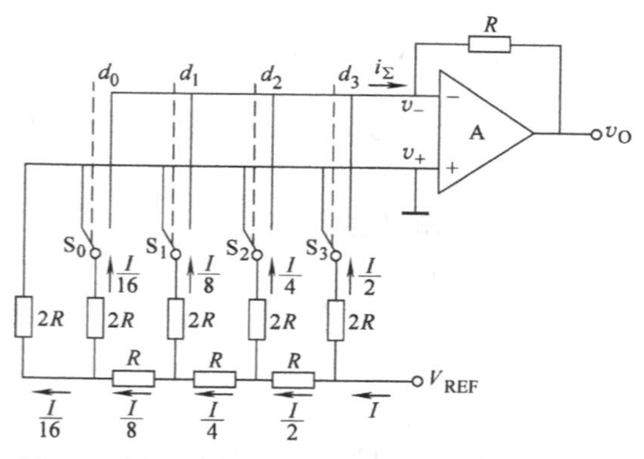

图 8-3　倒 T 形电阻网络 D/A 转换器的工作原理

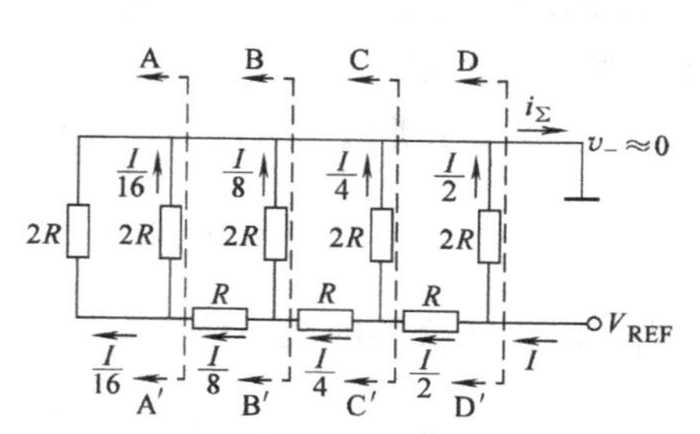

图 8-4　倒 T 形电阻网络支路电流的等效电路

在求和放大器的反馈电阻为 R 的条件下，输出电压为

$$v_O = -Ri_\Sigma = -\frac{V_{REF}}{2^4}(2^3d_3 + 2^2d_2 + 2^1d_1 + 2^0d_0) \tag{8-4}$$

对于 n 位输入的倒 T 形电阻网络 D/A 转换器，在求和放大器的反馈电阻为 R 的条件下，输出模拟电压为

$$v_O = -\frac{V_{REF}}{2^n}(2^{n-1}d_{n-1} + 2^{n-2}d_{n-2} + \cdots + 2^1d_1 + 2^0d_0) = -\frac{V_{REF}}{2^n}D_n \tag{8-5}$$

式（8-5）说明，输出的模拟电压与输入的数字量成正比。而且式（8-5）和权电阻网络 D/A 转换器的输出电阻表达式（8-3）具有相同的形式。

倒 T 形电阻网络 D/A 转换器除了电路简单、电阻种类少外，还具有转换速度快的特点，这是由于在电路中，各支路电流不变，不需要电流建立时间。因此，倒 T 形电阻网络 D/A 转换器是目前使用最多、转换速度较快的一种。

【例 8-1】 已知倒 T 形电阻网络 D/A 转换器的 $R_F = R$，$V_{REF} = 8V$，试分别求出 4 位和 8 位 D/A 转换器的最小输出电压 $v_{O(min)}$ 和最大输出电压 $v_{O(max)}$ 的数值。

解：（1）最小输出电压 $v_{O(min)}$ 是指在 D/A 转换器的输入数字量中只有最低有效位为 1（$d_0 = 1$）时的输出电压。

根据式（8-5），可以写出 4 位 D/A 转换器（$n=4$）的最小输出电压为

$$v_{O(min)} = -\frac{V_{REF}}{2^n}\sum_{i=0}^{n-1}(2^id_i) = -\frac{8}{2^4}\times 1V = -0.5V$$

同理，8 位 D/A 转换器（$n=8$）的最小输出电压为

$$v_{O(min)} = -\frac{V_{REF}}{2^n}\sum_{i=0}^{n-1}(2^id_i) = -\frac{8}{2^8}\times 1V = -0.031V$$

（2）最大输出电压 $v_{O(max)}$ 是指在 D/A 转换器的输入数字量中各有效位均为 1（$d_i = 1$）时的输出电压。根据式（8-5），可以写出 4 位 D/A 转换器（$n=4$）的最大输出电压为

$$v_{O(max)}=-\frac{V_{REF}}{2^n}\sum_{i=0}^{n-1}(2^i d_i)=-\frac{8}{2^4}\times(2^4-1)\text{V}=-7.5\text{V}$$

同理，8位D/A转换器（$n=8$）的最大输出电压为

$$v_{O(max)}=-\frac{V_{REF}}{2^n}\sum_{i=0}^{n-1}(2^i d_i)=-\frac{8}{2^8}\times(2^8-1)\text{V}=-7.97\text{V}$$

【例8-2】 已知倒T形电阻网络D/A转换器的$R_F=2R$，$V_{REF}=8\text{V}$，试分别求出4位和8位D/A转换器的最小输出电压$v_{O(min)}$的数值。

解：与例8-1类似，可以写出4位D/A转换器的最小输出电压为

$$v_{O(min)}=-i_\Sigma R_F=-\frac{V_{REF}R_F}{2^n R}\sum_{i=0}^{n-1}(2^i d_i)=-\frac{8\ 2R}{2^4\ R}\times1\text{V}=-1\text{V}$$

8位D/A转换器的最小输出电压为

$$v_{O(min)}=-i_\Sigma R_F=-\frac{V_{REF}R_F}{2^n R}\sum_{i=0}^{n-1}(2^i d_i)=-\frac{8\ 2R}{2^8\ R}\times1\text{V}=-0.062\text{V}$$

由以上两例可以看出：在V_{REF}和R_F相同条件下，位数越多，输出最小电压的数值越小，输出最大电压的数值越大；在V_{REF}和位数相同条件下，R_F越大，则输出电压的数值越大。

8.1.3 权电流型D/A转换器

在前面分析权电阻网络D/A转换器和倒T形电阻网络D/A转换器的过程中，都把模拟开关当作理想开关处理，没有考虑它们的导通电阻和导通压降。而实际上这些开关总有一定的导通电阻和导通压降，而且每个开关的情况又不完全相同。它们的存在无疑将引起转换误差，影响转换精度。

解决这个问题的一种方法就是采用图8-5所示的权电流型D/A转换器。在权电流型D/A转换器中，有一组恒流源。每个恒流源电流的大小依次为前一个的1/2，和输入二进制数对应位的“权”成正比。由于采用了恒流源，每个支路电流的大小不再受开关内阻和压降的影响，从而降低了对开关电路的要求。

恒流源电路经常使用图8-6所示的电路结构形式。只要在电路工作时保证V_B和V_{EE}稳定不变，则晶体管的集电极电流即可保持恒定，不受开关内阻的影响。电流的大小近似为

$$I_i=\frac{V_B-V_{EE}-V_{BE}}{R_{Ei}} \tag{8-6}$$

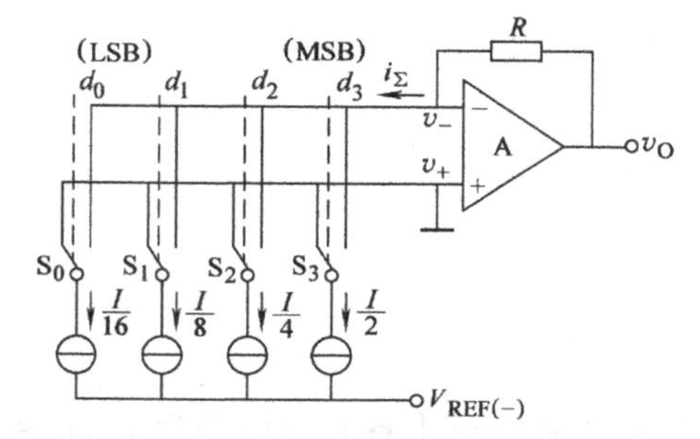

图8-5 权电流型D/A转换器

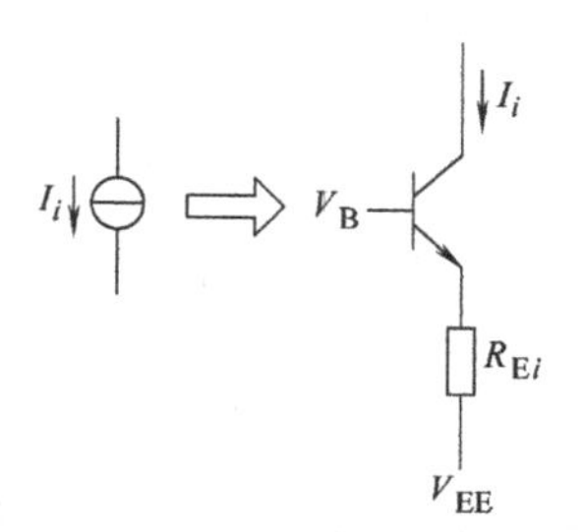

图8-6 权电流型D/A转换器中的恒流源

当输入数字量的某位代码为 1 时，对应的开关将恒流源接至运算放大器的输入端；当输入代码为 0 时，对应的开关接地，故输出电压为

$$\begin{aligned} v_O &= R_F i_\Sigma \\ &= R_F\left(\frac{I}{2}d_3+\frac{I}{2^2}d_2+\frac{I}{2^3}d_1+\frac{I}{2^4}d_0\right) \\ &= \frac{R_F I}{2^4}(d_3\times2^3+d_2\times2^2+d_1\times2^1+d_0\times2^0) \end{aligned} \tag{8-7}$$

可见，v_O 正比于输入的数字量。

在相同的 V_B 和 V_{EE} 取值下，为了得到一组依次为 1/2 递减的电流源就需要用到一组不同阻值的电阻。为减少电阻阻值的种类，在实用的权电流型 D/A 转换器中经常利用倒 T 形电阻网络的分流作用产生所需的一组恒流源，如图 8-7 所示。

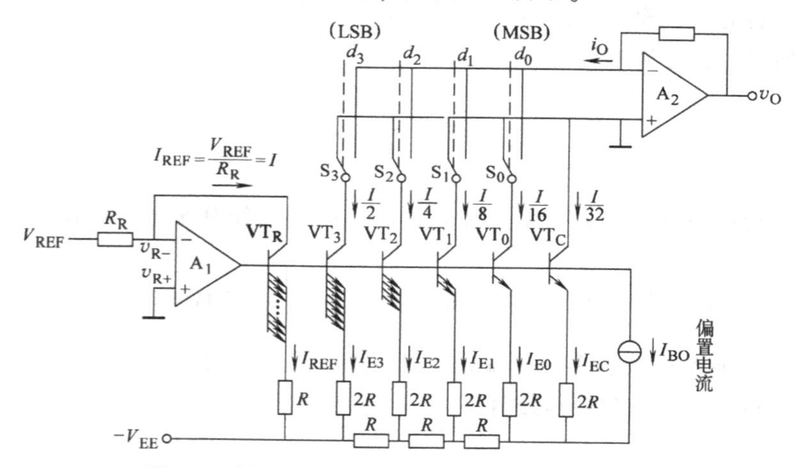

图 8-7　倒 T 形电阻网络的权电流型 D/A 转换器

由图 8-7 可知，VT_3、VT_2、VT_1、VT_0 和 VT_C 的基极接在一起，只要这些晶体管的发射结压降 V_{BE} 相等，则它们的发射极处于相同的电位。在计算各支路的电流时，可以认为所有 2R 电阻的上端都接到了同一个电位上，因而电路的工作状态与图 8-4 中的倒 T 形电阻网络的工作状态一样。这时流过每个 2R 电阻的电流自左而右依次减少 1/2。为保证所有晶体管的发射结压降相等，在发射极电流较大的晶体管中按比例地加大了发射结的面积，在图 8-7 中用增加发射极的数目来表示。图中的恒流源 I_{BO} 用来给 VT_R、VT_C、VT_0 ~ VT_3 提供必要的基极偏置电流。

运算放大器 A_1、晶体管 VT_R 和电阻 R_R、R 组成了基准电流发生电路。基准电流 I_{REF} 由外加的基准电压 V_{REF} 和电阻 R_R 决定。由于 VT_3 和 VT_R 具有相同的 V_{BE} 而发射极回路电阻相差一倍，所以它们的发射极电流也必然相差一倍，故有

$$I_{REF}=2I_{E3}=\frac{V_{REF}}{R_R}=I \tag{8-8}$$

将式（8-8）代入式（8-7）中得到

$$v_O=\frac{R_F V_{REF}}{2^4 R_R}(d_3\times2^3+d_2\times2^2+d_1\times2^1+d_0\times2^0) \tag{8-9}$$

对于输入为 n 位二进制数码的这种电路结构的 D/A 转换器，输出电压的计算公式可写成

$$v_O = \frac{R_F V_{REF}}{2^n R_R}(d_{n-1}\times 2^{n-1}+d_{n-2}\times 2^{n-2}+\cdots+d_1\times 2^1+d_0\times 2^0)$$

$$= \frac{R_F V_{REF}}{2^n R_R} D_n \tag{8-10}$$

8.1.4 D/A 转换器的主要技术指标

1. 分辨率

分辨率是分辨最小电压的能力，用最小输出电压与最大输出电压的比值表示。

所谓最小输出电压是指当输入数字量只有最低位为 1 时的输出电压；而最大输出电压是指当输入数字量各有效位全 1 时的输出电压。所以分辨率常用 $1/(2^n-1)$ 表示。例如，对 $n=8$ 的 D/A 转换器，其分辨率为

$$\frac{1}{2^n-1}=\frac{1}{2^8-1}\approx 0.004$$

如果输出模拟电压满量程为 10V，则 8 位 D/A 转换器能分辨的最小电压为 $\frac{1}{2^8-1}\times 10\text{V}\approx 0.03922\text{V}$；而 10 位 D/A 转换器能分辨的最小电压为 $\frac{1}{2^{10}-1}\times 10\text{V}\approx 0.009775\text{V}$。

所以，D/A 转换器位数越多分辨输出最小电压的能力越强，即分辨率越高。因此，也可以用输入数字量的有效位数表示分辨率。

2. 转换精度

D/A 转换器的转换精度是指实际的输出模拟电压与理论值之间的差值，常以百分数来表示。这个转换误差是一个综合性误差。它包括比例系数误差、元件精度和漂移误差及非线性误差等。例如，某 D/A 转换器的输出模拟电压满刻度值为 10V，精度为±0.2%，其输出电压的最大误差为 0.2%×10V=20mV。

转换精度除和转换误差有关外，还和输入数字量的位数有关，即和分辨率有关。但精度和分辨率的含义是不相同的。设计时，一般要求转换误差应小于或等于±LSB/2，LSB 为最低有效位的缩写（Least Significant Bit）。即误差要求小于或等于输入最低数字所对应的输出电压 LSB 的 1/2。显然位数越多，对 D/A 转换器的精度要求也越高。

3. 线性度

在理想的 D/A 转换器中，相等的单位数字量输入的增量应该产生相等的输出模拟量增量，也即输入-输出的特性曲线是一条直线，如图 8-8 中实线所示。

如果转换器的实际特性是理想的，则各个数字量与对应的模拟量的交点必须位于这条理想直线上。事实上，转换器总存在着一些误差，因此，这些点并不是位于这条理想直线上，而产生了误差 ε，如图 8-8 中虚线所示。其中 ε_{max} 为误差中最大值，Δ 为数字输入改变一个最低有效位（LSB）时相应的正常模拟输出的变化。D/A 转换器的线性度通常用 ε_{max}/Δ 来表示，而产品的线性度常要求小于 LSB/2，这意味着 ε_{max} 的绝对值小于 $\Delta/2$。

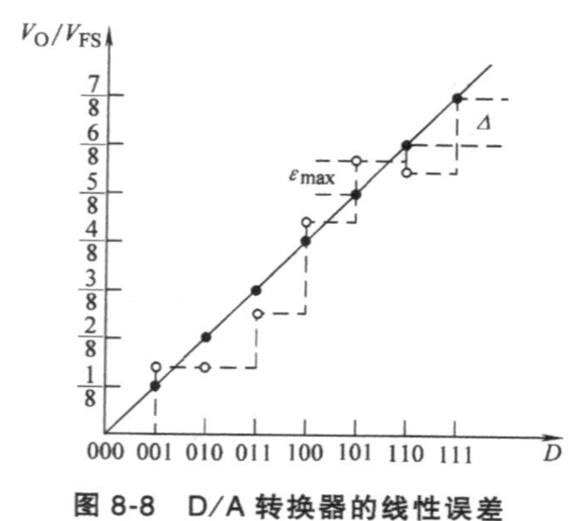

图 8-8　D/A 转换器的线性误差

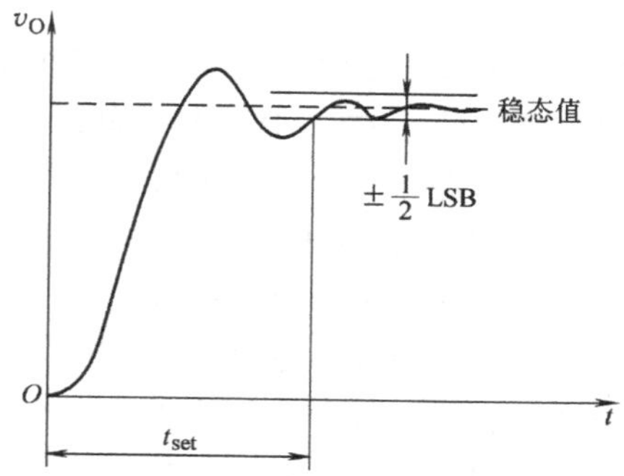

图 8-9　D/A 转换器的建立时间

4. 转换速度

通常用建立时间来定量描述 D/A 转换器的转换速度。建立时间是指数字信号由全“1”变为全“0”或由全“0”变为全“1”起，直到输出模拟信号电压达到稳态值±LSB/2 范围以内的这段时间。图 8-9 所示波形中的 t_{set} 为建立时间。

在外加运算放大器组成完整的 D/A 转换器时，完成一次转换的全部时间应包括建立时间和运算放大器的上升时间（或下降时间）两部分。若运算放大器输出电压的转换速度为 S_R（即输出电压的变化速度），则完成一次 D/A 转换的最大转换时间为

$$T_{TR(max)}=t_{set}+v_{O(max)}/S_R$$

式中，$v_{O(max)}$ 为输出模拟电压的最大值。

在外加运算放大器组成完整的 D/A 转换器中，如果采用普通的运算放大器，则运算放大器的建立时间将成为 D/A 转换器建立时间 t_{set} 的主要成分。因此，为了获得较快的转换速度，应该选用转换速率（即输出电压的变化速度）较快的运算放大器，以缩短运算放大器的建立时间。

8.2　A/D 转换器

把模拟量转换成数字量的过程称为模拟-数字转换，或称模/数转换（Analog to Digital，A/D）。实现 A/D 转换的电路，称为 A/D 转换器（Analog to Digital Converter，ADC）。

A/D 转换器的种类很多，主要分为直接 A/D 转换和间接 A/D 转换两大类。直接 A/D 转换把输入模拟电压信号直接转换成相应的数字信号，例如并联比较型、逐次逼近型等；间接 A/D 转换把输入的模拟信号先转换成某种中间变量（例如时间、频率等），然后再将这个中间变量转换成输出的数字信号，例如积分型、电压-频率变换型、Δ-Σ 型等。

8.2.1　A/D 转换器的工作原理

A/D 转换器输入信号在时间上是连续的模拟量，而输出信号是离散的数字量。一般在进行 A/D 转换时，要按一定的时间间隔，对模拟信号进行取样，然后再把取样得到的值转换为数字量。因此，A/D 转换的基本过程由取样、保持、量化和编码组成。通常，取样和保持两个过程由取样-保持电路完成，量化和编码常在转换中同时实现。

1. 取样与保持

取样就是按一定时间间隔采集模拟信号的过程。由于 A/D 转换过程需要时间，所以取样得到的“样值”在 A/D 转换期间就不能改变，因此对取样得到的信号“样值”就需要保持一段时间，直到进行下一次取样。

取样-保持的原理电路如图 8-10a 所示。其中，开关 S 由取样信号 v_S 控制：当 v_S 为高电平时，S 闭合；当 v_S 为低电平时，S 断开。S 闭合时为取样阶段，此时 $v_O=v_I$；S 断开时为保持阶段，此时由于电容 C 无放电回路，所以 v_O 保持在上一次采样结束时输入电压的瞬时值上。假设 S 闭合的时间趋于零，这种取样称理想取样，其取样波形如图 8-10b 所示。

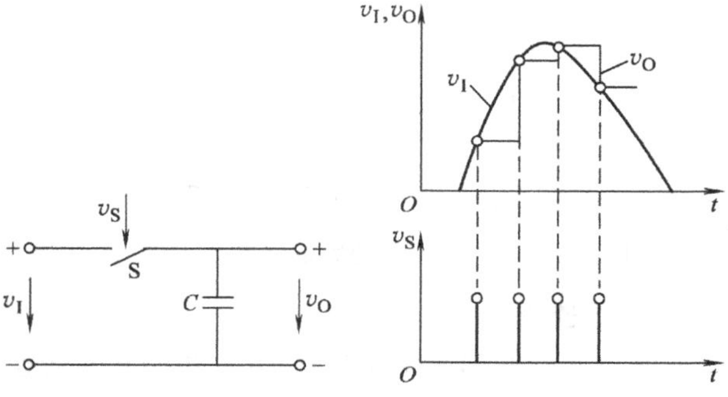

图 8-10　取样-保持原理电路与取样波形
a）原理电路　b）理想取样波形

(1) 取样定理

由图 8-11a 可见，为了能正确无误地用取样信号 v_O 表示模拟信号 v_I，取样信号必须有足够高的频率。可以证明，为了保证能从取样信号中不失真恢复原信号，必须满足取样定理，即

$$f_S \geqslant 2f_{I(max)} \tag{8-11}$$

式中，f_S 为取样频率；$f_{I(max)}$ 为输入模拟信号 v_I 的最高频率。

如果输入模拟信号的最高频率分量为 200Hz，则采样频率应该不低于 400Hz。

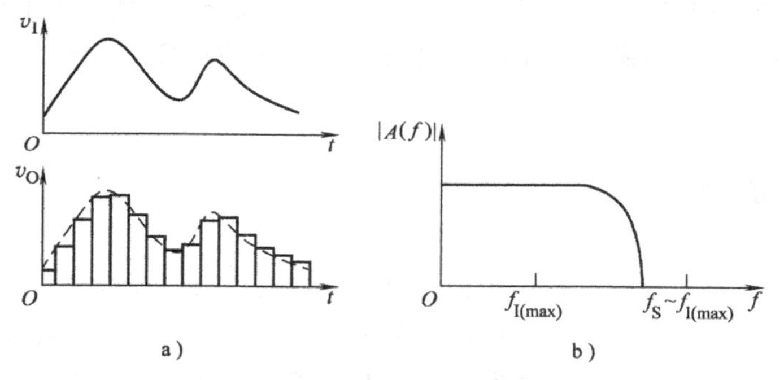

图 8-11　信号的取样与还原
a）对输入模拟信号的取样　b）还原取样信号所用滤波器的频率特性

在满足取样定理的条件下，经过 D/A 转换器，可以用低通滤波器将 v_O 还原为 v_I。这个低通滤波器的电压传输系数在低于 $f_{I(max)}$ 的范围内应保持不变，而在 f_S~$f_{I(max)}$ 以前应迅速下降为零，如图 8-11b 所示。

在实际数据采集系统中，为了防止所采集的数据太多，占用大量存储空间，一般建议，$2f_{I(max)} \leqslant f_S \leqslant 5f_{I(max)}$。另外，也常在采样之前加入前置低通滤波器（也称为抗混叠滤波器），以便滤掉信号中不起作用的高频分量。

(2) 取样-保持电路

取样-保持电路种类很多，图 8-12 是三种常用的取样-保持电路。分别由取样开关管 VT、存储信息的电容 C 和缓冲放大器 A 等几个部分组成。

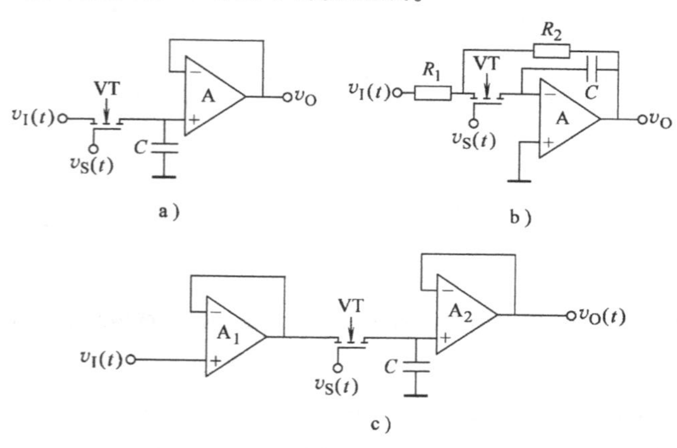

图 8-12　三种常用的取样-保持电路

在图 8-12a 中，取样开关由场效应晶体管 VT 构成，并受取样脉冲 v_S（t）控制。在 v_S（t）为高电平期间，场效应晶体管 VT 导通，相当于开关闭合。若忽略导通压降，则电容 C 相当于直接与 v_I（t）相连，v_O（t）随 v_I（t）变化，当 v_S（t）由高电平变为低电平时，场效应晶体管 VT 截止，相当于开关断开。若 A 为理想运算放大器，则流入运算放大器 A 输入端的电流为零，所以场效应晶体管截止期间电容无放电回路，电容保持上一次取样结束时的输入电压瞬时值直到下一个取样脉冲的到来。然后，场效应晶体管 VT 重新导通，v_O（t）和电容 C 上的电压又重新跟随 v_I（t）变化。

图 8-12b 所示电路的原理与图 8-12a 所示电路基本相同。在 v_S（t）为高电平期间，场效应晶体管 VT 导通，v_I（t）经过 R_1 和 VT 向电容 C 充电。充电时间常数 R_1C 必须足够小，v_O（t）才能跟上 v_I（t）的变化，即保证一定的取样速度。当电容 C 充电结束时，由于放大倍数 $A_u=-R_2/R_1$，所以输出电压与输入电压相比，不仅倒相，而且要乘以一个系数 R_2/R_1。由于取样过程中需要输入电压经 R_1 和 VT 向电容 C 充电，这就限制了取样速度。同时，又不能通过减小 R_1 的办法提高取样速度，因为这样将降低电路的输入阻抗。

解决这个矛盾的一种方法是在电路的输入端增加一级隔离放大器，图 8-12c 所示电路是在图 8-12a 电路基础上进行的改进。由于跟随器 A_1 输入阻抗很高，所以减少了取样电路对输入信号的影响，同时其较低的输出阻抗低减少了电容 C 的充电时间。

（3）集成取样-保持电路（LF198）

LF198 是一种常用的取样—保持电路，其电路结构及图形符号如图 8-13 所示。

图 8-13 中，A_1、A_2 是两个运算放大器，S 是电子开关，L 是开关的驱动电路，当逻辑输入 v_L 为 1，即 v_L 为高电平时，S 闭合；v_L 为 0，即低电平时，S 断开。

当 S 闭合时，A_1、A_2 均工作在单位增益的电压跟随器状态，所以 $v_O=v_{O1}=v_I$。如果将电容 C 接到 R_2 的引出端和地之间，则电容上的电压也等于 v_I。当 v_L 返回低电平以后，虽然 S 断开了，但由于 C 上的电压不变，所以输出电压 v_O 的数值得以保持下来。

在 S 再次闭合前的这段时间里，如果 v_I 发生变化，v_{O1} 可能变化非常大，甚至会超过开关电路所能承受的电压，因此需要增加 VD_1 和 VD_2 构成保护电路。当 v_{O1} 比 v_O 所保持的电

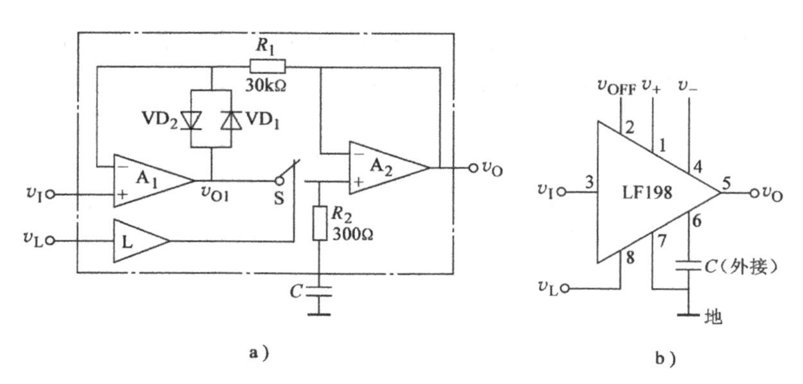

图 8-13 LF198 单片集成取样—保持电路的电路结构及图形符号

a）电路结构 b）图形符号

压高（或低）一个二极管的压降时，VD_1（或 VD_2）导通，从而将 v_{O1} 限制在 v_I+v_{VD} 以内。而在开关 S 闭合的情况下，v_{O1} 和 v_O 相等，故 VD_1 和 VD_2 均不导通，保护电路不起作用。

2. 量化与编码

取样-保持得到的信号时间上是离散的，但其幅值仍是连续的。而数字信号在时间和幅值上都是离散的。任何一个数字量的大小只能是规定的最小数量单位的整数倍。因此在 A/D 转换过程中，必须将取样-保持电路的输出电压表示为这个最小单位的整数倍，这一转化过程称为量化。

把数字量的最低有效位的“1”所代表的模拟量大小叫做量化单位，用 Δ 表示。对于小于 Δ 的信号有两种量化方法：其一是只舍不入法（截断法），即将不够量化单位的值舍掉，只舍不入法的量化误差为 Δ；其二是有舍有入法（四舍五入法），即将小于 Δ/2 的值舍去，介于 Δ~Δ/2 之间的值用 Δ 表示，有舍有入法的量化误差为 Δ/2。

量化过程只是把模拟信号按量化单位做了取整处理，只有用代码（可以是二进制，也可以是其他进制）表示量化后的值，才能得到数字量。所以，把量化后的信号转换成代码的过程称为编码。常用的编码是二进制编码。

3 位二进制 A/D 转换的两种量化方法如图 8-14 所示。输入为 0~1V 的模拟电压，输出

输入信号	二进制代码	代表的模拟电压
1V		
	111	7Δ=7/8(V)
7/8V		
	110	6Δ=6/8(V)
6/8V		
	101	5Δ=5/8(V)
5/8V		
	100	4Δ=4/8(V)
4/8V		
	011	3Δ=3/8(V)
3/8V		
	010	2Δ=2/8(V)
2/8V		
	001	1Δ=1/8(V)
1/8V		
	000	0Δ=0(V)
0		

a)

输入信号	二进制代码	代表的模拟电压
1V		
	111	7Δ=14/15(V)
13/15V		
	110	6Δ=12/15(V)
11/15V		
	101	5Δ=10/15(V)
9/15V		
	100	4Δ=8/15(V)
7/15V		
	011	3Δ=6/15(V)
5/15V		
	010	2Δ=4/15(V)
3/15V		
	001	1Δ=2/15(V)
1/15V		
	000	0Δ=0(V)
0		

b)

图 8-14 3 位标准二进制 A/D 转换的输出电压特性

a）只舍不入量化法 b）有舍有入量化法

为 3 位二进制代码。图 8-14a 所示为只舍不入量化法，图 8-14b 所示为有舍有入量化法。在图 8-14a 中取量化电平 $\Delta=1/8\text{V}$，最大量化误差可达 Δ，即为 1/8V；在图 8-14b 中取量化电平 $\Delta=2/15\text{V}$，最大量化误差为 $\Delta/2$，即为 1/15V。

当输入的模拟电压在正、负范围内变化时，一般要求采用二进制补码的形式编码。

8.2.2　并联比较型 A/D 转换器

并联比较型 A/D 转换器属于直接 A/D 转换器，它能将输入的模拟电压直接转换为输出的数字量而不需要经过中间变量。图 8-15 为一并联比较型 A/D 转换器的原理图，它由电压比较器、寄存器和编码电路三部分组成。输入为 $0\sim V_{REF}$ 的模拟电压，输出为 3 位二进制代码。这里略去了取样-保持电路。

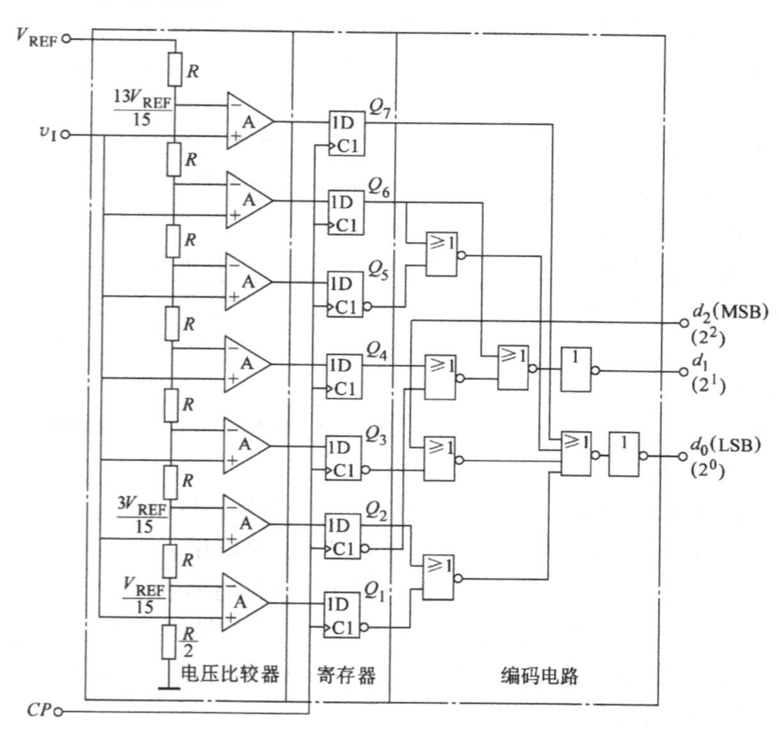

图 8-15　并联比较型 A/D 转换器的原理图

此电路采用有舍有入的量化方法。电阻网络按量化单位 $\Delta=2V_{REF}/15$ 把参考电压分为 $V_{REF}/15\sim13V_{REF}/15$ 之间的七个比较电压。并分别接到七个比较器 $A_1\sim A_2$ 的反相输入端。将取样—保持后的输入电压 v_I 接到比较器的同相输入端。当比较器的输入 $v_I<v_-$ 时，输出为“0”，否则输出为“1”。比较器的输出在时钟信号 *CP* 上升沿时刻送入 D 触发器，然后经编码电路输出二进制代码。

并联比较型 A/D 转换器的转换精度主要取决于量化电平的划分，分得越细（即 Δ 取得越小），精度越高，随之而来的是比较器和触发器数目的增加，电路更加复杂。此外，转换精度还受参考电压的稳定度、分压电阻的相对精度以及电压比较器灵敏度的影响。

并联比较型 A/D 转换器具有转换速度快的优点。如果从 *CP* 信号的上升沿算起，图 8-15 所示电路完成一次转换所需要的时间包括一级触发器的反转时间和三级门电路的传输延迟时间。

并联比较型 A/D 转换器的缺点是需要用很多的电压比较器和触发器。N 位并联比较型 A/D 转换器需要 2^n-1 个比较器和 2^n-1 个触发器，所以位数每增加 1 位，比较器和触发器的个数就要增加 1 倍。例如，8 位并联比较 A/D 转换器，需 $2^8-1=255$ 个电压比较器和 255 个 D 触发器，而 10 位的并联比较 A/D 转换器则需要 1023 个比较器和 1023 个触发器。因此，虽然这种方法转换速度快，但所用器件多，电路成本高。

8.2.3 反馈比较型 A/D 转换器

反馈比较型 A/D 转换器也是一种直接型 A/D 转换器。反馈比较的基本思想是：每次取一个数字量加到 D/A 转换器，经 D/A 转换得到一个模拟电压，用这个模拟电压与输入的模拟电压进行比较，如果两者不相等，则调整所取的数字量。直到两个模拟电压相等为止，最后所取得的这个数字量就是所求的转换结果。反馈比较型 A/D 转换器又分为计数型和逐次逼近型两种。

1. 计数型 A/D 转换器

图 8-16 是计数型 A/D 转换器的原理框图，它由比较器 A、计数器、D/A 转换器、脉冲源、控制门 G 以及输出寄存器等部分组成。

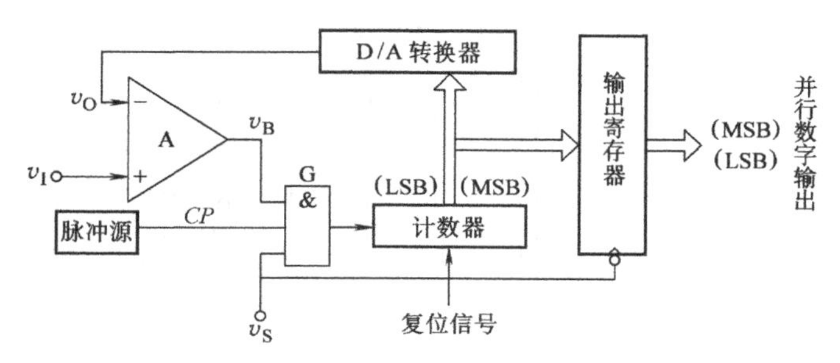

图 8-16 计数型 A/D 转换器的原理框图

转换开始前复位信号将计数器清零，转换控制信号 $v_S=0$。这时门 G 被封锁，计数器不工作。计数器输出全“0”信号，即 D/A 转换器输入全“0”信号，所以 D/A 转换器输出的模拟电压 $v_O=0$。如果 v_I 为正电压信号，则 $v_I>v_O$，比较器的输出电压 $v_B=1$。

当 v_S 高电平时开始转换，脉冲源产生的脉冲 CP 经过门 G 加到计数器的时钟信号输入端，计数器开始计数。随着计数的进行，D/A 转换器输出的模拟电压 v_O 不断增加。当 v_O 增加到 $v_O=v_I$ 时，比较器的输出电压 $v_B=0$，将门 G 封锁，计数器停止计数。这时计数器中所存的数字就是所求的输出数字信号。

因为在转换过程中计数器的状态不停地变化，所以不宜将计数器的状态直接作为输出信号。为此，在输出端设置了输出寄存器。在每次转换完成以后，用转换控制信号 v_S 的下降沿将计数器输出的数字置入输出寄存器中，以寄存器的输出作为最终的输出信号。

这种 A/D 转换器的缺点是转换时间长。当输出为 n 位二进制数时，最长的转换时间可达 2^n-1 倍的时钟信号周期。因此，这种方法只能用在对转换速度要求不高的场合。它的优点就是电路简单。

2. 逐次逼近型 A/D 转换器

图 8-17 为逐次逼近型（逐次比较）A/D 转换器的原理框图。它由比较器 A、逐次逼近寄存器（SAR）、D/A 转换器、时钟源和逻辑控制单元等部分组成。逐次逼近型 A/D 转换器由内部产生一个数字量送给 D/A 转换器，D/A 转换器输出的模拟量 v_O 与输入的模拟量 v_I 进行比较。逐次逼近型 A/D 转换器与计数型 A/D 转换器的区别在于逐次逼近型 A/D 转换器是

采用高位到低位逐次比较计数的方法。

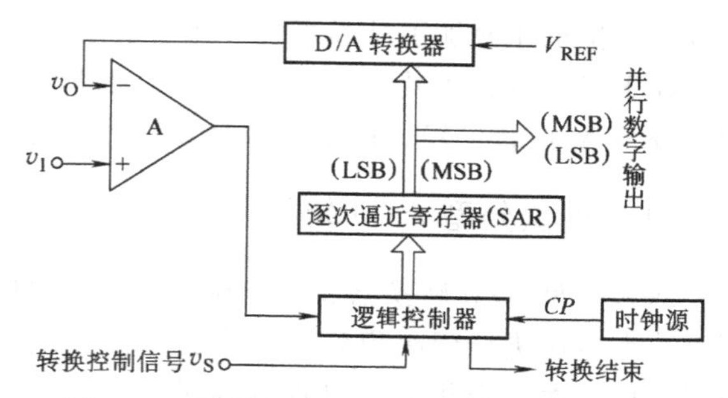

图 8-17　逐次逼近型 A/D 转换器的原理框图

图 8-17 中，逻辑控制器在时钟源的作用下，根据转换控制信号 v_S 产生一系列逻辑控制信号。

转换开始前，转换控制信号 v_S 为低电平，逻辑控制器将 SAR 清零，所以加给 D/A 转换器的数字量也全是“0”。转换控制信号 v_S 为高电平时开始转换，在时钟信号 CP 作用下，逻辑控制器首先将 SAR 的最高位置成“1”，使 SAR 的输出为“100…00”。这个数字量被 D/A 转换器转换成相应的模拟电压 v_O，并送到比较器与输入信号 v_I 进行比较。如果 $v_O>v_I$，说明数字过大了，则这个“1”应去掉，逻辑控制器将 SAR 最高位重新置“0”，即 SAR 为“000…00”；如果 $v_O<v_I$，说明数字还不够大，这个“1”应予保留，即逻辑控制器将 SAR 保持不变。然后，再按同样的方法将次高位置“1”，并比较 v_O 与 v_I 的大小以确定这一位的“1”是否应当保留。这样逐位比较下去，直到最低位比较完为止。这时 SAR 寄存器里所存的数就是所求的输出数字量，此时转换结束。

上述的比较过程正如同用天平去称量一个未知重量的物体时所进行的操作一样，而所使用的砝码一个比一个重量少一半。

设一 8 位 A/D 转换器的输入模拟量 $u_I=6.84$V，D/A 转换器的参考电压为 10V，根据逐次逼近型 A/D 转换器的工作原理，可画出其工作波形，如图 8-18 所示。

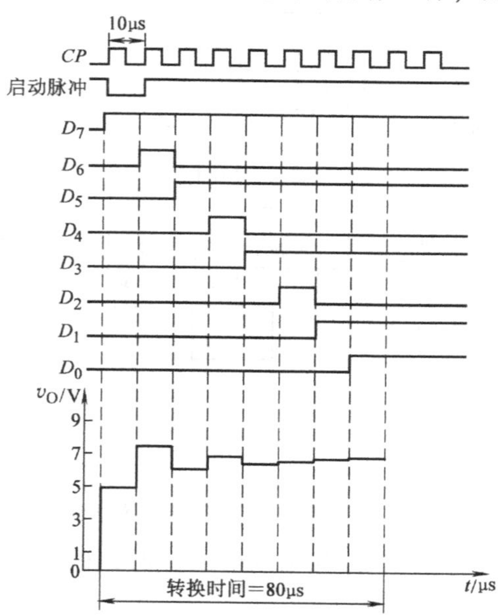

图 8-18　8 位逐次逼近型 A/D 转换器的工作波形

逐次逼近型 A/D 转换器具有以下特点：

1）转换速度较高，其速度主要由数字量的位数和控制电路决定。例如图 8-18 中，8 个时钟脉冲完成一次转换，若时钟频率为 4MHz，则完成一次转换的时间为 $8\times\frac{1}{4\times10^6}\text{s}=2\mu\text{s}$，转换速度为 500000 次/s。

若考虑启动（SAR 清零）和数据送入输出寄存器的节拍（各为一个时钟周期），则 n 位逐次逼近型 A/D 转换器完成一次转换所需时间为（$n+2$）T_C，其中 T_C 为 CP 的时钟周期。

2）在转换位数较多时，逐次逼近型 A/D 转换器的电路规模要比并联比较型 A/D 转换器小得多，因此，逐次逼近型 A/D 转换器是目前集成 A/D 转换器产品中常用的一种电路。

3）比较器的灵敏度和 D/A 转换器的精度将影响转换精度。

4）转换的抗干扰性比较差。因为这种转换器是对输入模拟电压进行瞬时取样比较，如果输入模拟电压叠加了外界干扰，将会造成转换误差。

在干扰严重，尤其是工频干扰严重的环境下，为提高 A/D 转换器的抗干扰能力，常使用积分型 A/D 转换器。最常用的是双积分型 A/D 转换器。

8.2.4 双积分型 A/D 转换器

双积分型 A/D 转换器属于电压-时间变换的间接 A/D 转换器。它对一段时间内的输入电压及参考电压进行两次积分，变换成与输入电压平均值成正比的时间宽度信号；然后在这个时间宽度里对固定频率的时钟脉冲进行计数，计数结果就是正比于输入模拟信号的数字信号。因此，也将这种 A/D 转换器称为电压-时间变换型 A/D 转换器。

图 8-19 是双积分型 A/D 转换器的原理框图，由积分器 A_1、过零比较器 A_2、二进制计数器、受控开关 S_0 和 S_1、控制逻辑电路、参考电压 $-V_{REF}$ 与时钟脉冲源组成。其工作波形如图 8-20 所示。

转换开始前（转换控制信号 $v_S=0$）先将计数器清零，并接通开关 S_0，使积分电容 C 完全放电。$v_S=1$ 时开始转换。转换操作分两步进行。

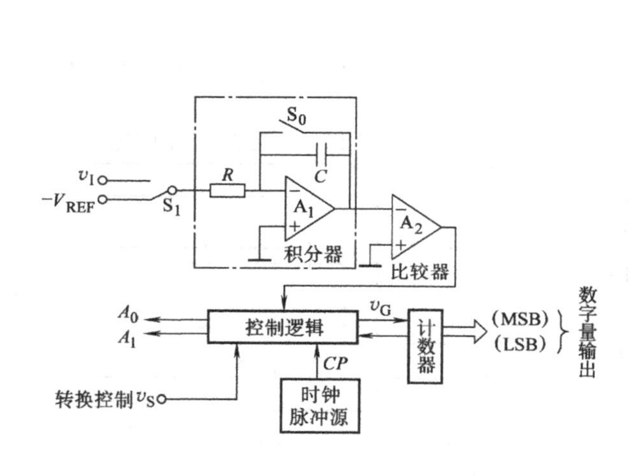

图 8-19 双积分型 A/D 转换器原理框图

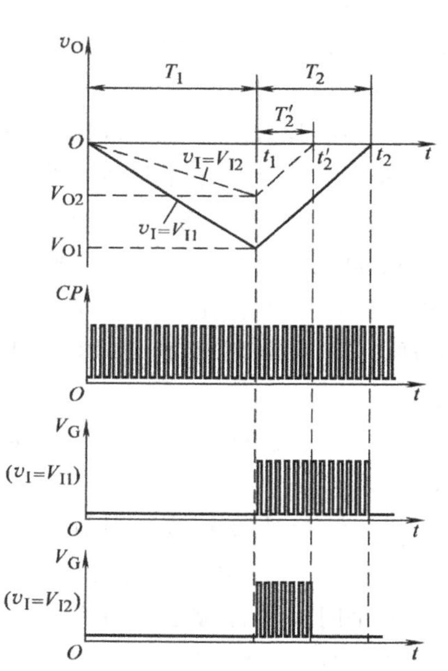

图 8-20 双积分型 A/D 转换器的工作波形

1）当开关 S_1 接输入电压 v_I 时，积分器对 v_I 进行固定时间 T_1 的积分。积分结束时积分器的输出电压为

$$v_O=\frac{1}{C}\int_0^{T_1}\left(-\frac{v_I}{R}\right)dt=-\frac{T_1}{RC}v_I \tag{8-12}$$

式（8-12）说明，在 T_1 固定的条件下积分器的输出电压 v_O 与输入电压 v_I 成正比。当计数器满 2^n 个脉冲后，自动返回全“0”状态，同时给出控制信号使 S_1 转接到$-V_{REF}$，若时钟周期为 T_C，此时 $T_1=2^nT_C$，代入式（8-12），得

$$v_O=-\frac{2^nT_C}{RC}v_I \tag{8-13}$$

2）当开关 S_1 接参考电压 $-V_{REF}$ 时，积分器开始进行反方向积分。如果积分器的输出电压上升到零时所经过的积分时间为 T_2，则可得

$$v_O=\frac{1}{C}\int_0^{T_2}\frac{V_{REF}}{R}dt-\frac{T_1}{RC}v_I=0 \tag{8-14}$$

$$\frac{T_2}{RC}V_{REF}=\frac{T_1}{RC}v_I \tag{8-15}$$

故得到

$$T_2=\frac{T_1}{V_{REF}}v_I \tag{8-16}$$

可见，反向积分到 $v_O=0$ 的这段时间 T_2 与输入电压 v_I 成正比。若这时计数器所计脉冲个数为 D，则式（8-16）可写为

$$D=\frac{2^n}{V_{REF}}v_I \tag{8-17}$$

从图 8-20 的电压波形可以直观地看到这个结论的正确性。当 v_I 取为两个不同的数值 V_{I1} 和 V_{I2} 时，由于第 1 阶段积分时间 T_1 相同，在 t_1 时刻电容上的电压分别为 V_{O1} 和 V_{O2}，那么在接至参考电压 $-V_{REF}$ 时，使输出电压 $v_O=0$ 的反向积分时间 T_2 和 T'_2 也不相同，而且时间的长短与 v_I 的大小成正比。由于 CP 是固定频率的脉冲，所以在 T_2 和 T'_2 期间送给计数器的计数脉冲数目也必然与 v_I 成正比。

双积分型 A/D 转换器具有以下特点：

1）具有很强的抑制交流干扰信号的能力。尤其是对于工频干扰，如果转换周期选择得合适（例如 2^nT_C 为工频电压周期的整数倍），从理论上说，可以消除工频干扰。

2）工作性能稳定。由式（8-17）的推导过程和结果可知：由于在转换过程中先后进行了两次积分，而这两次积分的时间常数相同，则转换结果与 R、C 参数无关，而且，R、C 参数的缓慢变化不影响电路的转换精度，也不要求 R、C 的数值十分精确；转换结果与时钟信号周期无关，只要每次转换过程中时钟周期不变，那么时钟周期在长时间里发生的缓慢变化也不会带来转换误差；转换精度只与 V_{REF} 有关，V_{REF} 稳定，就能保证转换精度。

3）工作速度低。完成一次转换需 $T=(2^n+D)T_C$ 时间。

4）由于对 v_I 的平均值进行转换，所以这种 A/D 转换器更适用于对直流或变化缓慢的电压进行转换。

双积分型 A/D 转换器的转换精度受计数器的位数、比较器的灵敏度、运算放大器和比较器的零点漂移、积分电容的漏电、时钟频率的瞬时波动等多种因素的影响。因此为了提高转换精度，仅靠增加计数器的位数是远远不够的。特别是运算放大器和比较器的零点漂移对精度影响很大，因此在实际电路中需要增加零点漂移的自动补偿电路、采用稳定的石英晶体振荡器作为脉冲源、选择漏电流小的电容作为积分电容。

【例 8-3】 双积分型 A/D 转换器中计数器是十进制的，其最大容量 $N_1=(2000)_{10}$，时钟频率 $f_c=10\text{kHz}$，$V_{REF}=6\text{V}$，试求：（1）完成一次转换的最长时间；（2）已知计数器计数值 $N_2=(369)_{10}$ 时，对应输入模拟电压 v_I 的数值。

解：（1）该 A/D 转换器的最长转换时间为

$$T_{(\max)} = 2T_1 = 2N_1/f_c = 2\times2000/(10\times10^3)\,\text{s} = 0.4\text{s}$$

(2) 当计数值 $N_2=(369)_{10}$ 时，由式 (8-16) 可得

$$v_I = (N_2/N_1)V_{REF} \approx 1.107\text{V}$$

8.2.5 V-F 变换型 A/D 转换器

电压-频率变换型 A/D 转换器（简称 V-F 变换型 A/D 转换器）是一种间接 A/D 转换器。在 V-F 变换型 A/D 转换器中，首先将输入的模拟电压信号转换成与之成比例的频率信号，然后在一个固定的时间间隔里对得到的频率信号计数，所得到的计数结果就是正比于输入模拟电压的数字量。

V-F 变换型 A/D 转换器的电路结构框图如图 8-21 所示，它由 V-F 变换器（也称为压控振荡器 Voltage Controlled Oscillator，VCO）、计数器及其时钟信号控制闸门、寄存器、单稳态触发器等几部分组成。

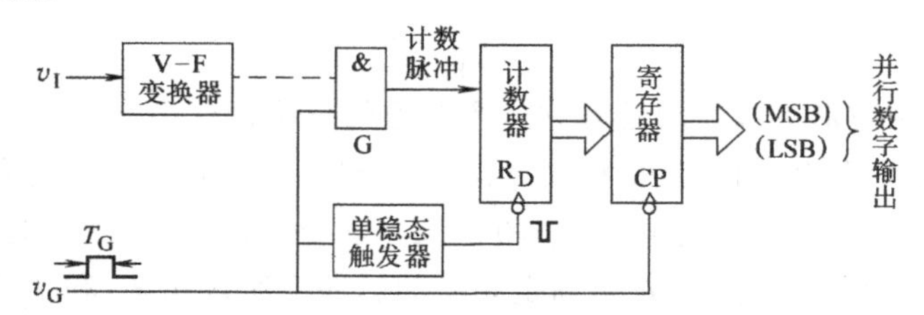

图 8-21 V-F 变换型 A/D 转换器的电路结构框图

转换过程通过闸门信号 v_G 控制。当 v_G 为高电平时开始转换，V-F 变换器的输出脉冲通过与门 G 输出计数脉冲。由于 v_G 是固定宽度 T_G 的脉冲信号，而 V-F 变换器的输出脉冲的频率 f_{out} 与输入的模拟电压成正比，所以每个 T_G 周期期间计数器所记录的脉冲数目也与输入的模拟电压成正比。为了避免在转换过程中输出的数字跳动，通常在电路的输出端设有输出寄存器。每当转换结束时，用 v_G 的下降沿将计数器的状态置入寄存器中。同时，用 v_G 的下降沿触发单稳态触发器，用单稳态触发器的输出脉冲将计数器清零。

因为 V-F 变换器的输出信号是一种调频信号，而这种调频信号不仅易于传输和检出，还有很强的抗干扰能力，所以 V-F 变换型 A/D 转换器适合在遥测、遥控系统中应用。在需要远距离传送模拟信号并完成 A/D 转换的情况下，一般是将 V-F 变换器设置在信号发送端，而将计数器及其时钟闸门、寄存器等设置在接收端。

V-F 变换器的电路结构有多种形式，目前在单片集成的精密 V-F 变换器中常采用电荷平衡式电路结构。电荷平衡式 V-F 变换器的电路结构又有积分器型和定时器型两种常见的形式。

1. 积分器型电荷平衡式 V-F 变换器

图 8-22 是积分器型电荷平衡式 V-F 变换器的原理框图，它由积分器、电压比较器、单稳态触发器、恒流源及其控制开关等部分组成。

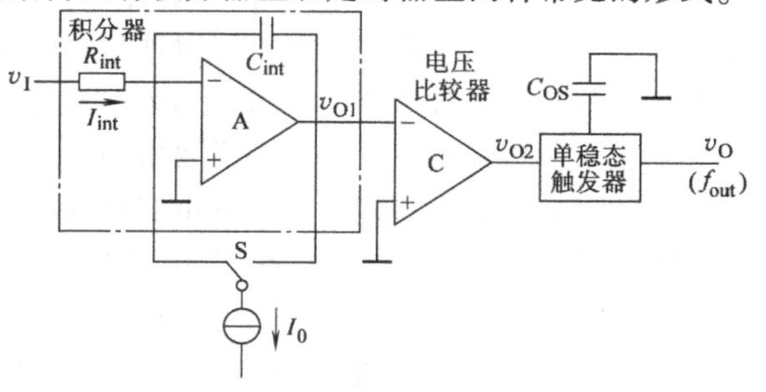

图 8-22 积分器型电荷平衡式 V-F 变换器的原理框图

当单稳态触发器处于稳态时，输出电压 $v_O=0$，开关 S 合到右边，将恒流源 I_0 接到积分放大器的输出端，积分放大

器对输入电压 v_I 做正向积分。随着积分过程的进行，积分器的输出电压 v_{O1} 逐渐降低。当 v_{O1} 降至零时，电压比较器的输出 v_{O2} 产生负跳变，将单稳态触发器触发，使之进入暂稳态，v_O 变成高电平，并使 S 合到左边，将 I_0 转接到积分器的输入端。因为 I_0 大于 v_I 产生的输入电流 I_{int}，所以积分器开始做反向积分。随着反向积分的进行，v_{O1} 逐渐上升。单稳态触发器返回稳态后，v_O 回到零，S 又接到右边，积分器又开始做正向积分。

在一个正、反向积分周期间 v_I 保持不变的情况下，积分电容 C_{int} 在反向积分期间增加的电荷量和正向积分期间减少的电荷量必然相等。若以 t_{int} 表示正向积分的时间，同时又知道反向积分时间等于单稳态触发器的暂稳态持续时间，也就是单稳态输出脉冲的宽度 t_w，这样就可以写成

$$I_{int}t_{int}=(I_0-I_{int})t_w$$

以 $I_{int}=v_I/R_{int}$ 代入上式并整理后得到

$$I_0t_w=v_I(t_w+t_{int})/R_{int}$$

这里的 t_w+t_{int} 就是单稳态触发器输出脉冲的周期，于是得到了输出脉冲 v_O 的频率 f_{out} 与输入电压 v_I 之间的关系式

$$f_{out}=(1/I_0t_wR_{int})v_I \tag{8-18}$$

式（8-18）说明，单稳态触发器输出脉冲的频率与输入的模拟电压成正比。

根据上述原理制成的单片集成 V-F 变换器具有很高的精度，输出脉冲的频率与输入模拟电压之间有良好的线性关系，转换误差可减少至±0.01%以内。

图 8-23 中的 AD650 就是一个积分器型电荷平衡式 V-F 变换器的实例。为了提高电路的带负载能力，在单稳态触发器的输出端又增加了一个集电极开路输出的晶体管。电路的其他部分与图 8-22 的原理性电路相同。失调电压调整端和失调电流调整端用于调整积分放大器的零点，以便于在输入为零时将输出准确地调整成零（可参考模拟电子技术教材的有关内容）。积分器的电阻 R_{int}、电容 C_{int} 和单稳态触发器的定时电容 C_{OS} 需要外接。它的恒流源为 $I_0=1\text{mA}$，单稳态触发器输出脉冲的宽度 t_w(s) 可近似地用下式计算。

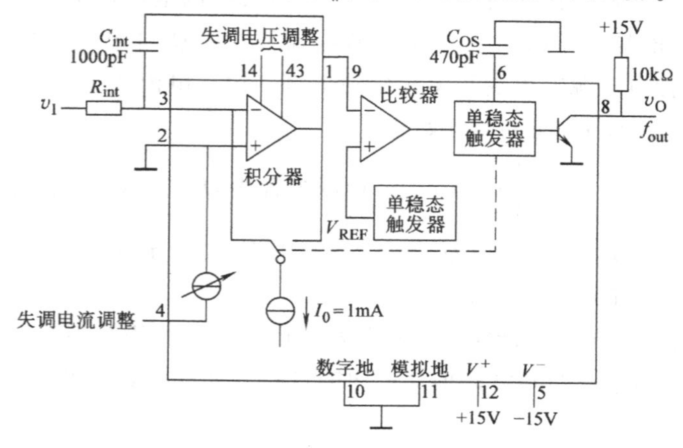

图 8-23　AD650 的电路结构框图

$$t_w=C_{OS}(6.8\times10^3)+3\times10^{-7} \tag{8-19}$$

【例 8-4】 在图 8-23 所示用 AD650 接成的 V-F 变换器电路中，给定 $R_{int}=22\text{k}\Omega$，$C_{int}=1000\text{pF}$，单稳态触发器的定时电容 $C_{OS}=470\text{pF}$，$V^+=+15\text{V}$，$V^-=-15\text{V}$。试计算输入电压从

0~10V 时输出脉冲频率的变化范围。

解：(1) 用式 (8-19) 计算单稳态触发器输出脉冲的宽度，得到

$$\begin{aligned} t_w &= C_{OS}(6.8\times10^3)+3\times10^{-7} \\ &= (470\times10^{-12}\times6.8\times10^3+3\times10^{-7})\text{s} \\ &= 3.5\mu\text{s} \end{aligned}$$

(2) 利用式 (8-18) 即可求得输出脉冲的频率为

$$\begin{aligned} f_{out} &= (1/I_0 t_w R_{int})v_I \\ &= (1/1\times10^{-3}\times3.5\times10^{-6}\times22\times10^{-3})(0\sim10)\text{Hz} \\ &= 0\sim130(\text{kHz}) \end{aligned}$$

因此，当 v_I 从 0~10V 时，f_{out} 的变化范围为 0~130kHz。

2. 定时型电荷平衡式 V-F 变换器

以 LM331 为例介绍定时器型电荷平衡式 V-F 变换器的基本原理。图 8-24 是 LM331 的电路结构简化框图。电路由两部分组成，一部分是用锁存器、电压比较器（C_1、C_2）和放电管 VT_3 构成的定时电路；另一部分是用基准电压源、电压跟随器 A 和镜像电流源构成的电流源及开关控制电路。

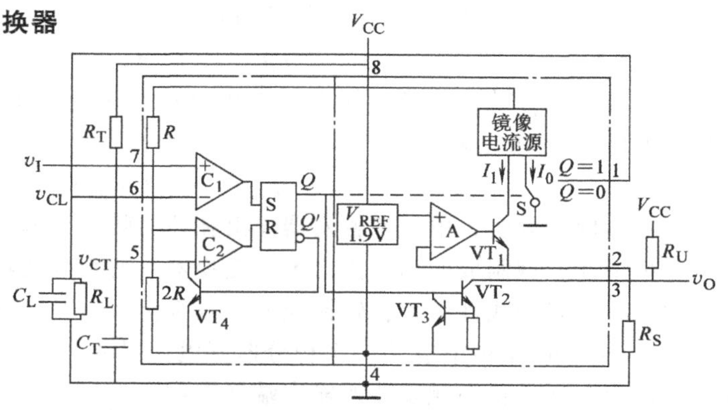

图 8-24 LM331 的电路结构简化框图

如果按照图 8-24 接上外围的电阻、电容元件，就可以构成精度相当高的压控振荡器。下面具体分析其工作过程。

接通电源瞬间 C_L、C_T 两个电容没有电压。若输入控制电压值 v_I 大于零，则比较器 C_1 的输出为“1”而比较器 C_2 的输出为“0”，锁存器被置成 $Q=1$ 状态。Q 的高电平使 VT_2 导通，$v_O=0$。同时镜像电流源输出端开关 S 接到 1 脚一边，电流 I_0 向 C_L 开始充电。而 Q' 的低电平使 VT_3 截止，所以 C_T 也同时开始充电。

当 C_T 上的电压 v_{CT} 上升到 $\frac{2}{3}V_{CC}$ 时，锁存器被置成 $Q=0$，VT_2 截止，$v_O=1$。同时开关 S 转接到地，C_L 开始向 R_L 放电。而 Q' 变为高电平后使 VT_3 导通，C_T 通过 VT_3 迅速放电至 $v_{CT}\approx0$，并使比较器 C_2 的输出为“0”。

当 C_L 放电到 $v_{CL}\leqslant v_I$ 时，比较器 C_1 输出为“1”，重新将锁存器置成 $Q=1$，于是 v_O 又跳变成低电平，C_L 和 C_T 开始充电，重复上面的过程。如此反复，便在 v_O 端得到矩形输出脉冲。

在电路处于振荡状态下，当 C_L、R_L 的数值足够大时，v_{CL} 必然在 v_I 值附近做微小的波动，可以认为 $v_{CL}\approx v_I$。而且在每个振荡周期中 C_L 的充电电荷与放电电荷必须相等（假定在此期间 v_I 数值未变）。据此就可以计算振荡频率了。

首先计算 C_L 的充电时间 T_1。它等于 $Q=1$ 的持续时间，也就是电容 C_T 上的电压从 0 充

电到$\frac{2}{3}V_{CC}$的时间，故得

$$T_1=R_TC_T\ln\frac{V_{CC}-0}{V_{CC}-\frac{2}{3}V_{CC}}$$

$$=R_TC_T\ln3=1.1R_TC_T \tag{8-20}$$

C_L在充电期间获得的电荷为

$$Q_1=(I_0-I_{RL})T_1$$

$$=\left(I_0-\frac{v_I}{R_L}\right)T_1$$

式中，I_{RL}为流过电阻R_L上的电流。

若振荡周期为T、放电时间为T_2，则$T_2=T-T_1$。又知C_L的放电电流为$I_{RL}=\frac{v_I}{R_L}$，因此放电期间C_L释放的电荷为

$$Q_2=I_{RL}T_2$$

$$=\frac{v_I}{R_L}(T-T_1)$$

根据Q_1与Q_2相等，即得到

$$\left(I_0-\frac{v_I}{R_L}\right)T_1=\frac{v_I}{R_L}(T-T_1)$$

$$T=\frac{I_0R_LT_1}{v_I}$$

故电路的振荡周期为

$$f=\frac{1}{T}=\frac{v_I}{I_0R_LT_1}$$

将$I_0=\frac{V_{REF}}{R_S}$、$T_1=1.1R_TC_T$代入上式而且知道$V_{REF}=1.9\text{V}$，故得到

$$f=\frac{R_S}{2.09R_TC_TR_L}v_I \tag{8-21}$$

可见，f与v_I成正比关系。它们之间的比例系数称为电压-频率变换系数（或V-F变换系数）K_V，即

$$K_V=\frac{R_S}{2.09R_TC_TR_L} \tag{8-22}$$

LM331在输入电压的正常变化范围内输出信号频率和输入电压之间保持良好的线性关系，转换误差可减少到0.01%。输出信号频率的变化范围约为0~100kHz。

V-F变换型A/D转换器的转换精度取决于V-F变换器的精度。其次，转换精度还受计数器计数容量的影响，计数器容量越大转换误差越小。而V-F变换型A/D转换器的主要缺点是转换速度比较低。因为每次转换都需要在T_G时间内令计数器计数，而计数脉冲的频率

一般不可能很高，计数器的容量又要求足够大，所以计数时间 T_G 势必较长，转换速度必然比较慢。

【例 8-5】 在图 8-24 所示的电路中，已知 $R_T=10\text{k}\Omega$，$C_T=0.01\mu\text{F}$，$R_L=47\text{k}\Omega$，$R_S=10\text{k}\Omega$，$V_{CC}=15\text{V}$，$V'_{CC}=5\text{V}$。试计算当输入控制电压在 0~5V 范围内变化时输出脉冲频率的变化范围。

解： 由式（8-22）求出电压-频率变化系数为

$$
\begin{aligned}
K_V &= \frac{R_S}{2.09R_TC_TR_L} \\
&= \frac{10\times10^3}{2.09\times10\times10^3\times0.01\times10^{-6}\times47\times10^3}\text{Hz/V} \\
&= 1.02\times10^3\text{Hz/V}
\end{aligned}
$$

故 v_I 在 0~5V 范围变化时输出脉冲频率的变化范围为 0~5.1kHz。

8.2.6 A/D 转换器的主要技术指标

1. 绝对精度

绝对精度是指对应于一个给定的数字量的实际模拟量输入与理论模拟量输入之差，实际上对应于同一个数字量 D，其模拟量输入不是固定值，而是一个范围，对应一个已知的数字量的输入模拟量定义为模拟量输入范围的中间值，例如一个 A/D 转换器，理论上 5V 应对应数字量 800H，而实际上 4.9976~4.999V 都产生数字量 800H，则绝对误差将是 1/2（4.9976+4.999）−5=−2mV，或者用最小有效位（LSB）的分数值表示，如图 8-25 所示。

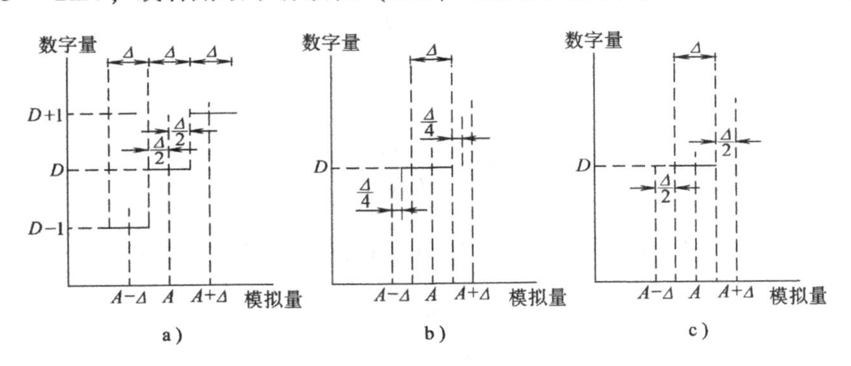

图 8-25　三种绝对精度示意图

a）精度 = 0LSB　b）精度 = $\pm\frac{1}{4}$LSB　c）精度 = $\pm\frac{1}{2}$LSB

在图 8-25a 中，Δ 定义为数字量 D 的最低有效位（LSB）的当量。

如果模拟量 A 在 $\pm\Delta/2$ 的范围内都产生相对应的唯一的数字量 D，则称转换器的绝对精度为 ±0LSB。

如果模拟量 A 变化范围的上限比图 8-25a 中的增加 $\Delta/4$，下限减少 $\Delta/4$，如图 8-25b 所示，都产生相应的数字量 D，则这时称其绝对精度为 $\pm\frac{1}{4}$LSB。

如果模拟量 A 的变化范围的上限比图 8-25a 中的增加 $\Delta/2$，下限减少 $\Delta/2$，如图 8-25c

所示，都产生相应的数字量 D，则这时称其绝对精度为$\pm\frac{1}{2}$LSB。

2. 相对精度

在整个转换范围内，任一数字量所对应的模拟量输入实际值与理论值之间的差。

3. 转换时间和速率

完成一次 A/D 转换所需的时间。转换速率为转换时间的倒数。例如，转换时间为 200ns，转换速率为 5MHz。

4. 电源灵敏度

A/D 转换器的供电电源的电压发生变化时，相当于引入一个模拟量输入的变化，从而产生转换误差。A/D 转换器对电源变化的灵敏度一般用电源电压变化 1%时相应的模拟量变化的百分数来表示，其单位为%/V。

8.3 典型集成 D/A 和 A/D 转换器简介

8.3.1 典型集成 D/A 转换器

1. 8 位 D/A 芯片（DAC0808）

DAC0808 是权电流型集成 D/A 转换器，采用双极型工艺制作，工作速度较高。

图 8-26 是 DAC0808 的电路结构框图，图中 $d_0 \sim d_7$ 是 8 位数字量的输入端，I_O 是求和电流的输出端。V_{R+}和 V_{R-}端接基准电流发生电路中运算放大器的反相输入端和同相输入端。COMP 端供外接补偿电容之用。V_{CC} 和 V_{EE} 为正、负电源输入端。

在使用 DAC0808 时，需要外接运算放大器和产生基准电流用的 R_R，如图 8-27 所示。在 $V_{REF}=10V$、$R_R=5k\Omega$、$R_F=5k\Omega$ 的情况下，根据式（8-10）可知输出电压为

$$v_O=\frac{R_F V_{REF}}{2^8 R_R}D_n=\frac{10}{2^8}D_O \tag{8-23}$$

当输入的数字量在全“0”和全“1”之间变化时，输出模拟电压的变化范围为 0~9.96V。

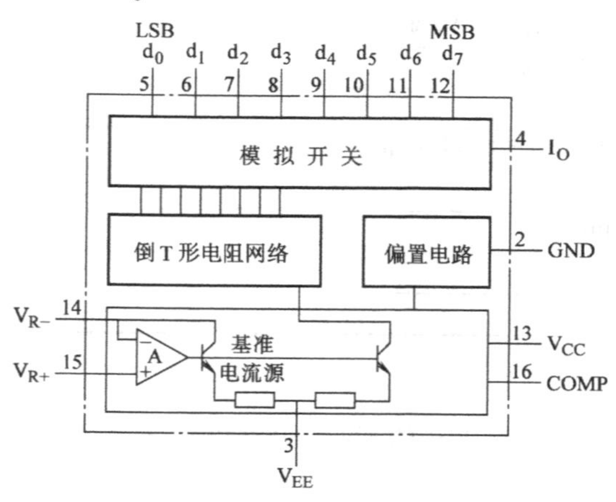

图 8-26 DAC0808 的电路结构框图

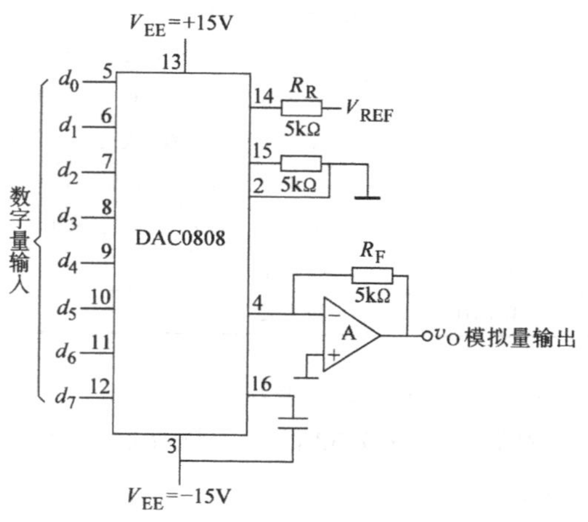

图 8-27 DAC0808 的典型应用

2. 8位D/A芯片（DAC0832）

DAC0832是一款CMOS工艺制造的8位单片D/A转换器，属于*R*-2*R*倒T形电阻网络的8位D/A转换器，建立时间为150ms，电流输出型，输出电流稳定时间为1μs，功耗为20mW，并且芯片内带数据锁存器。

（1）DAC0832结构

DAC0832的结构框图和引脚排列如图8-28所示。

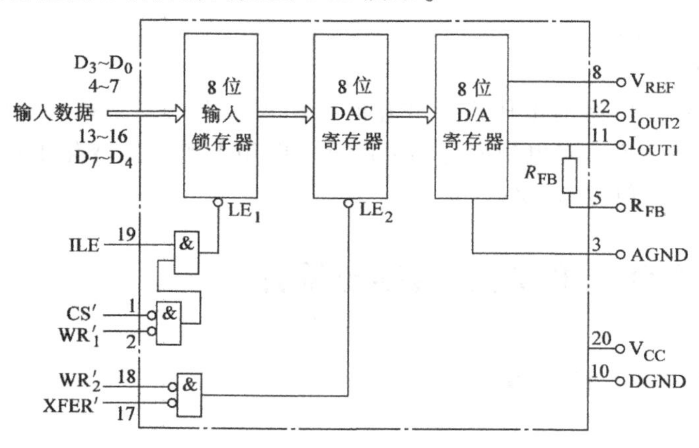

图8-28 DAC0832的结构框图和引脚排列

DAC0832的引脚功能见表8-1。

表8-1 DAC0832引脚功能

引脚名	功 能
$D_0 \sim D_7$	数据输入线，TTL电平，有效时间应大于900ns（否则锁存的数据会出错）
ILE	数据锁存允许控制信号输入线，高电平有效
CS′	片选信号输入线，低电平有效
WR_1'	输入锁存器写选通输入线，负脉冲有效（脉宽应大于500ns）
当CS′为“0”、ILE为“1”、WR_1'为“0”至“1”跳变时，$D_0 \sim D_7$状态被锁存到输入锁存器	
XFER′	数据传输控制信号输入线，低电平有效
WR_2'	DAC寄存器写选通输入线，负脉冲（宽于500ns）有效
当XFER′为“0”且WR_2'为“0”至“1”跳变时，输入锁存器的状态被锁存到DAC寄存器中	
I_{OUT1}	电流输出线，当DAC寄存器为全“1”时I_{OUT1}最大
I_{OUT2}	电流输出线，其值和I_{OUT1}值之和为一常数
R_{FB}	反馈信号输入线，改变R_{FB}端外接电阻可调整转换满量程精度
V_{CC}	电源电压线，V_{CC}范围为+5～+15V
V_{REF}	基准电压输入线，V_{REF}范围为-10～+10V
AGND	模拟地
DGND	数字地

（2）DAC0832工作方式

根据对DAC0832的输入锁存器和DAC寄存器的控制方法的不同，DAC0832有如下三种工作方式：

1）单缓冲方式：此方式适用于只有一路模拟量输出或几路模拟量非同步输出的情形，

方法是控制输入锁存器和 DAC 寄存器同时接收数据，或者只用输入锁存器而把 DAC 寄存器接成直通方式。

2）双缓冲方式：此方式适用于多个 DAC0832 同步输出的情形，方法是先分别使这些 DAC0832 的输入锁存器接收数据，再控制这些 DAC0832 同时传递数据到 DAC 寄存器以实现多个 D/A 转换同步输出。

3）直通方式：此方式适用于连续反馈控制电路中，方法是使所有控制信号（CS′，WR_1′，WR_2′，ILE，XFER′）均有效。

（3）电流输出转换成电压输出

DAC0832 的输出是电流，有两个电流输出（I_{OUT1} 和 I_{OUT2}），它们的和为一常数。

使用运算放大器，可以将 DAC0832 的电流输出线性地转换成电压输出。根据运算放大器和 DAC0832 的连接方法，运算放大器的电压输出可以分为单极型和双极型两种。图 8-29 是单双极型电压输出电路。

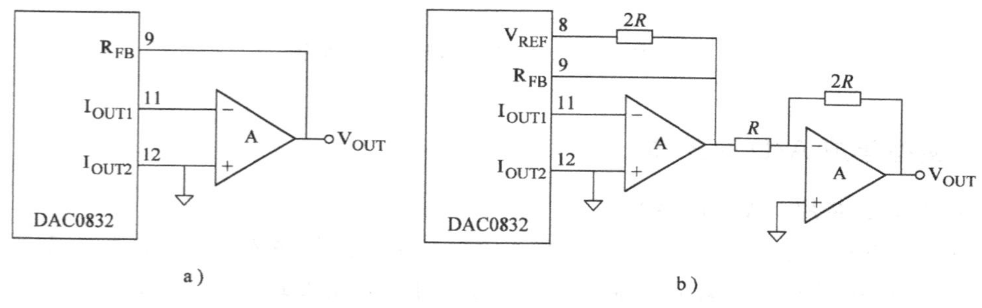

图 8-29　DAC0832 单双极型电压输出电路

a）单极型输出　b）双极型输出

图 8-29a 中，DAC0832 的 I_{OUT2} 端接地，I_{OUT1} 端接运算放大器的反相输入端，正相输入端接地。运算放大器的输出电压 V_{OUT} 的极性与 DAC0832 的基准电压 V_{REF} 极性相反。

3. 12 位 D/A 芯片（AD7521）

采用倒 T 形电阻网络的 AD7521 单片机集成 D/A 转换器，是 12 位的 D/A 转换器，芯片内部不带输入寄存器。对于没有输入寄存器的 D/A 转换器，当输入数据变化时，输出电流或电压也随之变化；当输入数据消失时，输出电流或电压也会消失。在实际控制过程中，为了控制一个对象，往往要求转换之后的模拟量要保持一定时间再与总线相连接。这类 D/A 转换器是总线不兼容的。

AD7521 引脚排列和结构框图如图 8-30 所示。

AD7521 的引脚功能见表 8-2。

表 8-2　AD7521 引脚功能

引脚名	功　能
I_{OUT1}，I_{OUT2}	电流输出端
B_0 ~ B_{11}	数据输入端，B_{11} 为 MSB
R_{FB}	反馈输入端
V_{DD}	电源输入端
V_{REF}	参考电压输入端
GND	地

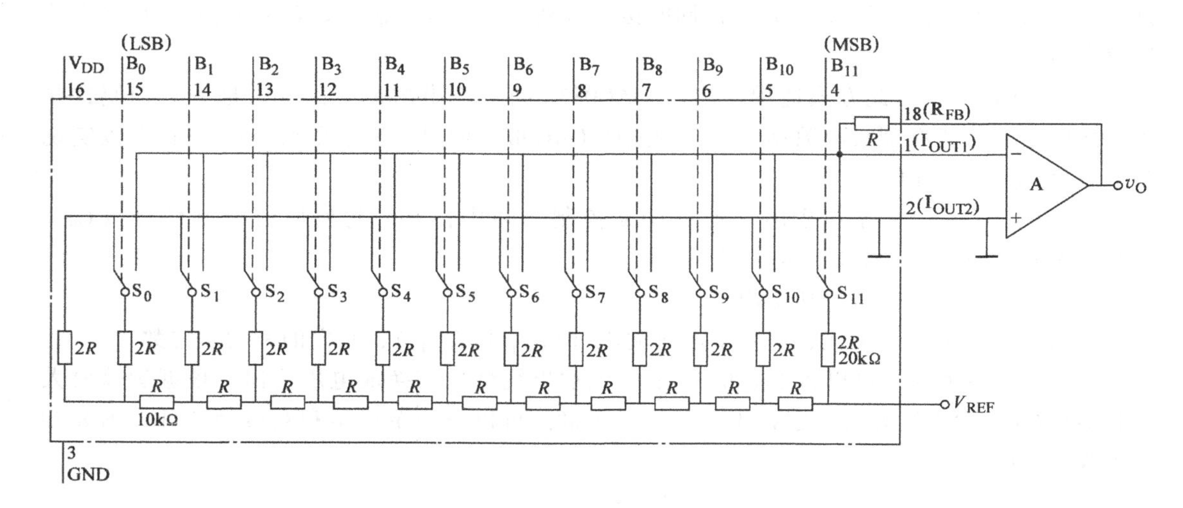

图 8-30 AD7521 引脚排列和结构框图

8.3.2 典型集成 A/D 转换器

1. 8 位 A/D 芯片（ADC0809）

ADC0809 是 8 位逐次逼近型 A/D 转换器，带 8 个模拟量输入通道，芯片内带通道地址译码锁存器，输出带三态数据锁存器，启动信号为脉冲启动方式，每个通道的转换时间大约为 100μs。

图 8-31a 是 ADC0809 的结构框图。ADC0809 由两大部分组成：一部分为输入通道，包括 8 位模拟开关、3 条地址线的锁存器和译码器，可以实现 8 路模拟输入通道的选择；另一部分为一个逐次逼近型 A/D 转换器。

图 8-31b 是 ADC0809 的引脚排列，表 8-3 是 ADC0809 的模拟通道地址码。

表 8-3 ADC0809 模拟通道地址码

地址码			选通模拟通道
C	*B*	*A*	
0	0	0	IN0
0	0	1	IN1
0	1	0	IN2
0	1	1	IN3
1	0	0	IN4
1	0	1	IN5
1	1	0	IN6
1	1	1	IN7

ADC0809 的引脚功能见表 8-4。

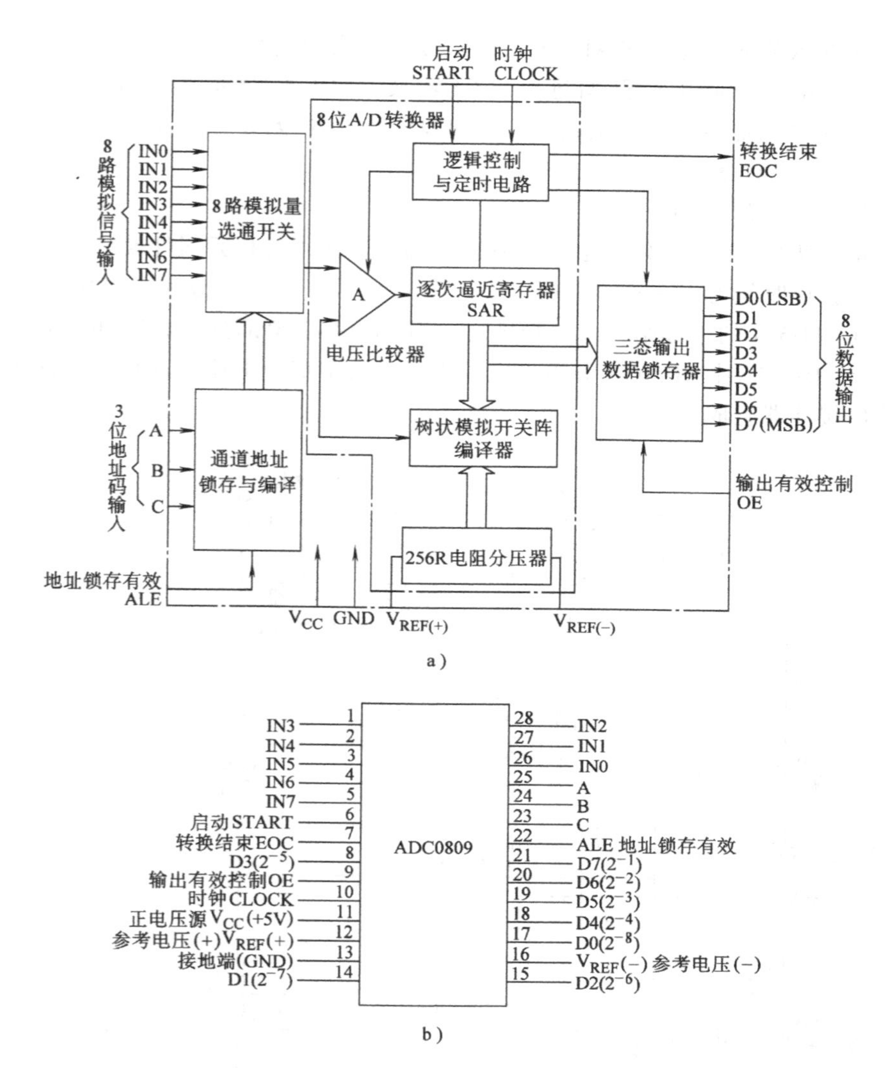

图 8-31 ADC0809 结构框图及引脚排列

a）结构框图 b）引脚排列

表 8-4 ADC0809 引脚功能

引脚名	功　能
IN0～IN7	8 个模拟通道输入端
D0～D7	8 位数字量输出引脚
START	A/D 转换启动信号输入端
EOC	转换结束信号输出引脚，开始转换时为低电平，当转换结束时为高电平
OE	输出允许控制端，通常由 CPU 读信号和片选信号组合产生
CLOCK	外部时钟脉冲输入端，典型值为 640kHz
ALE	地址锁存允许信号
A，B，C	通道地址线。CBA 的 8 种组合状态 000～111 对应了 8 个通道选择
$V_{REF(+)}$，$V_{REF(-)}$	参考电压输入端
V_{CC}	+5V 电源
GND	地

C，B，A 输入的通道地址在 ALE 有效时被锁存。启动信号 START 为至少有 100ns 宽的正脉冲信号，START 下降沿时开始进行 A/D 转换。EOC 信号是在 START 的下降沿到来 10μs 后才变为无效的低电平，这里就要求查询程序待 EOC 无效后再开始查询，转换结束后由 OE 产生信号输出数据。

2. 12 位 A/D 芯片（AD574）

AD574 是快速型 12 位逐次逼近型 A/D 转换器。它无须外接元器件就可以独立完成 A/D 转换功能，其转换时间为 15~35μs；可以并行输出 12 位，也可以分为 8 位和 4 位两次输出。

图 8-32 是 AD574 的内部结构及引脚排列。AD574 由模拟部分和数字部分混合而成：模拟部分由 12 位 D/A 芯片 AD565A 和参考电压组成；数字部分由控制逻辑电路逐次逼近寄存器和三态输出缓冲器组成。

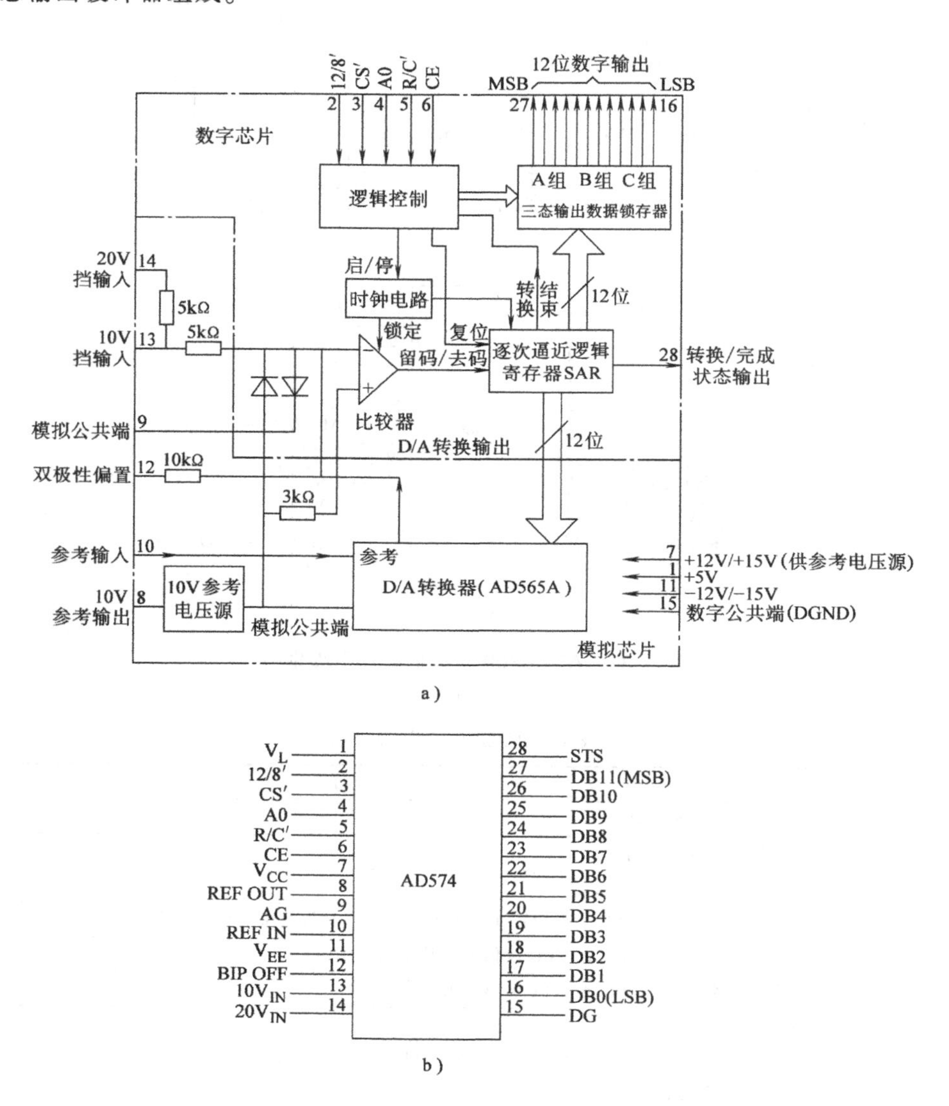

图 8-32 AD574 内部结构及引脚排列

a）内部结构 b）引脚排列

AD574 的引脚功能见表 8-5。

表 8-5　AD574 引脚功能

引脚名	功　能
$10V_{IN}$	10V 挡模拟通道输入端
$20V_{IN}$	20V 挡模拟通道输入端
STS	工作状态指示位。STS 为“1”时转换正在进行；STS 为“0”时转换结束
REF IN，REF OUT	用作增益满刻度校准
BIP OFF	补偿输入，用做零点校正
DB0～DB11	12 位数据输出线，带三态控制
R/C′	读或启动转换控制。R/C′为“1”时读选通；R/C′为“0”时启动转换
CE	芯片允许工作控制
12/8′	用于控制数据格式，12/8′接+5V 时，12 位并行输出有效；接地时，输出为 8 位接口，这时 12 位数据分两次输出
A0	A0 为 0 期间输出高 8 位；A0 为 1 期间输出低 4 位。在启动时，若 A0 为“0”，则做 12 位转换；若 A0 为“1”，则做 8 位转换
V_{CC}	+15V
V_{EE}	-15V

表 8-6 是 AD574 的信号组合功能表。

表 8-6　AD574 的信号组合功能表

CE	*CS′*	*R/C′*	12/8′	A0	工作状态
0	×	×	×	×	禁止
×	1	×	×	×	禁止
1	0	0	×	0	启动 12 位转换
1	0	0	×	1	启动 8 位转换
1	0	1	接 1 脚（+5V）	×	12 位并行输出有效
1	0	1	接 15 脚（0V）	0	高 8 位并行输出有效
1	0	1	接 15 脚（0V）	1	低 4 位加上尾随 4 个 0 有效

8.4　D/A 和 A/D 的接口电路及 VHDL 设计

D/A 和 A/D 可作为 FPGA/CPLD 与外部电路的接口电路，以实现控制或测量。下面以 DAC0832 和 ADC0809 为例，介绍 FPGA/CPLD 与其接口电路及 VHDL 设计。

8.4.1　DAC0832 接口电路及 VHDL 设计

FPGA/CPLD 与 DAC0832 的接口电路如图 8-33 所示。图中，FPGA/CPLD 的 I/O7～I/O0 输出数据接到 DAC0832 的数据输入口（D7～D0），FPGA/CPLD 的 I/O8 给 DAC0832 提供锁存信号 *ILE*（高电平有效），DAC0832 采用直通工作方式（XFER′、CS′、WR_1'、WR_2' 均接入有效的低电平），I_{OUT1}、I_{OUT2}、R_{fb} 与运算放大器的输入、输出端相连，实现电流/电压转换。DAC0832 的 V_{REF} 接+V_{CC}，输出 V_O 为单极性电压信号。

输出电压 V_O 与输入数字量 $D_7 \sim D_0$ 的关系为

$$V_O=-\frac{V_{REF}}{256}(D_7\times2^7+D_6\times2^6+D_5\times2^5+D_4\times2^4+D_3\times2^3+D_2\times2^2+D_1\times2^1+D_0\times2^0) \quad (8\text{-}24)$$

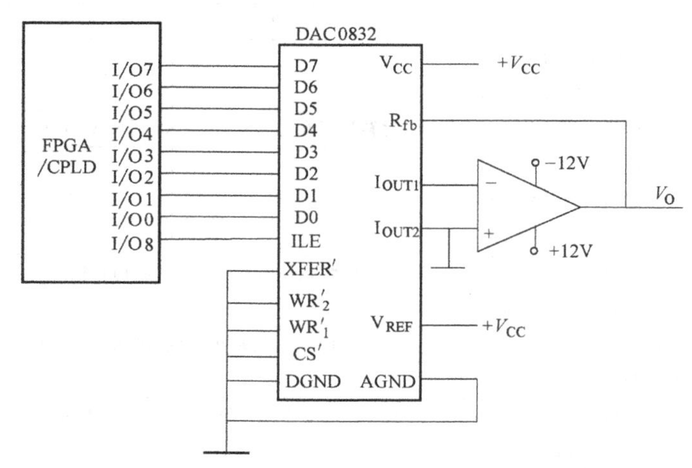

图 8-33 FPGA/CPLD 与 DAC0832 的接口电路

结合图 8-33 FPGA/CPLD 与 DAC0832 的接口电路，以锯齿波信号发生器为例，VHDL 设计如下：

1. 实体

锯齿波信号发生器的实体如图 8-34 所示。图中 DAC_ 0832 为实体名，RESET 为高电平有效的异步清零端，CP 为上升沿触发的时钟输入端，DATAOUT［7..0］为 8 位总线型数据输出端，ILE 为高电平有效的数据锁存允许控制端。

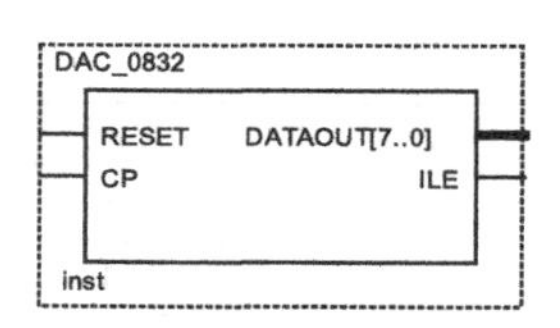

图 8-34 锯齿波信号发生器的实体

2. VHDL 程序设计

```
LIBRARY IEEE;
USE IEEE. STD_LOGIC_1164. ALL;
USE IEEE. STD_LOGIC_UNSIGNED. ALL;
ENTITY DAC_0832 IS
PORT(   RESET:IN STD_LOGIC;
        CP:IN STD_LOGIC;          --时钟信号频率为 50MHz
        DATAOUT:OUT STD_LOGIC_VECTOR(7 DOWNTO 0);
        ILE:OUT STD_LOGIC);
END DAC_0832;
ARCHITECTURE BHV OF DAC_0832 IS
    SIGNAL CNT: INTEGER RANGE 0 TO 999;
    SIGNAL Q1:STD_LOGIC_VECTOR(7 DOWNTO 0);
    SIGNAL CP2:STD_LOGIC;
BEGIN
    PROCESS(CP)             --分频进程,实现 1000 分频
      BEGIN
```

```
    IF(CP'EVENT AND CP='1') THEN
      IF(CNT<999) THEN CNT <= CNT+1;
      ELSE  CNT <= 0;
      END IF;
      IF(CNT<500) THEN CP2 <= '1';
      ELSE  CP2 <= '0';
      END IF;
    END IF;
  END PROCESS;
  PROCESS(CP2,RESET)
    BEGIN
    IF RESET='1' THEN
        Q1<="00000000";      --复位,对计数器 Q1 清零
    ELSIF CP2'EVENT AND CP2='1' THEN
        Q1<=Q1+1;         --锯齿波数据产生
    END IF;
  END PROCESS;
  ILE<='1';
  DATAOUT<=Q1;
END BHV;
```

3. 仿真波形及分析

锯齿波信号发生器的仿真波形如图 8-35 所示。图中，DATAOUT 采用模拟波形显示的方式；FPGA/CPLD 的主时钟采用 50MHz，而 DAC0832 转换周期为 1μs，所以要先将主时钟进行分频，才能满足 DAC0832 的转换周期的要求。上述程序中，将主时钟经过 1000 分频的分频器得到 CP2；CP2 作为锯齿波数据产生的时钟，一个周期的锯齿波由 256 点构成，每个点的数据为 8 位。由此，得到锯齿波的频率为 195.3Hz。只要更换波形数据，就可以产生其他种类的波形。

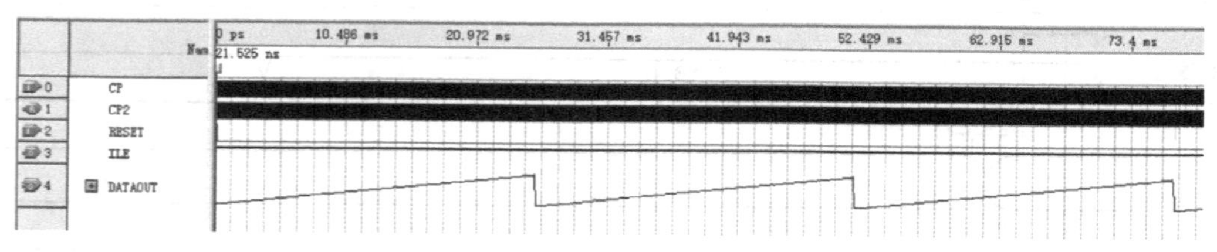

图 8-35　锯齿波信号发生器的仿真波形

8.4.2　ADC0809 接口电路及 VHDL 设计

FPGA/CPLD 与 ADC0809 的接口电路如图 8-36 所示。图中，FPGA 的 I/O1～I/O8 接收 ADC0809 的 8 位数数据（D0～D7）；FPGA 的 I/O9 为 ADC0809 提供地址锁存控制信号 ALE；上升沿处将三个地址信号送入地址锁存器，以选择相应的输入模拟通道；FPGA 的 I/O14～

I/O16 为 ADC0809 提供 8 路模拟信号开关的 3 位地址选通信号（A~C）；FPGA 的 I/O10 为 ADC0809 提供启动控制信号 START：一个正脉冲过后，A/D 开始转换；FPGA 的 I/O11 接收 ADC0809 转换结束信号 EOC；FPGA 的 I/O12 为 ADC0809 提供输出允许控制信号 OE：电平由低变高时，打开输出锁存器，将转换结果的数字量送到数据总线上；FPGA 的 I/O13 为 ADC0809 提供时钟信号 CLK；ADC0809 的 IN0~IN7 为 8 路模拟信号输入端口；ADC0809 的 V_{REF}+和 V_{REF}-为参考电压输入端口。

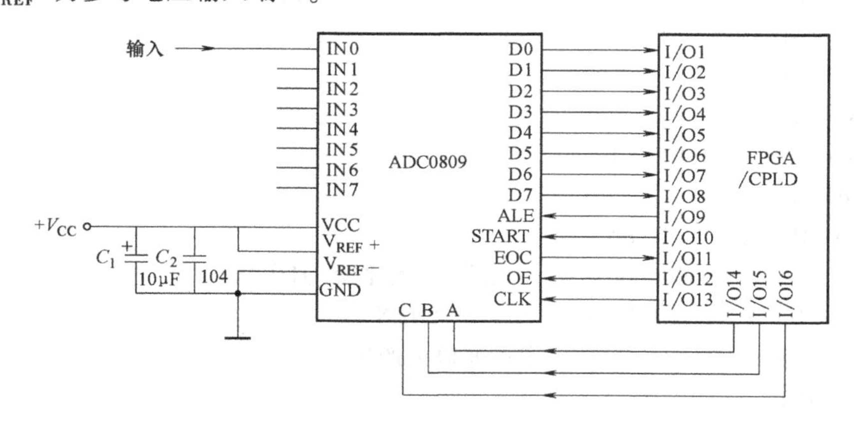

图 8-36 FPGA/CPLD 与 ADC0809 的接口电路

ADC0809 工作时序如图 8-37 所示。图中，CLK、ALE、START、OE、C、B、A 信号由

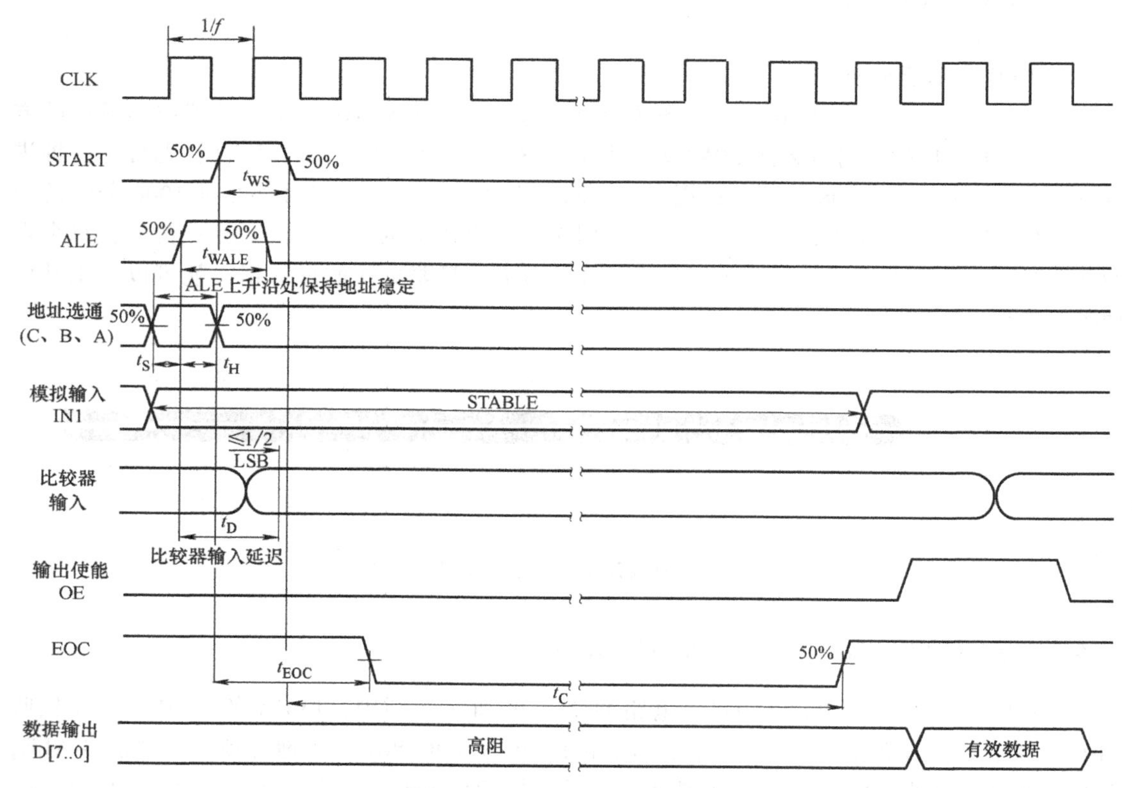

图 8-37 ADC0809 工作时序

FPGA/CPLD 提供。要求 CLK 时钟频率不高于 640kHz，在 ALE 上升沿处将地址信号（C、B、A）送入地址锁存器，以选择相应的输入模拟通道（例如，根据图 8-36 选择 IN0 通道，则 C=0，B=0，A=0）；当 START 正脉冲到来时，启动 A/D 转换；A/D 转换开始后，ADC0809 的 EOC 端输出一个约 100μs 的负脉冲给 FPGA/CPLD；FPGA/CPLD 通过检测 EOC 状态判断转换是否结束，当检测到 EOC 由低电平变为高电平时，FPGA/CPLD 使 OE 由低电平变为高电平，允许 ADC0809 三态输出数据锁存器输出数据 D[7..0]。

根据工作时序，设定七个工作状态，ADC0809 的采样控制状态图如图 8-38 所示。图中，ST0 为初始状态，ST1 锁存通道地址，ST2 启动 A/D 转换，ST3 检测 EOC 的下降沿，ST4 检测 EOC 的上升沿，ST5 转换结束并允许转换结果输出，ST6 读取转换结果。

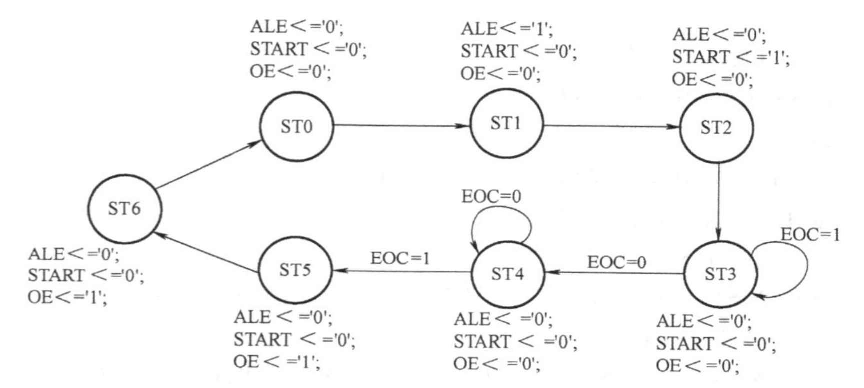

图 8-38　ADC0809 采样控制状态图

根据以上分析，VHDL 设计如下：

1. 实体

ADC0809 采样控制器的实体如图 8-39 所示。图中，ADC0809 为实体名，D［7.. 0］为外部 ADC0809 转换好的 8 位数据输入端，CLK 为状态机工作时钟端（时钟频率不高于 640kHz），EOC 为转换状态指示端，CLKOUT 为 ADC0809 的工作时钟端，ALE 为 8 个模拟信号通道地址锁存信号，START 为转换开始信号，OE 为输据输出 3 态控制信号，C、B、A 为三路信号通道选择信号，Q 为 8 位数据输出端。

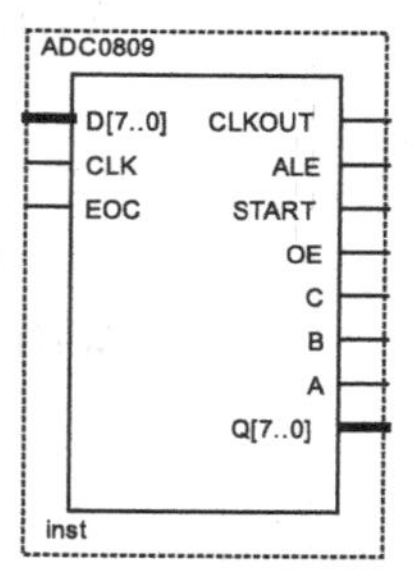

图 8-39　ADC0809 采样控制器的实体

2. VHDL 程序设计

```
LIBRARY IEEE;
USE IEEE.STD_LOGIC_1164.ALL;
USE IEEE.STD_LOGIC_UNSIGNED.ALL;
ENTITY ADC0809 IS
PORT(D : IN STD_LOGIC_VECTOR(7 DOWNTO 0);
     CLK : IN STD_LOGIC;
     EOC : IN STD_LOGIC;
     CLKOUT : OUT STD_LOGIC;
     ALE : OUT STD_LOGIC;
     START : OUT STD_LOGIC;
```

```
    OE : OUT STD_LOGIC;
    C, B, A : OUT STD_LOGIC;
    Q: OUT STD_LOGIC_VECTOR(7 DOWNTO 0));
END ADC0809;
ARCHITECTURE BHV OF ADC0809 IS
    TYPE STATES IS (ST0, ST1, ST2, ST3,ST4,ST5,ST6) ; --定义各状态子类型
    SIGNAL CURRENT_STATE, NEXT_STATE: STATES :=ST0 ;
    SIGNAL REG: STD_LOGIC_VECTOR(7 DOWNTO 0);
    SIGNAL LOCK: STD_LOGIC;
BEGIN
C<='0'; B<='0'; A<='0';
    PROCESS(CURRENT_STATE,EOC,D)
    BEGIN
        CASE CURRENT_STATE IS  --规定各状态转换方式
        WHEN ST0=>ALE<='0';START<='0';OE<='0';LOCK<='0';
            NEXT_STATE <= ST1;
        WHEN ST1=>ALE<='1';START<='0';OE<='0';LOCK<='0';
            NEXT_STATE <= ST2;
        WHEN ST2=> ALE<='0';START<='1';OE<='0';LOCK<='0';
            NEXT_STATE <= ST3;
        WHEN ST3=>
            IF (EOC='1') THEN NEXT_STATE <= ST3;LOCK<='0';
            ELSE NEXT_STATE <= ST4;
            END IF;
        WHEN ST4=> ALE<='0';START<='0';OE<='0';LOCK<='0';
            IF (EOC='0') THEN NEXT_STATE <= ST4;
            ELSE NEXT_STATE <= ST5;
            END IF;
        WHEN ST5=>ALE<='0';START<='0';OE<='1';LOCK<='0';
NEXT_STATE <= ST6;
        WHEN ST6=> ALE<='0';START<='0';OE<='1'; LOCK<='1';
          NEXT_STATE<=ST0;
        END CASE ;
    END PROCESS;
    PROCESS (CLK)
    BEGIN
        IF (CLK'EVENT AND CLK='1') THEN CURRENT_STATE<=NEXT_STATE;
        END IF;
    END PROCESS;
```

```
    PROCESS (LOCK)
    BEGIN
        IF (LOCK'EVENT AND LOCK='1') THEN REG <=D;
        END IF;
    END PROCESS;
    Q <= REG;
    CLKOUT<=CLK;
END BHV;
```

3. 仿真波形及分析

ADC0809 采样控制器的仿真波形如图 8-40 所示。图中，EOC 和 D［7..0］信号为外部输入，这两个波形为手工绘制，在时钟信号的作用下，首先产生地址锁存信号 ALE 脉冲，然后产生 START 启动转换脉冲，当 EOC 上升沿到来时，表明转换结束，此时产生 OE 信号允许 ADC0809 输出有效数据给 FPGA/CPLD，通过 LOCK 脉冲锁存有效数据，在 Q［7..0］端可看到相应的数据。可见，上述程序可实现 ADC0809 的采样控制。

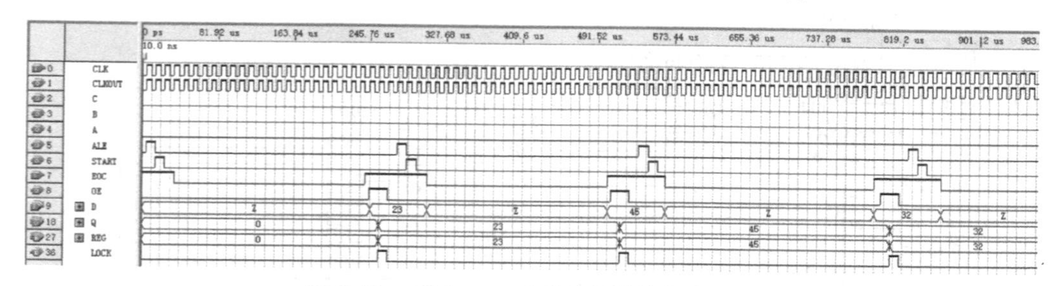

图 8-40　ADC0809 采样控制器的仿真波形

本章小结

1. D/A 是将数字量转换成模拟量的过程。常用的有：权电阻网络 D/A 转换器，其特点是结构比较简单，所用的电阻个数也很少；倒 T 形电阻网络 D/A 转换器，除了电路简单、电阻种类少外，还具有转换速度快的特点；权电流型 D/A 转换器，其特点是速度快，转换精度高。

目前在双极型的 D/A 转换器产品中权电流型电路用得较多；在 CMOS 集成 D/A 转换器中则以倒 T 形电阻网络型电路较为常见。

2. A/D 是模拟量转换成数字量的过程。A/D 转换器主要分为直接 A/D 转换器和间接 A/D 转换器两大类。

直接 A/D 转换器是将输入模拟电压信号直接转换成相应的数字信号，常用的有：计数型 A/D 转换器，其特点是电路简单；并联比较型 A/D 转换器，其特点是转换速度快；逐次逼近型 A/D 转换器，其特点是转换速度较高，在转换位数较多时电路规模要比并联比较型 A/D 转换器小得多。并联比较型 A/D 转换器是目前所有 A/D 转换器中转换速度最快的一种，故又有快闪（Flash）A/D 转换器之称。由于所用的电路规模庞大，所以并联比较型电路只用在超高速的 A/D 转换器中。而逐次逼近型 A/D 转换器虽然速度不及并联比较型快，但较之其他类型电路的转换速度又快得多，同时电路规模比并联比较型电路小得多，因此逐次逼近型电路在集成 A/D 转换器产品中较为常用。

间接 A/D 转换器是将输入的模拟信号先转换成某种中间变量（例如时间、频率等），然后再将这个中间变量转换成输出的数字信号，常用的有：双积分型 A/D 转换器，其特点是抑制交流干扰信号能力强，工作性能稳定；电压-频率（V-F）变换型 A/D 转换器，其特点是具有较强抗干扰能力，适于远距离传送模拟信号。虽然双积分型 A/D 转换器的转换速度很低，但由于它的电路结构简单、性能稳定可靠、抗干扰能力较强，所以在各种低速系统（例如数字式万用表）中得到广泛应用。而电压-频率变换型 A/D 转换器广泛用在遥测、遥控系统中。

利用 VHDL 状态机可实现对 A/D 或 D/A 器件的控制。

实践案例

3 位半数字电压表设计　测量范围：直流电压 0~1.999V

1. 电路结构

3 位半数字电压表电路结构如图 8-41 所示。

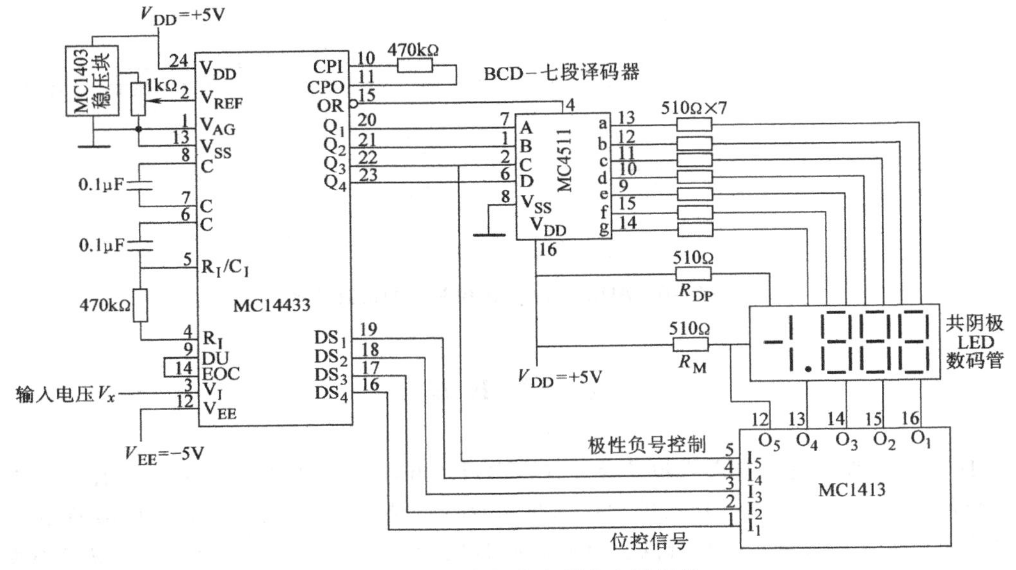

图 8-41　3 位半数字电压表电路结构

2. 器件介绍

1）3 位半 A/D 转换器（MC14433）：将输入的模拟信号转换成数字信号。3 位半是指显示位数，整位表示 0~9，半位表示 1。所以 3 位半最大显示为 1999，也就是 A/D 转换的最大计数值为 1999。

2）基准电源（MC1403）：提供精密电压，供 A/D 转换器作参考电压。

3）译码器（MC4511）：将二-十进制（BCD）码转换成七段信号。

4）驱动器（MC1413）：驱动显示器的 a、b、c、d、e、f、g 七个发光段，驱动发光数码管（LED）进行显示。

3. 基本原理

3 位半数字电压表通过位选信号 $DS_1 \sim DS_4$ 进行动态扫描显示，由于 MC14433 电路的 A/

D 转换结果是采用 BCD 码多路调制方法输出，因此只要配上一块译码器，就可以将转换结果以数字方式实现 4 位数字的 LED 数码管动态扫描显示。DS_1 ~ DS_4 输出多路调制选通脉冲信号。DS 选通脉冲为高电平时表示对应的数位被选通，此时该位数据在 Q_0 ~ Q_3 端输出。每个 DS 选通脉冲高电平宽度为 18 个时钟脉冲周期，两个相邻选通脉冲之间间隔两个时钟脉冲周期。DS 和 EOC 的时序关系是在 EOC 脉冲结束后，紧接着是 DS_1 输出正脉冲。以下依次为 DS_2，DS_3 和 DS_4。其中 DS_1 对应最高位（MSD），DS_4 则对应最低位（LSD）。在对应 DS_2、DS_3 和 DS_4 选通期间，Q_0 ~ Q_3 输出 BCD 全位数据，即以 8421 码方式输出对应的数字 0~9。在 DS_1 选通期间，Q_0 ~ Q_3 输出千位的半位数 0 或 1 以及过量程、欠量程和极性标志信号。Q_3 表示千位数，$Q_3=0$ 代表千位数的数字显示为 1，$Q_3=1$ 代表千位数的数字显示为 0。Q_2 表示被测电压的极性，Q_2 的电平为 1，表示极性为正，即 $V_x>0$，Q_2 的电平为 0，表示极性为负，即 $V_x<0$。显示数的负号（负电压）由 MC1413 中的一只晶体管控制，符号段“-”的阴极与千位数阴极接在一起，当输入信号 V_x 为负电压时，Q_2 端输出置“0”，Q_2 负号控制位使得驱动器不工作，通过限流电阻 R_M 使显示器的“-”（即 g 段）点亮；当输入信号 V_x 为正电压时，Q_2 端输出置“1”，负号控制位使达林顿驱动器导通，电阻 R_M 接地，使“-”旁路而熄灭。

小数点显示是由正电源通过限流电阻 R_{DP} 供电燃亮小数点。若量程不同则选通对应的小数点。

当 $Q_0=1$，$Q_3=0$ 时表示 V_x 处于过量程状态。

当 $Q_0=1$，$Q_3=1$ 时表示 V_x 处于欠量程状态。

当 OR=0 时，$|V_x|>1999$，则溢出。$|V_x|>V_R$ 则 OR 输出低电平。

当 OR=1 时，表示 $|V_x|<V_R$。平时 OR 输出为高电平，表示被测量在量程内。

MC14433 的 OR 端与 MC4511 的消隐端 BI 直接相连，当 V_x 超出量程范围时，OR 输出低电平，即 OR=0→BI=0，MC4511 译码器输出全“0”，使发光数码管显示数字熄灭，而负号和小数点依然发亮。

习题

8-1　在图 8-1 所示的权电阻网络 D/A 转换器中，若取 $V_{REF}=5V$，试求当输入数字量 $d_3d_2d_1d_0=0110$ 时输出电压的大小。

8-2　已知 8 位 R-$2R$ 倒 T 形电阻网络 D/A 转换器的 $R_F=R$，$V_{REF}=5V$，请分别求出输入数字量为 00001111 和 11111111 时，输出电压的值。

8-3　由采用倒 T 形电阻网络的单片 D/A 转换器（AD7520）所组成的 D/A 转换电路中，已知 $V_{REF}=-10V$，试求出当输入数字量从全“0”变到全“1”时输出电压的变化范围。如果想把输出电压的变化范围缩小一半，可以采取哪些方法？

8-4　已知 AD7520 的 $V_{REF}=-10V$，如图 8-42 所示，试画出输出电压 v_O 的波形，并标出波形图上各点电压的幅度。

8-5　AD7520 的倒 T 形电阻网络中的电阻 $R=10k\Omega$。为了得到 ±5V 的最大输出模拟电压，在选定 $R_B=20k\Omega$ 的情况下，如图 8-43 所示，V_{REF}、V_B 应各取多大电压值？

8-6　一个 8 位 R-$2R$ 倒 T 形电阻网络 D/A 转换器，当最低位为 1，其他各位为 0 时，输

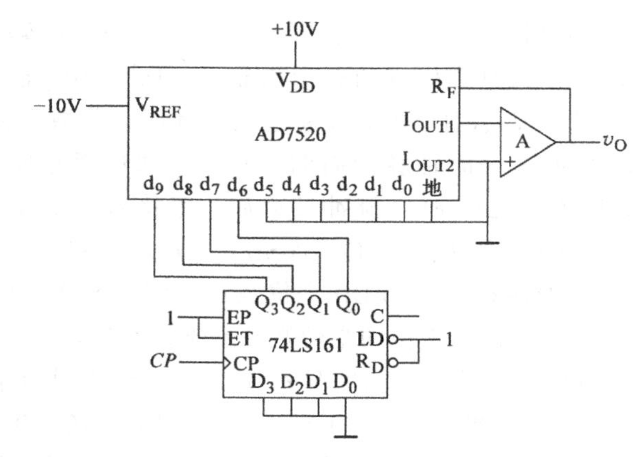

图 8-42 题 8-4 图

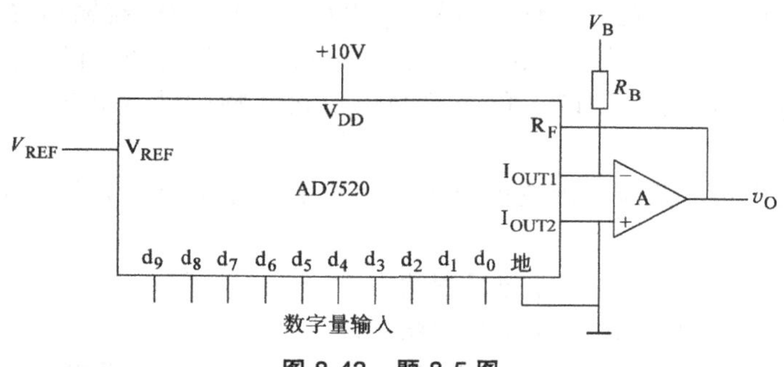

图 8-43 题 8-5 图

出电压 $v_{O(max)}$ = 0.01V，当数字量为 01011111 时，输出电压为多少？

8-7 一个 10 位的二进制权电阻 D/A 转换器，基准电压 V_{REF} = 10V，最高位的电阻 R_{10} = 10（1±0.05%）kΩ，最低位电阻 R_1 的容差为±5%，试计算：（1）最高位引起的误差；（2）最低位引起的误差。

8-8 双积分 A/D 转换器的参考电压 $-V_{REF}$ = −10V，计数器为 12 位二进制加计数器，当时钟频率 f_c = 1MHz 时，求：

（1）允许输入的最大模拟电压是多少？完成一次转换所需的最长时间是多少？

（2）当输入电压 v_I = 6V 时，输出的二进制数字量是多少？

（3）当计数器的值为 $(4FF)_{16}$ 时，对应的输入电压 v_I 是多少？

8-9 双积分型 A/D 转换器，若计数器为 10 位，时钟频率为 2MHz，完成一次 A/D 转换需要多少时间？

8-10 双积分型 A/D 转换器，若被转换电压最大值为 2V，要求该电路能分辨出 1mV 的输入电压，试回答：

（1）需要多少位二进制计数器？

（2）若时钟频率为 2MHz，参考电压 V_{REF} = 2V，完成一次 A/D 转换的最长时间为多少？

8-11 设图 8-17 所示的逐次逼近型 A/D 转换器满量程输入电压 $v_{I(max)}$ = 10V，说明将 v_I = 7.32V 输入电压转换成二进制数的过程。

8-12 要想将幅值为 5.1V 的模拟信号转换成数字信号，并要求模拟信号每变化 20mV，能使数字信号最低有效位发生变化，应选多少位的 A/D 转换器？

第 9 章

数字系统设计

应用背景

前面介绍了组合逻辑电路和时序逻辑电路的分析和设计方法。这些分析和设计方法以表达式、真值表、卡诺图和状态图为基础。如果数字电路的规模更大，功能更复杂，用经典的方法进行描述和设计就比较困难，需要采用新的方法。

本章首先介绍数字系统的基本概念，数字系统的设计方法、一般步骤和实现方法；然后结合实例介绍数字系统的设计过程，使读者获得数字系统设计的基础知识和设计技巧。

9.1 数字系统的基本概念

目前，数字技术已渗透到科研、生产和人们日常生活的各个领域。从计算机到家用电器，从手机到数字电话，以及绝大部分新研制的医用设备、军用设备等，无不尽可能地采用了数字技术。

数字系统是对数字信息进行存储、传输、处理的电子系统。通常，把门电路、触发器等称为逻辑器件，把由逻辑器件构成，能执行某单一功能的电路，如计数器、译码器、加法器等，称为逻辑功能部件，把由逻辑功能部件组成的能实现复杂功能的数字电路称数字系统。复杂的数字系统可以分割成若干个子系统，例如计算机就是一个内部结构相当复杂的数字系统。

不论数字系统的复杂程度如何，规模大小怎样，就其实质而言皆为逻辑问题，从组成上说是由许多能够进行各种逻辑操作的功能部件组成的，这类功能部件，可以是小规模集成电路（SSI）逻辑部件，也可以是各种中规模集成电路（MSI）、大规模集成电路（LSI）逻辑部件，甚至可以是 CPU 芯片。由于各功能部件之间的有机配合、协调工作，使数字电路成为统一的数字信息存储、传输、处理的电子电路。

与数字系统相对应的是模拟系统，和模拟系统相比，数字系统具有工作稳定可靠，抗干扰能力强，便于大规模集成，易于实现小型化、模块化等优点。

9.2 数字系统的结构与设计方法

9.2.1 数字系统的结构

数字系统从结构上可以划分为数据处理单元和控制单元两部分，如图9-1所示。因此，数字系统中的二进制信息也划分成数据信息和控制信息两大类。

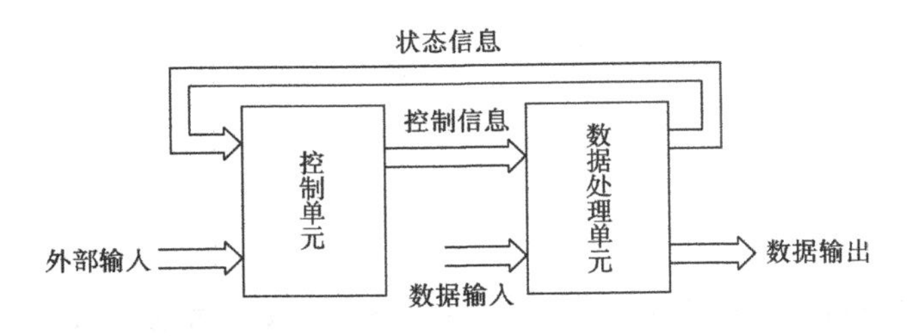

图9-1 数字系统框图

数据处理单元接收控制单元发来的控制信号，对输入的数据进行算术运算、逻辑运算、位移操作等处理，然后输出数据，并将处理过程中产生的状态信息反馈到控制单元，数据处理单元也称为数据通路。

控制单元根据外部输入信号和数据处理单元提供的状态信息，决定下一步要完成的操作，并向数据处理单元发出控制信号以控制其完成该操作。通常以是否有控制单元作为区别功能部件和数字系统的标志，凡是包含控制单元且能按顺序进行操作的系统，不论规模大小，一律称为数字系统，否则只能算是一个子系统部件，不能称为一个独立的数字系统。例如，大容量存储器尽管电路规模很大，但不能称为数字系统。

9.2.2 数字系统的设计方法

数字系统的设计通常有两种设计方法，一种是自底向上的设计方法，一种是自顶向下的设计方法。

自底向上（Bottom-up）的设计过程从最底层设计开始。设计系统硬件时，首先选择具体的元器件，用这些元器件，通过逻辑电路设计，完成系统中各独立功能模块的设计，再把这些功能模块连接起来，总装成完整的硬件系统。

这种设计过程在进行传统的手工电路设计时经常用到。优点是符合硬件设计工程师传统的设计习惯；缺点是在进行底层设计时，缺乏对整个电子系统总体性能的把握，在整个系统设计完成后，如果发现性能尚待改进，修改起来比较困难，因而设计周期长。

随着集成电路设计规模的不断扩大，复杂度的不断提高，传统的电路原理图输入法已经无法满足设计的要求。EDA工具和HDL语言的产生使另一种自顶向下（Top-down）的设计方法得以实现。

自顶向下（Top-down）的设计方法是在顶层设计中，把整个系统看成是包含输入输出端口的单个模块，对系统级进行仿真、纠错，然后对顶层进行功能框图和结构的划分，即从整个系统的功能出发，按一定原则将系统分成若干子系统，再将每个子系统分成若干个功能模块，再将每个模块分成若干小的模块……直至分成许多基本模块实现。如图 9-2 所示，将系统模块划分为各个子功能模块，并对其进行行为描述，在行为级进行验证。

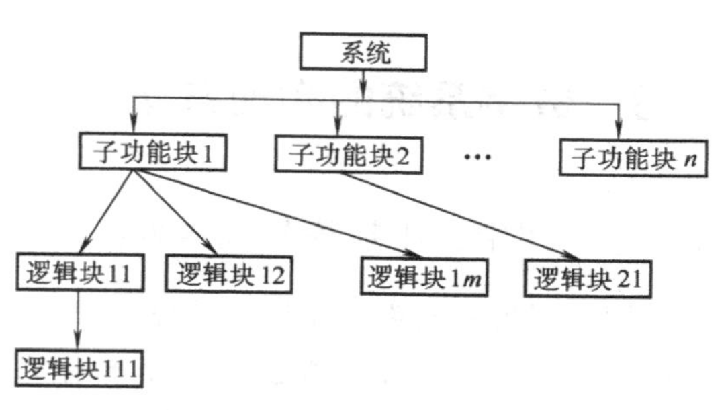

图 9-2　系统模块划分

9.2.3　数字系统设计的一般步骤

数字系统的设计的一般流程如下。

1. 明确设计要求，确定系统的输入/输出

在具体设计之前，详细分析设计要求、确定系统输入/输出信号是必要的。例如，要设计一个交通灯控制器，必须明确系统的输入信号有哪些（由传感器得到的车辆到来信号，时钟信号），输出要求是什么（红、黄、绿交通灯正确显示和时间显示），只有在明确设计要求的基础上，才能使系统设计有序地进行。

2. 确定整体设计方案

对于一个具体的设计可能有多种不同的方案，确定方案时，应对不同方案的性能、成本、可靠性等方面进行综合考虑，最终确定设计方案。

3. 模块化设计

在这里，可以选用自底向上（Bottom-up）的设计方法，也可以选用自顶向下（Top-down）的设计方法。

模块分割的一般要求如下：

1）各模块之间的逻辑关系明确。

2）各模块内部逻辑功能集中，且易于实现。

3）各模块之间的接口线尽量少。

模块化的设计最能体现设计者的思想，分割合适与否对系统设计的方便与否有着至关重要的影响。例如，交通灯控制器的设计，可以把整个系统分为主控电路、定时电路、译码驱动显示等，而定时电路可以由计数器功能模块构成，译码驱动显示可由小规模集成电路（SSI）组合逻辑电路构成，这两部分都是设计者所熟悉的各种功能电路，设计起来并不困难。这样，交通灯控制器的设计的主要问题就是控制电路的设计了，而这是一个规模不大的时序电路，因此，一个复杂的数字系统的设计就变成了一个较小规模的时序电路的设计，从而大大简化了设计的难度，缩短了设计周期。由于设计调试都可以针对这些子模块进行，使修改设计也变得非常方便。

4. 数字系统的设计

数字系统的设计可以在以下几个层次上进行：

1）选用通用集成电路芯片构成数字系统。

2）应用可编程逻辑器件实现数字系统。

3）设计专用集成电路（单片系统）。

通过这几个步骤，可以实现一个完整的数字系统的设计。

9.3 数字系统的实现方法

9.3.1 用中、小规模集成器件实现

用通用集成电路构成数字系统即采用小规模集成电路（SSI）、中规模集成电路（MSI）（如74系列芯片，计数器芯片等），根据系统的设计要求，构成所需数字系统。简单的数字系统设计，都可以在这个层次上进行。电子工程师设计电子系统的过程一般是先根据设计要求进行书面设计，再选择器件、搭建调试电路，最后制作样机。这样完成的系统设计由于芯片之间的众多连接造成系统可靠性不高，也使系统体积相对较大，集成度低。当数字系统大到一定规模时，搭建调试会变得非常困难甚至不可行。

9.3.2 用可编程器件实现

随着数字集成技术和电子设计自动化（Electronic Design Automation，EDA）技术的迅速发展，数字系统设计的理论和方法也在相应地变化和发展着。EDA技术是从计算机辅助设计（CAD）、计算机辅助制造（CAM）、计算机辅助测试（CAT）和计算机辅助工程（CAE）等技术发展而来的。它以计算机为工具，设计者只需对系统功能进行描述，就可在EDA工具的帮助下完成系统设计。

应用可编程逻辑器件（Programmable Logic Device，PLD）实现数字系统设计和单片系统的设计，是目前利用EDA技术设计数字系统的潮流。这种设计方法以数字系统设计软件为工具，将传统数字系统设计中的搭建调试用软件仿真取代，对计算机上建立的系统模型用测试码或测试序列测试验证后，将系统实现在PLD或专用集成电路上。这种设计方法最大程度地缩短了设计和开发时间，降低了成本，提高了系统的可靠性。目前，在我国各大专院校教学中有广泛影响的EDA软件有PSpice、OrCad、Electrical Workbench、Protel、Quartus等。

高速发展的PLD为EDA技术的不断进步奠定了坚实的物理基础。大规模PLD不但具有微处理器和单片机的特点，而且随着微电子技术和半导体制造工艺的进步，集成度不断提高，与微处理器、DSP、A/D、D/A、RAM和ROM等独立器件之间的物理与功能界限正日趋模糊，嵌入式系统和片上系统（SOC）得以实现。以大规模可编程集成电路为物质基础的EDA技术打破了软硬件之间的设计界限，使硬件系统软件化，这已成为现代电子设计技术的发展趋势。

现场可编程逻辑器件（Field Programmable Logic Device，FPLD）中应用最广泛的当属CPLD和FPGA，CPLD是复杂可编程逻辑器件（Complex Programmable Logic Device）的简称，FPGA是现场可编程门阵列（Field Programmable Gate Array）的简称。

9.4 数字系统设计实例

9.4.1 基于中、小规模集成器件的数字钟设计

1. 设计要求

设计一个数字钟，要求：可以显示时、分、秒，用户可以设置时间。

2. 系统组成

根据设计要求，数字钟由以下几部分组成：秒脉冲发生器；校时、校分电路；60 进制秒计数器；60 进制分计数器；24 进制时计数器；显示译码器及显示器等，数字钟组成框图如图 9-3 所示。

3. 模块设计

（1）秒脉冲发生器

在对计时精确度要求不高时，可采用 555 定时器构成秒脉冲发生器；在对计时精确度要求较高时，可利用石英晶体振荡器，通过分频电路得到秒脉冲。此处采用 555 定时器构成秒脉冲发生器，如图 9-4 所示。

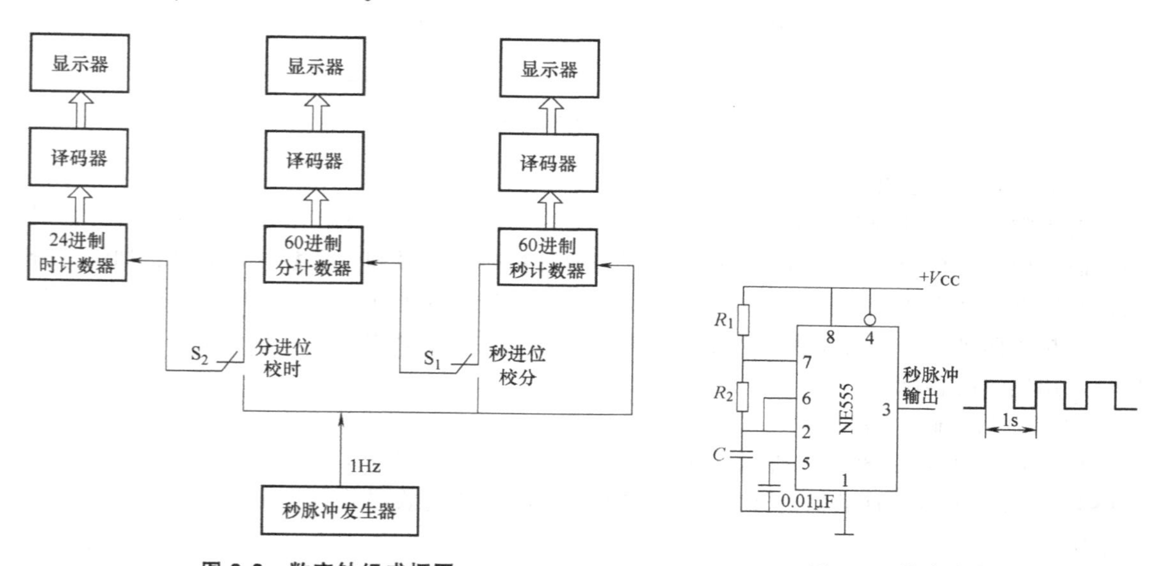

图 9-3　数字钟组成框图

图 9-4　秒脉冲发生器

（2）60 进制计数器

秒计数器和分计数器均为 60 进制加计数，可以选用集成计数器扩展实现。此处采用两片十进制计数器 74LS160 和与非门实现，如图 9-5 所示。采用整体置数方式来实现，74LS160（Ⅱ）为十位，74LS160（Ⅰ）为个位，计数状态从 00～59，在 59 时置数为 00，同时将置数信号引出作为进位信号 CO。

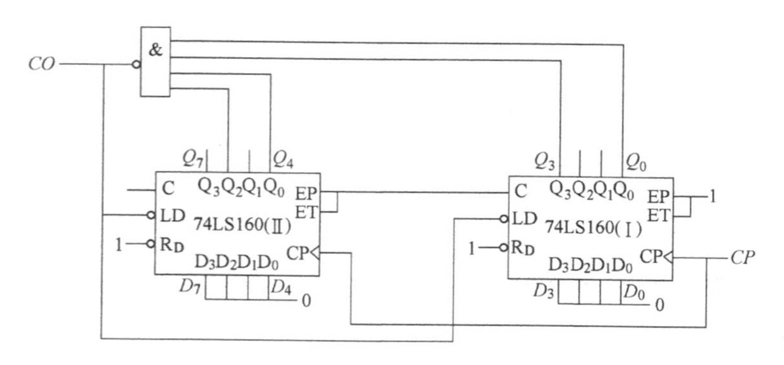

图 9-5　60 进制计数器

(3) 24进制计数器

24进制计数器的设计方法与60进制计数器相似，如图9-6所示。采用整体置数方式来实现，计数状态从00~23，在23时置数为00。

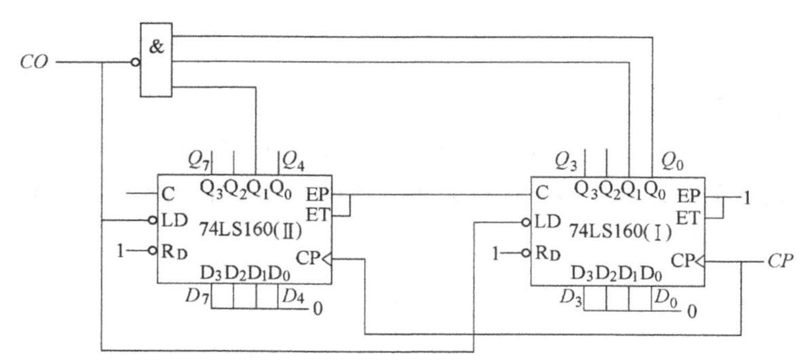

图9-6 24进制计数器

(4) 校时、校分电路

在正常计时、计分时，采用分进位信号作为时计数时钟，采用秒进位信号作为分计数时钟；而在校时、校分时，用秒脉冲信号去代替时计数时钟信号和分计数时钟信号，加快计分或计时速度，从而实现校时、校分。校时、校分电路如图9-7所示，采用单刀双掷开关实现正常和校正两种工作状态切换，为了防止开关机械抖动，引入基本RS触发器，校时、校分信号采用连续的秒脉冲。

(5) 显示译码电路

显示译码电路如图9-8所示，采用共阳极显示驱动器74LS47驱动共阳极数码管。74LS47输入为来自于计数器的计数信号，74LS47输出端到数码管各段分别串联510Ω的限流电阻。

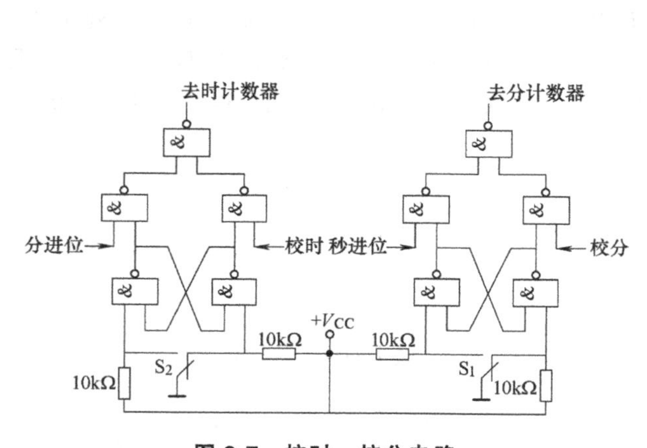

图9-7 校时、校分电路

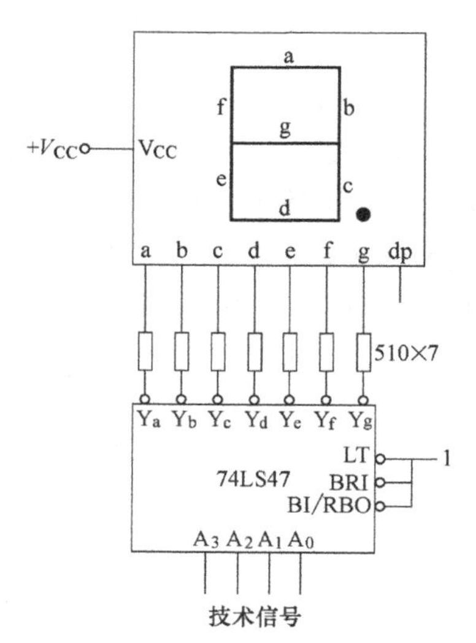

图9-8 显示译码电路

4. 总电路

利用中、小规模集成器件设计的总电路如图9-9所示。

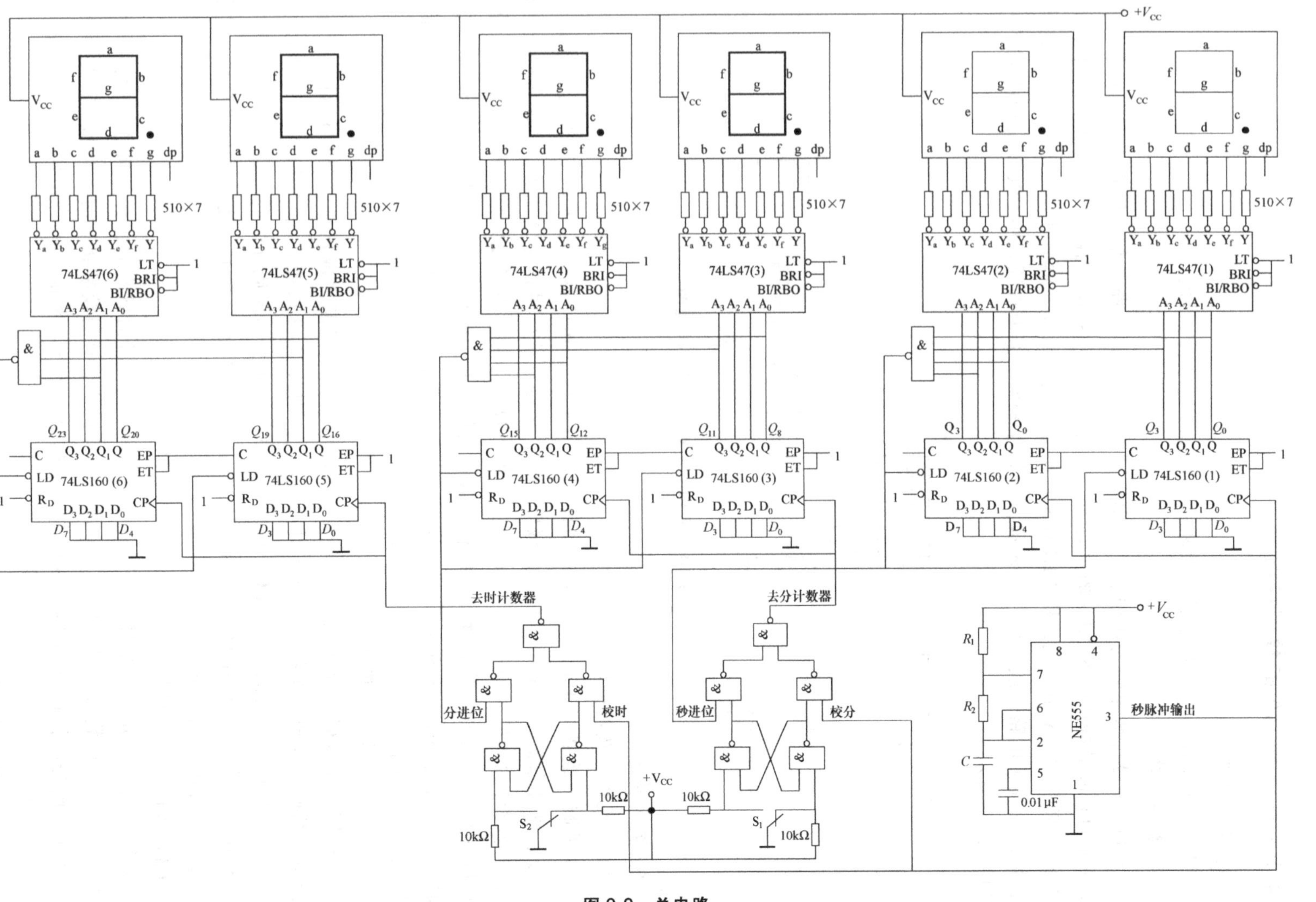

74LS47(6)
74LS47(5)
74LS47(4)
74LS47(3)
74LS47(2)
74LS47(1)
74LS160 (6)
74LS160 (5)
74LS160 (4)
74LS160 (3)
74LS160 (2)
74LS160 (1)
510×7
+V_{CC}
去时计数器
去分计数器
分进位
校时
秒进位
校分
10kΩ
S_2
S_1
R_1
R_2
C
NE555
秒脉冲输出
0.01 μF

图 9-9 总电路

9.4.2 基于 FPGA 的数字钟设计

1. 设计要求

利用 FPGA 设计一个数字钟，要求：可以显示时、分、秒，用户可以设置时间。

2. 系统组成

用 FPGA 设计数字钟与用中、小规模集成器件的设计思路类似，区别主要有：先用 FPGA 外部的有源晶振产生 50MHz 的主时钟，再用 FPGA 内部分频器来获得秒脉冲；将数字逻辑部分全部用 FPGA 来实现，用 VHDL 编写相应的底层元件，然后在顶层电路中调用这些元件；数码管显示电路一般采用动态显示，以节省 FPGA 引脚资源。用 FPGA 实现的数字钟框图如图 9-10 所示。

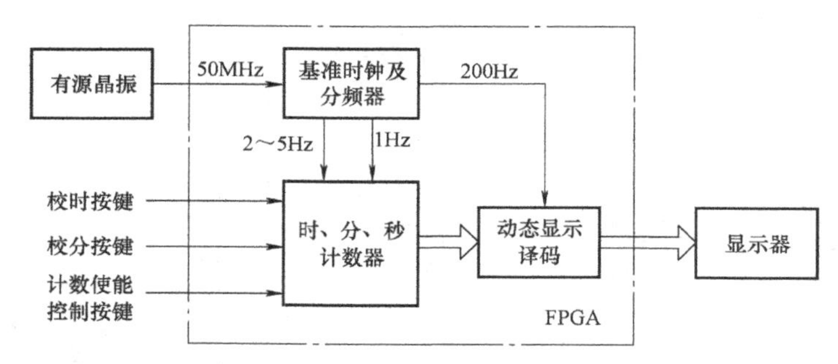

图 9-10 用 FPGA 实现的数字钟框图

3. 模块设计

(1) BCD 计数器模块

24 进制计数器用于计时，60 进制计数器用于计分和计秒，均采用 BCD 码形式计数。时、分、秒计数器之间采用串行进位级联方式，将秒进位信号作为分计数器的时钟，分进位信号作为时计数器的时钟信号。因此，分、秒计数器必须给后级提供合适的进位信号。本设计中的计数器均采用上升沿触发，以秒计数器为例，在 59s 时，产生低电平进位信号，下一个时钟上升沿使 59s 变为 0s 时，进位信号变为高电平，从而在 59 变为 0 的瞬间产生进位信号是上升沿，这就是一个合适的进位信号。

(2) 动态扫描显示模块

需要用六位数码管显示时、分、秒。如果用中、小规模集成器件设计时的静态显示方式，每位数码管需要 7 根控制线（不计小数点），则共需 42 根控制线。用 FPGA 设计时，一般采用动态扫描显示方式。将 FPGA 控制数码管的引脚分为段码和位码，段码需要 7 根，位码需要 6 根，共需 13 根控制线。动态扫描显示方式比静态显示方式更节省硬件资源，电路更简单，但程序会相对复杂。

(3) 校时、校分模块

采用控制时或分计数器时钟信号来进行：处于正常计时状态时，分计数器的时钟信号为秒进位信号，时计数器的时钟信号为分进位信号；处于时间校准状态时，时和分计数器的时钟信号都采用分频器提供的 2～5Hz 快速校准信号。因此，校时、校分模块可采用二选一的选择器来实现。

(4) 基准时钟及分频器

通过将外部有源晶振提供的 50MHz 主时钟分频得到的秒脉冲作为时间基准，给校时、校分模块提供 2~5Hz 快速校准信号，还要给动态扫描显示模块提供 200Hz 的显示时钟信号。

4. 主要程序设计

(1) BCD 计数器模块

以 24 进制的 BCD 计数器为例，设计如下：

24 进制 BCD 计数器的实体如图 9-11 所示。图中，RESET 为低电平有效的异步清零端，EN 为高电平有效的计数使能端，CLK 为上升沿触发的时钟输入端，Q1［3..0］、Q0［3..0］分别为 BCD 计数器的十位和个位，RCO 为进位输出端（低电平进位）。

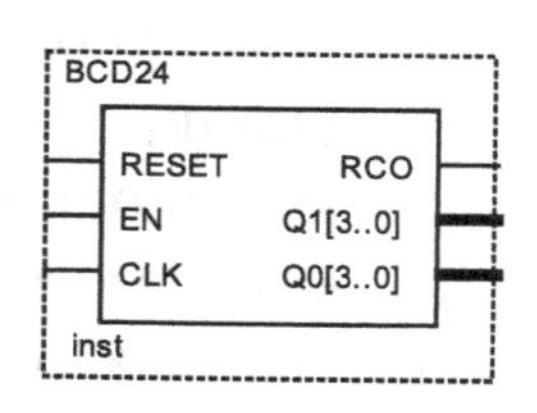

图 9-11　24 进制 BCD 计数器的实体

VHDL 程序设计如下：

```
LIBRARY IEEE;
USE IEEE.STD_LOGIC_1164.ALL;
USE IEEE.STD_LOGIC_UNSIGNED.ALL;
ENTITY BCD24 IS
    PORT(RESET, EN, CLK: IN STD_LOGIC;
         RCO: OUT STD_LOGIC;
         Q1, Q0: OUT STD_LOGIC_VECTOR (3 DOWNTO 0));
END BCD24;
ARCHITECTURE  AA  OF  BCD24  IS
    --C1、C0 分别用 4 位二进制数表示 BCD 计数器的十位和个位
    SIGNAL C1, C0: STD_LOGIC_VECTOR (3 DOWNTO 0);
BEGIN
    PROCESS (CLK, C1, C0)
    -- C1, C0 在下面程序中用作判断条件,应放在敏感信号列表中。
    BEGIN
    IF RESET='0' THEN C1<="0000";  C0<="0000";
    ELSIF CLK'EVENT AND CLK='1' THEN
        IF EN='1' THEN
            IF C1=2 AND C0=3  THEN C1<="0000"; C0<="0000";
            --整体计数到 23 时,十位清零,个位清零。
            --设计 60 进制计数器,将 C1=2 AND C0=3 条件改为 C1=5 AND C0=9
              即可。
            ELSE
                IF (C0=9) THEN C1<=C1+1; C0<="0000";
                --个位计数到 9 时,十位加 1,个位清零
                ELSE  C1<=C1; C0<=C0+1;--其他情况下,十位保持不变,个位加 1
                END IF;
            END IF;
        END IF;
```

```
        END IF;
        IF (C1=2 AND C0=3) THEN RCO<='0';   --给更高位计数器提供上升沿计数脉冲
        ELSE  RCO<='1';
        END IF;
        END PROCESS;
    Q1<=C1; --对十位输出端信号赋值
    Q0<=C0; --对个位输出端信号赋值
    END AA;
```

24进制BCD计数器的仿真波形如图9-12所示。

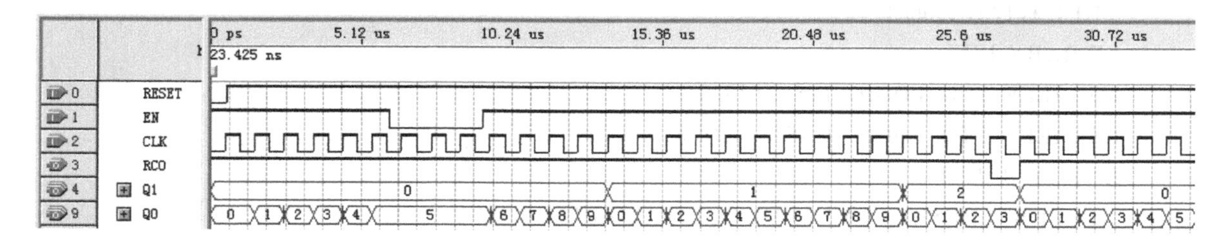

图9-12 24进制BCD计数器的仿真波形

(2) 动态扫描显示模块

六位数码管动态扫描显示电路如图9-13所示。

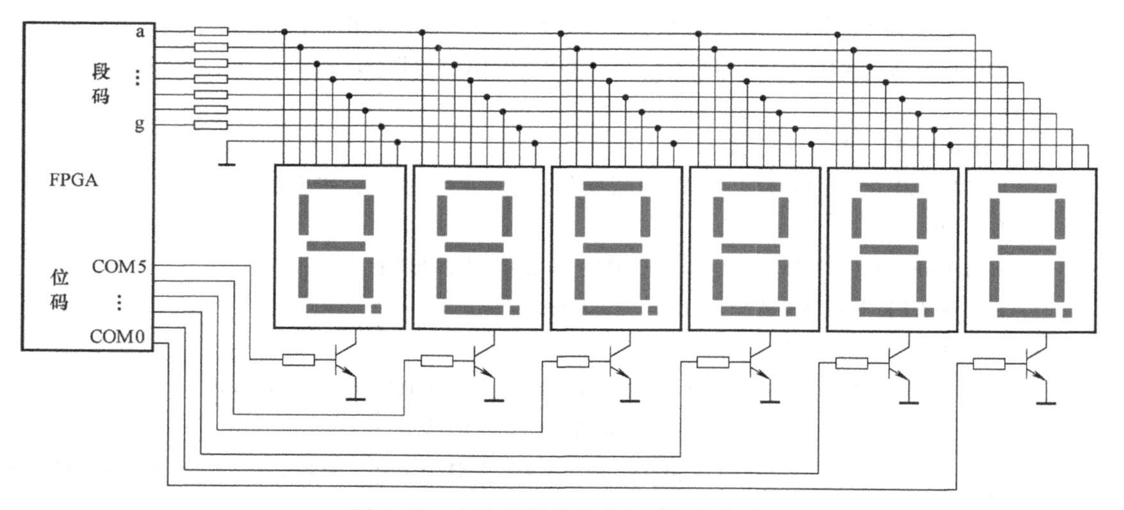

图9-13 六位数码管动态扫描显示电路

图9-13采用的是共阴极数码管，位码通过三极管开关电路接到各个数码管的公共端上，数码管a~g各段对应并接后连到FPGA/CPLD的段码a~g输出端上。当位码COM5~COM0中的某一位为高电平时，相应晶体管饱和导通，相应的数码管选通，只要相应的段码输出为高电平，即可点亮该数码管相应的段，从而显示相应的字形；此时，位码的其他位为低电平，则晶体管截止，其他数码管熄灭。位码采用顺序脉冲，六位数码管显示对应的位码为“100000”、“010000”、“001000”、“000100”、“000010”、“000001”依次循环并行输出，

从左往右依此选通对应的数码管，这一过程称为扫描。

人眼具有视觉暂留特性，人眼能分辨的频率在 25Hz 左右，也就是说相邻数码管点亮的扫描时间间隔要小于 40ms，人眼就无法分辨数码管短暂的点亮和熄灭，人眼会感觉数码管是一直点亮的。频率太高时，人眼看不清显示的字符或者数码管亮度不够；频率太低时，人眼可以看到数码管在闪烁。数字钟用六位数码管显示时、分、秒，因此，显示扫描的时钟频率应超过 150Hz，此处取 200Hz 作为显示扫描的时钟频率。动态扫描显示模块的原理框图如图 9-14 所示。图中，用六进制加计数器产生的 3 位计数状态信号同时控制六选一数据选择器和 2 线-6 线译码器。六选一数据选择器输入的数据要和 2 线-6 线译码器选通的数码管位置相对应（从左往右依选通：小时的十位、小时的个位、分钟的十位、分钟的个位、秒钟的十位以及秒钟的个位）。

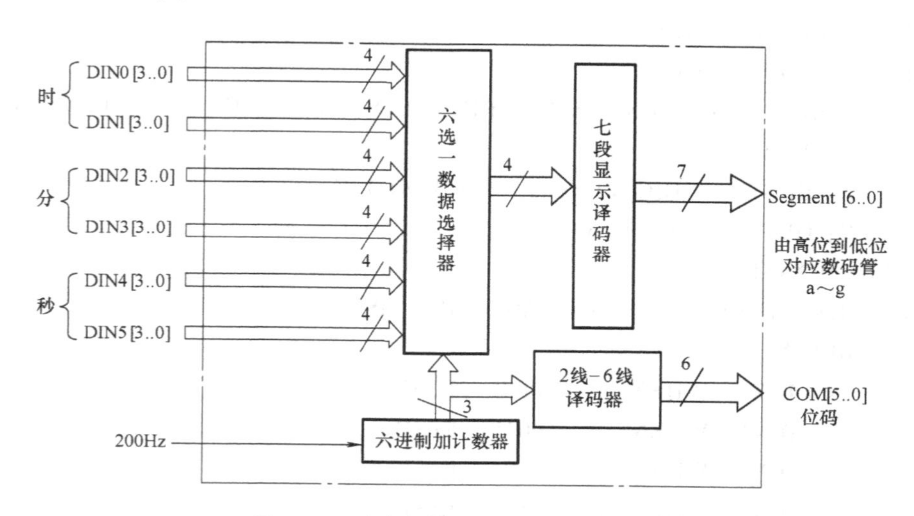

图 9-14　动态扫描显示模块的原理框图

根据上述分析，采用层次化设计方法进行设计：底层采用 VHDL 程序设计；顶层采用原理图的方式设计。底层 VHDL 程序如下：

```
--六进制计数器
LIBRARY IEEE ;
USE IEEE. STD_LOGIC_1164. ALL;
USE IEEE. STD_LOGIC_UNSIGNED. ALL;
ENTITY CNT6 IS
PORT ( CLK: IN STD_LOGIC;
    Q: OUT STD_LOGIC_VECTOR (2 DOWNTO 0));
END CNT6;
ARCHITECTURE ONE OF CNT6 IS
    SIGNAL Q1: STD_LOGIC_VECTOR (2 DOWNTO 0);
BEGIN
    PROCESS (CLK)
    BEGIN
```

```
        IF CLK'EVENT AND CLK = '1' THEN
            IF Q1 = "101"  THEN Q1 <= "000";
            ELSE Q1 <= Q1 + 1;
            END IF;
        END IF;
    END PROCESS;
    Q <= Q1;
    END ONE;
--4 位六选一数据选择器
    LIBRARY IEEE;
    USE IEEE.STD_LOGIC_1164.ALL;
    ENTITY  MUX461A  IS
        PORT( DIN0, DIN1, DIN2, DIN3, DIN4, DIN5: IN STD_LOGIC_VECTOR(3
        DOWNTO 0);
        A: IN STD_LOGIC_VECTOR(2 DOWNTO 0);
        Y: OUT STD_LOGIC_VECTOR(3 DOWNTO 0));
    END MUX461A  ;
    ARCHITECTURE  TWO  OF  MUX461A  IS
        BEGIN
        Y<=DIN0  WHEN  A="000"  ELSE
            DIN1  WHEN  A="001"  ELSE
            DIN2  WHEN  A="010"  ELSE
            DIN3  WHEN  A="011"  ELSE
            DIN4  WHEN  A="100"  ELSE
            DIN5  WHEN  A="101"  ELSE
            "0000";
    END TWO;
--共阴极七段显示译码器(段码产生)
    LIBRARY IEEE;
    USE IEEE.STD_LOGIC_1164.ALL;
    USE IEEE.STD_LOGIC_UNSIGNED.ALL;
    ENTITY DEC47 IS
    PORT(   NUM:IN STD_LOGIC_VECTOR(3 DOWNTO 0);    --BCD 输入
            SEGMENT:OUT STD_LOGIC_VECTOR(6 DOWNTO 0) ); --七段译码输出
END DEC47;
ARCHITECTURE  THREE  OF  DEC47  IS
    BEGIN
        WITH NUM SELECT             --A,B,C,D,E,F,G 段码(高位到低位)
        SEGMENT <=   "1111110" WHEN "0000",      --0
```

```
                    "0110000" WHEN "0001",        --1
                    "1101101" WHEN "0010",        --2
                    "1111001" WHEN "0011",        --3
                    "0110011" WHEN "0100",        --4
                    "1011011" WHEN "0101",        --5
                    "0011111" WHEN "0110",        --6
                    "1110000" WHEN "0111",        --7
                    "1111111" WHEN "1000",        --8
                    "1110011" WHEN "1001",        --9
                    "0000000" WHEN OTHERS;        --熄灭
  END THREE ;
--2 线-6 线译码器(位码产生)
  LIBRARY IEEE;
  USE IEEE. STD_LOGIC_1164. ALL ;
  ENTITY DEC26A IS
      PORT(A: IN STD_LOGIC_VECTOR(2 DOWNTO 0);
          COM:  OUT  STD_LOGIC_VECTOR(5 DOWNTO 0));
  END;
  ARCHITECTURE  FOUR  OF  DEC26A  IS
  BEGIN
      WITH  A  SELECT
      COM<=       "100000"  WHEN  "000" ,    --选通小时的十位
                  "010000"  WHEN  "001" ,    --选通小时的个位
                  "001000"  WHEN  "010" ,    --选通分钟的十位
                  "000100"  WHEN  "011" ,    --选通分钟的个位
                  "000010"  WHEN  "100" ,    --选通秒钟的十位
                  "000001"  WHEN  "101" ,    --选通秒钟的个位
                  "000000"  WHEN  OTHERS;
  END FOUR ;
```

用原理图方式设计的动态扫描显示模块顶层电路如图 9-15 所示。

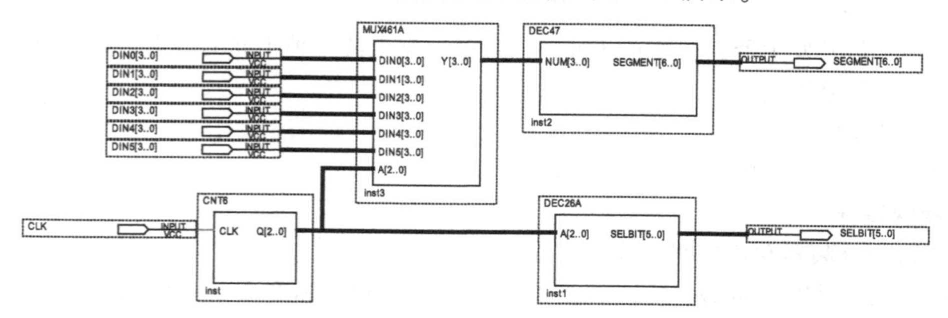

图 9-15　动态扫描显示模块顶层电路

(3) 基准时钟及分频器

基准时钟及分频器需要产生 1Hz、5Hz、200Hz 的时钟信号，可将外部有源晶振提供的 50MHz 主时钟经过分频得到。分频器的设计请参考 6.7 节，此处不再赘述。

(4) 整体设计

将上述模块分别设计并生成元件，在数字钟顶层电路中调用这些元件，构成的数字钟顶层电路如图 9-16 所示。图中，CLK 为 50MHz 的主时钟信号输入端，RESET 为复位端，EN 为计数使能端，H 为校时按键输入端，M 为校分按键输入端，SEGMENT[6..0] 为段码输出端（对应接 a~g），COM [5..0] 为位码输出端。调用的元件有：MUX21A 分别为校时、校分模块，FDIV 为基准时钟及分频器，BCD24 为时计数器，BCD60 分别为分计数器、秒计数器，disp_ top 为动态扫描显示模块。

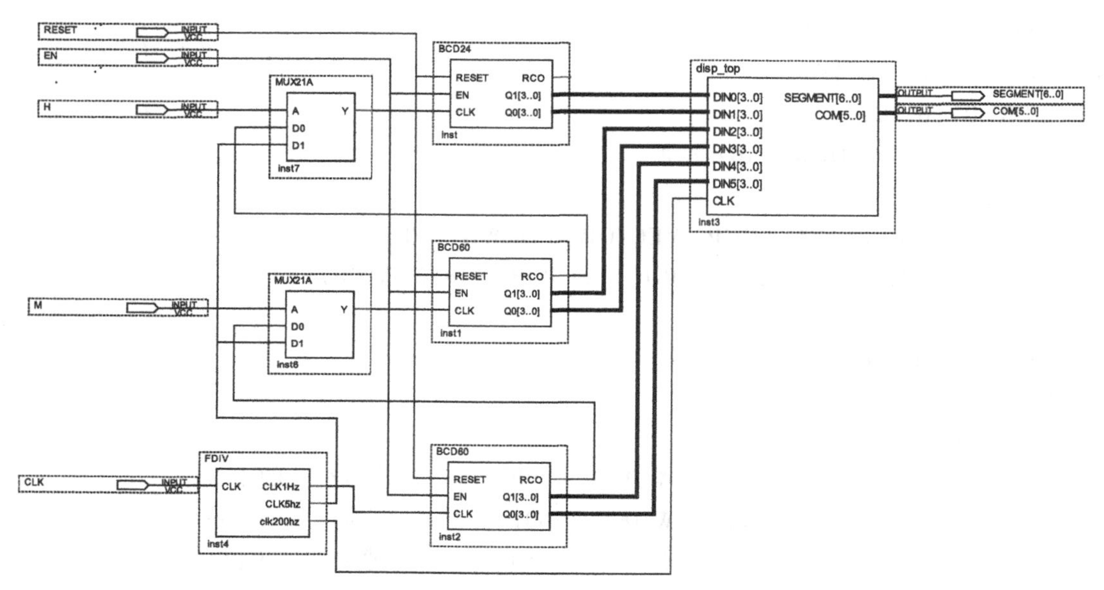

图 9-16 数字钟的顶层电路

以上的数字钟只具有计时和校时功能，读者还可以添加其他功能，例如整点报时、闹钟等。

9.4.3 信号发生器设计

1. 设计要求

设计一个信号发生器，产生正弦波、三角波、锯齿波三种不同的波形，并且可以设置八种不同频率的信号输出。

2. 系统组成

信号发生器组成框图如图 9-17 所示。

3. 模块设计

(1) 可变分频器和八进制计数器

根据系统主时钟 50MHz、D/A 转换器的转换速度和实际产生信号的频率要求，确定分频器可输出的八种不同频率。利用频率选择按键产生的开关信号（注意：实际编程时，按

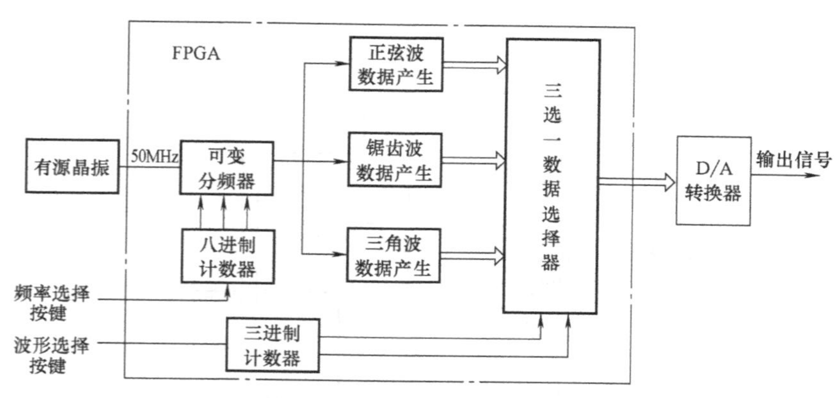

图 9-17　信号发生器组成框图

键要加防抖动程序）作为八进制计数器的时钟信号，每按一次按键，计数器的状态会随之改变，通过计数器选择分频器输出，从而获得所需频率的时钟信号。

（2）波形数据产生模块

采用一个周期包含 256 个采样点的波形数据产生模块，由正弦波、三角波、锯齿波三个模块构成。利用计数器产生锯齿波或三角波数据；用查表法产生正弦数据。

（3）三选一数据选择器和三进制计数器

利用三选一数据选择器实现对三种信号的选择。利用波形选择按键产生的开关信号（注意：实际编程时，按键要加防抖动程序）作为三进制计数器的时钟信号，每按一次按键，计数器的状态会随之改变，通过计数器控制选择器的地址端，从而获得所需波形数据。

（4）D/A 转换器

选用 DAC0832 及集成运放构成。DAC0832 采用直通模式，在时钟信号的控制下，波形数据被逐个送到 D/A 转换器中，并被转换为模拟电流信号，再利用集成运放及电流转换为电压，从而可输出相应的电压波形。

4. 主要程序设计

（1）可变分频器

可变分频器利用多个独立分频器构成，电路如图 9-18 所示。利用 6.7 节中介绍过的奇数分频器或偶数分频器将 50MHz 分频为 50kHz、500kHz、1MHz、1.25MHz、2MHz、5MHz、10MHz、25MHz 等八种频率（也可以选择其他频率），再通过八选一数据选择器，选择其中一路输出。

（2）波形数据产生模块

1）正弦波数据产生模块：利用查表法产生正弦波数据，将一个周期包含 256 个采样点的正弦波数据存放在 ROM 中，用 8 位二进制计数器产生 ROM 的地址信号，按地址顺序取出数据，即可产生正弦波数据。请参考 7.3.3 小节中的正弦信号发生器（一个周期包含 64 个采样点）进行设计，此处不再赘述。

2）锯齿波数据产生模块：利用 8 位加计数器产生一个周期包含 256 个采样点的锯齿波数据，在时钟信号 CLK 的作用下，计数器输出信号由“00000000”开始计数，每次加 1，直到变为“11111111”，计数器又回到“00000000”，不断循环，就能产生锯齿波数据。程序如下：

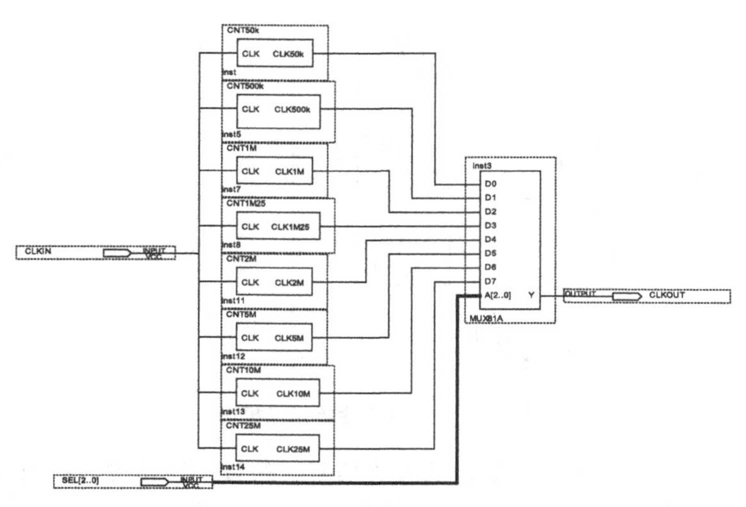

图 9-18 可变分频器

```
LIBRARY IEEE ;
USE IEEE. STD_LOGIC_1164. ALL;
USE IEEE. STD_LOGIC_UNSIGNED. ALL;
ENTITY ZIGZAG IS
PORT (CLK,RESET: IN STD_LOGIC;
      Q:OUT STD_LOGIC_VECTOR(7 DOWNTO 0));
END ZIGZAG;
ARCHITECTURE BHV OF ZIGZAG IS
    BEGIN
    PROCESS (CLK,RESET)
    VARIABLE Q1:STD_LOGIC_VECTOR(7 DOWNTO 0);
    BEGIN
    IF RESET='0' THEN Q1:="00000000";
    ELSIF CLK'EVENT AND CLK = '1' THEN
        Q1 := Q1 + 1;
      END IF;
    Q<= Q1 ;
    END PROCESS;
END BHV;
```

锯齿波数据产生模块的仿真波形如图 9-19 所示。输出端 Q 的波形采用模拟显示方式,

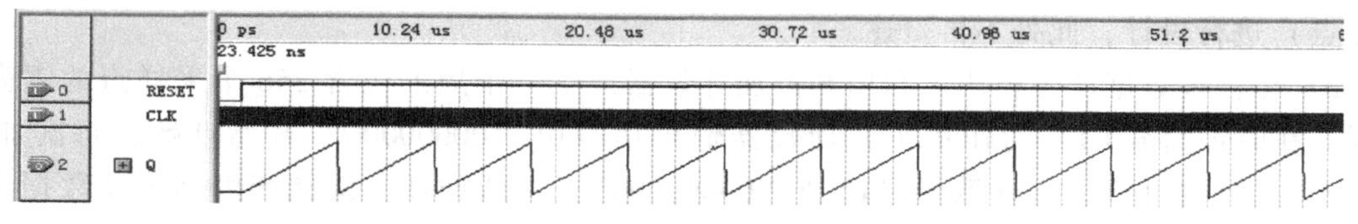

图 9-19 锯齿波数据产生模块的仿真波形

可以看到输出为锯齿波。

3）三角波数据产生模块：利用可逆计数器产生一个周期包含 256 个采样点的三角波数据，在时钟信号 CLK 的作用下，计数器输出信号由“00000000”开始计数，每次加 2，变为“11111110”后，每次减 2，又回到“00000000”，不断循环，就能产生三角波数据。程序如下：

```
LIBRARY IEEE ;
USE IEEE.STD_LOGIC_1164.ALL;
USE IEEE.STD_LOGIC_UNSIGNED.ALL;
ENTITY TRIANGULAR IS
PORT (CLK,RESET: IN STD_LOGIC;
      Q:OUT STD_LOGIC_VECTOR(7 DOWNTO 0));
END TRIANGULAR;
ARCHITECTURE BHV OF TRIANGULAR IS
SIGNAL FLAG:STD_LOGIC;      --可逆计数标志:FLAG=0,加计数;FLAG=1,减计数
SIGNAL Q1: STD_LOGIC_VECTOR(7 DOWNTO 0);
BEGIN
PROCESS (CLK,RESET,Q1)
BEGIN
  IF RESET='0' THEN Q1<="00000000";
  ELSIF CLK'EVENT AND CLK = '1' THEN
        IF FLAG='0' THEN
               IF Q1="11111110" THEN FLAG<='1'; Q1<="11111100";
               ELSE Q1<= Q1 + 2;
               END IF;
        ELSIF  FLAG='1' THEN
               IF Q1="00000000" THEN FLAG<='0'; Q1<="00000010";
               ELSE Q1<= Q1 - 2;
               END IF;
  END IF;
Q<= Q1 ;
END PROCESS;
END BHV;
```

三角波数据产生模块的仿真波形如图 9-20 所示。输出端 Q 的波形采用模拟显示方式，

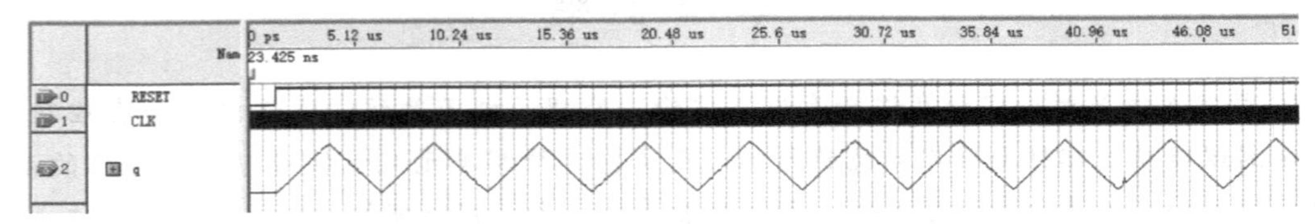

图 9-20　三角波数据产生模块的仿真波形

可以看到输出为三角波。

（3）整体设计

将上述的模块分别设计并生成元件，在信号发生器顶层电路中调用这些元件，构成的信号发生器的顶层电路如图 9-21 所示。图中，CLK 为 50MHz 的主时钟信号输入端，FRE_ SEL 为频率选择按键输入端，RESET 为低电平有效异步复位端，WAVE_ SEL 为波形选择按键输入端，Y［7..0］为数据输出端，应接后级的 D/A 转换器。调用的元件有：VARYFIN 为可变分频器，CNT8 为八进制计数器，CNT3 为三进制计数器，SIN 为一个周期包含 256 个采样点的正弦数据产生模块，ZIGZAG 为一个周期包含 256 个采样点的锯齿波数据产生模块，TRIANGULAR 为一个周期包含 256 个采样点的三角波数据产生模块，MUX3A 为 8 位三选一数据选择器。

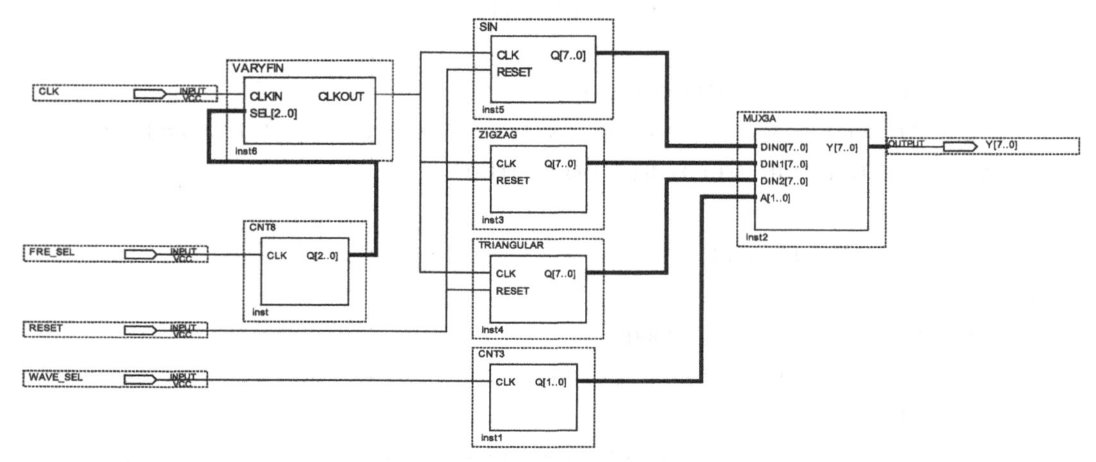

图 9-21 信号发生器的顶层电路

信号发生器的仿真波形如图 9-22 所示。图中，频率选择按键 FRE_ SEL 输入四个脉冲以后，波形选择按键 WAVE_ SEL 每输入一个脉冲，输出 Y 的波形依次输出锯齿波、三角波、正弦波信号。可见，上述设计能实现信号发生器的功能。

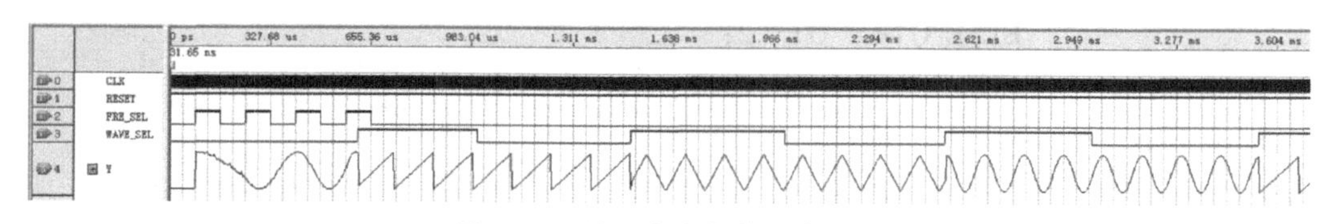

图 9-22 信号发生器的仿真波形

本章小结

1. 数字系统是对数字信息进行存储、传输、处理的电子系统。通常以是否有控制单元作为区别逻辑功能部件和数字系统的标志，凡是包含控制单元且能按顺序进行操作的系统，不论规模大小，一律称为数字系统，否则只能算是一个子系统部件，不能称为一个独立的数字系统。

2. 数字系统的设计通常有两种设计方法，一种是自底向上的设计方法，一种是自顶向下的设计方法。

3. 数字系统的设计步骤为：明确设计要求，确定系统的输入/输出；确定整体设计方案；模块化设计；数字系统的整体设计。

4. 数字系统可以用中小规模集成器件设计，也可用可编程器件设计。随着数字集成技术和 EDA 技术的迅速发展，使用 FPGA/CPLD 器件设计数字系统已成为主要的实现方法。

5. 对数字钟、信号发生器等数字系统的设计实例进行了分析，介绍了设计方案、模块设计、程序设计及整体实现，给出了关键的设计步骤和主要程序。

实践案例

洗衣机控制器

设计要求：设计一个洗衣机洗涤程序控制器，控制洗衣机的电动机作如图 9-23 所示规律运转。

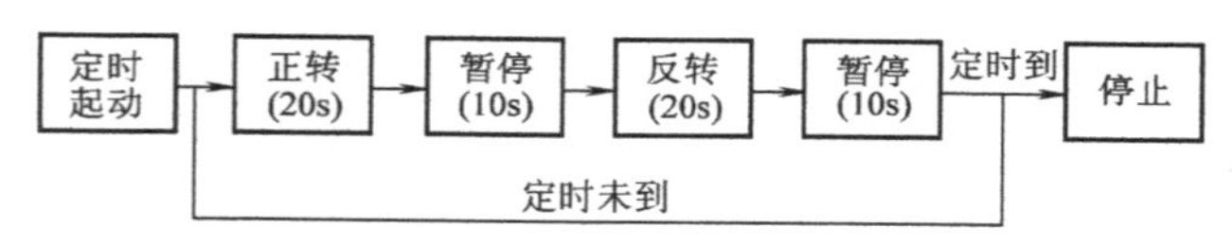

图 9-23　洗衣机控制器控制要求

用两位数码管预置洗涤时间（分钟数），洗涤过程在送入预置时间后开始运转，洗涤中按倒计时方式对洗涤过程作计时显示，用发光二极管表示电动机的正、反转，如果定时时间到，则停机并发出声响信号。

设计提示：此设计问题可分为洗涤预置时间编码模块、减法计数显示、时序电路、译码驱动模块四大部分。

设置预置信号 LD，LD 有效后，可以对洗涤时间计数器进行预置数，用数据开关 K1～K10 分别代表数字 1、2、…、9、0，用编码器对数据开关 K1～K10 的电平信号进行编码，编码后的数据寄存。

设置洗涤开始信号 start，start 有效则洗涤时间计数器进行倒计数，并用数码管显示，同时启动时序电路工作。

时序电路中含有 20s 定时信号、10s 定时信号，设为 A、B，A、B 为“0”表示定时时间未到，A、B 为“1”表示定时时间到。

洗衣机控制器系统框图如图 9-24 所示。

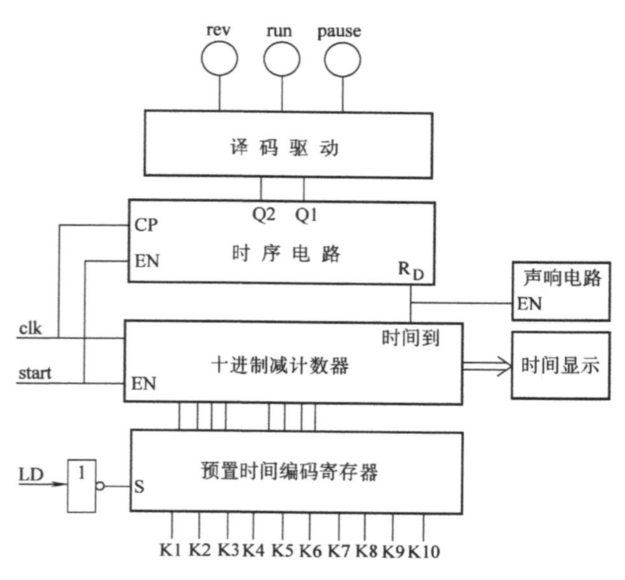

图 9-24　洗衣机控制器系统框图

9-1 拔河游戏机。

设计要求：设计一个能进行拔河游戏的电路。电路使用15个（或9个）发光二极管表示拔河的“电子绳”，开机后只有中间一个发亮，此即拔河的中心点。游戏甲乙双方各持一个按钮，迅速地、不断地按动，产生脉冲，谁按得快，亮点向谁方向移动，每按一次，亮点移动一次。亮点移到任一方终端发光二极管，这一方就获胜，此时双方按钮均无作用，输出保持，只有复位后才使亮点恢复到中心。由裁判下达比赛开始命令后，甲乙双方才能输入信号，否则，输入信号无效。用数码管显示获胜者的盘数，每次比赛结束自动给获胜方加分。

9-2 脉冲按键式电话按键显示器。

设计要求：设计一个具有7位显示的电话按键显示器，显示器应能正确反映按键数字，显示器显示从低位向高位前移，逐位显示按键数字，最低位为当前显示位，7位数字输入完毕后，电话接通，扬声器发出“嘟——嘟”接通声响，直到有接听信号输入，若一直没有接听，10s后，自动挂断，显示器清除显示，扬声器停止，直到有新号码输入。

部分习题参考答案

第 1 章

1-1 (1) $(11101)_B$、$(35)_O$、$(1D)_H$

(2) $(101010001)_B$、$(521)_O$、$(151)_H$

(3) $(110101001.01)_B$、$(651.2)_O$、$(1A9.4)_H$

(4) $(10.001011)_B$、$(2.13)_O$、$(2.2C)_H$

1-2 (1) $(2D)_H$

(2) $(3.A8)_H$

1-3 (1) $(100000010)_B$

(2) $(10011101)_B$

(3) $(10100100001.0010100011)_B$

1-4 (1) $(01101)_B$、$(01101)_B$、$(01101)_B$

(2) $(011010)_B$、$(011010)_B$、$(011010)_B$

(3) $(11101)_B$、$(10010)_B$、$(10011)_B$

(4) $(111010)_B$、$(100101)_B$、$(100110)_B$

1-6 $(ABC)'=A'+B'+C'$、$(A+B+C)'=A'B'C'$

1-11 (1) $A'B'+AC$

(2) $AB'+AC'+AD'$

(3) $A'B'C+AB'C'+ABC$

(4) $AD'+BD'+A'B'C'$

(5) $C'D+CD'+B'D'$或者 $C'D+CD'+B'C'$

(6) 1

(7) $ACD+B'CD$

1-12 (1) $B'+C'$

(2) $A'D+CD+B'D$

(3) $A+C$

(4) $B'C+D'$

(5) $BD'+AD'+CD'$

第 2 章

2-2 (1) $Y_1=0$，$Y_2=1$，$Y_3=0$，$Y_4=AC'$。

(2) 不允许 CMOS 门输入端悬空；$Y_2=0$；$Y_3=0$；因前级门有高阻状态，会使后级门输入端悬空，不允许 CMOS 门输入端悬空，所以该电路不能正常工作。

2-3 $R_{1(\max)}=9.8\text{k}\Omega$，$R_{2(\max)}=0.2\text{k}\Omega$。

2-4 $V_{NH}=1.2\text{V}$，$V_{NL}=0.5\text{V}$。

2-5 (1) $N_O=8$；(2) $N_O=5$。

2-6 $0.68\text{k}\Omega<R_U<5\text{k}\Omega$。

2-7 这时相当于 V_{I2} 经过一个 100kΩ 的电阻接地。假定与非门输入端多发射极晶体管发射结的导通压降均为 0.7V，则有 V_{I2} (1) 1.4V，(2) 0.2V，(3) 1.4V，(4) 0V，

（5）1.4V。

2-8 在或非门中两个输入端是分别接到两个晶体管的发射极，所以它们各自的输入端电平互不影响，故 V_{I2} 始终为 1.4V。

2-9 因为 CMOS 与非门的两个输入端都有独立的输入缓冲器，所以两个输入端的电平互不影响。V_{I2} 经电压表的内阻接地，故 $V_{I2}=0$。

2-10 （1）、（4）不能，（2）、（3）、（5）、（6）可以。

第3章

3-1 图a：$Y_1=A'B$，$Y_2=(A'B+AB')'$，$Y_3=AB'$。

功能：比较器。$A>B$，$Y_3=1$；$A=B$，$Y_2=1$；$A<B$，$Y_1=1$。

图b：$F=A'BC+AB'C+ABC'$，功能：输入变量中有且仅有两个为1时，输出为1，否则输出为0。

图c：全加器，F_1 和位输出，F_2 进位输出。

3-2 提示：先化简成最简与或式，然后利用反演法则转换与非-与非形式。例如

（1）$F(A,B,C,D)=B'D'+BC=[(B'D')'(BC)']'$。

3-3 提示：两次利用反演法则。例如（1）$F=[(A+B)'+(B+C)'+(A'+B')']'$。

3-4 $F=A\oplus B\oplus C$。

3-5 提示：该电路为两输出逻辑电路。令密码箱打开信号为 F_1，报警信号为 F_2。

3-6 令 A—00，B—01，AB—10，O—11，然后列出真值表如下。

题3-6解表

输入				输出	
供血者		受血者		T	F
X_1X_0		Y_1Y_0			
0	0	0	0	1	0
0	0	0	1	0	1
0	0	1	0	1	0
0	0	1	1	0	1
0	1	0	0	0	1
0	1	0	1	1	0
0	1	1	0	1	0
0	1	1	1	0	1
1	0	0	0	0	1
1	0	0	1	0	1
1	0	1	0	1	0
1	0	1	1	0	1
1	1	0	0	1	0
1	1	0	1	1	0
1	1	1	0	1	0
1	1	1	1	1	0

3-7 提示：这是4线-2线编码电路，列出编码器的真值表，然后化简函数，写出最简表达式。

3-9 图a：$F(X,Y,Z)=\sum m(0,2,4,6)$。

图b：$F_1(A,B,C,D)=\sum m(0,1,3,8)$，$F_2(A,B,C,D)=\sum m(6,10,11,12)$，$F_3(A,B,C,D)=\sum m(3,4,5,6)$。

图c：$F_1(D,C,B,A)=\sum m(1,3,11)$，$F_2(D,C,B,A)=\sum m(7,9,11)$，$F_3(D,C,B,A)=$

$\sum m(5,11,12)$。

3-11 提示：注意变量对应关系。

3-12 图 a：$L(A, B, C) = \sum m(3, 5, 6, 7)$，$L(A, B, C) = AC+BC+AB$。

3-13 提示：先写出最小项和的表达式，然后找出对应关系，最后画逻辑图。

3-14 提示：扩展方法与译码器扩展类似。

3-17 图 a：余 3 码转换成 8421BCD；图 b：4 位二进制数大于 4 的判别电路。

3-18 小于 1001 的输入转换为余 3 码，大于或等于 1001 的输入原样输出。

第 4 章

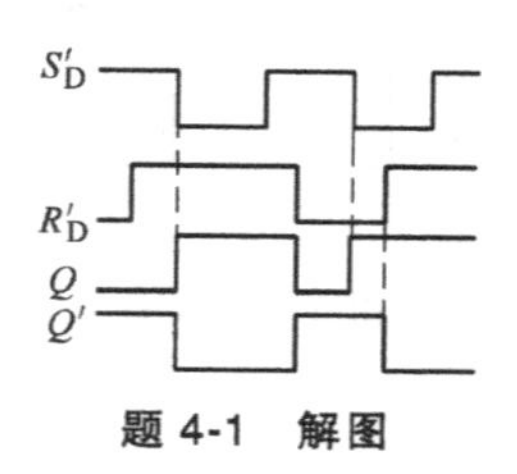

题 4-1 解图

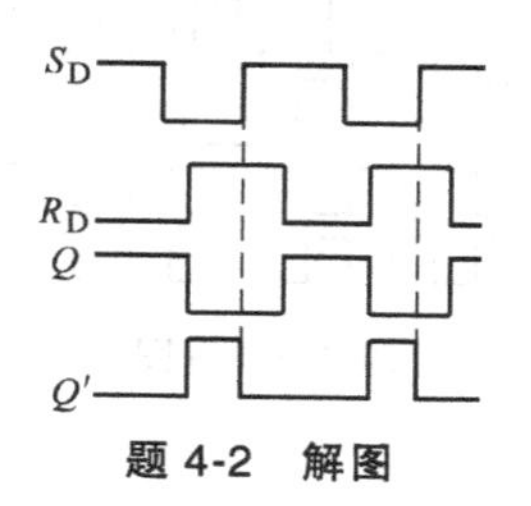

题 4-2 解图

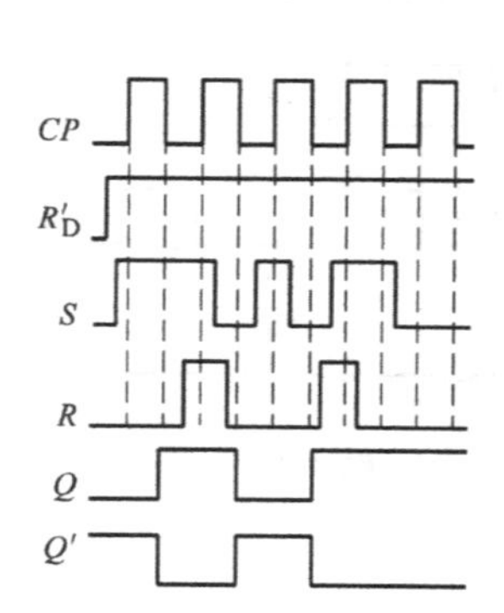

题 4-3 解图

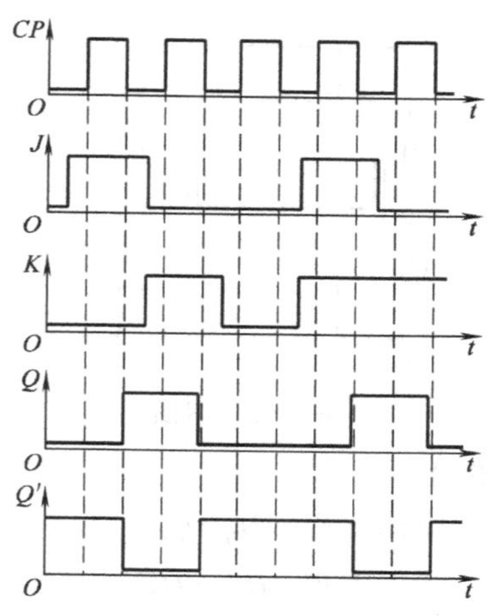

题 4-4 解图

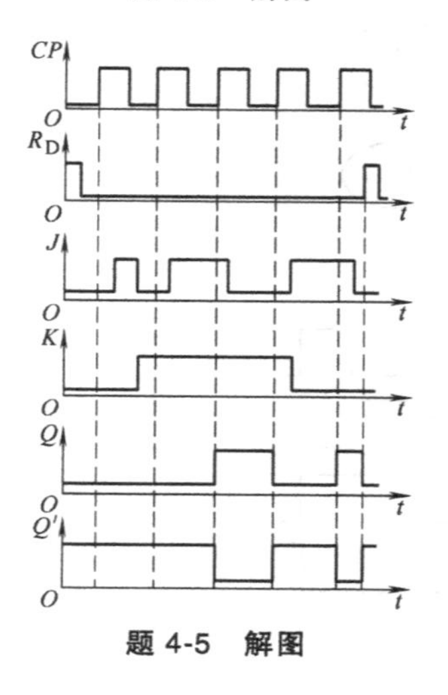

题 4-5 解图

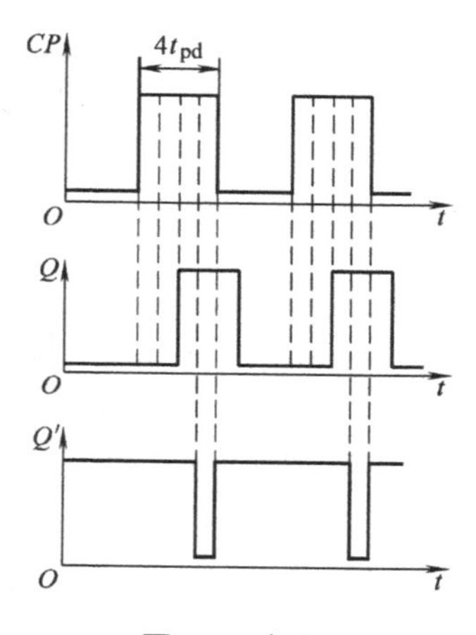

题 4-6 解图

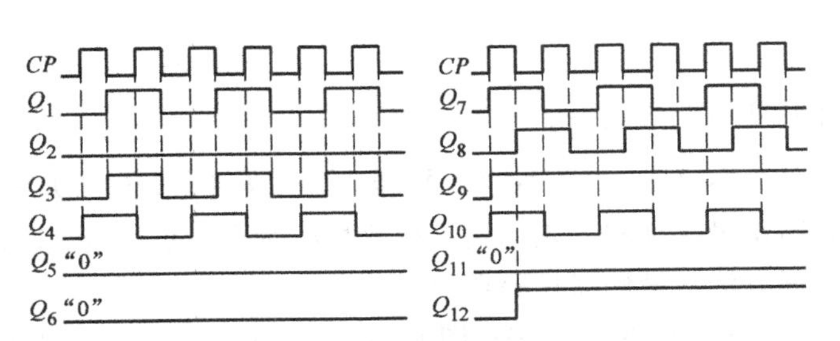

题 4-7　解图

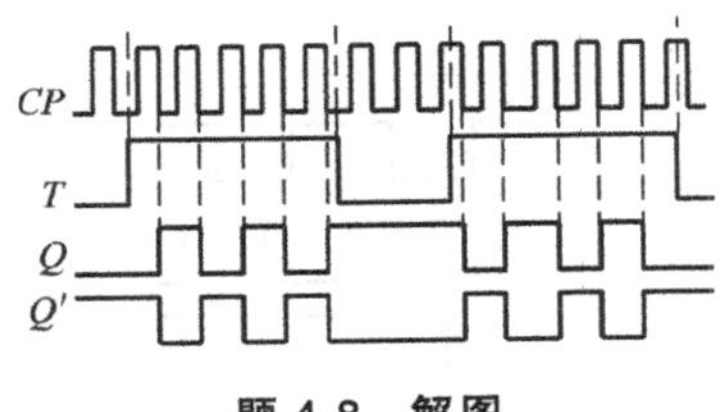

题 4-8　解图

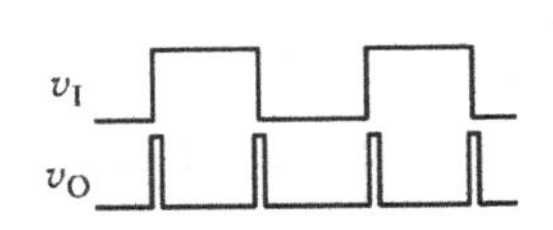

题 4-9　解图

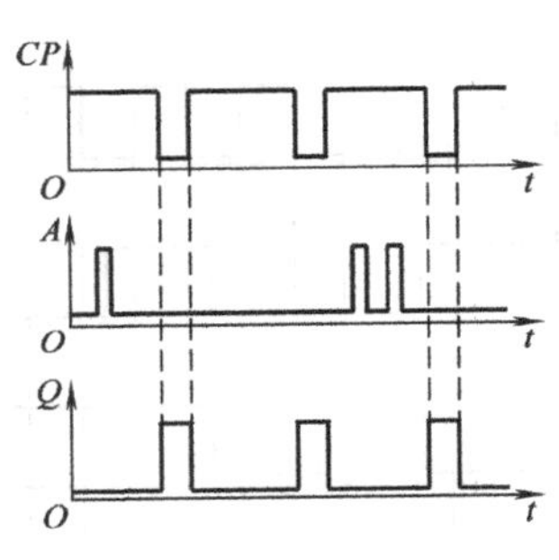

题 4-10　解图

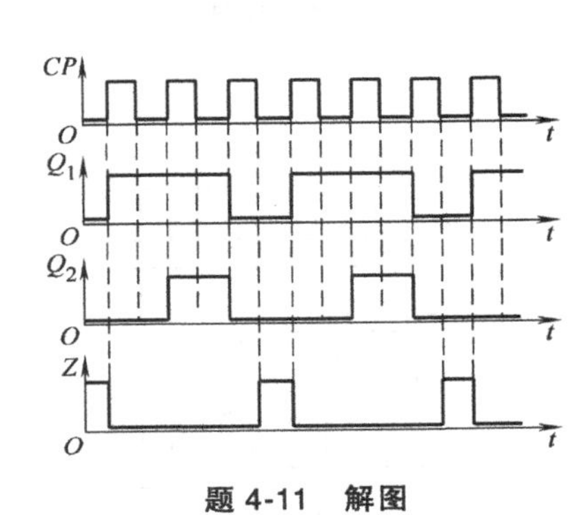

题 4-11　解图

第 5 章

5-7　驱动方程：$D_0 = Q_0'$，$D_1 = Q_0 \oplus Q_1$

状态方程：$Q_0^* = Q_0'$，$Q_1^* = Q_0 \oplus Q_1$

状态图：

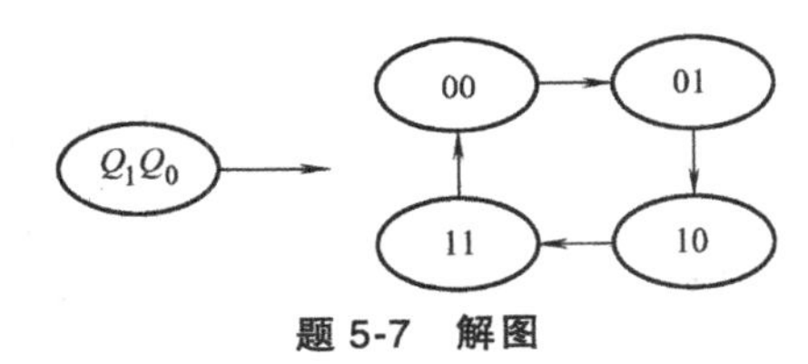

题 5-7　解图

5-8

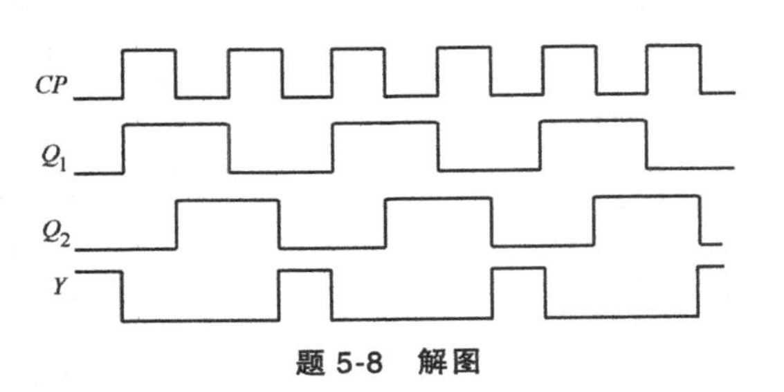

题 5-8　解图

5-9 状态图：

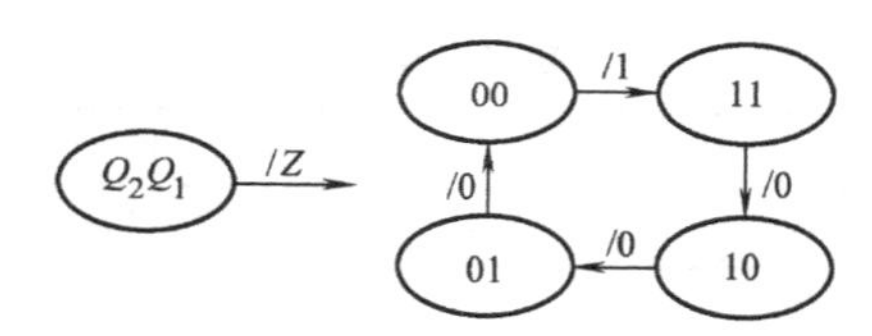

题 5-9 解图

功能：四进制减计数器。

5-10 功能：四进制可逆计数器，当 $X=0$ 实现加计数，当 $X=1$ 实现减计数。

5-11 十进制计数器。

5-12 七进制计数器。

5-13 两片 74LS160 组成二十进制计数器，两片之间低位是十进制，高位是三进制。

5-14 $M=1$ 时为六进制计数器，$M=0$ 时为八进制计数器。

5-15 该电路为 38 进制计数器。

5-16 该电路为六进制减计数器，状态转移图为

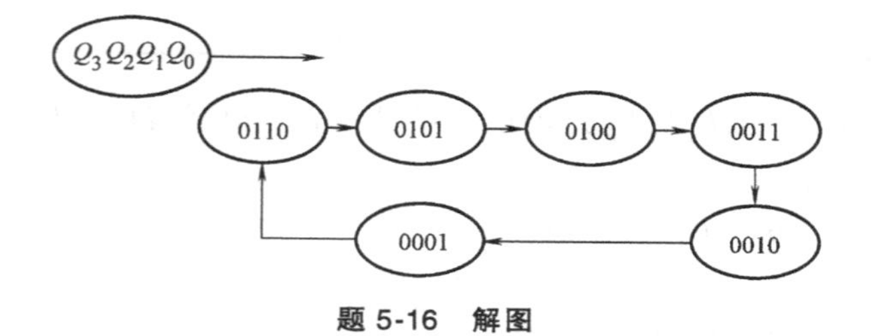

题 5-16 解图

5-17 二十四进制减计数器，两片之间是十进制。

5-18 七分频，状态转移图为

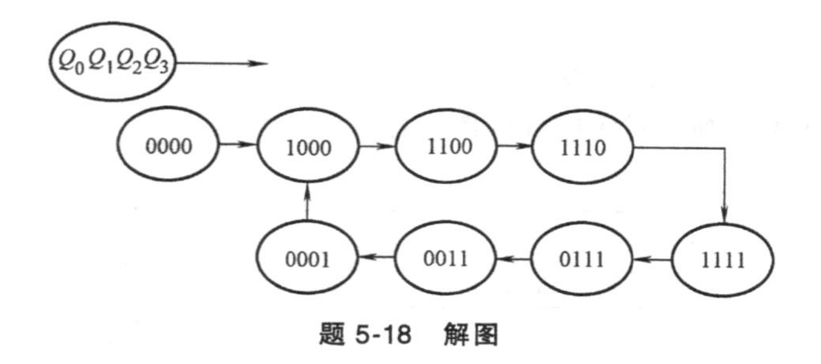

题 5-18 解图

5-19 具有自启动能力的扭环形八进制计数器。

5-21 该电路输出端 Z 产生 010011 序列信号。

第 6 章（略）

第 7 章

7-3 $2^{20}\times16=16777216$ 位。

7-4 （1）7FF，（2）3FFF，（3）3FFFF。

7-5 $Y_0=\Sigma m$（1，2，4，7），$Y_1=\Sigma m$（3，5，6，7），该电路是一个全加器。

7-7 因为自变量 X 的取值范围为 0~15 的正整数，所以应用 4 位二进制正整数，用 $B=B_3B_2B_1B_0$ 表示，而 Y 的最大值是 225，可以用 8 位二进制数 $Y=Y_7Y_6Y_5Y_4Y_3Y_2Y_1Y_0$ 表示。

题 7-7 解表

输入				输出								注
B_3	B_2	B_1	B_0	Y_7	Y_6	Y_5	Y_4	Y_3	Y_2	Y_1	Y_0	十进制数
0	0	0	0	0	0	0	0	0	0	0	0	0
0	0	0	1	0	0	0	0	0	0	0	1	1
0	0	1	0	0	0	0	0	0	1	0	0	4
0	0	1	1	0	0	0	0	1	0	0	1	9
0	1	0	0	0	0	0	1	0	0	0	0	16
0	1	0	1	0	0	0	1	1	0	0	1	25
0	1	1	0	0	0	1	0	0	1	0	0	36
0	1	1	1	0	0	1	1	0	0	0	1	49
1	0	0	0	0	1	0	0	0	0	0	0	64
1	0	0	1	0	1	0	1	0	0	0	1	81
1	0	1	0	0	1	1	0	0	1	0	0	100
1	0	1	1	0	1	1	1	1	0	0	1	121
1	1	0	0	1	0	0	1	0	0	0	0	144
1	1	0	1	1	0	1	0	1	0	0	1	169
1	1	1	0	1	1	0	0	0	1	0	0	196
1	1	1	1	1	1	1	0	0	0	0	1	225

$Y_7Y_6Y_5Y_4Y_3Y_2Y_1Y_0$ 与 $B_3B_2B_1B_0$ 之间的关系见上表。根据表可以写出 Y 的表达式如下：

$$Y_7=\Sigma m\ (12,\ 13,\ 14,\ 15)$$

$$Y_6=\Sigma m\ (8,\ 9,\ 10,\ 11,\ 14,\ 15)$$

$$Y_5=\Sigma m\ (6,\ 7,\ 10,\ 11,\ 13,\ 15)$$

$$Y_4=\Sigma m\ (4,\ 5,\ 7,\ 9,\ 11,\ 12)$$

$$Y_3=\Sigma m\ (3,\ 5,\ 11,\ 13)$$

$$Y_2=\Sigma m\ (2,\ 6,\ 10,\ 14)$$

$$Y_1=0$$

$$Y_0=\Sigma m\ (1,\ 3,\ 5,\ 7,\ 9,\ 11,\ 13,\ 15)$$

根据以上表达式可以画出对应的阵列图（略）。

7-8

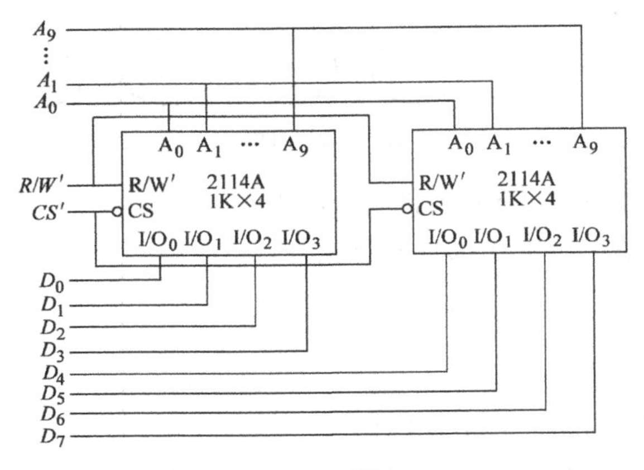

题 7-8 解图

7-9

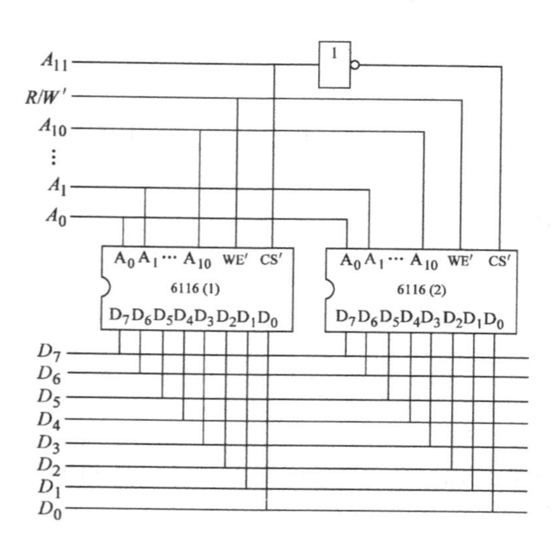

题 7-9 解图

7-10 二进制码转换为格雷码的公式为

$$\begin{cases} G_{n-1} = B_{n-1} \\ G_i = B_i \oplus B_{i+1} \end{cases}$$

则 4 位二进制码转换为格雷码的代码转换电路的表达式为

$G_3 = B_3$

$G_2 = B_3 B_2' + B_3' B_2$

$G_1 = B_2 B_1' + B_2' B_1$

$G_0 = B_1 B_0' + B_1' B_0$

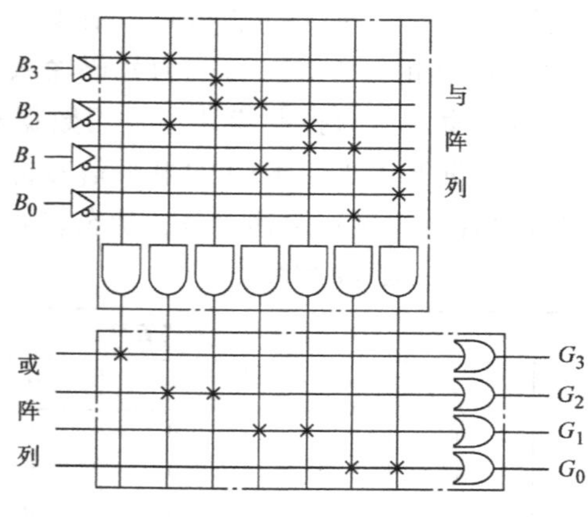

题 7-10 解图

7-13 $L = A'B'CD' + ABC'D' + B'CD + A'B'CD + AB'C'D'$

第 8 章

8-1 −1.875V

8-2 −0.5859V；−1.9922V

8-3 0~9.99V；调整 V_{REF} 和 R_F 大小

8-4 $\Delta v_O=0.625V$；$v_{O(max)}=9.375V$

8-5 -10V；+10V

8-6 0.95V

8-7 (1) -4.9975 ~ -5.0025V；(2) -0.0093 ~ -0.0103V

8-8 (1) 9.9998V 0.0082s

(2) 100110011001

(3) 3.1125V

8-9 0.001024s

8-10 (1) 11

(2) 0.002048s

第9章

9-1 提示：此设计问题可以分为加/减计数器、译码器和甲乙双方的得分计数显示电路几部分。

设置参赛双方输入脉冲信号 in1、in2，用可逆计数器的加、减计数输入端分别接收两路按钮脉冲信号。

设置裁判员“开始”信号 begin，begin 有效后，可逆计数器才接收 in1、in2 信号。用一个 4 线-16 线译码器，输出接 15 个（或 9 个）发光二极管。设置一个复位信号 reset，比赛开始，reset 信号使译码器输入为 1000，译码后中心处发光二极管点亮，当计数器进行加法计数时，亮点向右移，减法计数时，亮点向左移。

当亮点移到任一方终端时，由控制电路产生一个信号使计数器停止接收计数脉冲。

将双方终端发光二极管“点亮”信号分别接两个得分计数显示电路，当一方取胜时，相应的得分计数器进行一次得分计数，这样得到双方取胜次数的显示。

设置一个记分计数器复位信号 reset1，使双方得分可以清零。

9-2 提示：此设计题与密码锁有相似之处，可分为号码输入显示控制模块、主控制模块和扫描显示模块几部分。在号码输入显示控制模块中，用数据开关 K1 ~ K10 分别代表数字 1、2、…、9、0，用编码器对数据开关 K1 ~ K10 的电平信号进行编码，得 4 位二进制数 Q，每输入一位号码，号码在数码管上的显示左移一位，状态表如下。

题 9-2 解表（1）

C'	数据开关	数码管显示						
	K_i	D_7	D_6	D_5	D_4	D_3	D_2	D_1
1	↑	0	0	0	0	0	0	0
1	↑	0	0	0	0	0	0	Q
1	↑	0	0	0	0	0	D_1	Q
1	↑	0	0	0	0	D_2	D_1	Q
1	↑	0	0	0	D_3	D_2	D_1	Q
1	↑	0	0	D_4	D_3	D_2	D_1	Q
1	↑	0	D_5	D_4	D_3	D_2	D_1	Q
1	↑	D_6	D_5	D_4	D_3	D_2	D_1	Q
0	X	灭	灭	灭	灭	灭	灭	灭

当 7 位号码输入完毕后，由主控制模块启动扬声器，使扬声器发出“嘟——嘟”声响，同时启动等待接听 10s 计时电路。

设置接听信号 answer，若定时时间到还没有接听信号输入，则号码输入显示控制电路的 C 信号有效，显示器清除显示，并且扬声器停止发声，若在 10s 计时未到时有接听信号输入，同样 C 信号有效、扬声器停止发声。

设置挂断信号 reset，任何时刻只要有挂断信号输入，启动 3s 计数器 C，3s 后系统 C 信号有效，系统复位。

主控制模块状态表如下：

题 9-2 解表（2）

接听信号 answer	挂断信号 reset	等待接听 10s 计时	3s 计数器	C'	扬声器
X	X	时间到	X	0	停止发声
↑	X	X	X	0	停止发声
X	↑	X	时间到	0	停止发声

参考文献

[1] 阎石. 数字电子技术基础 [M]. 北京：高等教育出版社，2006.
[2] 康华光. 电子技术基础：数字部分 [M]. 北京：高等教育出版社，2006.
[3] 侯建军. 数字电子技术基础 [M]. 北京：高等教育出版社，2003.
[4] 郑家龙. 集成电子技术基础教程 [M]. 北京：高等教育出版社，2002.
[5] 王永军. 数字逻辑与数字系统 [M]. 北京：电子工业出版社，2005.
[6] 龚之春. 数字电路 [M]. 成都：电子科技大学出版社，1999.
[7] 邹虹. 数字电路与逻辑设计 [M]. 北京：人民邮电出版社，2008.
[8] NEAMEN D A. 数字电子技术 [M]. 北京：清华大学出版社，2007.
[9] 林红. 数字电路与逻辑设计 [M]. 2 版. 北京：清华大学出版社，2009.
[10] 白静. 数字电路与逻辑设计 [M]. 西安：西安电子科技大学出版社，2009.
[11] 刘培植. 数字电路设计与数字系统 [M]. 北京：北京邮电大学出版社，2005.
[12] 卢毅，赖杰. VHDL 与数字电路设计 [M]. 北京：科学出版社，2001.
[13] 崔葛瑾. 基于 FPGA 的数字电路系统设计 [M]. 西安：西安电子科技大学出版社，2005.
[14] 江国强. 数字逻辑电路基础 [M]. 北京：电子工业出版社，2010.
[15] 路而红. 专用集成电路设计与电子设计自动化 [M]. 北京：清华大学出版社，2004.
[16] 李良荣. 现代电子设计技术——基于 Multisim 7 & Ultiboard 2001 [M]. 北京：机械工业出版社，2004.
[17] 黄正瑾. 在系统编程技术及其应用 [M]. 南京：东南大学出版社，1999.
[18] 赵保经，蒋建飞. 大规模集成数-模和模-数转换器设计原理 [M]. 北京：科学出版社，2005.
[19] 李世雄，丁康源. 数字集成电子技术教程 [M]. 北京：高等教育出版社，1993.
[20] 潘松，黄继业. EDA 技术与 VHDL [M]. 3 版. 北京：清华大学出版社，2009.
[21] PEDRONI V A. VHDL 数字电路设计教程 [M]. 乔庐峰，王志功，等译. 北京：电子工业出版社，2013.
[22] 路而红. 电子设计自动化应用技术——FPGA 应用篇 [M]. 北京：高等教育出版社，2009.
[23] 杨晓慧，杨旭. FPGA 系统设计与实例 [M]. 北京：人民邮电出版社，2010.
[24] 王彦. 基于 FPGA 的工程设计与应用 [M]. 西安：西安电子科技大学出版社，2007.
[25] 周润景，李志，刘艳珍. 基于 Quartus Prime 的 FPGA/CPLD 数字系统设计实例 [M]. 3 版. 北京：电子工业出版社，2016.